朱本伟 南京工业大学 教授

硕士生导师，江苏省高校“青蓝工程”优秀青年骨干教师，教育部《酶工程》课程虚拟教研室成员，日本北海道大学访问研究员，中国海洋湖沼学会海洋生物技术分会委员、中国化工学会会员、江苏省海洋学会海洋生物资源与技术专业委员会委员，入选江苏省双创人才计划等省级人才项目。主讲《酶工程》《生物分离工程》（国家一流本科课程）等课程，主持国家自然科学基金面上项目、青年科学基金项目、中国博士后科学基金面上项目、江苏省重点研发计划等课题10余项，发表SCI论文50余篇，主编江苏省高等学校重点教材、普通高等教育十三五规划教材等教材3部，获中国轻工业联合会科学技术进步奖一等奖、江苏省轻工协会科学技术奖一等奖、江苏省海洋学会科学技术奖二等奖等科研奖励。

宁利敏 南京中医药大学 副教授

硕士生导师，本科毕业于哈尔滨工业大学生物工程专业，博士毕业于南京大学生物化学专业，日本北海道大学工学部访问研究员。主讲《生物化学》《分子生物学》等课程，主持国家自然科学基金青年科学基金、江苏省高校自然科学基金面上项目、江苏省博士后科研资助计划、江苏省高校教育信息化研究课题等课题4项，以第一作者或通讯作者发表SCI论文20余篇，参与主编普通高等教育十三五规划教材等教材3部，获江苏省海洋学会科学技术奖二等奖等科研奖励。

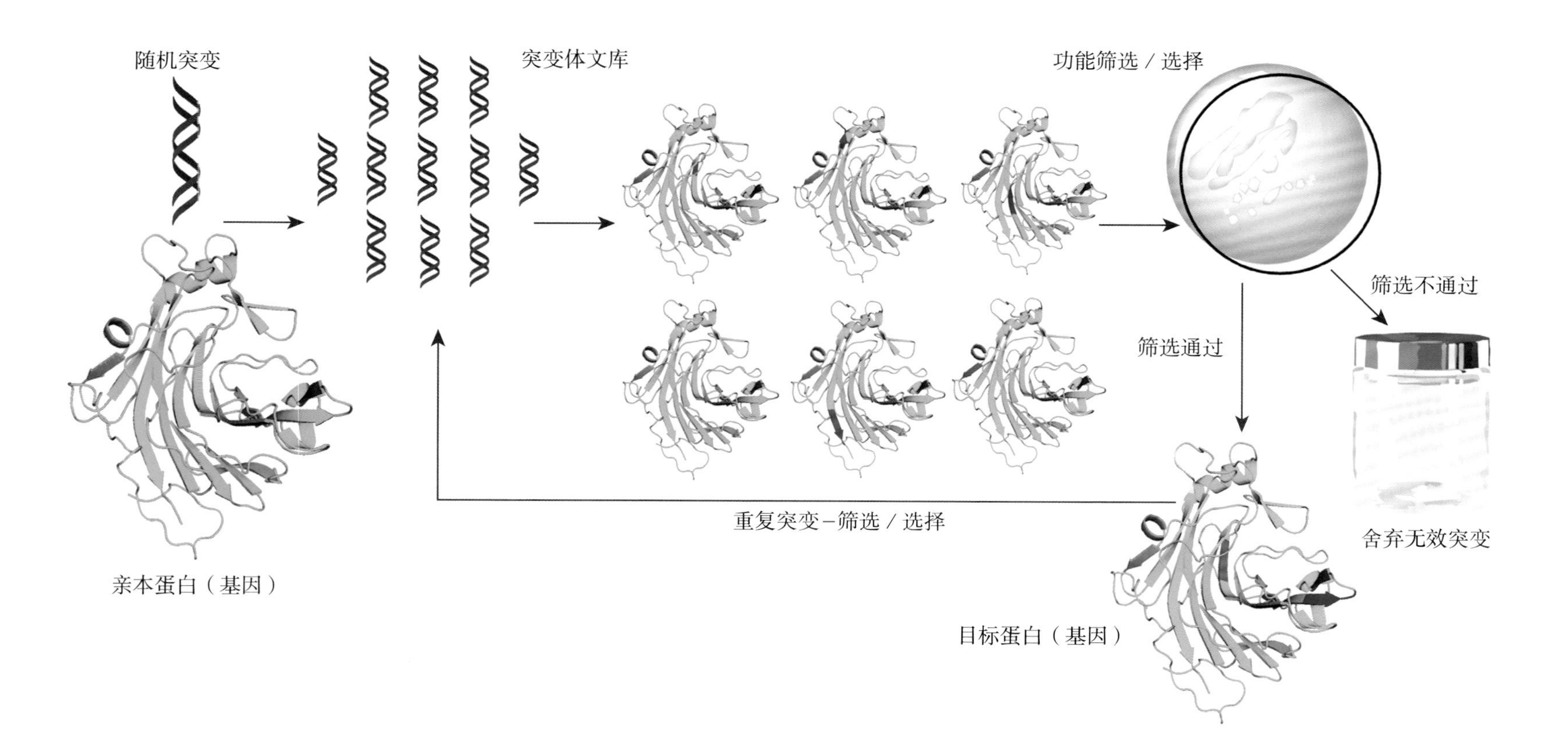

彩图 1　定向进化流程（改自 *PNAS*, 2009, 106: 9995-10000）

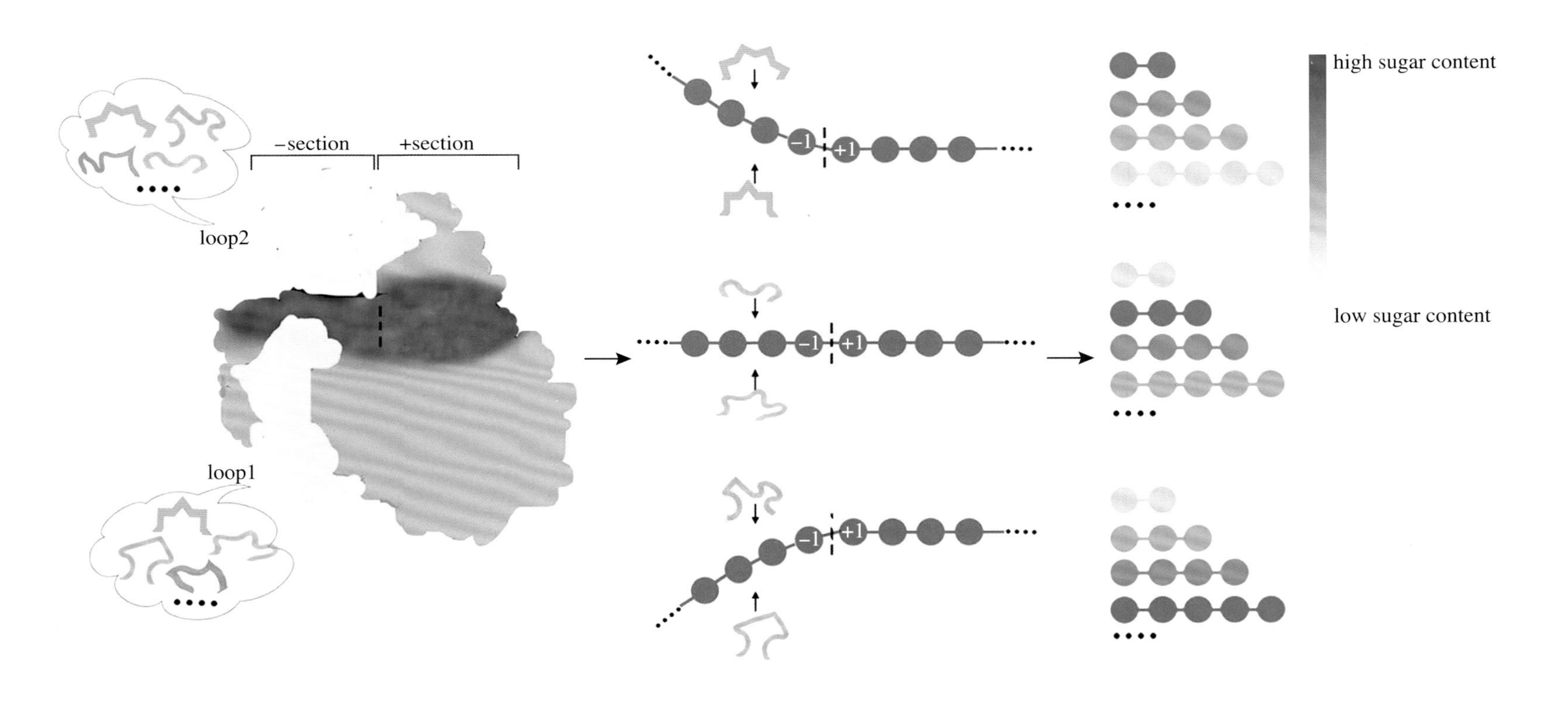

彩图 2　基于酶结构改造的产物聚合度调控示意图（*Communications Biology*, 2022, 5: 782）

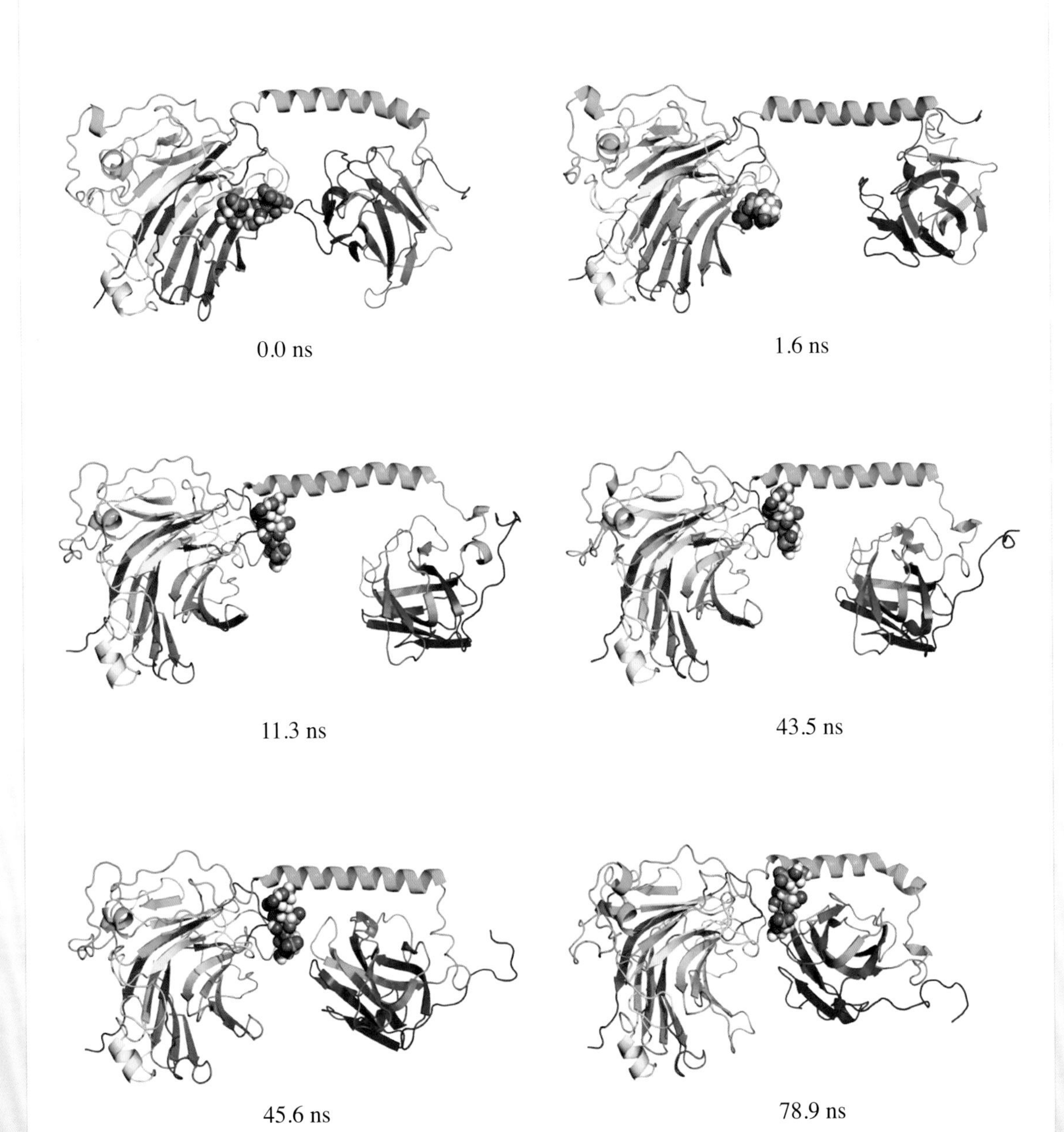

彩图 3 底物结合域捕获底物过程的分子动力学模拟

（*Carbohyd Res*., 2024, 536: 109022）

彩图 4　光催化 N_2 和 CO_2 仿生合成尿素（*Adv. Energy Mater.*, 2024, 14 : 2400201）

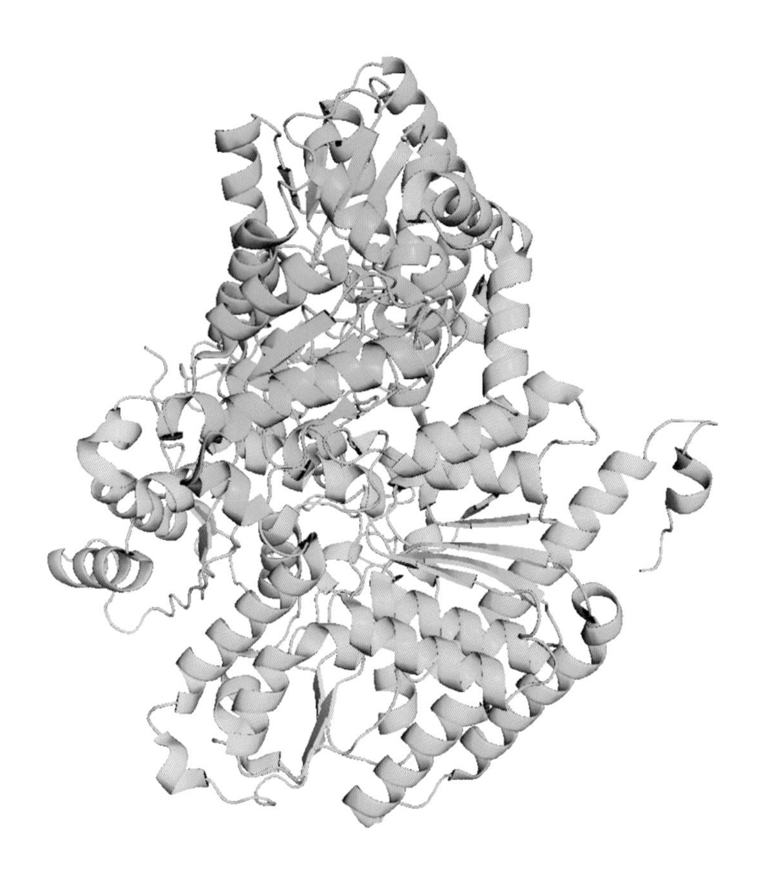

彩图 5　固氮酶 Nitrogenase MoFe 的三维结构（PDB:1L5H）

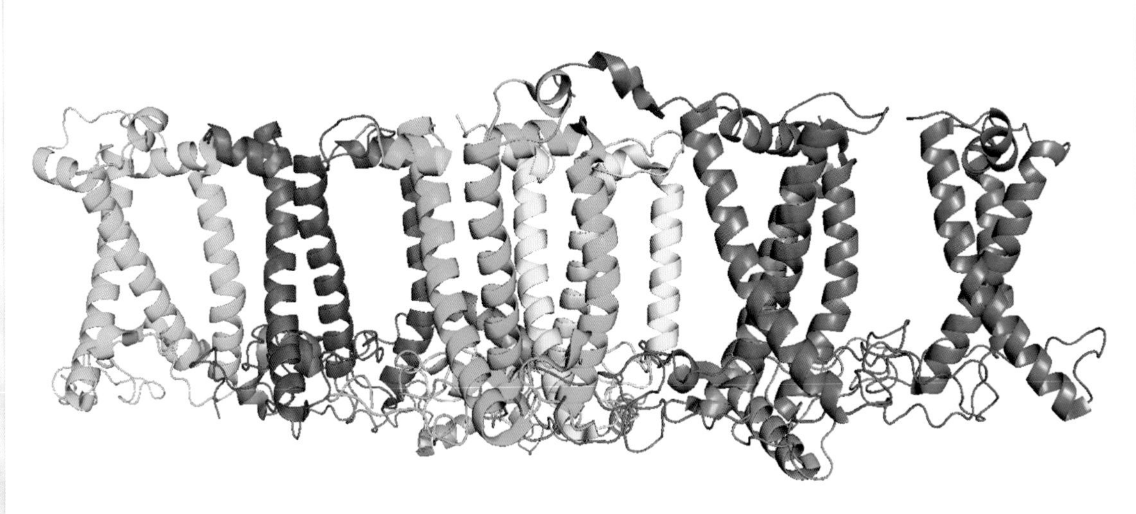

彩图 6　隐藻光合系统Ⅱ ACPⅡ-CCPⅡ的三维结构（PDB: 8XKL）

彩图 7　催化 Diels-Alder 反应的酶 AbyU 的三维结构（PDB: 5DYQ）

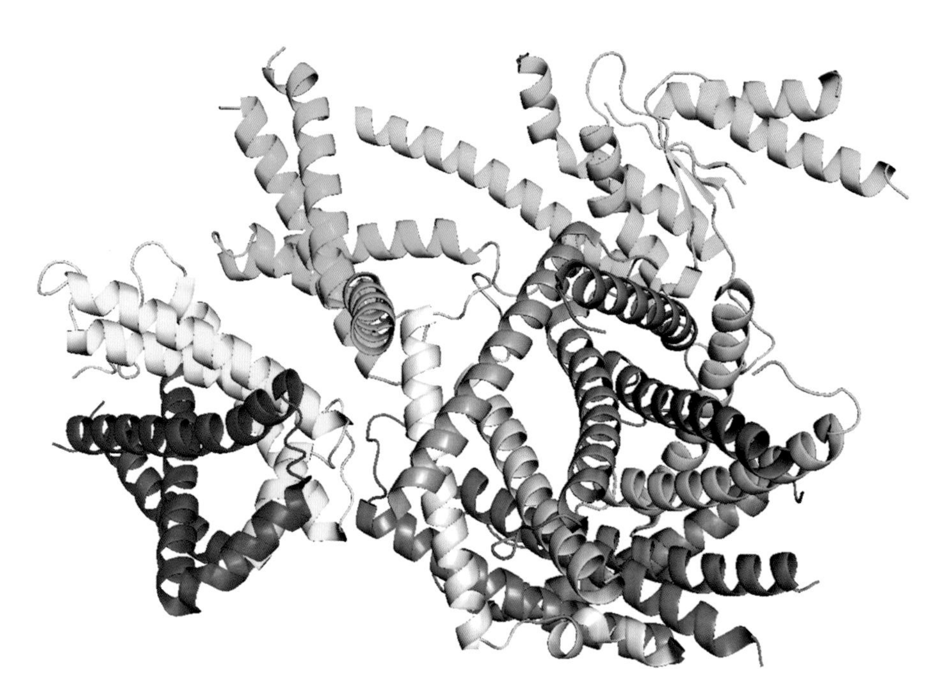

彩图 8　来源于酵母的第 7 类酶–转位酶 TIM22 的三维结构（PDB: 6LO8）

“十三五”江苏省高等学校重点教材（编号：2020-2-301）

化学工业出版社“十四五”普通高等教育规划教材

现代酶化学

朱本伟　宁利敏　主编

化学工业出版社

·北京·

内容简介

随着化学与生命科学的交叉融合日益加深，酶作为生物催化剂在有机合成化学中的应用愈发广泛，酶化学这一高度交叉的学科正逐渐受到学术界和工业界的重视与密切关注。《现代酶化学》全书分为15章，即绪论、酶化学基础理论、酶促反应动力学、酶的合成与制备、酶的分离纯化、酶的固定化、酶的化学修饰、酶的定向进化、计算酶化学、人工酶、核酶、纳米酶、非水酶学、有机合成中的酶促反应及天然产物的酶法修饰等内容。本书写作上既注重酶化学基础理论知识的阐述，又注重引入酶化学研究领域的新进展，领域覆盖面广，框架脉络清晰。

《现代酶化学》适合作为化学、应用化学、生物工程、生物化工等专业本科生及研究生教学用书，亦可供酶化学相关领域研究人员参考使用。

图书在版编目（CIP）数据

现代酶化学 / 朱本伟，宁利敏主编. —北京：化学工业出版社，2023.12

"十三五"江苏省高等学校重点教材

ISBN 978-7-122-44737-1

I. ①现… II. ①朱… ②宁… III. ①酶学-高等学校-教材 IV. ①Q55

中国国家版本馆CIP数据核字（2023）第236814号

责任编辑：褚红喜　宋林青　　文字编辑：孙钦炜
责任校对：赵懿桐　　装帧设计：关　飞

出版发行：化学工业出版社
（北京市东城区青年湖南街13号　邮政编码100011）
印　　刷：三河市航远印刷有限公司
装　　订：三河市宇新装订厂
787mm×1092mm　1/16　印张20¾　彩插4　字数515千字
2025年1月北京第1版第1次印刷

购书咨询：010-64518888　　售后服务：010-64518899
网　　址：http://www.cip.com.cn
凡购买本书，如有缺损质量问题，本社销售中心负责调换。

定　　价：59.80元

《现代酶化学》编审人员

主　　编：朱本伟　宁利敏

主　　审：熊　强　姚　忠

编写人员（以参编章节为序）：

朱本伟（南京工业大学）
宁利敏（南京中医药大学）
熊　强（南京工业大学）
姚　忠（南京工业大学）
王浩绮（南京工业大学）
江　凌（南京工业大学）
李　谦（南京正大天晴制药有限公司）
倪　芳（南京工业大学）
年彬彬（南京工业大学）
蒲中机（浙江大学）
于浩然（浙江大学）
丁　欣（青岛大学）
刘　洋（南京工业大学）
吴　帅（江苏省人民医院）
王小宇（南京林业大学）
姜进举（青岛工学院）
高秀珍（山东理工大学）
马钦元（山东理工大学）
张　同（山东理工大学）
李惺惺（中国科学院大连化学物理研究所）

前 言

关于酶化学（enzyme chemistry）的真正含义，目前尚无准确和权威的表述。我们知道酶催化的反应本质上是化学反应，那么，我们是否可以将酶化学理解为研究酶（反应）的化学，包括酶的组成、结构、催化机制以及酶在化学领域（有机合成化学、化学生物学、生物分析化学等）的应用。近年来，酶在化学学科尤其是有机合成化学和化学生物学研究中扮演着非常重要的角色，已日渐成为化学家开展研究不可或缺的工具，酶化学学科正日显雏形，其地位也不断提升，成为新的研究热点。有鉴于酶化学教学和科研的需求，编写一本介绍酶在化学研究领域中的应用且专用于酶化学课程使用的教材就显得尤为必要。

国内外有关于酶化学的教材与专著可以追溯到1984年C. J. Suckling主编的*Enzyme Chemistry: Impact and Applications*，1991年金道森、童林荟、姚钟麒和吴应文四位知名专家教授将其翻译为中文，定名为《酶化学：影响与应用》，开启了国内酶化学研究与教育的先河。其后，中国科学院兰州化学物理研究所的李树本教授于2008年主编并出版了一部《酶化学》，作为高等院校生物化学专业高年级本科生和研究生的教材。该书以甲烷单加氧酶、细胞色素P450酶和脂肪酶的催化反应化学和人工模拟光合作用为主要内容，介绍了生物酶和模拟酶化学的研究进展，是酶化学初学者和研究者重要的学习用书和研究参考书。近年来，随着人工智能与量子化学等学科和领域的高速发展，酶化学领域也取得了巨大的成就，有了酶的参与，生命科学与化学学科的界限越来越模糊，酶化学逐渐成为两个学科交叉领域研究的热点。为此，我们联合了来自浙江大学、中国科学院、南京林业大学、南京中医药大学、山东理工大学、青岛大学等单位的十余位从事相关研究的青年科研人员整理汇集了酶化学领域研究的热点，形成了《现代酶化学》一书，以期能对相关领域的科研工作者提供帮助。

本书在编写过程中得到了许多专家的热心指点和帮助，并借鉴参考了国内诸多酶工程领域的权威教材（例如吉林大学罗贵民教授主编的《酶工程》、华南理工大学郭勇教授主编的《酶工程》、浙江大学梅乐和与岑沛霖教授主编的《现代酶工程》以及华东理工大学袁勤生教授主编的《现代酶学》等经典教材），在此一并致以诚挚的感谢。本书被江苏省教育厅列为“十三五”江苏省高等学校重点教材，列入化学工业出版社“十四五”普通高等教育规划教材，得到了诸多支持。

鉴于编者水平有限，书中难免存在不足之处，恳请各位读者不吝赐教，提出宝贵的修改意见，在此一并表示感谢。

编者

2024年于南京

目 录

第一章　绪论 / 001

第一节　酶化学概述与发展历程 / 001

第二节　酶化学研究现状与前景 / 004

第二章　酶化学基础理论 / 007

第一节　酶的分类和命名 / 007

一、酶的分类 / 007

二、酶的命名 / 008

第二节　酶的化学组成与结构 / 010

一、单纯酶和结合酶 / 010

二、酶的辅因子 / 010

三、酶的活性中心 / 011

四、酶按结构的分类 / 011

五、同工酶 / 013

第三节　酶促反应的特点和机制 / 013

一、酶促反应的特点 / 013

二、酶促反应的机制 / 015

第三章　酶促反应动力学 / 017

第一节　影响酶促反应的因素 / 017

一、影响酶促反应速率的内因 / 017

二、影响酶促反应速率的外因 / 025

第二节　酶活力单位 / 033

第三节　酶的调节 / 034

一、酶的结构调节 / 034

二、酶的数量调节 / 036

第四章　酶的合成与制备 / 037

第一节　酶的生产方法 / 037

一、提取分离法 / 037

二、生物合成法 / 038

三、化学合成法 / 039

第二节　酶的发酵生产 / 039

一、优良产酶菌的特点 / 040

二、主要的产酶菌 / 041

三、产酶菌的获得 / 042

四、产酶菌的培养 / 046

第三节　提高发酵产酶量的方法 / 052

一、酶合成的调控机制 / 053

二、控制发酵条件提高产酶量 / 057

三、通过诱变提高产酶量 / 064

四、通过基因重组提高产酶量 / 065

五、其他提高产酶量的方法 / 065

第五章 酶的分离纯化 / 067

第一节 酶分离纯化的一般原则 / 067

一、减少或防止酶的变性失活 / 067

二、根据不同性质采用不同的分离纯化方法 / 068

三、建立快速可靠的酶活力检测方法 / 068

四、尽量减少分化步骤 / 068

第二节 酶的提取 / 069

一、预处理和细胞破碎 / 069

二、提取 / 071

三、浓缩 / 072

第三节 酶的纯化 / 073

一、根据酶溶解度不同进行纯化 / 073

二、根据酶分子大小、形状不同进行纯化 / 076

三、根据酶分子电荷性质进行纯化 / 079

四、根据酶分子专一亲和作用进行纯化 / 082

五、高效液相色谱法 / 085

六、酶的结晶 / 088

七、酶纯化方法评价 / 090

第四节 酶的纯度与保存 / 090

一、酶纯度的检验 / 090

二、酶活力的检验 / 092

三、酶的剂型 / 092

四、酶的稳定性与保存 / 092

第六章 酶的固定化 / 094

第一节 酶固定化技术概述 / 094

一、酶固定化技术的含义 / 094

二、酶固定化的一般原则 / 095

三、酶固定化的方法 / 095

第二节 固定化酶的性质及其影响因素 / 097

一、固定化酶的性质 / 097

二、影响固定化酶性质的因素 / 098

三、固定化酶的优缺点及研究意义 / 099

第三节 固定化酶的研究进展及展望 / 100

一、固定化载体材料和固定化技术的研究概况 / 100

二、固体化载体材料和固定化技术的发展 / 102

三、展望 / 103

第七章 酶的化学修饰 / 104

第一节 酶的化学修饰的基本要求 / 104

一、被修饰酶的基本性质 / 104

二、修饰剂的选择 / 104

三、反应条件的确定 / 105

四、修饰效果的评价 / 105

第二节 酶分子的修饰技术 / 106

一、大分子修饰 / 106

二、小分子结合修饰（酶分子侧链修饰） / 107

三、肽链有限水解修饰 / 110

四、氨基酸置换修饰 / 110

五、金属替换修饰 / 111

六、固定化修饰 / 111

七、基于基因工程的修饰技术 / 111

第三节 酶化学修饰的应用 / 113

一、在酶结构与功能方面的应用 / 113

二、在工业方面的应用 / 113

三、在生物医药方面的应用 / 114

第八章　酶的定向进化 / 115

第一节　酶定向进化的概述　/　115
一、定向进化的含义　/　115
二、定向进化的优势与挑战　/　119
第二节　酶基因的随机突变　/　120
一、定向进化的基本原理　/　120
二、序列多样化的方法　/　120
第三节　酶突变基因的定向选择　/　125
一、定向选择的重要性　/　125
二、常用的定向选择策略　/　125
三、选择的效率和准确性　/　128
四、现代技术在定向选择中的应用　/　129
五、定向选择在实际应用中的案例研究　/　129
六、未来展望　/　130
第四节　酶分子定向进化的研究进展及应用　/　130
一、定向进化的历史背景　/　130
二、新的突变和筛选技术　/　131
三、定向进化的应用领域与实际应用案例　/　132
四、展望　/　135

第九章　计算酶化学 / 137

第一节　经典的计算机辅助酶设计　/　137
一、基于序列的酶设计　/　137
二、基于结构的酶设计　/　140
三、传统的计算机辅助酶设计的流程　/　141
第二节　物理驱动的酶设计　/　143
一、底物结合和产物释放　/　143
二、催化　/　144
三、物理驱动方法软件和工具　/　146
第三节　数据驱动的酶设计　/　149
一、预测酶的性质参数　/　150
二、酶工程中的 DBTL 循环　/　151
三、数据驱动的计算蛋白质设计　/　152

第十章　人工酶 / 155

第一节　人工酶概述　/　155
一、主客体酶模型　/　156
二、肽酶　/　159
三、分子印迹酶　/　159
第二节　人工酶与人工光合作用　/　165
一、水分子氧化　/　166
二、水分子还原　/　169
三、二氧化碳还原　/　170
第三节　人工酶与人工固氮　/　172
一、生物固氮与固氮酶　/　172
二、光催化固氮　/　175

第十一章　核酶 / 181

第一节　天然核酶　/　181
一、自剪接型核酶　/　182
二、自剪切型核酶　/　184
三、天然核酶的鉴定方法与生物应用　/　186
第二节　人工核酶　/　189
一、DNA 核酶的分类与结构　/　189
二、DNA 核酶体外筛选策略　/　192
三、基于 DNA 核酶的生物传感器的设计策略　/　194
第三节　DNA 核酶在生物传感分析领域的应用　/　196
一、金属离子检测　/　196
二、细菌检测　/　197
三、蛋白质和小分子检测　/　198

第十二章　纳米酶 /200

第一节　纳米酶简介　/　200
第二节　纳米酶的类型　/　201
一、过氧化物纳米酶　/　201
二、氧化纳米酶　/　202
三、超氧化物歧化纳米酶　/　203
四、过氧化氢纳米酶　/　203
五、水解纳米酶　/　203
第三节　纳米酶的反应动力学和催化机制研究　/　204
一、酶促反应动力学　/　204
二、过氧化物纳米酶的催化机制研究　/　206
第四节　纳米酶催化活性的调控　/　206
一、元素组成　/　207
二、尺寸　/　207
三、形貌和晶面　/　208
第五节　纳米酶的应用　/　209
一、用于生物传感和诊断　/　209
二、用于抗肿瘤治疗　/　210
三、用于抗菌和抗生物膜治疗　/　210
四、用于抗炎症治疗　/　211
五、用于其他疾病的治疗　/　211

第十三章　非水酶学 /213

第一节　概述　/　213
第二节　传统非水酶学中的反应介质　/　213
一、水-有机溶剂单相系统　/　214
二、水-有机溶剂两相系统　/　214
三、含有表面活性剂的乳液或微乳液系统　/　214
四、微水有机溶剂单相系统　/　215
五、无溶剂或微溶剂反应系统　/　215
六、气相反应介质　/　216
第三节　非水介质中酶的结构与性质　/　216
一、非水介质中酶的结构　/　216
二、非水介质中酶的性质　/　219
第四节　影响非水介质中酶催化的因素以及调控策略　/　222
一、有机溶剂　/　222
二、反应系统的水含量　/　224
三、添加剂　/　227
四、生物印迹　/　228
五、化学修饰　/　228
六、酶固定化技术　/　229
七、反应温度　/　229
八、酶干燥前所在缓冲液的pH和离子强度　/　229
第五节　非水介质中酶催化的应用　/　230
一、酯的合成　/　230
二、肽的合成　/　232
三、高分子的合成与改性　/　232
四、光学活性化合物的制备　/　234
第六节　离子液体中的酶催化　/　236
一、离子液体概述　/　236
二、离子液体的溶剂特性　/　238
三、离子液体在酶催化中的应用　/　239

第十四章　有机合成中的酶促反应 /242

第一节　酶催化的有机合成反应概述　/　242
一、有机合成反应中酶催化特征　/　243
二、有机合成反应中酶催化的劣势　/　243
第二节　酶催化有机合成反应的类型　/　244
一、C—O 键的水解和生成反应　/　244
二、C═C 键的加水和消除反应　/　247
三、C—N 键的水解和生成反应　/　250
四、C—C 键的生成和裂解反应　/　253
五、P—O 键的生成和断裂反应　/　256
六、还原反应　/　258

七、氧化反应 / 261
八、卤化反应 / 268
九、异构化反应 / 270
第三节 酶在有机合成反应中的应用 / 275
一、利用酮还原酶生产手性醇 / 275
二、酶促羟基化制备手性醇 / 276
三、利用腈水解酶生产他汀类药物 / 277
四、利用转氨酶合成西格列汀中间体 / 278
五、利用腈水解酶合成羧酸类化合物 / 279
六、通过裂合酶生产氨基酸类化合物 / 280
七、利用蔗糖磷酸化酶合成糖苷类化合物 / 281
八、多酶级联生物催化合成精草铵膦 / 283

第十五章 天然产物的酶法修饰 /287

第一节 天然产物的糖基化修饰 / 288
一、糖基转移酶概述 / 288
二、糖基转移酶在改善天然产物中的应用 / 290
第二节 天然产物的酰基化修饰 / 293
一、组蛋白翻译后修饰 / 293
二、酰基化修饰在其他天然产物中的应用 / 299
第三节 天然产物的酶法降解及合成修饰 / 302
一、多糖酶法降解修饰 / 303
二、多糖酶法合成修饰 / 320

参考文献 /322

第一章
绪论

第一节 酶化学概述与发展历程

众所周知，酶是一种生物催化剂，但是生物催化剂不仅包括酶，还包括整体细胞、核酸和具有催化活性的抗体。一般来说，酶主要是蛋白质，酶的催化作用不仅取决于蛋白质的构型，也受氨基酸侧链基团的影响。酶促反应在活性中心上进行，在很多情况下还需要金属离子和辅酶的参与。与化学催化剂相比，酶的独特催化特性是反应速率快、专一性强、反应条件温和等等。生命过程中的所有化学反应几乎都是在酶催化作用下进行的，因此，可以认为酶化学处于生物化学和化学研究中的中心地位，具有重要的研究价值和意义。

酶的应用可以追溯到几千年前，据考古发现，古埃及人早在 5000 多年前就懂得向酒中添加辅料来治疗疾病，而酒就是酵母细胞中酶促反应的产物。随后，据龙山遗址出土的文物考证，我国古代人民早在 4000 多年前就已经掌握了酿酒技术。到了 3000 多年前的周朝，人们就已经会利用含有淀粉酶的酒曲将淀粉降解为麦芽糖来制作饴糖。公元 6 世纪左右，我国的古代科学巨著《齐民要术》中详细记载了豆酱制造的原料配比及酿造方法，这也是应用酶的实例。除此之外，还有利用鸡内金治疗消化不良、用动物的胃液来制作干酪和用胰脏软化皮革的记载。这一系列的事例表明，人们以前虽然不知道酶为何物，但是很早就知道酶的存在，并将其运用到生活中的各个方面。

人们真正认识到酶的存在和作用，是从 19 世纪开始的，并在随后的 100 多年内取得了许多重要的成果，从而为酶工程的兴起和发展奠定了坚实的基础。

首先，在 1773 年，意大利科学家 Spallanzani 设计了历史上著名的“胃笼实验”，意识到胃液中存在某种物质，可以消化肉，从而动摇了“胃壁机械研磨”的蠕动消化理论。1810 年，生物学家 Jaseph Gaylussac 发现酵母可将糖转化为酒精；同年药物学家 Planche 在植物的根中分离出一种能使愈创木脂氧化变蓝的物质。1814 年，生物学家 Kirchhoff 研究发现谷物种子在发芽时可以产生还原糖，并在种子发芽时用水提取分离，发现该抽提物可以促使谷物发生水解反应。1833 年，生物学家 Payen 和 Persoz 从麦芽的水抽提液中用乙醇沉淀法分离得到了一种可将淀粉水解为还原糖的白色粉末，他们将这种物质称为 diastase，也就是现代所说的淀粉酶，因此将这两位科学家称为酶的最早发现者。1878 年，德国科学家 Kuhne 首次提出酶的概念，该词来源于希腊文，由“en（在）”和“zyme（酵母）”组合而成，意为在酵母中。1894 年，科学家 Fischer（图 1-1）提出了酶与底物作用的“锁钥模型”，用于解释酶对底物的专一性作用。

1898 年，生物学家 Duelaux 提出了酶的命名方法，即引用“diastase”的最后三个字母“ase”作为酶命名的词根。

1896 年，德国科学家 Buchner（图 1-2）通过利用石英砂磨碎的酵母滤液使糖发酵产生酒精的实验，验证了酶的作用是发酵过程的本质，从而促进了酶的分离及对其理化性质的研究，因此获得了 1907 年的诺贝尔化学奖，从而揭开了酶学研究的序幕。

图 1-1 Fischer（1852 年—1919 年）

图 1-2 Buchner（1860 年—1917 年）

1903 年，科学家 Henri 提出了酶与底物相互作用的中间复合物学说。1913 年，Michaelis 和 Menten（图 1-3）推导出了酶促反应的动力学方程 Michaelis-Menten 方程，极大地促进了酶反应机制的研究。1925 年，Briggs 和 Handane 对该方程进行了修正，同时提出了稳态学说。

图 1-3 Michaelis（1875 年—1949 年）和 Menten（1879 年—1960 年）

在意识到酶的存在及其对生命的重要性之后，人们开始探究它的化学本质。1926 年，美国科学家 Sumner 从刀豆种子中提取出脲酶的结晶，脲酶是一种能催化尿素分解为二氧化碳和氨的酶，这种晶体还显示出蛋白质的性质，凡是能使蛋白质变性的东西，也都会破坏这种酶，由此，Sumner 肯定酶是一种蛋白质。20 世纪 30 年代，科学家们相继提取出多种酶的蛋白质结晶，并指出酶是一类具有生物催化作用的蛋白质。因此“酶是蛋白质”得到学术界的普遍认可。

1958 年，Koshland（图 1-4）针对酶与底物的相互作用提出了诱导契合学说，同时也发现酶的催化特性与反应条件有关。

1961 年，科学家 Jacob 和 Monod 等提出了操纵子学说，阐明了酶生物合成的基本调节机制。

1965 年，Phillips 首次利用 X 射线晶体衍射技术阐明了溶菌酶的三维结构，从而为后续酶的结构、功能及催化机制研究奠定了坚实的基础。

1982 年，Thomas Cech 等发现四膜虫 26S rRNA 前体具有自我剪接功能，并于 1986 年证明其内含子 L-19IVS 具有多种催化功能。1983 年，Sideny Altman 等发现大肠埃希菌核糖核酸酶 P 的核酸组分——M1 RNA 具有酶的活性。Cech 和 Altman 的发现震惊了全世界，因此获得了 1989 年诺贝尔化学奖，从此推翻了“酶都是蛋白质”的传统观念。

2018 年，Frances H. Arnold（图 1-5）由于在酶的定向进化方面的杰出成就而获得了当年的诺贝尔化学奖，对于酶分子的设计与改造，是基于基因工程、蛋白质工程和计算机技术互补发展和渗透的结果，它标志着人类可以按照自己的意愿和需要改造酶分子，甚至设计出自然界中原来并不存在的全新的酶分子。目前，在酶分子人为改造还不成熟的情况下，通过定点突变技术成功改造了大量的酶分子，获得了比天然酶活力更高、稳定性更好的工业用酶。但总体来说，我们的能力并未达到对复杂生物体系进行有效人为改造的水平。近年来，易错 PCR、DNA 改组（DNA shuffling）等技术的应用，在对目的基因表型有高效检测筛选系统的条件下，建立了酶分子的定向进化策略，尽管不清楚酶分子的结构，仍能获得具有预期特性的新酶，基本实现了酶分子的人为快速进化。

图 1-4　Koshland（1920 年—2007 年）

图 1-5　Frances H. Arnold（生于 1956 年）

目前已发现的酶有 8000 多种，而且每年都有大量的新酶被发现，据报道现在已有数百种酶得到了纯化，有 200 多种酶得到了结晶。现代酶学正朝着酶结构与功能研究以及酶的应用研究方向发展。酶结构与功能研究主要是揭示酶的催化机制与调节机制，从而进一步阐明酶在生命活动中所起的作用。酶工程的主要任务是解决如何更经济有效地进行酶的生产、制备与应用研究，以及酶的固定化及酶反应器的构建等。

酶促反应的突出特点是反应条件温和，反应速率快，专一性强。由于受到生存条件的限制，要保持酶的活力，酶促反应一般均在室温、中性 pH 等温和条件下进行，而且底物的浓度不能过高。其反应速率之所以能比化学催化快数百亿倍，是因为酶和底物生成的反应中间物可以大大降低活化能。针对酶促反应的研究不注重单程转化而关心酶的转换数。因为酶促反应的产物是生物新陈代谢的排泄物，对酶有抑制作用，其浓度最高不能超过 10%，从而限制了酶促反应的单程转化率和生产强度。这也是在相同生产能力下，生物催化反应器的尺寸要比化学催化反应器大很多的原因。酶促反应的另一个问题是酶的稳定性差，由于多数酶是蛋白质，对外界的条件和环境非常敏感，容易因温度、压力的变化和杂质的影响而失活。酶促反应的专一性，包括化学专一性、立体专一性和反应分子的部位专一性，是化学催化无法比拟的。因此专一性和稳定性是酶促反应化学的研究重点。酶促反应在水溶液中进行，遵从米氏动力学规律，反应动力学的研究比化学催化，特别是气固多相催化反应要简单得多。但由于酶促反应属于快速反应，反应机制的研究，尤其是反应中间物和反应网络，必须通过停留和温度跳跃等快速反应动力学方法测定。近年来，极端条件，如有机溶剂、酸碱性（pH）、低温和高压条件下生物催化反应的发现，已引起生物和化学工作者的普遍关注，对酶化学的研究提出了新的挑战。

酶工程是研究酶的生产与应用的技术性学科，是在酶的分离、纯化和应用过程中逐步形成并发展起来的学科，其发展历程可从 4 个阶段进行概述。首先，酶工程兴起于从植物、动物组织中提取酶。1894 年，日本生物学家 Takamine Jokichi 从米曲霉中制备了淀粉酶作为消化剂，从而揭开了酶工程发展的序幕，随后德国科学家 Rohm 于 1908 年从动物胰脏中提取胰蛋白酶用于软化皮革，Boidin 分离了淀粉酶用于纺织品的退浆和 Wallestein 从木瓜中分离了蛋白酶用于澄清啤酒等。但是由于这些酶的制备受到原料来源和分离纯化技术的限制，难以进行大规模的工业化生产，限制了酶工程的进一步发展。其后随着微生物液体深层培养技术的发展并将其运用到酶的生产中，揭开了现代酶工程的序幕。自 20 世纪 50 年代以来，由于微生物发酵技术的发展，很多酶制剂都采用发酵的方法进行生产。1961 年，法国科学家 Jacob 和 Monod 提出阐明酶合成调节机制的操纵子学说，从而大大推动了酶发酵生产技术的发展。这样就可以将微生物引入人工控制的生物反应器中进行发酵，促进了酶的规模化制备和生产。

而酶化学则主要研究酶的反应动力学、反应机制及其在化学中的应用，是伴随酶学与酶工程等学科的发展而发展起来的，其发展历程与酶工程有较多重合之处，仍伴随诸多新技术的引入而呈现出广阔的发展前景。

第二节　酶化学研究现状与前景

近年来，随着酶在食品、医药、工业、农业、环境保护等领域的广泛应用，酶在应用过程中的不足也逐渐显现出来，例如酶稳定性不够好，活力不够高，储藏周期短等。为了解决上述缺陷，人们采用各种技术手段对酶进行改造以便更好地发挥酶的活力，例如酶分子修饰、酶固定化、酶的非水相催化等。经过改性，可以提高酶活力，增加酶的稳定性，改变底物专一性，更有利于酶的广泛应用。

1916 年，美国科学家 Nelson 和 Griffin 发现将蔗糖酶吸附在骨炭上制成固相的固定化酶，该酶仍显示出催化活性，从而揭开了酶固定化的序幕。从此之后，酶固定化迅速发展，开发了多种酶固定化的载体和方法，从而促进和拓展了酶在各个领域的应用。固定化可以提高酶的稳定性，延长酶的使用和贮藏周期，并且酶经过固定化后可以反复使用或者连续使用较长时间，同时固定化酶可经过沉降、吸附等与产物体系进行分离，简化了生产工艺。

此外，还可以通过对酶分子进行修饰来提高酶的活力和稳定性，自 20 世纪 80 年代以来，酶的分子修饰技术发展较快，酶分子修饰的主要方法有主链修饰、侧链基团修饰、酶分子组成单位置换修饰、金属离子置换修饰和物理修饰等。通过酶分子修饰，可以提高酶的活力、增强酶的稳定性、消除或者降低酶的抗原性。目前，酶分子修饰已经成为酶工程领域中具有重要意义和广阔应用前景的热点领域。随着分子生物学、基因工程和蛋白质工程技术的发展，产生了定点突变（site-directed mutagenesis）技术，可以对酶分子中的氨基酸或核苷酸进行置换修饰，并把修饰后的信息存于 DNA 中，经过克隆和表达就获得了具有新的催化特性和功能的酶，进一步拓展了酶的应用前景。

1984 年，科学家 Klibanov 首次报道了酶在有机相中的应用，利用酶在有机介质中成功地合成了酯、肽等化合物。酶在有机介质中催化反应的研究，拓展了酶工程的研究领域，此后该领域迅速发展，取得了很多研究成果。酶的非水相催化与水相中的催化相比，具有可以提高非极性底物或者产物的溶解度、进行在水溶液中无法进行的合成反应、减少产物对酶的反馈抑制作用等显著特点，具有重要的理论意义和应用前景。

随着分子生物学技术的进一步发展，近年来相继出现了一些新技术，例如 DNA 改组（DNA shuffling）技术、高通量筛选（high throughput screening）技术、易错 PCR（error prone PCR）技术等，为酶的改造提供了更加高效、有力的技术手段。酶的定向进化是指模拟酶的自然进化过程，如随机突变，在体外进行基因的改造（随机突变），建立酶的突变体文库，结合功能筛选，定向得到具有优良催化特性的酶的突变体的过程。该技术不需要事先了解酶的结构、催化特性、作用机制等有关信息，通过 DNA 改组、易错 PCR 等技术构建突变体文库，可以在短时间内获得大量的突变体，结合功能筛选等手段，具有选择性强、筛选效率高等优点，目前已经成为酶工程领域研究的热点。

经过一个多世纪的发展，酶工程已经成为生物工程的主要研究内容，在蓬勃发展的工业生物技术中扮演着重要的角色，新酶的发现、筛选、改造以及生产和应用是当今酶工程发展的主攻方向和前沿阵地，显示出了广阔的发展前景。而酶化学的研究热点主要集中在以下几个方面。

首先，是酶的结构化学。大多数酶是具有催化功能的蛋白质，研究酶的结构化学，首先要了解蛋白质的结构，对蛋白质的初级结构氨基酸、肽链，以及由它们形成的高级结构 α 螺旋和 β 折叠等空间构型有一定的基础知识。但更重要的是从结构与功能的关系入手，研究酶的活性中心结构，酶和底物形成的反应中间物，以及辅酶、辅因子等。现代酶学表征技术的发展，使酶的空间构型和活性中心结构以及酶和底物相互作用的研究进入了一个崭新阶段。人们不但可以用 X 射线晶体衍射技术测定酶分子的晶体结构，而且能够通过电子自旋共振（electron spin resonance, ESR）、核磁共振（nuclear magnetic resonance, NMR）、X 射线吸收精细结构（X-ray absorption fine structure, XAFS）等研究酶的活性中心结构、酶和底物的作用机制和反应动态学。分子生物学的发展和计算机的应用，则使人们有可能通过基因突变改造酶和模拟酶的空间结构，从而提高自然酶的活力、稳定性和对储存环境及反应条件的耐受性。

其次，是酶的化学模拟。尽管酶促反应具有反应速率快、反应条件温和、专一性高的优点，但由于大多数酶是具有催化功能的蛋白质，对热很不稳定，在储存和反应过程中容易失活。其次由于酶来源于动植物和微生物细胞，酶促反应产物是细胞新陈代谢的排泄物，在反应体系中的浓度不能过高，从而限制了酶催化剂的大规模制备和酶催化过程的生产强度。对酶进行化学模拟，合成具有酶的结构和功能的化学催化剂，一直是酶化学家追求的目标。然而由于酶是生物大分子，结构非常复杂，很难从分子结构上进行全合成。即使是结构已知的酶分子，如细胞色素 P450（cytochrome P450，CYP450）酶和叶绿素酶，它们的分子分别是由铁卟啉和镁卟啉构成的，但由于活性中心结构的复杂性和含有辅酶、金属离子及辅因子等，用相应的过渡金属卟啉体系去模拟其催化功能仍不够理想。20 世纪 80 年代初兴起的纳米半导体光催化和 20 世纪 90 年代初发现的钛硅分子筛选择氧化，揭开了用无机催化材料模拟酶催化功能的序幕。它们可以在接近室温的条件下模拟光合作用中水分解和单加氧酶催化氧化反应，而且具有很高的活性和选择性。由此可见，尽管酶的结构和功能密切相关，但从应用角度而言，酶的化学模拟不一定要求从分子结构上进行全合成，主要是模拟酶的催化功能，并使模拟物具有和化学催化剂相当的化学稳定性，不仅生产强度高，而且容易大规模制备。

酶化学作为生物化学的一个分支，在过去的 20 年间得到了快速发展。现代酶学表征手段和分子生物学方法在酶化学中的应用，加深了对酶催化化学本质的认识。分子生物学的介入，使酶的结构和功能关系的研究不只停留在酶与底物的相互作用、酶的活性中心表征、酶蛋白质构型及氨基酸侧链基团对酶催化功能的影响，而是可以通过基因序列测定，使基因发生定点突变和重组，改变 DNA 和氨基酸序列，从而大幅度提高酶的活力和酶对环境及反应条件的耐受力。这一进展大大拉近了酶催化与化学催化的距离，酶的基因工程和蛋白质工程不但使食品、医药、轻工和农业等生物催化的传统领域焕发了青春，而且为酶在化学工业中的应用创造了条件。

20 世纪 70 年代初发生的石油危机和近几年原油价格的不断上涨，以及化石燃料大量开采和利用对人类生存环境造成的不可逆破坏，迫使人们必须寻找新的能源和化工原料来源。21 世纪酶在化学工业中的应用将不只局限在精细化工和手性药物的合成，而是进一步向能源、化工原料和环境科学领域渗透。深海和极地蕴藏着的大量可燃冰（冰冻甲烷）也许是地球留给人类的最后一点较清洁的化石燃料，但开采困难。一劳永逸的办法是通过化学工业的绿色革命“回归自然”，将希望寄托于太阳能和生物质转化，在这一转变过程中酶化学定会发挥不可替代的作用。

（朱本伟，宁利敏）

第二章
酶化学基础理论

第一节　酶的分类和命名

随着高通量基因组测序技术的发展，越来越多的酶被发现和表征，目前已有数千种酶被重组表达和纯化，其中一部分酶也已经制成了结晶，随着不同酶家族成员的不断扩充，需要对其进行进一步科学的分类和命名。

一、酶的分类

根据传统上国际酶学委员会（I.E.C）规定，按参与催化反应的类型，可把酶分成六大类，但是随着越来越多的新功能酶被发现，2018 年 8 月，国际生物化学与分子生物学联合会（The International Union of Biochemistry and Molecular Biology，IUBMB）命名委员会正式引入第七类转位酶（translocase，EC 7）。因此，目前共有七大类酶。

1．氧化还原酶（oxidoreductase）

氧化还原酶指催化底物进行氧化还原反应的酶类，包括脱氢酶、氧化酶、还原酶、过氧化物酶、加氧酶和羟化酶。例如乳酸脱氢酶、琥珀酸脱氢酶、细胞色素氧化酶、过氧化氢酶。反应通式如下：

$$AH_2+B \longleftrightarrow A+BH_2$$

2．转移酶（transferase）

转移酶指催化底物之间进行某些基团的转移或交换的酶类，包括转醛酶和转酮酶，脂酰基、甲基、糖基和磷酸基转移酶，激酶和磷酸变位酶。例如转甲基酶、转氨酶、己糖激酶、磷酸化酶等。反应通式如下：

$$AB+C \longleftrightarrow A+BC$$

3．水解酶（hydrolase）

水解酶指催化底物发生水解反应的酶类，包括酯酶、糖苷酶、肽酶、磷酸酶、硫脂酶、磷脂酶、酰胺酶、脱氨酶和核酸酶。例如淀粉酶、蛋白酶、脂肪酶、磷酸酶等。反应通式如下：

$$AB+H_2O \longleftrightarrow AH+BOH$$

4．裂合酶（lyase）

裂合酶指催化一个底物分解为两个化合物或两个化合物合成为一个化合物的酶类，包括脱羧酶、醛缩酶、水合酶、脱水合酶、合酶和裂解酶。例如果胶裂合酶、醛缩酶等。反应通式如下：

$$AB \longleftrightarrow A+B$$

5．异构酶（isomerase）

异构酶指催化各种同分异构体之间相互转化的酶类，主要包括消旋酶、差向异构酶、异构酶和变位酶。例如磷酸丙糖异构酶等。反应通式如下：

$$A \longleftrightarrow B$$

6．连接酶（ligase）

连接酶指催化两分子底物合成为一分子化合物，同时还必须偶联有 ATP 的磷酸键断裂的酶类，包括合成酶和羧化酶。例如谷氨酰胺合成酶、氨酰 tRNA 合成酶等。反应通式如下：

$$A+B+ATP \longrightarrow AB+ADP+Pi$$

$$A+B+ATP \longrightarrow AB+AMP+PPi$$

7．转位酶（translocase）

转位酶是指一些催化离子或分子跨膜转运或在细胞膜内易位反应的酶，即将离子或分子从膜的一侧转移到另一侧。但并不是所有的膜转运蛋白都是转位酶，那些不依赖酶催化反应的交换转运蛋白（exchange transporter）就不属于转位酶，例如 ADP-ATP 交换体等，而那些依赖 ATP 水解的 ABC 转运蛋白就属于转位酶。2018 年 8 月，国际生物化学与分子生物学联合会（IUBMB）命名委员会正式引入第七类转位酶（translocase，EC 7），新增加的转位酶是指催化离子或者分子穿越膜结构的酶或其膜内组分，这类酶中的一部分因为能够催化 ATP 的水解，所以以往被归属到 ATP 水解酶（EC 3.6.3.-）中，现在认为催化 ATP 水解并非其主要功能，因此被划分为转位酶中。例如：

$$2\,\text{泛醇}+O_2+nH(\text{side 1}) \longrightarrow 2\,\text{泛醌}+2H_2O+nH\,(\text{side 2})$$

二、酶的命名

（一）习惯命名法

（1）一般采用底物来命名：如蛋白水解酶等；对水解酶类，还可省略反应的类型，直接用底物名称即可，如核酸酶、脂肪酶、淀粉酶、蛋白酶和 ATP 酶就分别表示水解核酸、脂肪、淀粉、蛋白质和 ATP 的水解酶。

（2）依据其催化反应的性质来命名：如水解酶、转氨酶等。

（3）结合（1）（2）的命名：如琥珀酸脱氢酶、乳酸脱氢酶、磷酸己糖异构酶等。

（4）有时在底物名称前冠以酶的来源或其他特点：如血清谷氨酸-丙酮酸转氨酶、唾液淀粉酶、碱性磷酸酯酶和酸性磷酸酯酶等。

习惯命名法简单，应用历史长，但缺乏系统性，有时出现一酶数名或一名数酶的现象，因此在文献中应避免采用习惯命名法，以免造成混淆。

（二）系统命名法

鉴于新酶的不断发展和过去文献中对酶命名的混乱，国际酶学委员会规定了一套系统的命名法，使一种酶只有一种名称。它包括酶的系统命名和 4 个数字分类的酶编号。例如对催化下列反应酶的命名：

$$ATP + D\text{-葡萄糖} \longrightarrow ADP + D\text{-葡萄糖-6-磷酸}$$

系统命名要求能确切反映底物的化学本质及酶的催化性质，因此它由底物名称和反应类型两个部分组成。如果一个酶促反应的底物不止一种，那就需要将所有的底物都注明，中间用“：”隔开。因此，上述酶的系统命名为：ATP：D-葡萄糖磷酸转移酶，表示该酶催化从 ATP 中转移一个磷酸到 D-葡萄糖分子上的反应。它的分类编号是：EC 2.7.1.1；EC 代表按国际酶学委员会规定的命名，第 1 个数字“2”代表酶的分类名称（转移酶类），第 2 个数字“7”代表亚类（磷酸转移酶类），第 3 个数字“1”代表亚亚类（以羟基作为受体的磷酸转移酶类），第 4 个数字“1”代表该酶在亚亚类中的排号（D-葡萄糖作为磷酸基的受体）。

许多酶促反应是双底物或多底物反应，而且底物的化学名称很长，这使得酶的系统名称很长。为了应用方便，国际酶学委员会又从每一种酶的数个习惯名称中选定一个简便实用的推荐名称。例如催化天冬氨酸转氨基的酶：

$$HOOC-CH(NH_2)-CH_2-COOH + HOOC-C(=O)-CH_2-CH_2-COOH \rightleftharpoons HOOC-CH(NH_2)-CH_2-CH_2-COOH + HOOC-C(=O)-CH_2-COOH$$

L-天冬氨酸　　α-酮戊二酸　　L-谷氨酸　　草酰乙酸

该酶的系统名称为 L-天冬氨酸：α-酮戊二酸氨基转移酶，推荐名称为天冬氨酸氨基转移酶。

值得注意的是，来自同一物种或者同一物种不同组织或不同细胞的具有相同催化功能的酶，它们能够催化同一个化学反应，但是它们本身的一级结构可能完全不相同，有时在反应机制上也存在较大差异，例如超氧化物歧化酶（SOD），其结构如图 2-1 所示，根据其所含有的金属离子不同，可以分为三大类：Cu/Zn-SOD、Mn-SOD 和 Fe-SOD，这三种酶不仅在氨基酸序列上有着显著差异，在化学性质上也是千差万别。此外，虽然同为 Cu/Zn-SOD，来源于牛红细胞和猪红细胞的酶的一级结构也是不同的，这些酶属于同工酶，对此种酶类，无论是系统命名法还是习惯命名法均无法进行区分，因此在讨论一种酶时，应该把它的来源的名称一并加以说明，以免引起混淆和误解。

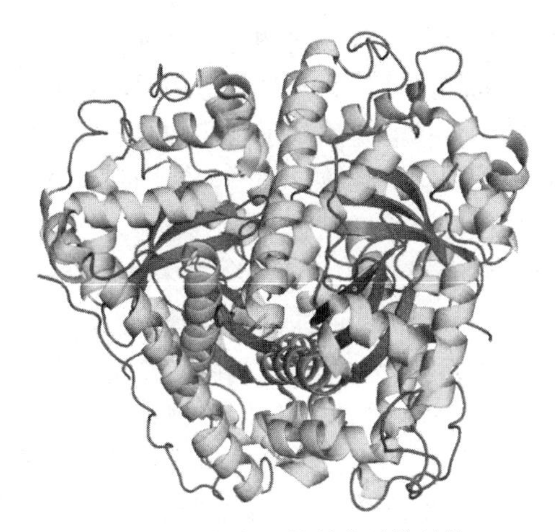

图 2-1　超氧化物歧化酶的结构

第二节　酶的化学组成与结构

人们发现并利用酶的时间已达千年之久，但是对于酶的化学本质的认识却一直止步不前，直到20世纪30年代，美国化学家James Batcheller Sumner和John Howard Northrop分别提取得到了脲酶和胃蛋白酶，这才揭开了酶的化学本质研究的序幕。1982年，Thomas Cech等在研究四膜虫的26S rRNA前体加工去除基因内含子时获得一个令人惊奇的发现，内含子的切除反应发生在仅含有核苷酸和纯化的26S rRNA前体而不含有任何蛋白质催化剂的溶液中，可能的解释只能是内含子切除反应是由26S rRNA前体自身催化的，而不是蛋白质。1984年，Sidney Altman等发现大肠埃希菌的核糖核酸酶P的核酸组分M1 RNA具有酶的催化活性，由此推翻了酶的化学本质都是蛋白质的结论。然而，本书研究的酶绝大多数属于蛋白质，因此本书所述的酶具有蛋白质的理化性质和生物学特性，因而凡能使蛋白质变性的因素均可以使酶失活。

一、单纯酶和结合酶

酶可以根据分子组成分为单纯酶和结合酶两大类。单纯酶（simple enzyme）是仅由氨基酸构成的酶，例如脲酶、蛋白酶、淀粉酶、脂酶和核糖核酸酶等均属于这类酶。结合酶（conjugated enzyme）由蛋白质部分和非蛋白质部分构成，前者称为脱辅基酶或脱辅酶（apoenzyme，又称为酶蛋白），后者称为辅因子（cofactor），二者结合形成的复合物称为全酶（holoenzyme）。对于结合酶来说，只有全酶才具有催化活性，脱辅基酶单独存在时没有催化活性。

二、酶的辅因子

从化学本质上看辅因子有两类。一类是金属离子，常见的金属离子有K^+、Na^+、Mg^{2+}、Cu^+/Cu^{2+}、Zn^{2+}和Fe^{2+}/Fe^{3+}等，约2/3的酶含有金属离子。其主要作用是：①传递电子；②作为酶活性中心的组成部分参加催化反应，使底物与酶活性中心的必需基团形成正确的空间排列，有利于酶促反应的发生；③作为连接酶与底物的桥梁，形成三元复合物；④中和电荷，减小静电斥力，利于底物与酶结合；⑤金属离子与酶的结合还可以稳定酶的空间构象。另一类是小分子有机化合物即有机辅因子，多数是维生素（特别是B族维生素）的活性形式。有机辅因子根据与酶蛋白的结合程度分为辅酶和辅基：辅酶（coenzyme）与酶蛋白通过非共价键连接，结合不牢固，可以用透析或超滤的方法除去；辅基（prosthetic group）与酶蛋白通过共价键连接，结合牢固，不能用透析或超滤的方法除去。

由此可见，辅因子承担着传递电子、原子或基团的作用。通常一种酶蛋白必须与特定的辅因子结合，才能成为有活力的全酶，如果该辅因子被另一种辅因子取代，则酶没有活力。另一方面，一种辅因子可以与不同的酶蛋白结合，组成具有不同特异性的全酶。例如NAD^+与不同的酶蛋白结合，分别组成乳酸脱氢酶、苹果酸脱氢酶和3-磷酸甘油醛脱氢酶等。可见，酶蛋白决定了酶的特异性，辅因子则决定了反应的类型。

三、酶的活性中心

由酶催化进行的化学反应称为酶促反应（enzymatic reaction），酶促反应的反应物称为酶的底物（substrate，S）。酶通过活性中心催化底物发生反应。酶的活性中心（active center）又称为活性部位（active site），是酶蛋白构象的一个特定区域，能与底物特异结合，并催化底物发生反应生成产物（product，P）。酶的活性中心具有特定的三维空间结构，通常由在一级结构上并不相邻的氨基酸残基组成，只占酶总体积很小的一部分（1%～2%），多为裂缝、空隙或口袋，多数由氨基酸的疏水基团构成疏水环境，但也有少量极性氨基酸残基，以便底物更好地结合和进行催化。酶与底物的结合为多重次级键，包括氢键、疏水键、离子键和范德华力。酶的活性中心并不是固定不变的，而是具有一定的柔性。

酶蛋白中氨基酸残基的侧链由不同的化学基团组成（图 2-2、图 2-3），其中一些基团与酶活力密切相关，称为酶的必需基团（essential group）。常见的酶的必需基团有丝氨酸残基的羟基、组氨酸残基的咪唑基、半胱氨酸残基的巯基以及酸性氨基酸残基的羧基。酶的必需基团分为两类：一类位于活性中心外，即酶活性中心外的必需基团，它们不参与构成活性中心，但是却是维持酶活性中心的构象所必需的；另一类位于活性中心内，即酶活性中心内的必需基团。活性中心内的必需基团又分为两类：一类是结合基团（binding group），其作用是识别与结合底物，使底物与酶形成酶-底物复合物；另一类是催化基团（catalytic group），其作用是降低底物中某些化学键的稳定性，催化底物发生反应生成产物。

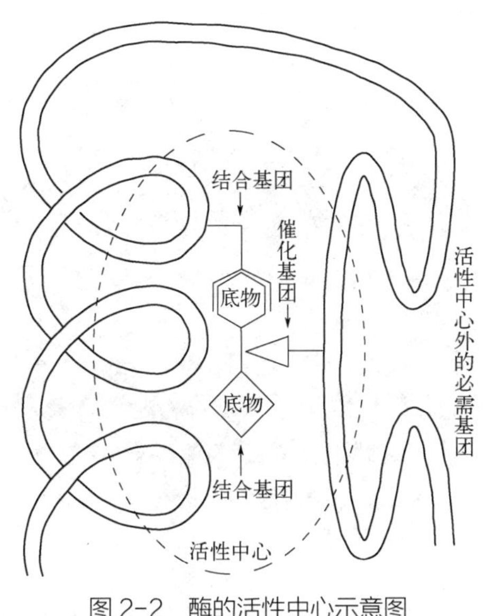

图 2-2　酶的活性中心示意图

对于单纯酶来讲，活性中心内的必需基团完全来自酶蛋白的氨基酸侧链，而对于结合酶来讲，辅因子也常参与酶活性中心的构成。

四、酶按结构的分类

酶除了根据分子组成分为单纯酶和结合酶之外，还可以根据分子结构分为以下几类。

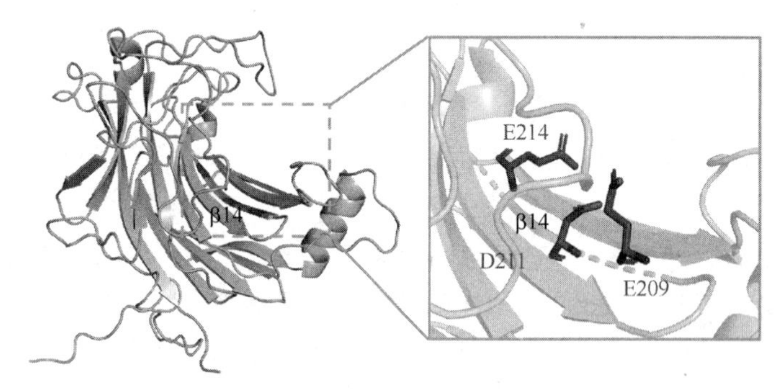

图 2-3 *O*-氨基甲酰转移酶的活性中心

1．单体酶

有些酶由一条多肽链构成，只含有一个活性中心，这些酶称为单体酶（monomeric enzyme），如木瓜蛋白酶、胰蛋白酶。

2．寡聚酶

由多个亚基以非共价键结合构成，含有多个活性中心，这些活性中心位于不同的亚基上，催化相同的反应，这些酶称为寡聚酶（oligomeric enzyme）。有的寡聚酶所含的亚基相同，如乳酸脱氢酶 1（lactate dehydrogenase 1，LDH1），如图 2-4 所示，含有四个相同的亚基（H4），每一个亚基都含有一个活性中心，四个活性中心催化相同的反应；有的寡聚酶则含有不同的亚基，如乳酸脱氢酶 3（LDH3）含有两种亚基（H2M2），每一个亚基也都含有一个活性中心，四个活性中心催化相同的反应。

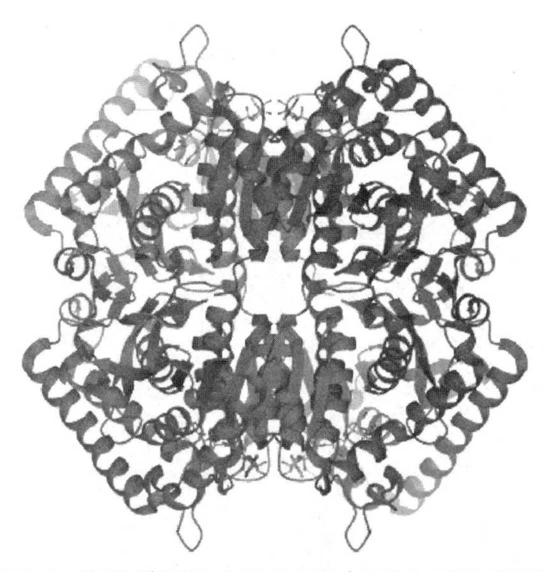

图 2-4 乳酸脱氢酶 1 的结构组成（含四个相同的亚基）

3．多酶体系

细胞内许多功能相关的酶结合在一起形成具有特定构象的多酶复合物，这些多酶复合物称为多酶体系（multienzyme system）。多酶体系具有两种或两种以上的活性中心，各活性中心催化的反应构成连续反应，即一种活性中心的产物恰好是另一种活性中心的反应物，前一活性中心的产物作为反应物直接转入后一活性中心，不会脱离酶蛋白。如丙酮酸脱氢酶复合物由三种酶构成：丙酮酸脱氢酶、硫辛酰胺还原转乙酰基酶、二氢硫辛酰胺脱氢酶，每一种亚基都有自己的活性中心，分别催化不同的化学反应（图 2-5）。

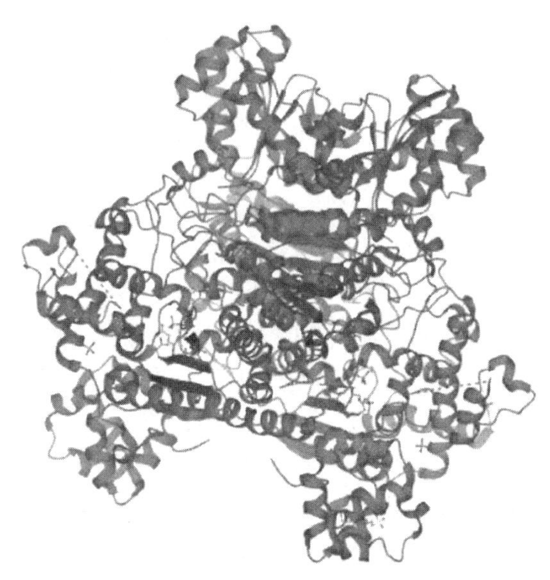

图 2-5　大肠埃希菌丙酮酸脱氢酶复合物的结构

4．多功能酶

由一条肽链构成，但含有多个活性中心，这些活性中心催化不同的反应，这些酶称为多功能酶（multifunctional enzyme），如大肠埃希菌 DNA 聚合酶 Ⅰ，由一条肽链构成，含有 5′-3′聚合酶、3′-5′外切酶、5′-3′外切酶三个活性中心，催化三种反应。

五、同工酶

同工酶（isozyme）是指催化相同的化学反应，但酶蛋白的分子组成、分子结构和理化性质乃至免疫学性质和电泳行为都不相同的一组酶。同工酶虽然在一级结构上存在差异，但其活性中心的三维结构相同或相似，故可以催化相同的化学反应。同工酶存在于同一种属或同一个体的不同组织或同一细胞的不同亚细胞结构中，是生命在长期进化过程中基因分化的产物。目前已经发现有百余种酶存在同工酶，研究较多的如 L-乳酸脱氢酶（L-lactate dehydrogenase，L-LDH），此外还有超氧化物歧化酶等。

第三节　酶促反应的特点和机制

酶促反应既有一般催化剂催化反应的共性，又由于酶的本质为蛋白质，还具有自己的特点。酶促反应的特点是由酶的催化机制决定的。

一、酶促反应的特点

酶具有和一般催化剂一样的特点：①只催化热力学上允许的化学反应。②可以提高化学反应速率，但不改变化学平衡。③催化机制都是降低化学反应的活化能。④在化学反应前后没有质和量的改变，并且很少量就可以有效地催化反应。此外，酶也有自己的特点。

（一）高效性

与不加催化剂相比，加一般的催化剂能将化学反应速率提高 10^7～10^{13} 倍，加酶能将化学反应速率提高 10^8～10^{20} 倍。

酶和一般催化剂之所以能提高化学反应速率，是因为它们能降低化学反应的活化能（activation energy）（图 2-6）。根据过渡态理论（transition state theory），在任何一个化学反应系统中，底物需要到达一个特定的高能状态以后才能发生反应。这种不稳定的高能状态被称为过渡态（transition state）。过渡态在形状上既不同于底物，又不同于产物，而是介于两者之间的一种不稳定的结构状态，这时旧的化学键在减弱，新的化学键开始形成。过渡态存留的时间极短，只有 10^{-14}～10^{-13} s。要达到过渡态，底物必须具有足够的能量以克服势能障碍，即活化能。活化能越低，达到过渡态的底物分子就越多，反应发生得越快。加入催化剂可降低反应活化能，促进更多的底物达到过渡态，从而提高反应速率。与无机催化剂相比，酶可更多降低反应所需活化能，因而酶与无机催化剂相比，能更大限度地提高反应速率。

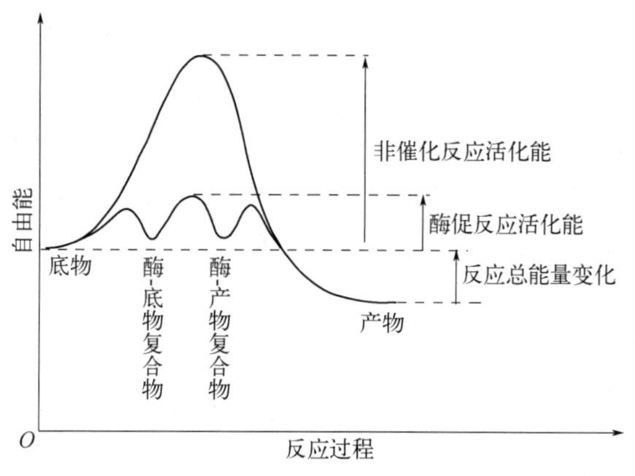

图 2-6　酶促反应活化能的改变

例如，H_2O_2 的分解反应，在不加催化剂时需活化能 70～76 kJ/mol，在加催化剂 Pt 催化反应时需活化能 49 kJ/mol，在加过氧化氢酶催化反应时需活化能 8 kJ/mol。当活化能由 70～76 kJ/mol 降至 8 kJ/mol 时，反应速率会提高 10^9 倍。与催化剂 Pt 相比，过氧化氢酶会使反应速率提高 10^6 倍。可见，酶的催化效率比一般催化剂要高得多。

（二）专一性

与一般催化剂不同，酶对所催化反应的底物和反应类型具有选择性，即一种酶仅作用于一种或一类化合物，或一定的化学键，催化一定的化学反应并产生一定的产物，酶的这种特性称为酶的专一性或特异性（specificity）。根据酶对其底物结构选择的专一程度不同，一般可以将酶的专一性分为绝对专一性、相对专一性和立体专一性。

1．绝对专一性

绝对专一性又称绝对特异性（absolute specificity），这种酶只能催化一种底物发生一种化学反应。例如脲酶只能催化尿素水解生成 NH_3 和 CO_2，不能催化水解尿素的衍生物甲基尿素等。

2．相对专一性

相对专一性又称为相对特异性（relative specificity），这种酶可以催化一类底物或一种化学键发生一种化学反应。例如己糖激酶既能催化葡萄糖磷酸化，也能催化甘露糖磷酸化；脂肪酶不仅水解脂肪，也水解简单的酯；二肽酶专门识别二肽中的肽键，无论构成二肽的两个氨基酸是何种氨基酸。

3．立体专一性

立体专一性又称立体特异性（stereo specificity），这种酶能识别立体异构体的构型，因而只能催化特定构型的立体异构体发生化学反应，或所催化的反应只生成特定构型的立体异构体。例如延胡索酸酶只能催化延胡索酸（非马来酸）水解生成 L-苹果酸；L-乳酸脱氢酶只能催化 L-乳酸脱氢。酶的立体专一性在生产实践中具有重要意义，某些药物只有某一种构型具有生理活性，另外一种构型则无效甚至有害，而有机合成的药物往往是消旋药物，但用酶来催化可进行不对称合成。

（三）不稳定性

酶是蛋白质，对导致蛋白质变性的因素（如高温、强酸、强碱等）非常敏感，极易受这些因素的影响而变性失活。因此，酶促反应往往都是在常温、常压和接近中性的条件下进行的。

（四）可调节性

生物体内存在着复杂而严密的代谢调节系统，既可以通过改变酶蛋白的总量来调节酶的总活力，又可以通过改变酶蛋白的结构来调节酶的活力，从而调节酶促反应速率，以确保代谢活动的协调性和统一性，确保生命活动的正常进行。

二、酶促反应的机制

研究酶的催化机制就是要阐明酶促反应的两个主要特点——高效性和专一性的化学基础。

（一）酶促反应高效性的机制

关于酶降低反应活化能、提高反应速率的机制，目前比较公认的是酶-底物复合物学说。该学说认为，在酶促反应中，酶（E）先与底物（S）结合成不稳定的酶-底物复合物（ES），同时释放能量降低反应的活化能，然后酶-底物复合物分解释放出反应产物（P）。

$$E+S \rightleftharpoons ES \longrightarrow E+P$$

目前认为，酶通过形成酶-底物复合物降低活化能来提高反应速率，是邻近效应与定向排列、表面效应、张力、多元催化和共价催化等综合作用的结果。

1．邻近效应与定向排列

在两个以上底物参加的反应中，底物之间必须以正确的方向相互碰撞，才有可能发生反应。在酶促反应中，酶通过将诸底物结合到酶的活性中心，使它们相互接近，提高底物在活性中心的局部浓度，并形成有利于反应的正确定向关系。这种邻近效应与定向排列将分子间的反应变成类似于分子内的反应，从而大大提高了反应效率。

2．表面效应

酶的活性中心多为疏水环境，通过限制水分子的进入，排除水分子对酶和底物基团的干扰性吸引或排斥，防止在酶和底物之间形成水化膜，有利于酶和底物的密切接触和结合，使活性中心对底物的催化作用更有效和强烈，这种现象称为表面效应（surface effect）。

3．多元催化

许多酶促反应常常涉及多种催化机制的参与，由多种催化机制共同完成催化反应。其中，酸碱催化作用是最普遍、最有效的催化机制。一般催化剂通常只有一种解离状态，即只能起酸催化作用或碱催化作用。酶蛋白是两性电解质，所含的各种基团具有不同的解离常数，即使同一种基团，如果处在蛋白质分子结构的不同微环境中，其解离度也会有差异。因此，一种酶常兼有酸、碱双重催化作用。这种多基团（包括辅因子）的共同作用可以极大地提高酶的催化效率。此外，酶对底物还具有亲核催化和亲电子催化作用。

（二）酶促反应专一性的机制

有几种假说试图阐明酶促反应专一性的机制，例如锁钥学说和诱导契合学说等。目前得到广泛认同的是 Koshland 在 1958 年提出的诱导契合（induced fit）学说。Koshland 认为，酶在发挥催化作用前须先与底物结合，这种结合不是锁与钥匙的机械关系，而是在酶与底物相互接近时，两者在结构上相互诱导、相互变形和相互适应，进而结合形成酶-底物复合物（图 2-7）。此假说后来通过 X 射线晶体衍射技术分析得到证实。诱导契合作用使具有相对专一性的酶能够结合一组结构并不完全相同的底物分子，酶构象的变化有利于其与底物结合，并使底物转化为不稳定的过渡态，从而易受酶的催化攻击转化为产物。

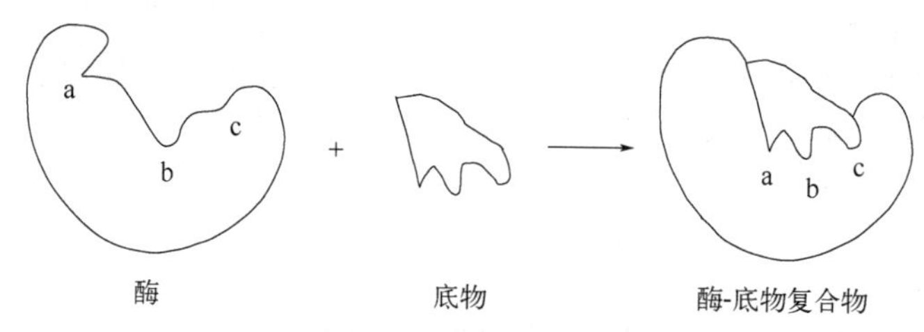

图 2-7　诱导契合学说示意图

（朱本伟，宁利敏）

第三章

酶促反应动力学

酶促反应动力学（enzyme kinetics）是研究酶促反应速率及各种因素对酶促反应速率影响机制的科学。酶促反应速率可受多种因素的影响，如酶浓度、底物浓度、温度、pH 值、抑制剂和离子强度等。在研究某一因素对酶促反应速率的影响时，应保持其他因素不变，只改变需要研究的因素，通过定量观察单位时间内底物的减少量或产物的生成量来研究各因素对酶促反应速率的影响。但由于随着反应时间的延长，底物浓度降低，产物浓度升高，逆反应速率加快，研究难度大大增加。因此，酶促反应动力学总是研究酶促反应的初始速率。

研究酶促反应动力学具有重要的理论意义和实践意义。既有助于阐明酶的结构与功能之间的关系，又可为研究酶的作用机制提供有用的数据，除此之外，还有助于寻找最佳的反应条件，了解酶在代谢中的作用，以及某些药物的作用机制等。

本章将重点介绍酶的米氏动力学、酶抑制剂作用的动力学、多底物酶的动力学和别构酶的动力学。

第一节　影响酶促反应的因素

影响酶促反应速率的因素有很多种，但概括起来可分为两类，即外因和内因。外因是来自外部的因素，内因是内在因素。

一、影响酶促反应速率的内因

酶浓度和底物浓度是影响酶促反应的内因，也是影响酶促反应速率最重要的因素，只有有酶和底物，反应才可以进行。

（一）酶浓度对酶促反应速率的影响

在酶促反应中，如果保持其他条件不变，底物浓度远高于酶浓度，足以使酶饱和，则随着酶浓度的提高，酶促反应速率也相应加快，并且成正比关系。以反应速率 v 对酶浓度［E］作图，可以得到一条过原点的直线（图 3-1）。

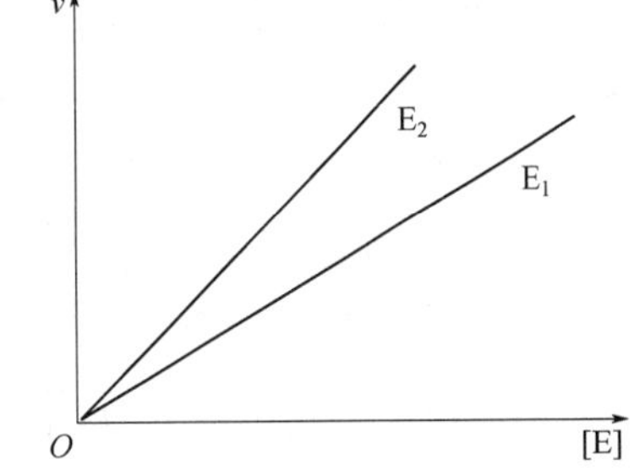

图 3-1　酶浓度与酶促反应速率的关系

（二）底物浓度对酶促反应速率的影响

对于非酶催化的化学反应来说，反应速率与底物的浓度成正比，以反应速率对底物浓度作图应该是一条直线。但对于绝大多数的酶促反应来说，反应速率 v 对底物浓度［S］作图，得到的是双曲线，少数是 S 形曲线，这说明酶的动力学都具有饱和动力学性质，即当底物浓度高到一定值后，反应速率不再增加，即达到最大反应速率 V_{max}。

1．单底物-单产物反应动力学

对于单底物-单产物反应来说，在底物浓度较低时，反应速率随着底物浓度的提高而加快，两者成正比例关系，表现为一级反应（first-order reaction）；此后，随着底物浓度继续提高，反应速率继续加快，但变化幅度越来越小，不再成正比例关系；最后，即使底物浓度再提高，反应速率也已经基本不变，表现为零级反应（zero-order reaction），说明此时全部酶分子都已经与底物结合，接近饱和状态（图 3-2）。

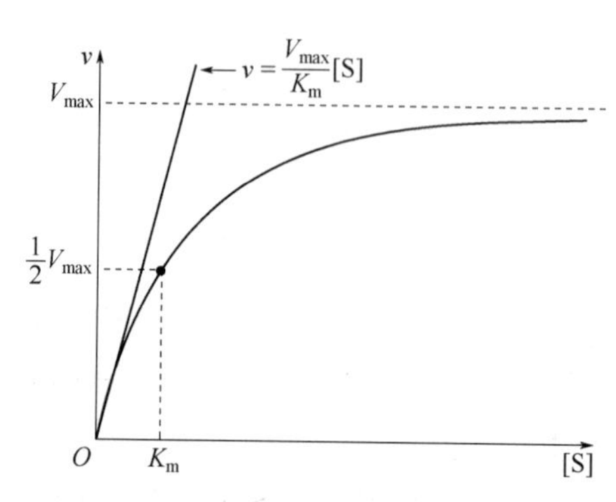

图 3-2　底物浓度与酶促反应速率的关系

（1）米氏方程

为了解释这个现象，阐明酶促反应速率与底物浓度之间的定量关系，Michaelis 和 Menten 于 1913 年以酶-底物复合物学说为基础对以下单底物酶促反应进行了定量研究：

$$E+S \underset{k_2}{\overset{k_1}{\rightleftharpoons}} ES \xrightarrow{k_3} E+P$$

式中，k_1、k_2 和 k_3 分别为各向反应的速率常数。

他们根据定量研究的实验数据归纳出一个反映酶促反应速率与底物浓度关系的数学方程式，称为米氏方程（Michaelis-Menten equation）：

$$v=\frac{V_{max}\times[S]}{K_m+[S]}$$

米氏方程中，v 为在不同底物浓度时的反应速率；V_{max} 为最大反应速率；［S］为底物浓度；K_m 为米氏常数（Michaelis constant），K_m=（k_2+k_3）/k_1。

从米氏方程可看出，当底物浓度极低（［S］<<K_m）时，K_m+［S］≈K_m，v≈（V_{max}/K_m）•［S］，即反应速率与底物浓度成正比。当底物浓度极高（［S］>>K_m）时，K_m+［S］≈［S］，v≈V_{max}，即反应速率接近最大反应速率，此时即使增加底物浓度，反应速率也已基本不再加快。因此，米氏方程揭示了反应速率与底物浓度之间的关系。

米氏反应动力学需要满足 3 个条件：①反应速率为初始速率，此时反应刚刚开始，反应速率与酶浓度成正比关系，各种影响因素尚未发挥干扰作用。②酶-底物复合物处于稳态，即［ES］不发生变化。③符合质量作用定律。其推导过程如下：

如前所述，ES 的生成速率 $v_1=k_1([E_t]-[ES])[S]$，ES 的分解速率 $v_2=k_2[ES]+k_3[ES]$。式中，［E_t］表示酶的总浓度，［E_t］－［ES］表示游离酶的浓度［E］。

当反应系统处于稳态时，v_1= v_2，即：

$$k_1([E_t]-[ES])[S]=k_2[ES]+k_3[ES] \tag{3-1}$$

对式（3-1）整理得：

$$\frac{[E_t][S]-[ES][S]}{[ES]}=\frac{k_2+k_3}{k_1} \quad (3\text{-}2)$$

令
$$\frac{k_2+k_3}{k_1}=K_m \quad (3\text{-}3)$$

将式（3-3）代入式（3-2）并整理得：

$$[ES]=\frac{[E_t][S]}{K_m+[S]} \quad (3\text{-}4)$$

由于在初始速率范围内，反应体系中剩余的底物浓度远超过生成的产物浓度。因此逆反应可不予考虑，整个反应的速率与 ES 的浓度成正比，即：

$$v=k_3[ES] \quad (3\text{-}5)$$

将式（3-4）代入式（3-5）得：

$$v=\frac{k_3[E_t][S]}{K_m+[S]} \quad (3\text{-}6)$$

当所有的酶均形成 ES 时（即［ES］=［E_t］），反应速率达到最大，即 $V_{max}=k_3[E_t]$，代入式（3-6）即得米氏方程：

$$v=\frac{V_{max}[S]}{K_m+[S]}$$

（2）米氏方程的解读和延伸

米氏方程中显示了两个变量 v 和［S］之间的关系。方程中有两个常数——K_m 和 V_{max}。除此之外，还有两个常数与酶促反应动力学有关——k_{cat} 和 k_{cat}/K_m。下文将分别介绍这四个常数。

① K_m 值：它是反应速率为最大反应速率一半时的底物浓度。当反应速率为最大反应速率的一半时，将 v=1/2V_{max} 代入米氏方程：

$$\frac{V_{max}}{2}=\frac{V_{max}\times[S]_{1/2V_{max}}}{K_m+[S]_{1/2V_{max}}} \qquad K_m=[S]_{1/2V_{max}}$$

因此，K_m 值的单位为 mol/L 或 mmol/L。

从米氏方程可知，K_m 值是酶发生有效催化时，对所需底物浓度的一种尺度，即具有高 K_m 值的酶比具有低 K_m 值的酶需要更高的底物浓度才能达到给定的反应速率。一种酶有几种底物就有几个 K_m 值，其中 K_m 值最小的底物在同等条件下反应最快，该底物称为酶的天然底物或最适底物。K_m 值因底物而异的现象可以帮助我们判断酶的专一性，研究酶的活性中心。

K_m 值是酶的特征常数，通常在 0.01～10 mmol/L。K_m 值只与酶的性质、底物的种类和酶促反应的条件（如温度、pH 值和离子强度等）有关，与酶和底物的浓度无关。不同的酶有不同的 K_m 值，比较来源于同一器官不同组织或同一组织不同发育期的催化同一反应的酶的 K_m 值，可以判断它们是同一种酶还是同工酶。

K_m 值反映酶与底物的亲和力。当 $k_2>>k_3$ 时，即 ES 解离成 E 和 S 的速率大大超过 ES 分解成 E 和 P 的速率时，k_3 可以忽略不计。此时 K_m 值近似于 ES 的解离常数 K_d 值：

$$K_m=\frac{k_2}{k_1}=\frac{[E][S]}{[ES]}=K_d$$

在这种情况下，K_m 值可以反映 E 与 S 亲和力的大小，即 K_m 值越小，E 与 S 的亲和力越大，表示不需要很高的 S 浓度就可以使 E 达到饱和。不过，K_m 值和 K_d 值的含义不同，对于不满足 $k_2 >> k_3$ 的酶促反应不能相互代替使用。

此外，K_m 值还可以帮助判断体内一个可逆反应进行的方向。如果酶对底物的 K_m 值小于对产物的 K_m 值，则有利于正反应，否则，有利于逆反应。

② V_{max}：在特定的酶浓度下，V_{max} 也是酶的特征常数，然而，在现实的条件下，一个酶促反应很难达到或者根本就达不到此值。随着底物浓度的增加，v 只能接近此值。如果一个酶促反应的酶浓度发生变化，V_{max} 会随之发生变化。因此，严格地说，一个酶促反应的 V_{max} 只有在一定的酶浓度下才是一个常数。

③ k_{cat}：k_{cat} 称为酶的转换数。当酶被底物完全饱和时（V_{max}），单位时间内每个酶分子（或活性中心）催化底物转变成产物的分子数称为酶的转换数（turnover number），单位是 s^{-1}。如果酶的总浓度已知，便可根据 V_{max} 计算酶的转换数。例如，10^{-6} mol/L 的碳酸酐酶溶液在 1 秒内催化生成 0.6 mol/L H_2CO_3，则酶的转换数为：

$$k_3 = \frac{V_{max}}{[E_t]} = \frac{0.6\ \text{mol}/(\text{L}\cdot\text{s})}{10^{-6}\ \text{mol}/\text{L}} = 6\times10^5/\text{s}$$

动力学常数 k_3 称为酶的转换数。对于生理性底物来说，大多数酶的转换数在 1～10^4/s。

④ k_{cat}/K_m：通常被用来衡量酶的催化效率，可以表示一个酶的催化效率或者完美程度。大的 k_{cat} 和（或）小的 K_m 将给出大的 k_{cat}/K_m 值。

（3）米氏方程的线性变换

从图 3-2 可见，底物浓度与酶促反应速率的关系图是一条渐近线，即底物浓度再高也只能使反应速率趋近 V_{max}，永远达不到 V_{max}。因此，很难从图 3-2 中直接得到 K_m 和 V_{max} 的准确值。因此有必要将米氏方程进行线性变换，使它成为相当于 $y=ax+b$ 的一次函数式，就可以用作图法得到 K_m 和 V_{max} 的准确值。

双倒数作图法（double-reciprocal plot）又称为林-贝氏作图法（Lineweaver-Burk plot），是最常用的确定酶动力学常数的方法。将米氏方程两边取倒数所得到的双倒数方程式称为林-贝氏方程（Lineweaver-Burk equation）。

$$\frac{1}{v} = \frac{K_m}{V_{max}} \times \frac{1}{[S]} + \frac{1}{V_{max}}$$

在林-贝氏方程中，$1/v$ 与 1/［S］呈线性关系。以 $1/v$ 对 1/［S］作图得到一条直线（图 3-3），其斜率为 K_m/V_{max}，在纵轴上的截距为 $1/V_{max}$，在横轴上的截距为 $-1/K_m$。双倒数作图法除了可以用于求得 K_m 值和 V_{max} 值之外，还可以用于判断可逆性抑制剂对酶促反应的抑制作用。

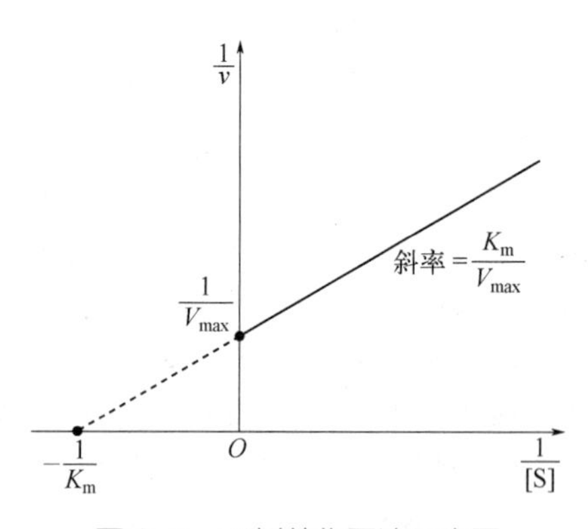

图 3-3　双倒数作图法示意图

米氏方程只适用于研究单底物酶促反应。大多数酶促反应都是多底物反应，多底物酶促反应动力学比单底物酶促反应复杂，不能直接用米氏方程来研究。

2．多底物反应动力学

多底物反应的动力学机制指底物与酶结合的次序和产物从酶释放的次序，包括序列反应机制和乒乓反应机制。

在研究一个多底物反应时，只需将其中一种底物的浓度固定，就完全可以按照一个单底物反应来处理，预期的结果会和单底物反应系统相同，相关的动力学常数同样可以被计算出来。如果改变浓度固定的底物的浓度，即在不同的固定浓度下重复实验步骤，测定该底物的不同浓度与酶促反应速率的关系，可以观察到酶促反应速率会改变，固定底物的浓度越高，反应速率就越高。于是由每一个固定的底物浓度，就可以得到一组动力学数据，使用不同的作图法可以得到一系列曲线，由此可计算出与浓度变化的底物有关的动力学常数。而根据反应的动力学行为则可区分序列反应和乒乓反应。

对于乒乓（Ping-Pong）反应，底物和产物会交替地与酶结合或者从酶释放，这样连续反应中酶会在中间态 E*和标准态 E 中交替变换，正如乒乓球来回弹跳。在该机制中，酶同第一个底物 A 的反应产物 C 会在酶同第二个底物 B 反应前释放出来，而酶 E 自身转变成另外一种修饰酶形式 E*，然后 E*再同底物 B 反应生成第二个产物 D 以及未修饰的标准态 E。

$$E \longrightarrow EA \rightleftharpoons E^{*}C \longrightarrow E^{*} \longrightarrow E^{*}B \rightleftharpoons ED \longrightarrow E$$

（A 结合于 E→EA，C 释放于 E*C→E*，B 结合于 E*→E*B，D 释放于 ED→E）

从上图中可以看出，反应底物 A 和产物 D 会竞争自由酶形式 E，而另一个反应底物 B 会和产物 C 竞争修饰酶形式 E*。该反应历程中只有二元复合物，没有三元复合物。以 A、B 双底物反应为例，根据乒乓反应机制的反应历程和稳态学说，推导出以下动力学方程：

$$v=\frac{V_{\max}[A][B]}{K_{m}^{A}+K_{m}^{B}+[A][B]}$$

式中，[A]、[B] 分别为底物 A 和 B 的浓度，K_m^A 和 K_m^B 分别为底物 A 和 B 的米氏常数。当固定其中一个底物的浓度时，可以测出另一种底物在不同浓度下反应速率的变化。所以一种底物的 K_m 值会受另一种底物的浓度的影响。

3．别构酶的动力学

以上所有关于酶促反应动力学的讨论都是基于米氏方程所涉及的酶促反应速率，反应速率对底物浓度的作图都呈双曲线，然而生物体内还有另一类酶却偏离米氏动力学，这一类酶属于所谓的别构酶，他们的一些性质与非酶的别构蛋白相似。

（1）别构酶的性质

一种典型的别构酶具有以下性质。

① 速率/底物浓度曲线为 S 形：在底物浓度本来就不高的情况下，提高底物浓度只能引起反应速率幅度极小的增加，这时候曲线的斜率很低；在稍高的底物浓度下，底物浓度的增加会导致反应速率的急剧加快，这时的曲线斜率较高；在底物浓度很高的情况下，曲线平缓，与双曲线实际上已非常相似，反应速率趋于 $V_{\max}$（图 3-4）。

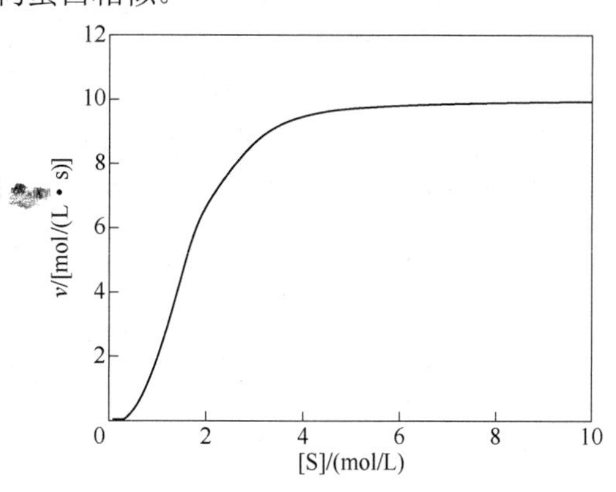

图 3-4　典型的别构酶催化的反应速率与底物浓度的 S 形曲线

S 形曲线显示了底物与酶结合的正协同性。在底物浓度很低的时候，只有少数酶活性中心与底物结合，这时底物与酶的亲和性很低，即使提高底物浓度，也只能导致反应速率增幅很小。然而，随着更多的底物与酶结合，正协同效应开始起作用，致使酶与底物的亲和性大增，反应速率随之猛升。当底物浓度提高到一定水平的时候，别构酶就像双曲线酶一样被底物饱和，速率接近 V_{max}。

然而，并不是所有的别构酶的反应速率对底物浓度作图都是 S 形曲线，像一些多底物酶，也许对某一底物表现正协同性，但对其他底物无正协同性，显然，这类别构酶的反应速率并非对所有底物的浓度作图都表现为 S 形曲线。此外，某些别构酶对底物表现的是负协同性，这种情形下的反应速率对底物浓度的作图也不是 S 形曲线。

② 具有别构效应物：别构酶除了含有活性中心以外，还有别构中心。别构中心是底物以外的分子结合的位点，这些分子被统称为别构效应物。其中激活酶的物质被称为别构激活剂，相反起抑制作用的被称为别构抑制剂。

图 3-5 为一个典型的别构酶，分别在有无别构效应物的条件下，其反应速率对底物浓度的曲线。中间曲线为在没有效应物存在的情况下得到的典型的 S 形曲线。最上面的两条曲线是在别构激活剂存在的时候得到的，可见激活剂可以提高任何底物浓度下的反应速率。最下面的两条曲线是在别构抑制剂存在时得到的，可见抑制剂可以降低任何底物浓度下的反应速率。然而，如果仔细比较激活剂和抑制剂对 S 形曲线走势的影响，就会发现抑制剂加强曲线的 S 形，拉长 S 形曲线的“趾部”，而激活剂具有相反的效果。事实上，在高浓度水平的激活剂存在的情况下，S 形曲线会变成双曲线。由此可以看出，别构抑制剂能增强酶对底物的正协同性，而别构激活剂则削弱酶对底物的正协同性。

显然，图 3-5 的所有曲线都趋向同一个 V_{max}，这意味着这一种别构酶的别构效应物通过改变酶与底物的亲和性即 K_m 值调节酶活力，这样的系统称为K系统；实际上还有一类别构酶的抑制剂，通过改变酶的 V_{max} 而起作用，这样的系统称为 V 系统。

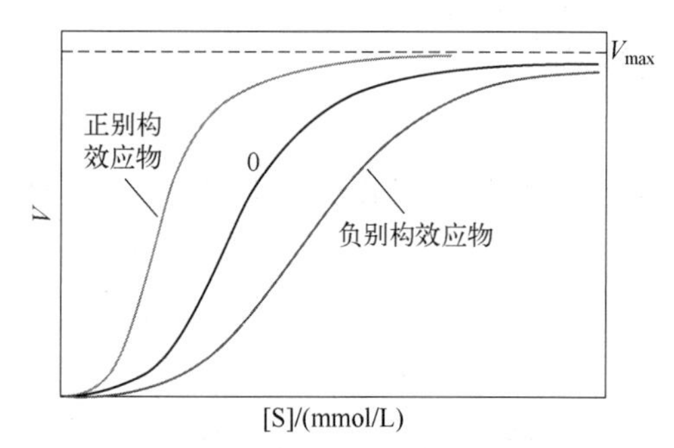

图 3-5　典型的别构酶在有无别构效应物时反应速率与底物浓度的 S 形曲线

③ 对竞争性抑制剂的作用表现为双向应答：除了别构抑制剂以外，别构酶还可能像其他非别构酶一样受到竞争性抑制剂的作用。典型的竞争性抑制剂是通过模拟底物的化学结构起作用的，但对于一个具有正底物协同性的别构酶来说，如果一种竞争性抑制剂在结构上与其他底物过分相似，这种抑制剂就可以像底物一样诱发正协同效应，在这样的情况下底物的竞争性抑制剂，能够提高酶与底物的结合能力，反而可以提高反应速率（似乎作为激活剂）。而高浓度的抑制剂则以通常的方式减慢反应速率，这样的竞争性抑制剂对别构酶活力的双面影响称为双相应答。

④ 温和变性可导致别构效应的丧失：酶的变性是指酶的三维结构的破坏，一旦酶变性，其催化活性就会丧失。导致蛋白质变性的因素都会导致酶变性，包括热、极端 pH 和化学变性剂等。

别构酶受到变性因素的温和作用，通常能保持催化活性，但会失去其结构性质和底物协同性，这说明三维构象对酶的别构性质同样重要，并且结构性质对变性剂的作用更为敏感。

⑤ 通常是寡聚酶：别构酶与别构蛋白具有一个共同的性质，即一般为多亚基蛋白质，

具有四级结构，亚基之间以次级键相连，到目前为止具有别构效应的单体酶极为少见，丙酮酸-UDP-*N*-乙酰葡糖胺转移酶为一例。

寡聚别构酶又分为同源寡聚酶和异源寡聚酶，前者由相同的亚基构成，每个亚基都具有活性中心和别构中心。多亚基结构与底物结合的协同性有关，一个别构酶通常含有几个活性中心，每一个亚基包含一个活性中心，每一个活性中心都能行使相同的催化功能。各活性中心的相互作用是底物协同性产生的原因。对一个典型的具有正底物协同性的别构酶来说，一个底物分子与其中的一个活性中心的结合，会诱发其他活性中心的构象发生变化，致使其他活性中心更容易与底物结合，而一个具有负底物协同性的别构酶正好相反，它的一个活性中心与底物结合以后，会降低其他活性中心与底物的亲和力。

亚基之间由于通过次级键结合，因此既容易解离又容易重新聚合，于是一个别构酶在溶液中有完整的寡聚体和单体两种形式，且两种形式处于动态平衡之中。在多数情况下，单体可能无催化活性，而一些复杂的别构酶在完整的寡聚体和单体之间还存在某些中间物，各种配体与酶的结合通常会改变上述平衡。

⑥ 与非别构酶相比，别构酶占少数。

（2）Hill 方程

米氏方程给出的是双曲线（以 v 对［S］作图），它不适合具有底物协同性的呈 S 形曲线的别构酶，但另一个与它关系密切的 Hill 方程却能够很好地说明别构酶的动力学，Hill 方程是：

$$v = \frac{V_{\max} \times [S]^h}{K_{0.5}^h + [S]^h}$$

Hill 方程与米氏方程实际上十分相似，它们的主要差别是：首先，Hill 方程中的底物浓度［S］被提高到 h 数量级，h 被称为 Hill 系数；其次，方程分母部分的常数不是 K_m，而是 $K_{0.5}$，该常数也被提高了 h 数量级。$K_{0.5}$ 与 K_m 十分相似，因为它也是指反应速率为最大反应速率一半时的底物浓度，但是，因为它不是米氏方程中的一部分，所以不能与 K_m 混为一谈。

Hill 常数能够反映底物协同性的程度：如果 h=1，这时的 Hill 方程实际上与米氏方程一模一样，这意味着酶不是别构酶，无底物协同性，反应速率对底物浓度作图应该为双曲线，$K_{0.5}=K_m$；如果 $h>1$，则反应速率对底物浓度作图呈 S 形曲线，酶具有正底物协同性；如果 $h<1$，则意味着酶具有负底物协同性（图 3-6）。

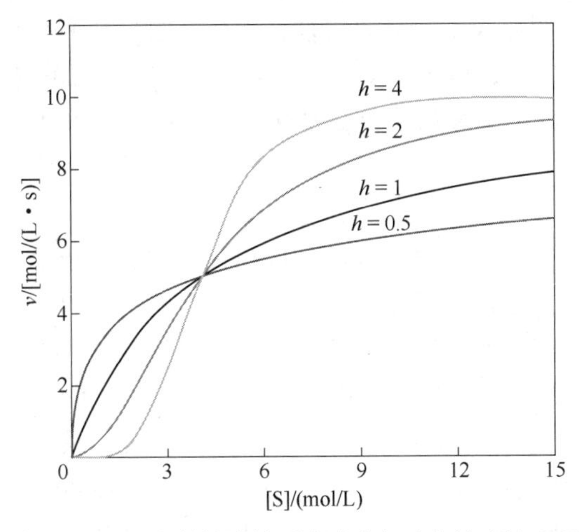

图 3-6　不同 Hill 常数的酶的反应速率与底物浓度的 S 形曲线

（3）Hill 作图法

虽然原来米氏方程的线性化手段已不再适用于 Hill 方程，但只需对 Hill 方程稍作变换，仍可得到线性图（图 3-7）。

Hill 方程可以重新整理为：$\frac{v}{V_{\max}-v}=\frac{[S]^h}{K_{0.5}^h}$

如果同时对两边取对数则得：$\lg\frac{v}{V_{\max}-v}=h\times\lg[S]-h\times\lg K_{0.5}$

如果以 $\lg\frac{v}{V_{\max}-v}$ 对 $\lg[S]$ 作图，则得到斜率为 h、纵截距为 $-h\lg K_{0.5}$ 和横截距为 $\lg K_{0.5}$ 的直线。

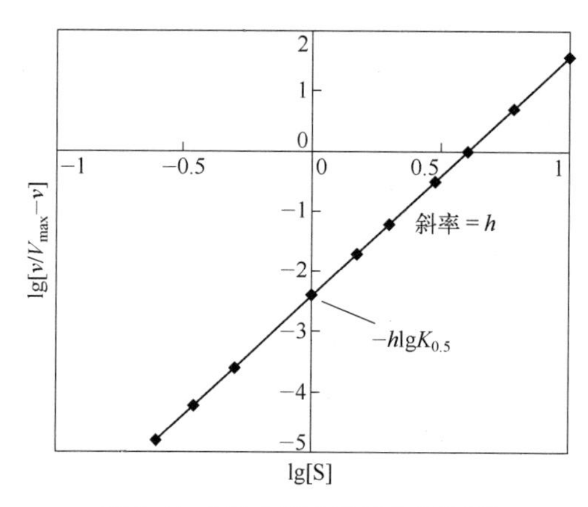

图 3-7　Hill 方程变换后作图示例

实际上，在作图的时候，浓度很高和浓度很低的点，通常偏离直线，而中间浓度部分应该是直线，这一部分可用作计算的有效数据。然而，Hill 作图法的难处之一是需要事先得到 $V_{\max}$。目前对此似乎还没有很好的解决方法。如果将米氏方程线性作图法用到 Hill 方程中将得不到直线，但倘若用［S］^{h} 代替［S］来作图就可得到直线，可 h 也是需要计算的，使用这样的方法计算 $V_{\max}$ 也还是不可能的。

有一种方法可以部分解决上述问题，先使用任何一种线性作图法，在高底物浓度下粗略估算 $V_{\max}$ 值，因为这时候差不多得到的是直线，然后使用得到的 $V_{\max}$ 进行 Hill 作图，以粗略估算出 h。随后，再用得到的 h 使用［S］^{h} 代替［S］来重新进行线性作图，这时应该会得到更好的直线，由此可以重新计算出较为准确的 $V_{\max}$，最后再用新 $V_{\max}$ 重新进行 Hill 作图，以得到合理的 h 值。

（4）协同性的优点

多数别构酶具有底物协同性，协同性的出现给代谢带来了优势，但与别构效应物相比，底物协同性对代谢调节的重要性似乎不是那么明显。

为了更好说明底物协同性对代谢调节的重要性，需借助图 3-8 加以说明，图中底物浓度以 K_m 的百分数表示，并增加了上下两条横线，分别对应速率为 $V_{\max}$ 的 90%和 10%时。

① 正协同性的优势：仔细观察图 3-8 中的双曲线（h=1），很容易发现无协同性的酶将其反应速率从 $V_{\max}$ 的 10%增加到 90%时，需要增加较大的底物浓度。根据图 3-8 中的数据，反应速率为 10%$V_{\max}$ 时的［S］为 K_m 的 1/9，而反应速率为 90%$V_{\max}$ 时［S］为 K_m 的 9 倍，这

相当于底物的浓度需要增加为原来的 81 倍。与此相比，正协同性最高的别构酶（h=4），当反应速率从 V_{max} 的 10%增加到 90%时，只需要将底物浓度提高到原来的 3 倍，h=2 的正协同性别构酶要达到同样的反应速率增长，需要提高底物浓度到原来的 9 倍。

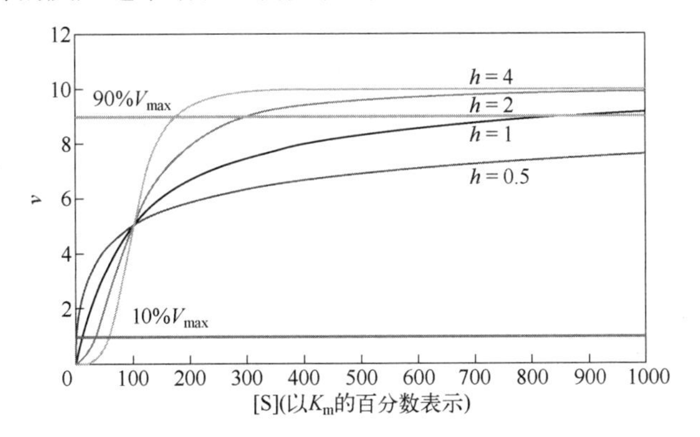

图 3-8　Hill 常数不同的酶的酶活力对底物浓度变化的敏感性

以上的结果说明，正协同性意味着酶对环境中底物浓度的变化更为敏感。这样的结果可以使机体内某些重要的调节酶能够根据环境的变化对代谢进行更加灵敏的调节。

② 负协同性的优势：呈现负协同性的别构酶（h=0.5）要将其反应速率从 V_{max} 的 10%增加到 90%，需要将底物浓度提高 6561 倍。如此大幅度的提高就意味着该酶对底物浓度的变化极度不敏感。

二、影响酶促反应速率的外因

影响酶促反应速率的外因包括：温度、pH、离子强度以及有无抑制剂等。

（一）温度对酶促反应速率的影响

在一定的温度范围内，酶促反应与大多数化学反应相似，反应速率也会随着温度升高而加快，因为温度升高会提高分子之间的碰撞机会，而且还可以让更多的底物分子获得能量达到过渡态。但由于酶是生物催化剂，其化学本质大多是蛋白质。因此，温度对酶促反应速率具有双重影响：一方面，升高温度可以增加活化分子数目，提高反应速率；另一方面，温度超过一定范围会导致酶变性失活，使酶促反应速率降低。酶促反应速率最大时的反应温度称为该酶促反应的最适温度（optimum temperature）。当反应温度低于最适温度时，升高温度增加活化分子数目起主导作用，反应速率提高；当反应温度超过最适温度时，升高温度使酶变性失活起主导作用，反应速率降低（图 3-9）。

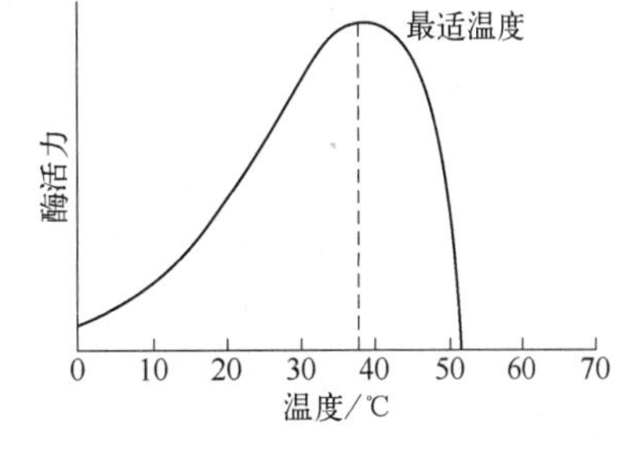

图 3-9　温度与酶促反应速率的关系

从动物组织中提取的多数酶的最适温度为 35～40℃，超过 40℃时酶开始变性，80℃时多数酶的变性是不可逆的。当反应温度低于最适温度时，温度每升高 10℃，反应速率可以提高 1～2 倍。如果降低温度，反应速率也会降低，但降低温度不会使酶变性失活；温度回升时，反应速率仍然会提高。因此，酶的分离、纯化都需要在较低的温度下进行，保存在低温冰箱中的酶制剂也应当从冰箱中取出后立即使用，以免发生酶变性。在生化研究中测定酶活力时，也应当严格控制反应温度。

然而，从嗜热细菌或古菌中提取的酶通常具有良好的热稳定性，其最适温度较高，如用于 PCR 的 Taq DNA 聚合酶能抵抗 100℃的高温，其最适温度约为 70℃。相反地，从嗜冷菌中提取的酶则在低温或常温下具有较高的催化效率。

需要注意的是，酶的最适温度并不是酶的特征常数。酶的最适温度与反应时间有关，不是固定值。酶可以在短时间内耐受较高的温度，但如果延长反应时间，最适温度便降低。

（二）pH 对酶促反应速率的影响

反应体系的 pH 不仅对酶的稳定性有影响，还对其活力有影响。pH 主要从以下几个方面影响酶与底物的结合，从而影响酶促反应速率：①影响酶和底物的解离状态；②影响酶和底物的构象；③过酸或过碱导致酶变性失活。因而，在某一 pH 下酶促反应速率最快，该 pH 称为酶促反应的最适 pH（optimum pH）。反应体系的 pH 高于或低于最适 pH 时都会导致酶活力降低，远离最适 pH 即过酸或过碱甚至还会导致酶变性失活（图 3-10）。但值得注意的是酶的最适 pH 和酶的最稳定 pH 不一定相同，和体内环境的 pH 也未必相同。

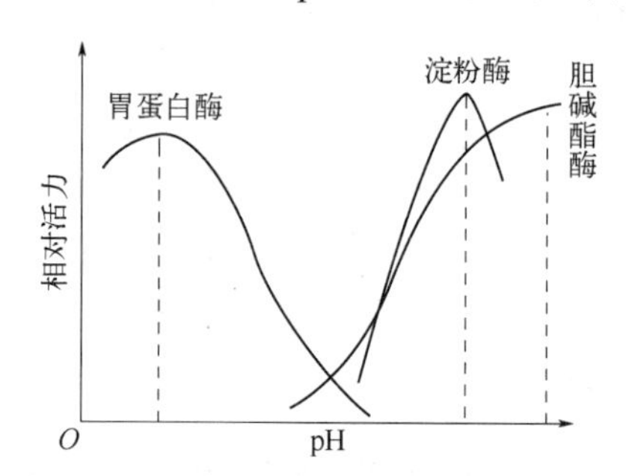

图 3-10　pH 与三种酶的相对活力的关系

不同的酶具有不同的最适 pH。动物体内多数酶的最适 pH 在 5.0～9.0，但也有例外。例如：胃蛋白酶的最适 pH 为 1.8～3.5，所以胃蛋白酶制剂常配合稀 HCl 一起使用；胰蛋白酶的最适 pH 为 8.0，药用胰蛋白酶配以 $NaHCO_3$ 效果最好。

最适 pH 也不是酶的特征常数，它受底物浓度、缓冲液种类以及酶纯度等因素的影响。溶液的 pH 高于或低于最适 pH 时，都会使酶的活力降低，远离最适 pH 时会导致酶的变性甚至失活。因而，测定酶活力时，应选用适宜的缓冲溶液，以保持酶活力的相对恒定。

极端 pH 条件下的嗜酸微生物和嗜碱微生物，通过多种机制保证其细胞基质的 pH 仍处于中性或接近中性，因此胞内蛋白质或酶在进化过程中，并不需要发展抵抗极端 pH 的能力。然而，分泌到胞外的酶都处在极端 pH 条件下，因而具有一定抵抗极端 pH 的能力。

（三）激活剂对酶促反应速率的影响

能使酶从无活力到有活力或使酶活力提高的物质称为酶的激活剂（activator）。激活剂大多是金属离子，如 Mg^{2+}、Mn^{2+}和 K^{+}，少数是阴离子，如 Cl^{-}，也有些激活剂是有机化合物，如胆汁酸。使酶从无活力到有活力的激活剂称为必需激活剂（essential activator），它与酶、底物或酶-底物复合物结合参加反应，但不转化成产物。大多数金属离子激活剂属于这一类，其中有些同时还是酶的辅因子。有些酶即使不存在激活剂也有一定的催化活性，但存在激活剂时催化活性更高，这类激活剂称为非必需激活剂（nonessential activator）。例如 Cl^{-}是唾液淀粉酶的非必需激活剂，许多有机化合物类激活剂都属于非必需激活剂。

（四）抑制剂对酶促反应速率的影响

能特异性地抑制酶活力从而抑制酶促反应的物质称为抑制剂（inhibitor，I）。强酸、强碱和其他一些化学试剂能使酶变性失活，因而也能抑制酶促反应，但它们的作用没有特异性，所以它们不属于抑制剂。在测定酶活力时，应注意排除抑制剂对酶活力的影响。本章讨论的抑制剂能特异性地改变酶的必需基团或活性中心的化学性质，从而使酶活力降低甚至失活。根据抑制剂与酶作用方式的不同，抑制剂可分为不可逆抑制剂和可逆抑制剂。

1．不可逆抑制剂

不可逆抑制剂（irreversible inhibitor）也称酶的灭活剂，能以共价键与酶不可逆结合，结合一个，灭活一个，导致酶有效浓度降低，使酶促反应速率减慢甚至停止。不可逆抑制剂与酶结合后不能用透析或超滤等物理方法除去，必须通过化学反应才能除去，使酶活力恢复，这类抑制作用称为不可逆抑制作用（irreversible inhibition）。与可逆抑制剂不同，不可逆抑制剂需要更长的时间与酶反应，因为共价键形成较慢。因此，不可逆抑制剂通常表现出时间依赖性，即抑制的效果随着与酶接触时间的延长而增强。

（1）不可逆抑制剂分类

根据作用机制，不可逆抑制剂分为三类：基团特异性抑制剂、底物类似物抑制剂、自杀型抑制剂。

① 基团特异性抑制剂：这类抑制剂在结构上与底物无相似之处，但能共价修饰酶活性中心上的必需侧链基团而导致酶不可逆的失活。常见的例子有：有机磷化合物、碘代乙酸和环氧化物等，其中有机磷化合物包括二异丙基氟磷酸（DIPF）和甲基氟磷酸异丙酯（沙林）。

DIPF 和其他有机磷化合物一样能够修饰多种酶活性中心的 Ser 残基上的羟基，如胰凝乳蛋白酶和乙酰胆碱酯酶，导致这些酶活力的丧失（图 3-11）。乙酰胆碱酯酶参与神经递质乙酰胆碱的代谢，催化乙酰胆碱水解成胆碱和乙酸，因此若该酶受到抑制，乙酰胆碱将会积累，肌肉过分收缩，出现痉挛，甚至可能因喉痉挛而导致死亡。

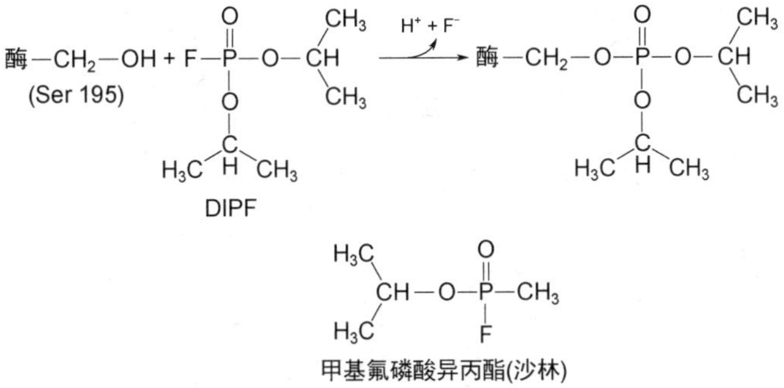

图 3-11　乙酰胆碱酯酶的基团特异性抑制剂

② 底物类似物抑制剂：这类抑制剂在结构上分为两个部分。一个部分类似于底物，抑制剂正是通过这个部分结合到活性中心，锁定抑制的对象；另一个部分含有反应基团，在抑制剂进入活性中心以后，可以不可逆地修饰上面的必需基团，导致酶活力的丧失。其抑制过程为亲和标记（affinity labeling），即对酶分子活性中心进行化学修饰，因此特异性高于基团特异性抑制剂。如 *N*-对甲苯磺酰-L-苯丙氨酸氯甲基酮（TPCK）是糜蛋白酶的底物类似物，与活性中心组氨酸（His）共价结合使其失活（图 3-12）。3-溴丙酮醇磷酸酯是磷酸二羟丙酮的类似物，可以与磷酸丙糖异构酶（TPI）活性中心谷氨酸共价结合使其失活。

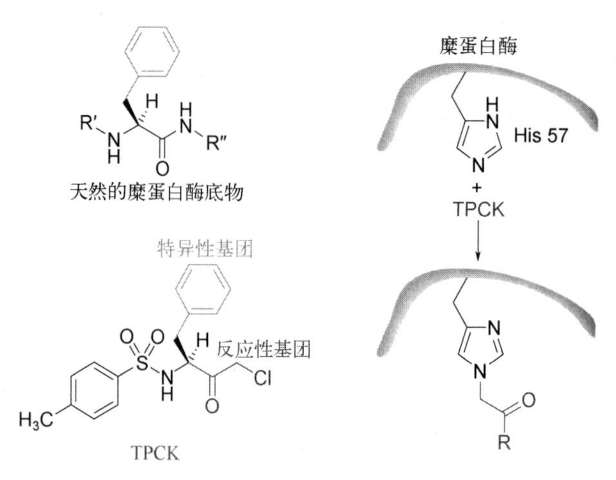

图 3-12　TPCK 对糜蛋白酶活性中心 His 的修饰

③ 自杀型抑制剂：受酶本身激活的不可逆抑制剂，即被酶活性中心转化成中间产物，与必需基团共价结合使其失活。由于它们依赖酶正常的催化机制来导致酶失活，因此也被称为机制型抑制剂（mechanism-based inhibitor）；又由于它们“冒充”底物与酶结合并受到酶的激活而抑制酶活力，因此又被称为特洛伊木马（trojan horse）抑制剂。例如引起葡萄球菌感染的病原体之一是金黄色葡萄球菌，其细胞壁的重要成分是肽聚糖，催化肽聚糖合成的关键酶是肽聚糖转肽酶，青霉素是其自杀型抑制剂。*N,N*-二甲基炔丙胺是单胺氧化酶（MAO）的自杀型抑制剂，被活性中心黄素腺嘌呤二核苷酸（FAD）氧化后与 N-5 共价结合，使酶失活（图 3-13）。多巴胺缺乏与帕金森病有关，5-羟色胺缺乏与抑郁症有关，它们都是被单胺氧化酶灭活的。司来吉兰（selegiline）也是单胺氧化酶的自杀型抑制剂，用于治疗帕金森病和抑郁症。

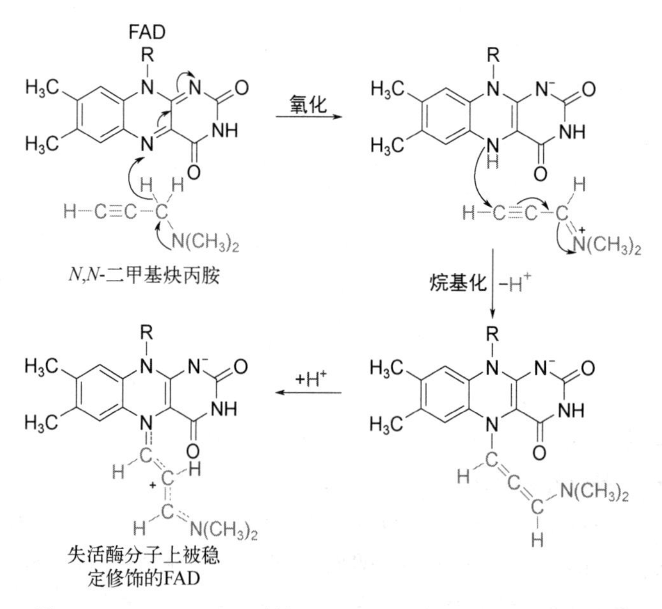

图 3-13　*N*，*N*-二甲基炔丙胺对单胺氧化酶的自杀型抑制

（2）常见的不可逆抑制剂

① 巯基酶抑制剂：巯基酶是许多以巯基为必需基团的酶的统称，如 3-磷酸甘油醛脱氢

酶。砷化合物和重金属离子如 Ag^{+}、Hg^{2+}、As^{3+}等都是巯基酶抑制剂，其引起中毒的化学本质就是破坏酶的巯基，使酶活力丧失。临床上用二巯基丙醇或二巯基丁二酸钠解毒，其机制就是使酶的巯基重新形成，从而使酶活力恢复（图 3-14）。

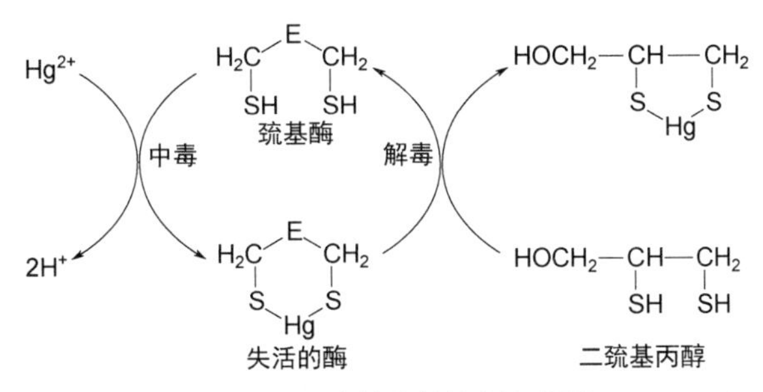

图 3-14　巯基酶的抑制和解毒

② 丝氨酸酶抑制剂：丝氨酸酶是指活性中心含有丝氨酸的一类酶，如乙酰胆碱酯酶、丝氨酸蛋白酶。有机磷化合物如有机磷杀虫剂（一六〇五、一〇五九、敌百虫等）能与丝氨酸的羟基共价结合，从而抑制酶活力，它们被称为丝氨酸酶抑制剂。有机磷化合物的结构及其对丝氨酸酶的抑制作用如图 3-15 所示，其中 R、R′代表烷基，X 代表 F 或 CN。

乙酰胆碱酯酶（acetyl cholinesterase）是催化乙酰胆碱水解的一种丝氨酸酶。该酶活力丧失会造成乙酰胆碱在体内累积，出现胆碱能神经兴奋性增强的中毒症状（如心跳变慢、瞳孔缩小、流涎、多汗和呼吸困难等）。解救的办法是早期使用解磷定（pyridine aldoxime methyliodide，PAM），解磷定分子中含有电负性较强的肟基（—CH═NOH），可以与有机磷化合物反应，置换出其结合的胆碱酯酶，使酶活力恢复（图 3-15）。

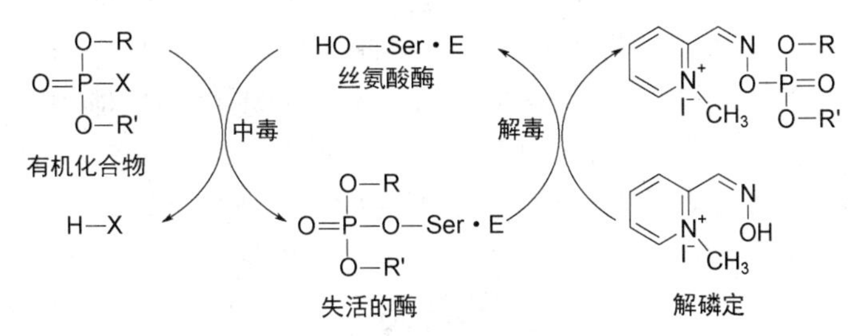

图 3-15　丝氨酸酶的抑制与解毒

2．可逆抑制剂

有些抑制剂通常以非共价键与酶或中间产物结合，使酶活力降低甚至丧失。采用透析或超滤的方法可以将抑制剂除去，使酶活力恢复，所以这种抑制作用是可逆的。根据抑制剂与底物的竞争关系，可以将可逆性抑制作用分为竞争性抑制作用、非竞争性抑制作用和反竞争性抑制作用。

（1）竞争性抑制剂

有些抑制剂（I）与底物（S）结构相似，属于底物类似物（substrate analog），能与酶（E）的活性中心结合，与底物竞争酶的活性中心，抑制酶与底物的结合，从而抑制酶促反应，这类抑制剂称为竞争性抑制剂（competitive inhibitor），这种抑制作用称为竞争性抑制作用（competitive inhibition）[图 3-16（a）和图 3-16（b）]。

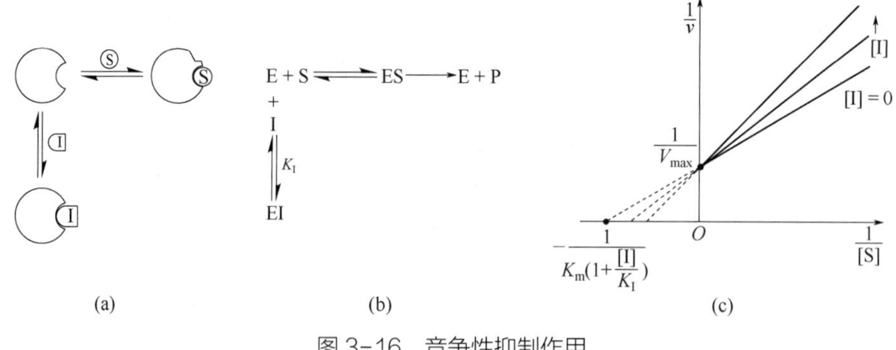

图 3-16　竞争性抑制作用

竞争性抑制剂、底物和反应速率有以下动力学关系：

$$v = \frac{V_{max} \times [S]}{K_m(1+\frac{[I]}{K_I})+[S]}$$

其林-贝氏方程为：

$$\frac{1}{v} = \frac{K_m}{V_{max}}(1+\frac{[I]}{K_I})\frac{1}{[S]}+\frac{1}{V_{max}}$$

根据该林-贝氏方程可作双倒数图［图 3-16（c）］，从图中可见，当有竞争性抑制剂存在时，表观 K_m 值（在有抑制剂存在的条件下分析双倒数图得到的 K_m 和 V_{max} 分别称为表观 K_m 和 V_{max}）增大，表观 V_{max} 不变。

① 竞争性抑制作用的特点：a.抑制剂和底物结构相似，都能与酶的活性中心结合。b.酶的活性中心既可以结合底物也可以结合抑制剂，但不能同时结合。c.酶的活性中心与抑制剂结合之后，酶活力丧失。d.竞争性抑制作用的强弱取决于抑制剂和底物的相对浓度（［I］/［S］），以及它们与酶的相对亲和力，若［I］不变，增加［S］可以削弱甚至消除抑制剂的竞争性抑制作用。

丙二酸对琥珀酸脱氢酶的抑制属于典型的竞争性抑制作用。丙二酸、草酰乙酸等一些二元羧酸的结构与琥珀酸相似，也能与琥珀酸脱氢酶的活性中心结合，但结合之后不会发生脱氢反应，而是抑制琥珀酸的结合与脱氢，从而起到竞争性抑制作用。

$H_2C(COOH)_2$ 丙二酸
↓ (−)
FAD + CH_2COOH—CH_2COOH（琥珀酸） $\xrightleftharpoons{\text{琥珀酸脱氢酶}}$ H—C—COOH ‖ HOOC—C—H（延胡索酸） + $FADH_2$

② 竞争性抑制的意义：许多临床药物就是靶酶的竞争性抑制剂。很多抗肿瘤药物通过竞争性抑制干扰肿瘤细胞代谢，抑制其生长，例如氨甲蝶呤、5-氟尿嘧啶、6-巯基嘌呤。磺胺类药物和磺胺增效剂分别竞争性抑制二氢叶酸合成酶、二氢叶酸还原酶，从而抑制细菌生长繁殖。布洛芬是环加氧酶的竞争性抑制剂。他汀类药物是胆固醇合成途径关键酶的竞争性抑制剂。

四氢叶酸是一碳单位代谢必不可少的辅因子，细菌通过二氢叶酸合成酶以对氨基苯甲酸为原料合成二氢叶酸，二氢叶酸经二氢叶酸还原酶催化还原成四氢叶酸。磺胺类药物是对氨基苯甲酸的结构类似物，能与二氢叶酸合成酶结合，抑制二氢叶酸的合成；磺胺增效剂与二氢叶酸结构相似，能与二氢叶酸还原酶结合，抑制二氢叶酸还原成四氢叶酸（图 3-17）。四氢叶酸的缺乏会影响细菌一碳单位代谢，从而抑制其核酸和蛋白质的合成。如果单独使用磺胺类药物或磺胺增效剂，它们只是抑制细菌的生长繁殖；但如果联合应用，它们就可以通过双重抑制作用杀死细菌。有些细菌能直接利用外源性叶酸，所以对磺胺类药物不敏感，磺胺类药物对它们没有抑制作用。人体代谢所需的叶酸来自食物，所以不受磺胺类药物的干扰。

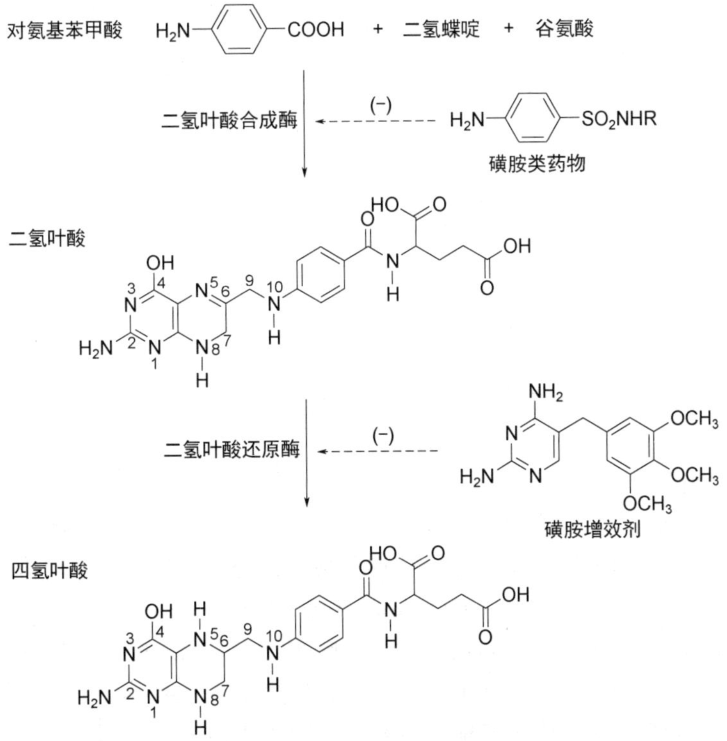

图 3-17　四氢叶酸的合成机制

根据竞争性抑制作用的特点，在使用磺胺类药物时，应当保持血液中药物的浓度高于对氨基苯甲酸的浓度，以有效发挥药物的抑菌作用。因此，首次服药要加大剂量，然后再连续服用维持剂量。

（2）非竞争性抑制剂

抑制剂（I）不与底物（S）竞争酶（E）的活性中心，而是与活性中心之外的必需基团相结合，因而不影响底物与活性中心的结合，但使酶的构象发生改变，从而抑制酶促反应，这种抑制剂称为非竞争性抑制剂［noncompetitive inhibitor，图 3-18（a）和图 3-18（b）］。非竞争性抑制剂既可以单独与酶结合，也可以和底物一起与同一酶分子结合形成酶-底物-抑制剂复合物（ESI），但 ESI 不能进一步分解生成产物（P）。非竞争性抑制剂的作用机制不是抑制酶与底物的结合，而是抑制酶的催化活性。因此，增加底物浓度不能解除非竞争性抑制剂对酶的抑制作用。

非竞争性抑制剂、底物和反应速率有以下动力学关系：

$$v = \frac{V_{\max} \times [\mathrm{S}]}{K_{\mathrm{m}}(1+\frac{[\mathrm{I}]}{K_{\mathrm{I}}})+[\mathrm{S}](1+\frac{[\mathrm{I}]}{K_{\mathrm{I}}})}$$

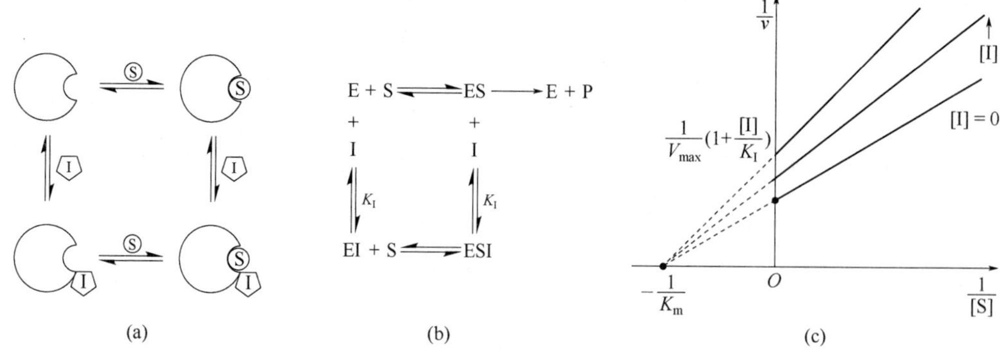

图 3-18　非竞争性抑制作用

其林-贝氏方程为：

$$\frac{1}{v}=\frac{K_m}{V_{max}}(1+\frac{[I]}{K_I})\frac{1}{[S]}+\frac{1}{V_{max}}(1+\frac{[I]}{K_I})$$

根据该林-贝氏方程可作双倒数图［图 3-18（c）］，从图中可见，当有非竞争性抑制剂时，表观 V_{max} 降低，表观 K_m 值不变。

（3）反竞争性抑制剂

抑制剂（I）只与酶-底物复合物（ES）结合，使酶（E）失去催化活性。抑制剂与 ES 结合后，降低了 ES 的有效浓度，从而促进底物和酶的结合，这种抑制作用恰好与竞争性抑制作用相反，故称为反竞争性抑制作用（uncompetitive inhihition）［图 3-19（a）和图 3-19（b）］。因为加入抑制剂（I）后形成 ESI，ES 浓度低于未加抑制剂时的 ES 浓度，所以产物（P）的生成速率降低。反竞争性抑制作用在酶促反应中较为少见，主要发生于双底物反应，偶见于水解反应。苯丙氨酸对肠道碱性磷酸酶的抑制及肼对胃蛋白酶的抑制等均属于反竞争性抑制作用。

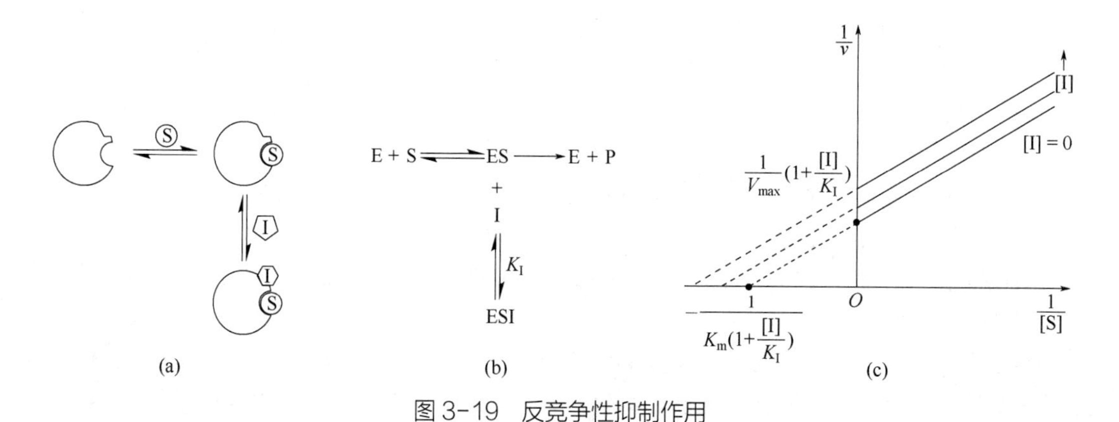

图 3-19　反竞争性抑制作用

反竞争性抑制剂、底物和反应速率有以下动力学关系：

$$v=\frac{V_{max}\times[S]}{K_m+[S](1+\frac{[I]}{K_I})}$$

其林-贝氏方程为：

$$\frac{1}{v}=\frac{K_m}{V_{max}}\times\frac{1}{[S]}+\frac{1}{V_{max}}(1+\frac{[I]}{K_I})$$

根据该林-贝氏方程可作双倒数图［图 3-19（c）］，从图中可见，当有反竞争性抑制剂时，表观 K_m 值减小，表观 V_{max} 降低。

综上，三种可逆性抑制剂特点总结于表 3-1。

表 3-1　各种可逆性抑制剂的比较

种类	竞争性抑制剂	非竞争性抑制剂	反竞争性抑制剂
与 I 结合的组分	E	E、ES	ES
表观 K_m 变化	增大	不变	减小
表观 V_{max} 变化	不变	降低	降低

第二节　酶活力单位

酶活力（enzyme activity）的高低一般用它催化某一特定反应的反应速率来表示。测定酶活力就是测定酶促反应速率。酶促反应速率越快，酶活力越高；反之，酶促反应速率越慢，酶活力越低。酶促反应速率可以用单位时间、单位体积内底物的消耗量或产物的生成量来表示。底物变化是一个从多到少的过程，而产物生成是一个从无到有的过程，更灵敏，所以测定反应速率多采用测定产物生成量的方法。

酶对反应条件非常敏感，如 pH、温度和离子强度的改变都会对酶促反应速率产生影响。因此，在测定酶活力时，这些因素保持恒定才会得到正确结果。另外，酶促反应时间应当短一些，因为只有反应刚开始时反应速率是稳定的，进行一段时间之后反应速率会降低，测定结果也会偏低。

酶活力的高低一般用活力单位（activity unit，U）来表示。国际生物化学学会酶学委员会于 1976 年规定：在 25℃、最适 pH、最适底物浓度时，每分钟催化 1 μmol 底物反应所需的酶量为 1 个酶活力国际单位（1 U）。这是一个统一标准，但使用起来不如习惯用法方便，所以目前仍沿用习惯用法。例如：在用 Mohun 法测定血液中丙氨酸转氨酶（ALT）的活力时，规定在 pH=7.4、37℃条件下保温 30 min，使丙氨酸与 α-酮戊二酸发生转氨基反应，每产生 2.5 μg 丙酮酸所需的酶量为 1 个单位。

1 mg 酶蛋白所具有的酶活力单位为酶的比活性。比活性也可以用 1 g 或 1 mL 酶制剂所具有的酶活力单位来表示。例如用 Mohun 法测定血液中 ALT 活性，假如 0.1 mL 血清保温 30 min，得产物丙酮酸 10 μg，则血清中 ALT 的比活性应当为 10/（2.5×0.1）=40 U/mL。

1979 年，国际生物化学学会为使酶的活力单位与国际单位制（international system of units，SI）的转化速率单位（mol/s）一致，正式推荐以催量单位（katal）来表示酶活力。1 催量（Kat）是指在特定条件下、每秒钟催化 1 mol 底物生成产物所需的酶量。催量与酶活力国际单位之间的换算关系为：1 Kat=6×10^7 U。

第三节　酶的调节

细胞内很多酶的活力是可以调节的。通过适当的调节，有些酶可在有活力和无活力或者高活力和低活力两种状态之间转变。此外，某些酶在细胞内的量可以发生改变，从而改变酶在细胞内的总活力。细胞根据内外环境的变化而调整细胞内代谢时，都是通过调节关键酶的活力实现的。所谓关键酶是指在某一代谢途径中，催化特定反应，且控制代谢速率的酶，也称为限速酶。机体通过调节关键酶活力来控制代谢速率，以满足机体对能量和代谢物的动态需要。此外，关键酶还是很多药物的靶标。

一、酶的结构调节

酶的结构调节是指通过改变酶的结构改变酶的活力，其调节方式包括别构调节、酶促化学修饰调节和酶原激活。

（一）别构调节

别构调节（allosteric regulation）是指特定物质与酶活性中心外的特定部位以非共价键特异性结合，改变酶的构型，从而改变活力。受别构调节的酶称为别构酶（allosteric enzyme），引起别构效应的物质称为别构效应剂，其中提高酶活力的称为别构激活剂（allosteric activator），降低酶活力的称为别构抑制剂（allosteric inhibitor）。别构效应剂可以是代谢途径的终产物、中间产物、酶的底物或其他物质。酶分子与别构效应剂结合的部位称为别构位点或调节位点。有些酶的调节位点与催化位点位于同一亚基；有的则分别位于不同的亚基，从而有催化亚基和调节亚基之分。

别构酶催化的反应一般位于代谢途径上游，某些下游产物甚至是终产物常常为其别构抑制剂。它们的生成量一旦超过需要量，就会积累而抑制别构酶，降低别构酶所催化反应的速率，之后的酶促反应也减慢，这种调节称为反馈抑制（feedback inhibition）。反馈抑制使终产物生成量与代谢需要量一致，既避免终产物积累对细胞造成损害，又避免能量和代谢物浪费。

（二）酶促化学修饰调节

酶促化学修饰调节又称共价修饰（covalent modificaiton）调节，是指某种酶蛋白肽链上的一些基团在其他酶的催化下，与某些化学基团共价结合，同时又可在另外一种酶的催化下，去掉已结合的化学基团，从而影响酶的活力。在化学修饰过程中，酶发生无活力（或低活力）与有活力（或高活力）两种形式的互变。

酶促化学修饰调节有多种形式，其中最常见的形式是磷酸化和去磷酸化。磷酸化（phosphorylation）是指酶蛋白中特定基团（主要是特定部位丝氨酸、苏氨酸或酪氨酸的羟基）与来自 ATP 的 γ-磷酸基以酯键结合，反应由蛋白激酶（protein kinase）催化。去磷酸化（dephosphorylation）是指水解脱去上述磷酸化酶蛋白的磷酸基，反应由蛋白磷酸酶（protein phosphatase）催化。磷酸化和去磷酸化可改变酶蛋白的带电状态，影响底物结合；或改变调节位点对催化位点（即活性中心）的影响，从而改变酶活力和对底物的亲和力，即改变 V_{max} 或 K_m。

（三）酶原与酶原激活

有些酶在细胞内刚合成或初分泌时是酶的无活性前体，必须水解掉一个或几个特定肽键，或水解掉一个或几个特定氨基酸残基、肽段，改变酶蛋白构象，从而表现出酶的活力。酶的这种无活性前体称为酶原（zymogen）。酶原向酶转化的过程称为酶原激活（activation）。酶原激活实际上是酶的活性中心形成或暴露的过程。

例如：胰腺细胞分泌的胰蛋白酶原（trypsinogen）是没有活力的，但进入小肠后，在 Ca^{2+} 的协助下被肠激酶催化水解掉一个六肽，分子构象发生改变，N 端螺旋程度增加，从而使组氨酸、丝氨酸、异亮氨酸等形成活性中心，成为有催化活性的胰蛋白酶（trypsin）[图 3-20（a)]。此外，糜蛋白酶和羧肽酶等初分泌时都是以无活力的酶原形式存在的，经过胰蛋白酶激活才能成为有活力的酶［图 3-20（b)]。

生理情况下，血液中的凝血酶类与纤溶酶类也都以酶原的形式存在，不发生血液凝固，可保证血流畅通。一旦血管破损，一系列凝血因子被激活，就可以通过瀑布式的级联放大作用使大量的凝血酶原迅速被激活成凝血酶，后者催化纤维蛋白原转变成纤维蛋白，引发快速而有效的血液凝固以阻止大量失血，对机体起保护作用。

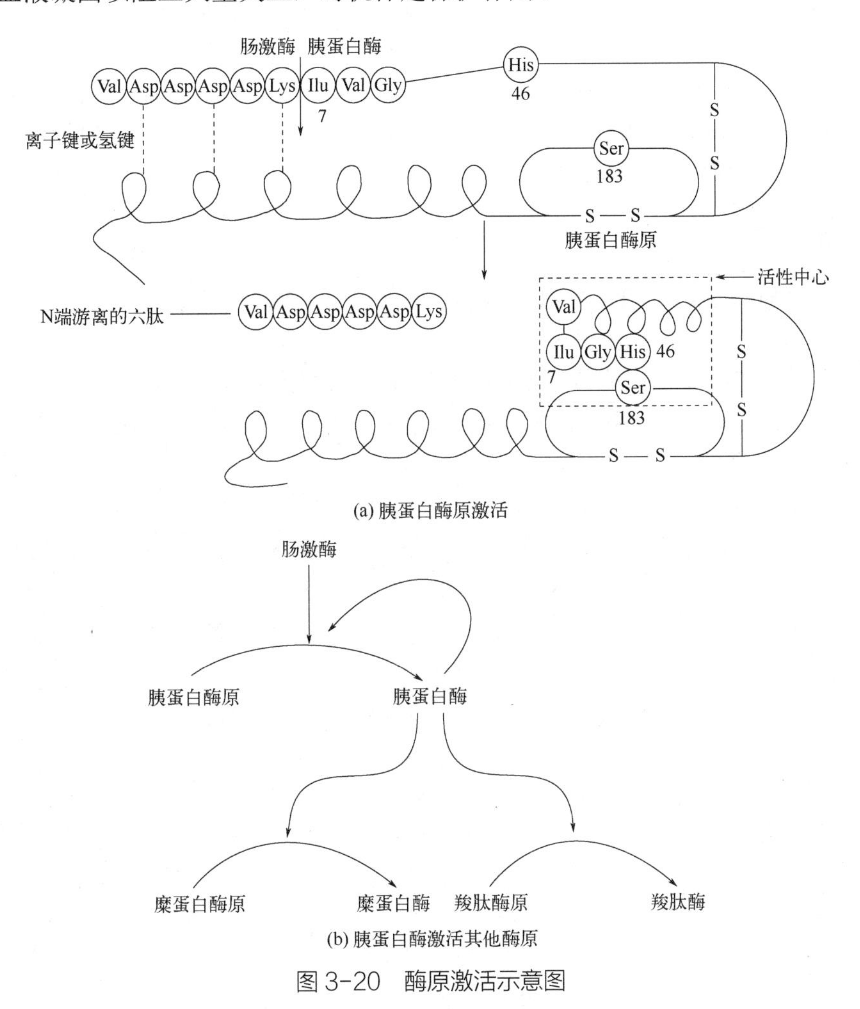

图 3-20　酶原激活示意图

酶原具有重要的生理意义：一方面，酶原是酶的安全转运形式，一些消化酶类如胃蛋白酶、胰蛋白酶、糜蛋白酶等都以无活力的酶原的形式分泌并转运到肠道，激活后再发挥作用，这样可以避免在分泌和转运过程中对细胞自身蛋白质的消化。另一方面，酶原是酶的安全储存形式，如凝血酶类和纤溶酶类以酶原的形式存在于血液循环中，一旦需要便迅速被激活成有活力的酶，发挥对机体的保护作用。

与别构调节、酶促化学修饰调节相比，酶原激活是不可逆调节而且可以在细胞外进行。酶原激活可被视为特殊形式的化学修饰调节。

二、酶的数量调节

酶的数量调节（regulation of enzyme quantity）是指通过调节酶的合成和降解速率改变酶水平，从而改变其总活力。

（一）酶的合成调节

酶可根据数量水平是否受到调节分为组成酶、诱导酶和阻遏酶。组成酶（constitutive enzyme）含量相对恒定，不受组织组成、代谢物水平和生长条件影响。诱导酶和阻遏酶的合成受某些底物、产物、激素或药物影响，其中使诱导酶（inducible enzyme）合成增加的通常是代谢底物，例如β-半乳糖苷能诱导大肠埃希菌β-半乳糖苷酶的合成，使β-半乳糖苷分解增加；使阻遏酶（repressible enzyme）合成减少的通常是代谢产物，例如胆固醇能抑制胆固醇合成途径关键酶 HMG-CoA 还原酶的合成，使胆固醇合成减少。一些关键酶是诱导酶或阻遏酶，其底物或产物通过调控酶基因的表达起作用。

（二）酶的降解调节

控制酶的降解也是调节酶数量水平的重要方式。酶可以通过泛素-蛋白酶体途径和溶酶体途径降解。

① 泛素-蛋白酶体途径：酶被多聚泛素化后被蛋白酶体降解，消耗 ATP。

② 溶酶体途径：酶在溶酶体内被组织蛋白酶降解，不消耗 ATP。其他组织蛋白也可以通过这两条途径降解。

（朱本伟，熊强，姚忠）

第四章

酶的合成与制备

酶的生产（合成与制备）是指通过人工操作获得所需酶的全部技术过程，包括酶的生物合成、分离、纯化等多个技术环节。

由于酶催化效率远高于一般的或者人造的催化剂，而且其作用条件温和，在各种生化过程和多种食品加工过程中，酶都起着十分重要的作用。如何利用酶来提高食品生产效率，控制食品生产过程，改善食品品质，解决食品生产上的一些技术问题成为人们关注的热点。

第一节　酶的生产方法

酶的生产方法可分为提取分离法（extraction and separation）、生物合成法（biosynthesis）和化学合成法（chemosynthesis）3 种。其中，酶的提取分离法是最早采用且沿用至今的方法，也是其他方法的基础；生物合成法是 20 世纪 50 年代以来，酶生产的主要方法；而化学合成法应用相对较少，至今仍停留在实验室阶段。

一、提取分离法

提取分离法是指采用各种提取、分离、纯化技术从自然界含酶丰富的生物材料中将酶提取分离出来，再进行纯化精制的技术过程。

从自然界含酶丰富的生物材料中提取酶具有较长的历史。1894 年，日本科学家首次从米曲霉中提取出淀粉酶，并将淀粉酶用于治疗消化不良，开创了人类有目的地生产和应用酶制剂的先例。1908 年，德国科学家 Rohm 从动物的胰脏中提取胰酶（胰蛋白酶、胰淀粉酶和胰脂肪酶的混合物），并将胰酶用于皮革的鞣制。同年，法国科学家 Boidin 从细菌中提取出淀粉酶。1911 年，美国科学家 Wallerstein 从木瓜中提取木瓜蛋白酶，并将木瓜蛋白酶用于除去啤酒中的蛋白质浑浊物，从而开始了酶制剂利用的新纪元。

提取分离法是最早用于酶生产的方法，此法中所采用的各种提取、分离、纯化技术，在其他的酶生产方法中也是重要的技术环节，是生物合成法、化学合成法生产酶的下游技术。

理论上讲，动物和植物的组织、器官、细胞以及微生物细胞都可以作为酶的生产提取材料。自然界含酶丰富的生物原料是采用提取分离法生产酶制剂的基础。自然界生物材料多样且十分广泛，价格也相对便宜，人们所需要的各种酶几乎都可以在自然界中找到相关的提取材料。但事实上，该生产方法受制于生物资源、地理环境、气候条件等因素，产量低，难以满足实际生产的需要，价格成本也较生物合成法高，因此该方法适用于目前还难以实现生物合成或化学合成的酶类。例如，从动物的胰脏中提取分离胰蛋白酶、胰淀粉酶、胰脂肪酶或这些酶的混合物；从木瓜中提取分离木瓜蛋白酶、木瓜凝乳蛋白酶；从菠萝中提取分离菠萝蛋白酶；从柠檬酸发酵后得到的黑曲霉菌体中提取分离果胶酶等。

二、生物合成法

在提取分离法应用于酶制剂生产后的近半个世纪内，酶制剂的生产一直停留在从现成的动植物和微生物的组织或细胞中提取酶的方式。这种生产方式不仅工艺比较复杂，而且原料有限，产率也往往比较低，难以实现规模化生产。1949 年，人们成功地用深层发酵法从细菌中生产出了 *α*-淀粉酶，从此揭开了近代酶工业的序幕，利用大规模地微生物发酵工程或细胞培养来生产酶制剂成为主要的生产方法。

目前许多酶都采用生物合成法进行生产。例如，利用枯草杆菌生产淀粉酶、蛋白酶，利用黑曲霉生产糖化酶、果胶酶，利用大肠埃希菌生产谷氨酸脱羧酶、多核苷酸磷酸化酶等。生物合成法已经发展成为一个庞大而又复杂的技术体系，所谓的第二代酶（固定化酶）和第三代（包括辅因子再生系统在内的固定化多酶系统），都属于该方法的发展和衍生，并正日益成为酶工业生产的主力军，在化工医药、轻工食品、环境保护等领域发挥着巨大的作用。

生物合成法根据使用的细胞种类不同可以分为微生物发酵产酶、植物细胞培养产酶和动物细胞培养产酶。在人为控制条件下的生物反应器中，利用动植物细胞以及微生物的生命活动合成所需酶的方法称为发酵法，其中利用微生物发酵生产酶的方法是目前最主要的酶生产方法。生物合成法生产酶制剂包括产酶细胞的获取、人工发酵、提取分离三大步骤。

1．产酶细胞的获取

产酶细胞的获取，包括从自然界中筛选、诱变、细胞融合、基因重组等方法。从自然界中筛选优良的产酶菌种曾经乃至目前都是获取产酶细胞的主要途径。微生物是地球上分布最广、物种最丰富的生物种群，为获得产酶菌提供巨大的资源库。理论上讲，人们所需要的各种酶及产酶微生物都能在自然界中找到，因而从自然界中寻找、分离产酶微生物是最基本的，也是最重要的获得产酶菌的方法。不过由于酶在生物体内主要起生理调节作用，不管是哪种酶，在细胞中的浓度都不会太高，即使采用微生物发酵来生产酶制剂，也不能完全有效地解决更多的生产需求问题，而利用基因工程的方法为解决这一难题提供了新的方向。只要在生物体内找到了某种有用的酶，即使含量再低，只要应用基因重组技术，通过基因扩增与超量表达，就可能建立高效表达特定酶制剂的基因工程菌或基因工程细胞。把基因工程菌或基因工程细胞固定起来，就可以建成新一代的生物催化剂——固定化工程菌或固定化工程细胞。人们也把这种新型的生物催化剂称为基因工程酶制剂。新一代基因工程酶制剂的开发研制，无疑是酶工程的新纪元。固定化基因工程菌、基因工程细胞技术将使酶的应用发挥得更出色。如果把相关的技术与连续生物反应器巧妙结合起来，将导致整个发酵工业和化学合成工业的根本性变革。

2. 人工发酵

人工发酵是在人为控制条件的生物反应器中进行细胞培养，通过细胞内物质的新陈代谢，生产各种代谢产物，这就是生物合成的过程。如何提高酶的生物合成效率是人工发酵法的主题，人们通过改良发酵菌种、改善发酵条件、控制产物和酶合成阻遏物浓度、科学利用酶合成诱导物等手段来提高酶的生物合成效率。

3. 提取分离

提取分离是从发酵基质或细胞中把目标酶提取分离出来，并经过精制获得所需要的产品的过程。

三、化学合成法

化学合成法是 20 世纪 60 年代中期出现的新技术。1965 年，我国人工合成胰岛素的成功，开创了蛋白质化学合成的先河。1969 年，诺贝尔奖获得者美国化学家罗伯特 • 布鲁斯 • 梅里菲尔德（Robert Bruce Merrifield）成功合成了由 124 个氨基酸残基组成的核糖核酸酶 A，这是世界上首次人工合成的酶。现在人们已经可以采用合成仪进行酶的化学合成，像其他工业一样进行工业化、规模化的生物酶的化学合成成为许多科学家努力的目标，不过由于酶的化学合成要求氨基酸单体达到很高的纯度，化学合成的成本高，而且只能合成那些化学结构已经明确的酶，因此化学合成法受到限制，难以实现工业化生产。然而利用化学合成法进行酶的人工模拟和化学修饰，对认识和阐明生物体的行为和规律，设计和合成既有酶的催化特点又克服酶的不足的高效非酶催化剂等，具有重要的理论意义和发展前景。

模拟酶是在分子水平上模拟酶活性中心的结构特征和催化作用机制，设计并合成的仿酶体系。现在研究较多的小分子仿酶体系有环糊精模型、冠醚模型、卟啉模型、环芳烃模型等。利用环糊精模型，已经获得了酯酶、转氨酶、氧化还原酶、核糖核酸酶等多种酶的模拟酶。随着科学的发展和技术的进步，酶的生产技术将进一步发展和完善，人们将可以根据需要生产得到更多更好的酶。

第二节　酶的发酵生产

酶的发酵生产包括产酶菌或细胞的获得、控制发酵、分离提取三大步骤，优良产酶菌或细胞的获得是该方法的前提和基础，控制发酵是主要过程，分离提取是下游技术。

酶的发酵生产是目前酶生产的主要方法，相对其他方法，其优势体现在：

① 微生物种类繁多，可以根据实际情况进行优选，满足不同生产需求；

② 微生物极易诱变、筛选，为优良菌株的选育提供捷径；

③ 微生物容易培养，培养基质来源广，成本低；

④ 产酶活力高，繁殖快，周期短；

⑤ 利用现代化发酵技术，可实现自动化、连续化、规模化生产；

⑥ 微生物的基因组较小，进行基因操作相对容易，有利于现代分子生物学在酶生产中的应用。

目前自然界中发现的酶有数千种，但投入工业发酵生产的仅有 50～60 种，因此通过微生物发酵生产酶具有极大的发展前景。

一、优良产酶菌的特点

现在大多数的酶都采用微生物发酵生产。产酶微生物包括细菌、放线菌、霉菌、酵母等。优良的产酶菌或细胞要求具有如下共同特点。

（一）产酶效率和产酶量高

优良的产酶菌或细胞具有高产、高效的特性，才具有开发应用价值。高产细胞可通过不断筛选、诱变、基因克隆、细胞或原生质体融合等技术获得。生产过程中若发现退化现象，必须及时进行复壮处理，以保持细胞的高产特性。

（二）容易培养和管理，适合高密度发酵

优良的产酶菌或细胞对培养基和工艺条件应没有苛刻的要求，容易生长繁殖，适应性强，易于控制，便于管理。

（三）目的酶的活力高

酶最重要的指标是酶活力，来源于不同微生物的同一种酶，其活力可能不同，优良的菌株不仅要求产量高，更要求酶活力高。

（四）产酶稳定性好，不容易退化

优良的产酶菌或细胞在正常生产条件下能够稳定地生长和产酶，不易退化，一旦出现退化现象，经过复壮处理，能恢复其原有的产酶特性。

（五）利于酶的分离纯化

生物合成的酶需要经过分离纯化，达到应用所需纯度，才能成为可以应用于相关领域的酶制剂。因此，要求产酶菌或细胞以及在发酵过程中的其他代谢产物应容易与目标酶分离。根据目的酶分布位置的不同，可分为胞外酶和胞内酶。胞外酶是指微生物合成的目的酶被运输分泌到细胞外，即富集在培养基中；胞内酶是指微生物合成的目的酶存在于微生物细胞内。这两种酶的提取分离工艺也是不同的。

（六）安全可靠，无毒性

产酶菌或细胞及代谢产物要求安全无毒，不会对人体和环境产生不良影响，也不会对酶的应用产生其他不良影响。

1987 年联合国粮食及农业组织（FAO）和世界卫生组织（WHO）的食品添加剂联合专家委员会（JECFA）就有关酶的安全生产提出如下意见：

① 凡是从动植物可食部位或用于传统食品加工的微生物所产生的酶，可作为食品对待，无须进行毒物学研究，只需建立有关酶化学和微生物的详细说明；

② 凡是由非致病性的一般食品污染微生物所制取的酶，需做短期的毒性试验；

③ 由非常见微生物制取的酶，应做广泛的毒性试验，包括慢性中毒试验。

实际上，酶制剂的安全性除了酶本身之外，还可能与酶分离纯化工艺有关，工艺不足将使其有微生物污染及环境中的一些致病菌毒素，因此酶制剂在生产时还应通过安全性检查。

二、主要的产酶菌

现在大多数的酶都采用微生物细胞发酵生产，有不少性能优良的微生物菌株已在酶的发酵生产中广泛应用。

（一）细菌

细菌是原核微生物，在工业上有重要的应用价值。酶的生产常用的细菌有大肠埃希菌，枯草杆菌等。

1．大肠埃希菌

大肠埃希菌（*Escherichia coli*）可以生产多种酶，这些酶一般都属于胞内酶，需要经过细胞破碎才能分离得到。目前应用大肠埃希菌生产的酶有：谷氨酸脱羧酶，用于测定谷氨酸含量或生产 γ-氨基丁酸；天冬氨酸酶，用于催化延胡索酸加氨生成 L-天冬氨酸；青霉素酰化酶，用于生产新的半合成青霉素或头孢霉素；天冬酰胺酶，用于白血病的治疗；β-半乳糖苷酶，用于分解乳糖或其他 β-半乳糖苷；限制性核酸内切酶、DNA 聚合酶、DNA 连接酶、核酸外切酶等，在基因工程等方面被广泛应用。

2．枯草杆菌

枯草杆菌（*Bacillus subtilis*）是芽孢杆菌属细菌。枯草杆菌是应用最广泛的产酶微生物之一，可以用于生产 α-淀粉酶、蛋白酶、β-葡聚糖酶、5′-核苷酸酶和碱性磷酸酶等。例如，枯草杆菌 BF7658 是用于生产 α-淀粉酶的主要菌株；枯草杆菌 AS1.398 用于生产中性蛋白酶和碱性磷酸酶。枯草杆菌生产的 α-淀粉酶和蛋白酶等都是胞外酶，而其生产的碱性磷酸酶则存在于细胞间质中。

（二）放线菌

放线菌（*Actinomycete*）是具有分支状菌丝的单细胞原核微生物，常用于酶发酵生产的放线菌主要是链霉菌（*Streptomyces*）。

链霉菌是生产葡萄糖异构酶的主要微生物，同时还可以用于生产青霉素酰化酶、纤维素酶、碱性蛋白酶、中性蛋白酶、几丁质酶等。此外，链霉菌还含有丰富的 α-羟化酶，可用于甾体转化。

（三）霉菌

霉菌是一类丝状真菌，用于酶的发酵生产的霉菌主要有黑曲霉、米曲霉、红曲霉、青霉、木霉、根霉、毛霉等。

1．黑曲霉

黑曲霉（*Aspergillus niger*）是曲霉属黑曲霉群霉菌。黑曲霉可用于生产多种酶，有胞外酶，也有胞内酶。例如，糖化酶、α-淀粉酶、酸性蛋白酶、果胶酶、葡萄糖氧化酶、过氧化氢酶、核糖核酸酶、脂肪酶、纤维素酶、橙皮苷酶和柚苷酶等。

2．米曲霉

米曲霉（*Aspergillus oryzae*）是曲霉属黄曲霉群霉菌。米曲霉中糖化酶和蛋白酶的活力较强，这使米曲霉在我国传统的酒曲和酱油曲的制造中被广泛应用。此外，米曲霉还可以用于生产氨基酰化酶、磷酸二酯酶、果胶酶、核糖核酸酶 P 等。

3．红曲霉

红曲霉（*Monascus purpureus* Went.）是红曲霉属霉菌。红曲霉可用于生产 α-淀粉酶、糖化酶、麦芽糖酶、蛋白酶等。

4．青霉

青霉（*Penicillium*）属半知菌纲。青霉菌种类很多，其中产黄青霉（*Penicillium chrysogenum*）用于生产葡萄糖氧化酶、苯氧甲基青霉素酰化酶（主要作用于青霉素）、果胶酶、纤维素酶等。橘青霉（*Penicillium citrinum*）用于生产 5′-磷酸二酯酶、脂肪酶、葡萄糖氧化酶、凝乳蛋白酶、核糖核酸酶 S1、核糖核酸酶 P1 等。

5．木霉

木霉（*Trichoderma*）属半知菌亚门、丝孢纲、丛梗孢目。木霉是生产纤维素酶的重要菌株。木霉生产的纤维素酶中包含有 C_1 酶、C_x 酶和纤维二糖酶等。此外，木霉中含有较强的 17α-羟化酶，常用于甾体转化。

6．根霉

根霉（*Rhizopus*）属于毛霉科根霉属。根霉可用于生产糖化酶、α-淀粉酶、蔗糖酶、碱性蛋白酶、核糖核酸酶、脂肪酶、果胶酶、纤维素酶、半纤维素酶等。根霉含有较强的 11α-羟化酶，是用于甾体转化的重要菌株。

7．毛霉

毛霉（*Mucor*）属于毛霉科的一个大属，常用于生产蛋白酶、糖化酶、α-淀粉酶、脂肪酶、果胶酶、凝乳酶等。

（四）酵母

1．酿酒酵母

酿酒酵母（*Saccharomyces cerevisiae*）是啤酒工业上广泛应用的酵母。酿酒酵母除了主要用于啤酒、其他酒类的生产外，还可以用于转化酶、丙酮酸脱羧酶、醇脱氢酶等的生产。

2．假丝酵母

假丝酵母（*Candida*）可用于生产脂肪酶、尿酸氧化酶、尿囊素酶、转化酶、醇脱氢酶等。假丝酵母还含有丰富的 17α-羟化酶，可用于甾体转化。

三、产酶菌的获得

自然界丰富的微生物群落是筛选产酶菌的天然资源宝库。随着酶发酵生产技术的不断发展，仅从自然微生物中筛选的产酶菌已难以达到优良产酶菌的要求，因此人们在筛选自然界产酶菌的同时，加以压力选择、定向诱导、定向诱变等技术，以获得更加优良的产酶菌株。

基因工程菌是获得产酶菌的另一个重要途径，发展十分迅速，正逐步成为获得产酶菌的重要手段。

（一）从自然界中分离

从自然界中分离纯化和筛选产酶微生物的主要步骤：

标本采集 → 样本材料预处理 → 富集培养 → 菌种初筛 → 性能鉴定 → 菌种保藏

在实际工作中通常引入选择压力，以提高筛选效率。

1．标本采集

标本采集要根据目标酶、目的菌的特点，寻找相应的标本资源。一般地，一些极端环境，如高温、高压、高盐、过酸、过碱、海洋等往往是采集分离特殊微生物的重要标本资源。此外，一些自然发酵产品往往也是重要的微生物资源库。

2．样本的预处理

为提高分离效果，一般采集回来的样本需要进行预处理。常用的预处理方法包括物理方法、化学方法、诱饵法 3 种。

物理方法有热处理、膜过滤、离心、富氧处理、空气搅动等。比如分离耐热产酶菌时，可根据其耐热特点，通过热处理减少非耐热菌群。膜过滤、离心处理可凝缩产酶菌，但会对收集的酶的类型有影响。富氧处理可除去一些厌氧菌，有利于分离好氧产酶菌。空气搅动可分离一些孢子，减少样本中的细菌数。

化学方法主要用于一些选择性的初筛或强化培养，如土壤链霉菌属菌的分离，可以通过添加 1%几丁质或用 $CaCO_3$ 提高 pH 的培养基进行强化培养，提高预处理效果。

诱饵法是采用固体物质如石蜡棒、花粉、蛇皮、毛发等作为诱饵，加在待分离的样本中进行富集，等菌落长出后再进行分离。

3．菌种的分离

经过一般培养基或选择性培养基的分离培养后，在平板上出现很多单个菌落，通过观察菌落形态，选出所需菌落，然后取菌落的一半进行菌种鉴定，对于符合目的菌种特性的菌落，可将之转移到试管斜面纯培养。这种从自然界中分离得到的纯种称为野生型菌种，它只是初步筛选的结果，所得菌株是否具有实际生产价值，能否作为生产菌株，还必须采用与生产相近的培养基和培养条件，进行小型发酵试验，以求得适合于工业生产的菌株。如果此野生型菌株产量偏低，达不到工业生产的要求，可以留作菌种选育的出发菌株。

4．毒性试验

自然界的一些微生物在一定条件下可能会产生毒素，为了保证安全性，根据联合国粮食及农业组织（FAO）和世界卫生组织（WHO）的食品添加剂联合专家委员会（JECFA）的相关意见：凡是由非致病性的一般食品污染微生物所制取的酶，需做短期的毒性试验，而由非常见微生物制取的酶，应做包括慢性中毒试验的广泛的毒性试验。

（二）产酶菌的诱变育种

自然界直接分离的菌种，其发酵活力一般比较低，达不到工业生产的要求，因此应根据菌种形态、生理特点进行菌种改良。以微生物自然变异为基础的生产育种概率不高，主要是因为这种变异率太低，有益突变率更低。为提高变异率，采用物理和化学因素诱发突变，这种以诱发基因突变为基础的育种就是诱变育种（mutation breeding），它是国内外提高菌种产量、性能的主要手段。当今发酵工业所使用的高产菌种，几乎都是通过诱变育种而大大提高了生产性能的。诱变育种不仅能提高菌种的生产性能，而且能改进产品的质量、扩大品种和简化生产工艺等。虽然目前在育种方法上，杂交、转化、转导以及基因工程、原生质体融合等方面的研究都在快速发展，但诱变育种仍为目前比较主要、广泛使用的育种手段之一。

1927 年，H. J. Muller 发现 X 射线有增加突变率的效果；1944 年，C. Allback 首次发现氮芥子气的诱变效应；后来，人们陆续发现许多物理的（如紫外线、γ 射线、快中子等）和化学的诱变因素可以促使或提高微生物诱变效应。化学诱变因素分为三种：第一种是诱变剂与一个或多个核酸碱基发生化学反应，使 DNA 复制时碱基置换而引起变异，如羟胺亚硝酸、硫酸二乙酯、甲基磺酸乙酯、硝基胍、亚硝基甲基脲等都属于这种诱变因素；第二种是诱变剂属于天然碱基的结构类似物，在复制时插入 DNA 中引起变异，如 5-溴尿嘧啶、5-氨基尿嘧啶、8-氮鸟嘌呤和 2-氨基嘌呤等；第三种是诱变剂在 DNA 分子上减少或增加 1～2 个碱基，使碱基突变点以下全部遗传密码的转录和翻译发生错误，从而导致移码突变，如吖啶类物质和一些氮芥衍生物等。诱变育种操作简便，突变率高，突变谱广。

诱变育种的基本步骤如下：

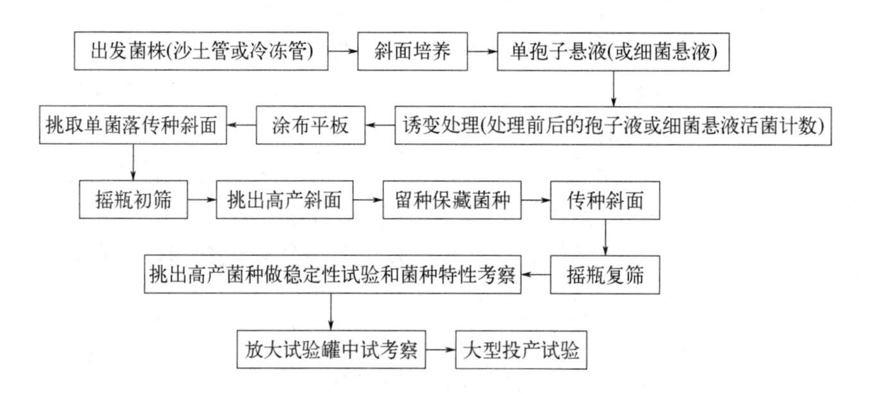

在诱变育种中，进行诱变或基因重组育种处理的起始菌株称为出发菌株。出发菌株的选择直接影响到最后的诱变效果，因此必须了解出发菌株的产量、形态、生理等特性，挑选出对诱变剂敏感性大、变异幅度大、产量高的出发菌株。可选择的菌株有：①自然界新分离出的野生型菌株，它们对诱变因素敏感，容易发生变异；②生产中由于自发突变或长期在生产条件下驯化而筛选得到的菌株，与野生型菌株较相像，容易达到较好的诱变效果；③每次诱变处理都有一定提高的菌株，往往多次诱变可能效果叠加，积累更多的变异。实际操作中，可同时选取 2～3 株出发菌株，在处理比较后，将适合的菌株保留继续诱变。另外，对于进行基因重组处理的出发菌株，无论是供体还是受体，都必须考虑与重组方式对应的基本性能，如感受态、亲和性、噬菌体吸附位点等，还必须考虑标记互补、选择性性状、受菌体的强代谢活性、营养需求、生长速率等，以及与社会公害有关的问题如耐药性、致病性、肠道寄生性等。

有研究报道，以 2-脱氧葡萄糖作为降解产物阻遏物，诱变处理里氏木霉，选育得到一株抗分解代谢物阻遏的突变株，其滤纸酶活力和羧甲基纤维素（CMC）酶活力分别达 3.63 U/mL 和 24.64 U/mL，比出发菌株提高了 3 倍。此外，以含葡萄糖（梯度浓度）的纤维素双层平板进行选育，紫外诱变处理拟康氏木霉，获得一株在葡萄糖浓度为 10%时，仍能产生纤维素酶透明圈的突变株。该突变株干曲的 CMC 酶活力、滤纸酶活力和 *β*-葡聚糖酶活力分别达 1145.7 U/g、55.6 U/g，24 U/g，分别是出发菌株的 2.4 倍、3.0 倍和 12.6 倍。

（三）产酶菌的杂交育种

杂交育种（cross breeding）一般指两个不同基因型的菌株通过结合或原生质体融合使遗传物质重新组合，再从中分离和筛选优良菌株。真菌、放线菌和细菌均可进行杂交育种。该方法选用已知性状的供体菌株和受体菌株作为亲本，把不同菌株的优良性状集中于重组体中。通过这种方法不仅可以分离得到具有新的基因组合的重组体，也可以选出由于具有杂种优势而生长旺盛、生物量多、适应性强以及某些酶活力提高的新品系。但是，由于操作方法较复杂、技术条件要求较高，其推广和应用受到一定的限制。

杂交育种主要有常规的杂交育种和原生质体融合这两种方法，其中原生质体融合较为多见。原生质体融合技术是先用脱壁酶处理除去微生物细胞壁，制成原生质体，再用聚乙二醇促使原生质体融合，从而获得异核体或重组体的过程。由于原生质体无细胞壁，易于接受外来遗传物质，不仅能将不同种的微生物融合在一起，而且能使亲缘关系更远的微生物融合在一起。原生质体由于易受到诱变剂的作用，而成为较好的诱变对象。实践证明，原生质体融合能使重组频率大大提高。因此，此项技术能使来自不同菌株的多种优良性状，通过遗传重组，组合到一个重组菌株里。原生质体融合作为一项新的生物技术，为微生物育种提供了一条新的途径。

例如，在纤维素酶研究中，里氏木霉能大量合成外切葡聚糖酶、内切葡聚糖酶，但是其生产的纤维二糖酶活力低，而黑曲霉（*A. niger*）生产的酶活力高。为了充分利用里氏木霉和黑曲霉这两个远缘属种中的互补优势性状，可将里氏木霉和黑曲霉进行原生质体融合，筛选得到的融合子获得了两属的优点。用高效发酵单糖为乙醇的运动发酵单胞菌的原生质体作为受体与纤维素发酵菌的原生质体融合，即可获得直接利用纤维素产生乙醇的基因重组的融合子。也有研究利用电融合技术，将木霉和酿酒酵母细胞融合，使酿酒酵母获得利用纤维二糖产生乙醇的能力。

（四）基因工程菌

利用基因操作将外源基因转入宿主菌内，经过筛选、继代培养后能够稳定地表达该基因，合成有生理活性的酶，这种带上了人工给予的新的遗传性状的菌，被称为基因工程菌（genetic engineering strain）。

基因工程菌获得的基本步骤：

目的基因的获取 → 载体的选择 → 目的基因与载体DNA的体外重组 → 宿主菌的准备 → 重组载体引入受体菌 → 重组菌的筛选

在纤维素酶的生产上，许多真核纤维素酶基因都已在大肠埃希菌、酿酒酵母、运动发酵单胞菌以及黄单胞菌等微生物中表达。例如，将黑曲霉的纤维二糖酶基因在酵母中表达，使酵母能在纤维二糖培养基中生长。山东大学微生物技术国家重点实验室已成功地从微紫青霉（*Penicillium janthinellum*）的cDNA文库中克隆得到*CBH Ⅰ*基因，并将基因*CBH Ⅰ*转入到CBH酶活力较低的黄单胞菌中，获得了成功表达，结合子的CBHⅠ酶活力比原始菌株提高2～4倍，滤纸酶活力提高1倍。在里氏木霉纤维素酶制剂中补加黑曲霉的纤维二糖酶可大幅度提高纤维素底物的水解速率。

目前，基因操作已经发展成为一个庞大的技术群，基因修饰、外源基因的表达、多点突变、酶的定向进化技术等技术为获得优良产酶菌提供了广阔的技术平台。例如，利用酶的定向进化技术中的基因嵌合酶技术得到的儿茶酚 2,3-双加氧酶，不但具有与原酶相同的活力和特异性，而且在高温下更稳定；用易错 PCR 技术筛选到的一个枯草杆菌蛋白酶突变体，活力提高了 150 倍；用 DNA 体外随机拼接技术改造 β-内酰胺酶，获得了一个宿主细胞对头孢菌素耐药性提高 1600 倍的突变株。

四、产酶菌的培养

（一）产酶菌培养的基本要素

产酶菌的培养是指在人为控制的培养条件下，使产酶菌的数量增加到适宜的浓度，并在最适条件下进行生物酶的合成和积累的过程。产酶菌的培养需具备一些基本要素。

1．培养基的基本组分

虽然培养基多种多样，但是培养基一般都包含碳源、氮源、无机盐和生长因子等几大类组分。

（1）碳源

碳源是指能够为产酶菌提供碳水化合物的营养物质。不同微生物对碳源的利用有所不同，在配置培养基时，应当根据产酶菌的应用需要选择不同的碳源。目前，适用于大多数产酶微生物的培养基采用淀粉或其水解产物，如糊精、淀粉水解糖、麦芽糖、葡萄糖等为碳源。例如，黑曲霉具有淀粉酶系，其培养基可以采用淀粉为碳源；酵母不能利用淀粉，其培养基只能采用蔗糖或葡萄糖等为碳源。此外，有些微生物的培养基可以采用脂肪、石油、乙醇等为碳源。

（2）氮源

氮源是指能向微生物提供氮元素的营养物质。氮元素是各种细胞中蛋白质、核酸等组分的重要组成元素之一，也是各种酶分子的组成元素。氮源是细胞生长、繁殖和酶的生产必不可少的营养物质。

氮源可以分为有机氮源和无机氮源两大类。有机氮源主要是各种蛋白质及其水解产物，例如，酪蛋白、豆饼粉、花生饼粉、蛋白胨、酵母膏、牛肉膏、蛋白水解液、多肽、氨基酸等。无机氮源是各种含氮的无机化合物，如氨水、硫酸铵、磷酸铵、硝酸铵、硝酸钾、硝酸钠等铵盐和硝酸盐等。

（3）无机盐

无机盐的主要作用是提高细胞生命活动所必不可缺的各种无机元素，并对细胞内外的 pH、氧化还原电位和渗透压起调节作用。

不同的无机元素在细胞的生命活动中作用有所不同。有些是细胞的主要组成元素，如磷、硫等；有些是酶分子的组成元素，如磷、硫、锌、钙等；有些作为酶的激活剂调节酶的活力，如钾、镁、锌、铜、铁、锰、钙、钼、钴、氯、溴、碘等；有些对 pH、氧化还原电位、渗透压起调节作用，如钠、钾、钙、磷、氯等。

（4）生长因子

生长因子是指细胞生长繁殖所必需的微量有机化合物，主要包括各种氨基酸、嘌呤、嘧啶、维生素等。氨基酸是蛋白质的组分；嘌呤、嘧啶是核酸和某些辅酶或辅基的组分；维生素主要起辅酶作用。有的微生物可以通过自身的新陈代谢合成所需的生长因子，有的微生物属于营养缺陷型细胞，本身缺少合成某一种或某几种生长因子的能力，需要在培养基中添加所需的生长因子，微生物才能正常生长、繁殖。

在酶的发酵生产中，生长因子多由天然原料提供，如酵母膏、玉米浆、麦芽汁、豆芽汁、米糠、麸皮水解液等，以提供细胞所需的各种生长因子。也可以在培养基中加入某种或某几种提纯的有机化合物，以满足细胞生长、繁殖的需要。表 4-1 为几种产酶菌常用的培养基配方。

表 4-1　几种产酶菌常用的培养基配方

产酶菌	产酶种类	常用培养基
枯草杆菌 BF7658	α-淀粉酶	玉米粉 8%，豆饼粉 4%，Na_2HPO_4 0.8%，$(NH_4)_2SO_4$ 0.4%，$CaCl_2$ 0.2%，NH_4Cl 0.15%（自然 pH）
枯草杆菌 AS1.398	中性蛋白酶	玉米粉 4%，豆饼粉 3%，麸皮 3.2%，米糠 1%，Na_2HPO_4 0.4%，KH_2PO_4 0.03%（自然 pH）
黑曲霉	糖化酶	玉米粉 10%，豆饼粉 4%，麸皮 1%（pH 4.4～5.0）
地衣芽孢杆菌 2709	碱性蛋白酶	玉米粉 5.5%，豆饼 4%，Na_2HPO_4 0.4%，KH_2PO_4 0.03%（pH 8.5）
黑曲霉 AS3.350	酸性蛋白酶	玉米粉 8%，豆饼粉 4%，玉米浆 0.6%，Na_2HPO_4 0.2%，$CaCl_2$ 0.5%，NH_4Cl 1%（pH 5.5）
游动放线菌	葡萄糖异构酶	糖蜜 2%，豆饼粉 2%，Na_2HPO_4 0.1%，$MgSO_4$ 0.05%（pH 7.2）
橘青霉	磷酸二酯酶	淀粉水解糖 5%，蛋白胨 0.5%，Na_2HPO_4 0.05%，$CaCl_2$ 0.04%，$MgSO_4$ 0.05%，KH_2PO_4 0.05%（自然 pH）
黑曲霉 AS3.396	果胶酶	麸皮 5%，果胶 0.3%，$(NH_4)_2SO_4$ 2%，$MgSO_4$ 0.05%，KH_2PO_4 0.25%，$NaNO_3$ 0.02%，$FeSO_4$ 0.001%（自然 pH）
枯草杆菌 ASl.398	碱性磷酸酶	葡萄糖 0.4%，乳蛋白水解物 0.1%，$(NH_4)_2SO_4$ 1%，KCl 0.1%，$CaCl_2$ 0.1 mmol/L，$MgCl_2$ 1 mmol/L，Na_2HPO_4 20 mmol/L（pH 7.4 Tris-HCl 缓冲液配制）

2．适宜的 pH

培养基的 pH 与细胞的生长、繁殖以及发酵产酶关系密切，在发酵过程中必须进行必要的调节控制。

不同的微生物，其生长、繁殖的最适 pH 有所不同。一般细菌和放线菌的生长最适 pH 在中性或碱性范围（pH 6.5～8.0）；霉菌和酵母的生长最适 pH 偏酸性（pH 4.0～6.0）；植物细胞生长的最适 pH 为 5.0～6.0。

产酶菌发酵产酶的最适 pH 与生长最适 pH 往往有所不同，有些细胞可以同时产生若干种酶，在生产过程中，通过控制培养基的 pH，往往可以改变各种酶之间的产量比例。例如黑曲霉可以生产 α-淀粉酶，也可以生产糖化酶，若培养基的 pH 在中性附近时，α-淀粉酶的产量增加，而糖化酶减少，如果 pH 偏向酸性时，糖化酶的产量提高，而 α-淀粉酶的产量降低。类似地，用米曲霉生产酶时，当培养基的 pH 为碱性时，以生产碱性蛋白酶为主，当培养基的 pH 为中性时，以生产中性蛋白酶为主，当培养基的 pH 为酸性时，以生产酸性蛋白酶为主。

3．适宜的培养温度

产酶菌的生长、繁殖和发酵产酶需要一定的温度条件。在一定的温度范围内，细胞才能正常生长、繁殖和维持正常的新陈代谢。

不同的产酶菌有各自不同的最适生长温度。例如，枯草杆菌的最适生长温度为 34～37℃，黑曲霉的最适温度生长为 28～32℃。值得注意的是，有些产酶菌发酵产酶的最适温度与个体最适生长温度有所不同，而且往往低于最适生长温度。例如，采用酱油曲霉生产蛋白酶，40℃

条件下，霉菌的生长良好，在28℃下，酶的产量是40℃下的2～4倍，但霉菌生长却比较缓慢，20℃下产酶量更大。所以在实际生产中，常常采用分段控制，在发酵初期，采用适宜的高温，以促进霉菌的生长，提高霉菌细胞数量，然后采用适当的低温，以提高产酶量。

4．溶解氧

产酶菌生长、繁殖和酶的生物合成过程需要大量的能量。为了获得足够多的能量，微生物必须获得充足的氧气，使从培养基中获得的能量物质（一般指各种碳源）经过有氧降解而生成大量的ATP。所以对产酶菌发酵培养时应维持一定的溶氧量。

不同的培养基溶氧量有很大的差异。固体培养基往往有相对较高的溶氧量，而液体培养基溶氧量相对较小，在实际生产中应根据溶氧量的要求加以调节。

（二）发酵产酶的基本工艺

1．菌种选择

前文阐述了优良产酶菌的特点，在实际生产中应该选用酶的产量高、容易培养和管理、产酶稳定性好、不易退化的产酶菌，而且要使用的细胞及其代谢物安全无毒，不会影响生产人员和环境，也不会对酶的应用产生其他不良的影响。

2．固态发酵产酶的基本工艺流程

固态发酵（solid state fermentation）以麸皮或米糠为主要原料，另外添加谷糠、豆饼等为辅助原料，经过对原料发酵前处理，在一定的培养条件下微生物进行生长、繁殖、代谢、产酶。其具有原料简单、不易污染、操作简便、酶提取容易、节省能源等优点，缺点是不便自动化和连续化作业、占地多、劳动强度大、生产周期长。

其基本生产工艺如下：

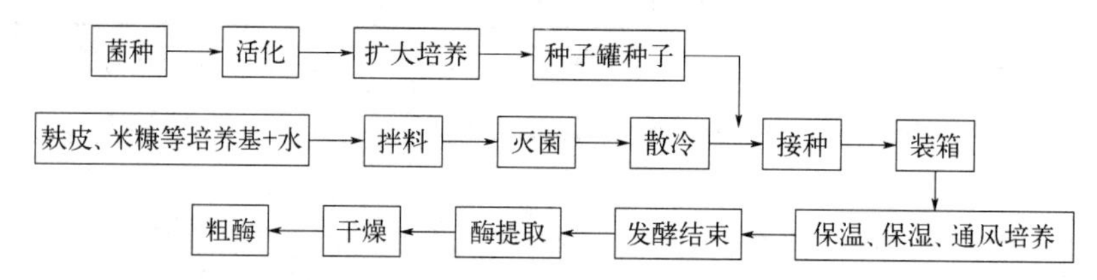

3．液态深层发酵产酶的基本工艺流程

相对固态发酵，液态深层发酵（liquid-state submerged fermentation）具有独特的优势：占地少、生产量大、适合机械化作业、发酵条件容易控制、不易污染，还可大大减轻劳动强度。其培养方法有分批培养、流加培养和连续培养三种，其中前两种培养方法广为应用，后者因污染和变异等关键性技术问题未解决，应用受到限制。在液态深层发酵中，pH、通气量、温度、基质组成、生长速率、生长期及代谢产物等都对酶的形成和产量有影响，要严加控制。液态深层发酵培养的时间通过检测培养过程的酶活力来确定，一般较固态发酵培养周期（1～7 d）短，仅需1～5 d。

其基本生产工艺如下：

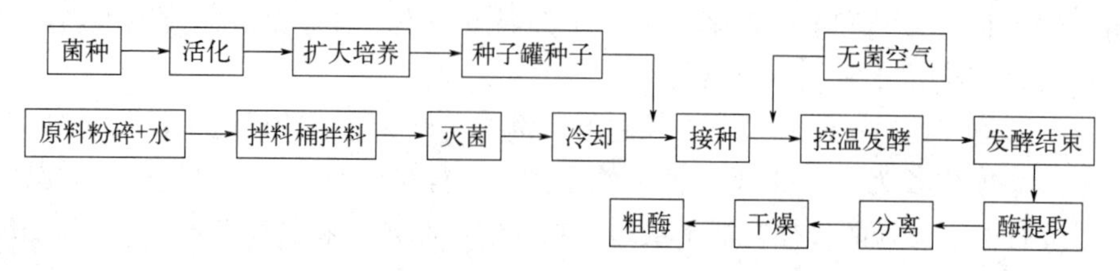

（三）近代发酵技术概述

发酵是一种复杂的生化过程，其结果的好坏涉及诸多因素，除了上述的菌种的生产性能、培养基的配比、原料的质量、灭菌条件、种子质量、发酵条件等，还与过程控制密切相关。近年来，为了提高发酵生产的效率，先后形成了多种发酵技术，并逐步成为现代生产的主流发酵技术。现代发酵技术主要包括分批发酵、分批补料发酵、半连续发酵与连续发酵等。

1．分批发酵

分批发酵（batch fermentation）是指经灭菌的培养基在接种后开始培养直到结束，这期间，除了调节或维持发酵液的 pH 所加的酸碱及消泡时添加的消泡剂外，无料液的进出，发酵结束后将所有的发酵槽全部取出，进入后续操作。分批发酵是一种准封闭系统，种子接种到培养基后，除了气体流通外，发酵液始终留在生物反应器内直到发酵结束。分批发酵过程一般可分为 6 期：停滞期、加速期、对数生长期、减速期、静止期和死亡期。

停滞期即接种菌的适应期，这段时间内，细胞数目和菌量基本不变，其时间长短主要取决于种子的活性、接种量及培养基的可利用性和浓度。一般为缩短停滞期，接种的种子应采用处于对数生长期且达到一定浓度的培养物，该种子能耐受含高渗化合物和低 CO_2 分压的培养基。

加速期通常很短，大多数细胞在此期的比生长速率可在短时间内从最小值升到最大值。这个阶段的微生物已完全适应其周围环境，并且有充足的养分而又无抑制生长的物质，产酶菌很快便进入恒定的对数或指数生长期。

在对数生长期的产酶菌比生长速率达最大，该生长期的长短主要取决于培养基，包括溶解氧的可利用性和有害代谢产物的积累。

减速期是随着养分的减少、有害代谢产物的不断积累而出现的，这一时期的产酶菌细胞量仍在增加，但其比生长速率不断下降，细胞在代谢与形态方面逐渐退化，经短时间的减速后进入生长静止（稳定）期。

静止期实际上是一种生长和死亡的动态平衡，净生长速率等于零。由于此期菌体的次级代谢十分活跃，许多次级代谢产物在此期大量合成，菌的形态也发生较大变化，如菌已分化、染色变浅、形成空胞等。养分耗竭后，对生长有害的代谢产物在发酵液中大量积累，细胞便进入死亡期。

分批发酵操作简单，周期短，染菌的概率降低，生产过程和产品质量易掌握，因而在工业生产上有重要地位。但对基质浓度敏感的产物或次级代谢产物，不适宜采用分批发酵，因为发酵周期较短（一般 1～3 d），产物产率较低。这主要是由于养分的耗竭，无法维持发酵。

在分批发酵中，若产物为初级代谢产物，可设法延长与产物关联的对数生长期；若产物为次级代谢产物，可缩短对数生长期，延长静止期（生产期），或降低对数生长期的生长速率，从而更早产生所需产物。

一般固态发酵多采用此发酵工艺。

2．分批补料发酵

分批补料发酵（fed-batch fermentation）是在分批发酵的过程中，补充维持生长或产物合成所需的养分与前体，避免由于养分不足导致发酵过早结束的一种发酵方式。由于只有料液的输入，没有输出，因此，发酵液的体积会不断增加。

分批补料发酵可维持很低的基质浓度，因而可避免因快速利用碳源产生的阻遏效应，并能按设备的通气能力去维持适当的发酵条件，有利于次级代谢产物的积累，减缓有害代谢产物的不利影响。

3．半连续发酵

半连续发酵（semi-continuous fermentation）指在发酵过程中除了补料还间歇排放部分发酵液。这种发酵方法可克服补料带来的体积增大问题，同时还可减少有害代谢产物的不断积累，尽可能延长产物合成的时间。

但半连续发酵在排放发酵液的同时也损失了未利用的养分和处于生产旺盛期的菌体，定期补充和放液会使发酵液稀释，使需提炼的发酵液体积更大，增加了提取工艺的负荷。此外，发酵液被稀释后可能会产生更多的有害代谢产物，从而限制发酵产物的合成，还有一些经代谢产生的前体可能也会丢失，而补料和放液后的相对稀释条件也更有利于非产酶突变株的生长。所以，在实际生产中，不同品种应具体情况具体分析，选择合适的发酵工艺。

4．连续发酵

连续发酵（continuous fermentation）指经一段初始时间的分批发酵培养后，发酵过程中一边不断地补充新鲜的料液，一边以相近的流速排放发酵液，基本维持发酵液的体积不变。在连续发酵中，补料和放液的速率取决于产酶菌的繁殖速率、养分消耗速率、产物积累速率、有害物质积累速率等因素。生产上应选用一个合适的补料和放液速率，以达到最大优化的发酵工艺。

连续发酵工艺在产酶的效率、生产的稳定性和易于实现自动化方面比前述的发酵工艺优越，但污染杂菌和菌种退化的可能性增加，这是该发酵工艺的缺陷，生产上应多加注意。

在连续发酵过程中，需长时间不断地向发酵系统供给无菌的新鲜空气和培养基质，这就增加了染菌的可能性。尽管可以通过改良一些发酵条件、工艺参数加以控制，或选取耐高温、耐极端 pH 和能够同化特殊营养物质的菌株作为生产菌种来控制杂菌的生长，但是这种方法的应用范围有限。故染菌问题一直是连续发酵工艺中不易解决的问题。

连续发酵工艺中的另一个问题是菌种突变或退化。微生物的遗传物质 DNA 在复制过程中高度保守，出现差错的频率为百万分之一。尽管自然突变率很低，但是一旦在连续培养系统中的生产菌出现某一个菌的突变，且突变的结果使这一细胞获得高速生长能力，但失去生产能力，最终取代系统中原来的生产菌种，就会使发酵效率变得十分低下，连续培养的时间越长，所形成的突变菌株越多，最终导致发酵失败。当然并不是菌株的所有突变都会造成危害，不过造成产酶效率下降是常见的问题，因为工业生产菌株均经过多次诱变选育，消除了菌株自身的代谢调节功能，使其适应人们的需求，利用有限的碳源和其他养分合成所需的产物。生产菌种发生回复突变的倾向性很大，因此这些生产菌种在连续发酵时很不稳定，低产突变株很可能最终取代高产生产菌株。

为解决这一问题，需建立一种不利于低产突变株的选择性生产条件，使低产突变株逐渐被淘汰。例如，利用一株具有多重遗传缺陷的异亮氨酸渗漏型高产菌株生产 L-苏氨酸。此生产菌株在连续发酵过程中易发生回复突变而成为低产菌株。若补料中不含异亮氨酸，那些不能大量积累苏氨酸而同时失去合成异亮氨酸能力的突变株则从发酵液中被自动淘汰。

5．高密度细胞培养

工业生产的基本目标是以最小的代价获得最大的产值和利润，而实现这一目标的工程手段是针对每个特定过程建立相应的高效发酵模式。产酶菌的数量是产酶量的一个基本条件，产酶菌数量越多，自然产量也越大。生产上，要提高发酵效率，不仅要尽量使产酶菌的生产力保持在最佳状态，还要创造一个最合适的生产条件。高密度细胞培养是另一个努力的目标。

凡是发酵液中细胞密度比较高，以至接近其理论值的培养均可称为高密度细胞培养（high density cell culture），通常用干细胞重量/升（DCW/L）来表示。一般认为其上限值为 150～2000 g（DCW/L），下限值为 20～30 g（DCW/L）。由于不同菌种（或者不同菌株）之间存在较大的差异，以高密度细胞培养的上、下限值也均有例外。高密度细胞培养最早应用于生产单细胞蛋白、乙醇。现在已有许多采用高密度细胞培养的成功例子。

实现高密度细胞培养的途径主要有透析培养、细胞循环培养、分批补料发酵培养等，其中以分批补料发酵培养技术较为成熟和完善。用于高密度细胞培养的生物反应器常用的类型有搅动罐和带有外置式或内置式细胞持留装置的反应器，如透析膜反应器、气升式反应器、气旋式反应器与振动陶瓷瓶等。

透析培养是利用半透膜有效地去除培养室中有害的低分子量代谢产物，同时向培养液提供充足的营养物质的培养方式。Osborne 在 1977 年首次将透析用于乳酸杆菌培养，获得了 1×10^{11} cfu/mL 的高菌体密度，相当于 30～40 g（DCW/L）。透析培养主要发展了营养分配补料策略，即将培养基分为浓缩营养液和无机盐溶液两部分。浓缩营养液直接加入培养室，无机盐溶液则加入透析室以维持渗透压。采用这种培养方式，不仅可以直接增加生物量的积累，大大降低营养物质的损失，而且与微滤和超滤相比，在透析过程中透析膜不会被阻塞，并且可以长时间维持其渗透性能。储炬等用膜透析或膜过滤发酵有效地减缓有害代谢产物对葡萄糖氧化酶合成的阻遏，膜过滤发酵的总产酶速率达到 4196 U/h，比对照（常规分批发酵）可提高 3 倍多。但是，由于反应器本身需要内嵌的透析膜或外在的透析组件、辅助泵及其他发酵罐等，透析培养的设备投资较大。

细胞循环培养是通过某种方式将细胞保留在培养罐中加以循环利用的培养方式，一般通过沉降、离心和膜过滤几种方式实现。膜过滤培养是连续发酵培养和超滤的结合，它是在普通培养装置上附加一套膜过滤系统，用泵使培养液流经过滤器，将菌体截留，滤液流出培养体系，并通过液面计控制流加泵添加新鲜的培养基，维持培养基体积不变。细胞循环可以除去抑制性代谢产物，用低浓度的培养基得到高的细胞密度，以及就地分离产物，有利于下游操作。

采用分批补料发酵培养进行高密度细胞培养成功的关键是补料策略的选择。高密度细胞培养需投入几倍于生物量的基质以满足细胞迅速生长、繁殖及大量表达基因产物的需要。不同的发酵菌株有不同的补料流加依据，大部分都以菌落形态、发酵液中糖浓度、液体溶解氧浓度、尾气中氧和二氧化碳的含量、摄氧量或呼吸商的变化为依据。在发酵培养中，由于大多数菌体不能耐受温度、pH 和溶液浓度，尤其是代谢产物积累等极端工艺条件，所以限制了菌体的高密度细胞培养。由于发酵中产生了大量的代谢产物，所以需要调整 pH，加入大量碱液，这样就导致了营养培养基的稀释，而若以葡萄糖为主要基质，由于浓缩程度有限，在补料时也会发生培养基的稀释，这些问题都影响了细胞的生长。

目前，有两种主要的策略控制流加营养物：开环式（非反馈）和闭环式（反馈）流加补料方式。补料添加方法与工作原理见表 4-2。

表 4-2 分批补料发酵的补料添加方法和工作原理

补料类型	工作原理
开环式（非反馈）流加补料	
恒速补料	预先设定恒定的营养流加速率，微生物的比生长速率逐渐下降，具体密度呈线性增加
变速补料	在培养过程中流加速率不断增加（梯度、阶段、线性等），比生长速率不断改变
指数补料	流加速率呈指数增加，比生长速率为恒定值，具体密度呈指数增加
闭环式（反馈）流加补料	
恒 pH 法	通过 pH 的变化，推测细菌的生长状态，调节流加葡萄糖速率，调节 pH 为恒定值
恒溶解氧法	以溶解氧为反馈指标，根据溶解氧的变化曲线调整碳源的流加量。通过检测菌体的浓度反馈，拟合营养的利用情况，调整碳源的加入量
CER 法	通过检测二氧化碳的释放率（CER），监测碳源的利用情况，控制营养的流加
DO-stat 法	通过控制溶解氧、搅拌和补料速率，维持恒定的溶解氧，减少有机酸的生成

在反馈流加补料过程中，直接与生理生化和化学参数有关，如温度、压力、pH、泡沫和搅拌速率等，而这些参数的检测较为复杂和昂贵，尤其是呼吸商控制体系需要 O_2 和 CO_2 分析仪，恒 pH 法和恒溶解氧法相对简单和便宜，因而较为常用。非反馈流加补料中，指数补料方式可使菌体保持一定的比生长速率，使菌体稳定生长的同时有利于目的蛋白质的表达。

采用高密度细胞培养的主要问题是：在水溶液中的固体与气体物质的溶解度不高，基质对生长的限制或抑制作用，基质与产物的不稳定性和挥发性，产物或副产物的积累达到抑制生长的水平，产物的降解，高的 CO_2 与热的释放速率，高的氧需求以及培养基的黏度不断增加等。在发酵基质选用方面，采用化学成分已知的培养基就可以简化补料策略。

（四）现代发酵技术中的控制技术

计算机的广泛应用，使现代发酵工业逐步走向全程监控、自动检测的新时代。

计算机在发酵中的应用有三项主要任务：过程数据的储存，过程数据的分析和生物过程的控制。数据的储存包括以下内容：按规定顺序扫描传感器的信号，将其数据条件化，过滤以一种有序并易找到的方式储存。数据分析的任务是从测得的数据中用规则系统提取所需信息，求得间接（衍生）参数，用于观察反应发酵的状态和性质。过程管理控制器可将这些信息显示打印和作曲线，并用于过程控制。控制器有三个任务：按事态发展或超出控制回路设定点的控制；过程灭菌，投料，放罐阀门的有序控制；常规的反应器环境变量的闭环控制。此外，还可设置报警分析和显示。一些巧妙的计算机监控系统主要用于中试规模、仪器装备良好的发酵罐。对生产规模的生物反应器，计算机主要应用于监测和顺序控制。先进的优化控制可使生产效率达到最大，但目前该技术需要进一步完善。

第三节　提高发酵产酶量的方法

影响酶发酵的因素很多，要提高发酵产酶量，首要条件是有性能优良的生产菌种，其次还要有最佳的发酵条件即发酵工艺才能取得好的效果。要获得好的发酵工艺技术，必须对发酵过程中的影响因素和产酶菌的生理代谢及过程变化规律有详细的认识，在此基础上进行合理的调控，才能有效实现酶产量的提高。

一、酶合成的调控机制

（一）酶生物合成的分子机制概述

酶生物合成的过程其实就是基因的表达过程，包括转录、翻译和翻译后加工三个过程。每一个过程都是一个满足多方面条件下由多种酶参与的复杂的生物过程，这个过程受多因素调控。

（二）酶生物合成的调节

微生物细胞中存在着组成酶（constitutive enzyme）和诱导酶（inducible enzyme）两大类酶。不论生长在什么培养基中，微生物中总是存在适量的酶，它们的合成不依赖于底物或底物的结构类似物，这些酶称为组成酶。诱导酶又称为适应酶（adaptive enzyme），是依赖于某种底物或底物的结构类似物而合成的酶。

在酶的生物合成中，调节方式包括诱导作用和阻遏作用两种。诱导作用指在某种化合物（包括外加的和内源性的积累）作用下，导致某种酶合成或合成速率提高的现象。阻遏作用是指在某种化合物的作用下，导致某种酶合成停止或合成速率降低的现象。这两种情况有时同时存在，可以通过它们的协调作用达到有效地控制产酶量的目的。

1．酶生物合成的诱导

能够诱导某种酶合成的化合物称为该酶的诱导剂（revulsant），诱导剂的使用显著地增加了酶的产量，诱导剂可分为三类：①酶的作用底物；②酶的底物类似物；③酶的反应产物。

例如，乳糖是大肠埃希菌 β-半乳糖苷酶合成的诱导剂，也是该酶的作用底物；甲基-β-硫代半乳糖苷是 β-半乳糖苷酶合成的诱导剂，但它不是其作用的底物；而对硝基苯-α-L-阿拉伯糖苷是 β-半乳糖苷酶的底物，但它不是诱导剂。因此，是否是诱导剂主要在于能否诱导酶的合成，而不是依据是否为酶的底物。

诱导一种酶的合成可以有一种以上的诱导剂，但不同的诱导剂的诱导能力是不同的，并且诱导能力还与诱导剂的浓度有关。比如半乳糖、乳糖和异丙基硫代-β-D-半乳糖苷（IPTG）都是 β-半乳糖苷酶的诱导剂，但乳糖的诱导能力要大于半乳糖，半乳糖浓度在 10^{-5} mol/L 以下就没有诱导能力了，而 IPTG 的诱导能力比乳糖的诱导能力高几百倍。

2．酶生物合成的阻遏

微生物的产酶培养过程可能受到代谢末端产物阻遏或分解代谢物阻遏的调节。微生物在代谢过程中，当胞内某种代谢产物积累到一定程度时，可能会反馈阻遏这些酶的继续产生。如果代谢产物是某种合成途径的终端产物，这种阻遏称为代谢末端产物阻遏（end product repression）；如果代谢产物是某种化合物分解的中间产物，这种阻遏称为分解代谢物阻遏（catabolite repression）。

为避免分解代谢物阻遏，可以采用难以利用的碳源，或采用分次添加碳源的培养方法，使培养基中的碳源物质浓度始终维持在不足以引起分解代谢物阻遏的浓度之下，对于受代谢末端产物阻遏的酶，可以通过控制末端产物浓度来解除阻遏。

3．酶合成调节的机制

（1）单一效应物调节

酶合成的诱导作用和阻遏作用都是通过效应物或激活剂与调节蛋白相互作用形成复合

物，导致调节蛋白构型发生变化，从而能够结合到操纵子的操纵基因上，或不能结合于操纵子的操纵基因上，致使 RNA 聚合酶结合于启动子上，并进行转录和翻译，表达所需酶。如果效应物是抑制剂，它与调节蛋白的结合则导致结构基因转录停止，不能表达有关的酶或蛋白质。这种调节有两种情况，即正调节（positive regulation）和负调节（negative regulation）。

操纵子（operon）指基因的调控单位，也称转录单位，包括结构基因、操纵基因和启动子。结构基因指能通过转录、翻译合成相应酶的基因。操纵基因位于启动子之后，结构基因之前，是阻遏蛋白结合的区域，直接决定后面的基因能否转录。启动子位于操纵基因的最前端，在转录时与 RNA 聚合酶结合。

操纵子的活动又受基因调控。调节基因通过转录、翻译合成蛋白质来调控操纵子的活动。操纵子的负调节基因产物阻止转录的进行，如大肠埃希菌的乳糖操纵子，它的调节基因编码一个分子质量为 150000 Da 的四聚体阻遏蛋白，当乳糖不存在时，阻遏蛋白与操纵基因结合，导致转录不能进行，见图 4-1。当乳糖存在时，乳糖与阻遏蛋白结合，使之不能结合于操纵基因上，RNA 聚合酶即可迅速通过操纵基因，到达结构基因，启动结构基因转录出一条 mRNA 分子，并翻译出 3 种酶，共同分解乳糖，见图 4-1。不过当细胞质中有了 β-半乳糖苷酶后，便催化分解乳糖为半乳糖和葡萄糖。乳糖被分解后，又造成了阻遏蛋白与操纵基因结合，使结构基因关闭，这就是负反馈。操纵子的正调节类型是其调节基因产物在诱导物存在下，被转化为转录激活剂，与启动子结合，而使结构基因被 RNA 聚合酶催化转录。

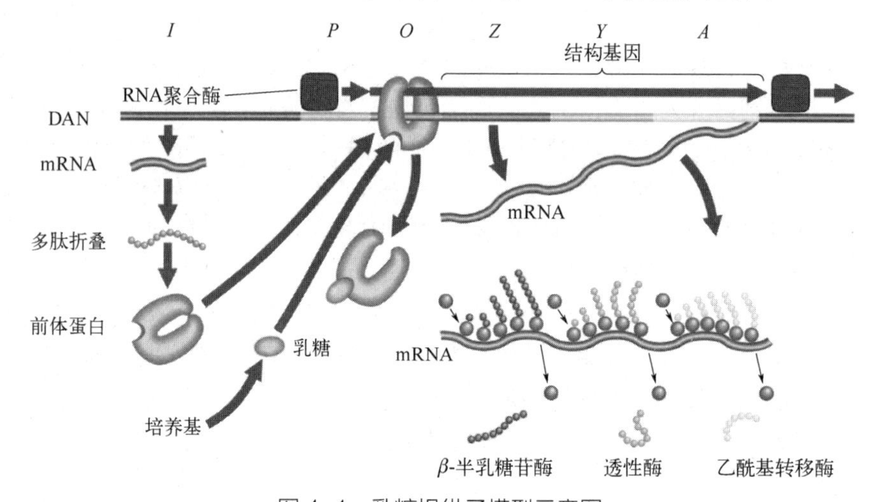

图 4-1　乳糖操纵子模型示意图

（2）两种效应物的共同调节

原核生物中，分解酶合成的调节方式有的更为复杂，对它们的调控除需要效应物外，还需要活化蛋白的参与。如乳糖操纵子的调节与大肠埃希菌胞内 cAMP 的浓度有关。cAMP 与 cAMP 的受体蛋白（CRP）结合成复合物，然后起调节作用。CRP 不能单独与启动子结合，只有在与 cAMP 结合后发生自身构型变化，才能结合到启动子上，促使 RNA 聚合酶结合到启动子的另一位点。如果此时有效应物存在，调节蛋白不能结合至操纵基因上，乳糖操纵子的结构基因才能被转录。当 cAMP 不存在或 CRP 不存在时，即使效应物（如乳糖）存在，RNA 聚合酶也不能结合到启动子上，不能使结构基因转录和表达。

（3）弱化调节

弱化调节是 Yanofasky 于 1973 年在研究色氨酸合成时发现的一种调节方式，即当细胞内存在色氨酸时，可使翻译在未到终点之前，便有 80%～90%的翻译停止。由于这种调节方式不是使正在翻译的过程全部在中途停止，因此称其为弱化调节。大肠埃希菌的色氨酸生物合成操纵子由调节基因、操纵基因、启动子和 5 个结构基因（E、D、C、A、B）组成。在结构基因中，E 和 D 一起编码邻氨基苯甲酸合成酶，C 编码吲哚-3-甘油磷酸合成酶，B 与 A 编码色氨酸合成酶。它的调节基因、操纵基因和启动子远离结构基因，其调节方式有阻遏调节和弱化调节两种。阻遏调节类似于乳糖操纵子，是一种负调节。

弱化调节方式比较广泛地存在于氨基酸合成操纵子调节中，是细菌辅助阻遏作用的一种精细调控。这一调控作用是通过操纵子的引导区内类似于终止子的一段 DNA 序列实现的，这段序列被称为弱化子。当细胞内某种氨酰 tRNA 缺乏时，该弱化子不表现为终止子功能；当细胞内某种氨酰 tRNA 充足时，弱化子表现为终止子功能，但这种终止作用并不使正在翻译中的 mRNA 全部都中途停止，而仅有部分中途停止。

4．外源基因的表达与调控

外源基因的表达与调控略有不同。首先，外源基因是宿主菌本身不带有的基因，其产物往往也不参与细胞本身的一些代谢，其调控作用主要受构建重组菌时的载体构建与选用情况，表达载体通常带有强启动子，而这些强启动子又受一些特殊的物质诱导，比如用大肠埃希菌 BL21 作宿主菌，pET30a(+)作载体表达外源基因时，通常是用 IPTG（异丙基硫代-β-D-半乳糖苷，一种 β-半乳糖苷类似物）作为诱导剂。其次，外源基因的表达产物对于宿主菌来说，属于外源蛋白，可能会对宿主菌本身的生长、繁殖、活力产生影响，还有可能被宿主菌作为异源蛋白水解掉。再次，外源蛋白的密码子和氨基酸组成中，都可能存在稀有密码子和稀有氨基酸的问题，导致酶的合成受阻。最后，外源基因的表达产物虽然不是宿主菌正常的产物，它的存在方式也是调控的基础，外源基因表达产物合成以后是分泌到胞外还是在胞内，是溶解还是形成包涵体，都会影响到酶合成的效率，也会影响到后续酶的提取工艺。

（三）酶生物合成的模式

细胞在一定培养条件下的生长过程一般经历调整期、生长期、平衡期和衰退期 4 个阶段，如图 4-2 所示。目前研究发现细胞生长与酶生物合成的模式有 4 种类型：同步合成型、延续合成型、中期合成型和滞后合成型。

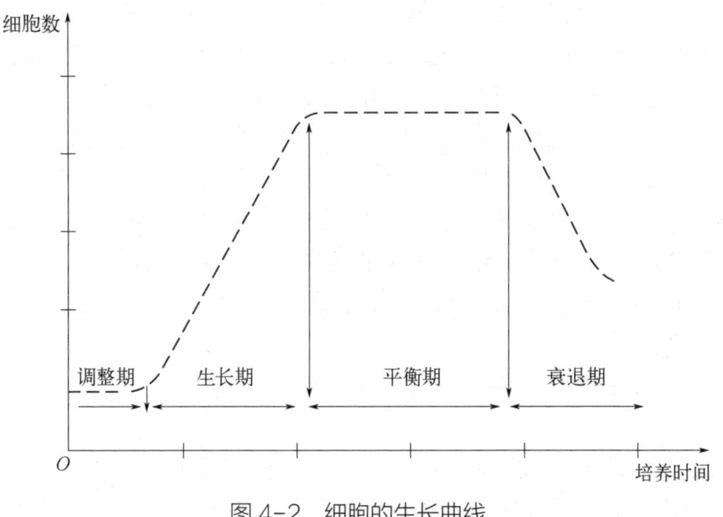

图 4-2　细胞的生长曲线

1．同步合成型

同步合成型指酶的生物合成与细胞生长同步进行的生物合成模式，又称为生长偶联型。属于该模式的酶，其生物合成伴随着细胞的生长而开始；在细胞进入生长期时，酶大量生产；当细胞生长进入平衡期后，酶的合成停止。研究表明，该类型酶所对应的 mRNA 很不稳定，其寿命一般只有几十分钟。细胞进入平衡期，新的 mRNA 被降解后，酶的生物合成随即停止。

大部分组成酶的生物合成属于同步合成型，有部分诱导酶也属于这种模式。例如，米曲霉在含有鞣质或者没食子酸的培养基中生长，在鞣质或者没食子酸的诱导作用下，合成鞣酸酶就属于同步合成型。

同步合成型酶的生物合成可以由其诱导物诱导生成，但是不受分解代谢物的阻遏作用，也不受产物的反馈阻遏作用。

针对同步合成型的酶，要提高酶的产量，就必须提高培养体系中高活力细胞的数量，所以采用最适宜的培养基，建立最适合产酶菌生长繁殖的培养条件，是提高酶产量的关键，在细胞进入平衡期后应及时终止发酵，进行酶的分离提取。

2．延续合成型

延续合成型酶的生物合成从细胞的生长期阶段开始，到细胞生长进入平衡期后，酶还可以延续合成较长的一段时间。

属于延续合成型的酶可以是组成酶，也可以是诱导酶。例如，黑曲霉在以半乳糖醛酸或果胶为单一碳源的培养基中培养，可以诱导多半乳糖醛酸酶的生物合成。该工艺在培养第一段时间（约 40 h）以后，细胞生长进入生长期，此时，多半乳糖醛酸酶开始合成，当细胞进入平衡期（约 80 h）后，细胞生长达到平衡，然而多半乳糖醛酸酶却继续合成，直至 120 h 以后停止合成，呈现延续合成型的生物合成模式。

在以黑曲霉诱导产生多半乳糖醛酸酶的生物合成工艺中，当以含有葡萄糖的粗果胶为诱导物时，细胞生长速率较快，细胞浓度在 20 h 达到高峰。但是多半乳糖醛酸酶的生物合成由于受到分解代谢物阻遏，合成时间延迟，直到葡萄糖被细胞利用完之后，多半乳糖醛酸酶的合成才开始进行，若果胶中所含葡萄糖较多，则在细胞生长达到平衡期以后，酶才开始合成，呈现滞后合成型模式。由此可见，延续合成型的酶在合成时可受到诱导物的诱导，一般不受分解代谢物阻遏。延续合成型的酶在细胞生长达到平衡期以后，仍然可以延续合成，说明这些酶所对应的 mRNA 相当稳定，在平衡期以后相当长的一段时间内仍然可以通过翻译合成其所对应的酶。有些酶的 mRNA 相当稳定，其生物合成可受到分解代谢物阻遏，在培养基中没有阻遏物时，呈现延续合成型，在有阻遏物存在时，转为滞后合成型。

一般地，酶的延续合成型模式要优于同步合成型，酶的产量也要更高。要提高延续合成型酶的产量，不仅要改善产酶菌的生长状况，获得更多的高活力的细胞数量，还要防止阻遏物的影响。比如在 β-半乳糖苷酶的发酵生产中，由于葡萄糖可以引起分解代谢物阻遏，因此可以采用难以利用的半乳糖作为碳源，获得更好的产酶效果。同时，在细胞进入平衡期后尽量延长产酶时间，提高产酶效率，比如通过维持适宜的营养水平、温度、溶解氧、pH 等实现。

3．中期合成型

中期合成型酶一般在细胞生长一段时间后开始合成，细胞生长进入平衡期以后，酶的生物合成随之停止。

例如，利用枯草杆菌生产碱性磷酸酶的生物合成模式属于中期合成型。碱性磷酸酶的生物合成受到其反应产物无机磷酸的反馈阻遏。磷是细胞生长必不可缺的营养物质，培养基中必须有磷的存在。因此，在细胞生长的开始阶段，培养基中的磷阻遏碱性磷酸酶的合成，只有当细胞生长一段时间，培养基中的磷几乎被细胞用完（低于 0.01 mmol/L）以后，碱性磷酸酶才开始大量生成。由于编码该碱性磷酸酶所对应的 mRNA 不稳定，寿命只有 30 min 左右，所以当细胞进入平衡期后，酶的生物合成随之停止。

中期合成型酶具有的共同特点是：酶的生物合成受到产物的反馈阻遏作用或分解代谢物阻遏作用，且编码酶的 mRNA 稳定性较差。要提高中期合成型酶的产量，首先要注意选育抗反馈阻遏或抗分解代谢物阻遏的变异菌株，另外要注意控制反馈阻遏或者分解代谢物阻遏。

4．滞后合成型

滞后合成型酶在细胞生长一段时间或进入平衡期后，才开始生物合成并大量积累，又称为非生长偶联型。许多水解酶的生物合成都属于这一类型。例如，利用黑曲霉进行酸性蛋白酶（如羧基蛋白酶）的生物合成，当细胞生长 24 h 后进入平衡期，此时羧基蛋白酶才开始合成并大量积累，直至 80 h，酶的合成还在继续。该酶所对应的 mRNA 具有很高的稳定性。

滞后合成型酶滞后合成的主要原因是培养基中存在的阻遏物的阻遏作用。随着细胞的生长，阻遏物被细胞代谢减少，阻遏作用解除后，酶才开始大量合成。若培养基中不存在阻遏物，合成模式可以转为延续合成型。滞后合成型酶所对应的 mRNA 稳定性好，可以在细胞生长进入平衡期后的相当长一段时间内，继续进行酶的生物合成。要提高滞后合成型酶的产量，首先要提供最适的产酶菌生长繁殖的条件，以便尽可能地获得高密度的、高活力的产酶菌，同时注意控制培养基中阻遏物的浓度，以便及时进入酶的生物合成期。对于产酶条件和菌体生长条件不一致的情况，应注意在进入酶合成期后，适当改变条件，以适应酶合成的最适条件。此外，由于这种模式的发酵体系培养时间相对比较长，培养基条件也容易改变，尤其是在进入平衡期后，如 pH，所以应注意通过补料等方式以维持适宜的产酶条件。

综上所述，酶对应的 mRNA 的稳定性以及培养基中阻遏物的存在是影响酶生物合成模式的主要因素。其中 mRNA 稳定性好的，可以在细胞生长进入平衡期以后，继续合成其对应的酶；mRNA 稳定性差的，随着细胞生长进入平衡期而停止酶的生物合成；不受培养基中存在的某些物质阻遏的，可以伴随着细胞生长而开始酶的合成；受培养基中某些物质阻遏的，则要在细胞生长一段时间甚至在平衡期后，酶才开始合成并大量积累。

在酶的发酵生产中，为了提高产酶率和缩短发酵周期，延续合成型应当属首选，因为属于延续合成型的酶，在发酵过程中没有生长期和产酶期的明显差别。细胞一开始生长就有酶产生，直至细胞生长进入平衡期以后，酶还可以继续合成一段较长的时间，产酶量较高。

二、控制发酵条件提高产酶量

产酶菌培养过程中基本条件的改变对发酵过程影响很大。在酶的发酵生产过程中，应根据不同酶的生产特性，优化发酵条件以提高产酶量。培养基组成、细胞代谢物的分析技术、统计优化策略和生化研究对于能否建立高产、稳产和经济的发酵过程是关键的因素。

常规的发酵条件包括：培养基配比、发酵的罐温、搅拌转速、搅拌功率、空气流量、罐压、液位、补料、前体添加、补水等。表征发酵过程的状态参数有：pH、溶解氧、溶解 CO_2、氧化还原电位、尾气中的 O_2 和 CO_2 含量、基质（如葡萄糖）或产物浓度、代谢中间体或前体浓度、菌液浓度（以 OD 值或干细胞重量 DCW 等代表）等。通过直接参数还可以求得各种更有用的间接状态参数，比如生长速率（μ）、摄氧率（OUR）、CO_2 释放速率（CER）、呼吸商（RQ）、氧得率系数（YX/O）、氧体积传质速率（KL_{α}）、基质消耗速率（QS）、产物合成速率（QP）等。

（一）培养基的优化

1．碳源

近年研究发现有些碳源对酶的生物合成具有代谢调节的功能，包括酶生物合成的诱导作用以及分解代谢物阻遏作用，在酶的发酵生产过程中，应该根据不同产酶菌的特点，选用一些特定的碳源。

例如，淀粉对 *α*-淀粉酶的生物合成有诱导作用，而果糖对该酶的生物合成有分解代谢物阻遏作用，因此，在 *α*-淀粉酶的发酵生产中，应当选用淀粉为碳源。同理，在 *β*-半乳糖苷酶的发酵生产中，应当选用对该酶的生物合成具有诱导作用的乳糖为碳源，而不用或者少用对该酶的生物合成具有分解代谢物阻遏作用的葡萄糖为碳源。

2．氮源

不同的产酶菌对氮源有不同的要求，应当根据细胞的营养要求进行选择和配制。一般来说，异养型微生物要求有机氮源，自养型微生物可以采用无机氮源。在多数情况下将有机氮源和无机氮源配合使用能起到较好的效果。例如，用黑曲霉生产酸性蛋白酶时，单独使用无机态氮或有机态氮，产酶的效果都不如配合使用的效果好，单独使用铵态氮或硝态氮的产酶量仅为配合使用的 30%。

一般来讲，产酶菌的发酵培养基比其他发酵工业生产的培养基需要更多的氮源，因为发酵的目标产物是酶，其他发酵过程的目标产物是一些初级或次级代谢产物，如柠檬酸发酵、酒精发酵等，产物中，酶的含氮量比这些产物中的含氮量显然高很多。

在一些工程菌的发酵培养基中，有时候还要添加一些特殊的含氮基质。比如在表达外源基因时，如果外源基因编码的蛋白质相对宿主菌具有稀有氨基酸特点的时候，可以在培养基中添加相应的氨基酸，以提高产酶量，这在许多试验研究中均有成功的报道。

3．碳氮比

碳氮比（C/N）对酶的产量有显著影响。所谓碳氮比一般是指培养基中碳元素（C）总量与氮元素（N）总量之比，可以通过测定和计算培养基中碳元素和氮元素的含量而得出。有时也采用培养基中所含的碳源总量和氮源总量之比来表示碳氮比。但这两种比值有时相差很大，在使用时要注意。

在微生物生产培养中碳氮比是随生产的酶类、生产菌株的性质和培养阶段的不同而改变的。一般蛋白酶（包括酸性、中性和碱性蛋白酶）的生产中，培养基多选用较低的碳氮比。例如，利用黑曲霉 AS3.350 生产酸性蛋白酶时采用由豆饼粉 3.75%、玉米粉 0.625%、鱼粉 0.625%、NH_4Cl 1%、$CaCl_2$ 0.5%、Na_2HPO_4 0.2%、豆饼石灰水解液 10%等组成的培养基。淀粉酶（包括 *α*-淀粉酶、糖化酶、*β*-淀粉酶等）发酵生产的培养基多采用相对较高的碳氮比。例如，利用枯草杆菌 TUD127 生产 *α*-淀粉酶的培养基采用由豆饼粉 4%、玉米粉 8%、Na_2HPO_4 0.8%、$CaCl_2$ 0.2%、$(NH_4)_2SO_4$ 0.4%等组成的培养基。

碳氮比的采用也受发酵过程的不同阶段的影响。一般来说，在种子培养时常采用较高比例的氮源，以满足产酶菌个体增加的需要，因为个体的繁殖需要较多的氮源，而在产酶阶段根据情况可以提高碳氮比以利于产酶。例如，利用枯草杆菌 BF7658 生产 *α*-淀粉酶时，发酵基础料多采用较高的氮源：豆饼粉 7.2%、玉米粉 5.6%、Na_2HPO_4 0.8%、$CaCl_2$ 0.13%、$(NH_4)_2SO_4$

0.4%、NH_4Cl 0.13%，而在进行补料时相应地提高碳氮比：豆饼粉 5.2%、玉米粉 22.4%、Na_2HPO_4 0.8%、$CaCl_2$ 0.4%、$(NH_4)_2SO_4$ 0.4%、NH_4Cl 0.06%。

4．无机盐

无机盐的主要作用是提供细胞生命活动所必不可缺的各种无机元素，并对细胞内外的pH、氧化还原电位和渗透压起调节作用。根据细胞对无机元素需要量的不同，无机元素可以分为大量元素和微量元素两大类。

无机元素是通过在培养基中添加无机盐来提供的，一般采用添加水溶性的硫酸盐、磷酸盐、盐酸盐或硝酸盐等方式。在天然培养基中，一般微量元素不必另外加入，但也有例外。例如，用玉米粉、豆饼粉为碳源，利用放线菌 166 生产蛋白酶时，添加 100 mg/kg 的 Zn^{2+}，可使酶的活力提高 70%～80%。

（二）培养基的灭菌情况

培养基的灭菌对发酵生产的影响主要是灭菌会影响到培养基的养分。一般来说，随着灭菌温度的升高，灭菌时间的延长，灭菌对养分的破坏作用逐渐增大，从而影响产物的合成。例如，在葡萄糖氧化酶发酵生产中，培养基的灭菌条件对产酶有显著的影响，主要是因为培养基中的葡萄糖在高温灭菌时极易与其他物质发生反应，从而影响到产酶量，其中灭菌温度比灭菌时间对产酶的影响更大。

所以，培养基的灭菌条件和方法要根据培养基的配比、产酶菌的特点等进行优化。在上述例子中将葡萄糖或含葡萄糖丰富的原料分开进行灭菌，接种前混合，可以较好地解决这个问题。

（三）种子质量

种子质量很大程度上决定了发酵期产酶菌的生长状况和产物合成的量。在发酵原种一定的情况下，接种菌龄和接种量是接种工序的两个重要指标。

接种菌龄是指种子罐中的培养物开始移种到下一级种子罐或发酵罐时的培养时间。选择适当的接种菌龄十分重要，菌龄太短、太长的种子对发酵都不利。菌龄太短的种子接种后往往会出现前期生长缓慢，整个发酵周期延长，产物开始形成时间推迟；菌龄太长的种子虽然菌液浓度较高，但菌体可能过早衰退，导致生产能力的下降。不同品种或同一品种不同工艺条件的发酵，其接种菌龄也不尽相同。一般最适的接种菌龄要在反复多次试验的基础上，根据其最终发酵结果而定，多数情况是以对数生长期的后期作为接种菌龄，即培养液中菌浓度接近高峰时所需的时间较为适宜。

接种量是指介入种子液体积和发酵液体积之比。接种量的大小是由发酵罐中菌的生长、繁殖速率决定的。通常采用较大的接种量可以缩短生长达到高峰的时间，使产物的合成提前。这是由于种子量多，种子液中含有大量胞外水解酶，有利于基质的利用，并且生产菌在整个发酵罐内迅速占优势，从而减少杂菌生长的机会。但是，如果接种量过大，也可能使菌种生长过快，培养液黏度增加，导致溶解氧不足，影响产物的合成。一般发酵常用的接种量为 5%～10%。

（四）发酵体系温度的调节控制

温度是影响产酶菌生长、繁殖最重要的因素之一，通过影响产酶菌的状态，进而影响产酶量。

温度对微生物发酵的影响是多方面的。随着温度的升高，细胞的生长、繁殖加快。这是由于生长代谢及繁殖都是酶促反应，根据酶促反应的动力学，温度升高，反应速率加快，呼吸强度加强，必然最终导致细胞生长、繁殖加快。但随着温度的上升，酶失活的速率也越快，菌体衰老提前，发酵周期缩短，这对发酵生产是极为不利的。所以产酶菌的生长、繁殖和发酵产酶需要一定的温度条件。在一定的温度范围内，细胞才能正常生长、繁殖和维持正常的新陈代谢。不同的细胞有各自不同的最适生长温度，例如，枯草杆菌的最适生长温度为34～37℃，黑曲霉的最适生长温度为28～32℃。

在酶发酵生产中，有些产酶菌发酵产酶的最适温度与菌体最适生长温度有所不同，而且往往低于最适生长温度。这是由于在较低的温度条件下，可以提高酶所对应的mRNA的稳定性，增加酶生物合成的延续时间，从而提高酶的产量。例如，采用酱油曲霉生产蛋白酶，在28℃的温度条件下，其蛋白酶的产量比在40℃条件下高2～4倍；在20℃的条件下发酵，则其蛋白酶产量更高，但细胞生长速率较慢。这种情况对生产是比较有利的。生产上，通常可以先在一个适宜的高温下培养，使菌液浓度或菌体数量迅速增加，达到最佳的菌液浓度时，适当降低培养温度，使之维持在一个有利于产酶的温度条件，这样可以使产酶的时间延长，提高产酶量，而且相对较低的温度还可以延长产酶菌的寿命，这对提高产酶效率和产酶量都是有利的。当然，若温度太低，则会导致产酶菌代谢速率缓慢，活力下降，反而降低酶的产量，延长发酵周期。所以，在实际生产上必须针对不同的产酶菌和不同的工艺进行试验，以确定最佳的培养温度和产酶温度。分段培养则是生产常用的温度控制方式。

维持温度的稳定是发酵产酶的另一个问题。影响温度的因素主要有两个方面。其一，发酵罐或发酵池与环境的温差，其二，发酵热。在发酵培养过程中，发酵热的影响更为重要。

细胞生长和发酵产酶过程中，细胞的新陈代谢作用会不断放出热量，使培养基的温度升高，同时，由于热量的不断扩散，培养基的温度会不断降低。两者综合结果，决定了培养基的温度。由于在菌体生长和产酶的不同阶段，细胞新陈代谢放出的热量有较大差别，散失的热量又受到环境温度等因素的影响，因此应使培养基的温度始终维持在适宜的范围内。温度的调节一般采用热水升温、冷水降温的方法。为了及时进行温度的调节控制，在发酵罐或其他生物反应器中，均应设计有足够传热面积的热交换装置，如排管、蛇管、夹套、喷淋管等，并且随时备有冷水和热水，以满足温度调控的需要。

工业上使用大体积发酵罐的发酵过程，一般不需要加热，因为释放的发酵热常常超过微生物的最适培养温度，所以较多的情况是需要冷却。通常是利用发酵罐的热交换装置进行降温，如果温度较高，冷却水的温度也比较高时，多采用冷盐水进行降温，才能保持在最适温度下进行发酵。

（五）发酵体系溶解氧的调节控制

在培养基中培养的细胞一般只能吸收和利用溶解氧。溶解氧是指溶解在培养基中的氧气。由于氧是难溶于水的气体，在通常情况下，培养基中溶解的氧并不多。在细胞培养过程中，培养基中原有的溶解氧很快就会被细胞利用完。为了满足细胞生长、繁殖和发酵产酶的需要，在发酵过程中必须不断供给氧，使培养基中的溶解氧保持在一定的水平。

溶解氧的调节控制，就是根据细胞对溶解氧的需要量，连续不断地补充氧气，使培养基中溶解氧的量保持恒定。而细胞对溶解氧的需要量可以用耗氧速率 K_{O_2} 表示：

$$K_{O_2}=Q_{O_2}\times C_C$$

式中，K_{O_2} 为耗氧速率，指单位体积（L 或 mL）培养液中的细胞在单位时间（h 或 min）内的耗氧量（mmol 或 mL），一般以 mmol/（h • L）表示；Q_{O_2} 为细胞呼吸强度，是指单位细胞量（每个细胞或 g 干细胞）在单位时间（h 或 min）内的耗氧量，一般以 mmol/（h • g 干细胞）或 mmol/（h • 每个细胞）表示；C_C 为细胞浓度，指单位体积培养液中细胞的量，以 g 干细胞/L 或者个细胞/L 表示。

所以，耗氧速率与细胞呼吸强度及培养基中的细胞浓度密切相关，细胞呼吸强度与细胞种类以及细胞的生长期有关。不同的细胞呼吸强度不同，同种细胞在不同生长阶段呼吸强度也有所不同。一般细胞在生长期呼吸强度较大，在发酵产酶高峰期，由于酶的大量合成，需要大量氧气，其呼吸强度也大。

溶解氧的供给，一般是将无菌空气通入发酵容器，使空气中的氧溶解到培养液中，培养液中溶解氧的量，取决于在一定条件下氧气的溶解速率。

氧的溶解速率又称溶氧速率或溶氧系数，以 K_d 表示。溶氧速率指单位体积的发酵液在单位时间内所溶解的氧的量，其单位通常以 mmol/（h • L）表示。一般来说，通气量越大、氧气分压越高、气液接触时间越长、气液接触面积越大，则溶氧速率越大。培养液的性质，主要是黏度、气泡以及温度等对溶氧速率有明显影响。

当溶氧速率和耗氧速率相等时，即 $K_{O_2}=K_d$，培养液中溶解氧的量保持恒定，可以满足细胞生长和发酵产酶的需要。

值得注意的是，随着发酵过程的进行，细胞耗氧速率是不断变化的，必须相应地对溶氧速率进行调节。调节溶解氧的方法主要有：

① 调节通气量。通气量指单位时间内流经培养液的空气量（L/min），也可以用培养液体积与每分钟通入的空气体积之比表示。例如，1 m^3 培养液，每分钟流经的空气量为 0.5 m^3，即通气量为 1∶0.5；1 L 培养液，1 min 流经的空气量为 2 L，则通气量为 1∶2。在其他条件不变的情况下，增大通气量，可以提高溶氧速率。反之，减少通气量，则使溶氧速率降低。

② 调节氧分压。提高氧分压，可以增加氧的溶解度，从而提高溶氧速率。通过增加发酵容器中的空气压力，或者增加通入空气中的氧含量，都能提高氧分压，从而使溶氧速率提高。

③ 调节气液接触时间。气液两相的接触时间延长，可以使氧气有更多的时间溶解在培养基中，从而提高溶氧速率。气液接触时间缩短，则溶氧速率降低。可以通过增加液层高度，降低气流速率，在反应器中增设挡板，延长空气流经培养液的距离等方法，延长气液接触时间，提高溶氧速率。

④ 调节气液接触面积。氧气溶解到培养液中是通过气液两相的界面进行的，增加气液接触面积，将有利于提高溶氧速率。为了增大气液接触面积，应使通过培养液的空气尽量分散成小气泡。在发酵容器的底部安装空气分配管，使气体分散成小气泡进入培养液中，是增加气液接触面积的主要方法。装设搅拌装置或增设挡板等可以使气泡进一步被打碎和分散，也可以有效地增加气液接触面积，从而提高溶氧速率。

⑤ 改变培养液的性质。培养液的性质对溶氧速率有明显影响，若培养液的黏度大，在气泡通过培养基时，尤其是在高速搅拌的条件下，会产生大量泡沫，影响氧的溶解。因而，

可以通过改变培养液的组分或浓度等，有效降低培养液的黏度；设置消泡装置或添加适当的消泡剂，可以减少或消除泡沫的影响，以提高溶氧速率。

以上各种调节方法可以根据不同菌种、不同产物、不同的生物反应器、不同的工艺条件选择使用，以便根据发酵过程耗氧速率的变化而及时有效地调节溶氧速率。

需要指出的是，溶氧速率过低会影响到产酶菌的生长、繁殖和新陈代谢，使酶的产量降低，同样，过高的溶氧速率对酶的发酵生产也会产生不利影响。高溶氧速率会抑制某些酶的生物合成，而且，为了提高溶氧速率而采用的大量通气或快速搅拌，也会使某些细胞（如霉菌、放线菌、植物细胞、动物细胞、固定化细胞等）受到损伤。所以，在发酵生产过程中，应尽量控制溶氧速率等于或稍高于耗氧速率。

另外，固态发酵体系中溶氧量的控制，多通过两个方面进行调节。其一是培养基的配比与处理，比如添加一些填充剂（多为疏松的富含纤维的植物副产物，如稻壳等）可以调高溶氧量，配料粉碎程度越低，溶氧量越高。其二是翻料，可以改善氧气供给。

（六）发酵体系 CO_2 的调节控制

CO_2 是微生物的代谢产物，同时也是某些合成代谢的一种基质，它既是细胞代谢的重要指示，也对发酵产酶有重要影响。

通常 CO_2 对菌体生长具有抑制作用，当尾气中 CO_2 的浓度高于 4%时，微生物的糖代谢和呼吸速率就会下降。例如，发酵液中 CO_2 的浓度过高，就会严重抑制酵母的生长；当进气口 CO_2 的含量占混合气体的 80%时，酵母活力与对照相比降低 20%。

CO_2 在发酵液中的浓度变化不像溶解氧那样有一定的规律，它的大小受到许多因素的影响，如细胞呼吸强度、发酵液的流变学特性、通气搅拌程度、罐压大小、设备规模等。由于 CO_2 的溶解度比氧气大，所以随着发酵罐压力的增加，其含量增加比氧气更快。大容量发酵罐的静力压可达 1×10^5 Pa，再加上正压发酵，致使罐底部压强达 1.5×10^5 Pa。当 CO_2 浓度增大时，若通气搅拌不改变，CO_2 不易排出，在罐底易形成碳酸，使 pH 下降，进而影响微生物细胞的呼吸和产物合成。

对 CO_2 浓度的控制主要基于其对发酵的影响，如果对发酵有促进作用，应该提高其浓度，反之，应设法降低其浓度。通过提高通气量和搅拌速率，在调节溶解氧的同时，还可以调节 CO_2 的浓度，通气使溶解氧保持在临界值以上，CO_2 可随着废气排出，使其维持在引起抑制作用的浓度之下。而降低通气量和搅拌速率，有利于提高 CO_2 在发酵液中的浓度。

（七）发酵体系 pH 的调节控制

培养基的 pH 与细胞的生长、繁殖以及发酵产酶关系密切，在发酵过程中必须对 pH 进行必要的调节控制。

产酶菌发酵产酶的最适 pH 与生长最适 pH 往往有所不同。细胞生产某种酶的最适 pH 通常接近于该酶催化反应的最适 pH。例如，发酵生产碱性蛋白酶的最适 pH 为碱性（pH 8.5～9.0），生产中性蛋白酶的 pH 以中性或微酸性（pH 6.0～7.0）为宜，而酸性条件（pH 4.0～6.0）有利于酸性蛋白酶的产生。然而，有些酶在其催化反应的最适条件下，产酶菌的生长和代谢可能受到影响，在此情况下，细胞产酶的最适 pH 与该酶催化反应的最适 pH 有所差别，如利用枯草杆菌生产碱性磷酸酶，酶催化反应的最适 pH 为 9.5，而枯草杆菌产酶的最适 pH 为 7.4。

有些细胞可以同时产生若干种酶，在生产过程中，通过控制培养基的 pH，往往可以改变各种酶之间的产量比例。例如，黑曲霉可以生产 α-淀粉酶，也可以生产糖化酶，当培养基的 pH 在中性范围时，α-淀粉酶的产量增加而糖化酶的产量减少；反之，当培养基的 pH 偏向酸性时，糖化酶的产量提高而 α-淀粉酶的产量降低。再如，采用米曲霉发酵生产蛋白酶时，当培养基的 pH 为碱性时，主要生产碱性蛋白酶；培养基的 pH 为中性时，主要生产中性蛋白酶；而在酸性条件下，则以生产酸性蛋白酶为主。

随着细胞的生长、繁殖和新陈代谢产物的积累，培养基的 pH 往往会发生变化。这种变化的情况与细胞特性有关，也与培养基的组成成分及发酵工艺条件密切相关。例如，在含糖量高的培养基中，由于细胞糖代谢产生有机酸，pH 会向酸性方向移动；含蛋白质、氨基酸较多的培养基中，细胞代谢会产生较多的胺类物质，使 pH 向碱性方向移动；以硫酸铵为氮源时，随着铵离子被利用，培养基中积累的硫酸根会使 pH 降低；以尿素为氮源时，随着尿素被水解生产氨，而使培养基的 pH 上升，然后又随着氨被细胞同化而使 pH 下降；磷酸盐的存在，对培养基的 pH 变化有一定的缓冲作用；在氧气供应不足时，由于代谢积累有机酸，可使培养基的 pH 向酸性方向移动。

所以，在发酵过程中，必须对培养基的 pH 进行适当的控制和调节。可以通过改变培养基的组分或其比例调节 pH，也可以使用缓冲液来稳定 pH，或者在必要时通过流加适宜的酸、碱溶液来调节培养基的 pH，以满足细胞生长和产酶的要求。

选择最适 pH 的原则是既有利于菌体的生长繁殖，又可以最大限度地获得高的产酶量。一般最适 pH 是根据实验结果来确定的。通常将发酵培养基调节成不同的起始 pH，在发酵过程中定时测定，并不断调节，或者利用缓冲液来维持发酵液的 pH 为起始 pH，同时观察菌体的生长情况，菌体生长达到最大值的 pH 即为菌体生长的最适 pH。产物形成的最适 pH 也可以参照该方法测得。在测得发酵过程中不同阶段的最适 pH 之后，生产商便可以采用各种方法来控制。

在工业生产中，酸碱中和是调节发酵体系中 pH 的一个基本思路，酸碱中和虽然可以迅速中和掉培养基中当时存在的过量酸碱，但是却不能阻止代谢过程中发生的酸碱变化。即使连续不断地进行测定和调节，也势必会增加体系中的离子浓度，反而影响到菌体的生长和酶菌的生物合成，而且没有从根本上改善代谢状况。所以生产商采取调节控制 pH 的根本措施时，应该优先考虑调整培养基中生理酸性物质或生理碱性物质的配比，然后才是通过中间补料进一步加以控制。

比如通过控制生理酸性物质$(NH_4)_2SO_4$和生理碱性物质氨水之间的比例，不仅可以调控 pH，还可补充氮源。当 pH 和氨氮含量均低时，补加氨水；若 pH 较高，而氨氮较低时，应该补加$(NH_4)_2SO_4$。

（八）加强发酵期泡沫的管理与控制

在微生物好气菌培养中，由于通气搅拌，发酵液往往产生许多泡沫，这是正常现象。微生物细胞生长代谢和呼吸会排出气体，如氨气、二氧化碳等，这些气体使发酵液产生的气泡也称为发酵性泡沫。

过多的泡沫对发酵不利，主要表现在由于生成过多的泡沫，若不加控制，会引起“逃液”造成损失，从而减少酶的得率。泡沫升至罐顶，顶至轴封或“逃液”，都增加了杂菌污染的机会。并且泡沫液位的上下变化，会使部分菌体黏附到罐顶或罐壁上，不能再回到发酵液中，使发酵液中的菌体量减少。泡沫形成后，泡沫中的代谢气体不易被带走，从而使菌体的生活环境发生了改变，妨碍了菌体的呼吸，造成了代谢异常，导致菌体提前自溶。菌体自溶反过来又进一步促使更多的泡沫形成。生产商为了减少因通气搅拌产生的泡沫，常采用降低通气量乃至“闷罐”的措施，但同时影响了溶解氧的浓度，此外，还通过加入消沫剂来消除泡沫，但消沫剂的加入给提取工艺带来困难。所以在生产中应尽量减少或消除泡沫。

消除泡沫和控制泡沫产生的方法主要包括机械消沫和消沫剂消沫两大类。

机械消沫是利用机械的强烈振动或压力的变化促使泡沫破碎。机械消沫的方法有多种，一种是在罐内将泡沫消除，最简单的是在搅拌轴上部安装消沫桨，消沫桨随着搅拌轴转动将泡沫打碎；另一种是将泡沫引到罐外，通过喷嘴的加速作用或利用离心力消除泡沫后，液体再返回罐内。另外也有在罐内装设超声波或超声波汽笛进行消泡的方法。机械消沫的优点是不需要引入外来物质，可节省原材料，减少杂菌污染的机会，也可以减少培养液性质的变化，对提取工艺无任何副作用。其缺点是效率不高，对黏度较大的流态型泡沫几乎没有作用，也不能消除引起泡沫的根本原因，所以仅作为消沫的辅助方法。

消沫剂消沫是另外一类方法。因为形成泡沫的因素很多，所以消沫剂的成分和作用机制也是多样的，一般采用表面活性物质作为消沫剂。当泡沫的表面有极性表面活性物质形成的双电层时，加入另一种极性相反的表面活性物质可以中和电性，破坏泡沫的稳定性，使泡沫破碎。或者加入极性更强的物质与发泡剂争夺泡沫表面空间，引起力的不平衡，并使液膜的机械强度降低，促使泡沫破碎。当泡沫的液膜具有较大的黏度时，可加入某些分子内聚力小的物质，以降低液膜的表面黏度，使液膜的液体流失，从而破碎泡沫。

一般好的消沫剂能同时降低液膜的机械强度和表面黏度。为了使消沫剂易于分散在泡沫表面，消沫剂应具有较小的表面张力和较小的溶解度。同时，其还应对微生物无毒，不影响氧的传递，耐高温高压，浓度低且效率高，并且对产品质量和产量无影响，具有成本低、来源广等特点。常用的消沫剂有天然油脂、聚醚类、高级醇、硅酮类、脂肪酸、亚硫酸、磺酸盐等。其中最常用的为天然油脂和聚醚类。常用的天然油脂有玉米油、米糠油、豆油、棉籽油、菜籽油、猪油和鱼油等。

消沫剂需要在实际应用之前进行对比试验，找出特定培养基中对微生物生理特征影响最小，对终产物无太大影响，成本低、消沫效果最好的条件。

此外，消除泡沫还可以考虑从减少起泡物质和产泡外力、选育菌种着手。如起泡物质多为表面活性物质时，可以适当减少起泡物质；适度通气使氧含量达到临界值即可；选育在生长期不产生泡沫的突变株进行培养等。

三、通过诱变提高产酶量

通过诱变提高产酶量是近年来酶学研究的一个重要领域。例如，在纤维素酶的生产上，经过大量研究发现代谢终产物对酶合成的阻遏作用是造成纤维素酶产量低的一个主要原因。纤维素被降解后会产生大量的葡萄糖，发生降解物阻遏现象，这种现象直接影响转录的负调控。虽然纤维素酶的合成受到诱导物诱导和降解物阻遏的双重调节，但是因为诱导物纤维素是不溶于水的，难以进入细胞，可溶性的纤维二糖、槐糖、龙胆二糖等虽易进入细胞且具有较强的诱导能力，但自然界中很少存在，所以通过筛选诱导物来提高酶的产量比较困难，因此人们大多通过筛选抗阻遏突变株的方法来获得高产菌株。

自然条件下基因也会发生突变，不过频率较低。在现代酶学上，人们主要通过控制条件进行诱变，将酶基因中个别核苷酸加以修饰或置换，改变酶分子中某个或几个氨基酸，使酶变得更有利于人类利用。利用基因的非定点和定点突变技术，进行有目的和有预见的遗传修饰，从而获得突变菌株或高产菌株，是当今酶工程最集中的研究领域，未来将会获得越来越多性能优异的突变菌株。

四、通过基因重组提高产酶量

利用基因重组技术，构建高产基因工程菌是现代酶生产工业中发展最快的领域。例如，在纤维素酶的产酶菌育种上，人们对里氏木霉纤维素酶的基因进行了大量的研究，克隆了 *cbh1*、*cbh2*、*egl1*、*egl2*、*egl3*、*egl4*、*egl5* 七个纤维素酶基因，且都在大肠埃希菌中得到表达。但是纤维素酶在大肠埃希菌中的分泌表达水平很低，且提取困难。于是人们又采用一些生长速率快、不产毒素、易于培养、能将产物直接分泌到胞外的酵母作为表达异源蛋白的理想宿主系统。巴斯德毕赤酵母表达系统是一种较为理想的真核蛋白质表达系统：一方面，它具有受甲醇调控的 *AOX1* 基因强启动子，能对外源蛋白进行加工、折叠、翻译后修饰，并将其分泌到培养基中；另一方面，毕赤酵母自身分泌的蛋白质很少，外源蛋白的分离纯化较为简单，并且毕赤酵母可进行细胞密度发酵，基因工程菌能稳定高效地表达外源蛋白。现已有多种蛋白质在巴斯德毕赤酵母表达系统中得到高效表达。例如，将里氏木霉 *cbh1* 基因在毕赤酵母中成功转化并表达。再如，将克隆的里氏木霉内切-1,4-*β*-D-葡聚糖酶Ⅱ基因 *egl2* 插入巴斯德毕赤酵母表达载体，转化毕赤酵母菌株，获得高效分泌表达内切葡聚糖酶Ⅱ的毕赤酵母工程菌株 Gp2025，用甲醇诱导培养基进行摇瓶发酵实验，所得酶的活力高达 1573.0 U/mL。另外，也有研究将里氏木霉纤维素酶基因在 *Aspergillus oryzae* 内成功表达，在 *Aspergillus oryzae* 淀粉酶基因强启动子调控下，用麦芽糖作为主要碳源进行诱导，转化得到的重组菌内切葡聚糖酶Ⅱ的 CMC 酶活力达 59.8 U/mg。还有研究者将绿色木霉的 *egl1* 基因和 *cekA* 基因转化到 *Aspergillus kawachii* 中，重组菌 *cekA* 基因表达的葡聚糖内切酶活力是野生菌的 1.8～2.1 倍。

五、其他提高产酶量的方法

在酶的发酵生产过程中，为了使酶的产量提高，除了选育或选择使用优良的产酶细胞，采用优化的发酵工艺并根据需要和变化的情况及时加以调节控制外，生产商还经常采取其他有效的措施，诸如添加诱导物、控制阻遏物浓度、添加表面活性剂、添加产酶促进剂等。

（一）添加诱导物

有些酶属于诱导酶，可以被某些特殊物质诱导表达。例如，乳糖诱导 *β*-半乳糖苷酶的生物合成，纤维二糖诱导纤维素酶的生物合成，蔗糖诱导蔗糖酶的生物合成等。在诱导酶的发酵生产过程中，适时添加适宜的诱导物，可以显著提高酶的产量。

一般来说，不同的酶有不同的诱导物，不过有时一种诱导物可以诱导同一个酶系中若干种酶的生物合成，同一种酶也往往有多种诱导物。如 *β*-半乳糖苷可以同时诱导乳糖酶系的 *β*-半乳糖苷酶、*β*-半乳糖苷透性酶和 *β*-半乳糖苷乙酰基转移酶 3 种酶的生物合成，而纤维素、纤维二糖等都可以诱导纤维素酶的生物合成。在实际应用时可以根据酶的特性、诱导效果和诱导物的来源、价格等选择适宜的诱导物适时添加。

（二）控制阻遏物的浓度

有些酶的生物合成受到某些阻遏物的阻遏作用，结果导致该酶的合成受阻或者产量降低。为了提高酶的产量，必须设法解除阻遏物的阻遏作用。

控制阻遏物的浓度是解除阻遏、提高产酶量的有效措施。例如，枯草杆菌碱性磷酸酶的生物合成受到其反应产物无机磷酸的阻遏，当培养基中无机磷酸的含量超过 1 mmol/L 时，该酶的生物合成完全受到阻遏。当培养基中无机磷酸的含量降低到 0.01 mmol/L 时，阻遏解除，该酶大量合成。所以，为了提高枯草杆菌碱性磷酸酶的产量，必须限制培养基中无机磷酸的含量。同样，在 β-半乳糖苷酶的发酵生产过程中，只有在不含葡萄糖的培养基或培养基中的葡萄糖被细胞利用完以后，同时还存在诱导物的情况下，才能诱导该酶大量合成，所以应注意控制培养基中葡萄糖的含量。

对于受代谢途径末端产物阻遏的酶，可以通过控制末端产物的浓度解除阻遏。例如，在利用硫胺素缺陷型突变株发酵的过程中，限制培养基中硫胺素的浓度，可以使硫胺素生物合成所需的 4 种酶的末端产物阻遏作用解除，使 4 种酶的合成量显著增加。另外，酶的发酵生产过程中会不断合成末端产物，可以通过添加末端产物类似物的方法，减少或者解除末端产物的阻遏作用。例如，在组氨酸合成途径中，10 种酶的生物合成受到组氨酸的反馈阻遏作用，若在培养基中添加组氨酸类似物 2-噻唑丙氨酸，即可解除组氨酸的反馈阻遏作用，使这 10 种酶的合成量提高 30 倍。

（三）添加表面活性剂

表面活性剂可以与细胞膜相互作用，增加细胞膜的通透性，有利于胞外酶的分泌，从而提高酶的产量。此外，添加表面活性剂有利于提高某些酶的稳定性和催化能力。表面活性剂有离子型和非离子型两大类。其中，离子型表面活性剂又可以分为阳离子型、阴离子型和两性离子型 3 种。但由于离子型表面活性剂对细胞有毒害作用，不适宜添加到酶的发酵生产培养基中。

将适量的非离子型表面活性剂，如吐温（Tween）、特立顿（Trition）等添加到培养基中，可以加速胞外酶的分泌，而使酶的产量增加。例如，利用木霉发酵生产纤维素酶时，在培养基中添加 1%的吐温，可使纤维素酶的产量提高 1～20 倍。实际使用时，应当控制好表面活性剂的添加量，避免表面活性剂过多或者不足。

（四）添加产酶促进剂

产酶促进剂是指可以促进酶的发酵生产，但是作用机制未知的物质。在酶的发酵生产过程中，添加适宜的产酶促进剂，往往可以显著提高酶的产量。例如，添加一定量的植酸钙镁，可使霉菌蛋白酶或者橘青霉磷酸二酯酶的产量提高 1～20 倍；添加聚乙烯醇可以提高糖化酶的产量；添加聚乙烯醇、醋酸钠等对提高纤维素酶的产量也有效果。产酶促进剂对不同细胞、不同酶的作用效果各不相同，现在还没有规律可循，因此要通过实验确定所添加的产酶促进剂的种类和浓度，再逐步运用于生产。

（王浩绮，宁利敏，熊强）

第五章
酶的分离纯化

酶的分离纯化是指选择适当的方法将酶从含有杂质的溶液或发酵液中分离出来，得到一定纯度的酶。由于酶的使用目的不同，所要求的纯度也不尽相同。工业上用的酶制剂需求量大，纯度一般要求不高。但不同工业所用酶的纯度要求也不一样，如食品工业用酶要求纯度较高，酶需要经过适当的分离纯化，以确保饮食安全和卫生；而用于纺织退浆、皮革脱毛以及洗涤去污等方面的酶对于纯度、质量等要求相对较低；应用于酶学性质研究、生化试剂和医药等方面的酶则需要高度纯化。因此，在实际生产中要根据使用目的的不同来分离纯化酶，以满足不同领域对酶的需求。

第一节　酶分离纯化的一般原则

酶分离纯化的最终目的是要获得高纯度的酶。酶的分离纯化包括三个基本环节：一是提取，即把酶从原料中提取出来，并尽可能地避免引入杂质，得到粗酶溶液；二是纯化，即去除酶溶液中的杂质或将酶从酶溶液中分离出来；三是制剂，即把分离纯化后的酶制备成各种不同的剂型。

酶是一类具有专一催化活性的蛋白质，其催化作用依赖于蛋白质的结构。但在酶的分离纯化过程中，温度、pH、离子强度、压力等环境条件难免会发生一些改变，有时还会使用一些有机溶剂等，这些因素都有可能改变酶的结构，最终导致酶变性失活。因此，为实现酶的分离纯化，并有效地避免或减少操作过程中酶活力的损失，应根据酶的理化性质，在分离纯化过程中遵循以下原则。

一、减少或防止酶的变性失活

除个别情况外，酶的储存以及所有分离纯化操作都必须在低温条件下进行。虽然某些酶不耐低温，如线粒体 ATP 酶在低温下很容易失活，但大多数酶在低温下是相对稳定的，一般 4℃左右较为适宜。温度超过 40℃时，酶非常不稳定，大多数酶容易失活，但也有一些酶例外，如极端嗜热酶耐热性较强，甚至在煮沸后仍能保持活性。

酶作为一种两性电解质，其结构容易受到 pH 的影响。大多数酶在 $pH<4.0$ 或 $pH>10.0$

的情况下不稳定，因此应将酶溶液控制在适宜的 pH 条件下。特别要注意避免在调整溶液 pH 时产生局部过酸或过碱的情况。在实际操作过程中，应使酶处于一个适宜的缓冲体系中，以避免酶因溶液 pH 剧烈变化而失活。

大多数酶是蛋白质，也是高起泡性物质，因而酶溶液容易形成泡沫而导致酶变性。因此分离纯化过程中，还应尽量避免大量泡沫的形成，如需要搅拌处理，最好缓慢进行，切忌剧烈搅拌，以免影响酶活性。

重金属离子也会导致酶的变性失活，加入金属螯合剂有利于保护酶，避免酶因重金属离子影响而变性失活。

微生物污染可导致酶被降解破坏，溶液中的微生物可通过无菌过滤去除，以满足无菌要求。在酶溶液中加入防腐剂，如叠氮化钠等可以抑制微生物的生长繁殖。

蛋白酶的存在会使酶被水解，在酶的分离纯化过程中需要加入蛋白酶抑制剂防止酶水解。表 5-1 为常用的蛋白酶抑制剂，为了提高作用效果可以将几种蛋白酶抑制剂混合使用。一般情况下，未经纯化的酶不适合长期保存。

表 5-1　常用的蛋白酶抑制剂及其有效抑制的酶

蛋白酶抑制剂	对应有效抑制的酶
苯甲基磺酰氟（PMSF）	丝氨酸蛋白酶（如胰凝乳蛋白酶、胰蛋白酶、凝血酶）和巯基蛋白酶（如木瓜蛋白酶）
乙二胺四乙酸（EDTA）	金属蛋白酶
胃蛋白酶抑制剂	酸性蛋白酶（胃蛋白酶、血管紧张肽原酶、组织蛋白酶 D 和凝乳酶）
亮抑蛋白酶肽	丝氨酸蛋白酶和巯基蛋白酶
胰蛋白酶抑制剂	丝氨酸蛋白酶

二、根据不同性质采用不同的分离纯化方法

分离纯化酶的目的是将酶以外的所有杂质尽可能全部分离去除，因此，在保证目的酶活力不受影响的前提下，可以使用各种不同的方法和手段。每种分离纯化的方法都有其各自的特点和作用，因此，应根据不同酶的基本特性，在不同的分离纯化阶段，采用适宜的分离方法。例如，纤维素酶的分离纯化可以先利用硫酸铵盐析法获得粗酶溶液，然后再通过葡聚糖凝胶色谱法进行分离纯化。

三、建立快速可靠的酶活力检测方法

在酶分离纯化过程中，每一步都必须检测酶活力，以及时发现酶发生变性失活，这为选择合适的分离方法和条件提供了直接依据。由于酶活力检测工作量大，而且要求迅速、简便，所以经常采用分光光度法和电化学测定法进行检测。酶在分离纯化过程中可能丢失辅因子，导致酶活力受到影响，因而检测过程中有时还需在反应体系中加入煮沸过的提取液、辅酶、盐或半胱氨酸等物质。分离纯化过程中引入的某些物质可能会对酶催化反应或酶活力检测造成干扰，有时需在检测前进行透析或加入螯合剂等。

四、尽量减少分化步骤

酶分离纯化的每一步操作都可能导致酶活力的下降。酶分离纯化的过程越复杂，步骤越

多，酶变性失活的可能性越大。因此，在保证目的酶纯度、活力等基本质量要求的前提下，应尽可能减少分离纯化的过程、步骤。

第二节　酶的提取

一、预处理和细胞破碎

微生物产生的酶分为胞内酶和胞外酶两种，不论是哪种酶，均需要首先将微生物细胞与发酵液分离，即固液分离。胞内酶是收集菌体细胞，经细胞破碎后得到目的酶；胞外酶是去除菌体细胞，从发酵液中分离提取酶。酶的固液分离主要有离心和过滤两种方法。对于发酵液中细胞体积较小的微生物，如细菌和酵母的菌体一般采用离心分离法处理；而对于细胞体积较大的丝状微生物，如霉菌和放线菌的菌体一般采用过滤分离的方法处理。

离心分离法主要包括：差速离心法、密度梯度离心法、等密度离心法和平衡等密度离心法等。离心分离法具有速度快、效率高、卫生等优点，适合于大规模分离过程，但该法设备投资费用较高，能耗较大。工业上常用的离心分离设备有两类：沉降式离心机和离心过滤机。

在发酵液黏度不大的情况下，采用过滤分离可以连续处理大量的发酵液。在过滤过程中，为了提高过滤效率往往需要加入助滤剂。助滤剂是一种不可压缩的多孔微粒，可使滤饼疏松，工业上常用的助滤剂有硅藻土、纸浆、珠光石（珍珠岩）等。常用的过滤设备包括板框式压滤机、鼓式真空过滤机。板框式压滤机的过滤面积大，过滤推动力能在较大范围内进行调整，适用于多种特性的发酵液，但不能连续操作，且压差较小、劳动强度大，所以较少使用。鼓式真空过滤机可连续操作，并能实现自动化控制，它的固定悬浮液流动方向与过滤介质平行，避免了常规垂直过滤的缺陷，因而可连续清除介质表面的滞留物，不形成滤饼，所以整个过滤过程能保持较高的滤速。

如果从动植物中提取酶，应首先去除不含目的酶的组织、器官等，以提高酶的含量。在对材料的预处理中，首先都要进行细胞破碎。

细胞破碎是指采用物理、化学或生物学方法破碎细胞壁或细胞膜，使细胞内的酶充分释放出来。细胞破碎是动植物来源的酶和微生物胞内酶提取的必要步骤。不同材料细胞破碎的难易程度不同，因而应根据实际情况选择不同的破碎方法，同时应避免条件过于激烈而导致酶变性失活。

细胞破碎的方法按照是否需要施加外力作用分为机械破碎法和非机械破碎法两大类，主要有以下几种。

1．渗透压冲击法

渗透压冲击法（osmotic shock method）是破碎细胞最温和的方法之一。将细胞置于低渗透压溶液中，细胞外的水分会向细胞内渗透，使细胞吸收膨胀，最终导致细胞破裂。如红细胞在纯水中会发生溶血。但对于植物细胞或微生物细胞，必须先用其他方法将坚韧的细胞壁去除。

2．酶溶法

酶溶法（enzymatic lysis method）利用酶的专一性破碎细胞壁，包括外加酶法和自溶法两种。在外加酶法中，常用的酶有溶菌酶、蜗牛酶、纤维素酶、糖苷酶、蛋白酶等，它们可水解细胞壁，部分或完全破坏细胞壁，然后通过渗透压冲击法破碎细胞。溶菌酶适用于革兰氏阳性菌细胞壁的水解，辅以 EDTA 也可用于革兰氏阴性菌。真核细胞细胞壁的破碎需多种酶的协同作用，如酵母细胞壁的酶解需要蜗牛酶、葡聚糖酶和甘露聚糖酶等，植物细胞的酶解则需要纤维素酶、果胶酶等。自溶法（autolysis method）是将一定浓度的细胞悬液在适宜的温度与 pH 下直接温育，或加入甲苯、乙酸乙酯以及其他溶剂一起温育，将细胞自身溶胞酶激活，分解细胞壁，达到细胞自溶的目的。这种方式常导致溶液成分复杂，黏度较大，从而影响过滤速率。同时，在水解细胞壁的过程中，酶也可能会被水解。

3．化学法

化学法（chemical method）利用一些化合物处理细胞，通过改变细胞壁的通透性破碎细胞，释放胞内物质。酸、碱、表面活性剂、螯合剂、有机溶剂等均可增大细胞壁通透性，使细胞破碎并释放胞内酶。但该方法容易引起酶变性失活。

4．高压匀浆法

高压匀浆法（high-pressure homogenization method）利用细胞在高速运动过程中受到的剪切、碰撞和高压到常压的变化破碎细胞。高压匀浆法是工业上大规模破碎细胞时最常用的方法，常用的设备有高压匀浆泵、研棒匀浆器等。动物组织的细胞器不是很坚固，极易匀浆，一般可将组织剪成小块，再用匀浆器或高速组织捣碎机将其匀质化。高压匀浆泵适用于破碎细菌、真菌细胞，且处理容量大，一次可处理几升悬浮液，一般循环 2～3 次，就可以达到破碎要求。

5．研磨法

研磨法（grinding method）利用压缩力和剪切力使细胞破碎。常用的设备有球磨机，将细胞悬液与直径小于 1 mm 的小玻璃珠、石英砂或氧化铝等研磨剂混合在一起，高速搅拌和研磨，依靠彼此之间的相互碰撞、剪切使细胞破碎。这种方法需要采取冷却措施，以防止由于机械能消耗而产生过多热能，造成酶变性失活。

6．冻融法

冻融法（freeze-thaw method）将细胞冷却至−15～−20℃，然后于室温或 40℃迅速融化，如此反复冻融多次，可达到破坏细胞的作用，此法适用于比较脆弱的菌体。冻结的作用是破坏细胞膜的疏水键，增加其亲水性和通透性。此外，冻结后细胞内的水分形成冰晶，使细胞内可溶性物质的浓度突然发生改变，细胞在渗透压作用下因膨胀而破裂。

7．超声破碎法

超声破碎法（ultrasonic disruption method）通过空穴的形成、增大和闭合产生极大的冲击波和剪切力使细胞破碎。足够时间的超声处理，对细菌和酵母细胞都能实现较好的破碎效果。若在细胞悬液中加入玻璃珠，可适当缩短处理时间。超声破碎法一次处理的量较大，就超声效果而言，探头式超声器比水浴式超声器效果更好。但超声破碎法处理的主要问题是超声过程中会产生大量的热，容易引起酶变性失活，所以超声振动处理的时间应尽可能短，适宜短时多次进行，并且操作过程最好在冰水浴中进行，尽量减少热效应引起的酶失活。

8．压榨法

压榨法（expression method）是在 1.05×10^5～3.10×10^5 Pa 的高压下使细胞悬液通过一个小孔，然后突然释放至常压环境以彻底破碎细胞。这是一种温和且比较理想的细胞破碎方法，但其设备费用较高。

上述八种细胞破碎方法中，目前工业上最常用的是研磨法和高压匀浆法。

二、提取

酶的提取（extract）是将经过预处理或破碎的细胞置于特定溶剂中，使目的酶与细胞中其他化合物和生物大分子分离，将酶由固相转入液相，或将目的酶从细胞内转入特定溶液中的过程。提取过程中应尽可能保持酶的活力。

酶的来源不同，提取方法也不同。以动物为材料，从动物组织或体液中提取酶时，应在充分脱血后立即提取或在冷库里冻结备用。动物组织和器官应尽可能地除去结缔组织和脂肪，切碎后放入捣碎机，加入 2～3 倍体积的冷提取缓冲液，匀浆至无组织块，倾倒出上清液，即可得到细胞提取液。以植物为材料提取酶时，因植物细胞壁比较坚韧，应先采取有效的方法使细胞充分破碎。植物中含有大量的多酚物质，在提取过程中易氧化成褐色物质，影响后续的分离纯化工作，为防止氧化作用，可以加入聚乙烯吡咯烷酮吸附多酚物质，以减少褐变。另外，植物细胞的液泡内含有可能改变提取液 pH 的物质，因此应选择高浓度的缓冲液作为提取缓冲液。值得注意的是，对于微生物来源的胞外酶，预处理后的发酵液通常需要浓缩后再进一步提取。

由于大多数蛋白质属于球蛋白，一般可用稀盐、稀酸或稀碱溶液进行提取。蛋白质在稀盐溶液和缓冲液中稳定性好，溶解度大，因此它们是提取蛋白质和酶的最常用试剂。影响酶提取的因素主要包括：目的酶在提取溶剂中溶解度的大小；酶由固相扩散到液相的难易程度；溶剂的 pH 和提取时间等。一种物质在某一溶剂中溶解度的大小与该物质分子结构及所用溶剂的理化性质有关。一般极性物质易溶于极性溶剂，非极性物质易溶于非极性溶剂；碱性物质易溶于酸性溶剂，酸性物质易溶于碱性溶剂。除此之外，温度升高、远离等电点，也可使目的酶在溶剂中的溶解度增大。提取酶时，应选择能够增加目的酶溶解度和保持酶活力的提取条件。

为了尽可能地将目的酶提取出来，并防止酶变性失活，在酶的提取过程中，应当注意以下几个方面。

① pH：酶的溶解度和稳定性与 pH 相关。调节 pH 时应首先考虑酶的稳定性，即应控制 pH 在一定的范围内，不宜过酸或过碱，一般以 pH 6.0～8.0 为宜。提取溶剂的 pH 通常应偏离等电点，酸性蛋白酶最好用碱性溶液提取，碱性蛋白酶最好用酸性溶液提取，以增加酶的溶解度，提高提取效果。例如，胰蛋白酶为碱性蛋白酶，常用稀酸溶液提取，而甘油醛-3-磷酸脱氢酶为酸性蛋白酶，常用稀碱溶液来提取。

② 盐浓度：大多数蛋白质在低浓度的盐溶液中溶解度较大，所以提取缓冲液一般采用类似生理调节的缓冲液，最常用的为 0.020～0.050 mol/L 的磷酸缓冲液（pH 7.0～7.5）、0.1 mol/L Tris-HCl 缓冲液（pH 7.0～7.5）、0.15 mol/L NaCl 溶液（pH 7.0～7.5）等，必要时缓冲液中可以加入 EDTA（1～5 μmol/L）、巯基乙醇（3～20 μmol/L）或蛋白质稳定剂等来防止酶变性。

③ 温度：为防止酶变性，使酶保持活力，提取应尽可能在低温下进行，温度一般控制在 0～5℃为宜。少数热稳定性好的酶无需低温提取，如胃蛋白酶可在 37℃下保温提取。

④ 搅拌与氧化：搅拌能促进提取物的溶解，一般采用温和搅拌，速度太快容易产生大量泡沫，增大酶与空气的接触面，导致酶变性失活。因为一般蛋白质都含有相当数量的巯基，其中有些巯基是酶活性中心的必需基团，若提取液中含有氧化剂或与空气中的氧气接触过多，

都会使巯基氧化为分子内或分子间的二硫键，从而导致酶失活。在提取液中加入少量巯基乙醇或半胱氨酸可以防止巯基氧化。

⑤ 提取缓冲液用量：提取缓冲液用量常采用原料量的 1～5 倍。为了提高提取效果需要反复提取时，提取缓冲液的用量可适当增加。

⑥ 其他：破碎细胞时，某些亚细胞结构受到损伤，会给提取系统带来不稳定因素，因此有时还需要在提取缓冲液中加入一些物质。例如，加入蛋白酶抑制剂，以防止蛋白酶破坏目的酶，加入半胱氨酸或维生素 C、惰性蛋白及底物等，以防止酶的氧化。

一些和脂类结合比较牢固或分子中含较多非极性侧链的蛋白质和酶难溶于水、稀盐、稀酸或稀碱，常用不同比例的有机溶剂提取，如乙醇、丙酮、异丙醇、正丁酮等，这些溶剂可与水互溶或部分互溶，同时具有亲水性和亲脂性，其中正丁醇 0℃时在水中的溶解度为 10.5%，40℃时溶解度为 6.6%，同时又具有较强的亲脂性，因此常用来提取与脂类结合较牢或含非极性侧链较多的蛋白质、酶和脂类。例如，植物种子中的玉蜀黍蛋白、麸蛋白，常用 70%～80% 的乙醇提取，动物组织中一些线粒体及微粒上的酶常用丁醇提取。

有些蛋白质和酶既溶于稀酸、稀碱，又能溶于含有一定比例有机溶剂的水溶液，此时，采用稀有机溶剂提取可防止酶失活，同时还可去除杂质，提高纯化效果。

细胞破碎后，溶液中游离的酶一般不难提取。膜结合酶中有些酶与颗粒结合不太紧密，在颗粒结构受损时，也不难提取。例如，α-酮戊二酸脱氢酶、延胡索酸酶，可用缓冲液直接提取，而和颗粒结合紧密的酶常以脂蛋白的形式存在，其中有的可以制成丙酮粉后进行提取，但有的酶要使用强烈的手段才能提取出来，如琥珀酸脱氢酶要用正丁醇等处理，正丁醇具有高度的亲脂性和亲水性，能破坏蛋白质间的结合使酶进入溶液。近年来广泛采用表面活性剂，如胆汁酸盐、吐温、十二烷基磺酸钠等抽提呼吸链酶系。抽提后的细胞残渣或固体成分可用离心或过滤的方式除去，在离心时，加入氢氧化铝凝胶或磷酸钙等物质，有助于除去悬浮的胶体物质。

三、浓缩

提取液或发酵液中的酶浓度一般很低，如发酵液中酶浓度一般为 0.1%～1.0%。如果要得到一定数量的纯化酶，需要处理的提取液的体积比较大，不方便操作，通过浓缩（concentration）可以缩小体积，提高溶液中的酶浓度，这样，一方面可以提高每步分离提取的回收率，另一方面也可以增加浓缩液中酶的稳定性。因此，在分离纯化过程中，酶溶液往往需要浓缩。常用的浓缩方法主要包括以下几种。

1．蒸发浓缩法

蒸发浓缩法（evaporation concentration）可分为常压蒸发浓缩和真空蒸发浓缩两种。常压蒸发浓缩法效率低、加热时间长，加热过程中可能产生一定量的泡沫，容易导致酶变性失活，因此不利于浓缩热稳定性差的酶。另外，在蒸发浓缩过程中，还可能出现色泽加深的现象，影响产品的质量，所以一般在工业上很少用常压蒸发浓缩。对热敏感性的酶通常用真空蒸发浓缩。目前工业上应用较多的是薄膜蒸发浓缩，即将待浓缩的酶溶液在高度真空下转变成极薄的液膜，通过加热使液膜急速汽化，经旋风气液分离器将蒸汽分离、冷凝而达到浓缩的目的。

2．超滤浓缩法

超滤浓缩法（ultrafiltration concentration）是在加压的条件下，将酶溶液通过一层只允许小分子物质透过的选择性微孔半透膜等，大分子物质被截留，从而达到浓缩的目的。这是浓缩蛋白质的重要方法。这种方法不需要加热，更适用于热敏物质的浓缩，同时它不涉及相变化、设备简单、操作方便，能在广泛的 pH 条件下操作，因此，近年来发展迅速。国内外已经生产出了各种型号的超滤膜，可以用来浓缩分子质量介于 250～300000Da 的蛋白质。

3．凝胶过滤浓缩法

凝胶过滤浓缩法（gel filtration concentration）是利用 Sephadex G-25 或 G-50 等凝胶吸水膨胀，使酶等大分子被排阻在凝胶外的原理进行浓缩。通常采用“静态”方式，应用这种方法时，可将干胶直接加入酶溶液中，凝胶吸水膨润一定时间后，再借助过滤或离心等方法处理浓缩的酶溶液。凝胶过滤浓缩法的优点是：条件温和、操作简便、pH 与离子强度等也没有改变，但是采用此法有可能会导致蛋白质回收率降低。

4．沉淀法

沉淀法（precipitation）是指向酶溶液中加入中性盐或有机溶剂使酶沉淀，再将沉淀溶解在小体积的溶剂中。这种方法往往造成酶的损失，所以在操作过程中应注意防止酶的变性失活。该法的优点是浓缩倍数大，同时因为各种蛋白质的沉淀范围不同，也能达到初步纯化的目的。

5．透析法

透析法（dialysis）是将酶溶液放入透析袋中，在密闭容器中缓慢减压，水及无机盐等小分子物质向膜外渗透，酶即被浓缩；也可将聚乙二醇（PEG）涂于装有蛋白质的透析袋上，在 4℃低温下，干粉聚乙二醇（PEG）吸收水分和盐类，大分子溶液即被浓缩。此方法快速有效，但一般只能用于少量样品，成本很高。

6．吸收浓缩法

吸收浓缩法（absorption concentration）是通过在酶溶液中直接加入吸收剂以吸收去除溶液中的溶剂分子，从而使溶液浓缩。所使用的吸收剂不与溶液起化学反应，对酶没有吸附作用，容易与溶液分开。吸收剂除去后还能重复使用。常用的吸收剂有聚乙二醇、聚乙烯吡咯烷酮、蔗糖等。这种方法只适用于少量样品的浓缩。

第三节　酶的纯化

在抽提液中，除了目的酶外，通常不可避免地会混杂其他小分子和大分子物质。由于酶的来源不同，酶与杂质的性质不尽相同，酶纯化（purification）的方法也是多种多样的。但是任何一种纯化方法都是利用酶和杂质在物理和化学性质上的差异，采取相应的方法和工艺路线，使目的酶和杂质分别转移至不同的相中以达到纯化的目的。通常酶的分子量、结构、极性、两性电解质的性质、在各种溶剂中的溶解度以及其对 pH、温度、化合物的敏感性等都是决定酶纯化方法的基本因素。根据酶纯化原理的不同，可以将各种纯化方法分类如下。

一、根据酶溶解度不同进行纯化

1．盐析法

盐析法（salting-out）通过在酶溶液中加入某种中性盐而使酶形成沉淀析出。酶的盐析原理和蛋白质的盐析原理一致。在酶颗粒表面分布着不同的亲水基，这些亲水基吸聚着许多水分子，这种现象被称为水合作用。水合作用使酶分子表面形成一层水化膜，水化膜的存在使酶分子之间以分离的形式存在。另外，酶分子中含有不同数目的酸性和碱性氨基酸，肽链的两端又分别含有自由羧基和氨基，这些基团使酶颗粒的表面带有一定的电荷，因为相同电荷相互排斥，也使酶颗粒以分离的形式存在。所以，酶溶液是稳定的亲水胶体溶液。如果向溶液中加入一定量的中性盐，因为中性盐的亲水性比酶的亲水性大，它会结合大量的水分子，从而使酶分子表面的水化膜逐渐消失，同时由于中性盐在溶液中解离出的阴离子和阳离子会中和蛋白质表面电荷，减弱分子间的排斥力。于是，酶颗粒因不规则的布朗运动而相互碰撞，并在分子亲和力的作用下形成大的聚集物，从而从溶液中沉淀析出。

盐析法常用的中性盐有硫酸铵、硫酸镁、氯化铵、硫酸钠、氯化钠等，其中效果最好的是硫酸镁，但生产中最常用的是硫酸铵。硫酸铵溶解度大，且在低温下仍有较高的溶解度，盐析时无需加温即可溶解，其饱和溶液可使大多数酶沉淀，温度高时也不易引起酶活性的丧失，而且价格便宜。用硫酸铵进行盐析时，溶液的盐浓度常以饱和度表示。调整溶液盐浓度的方式有两种，加入固体粉末或饱和溶液。当溶液体积不大，要达到的盐浓度又不太高时，为防止加盐过程中产生局部浓度过高的现象，最好添加饱和硫酸铵溶液。浓的硫酸铵溶液的pH通常为4.5～5.5，可用硫酸或氨水调节pH。测定溶液的pH时，一般应先稀释10倍左右，然后再用pH试纸或pH计测定。当溶液体积很大，盐浓度又需要达到很高时，则可加固体硫酸铵。加入固体硫酸铵经济方便，但所用的固体硫酸铵在使用前应反复研细和烘干，并边不断搅拌边缓慢加入，以避免局部浓度过高，同时还要防止大量泡沫的生成。

pH、温度、蛋白质浓度都会影响酶的分离效果。控制盐析的pH有利于提高酶的纯化效果。通常情况下，盐析的pH宜接近目的酶的等电点，因为酶在等电点附近溶解度小。但某些情况下，酶和杂蛋白质能进行结合，形成配合物，从而干扰盐析分离。此时如果控制 pH＜5或pH＞6，使它们带有相同电荷，就可以减少配合物的形成，但应注意在该条件下酶的稳定性与盐的溶解度。盐析温度以控制在 4℃左右为宜。低温有利于保持酶的活性，也可以降低其溶解度，使酶更容易沉淀析出。为了获得更好的盐析效果，还应调节蛋白质的含量，一般来说，蛋白质浓度应在1 mg/mL以上，若蛋白质浓度太低（＜100 μg/mL），蛋白质不能形成沉淀，蛋白质浓度在200 μg/mL～1 mg/mL时，沉淀时间较长，回收率较低。经盐析后，沉淀通过离心或压滤与母液分开，收集沉淀并溶解于一定的缓冲液中，通过离心去除沉淀使酶溶液再次得到纯化。

对于含有多种酶或蛋白质的混合溶液，可以采用分段盐析的方法进行纯化。

盐析法的优点是：操作简便、安全（大多数蛋白质在高浓度盐溶液中相当稳定）、重现性好、适用范围广，同时还能够浓缩蛋白质。缺点是：分辨率差、纯化倍数低、酶的比活力不能得到较大提升，同时还常伴随脱盐问题，影响后续操作。

2．等电点沉淀法

等电点沉淀（isoelectric precipitation）是将溶液pH调整至酶的等电点，从而使酶沉淀析出的方法。酶是两性电解质，所带电荷随pH变化而变化，在等电点时，酶所带净电荷为零，相同酶分子间静电排斥作用消失而出现凝聚沉淀，此时酶的溶解度最小。不同蛋白质具有不同的等电点，利用蛋白质在等电点时溶解度最小的原理，可以分离不同的蛋白质。当溶液的pH调至酶的等电点时，绝大部分酶都会沉淀析出，而等电点高于或低于此pH的蛋白质仍保留在溶液中。经离心分离出沉淀后再用一定的缓冲液将目的酶溶解，被纯化的酶仍保持其天然构象，酶活性不会受到破坏。

当所需 pH 与提取液的 pH 相差甚远时，等电点沉淀法是很好的选择。例如，碱性蛋白质可在酸性条件下溶解并在高 pH 条件下沉淀，而酸性蛋白质可溶于碱性溶液并在低 pH 条件下沉淀。具有中性等电点的蛋白质在中性 pH 附近溶解，这时可用等渗或略高于等渗的缓冲液，有可能仅仅通过将缓冲液稀释到较低离子强度就可沉淀这种蛋白质。

当样品中杂蛋白质种类较多时，可以调节 pH，使蛋白质在等电点下沉淀，也可使该杂蛋白质两侧带上相反电荷形成复合物而沉淀，从而去除杂蛋白质。

由于蛋白质在等电点时，仍有一定的溶解度，沉淀往往不完全，因而一般很少单独使用等电点沉淀法，常常需要与其他方法配合使用。

3．有机溶剂沉淀法

有机溶剂沉淀法（organic solvent precipitation）将一定量的能够与水相混合的有机溶剂加入到酶溶液中，利用酶在有机溶剂中的溶解度不同，使目的酶和其他杂蛋白质分开。在溶液中加入与水互溶的有机溶剂，可显著降低溶液的介电常数，酶分子相互间静电作用加强，分子间引力增加，从而导致溶解度下降，形成沉淀从溶液中析出。有机溶剂的另一个作用是能够破坏酶周围的水化膜，失去水化膜的酶分子因不规则的布朗运动而互相碰撞，并在分子亲和力的作用下结合成大的聚集物，最后从溶液中沉淀析出。

有机溶剂的种类和使用量、pH、温度、时间、溶液中的盐类等均会影响酶的纯化效果。所选择的有机溶剂必须能够与水完全混合，不与酶发生反应，并且有较好的沉淀效应，溶剂蒸气无毒且不易燃烧。用于酶纯化的有机溶剂中，丙酮的分离效果最好，而且不容易引起酶的失活。

当溶液中存在有机溶剂时，酶的溶解度可能会发生显著变化，大多数蛋白质遇到有机溶剂很不稳定，特别是在较高的温度下，蛋白质极易变性失活，因此应尽可能在低温下操作，这样既可以减少有机溶剂的使用量，又可以减少有机溶剂对酶的影响。一般纯化过程适宜在0℃以下进行。有机溶剂也最好预先冷却到−20～−15℃，并边搅拌边缓慢加入。沉淀析出后蛋白质应尽快在低温下离心分离，获得的沉淀还应立即用冷的缓冲液溶解，以降低有机溶剂的浓度。

蛋白质在等电点时溶解度最小，因此采用有机溶剂沉淀法分离酶也多选择在接近目的酶等电点的条件下进行。

中性盐在大多数情况下能增加蛋白质的溶解度，并且减少对酶活性的影响。在利用有机溶剂进行分级沉淀时，适当地添加某些中性盐，有助于提高酶的分离效果。但盐浓度一般不宜超过 0.05 mol/L，否则会使蛋白质过度析出，不利于分级沉淀，甚至不能形成沉淀。

当蛋白质浓度太低时，如果有机溶剂浓度过高，很可能造成酶变性，这时加入介电常数大的物质（如甘氨酸）可避免酶的变性失活。

有机溶剂沉淀法的优点是分辨率高，溶剂容易除去。缺点是酶在有机溶剂中一般不稳定，容易变性失活。

4．共沉淀法

共沉淀法（coprecipitation）利用高分子物质在一定条件下能与蛋白质直接或间接形成络合物的性质，使蛋白质分级沉淀以纯化蛋白质。除了盐和有机溶剂能沉淀蛋白质外，高分子量的非离子型聚合物，如聚乙二醇、聚乙烯亚胺，以及聚丙烯酸、鞣酸、硫酸链霉素、离子型表面活性剂（如十二烷基磺酸钠）等也可以沉淀蛋白质。

非离子型聚合物如聚乙二醇，其分子质量大于 4000Da，浓度为 20%时能够非常有效地沉淀蛋白质，虽然与蛋白质共同沉淀下来的聚乙二醇不能通过过滤和透析去除，但因其本身对酶无害，不影响盐析、离子交换、凝胶过滤等后续操作。

聚丙烯酸可用来沉淀带正电的蛋白质，因其分子上带有大量的羧基，可与碱性蛋白质中的碱性基团结合，形成较大的颗粒并沉淀。加入钙离子后，聚丙烯酸与钙离子结合形成钙盐，从而释放原本与之结合的蛋白质，实现蛋白质纯化。

5．双水相萃取法

双水相萃取法（aqueous two-phase extraction）利用酶和杂蛋白在不混溶的两液相系统中分配系数不同来纯化酶。这是近几年发展起来的非常有前途的新型分离技术，利用该方法分离提取的酶已有数十种。双水相萃取的原理是将两种不同水溶性聚合物的水溶液混合，当聚合物达到一定浓度时，体系自然分成互不相溶的两相，从而构成双水相体系。双水相体系的形成是由于聚合物的空间位阻作用，聚合物溶液相互间无法渗透，具有强烈的相分离倾向。近年来发现很多聚合物和盐（如 PEG/葡聚糖体系和 PEG/磷酸盐体系）也能形成水相。当生物分子进入双水相体系后，表面性质、电荷作用以及各种次级键作用使其在上下相之间按其分配系数进行选择性分配。在很大浓度范围内，待分离物质的分配系数与浓度无关，只与其本身的性质和双水相体系的性质有关。

双水相萃取尤其适用于直接从含有菌体等杂质的酶溶液中分离纯化目的酶。该技术还可以与其他分离方法结合使用，以提高分离纯化效率。

双水相萃取的优点主要在于两相中均含有 70%以上的水，这样的环境对于蛋白质而言比较温和，而且处理量不受限制。聚乙二醇和葡聚糖这类物质可作为蛋白质的稳定剂，即使在常温下酶活力也很少损失。双水相萃取所需设备简单，仅需要一个能使酶提取液与双水相体系充分混合的贮藏罐和一个普通离心机或使两相快速分离的分离器。该方法操作方便、快速，回收率一般可达 80%～90%，而且可迅速实现酶与菌体、细胞碎片、多糖、脂类等物质的分离。

6．反胶团萃取法

反胶团萃取法（reversed micellar extraction）通过向水中加入表面活性剂，使水溶液的表面张力随表面活性剂浓度增大而下降。当表面活性剂浓度达到一定值后，表面活性剂相互缔合形成水溶性胶团，在有机相中形成分散的亲水微环境，使生物分子处于有机相（萃取相）内反胶团的亲水微环境中，消除蛋白质难溶于有机相或在有机相中发生不可逆变性的现象。通过控制 pH、离子强度、有机溶剂的种类以及表面活性剂的种类和浓度等条件，改变蛋白质在两相中的分配系数，不同蛋白质表面电荷的不同也使其在两相中的分配系数不同，从而达到分离的目的。反胶团萃取的研究开始于 20 世纪 70 年代末期，虽然发展历史较短，技术还不够成熟，但该方法在一些研究工作中已经得到了较好的应用。例如，以 CTAB/正丁醇/异辛烷构成反胶团系统，通过反胶团萃取方式纯化 α-淀粉酶。

二、根据酶分子大小、形状不同进行纯化

1．凝胶色谱法

凝胶色谱法（gel chromatography）又称分子筛过滤法、凝胶过滤法等，含酶混合物随流动相流经以凝胶作为固定相的色谱柱时，混合物中的各种成分因分子量大小不同而被分离。

当含有各种物质的酶溶液缓慢流经色谱柱时，各种物质在柱内同时进行着两种不同的运

动，即垂直向下的运动和无定向的扩散运动。大分子物质直径较大，不容易进入凝胶颗粒的微孔，只能沿着凝胶颗粒的间隙向下运动，所走的路线较短，所以下移的速率比较快。小分子物质除了在凝胶颗粒的间隙扩散外，还可以进入凝胶颗粒的微孔之中，即进入凝胶相内。在向下移动的过程中，这些小分子物质从凝胶内扩散至凝胶颗粒间隙后再进入另一凝胶颗粒，它们能够自由进出凝胶颗粒，所走的路线长而曲折，所以下移的速率比较慢。如此不断地进入和扩散，必然使小分子物质的下移速率落后于大分子物质，因此，溶液中各种物质可按照分子量的大小依次流出柱外，从而达到酶的分离纯化的目的。

凝胶是一类具有三维空间结构的多层网状大分子化合物，包括天然凝胶和人工合成凝胶两种。天然凝胶包括马铃薯淀粉凝胶、琼脂和琼脂糖凝胶等。人工合成凝胶包括聚丙烯酰胺凝胶和交联葡聚糖凝胶等。凝胶都有很高的亲水性，可在水溶液中膨润。膨润后的凝胶具有一定的弹性和硬度，并有很高的化学稳定性，在盐和碱溶液中都很稳定，可在 pH 4.0～9.0 范围稳定存在。但是，凝胶在 pH 2.0 以下的酸性条件下长时间处理后可被水解破坏。此外，凝胶也对氧化剂比较敏感。另外，凝胶没有易于解离的基团，因此很少发生非专一性吸附的现象。

虽然凝胶的种类较多，但目前以葡聚糖凝胶最为常用。葡聚糖凝胶是由分子量为几万到几十万的葡聚糖通过环氧氯丙烷交联而成的网状结构大分子物质，可用于分离分子质量为 1000～500000Da 的分子。其商品名为 Sephadex G，分为各种不同的型号，G 后面的数字为每克干胶吸水量（吸水值）的 10 倍。聚丙烯酰胺凝胶是以丙烯酰胺为单体，通过 *N*,*N*-甲叉双丙烯酰胺为交联剂共聚而成的凝胶物质，商品名为 Bio-Gel P，分为不同型号，P 后面的数字乘以 1000 表示其分离的最大分子质量。

商品凝胶必须经过充分溶胀后才能使用，否则会影响分离效果。将干燥凝胶在水或缓冲液中进行浸泡，搅拌后静置一段时间，倾去上层混悬液，除去过细粒子，反复数次，直至上层溶液澄清为止。凝胶在使用之前需要浸泡 2 d。加热煮沸能加速溶胀过程。装柱后上样前要用缓冲液充分洗涤，使溶剂和凝胶达到平衡状态，这个过程大约需要 8 h。扩展时需要控制合适的流速，商品凝胶一般都有各自的推荐流速，一般要求流速保持在 0.1～0.3 mL/min，在凝胶色谱过程中要保证流速稳定。

目前为止，洗脱液中蛋白质的检测仍采用核酸蛋白质检测仪，即在线检测流出液在 260～280 nm 处的吸光值，对于酶溶液还可以通过离线检测酶活力，以确定目的酶的出峰时间。

凝胶色谱法对溶液浓度没有太严格的要求，但高浓度溶液有利于提高分辨效率。如果溶液中含有黏性成分则有可能导致分离效果变差。因为溶液的体积对分离效果的影响比较大，所以在进行色谱分析前，应尽可能地将溶液进行浓缩，减少体积，一般不宜超出柱体积的 2%。

洗脱液的组成一般不宜影响色谱分离效果。通常不带电荷的物质可用蒸馏水洗脱，带电荷的物质可用磷酸盐缓冲液等洗脱，离子强度应控制在 0.02 mol/L 左右，pH 由酶的稳定性和溶解度决定。如果分离纯化后的产品还要进行冷冻干燥处理，则可使用挥发性的缓冲液。

凝胶可以再生后重复使用，在每个分离过程结束后，如果凝胶本身没变化，一般无须特殊的再生处理，只需用蒸馏水、稀盐或缓冲液充分洗涤就可以重复使用。如果有尘埃污染，可以用反向上行法漂洗；如果有少量非专一性的交换或吸附现象，可以先用 0.1 mol/L HCl 溶液或 0.1 mol/L NaOH 溶液洗涤后再用水洗至中性。为了防止微生物污染，可加入 0.02%叠氮化钠抗菌剂流洗，也可保存于 20%的乙醇溶液中。洗涤后的凝胶可以在膨胀状态下放置于冰箱中长期保存。

2．透析法

透析法（dialysis）利用大分子的酶或蛋白质不能透过半透膜，将酶或蛋白质和其他小分子的物质如无机盐、水等进行分离。透析时，将需要纯化的酶溶液装进如半透膜的透析袋，放入蒸馏水或缓冲液中，小分子物质扩散至透析袋外的蒸馏水或缓冲液中。通过更换透析袋外的溶液，可以使透析袋内的小分子物质浓度降至最低。

透析通常用于除去酶溶液中的盐类、有机溶剂、水等小分子物质。此外，采用聚乙二醇、蔗糖反透析还可以对少量酶进行浓缩。

对分子质量小于 10000Da 的酶的溶液进行透析时，可能会发生泄漏。透析袋在使用之前最好在 EDTA-$NaHCO_3$ 溶液中加热煮沸，以除去生产过程中混入的有害杂质，还需特别注意检查膜有无破损、泄漏等，然后才能转入待透析液，两头扎紧，进行透析。一般在透析过程中，透析液需更换 3～5 次。透析袋使用之后，一般可用清水冲洗干净，再次检查透析膜是否完好无损，最后浸泡于 75%乙醇溶液中备用。

3．超滤法

超滤法（ultrafiltration）是在一定压力（正压或负压）下强制溶液通过一固定孔径的膜，使溶质根据分子量、形状、大小的差异得到分离，所需的大分子物质被截留在膜的一侧，小分子物质随溶剂透过膜到达另一侧。这种方法在分离纯化酶时，既可直接用于酶的分离纯化，又可用于纯化过程中酶的浓缩。

近 20 年来，超滤已经成为膜分离技术中发展最快的一种技术，应用范围非常广泛。用超滤膜进行分离纯化时，超滤膜应具备以下条件：要有较大的透过速率和较高的选择性；要有一定的机械强度，能够耐热、耐化学试剂；不容易遭受微生物的污染，价格低廉。

表征超滤膜分离透过性能的参数主要有以下几种。

① 水通量：水通量指在一定工作压力、温度下，单位面积或单个组件在单位时间内所透过的水量。膜的水通量除了与温度、压力因素有关之外，还取决于膜材料、形态结构等物理化学性能，另外还与操作条件、溶液的性质密切相关。

② 截留分子量与截留率：商品超滤膜多用截留分子量或孔径大小来表明产品的截留性能。截留分子量指被膜截留住的溶质中最小溶质的分子量。截留率指溶液中被膜截留的特定溶质的量占溶液中该物质总量的比例。

常用超滤膜的截留分子质量的范围为 1000～1000000Da。常用超滤膜对相同分子量的线性分子和球形蛋白质分子，截留率大于或等于 90%。截留率不仅取决于溶质分子的大小，还与下列因素有关：分子的形状，线性分子的截留率低于球形分子；吸附作用，如果溶质分子吸附在孔道壁上，会降低孔道的有效直径，因而使截留率增大；其他高分子物质的存在可能导致浓度极化层的出现，而影响小分子物质的截留率；温度的升高和浓度的降低也会导致截留率降低。

制造超滤膜的材料很多，膜材料应具有良好的成膜性、热稳定性和化学稳定性、耐酸碱性、耐微生物腐蚀和抗氧化性，并应具有良好的亲水性，以获得高水通量和抗干扰能力。目前常用的超滤膜材料为聚砜、纤维素等，使用时一定要注意膜的正反面，不可混淆。超滤膜在使用后要及时清洗，一般可用超声波、中性洗涤剂、蛋白酶液、次氯酸盐及磷酸盐等处理，使膜基本恢复原有水通量。如果超滤膜暂时不用，可浸泡在加有少量甲醛的清水中保存。

超滤膜的优点是：超滤过程无相的变化，可以在常温及低压下进行分离，条件温和，不容易引起酶的变性失活，因而能耗低；设备体积小，结构简单，故投资费用低，易于实施；

超滤分离过程只是简单地加压输送液体，工艺流程简单，易于操作管理，适用于处理大体积酶溶液。缺点是只能达到粗分离的要求，只能将分子量相差 10 倍的蛋白质分开。

三、根据酶分子电荷性质进行纯化

1．离子交换色谱

离子交换色谱（ion exchange chromatography, IEC）是根据被分离物质与所用分离介质间异种电荷的静电引力不同进行分离的方法。各种蛋白质分子由于暴露在分子外表面的侧链基团的种类和数量不同，在一定的离子强度和 pH 的缓冲液中，所带电荷的情况不同。如果在某 pH 下，蛋白质分子所带正负电荷量相等，整个分子呈电中性，该 pH 即为蛋白质的等电点。与蛋白质所带电荷性质有关的氨基酸主要有组氨酸、精氨酸、赖氨酸、天冬氨酸、谷氨酸、半胱氨酸以及肽链末端的氨基酸等。例如，当 pH＜6.0 时，天冬氨酸和谷氨酸的侧链带有负电性，当 pH＞8.0 时，半胱氨酸的侧链由于巯基解离，也带负电荷，如果 pH＜7.0，组氨酸残基带正电荷。大多数蛋白质等电点多在中性附近，因而色谱分离过程可以在弱酸或弱碱条件下进行，以避免离子交换时 pH 急剧变化而导致蛋白质变性。

离子交换作用是在固定相和流动相之间发生的可逆的离子交换反应。蛋白质的离子交换过程分为两个阶段：吸附和解吸附。吸附在离子色谱柱上的蛋白质可以通过改变 pH 或增强离子强度，使加入的离子与蛋白质竞争离子交换剂上的电荷，从而使吸附的蛋白质与离子交换剂解离。不同蛋白质与离子交换剂形成的键数不同，即亲和力大小有差异，因此只要选择适当的洗脱条件就可以将蛋白质混合物中的组分逐个洗脱下来，达到分离纯化的目的。

离子交换剂的母体是一种不溶性高分子化合物，往往亲水性比较高，一般不会引起生物分子变性失活。这些高分子化合物包括树脂、纤维素、葡聚糖等，向其分子中引入可解离的活性基团，这些基团在水溶液中可与其他阳离子或阴离子起交换作用。按照母体的不同可将离子交换剂分为以下三类。

① 离子交换树脂：以聚苯乙烯树脂等为母体，再导入相应的解离基团而成。具有疏水的基本骨架，易导致蛋白质的变性，交换容量低，一般仅用以羟基为解离基团的弱酸性树脂，个别对酸碱较稳定的酶也曾用强酸性或强碱性交换树脂。

② 离子交换纤维素：是目前酶的纯化中应用较多的离子交换剂，以亲水的纤维素为母体，引入相应的交换基团后制成。交换容量较大，交换速率也较高。缺点是容易随交换介质 pH、离子强度的改变而发生膨胀、收缩。

③ 离子交换凝胶：以葡聚糖凝胶或琼脂糖凝胶为母体，导入相应的交换基团制成。交换容量比离子交换纤维素更大，同时还具有分子筛的作用。其缺点是易随缓冲液 pH 和离子强度的不同而改变其交换容量、容积和流速。

按照离子交换基团的不同又可以将离子交换剂分为阳离子交换剂和阴离子交换剂；按照结合力的不同可将离子交换剂分为强离子交换剂和弱离子交换剂。能与阳离子发生离子交换的为阳离子交换剂，其活性基团为酸性；能与阴离子发生交换作用的称为阴离子交换剂，其活性基团为碱性。解离基团为强电离基团的称为强离子交换剂，而带有弱电离基团的称为弱离子交换剂。分离时应根据吸附蛋白质的性质来选择离子交换剂种类。如羧甲基是弱酸性阳离子交换剂，磺酸基是强酸性阳离子交换剂；二乙氨乙基（DEAE）纤维素是弱碱性阴离子交换剂，季铵离子是强碱性阴离子交换剂。

离子交换色谱的操作过程一般包括3个环节：加样、洗涤和洗脱，其中每一个环节都包含着酶和杂蛋白的分离。

① 加样。用缓冲液将柱料充分平衡后，即可上样，因为吸附过程是靠离子键的作用，所以这一过程能够瞬时完成，加样时流速并没有特殊要求。

② 洗涤。在与加样条件相同的情况下，使相同的缓冲液继续流过色谱柱，以洗脱一些未通过离子键作用吸附而滞留在柱中的杂蛋白，以提高分离效果。

③ 洗脱。当洗脱液中加入一定浓度的盐（多采用氯化钠）时，蛋白质即可与离子交换剂发生解离。主要有三种洗脱法，即恒定溶液洗脱、逐次洗脱和梯度洗脱。

恒定溶液洗脱时，样品体积应控制为柱体积的1%～5%。色谱柱应细长些，高径比为20左右，这种方法所用的洗脱液体积往往比较大。逐次洗脱是指用几个浓度梯度的盐溶液逐次进行洗脱，而梯度洗脱则借助梯度混合仪使洗脱液中的盐浓度呈线性升高。一个容器装有低浓度盐溶液，另一个容器装有高浓度盐溶液，开始洗脱时，洗脱液中盐浓度与低浓度盐溶液相同，随着洗脱液中离子强度的增加，蛋白质与洗脱树脂上的解离基团之间的作用力逐渐降低，不同的蛋白质由于结合力不同，而被分别洗脱下来。

离子交换柱的柱长通常为柱径的4～5倍。在装柱前离子交换剂应充分溶胀（在10倍量的蒸馏水中溶胀过夜或在100℃沸水浴中溶胀1 h以上），清洗除去过细粒子，然后用2～3倍量的0.5 mol/L HCl和0.5 mol/L NaOH溶液进行循环转型，每次转型维持10～15 min。对于阳离子交换剂，转型次序为酸→碱→酸，而阴离子交换剂转型次序则为碱→酸→碱，经平衡缓冲液平衡后即可进行色谱分离操作。加入柱中的蛋白质的量一般为柱中离子交换剂干重的0.1～0.5倍，样品体积应尽可能小，以达到理想分离效果。洗脱时，可以提高洗脱液的pH，使蛋白质分子的有效电荷减少而被解吸洗脱。

使用过的离子交换剂可用2 mol/L NaCl溶液彻底洗涤，阳离子交换剂转成H^+型或盐型储存，弱阴离子交换剂以OH^-型储存，中等和强阴离子交换剂以盐型储存，并加入适当的保存剂。

离子交换剂的选择也是需要注意的问题。因为酶是两性电解质，处于不同的pH时，它可以带正电，也可以带负电，因此既可选用阳离子交换剂，也可选用阴离子交换剂。在这种情况下，一个重要的决定因素就是酶的稳定性，即如果目的酶在低于其等电点（pI）的pH条件下更稳定，应选用阳离子交换剂；如果目的酶在高于pI的pH条件下更稳定，应选用阴离子交换剂。如果目的酶既可用强离子交换剂，也可用弱离子交换剂，应优先考虑弱离子交换剂。但如果目的酶pI＜6.0或pI＞9.0，则应考虑强离子交换剂，因为只有强交换基团才能在广泛的pH范围内保持完全解离状态，而弱交换基团适用的pH范围较窄，多数弱阳离子交换剂在pH＜6.0时不带电荷，多数弱阴离子交换剂在pH＞9.0时不带电荷，此时它们已经失去交换能力。

如果要分离的蛋白质需要在很高的盐浓度下才能洗脱下来，可以改换较弱的离子交换剂。改变pH也可以解决此问题，对于阳离子交换剂，提高pH会降低洗脱蛋白质所需的盐浓度，对于阴离子交换剂，降低pH会产生类似的效果。相反，如果要分离的蛋白质即使在很低的离子强度下也不能被离子交换剂所保留，那就要选用较强的离子交换剂或调节pH。

不同离子交换剂对流速的要求不同，纤维素要求的流速一般低于凝胶，离子交换剂琼脂糖凝胶（sepharose）兼有高流速和高交换容量的优点。

缓冲液的选择原则是缓冲液不能与离子交换剂发生相互作用，即阳离子交换剂用阴离子缓冲液，阴离子交换剂用阳离子缓冲液，否则缓冲液中的离子参与离子交换反应，会影响溶液 pH 的稳定。例如，用阴离子交换剂时应选择 Tris 缓冲液，用阳离子交换剂时应选择磷酸缓冲液。选择缓冲液时还要选择合适的 pH 和离子强度。缓冲液盐浓度应比洗脱剂至少低 0.1 mol/L，pH 与酶的等电点相差一个单位时效果比较好。

离子交换色谱是目前仅次于盐析的一种分离纯化方法。该方法的优点包括：适用面广，几乎所有的蛋白质都可以用该方法分离，分辨率很高；一次可以处理大体积的样品，从而避免了浓缩的步骤；分离纯化所用时间比较短，而收率比较高。

2．电泳

电泳（electrophoresis）是根据各种蛋白质在解离、电学性质上的差异，利用其在电场中迁移方向与迁移速率的不同来纯化蛋白质的一种方法。电泳根据电泳使用技术的不同可分为显微电泳、免疫电泳、密度梯度电泳、等电聚焦电泳等；根据电泳方向可分为水平电泳和垂直电泳；根据连续性可分为连续性电泳和不连续性电泳；根据有无支持物可分为移动界面电泳和区带电泳。移动界面电泳是利用胶体溶液的溶质颗粒经过电泳后，在溶液和溶剂之间形成界面，从而达到分离的目的。区带电泳是样品在惰性支持物上进行电泳，支持物的存在减少了界面之间的扩散和干扰，而且多数支持物还具有分子筛的作用，提高了电泳的分辨率，区带电泳简单易行，成为目前应用较多的电泳技术。根据支持物的不同，区带电泳又分为纸电泳、琼脂糖凝胶电泳以及聚丙烯酰胺凝胶电泳等。

（1）聚丙烯酰胺凝胶电泳

聚丙烯酰胺凝胶电泳（PAGE）是最常用的电泳方法，这种电泳具有分子筛效应，因而可以达到很高的分辨率。常用的聚丙烯酰胺凝胶电泳以不连续的方式进行，即凝胶与缓存体系都具有不连续性，称为圆盘电泳（disc electrophoresis）。它的不连续性导致样品在电泳分离过程中被浓缩成圆盘状薄层，从而显示出很高的分辨率。这种电泳的凝胶由三部分组成：样品胶、成层胶和分离胶。样品胶和成层胶的孔径与缓冲介质相同，而分离胶的孔径较小。电泳开始后，先行离子朝前流动，并在其后形成低离子浓度的低电导区。这种低电导区导致高电位梯度的产生，迫使尾随离子加速泳动，在高、低电位区之间形成一个迁移速率较快的界面，同时样品离子被压缩于此界面中形成圆盘状薄层。由于样品中各组分所带电荷不同，迁移率也不同。当样品离子和尾随离子进入分离胶后，其间的 pH 有利于尾随离子的解离，故尾随离子的迁移率显著增大，并迅速超过样品离子，导致高电位梯度消失，样品开始在具有均一电场的分离胶中按照解离状况进行电泳分离。由于分离胶孔径较小，样品同时受到分子筛效应的控制，净电荷相同的蛋白质也能得到进一步分离，故而分辨率较高。为了进一步提高其分辨率，现已发展出 SDS 聚丙烯酰胺凝胶电泳（SDS-PAGE）等方法，SDS 是一种阴离子去垢剂，它能与蛋白质结合，破坏蛋白质分子内部和分子间以及与其他物质间的次级键，使蛋白质变性；通常每克蛋白质约能结合 1.4 g SDS，结合后蛋白质所带负电荷远远超过蛋白质原有电荷数，消除了不同蛋白质原有的电荷差异；再加上结合了 SDS 的蛋白质都是椭圆状，没有大的形状差异，因此蛋白质电泳迁移率仅取决于蛋白质的分子量。SDS 聚丙烯酰胺凝胶电泳主要用于蛋白质的纯度分析和分子量测定。

（2）等电聚焦电泳

等电聚焦电泳（isoelectric focusing electrophoresis）利用蛋白质在等电点下呈电中性，不发生泳动的特点而进行分离。在电泳设备中首先调配连续的 pH 梯度，然后使蛋白质在电场作用下泳动到与各自等电点相等的 pH 区域而不再继续泳动，从而形成具有不同等电点的蛋白质区带。

该技术的关键是调配稳定的连续 pH 梯度。一般采用氨基酸混合物或氨基聚合羧酸的缓冲液。如已经商品化的载体 Ampholine 为数百种组分的混合物，各组分具有不同的等电点，一般有 3 种 pH 梯度范围可供选择，即 pH 4.0～6.0、pH 8.0～10.0 和 pH 9.0～11.0。

一般电泳容易受溶质扩散的影响，而等电聚焦电泳不存在这个问题，因此该方法的分离性能极高。但等电聚焦电泳也存在一些缺点，如载体两性电解质可能对产品产生污染，pH 梯度的稳定性不高，操作过程容易发生凝胶脱水等。

（3）毛细管电泳

毛细管电泳（capillary electrophoresis）以毛细管为电泳装置，所用毛细管内径为 25～200 μm，长度约为 100 cm，壁厚约为 200 μm。毛细管电泳是离子在直流电场的驱动下，在毛细管中按其淌度或分配系数的不同而进行的一种高效、快速分离的电泳新技术。在毛细管和电泳槽内充满相同组成或相同浓度的缓冲液，从毛细管的一端加入样品，在毛细管两端加上一定的电压后，带电荷的溶质便朝其电荷极性相反的电极方向移动。由于样品中各组分的淌度不同，其迁移速率各不相同，经过一定时间电泳后，各组分按其迁移速率或淌度的大小顺序，依次到达检测器并被检出。根据峰谱的迁移时间（保留时间）可做定性分析；根据各组分峰的高度（h）或峰面积可做定量分析。

毛细管电泳具有高效、快速、样品用量少等优点，同时其自动化程度高、操作简便、溶剂消耗少、环境污染少。毛细管电泳管道微细，能够有效防止电泳过程中发生对流混合，分离精度高；毛细管电泳比表面积大，设备易冷却；传统电泳技术受焦耳热限制，只能在低电场下进行电泳，分离时间长，分辨率低，分辨效果受到制约，而毛细管具有良好的散热功能，散热速率快，因而毛细管电泳的电场强度可达 100～300 V/cm，电泳速率快，分离时间短；加样量少（不足 1 μL），样品浓度可低至 10^{-4} mol/L，因而毛细管电泳是目前发展较快的一种分离分析技术。

（4）聚焦层析

聚焦层析（chromatofocusing），又称色谱聚焦，是在色谱柱中填满多缓冲交换剂（如 pH 7～9 的缓冲液），加样后以特定的多缓冲交换剂滴定或淋洗，随着缓冲液的扩展，色谱柱中会形成一个自上而下的 pH 梯度，而样品中各种蛋白质则根据各自的等电点聚焦于相应的 pH 区段，并随着 pH 梯度的扩展不断下移，最后分别从色谱柱中洗出。该方法将色谱技术和等电聚焦电泳技术相结合，因而兼具等电聚焦电泳的高分辨率和柱色谱技术操作简便的优点。聚焦层析包括以下几个步骤：①按照样品等电点选择适宜的多缓冲液或多缓冲交换剂。②调整多缓冲液 pH 至梯度上限，并以该多缓冲液平衡多缓冲交换剂，然后装柱。③调整多缓冲液 pH 至梯度下限，用 5～10 mL 该多缓冲液流洗色谱柱。④加样，以下限 pH 多缓冲液洗脱，分别收集各蛋白质并检测。⑤多缓冲交换剂再生。

四、根据酶分子专一亲和作用进行纯化

由于酶对底物、竞争性抑制剂、辅酶等配体具有较高的亲和力，而其他杂蛋白对此没有或有很弱的亲和作用，因此，根据酶、杂蛋白对配体亲和力的差异，很容易将酶分离出来。目前已建立的方法有亲和色谱法、免疫吸附色谱法、亲和超滤、亲和沉淀等。

1．亲和色谱法

亲和色谱法（affinity chromatography）利用酶分子具有专一性结合位点或其独特的结构

性质进行酶的分离，特点是分离效率高、速度快。酶的底物、抑制剂、辅因子、别构因子以及酶的特异性抗体等都可作为酶的亲和配体，将这些亲和配体偶联于吸附剂上，即可制成亲和吸附剂。当酶溶液流经色谱柱时，目的酶便选择性地快速吸附在亲和配体上，然后用适当的溶液进行洗涤，除去一些非专一性的杂质后，再用高浓度或高亲和力的配体溶液进行亲和洗脱，酶就会从色谱柱的载体上脱离下来并流出色谱柱。

吸附剂的种类很多，可以分为无机吸附剂和有机吸附剂。吸附剂通常由一些化学性质不活泼的多孔材料制成，比表面积较大。常用的吸附剂包括硅胶、活性炭、磷酸钙、碳酸盐、氧化铝、硅藻土、泡沸石、陶土、聚丙烯酰胺凝胶、葡聚糖、菊糖、纤维素等。在吸附剂上连接亲和配体就制成了亲和吸附剂。

吸附剂作为固相载体应符合以下要求：具备和配体进行偶联反应的大量功能基团；具有高度的生物相容性，不会引起酶的变性失活；具有很好的惰性，没有或很少有非特异性吸附；化学性质稳定，能适应偶联、吸附、洗脱等操作过程中各种 pH、温度、离子强度甚至变性剂如脲、盐酸胍等反复处理，并有良好的流体力学性质；具有一定的机械强度、结构疏松，便于酶与配体自由接触。

利用亲和色谱法纯化酶，配体的选择同样很重要。配体一般要求符合以下条件：配体-酶的解离常数的选择范围应在 10^{-8}～10^{-4} mol/L，如果解离常数太小，配体与酶的结合太强，亲和洗脱困难；若解离常数太大，酶与配体的结合太松散，不能达到专一性亲和吸附的目的；配体上必须具有供偶联反应的活泼基团，而且当它们与载体（或臂）结合后，不能影响酶的亲和力；配体的偶联量太高也会造成过强的亲和吸附而使洗脱困难，同时出现空间位阻和非专一性吸附，偶联量太低时，分离效率低，一般配体偶联量应控制在 1～20 μmol/mL。

将配体连在载体上往往需要经过几步反应。直接将配体偶联于载体上得到的亲和色谱剂，常因配体和载体相距太近，影响到酶与配体的亲和作用。因为酶的活性中心一般处于酶分子的内部，如果在配体和载体间加上连接臂，便可提高亲和作用。臂的长短必须合适，太长容易断裂并产生非专一性吸附；太短则效果不佳。一般所选择的臂应符合以下条件：具有与载体和配体进行偶联反应的功能基团；能经得起偶联、洗脱等处理和条件的变化；亲水，但不带电荷。在实践中常采用的充当臂的物质有：碳氢链类化合物，如 *α,ω*-二胺化合物、*α,ω*-氨基羧酸、聚氨基酸（如聚 *dl*-丙氨酸、聚 *dl*-赖氨酸等），以及某些天然蛋白质（如白蛋白等）。

亲和色谱法和其他色谱法的操作过程基本相似，制备亲和吸附剂后，进行预处理与平衡、装柱、加样、洗涤和洗脱以及脱盐与再生等基本过程，亲和吸附与 pH、离子强度、温度等吸附条件有关。吸附剂与样品间的比例应恰当，样品体积一般控制为柱体积的 1%～5%，蛋白质浓度不宜超过 20～30 mg/mL。流速一般控制为 10 mL/（cm^2 • h）。

洗涤是为了除去杂质，一般选择平衡时所用的缓冲液进行洗涤。洗脱是在不引起酶变性的条件下，尽量减小酶与配体之间的相互作用力，从而使酶从吸附剂中转移至洗脱液中，一般分为非专一性洗脱和专一性洗脱。

非专一性洗脱根据洗脱条件可采用多种方法：①改变温度进行洗脱。有些酶用线性温度梯度洗脱即可，解吸过程一般是吸热过程，因此提高温度可实现解吸。②改变 pH、离子强度即改变溶剂系统组成进行洗脱。亲和作用力中静电引力、范德华力、疏水作用都是一些重要的相互作用力。改变 pH 和离子强度可以降低静电作用，甚至使酶与配体间的引力转变为排斥力；另外加入与水混溶的溶剂如乙二醇、二甲基砜等能降低溶剂表面的张力，加入促溶离子可以破坏水的结构并削弱疏水作用，也能达到较好的洗脱效果。

在专一性洗脱中，首先进行亲和洗脱，使用浓度更高的配体溶液或亲和力高的底物溶液进行洗脱。其次进行电泳洗脱，被吸附在吸附剂上的各种物质置于电场中时，会因其电荷性质不同而向相反的方向移动，从而达到洗脱的目的。另外，使用一些可逆的蛋白质变性剂，如脲、盐酸胍等，可在低 pH 条件下使酶构型发生可逆变化从而解离，但是，这种洗脱也可能导致酶的不可逆失活，而且即使是可逆变性，随着时间延长也可能转化为不可逆过程，所以在洗脱后应立即从酶溶液中去除这些变性剂。

吸附剂的再生过程一般为先采用浓度为 0.1 mol/L 的 Tris-HCl 缓冲液（含 0.5 mol/L NaCl 溶液，pH 8.5）洗涤至 pH 8.5，再用 0.1 mol/L、0.5 mol/L 的醋酸缓冲液（pH 4.5）洗涤至 pH 4.5，然后用水洗涤至中性，使用前再使用起始缓冲液进行平衡处理。

2．免疫吸附色谱法

免疫吸附色谱法（immunoadsorption chromatography）基于抗原和抗体之间的高度专一亲和作用，将酶的抗体连接到不溶性载体上，构建带抗体的色谱柱，以此分离纯化酶。这种方法在酶的分离纯化过程中经常使用。用传统方法从一个生物种属中提取少量的纯酶（如 0.1 mg），利用它在另一种属（通常为兔子、羊或鼠）中产生多克隆抗体，这些抗体能以不同的亲和力识别酶的不同抗原决定簇。抗体经纯化后，偶联到溴化氰活化的琼脂糖凝胶（sepharose）上，即可用于从混合物中分离酶抗原。通过改变洗脱液的 pH、增加离子强度或其他降低抗原抗体结合力的方法，可将吸附的酶解吸洗脱。解吸过程是整个纯化过程中最困难的一步，因为在剧烈的解吸过程中，酶可能会大量失活，使回收率大大下降。

单克隆抗体（McAb）制备技术解决了许多多克隆抗体在使用中的问题。首先，作为抗原的酶不需要很高的纯度；其次，通常选用小鼠作为免疫动物来制备 McAb，因此抗原酶的使用量很小，一般 50 μg 便能满足需求。作为抗原的酶可含有不同的抗原决定簇，因此同一抗原可产出多种 McAb，可从中挑选出亲和力适中的 McAb 用于制备亲和介质，以保证目的酶的高效吸附和洗脱。因此，以 McAb 制备亲和柱，柱效往往很高，而且 McAb 还可通过体外大规模培养的方式大量制备。

动物中产生抗体的淋巴细胞在体外培养条件下，生存时间极短。骨髓瘤细胞能在体外长期培养生长，但不能产生专一性的抗体。将这两种细胞融合得到的杂交细胞则兼具两者的优点：既能长期体外培养又能分泌所需的特异性抗体。因此，可用目的酶的酶液作为抗原用于免疫动物，然后分离出这一动物的脾细胞，与遗传缺陷型骨髓瘤细胞相融合。经过多次克隆后，挑选出能单一分泌这种酶抗体的杂交瘤细胞，再经扩大培养，即可得到大量这种酶的 McAb。

3．亲和超滤

亲和超滤（affinity ultrafiltration）是将亲和色谱法的高度专一性与超滤技术的高处理能力相结合的一种新的分离方法。需要提纯的粗酶自由存在于提取液时，它可以顺利通过截留分子量较大的超滤膜。但当酶与大分子亲和配体结合，形成酶-配体复合物后，其分子量远大于超滤膜的截留分子量，因而被截留。提取液中其他未被结合的组分仍可顺利通过超滤膜，分离出上述复合物后洗去杂质，再用合适的洗脱液洗脱，使酶解吸下来；然后再通过一次超滤膜，把大分子配体分离出来，供再生使用。透过的酶液再经截留分子量小的超滤膜进行浓缩。

亲和超滤技术的关键在于选择合适的配体、载体及相应截留分子量的超滤膜。配体对所分离对象要具有亲和力好、专一性高、在亲和洗脱条件下稳定、抗剪切力、容易回收等特点。

常用的载体一般有聚丙烯酰胺、琼脂糖、葡聚糖、淀粉等。一个好的载体应具有高度亲和力，不会引起酶的失活，能自由悬浮于提取液中，不易产生膜的浓差极化和堵塞现象。超滤膜的截留分子量决定了超滤的透过效率。截留分子量越大，水通量也越大，超滤越容易进行。

亲和超滤技术既克服了超滤技术选择性不高、被分离物质的分子量需相差一个数量级以上才能得到较好分离效果的缺点，又解决了亲和色谱技术只能间隙操作、单批处理量小的问题，具有广阔的应用前景。

4．亲和沉淀

亲和沉淀（affinity precipitation）是将生物亲和作用与沉淀分离相结合的一种蛋白质分离纯化技术。根据机制的不同，亲和沉淀可分为一次作用亲和沉淀和二次作用亲和沉淀。

（1）一次作用亲和沉淀

水溶性化合物分子上偶联有两个配体时称为双配体，有两个以上的亲和配体时称为多配体。双配体或多配体可与含有两个以上亲和部位的多价蛋白质产生亲和交联，从而形成较大的交联物而沉淀析出。

（2）二次作用亲和沉淀

利用特殊的载体固定亲和配体来制备亲和沉淀介质，这种载体在改变 pH、离子强度、温度和添加金属离子时溶解度下降，形成可逆性沉淀的水溶性聚合物。亲和沉淀介质与目的酶分子结合后，通过改变条件使介质与目的酶共同沉淀，这种方法称为二次作用亲和沉淀。亲和沉淀后，通过离心或过滤回收沉淀，即可除去未沉淀的杂蛋白质，沉淀经适当清洗或加入洗脱剂即可回收纯化的目的产物。

亲和沉淀具有如下优点：配体与目的酶的亲和作用是在溶液中自由进行的，无传质阻力，两者结合迅速；亲和配体裸露在溶液中，可以更有效地与酶结合，使配体利用率提高；易于实现规模放大；适用于处理高黏度或含有微粒的溶液。

五、高效液相色谱法

高效液相色谱法（high performance liquid chromatography，HPLC）的分离原理与经典液相色谱法相同，但是由于它采用了高效色谱柱、高压泵和高灵敏检测器，因此，它的分离效率、分析速度和灵敏度有了大幅提高。高效液相色谱仪由输液系统、进样系统、分离系统、检测系统和数据处理系统组成。

输液系统包括流动相储存器、高压泵和梯度淋洗装置。流动相储存器由不锈钢或玻璃制成，可储存不同的流动相。高压泵能提供 150～450 kg/cm^2 的压力，流速稳定，可调节流量，且耐腐蚀。根据排液性能高压泵可分为恒压泵和恒流泵。根据机械结构高压泵可分为液压隔膜泵、气动放大泵、螺旋注射泵和往复柱塞泵，前两者为恒压泵，后两者为恒流泵。梯度淋洗装置可以将两种或两种以上不同极性的溶剂，按一定程序连续改变组成。梯度淋洗装置分为外梯度装置和内梯度装置，前者为流动相在常压下混合，通过高压泵的作用被压至色谱柱；后者是先将溶剂分别增压处理，再由泵按程序将溶剂压入混合室，最后注入色谱柱。

高效液相色谱法多采用六通阀进样，进样时先用注射器将样品在常压下注入样品杯，然后切换阀门到进样位置，由高压泵输送的流动相将样品送入色谱柱。此过程中样品的容积是固定的，进样重复性比较好。

分离系统包括色谱柱、连接管、恒温器等。色谱柱一般长 10～30 cm，内径为 2.1～4.6 mm，由内部抛光的不锈钢管制成，柱内装有固定相，液相色谱的固定相是将固定液涂在担体上而成的。担体有表面多孔型和全多孔型两类。实际应用中，如果需要两根以上的色谱柱，柱与柱间常使用厚壁聚四氟乙烯毛细管进行连接。为改善传质、提高柱效和缩短分析时间，一般需要对色谱柱进行适当的保温处理。

检测系统采用紫外检测器、示差折光检测器和荧光检测器等，HPLC 的数据处理系统包括数据采集、储存、显示、打印和数据处理工作。

酶的种类繁多，理化性质各不相同，从复杂的生物物质中分离出某种酶所用的方法、条件也略有差异。在实验室小规模分离分析时，一般使用分析型 HPLC 仪，但当分离分析规模扩大时，则必须使用制备型高效液相色谱仪。制备型高效液相色谱仪的特点是柱长和柱径的数值都比较大（最大为 2.3 m×0.1 m）。柱长和柱径的选择依据制备的目的和产量而定。对于大口径柱子，泵系统的输流能力可达 100 mL/min。大多数制备型高效液相色谱仪配有微电脑控制的自动收集系统，可对样品中的目的成分进行选择性收集，但对含量较大而不复杂的样品，自动收集没有手工收集方便。手工收集还可循环进行纯化操作。

HPLC 按分离机制不同，可分为尺寸排阻色谱法、离子交换色谱法、反相色谱法及疏水作用色谱法。

（1）尺寸排阻色谱法

尺寸排阻色谱法（size exclusion chromatography，SEC）是一种根据溶质分子在流动相中的体积不同而实现分离的色谱法。其填料具有一定大小的孔隙，大分子不能进入填料内部而最先从颗粒间流出色谱柱；小分子能进入填料颗粒内部，其路径较长而后流出。此时，若用水系统作为流动相，又称为凝胶过滤色谱法（GFC）。目前有两种类型的商品载体已用于蛋白质的尺寸排阻色谱，即表面改性硅胶和亲水交联有机聚合物。表面改性硅胶具有许多蛋白质凝胶过滤填料所应有的性质，能很好地保持溶质的生物活性，回收率可达 80%以上。改性硅胶的粒径一般为 10～15 μm，孔径为 5～400 nm。理论上讲，它完全适用于分离分子量为 5000 到数百万的球蛋白。但事实上，大孔径填料的柱效低，而小孔径填料对低分子多肽有吸附作用，使用 25～30 nm 孔径的填料最为合适。这样的填料兼顾了分级范围、分辨率和回收率，可分离分子质量在 5000～5000000Da 范围内的蛋白质。

尺寸排阻色谱的流动相比较简单，流动相的 pH 一般选用 6.5～8.0，有时为了避免蛋白质与固定相可能发生的相互作用，通常在流动相中加入某些中性盐或有机改性剂。流动相的流量一般为 1 mL/min。尺寸排阻色谱法用于蛋白质的分离纯化，活力回收率高，现已达到甚至超过凝胶过滤色谱的水平，分离时间比传统方法缩短了 100 多倍。

（2）离子交换色谱法

离子色谱分析法出现在 20 世纪 70 年代，于 20 世纪 80 年代迅速发展起来，以无机离子混合物，特别是无机阴离子混合物为主要分析对象。离子交换色谱法（ion exchange chromatography，IEC）是利用离子交换原理和液相色谱技术的结合来测定溶液中阳离子和阴离子的一种分离分析方法。凡在溶液中能够电离的物质通常都可以用离子交换色谱法进行分离。它不仅适用于无机离子混合物的分离，还可用于有机物的分离，例如氨基酸、核酸、蛋白质等生物大分子，因此应用范围较广。离子交换色谱法利用被分离组分与固定相之间发生离子交换的能力差异来实现分离。离子交换色谱法的固定相一般为离子交换树脂，树脂分子结构中存在许多可以电离的活性中心，待分离组分中的离子会与这些活性中心发生离子交换，形成离子交换平衡，从而在流动相与固定相之间形成分配。固定相的固有离子与待分离组分中的离子之间相互争夺固定相中的离子交换中心，并随着流动相的运动而运动，最终实现分离。

（3）反相色谱法

反相色谱法（reverse-phase chromatography, RPC）是根据溶质、极性流动相和非极性固定相表面间的疏水效应而建立的一种色谱模式。用反相色谱法分离蛋白质时，许多蛋白质在接触到酸、有机溶剂等或吸附于疏水固定相时容易发生变性而失活。因此，当样品为纯蛋白质时，应考虑其质量和活力的回收率。这就要求选择合适的分离条件并严格控制。比如，色谱条件适宜，以中等极性反相柱为固定相、含磷酸盐的异丙醇-水体系为流动相，在 pH 3.0～7.0 时，许多蛋白质都可以用 RPC 分离，并保持生物活性。因此，分离的关键在于固定相和流动相的选择。

分离蛋白质的固定相一般有 C_{18}、C_8、氰基和苯基键合相，其中以 C_{18} 填料最为常用。目前为止，利用 C_{18} 柱已经成功分离了许多蛋白质和肽。在一些流动相中，极性肽在 C_{18}、C_2、苯基柱上的色谱存在显著差异。一些在 C_{18} 柱上不能分离的试样，在中等极性柱上却能够获得令人满意的分离效果。氰基键合相是分离非极性肽的有效固定相。对于分子质量大于 10000Da 的肽，一般选用的填料粒径为 5～10 nm；对于分子质量大于 20000Da 的肽和蛋白质，一般选用 20～50 nm 的大孔径填料。

选择分离蛋白质和肽的流动相时主要考虑有机溶剂的种类、酸度、离子强度以及离子对试剂等因素。

在纯水中，大多数肽和蛋白质能牢固地保留在反相载体上，因此流动相必须含有有机溶剂，使溶质达到合理的保留时间后被洗脱。最常用的有机溶剂有甲醇、乙腈、丙醇、异丙醇、四氢呋喃等。它们和水组成的洗脱体系能获得很好的回收率。洗脱强度随着有机溶剂非极性的增加而增加，其排列顺序为：乙腈＜甲醇＜丙醇＜异丙醇＜四氢呋喃。在选择有机溶剂时，还要考虑到反相柱的类型和生物大分子的特性。

流动相中离子对试剂能够抑制固定相表面硅烷基离子化，分为无机酸和有机酸两种：无机酸常用磷酸、盐酸和高氯酸，可增加蛋白质的亲水性，随着蛋白质极性的增加，其在色谱柱上的保留时间下降；有机酸主要以三氯乙酸（TFA）和七氟丁酸（HFBA）应用较多，它增加了蛋白质的疏水性，增加了蛋白质在色谱柱上的保留时间，因而提高了分离度。

（4）疏水作用色谱法

疏水作用色谱法（hydrophobic interaction chromatography, HIC）利用适量的疏水性填料，以含盐的水溶液作为流动相，借助疏水作用分离活性蛋白质。它以表面偶联弱疏水性基团的疏水性吸附剂为固定相，根据蛋白质与疏水性吸附剂之间的弱疏水性作用的差异分离纯化蛋白质。由于蛋白质极易变性失活，而疏水作用色谱法中洗脱和分离条件较为温和，大大减少了蛋白质变性失活的可能，因而具有良好的分离效果，这也是疏水作用色谱法分离的最大优势。蛋白质的疏水残基通常位于蛋白质的内部，只有当蛋白质部分变性时，疏水区域才能与溶剂接近。然而，在蛋白质的表面也有一些疏水补丁，能够与非极性部分相互作用而不引起蛋白质的变性。增加盐浓度能促进这些表面的疏水作用，即使水溶性很好的亲水蛋白质也能与疏水物质结合，从而吸附到固定载体上。随后只要降低流动相的离子强度就可以逐次洗脱吸附的蛋白质，从而达到分离的目的。

疏水作用色谱法的固定相是键合低密度的烷基或芳香基的葡聚糖，流动相为无机盐溶液，该法以递减盐浓度的方式进行梯度洗脱。近年来，硅胶也可以作为基体制备弱疏水固定相，并广泛用于生物大分子的分离。

虽然反相色谱柱和疏水作用色谱柱上大分子的保留都基于疏水作用，但疏水作用色谱柱的疏水性比反相色谱柱小得多，所以疏水作用色谱柱能以盐溶液代替有机溶剂作为流动相。

疏水作用色谱柱的流动相一般是含硫酸铵的缓冲溶液，其 pH 为 6.0～7.0，采用梯度洗脱时，硫酸铵浓度逐渐降低。有时会在流动相中加入一定的有机溶剂以提高分离纯度。流动相的种类、pH、有机溶剂等都影响生物大分子的保留和回收。

六、酶的结晶

结晶（crystallization）指溶质从过饱和状态的液相或气相中析出，形成具有一定形状、分子按规则排列的晶体的过程，由于各种分子形成结晶的条件不同，而且变性蛋白质或酶无法形成结晶，因此，结晶是制备固体纯物质的有效方法，也是分离纯化酶的常用方法。结晶包括三个过程：形成过饱和溶液、晶核形成和晶体生长。

工业上为得到过饱和溶液一般采用以下方法：冷却饱和溶液、蒸发部分溶剂、化学反应结晶和盐析结晶。这些方法在制备酶的结晶时同样适用，但是酶的结晶需要在极其温和的条件下使酶溶液极为缓慢地接近结晶的条件，才能使酶结晶析出，否则，酶就会以无定形的形式直接沉淀出来。一般进行酶结晶时，先通过毛细管或借助透析的方式缓慢地加入硫酸铵等沉淀剂，待溶液微微浑浊后，再移入某一适宜温度下静候结晶出现，也可在加入相应的试剂后，再缓慢地改变 pH 和温度，使之逐渐接近结晶条件。在溶液黏度较高的情况下，晶核很难自发形成，而在高过饱和度下，一旦产生晶核，就会同时出现大量晶核，溶液发生聚晶现象，产品质量不易控制。在晶体的生长过程中，溶质分子移向晶核，晶体逐渐长大，不同物质结晶需要的时间并不相同。

晶体质量直接反映酶制剂质量的好坏，评价晶体质量的主要指标包括：晶体的大小、形状（均匀度）和纯度。工业上通常需要得到粗大而均匀的晶体，以便过滤和洗涤，并防止在存储过程中结块。

1．影响酶结晶的主要因素

（1）酶的纯度

一般来说，酶的纯度越高，越容易获得结晶，长成单晶的可能性也越大。除个别情况外，一般酶的纯度应在 50%以上。纯度较低的溶液通常不能得到结晶，因为晶核很快就会被杂质所包围掩盖，无法长成晶体。

（2）酶的浓度

对大多数酶来说，其浓度在 3～50 mg/mL 时结晶效果较好。酶浓度越高，越有利于分子间相互碰撞而发生聚合现象，但是酶浓度过高，往往会形成沉淀，而酶浓度过低，不易形成晶核。所以酶的浓度至关重要。

（3）晶种

有些不容易结晶的酶，往往需要加入微量的晶种才能形成晶体。在加入晶种前，要将溶液调整到适于结晶的条件，加入的晶种开始溶解时，还需加入沉淀剂，直到晶种不再溶解为止。当晶种不溶解又没有无定形物形成时，静置一段时间，有利于晶体的生长。

（4）温度

结晶温度直接影响晶体的生成。温度要控制在酶的热稳定性范围内，有些酶对温度敏感，应注意防止酶变性失活。一般温度控制在0～4℃的范围内，低温条件下酶的溶解度下降且不易变性。

（5）饱和度

饱和度过小不利于晶体的生成，而饱和度太大又会导致以下问题：成核速率过快，产生大量微小晶体，结晶难以长大；晶核生长速率过快，容易在晶体表面产生液泡，影响晶体质量；结晶器壁上容易产生晶垢，给结晶操作带来困难。对于酶溶液，浓度一般以1%～5%为宜。若溶液过饱和的速率过快，溶质分子迅速聚集，极有可能会产生无定形的沉淀。如果控制溶液缓慢地达到过饱和点，溶质分子就可能排列到晶格中，从而结晶。所以，在实际操作中必须注意调整溶液的饱和度，使溶液缓慢地趋向于过饱和点。

（6）pH

pH是影响酶结晶的一个重要条件，有时仅仅相差0.2 pH单位时，就只能得到沉淀，而得不到晶体。pH的选择应以降低酶的溶解度为目的，以提高晶体的回收率，并且pH应控制在酶的稳定范围内，一般选择在被结晶酶的等电点附近。

（7）金属离子

许多金属离子能引起或促进酶的结晶，不同的酶往往需要特定的金属离子来促进结晶。在酶结晶的过程中常用Ca^{2+}、Zn^{2+}、Co^{2+}、Ni^{2+}、Cd^{2+}、Cu^{2+}、Mg^{2+}、Mn^{2+}等金属离子。在多数情况下，这些离子是酶活力所必需的，它们有助于保持酶分子结构的一些特点。

（8）搅拌速度

提高搅拌速度有利于晶核的形成和晶体的生长，但是搅拌速度过快会造成晶体剪切破碎。

（9）重结晶

为了进一步提高晶体的纯度，有时可以进行重结晶，特别是在不同溶剂中反复结晶，可能会取得较好的效果，因为杂质和结晶物质在不同溶剂、不同温度下的溶解度是不同的。

（10）其他

除了以上诸多因素外，还有一些因素会影响晶体的形成。在结晶过程中不得有微生物生长，一般高盐浓度或乙醇可以防止微生物生长，而在低离子强度的蛋白质溶液中，容易生长细菌和霉菌。因此，所有溶液需要用超滤膜或细菌过滤器进行过滤除菌，加入少量的甲苯、氯仿或吡啶也可以有效防止微生物的污染。另外，在结晶过程中，还要防止蛋白酶的水解作用。蛋白酶水解常引起晶体的微观不均一性，影响晶体的生成和生长。

2．酶结晶的主要方法

（1）盐析法

该方法采用一些中性盐，如硫酸铵、硫酸钠、柠檬酸钠、氯化钠、氯化钾、氯化铵、硫酸镁、氯化钙、硝酸铵、甲酸钠等，在适当条件下，为保持酶的稳定，慢慢改变盐浓度进行结晶。其中，最常用的中性盐是硫酸铵、硫酸钠。一般的做法是将盐加入浓度较高的酶溶液中至溶液呈浑浊，然后静置并缓慢增加盐浓度。

（2）有机溶剂法

往酶溶液中滴加某些有机溶剂，如乙醇、丙酮、丁醇、甲醇、乙腈、异丙醇、二甲基亚砜等，也能使酶结晶。一般在含有少量无机盐、pH适宜的条件下，于冰浴中向酶溶液缓慢滴入有机溶剂，并不断搅拌，当酶溶液微微浑浊时，在冰箱中放置几个小时，便有可能获得晶体。

（3）微量蒸发扩散法

该法将酶溶液装入透析袋，用聚乙二醇吸水浓缩至蛋白质含量为1 mg/mL左右，然后加入饱和硫酸铵溶液，使酶溶液的饱和度达到10%左右，再将其分装至比色瓷板的小孔内，连同饱和硫酸铵溶液一并放入密封的干燥器内，最后在4℃下静置结晶。

（4）透析平衡法

透析平衡法是将酶溶液装入透析袋中，将透析袋置于含有一定浓度的盐溶液或有机溶剂的透析液中进行透析平衡，在此过程中酶溶液可缓慢达到过饱和而析出晶体。

（5）等电点法

酶在等电点时溶解度最小，逐步改变酶溶液的pH，可使之缓慢达到过饱和状态，最后使酶结晶析出。

七、酶纯化方法评价

酶纯化的目的在于获得具有最大活力和最高纯度的酶制剂，酶纯化的方法多种多样，每种方法都有各自的优点和缺点，总体而言，好的纯化方法应能使酶的活力回收高，纯度提高倍数大，同时重复性好。评价酶纯化方法的标准可归纳为三点：一是酶活力回收率；二是比活力提高的倍数；三是方法的重现性。酶活力回收率是纯化后样品的总酶活力占纯化前样品总酶活力的百分比，它反映了纯化过程中酶活力的损失情况，这一比值越高说明酶活力的保存率越高，酶活力的损失越少。纯化操作的每一步都会不可避免地造成酶活力损失，其原因主要有两个方面：一是部分酶变性失活；二是各种纯化方法的分辨率有限，部分酶可能连同杂蛋白质一起被去除。比活力的提高倍数则反映了纯化方法的效率。纯化后比活力提高越多，总活力损失越少，纯化效果就越好。实际上，纯化倍数与酶活力回收率不可能兼顾，两者存在一定的矛盾，如盐析时，沉淀范围越宽，酶活力回收率越高，但是纯化倍数越低。实际操作中应根据具体情况选择适宜的方法。较好的重现性是酶纯化方法的必要条件，合格的酶纯化方法中，操作材料应有较好的稳定性，操作条件应易于控制。

第四节　酶的纯度与保存

一、酶纯度的检验

当酶的比活力达到恒定时，酶的纯化即可完成。为了确定纯化酶的纯度，需要通过某些方法进行纯度检验。由于酶分子结构高度复杂，采用一种方法检验的纯酶制剂，用另一种方法检验时可能结果会有差异，因此，检验后应注明酶制剂达到的纯度标准，如电泳纯、色谱纯、HPLC纯等。常用的检验方法主要有以下几种。

1．电泳法

电泳法（electrophoresis, EP）具有较高的分辨率，所用样品量小（10 μg左右），速度快（2～4 h），仪器简单，操作也方便，所以是目前较为常用的方法。一般包括醋酸纤维素薄膜电泳、聚丙烯酰胺凝胶电泳和等电聚焦电泳。其中使用最多的聚丙烯酰胺凝胶电泳又分为圆盘电泳和垂直板凝胶电泳两种。

当聚丙烯酰胺凝胶的孔径约为被分离的蛋白质分子平均大小的一半时，分离效果最佳。因此，用聚丙烯酰胺凝胶电泳来检验酶的纯度时，应根据被检验酶的分子量大小，选用合适孔径的凝胶，凝胶的孔径可通过改变聚丙烯酰胺和甲叉双丙烯酰胺的含量和比例进行调节。浓度为7.5%的凝胶称为标准凝胶，其平均孔径为5 mm，适用于大多数蛋白质的分离。

溶液pH可显著影响蛋白质分子侧链基团的解离状态，使蛋白质分子电荷性质发生改变，故应选择合适的pH凝胶系统，使蛋白质分离效果最佳。碱性或中性凝胶系统适用于分离酸性和中性蛋白质，酸性凝胶系统适用于分离碱性或中性蛋白质。

电泳样品中通常加入一些甘油或蔗糖溶液，以增加样品密度，防止加样时样品扩散、漂移。样品中有时还要加入一些巯基乙醇，以防电泳时蛋白质侧链中游离的巯基氧化成二硫键，使蛋白质发生聚集。另外，样品液中常加入少量溴酚蓝（0.1%左右）作为指示剂，用以指示电泳进行的程度。电泳结束后，需将分离的酶进行染色。如果染色显示出多个条带，说明样品中还有其他蛋白质。假如凝胶电泳显示一条区带，说明样品的纯度达到了电泳纯，但在某种条件下，可能有两种蛋白质的电泳迁移率完全相同的情况，所以有时还需要进一步的验证，此时可以通过改变电泳条件，如pH等来确定酶的纯度。常用的SDS-PAGE只能说明样品在分子量方面是均一的，而且只适用于含有相同亚基的蛋白质。

等电聚焦电泳是根据等电点不同来进行纯度检验的，其具有很高的灵敏度，较高的分辨率，可将蛋白质按等电点的大小逐一分开，可以检验出其他方法无法区别的电荷差异很小的同工酶。该法的缺点是所用仪器、试剂价格比较昂贵，操作也比较复杂。

2．色谱法

用线性梯度离子交换法或分子筛检验样品时，如果酶制剂纯度很高，则各个部分的比活力应当恒定。分析型高效液相色谱（HPLC）在证明蛋白质纯度方面的分辨率接近电泳法。

3．化学结构分析法

肽链N-末端分析也可用于酶纯度的检测。如果酶分子只由一条肽链组成，理论上只能检测出一种N-末端的氨基酸，少量其他末端基团的存在，则常表示存在杂质。有些酶分子中N-末端的氨基和肽链中的羧基形成环状结构，不能用该方法检测纯度。

对样品进行总氨基酸分析，也是检验纯度的一种方法。纯蛋白质中各种氨基酸的数量呈整数比。

4．超离心沉降分析法

超离心沉降法需在专用的超速离心机上进行，通过观察离心过程中样品的沉降等检测酶的纯度，具体采用的方法有超离心沉降速度法和超离心沉降平衡法。此法的优点是时间短、用量少，但灵敏度较差。

5．免疫学法

利用抗原与抗体间的免疫反应可以检验酶的纯度，常用的方法有免疫扩散法和免疫电泳法。这两种方法都需要预先准备好酶的抗血清。在免疫扩散法中，通常将纯化制得的酶样品和抗血清分别加到琼脂糖凝胶板上的小孔中，让它们自由扩散，通过观察抗原-抗体间形成的沉淀弧的数量和形状来分析酶的纯度。免疫电泳法是将酶样品经电泳分离后，再将抗血清加到抗体槽中进行双向扩散，使其形成沉淀弧。免疫电泳法由于利用扩散和电泳两种方法将不同抗原组分逐一分开，其灵敏度相较于单纯的免疫扩散法有显著提高。

6．其他方法

纯蛋白质在280 nm与260 nm处的光密度比值为1.75，此时，可用分光光度法检查蛋白质中有无核酸存在。

酶的纯度可用百分比来表示，常见的纯度要求包括 95%、99%和 99.9%，由于酶的用途不同，对酶纯度的要求也不尽相同，因此应根据实际需要选择合适的酶纯度检验方法。

二、酶活力的检验

检测纯化酶的活力（activity）时，应确保测定条件处于最适状态。如测定体系中应有足够的激活剂和辅因子，避免任何可能存在的抑制剂等，另外还应保证酶的稳定性。在某些情况下还需要加入一些还原剂（如二硫苏糖醇、巯基乙醇），以保证半胱氨酸侧链巯基的还原性。酶可在 50%的甘油溶液中置于−18℃保存，以减少酶的失活。长时间保存酶制剂时，应考虑到痕量蛋白水解酶进行降解的可能性。

三、酶的剂型

酶制剂通常有下列 4 种剂型。

1．液体酶制剂

液体酶制剂包括稀酶液和浓缩酶液。一般去除固体杂质后，不再纯化而直接制成，或加以浓缩制成。这种酶制剂不稳定，且成分复杂，只适用于某些工业用酶。

2．固体酶制剂

发酵液经杀菌后直接浓缩或喷雾干燥制成固体酶制剂。部分酶制剂加入淀粉等填充料，用于工业生产；部分经初步纯化后制成，用于洗涤剂、药物的生产。利用酶制剂加工或生产某种产品时，一定要去除可能产生干扰的杂酶，以保证酶本身的质量。固体酶制剂适用于运输和短期保存，成本不高。

3．纯酶制剂

纯酶制剂包括结晶酶，通常用作分析试剂和医疗药物，要求有较高的纯度和一定的活力。医疗注射用的酶制剂，除前述要求外还必须除去热原。热原属于糖蛋白，分子量在 10 万以上，是染菌后细菌分泌的类毒素。含有这类物质的制剂注射后会引起人体体温升高。热原耐热、耐酸但不耐碱，对氧化剂敏感。它可以用吸附、亲和色谱等方法除去。

4．固定化酶制剂

将游离酶固定于水不溶性载体上，使之在一定的空间内仍然保持催化活性。固定化酶性质更稳定，可以反复使用，提高了酶的利用率。

四、酶的稳定性与保存

酶容易受诸多因素的影响而导致活性下降，甚至失活。影响酶稳定性的主要因素包括以下几个方面。

1．温度

有些酶对温度很敏感，因此为防止酶失活，一般将温度控制在 0～4℃的范围内。低温条件下酶不仅溶解度降低，而且不易变性。有时需要更低的温度。

2．pH

酶只有在适宜的 pH 范围内才能保持稳定的酶活力，因此，酶应保存在适宜的 pH 范围内的缓冲液中，以避免 pH 出现波动。

3．酶的浓度

一般酶在浓度高时比较稳定，浓度低时易发生解离、吸附、表面变性失效。

4．氧化剂

有些酶容易被氧化而失去活力。

5．金属离子

有些金属离子是酶的激活剂，有些却是抑制剂，使酶变性失活。为了提高酶的稳定性，经常加入下列稳定剂：

① 底物、抑制剂和辅酶。通过降低局部的能级水平，使酶中处于不稳定状态的扭曲部分转入稳定状态。

② 对巯基酶，可加入巯基（—SH）保护剂，如二巯基乙醇、谷胱甘肽（GSH）、二硫苏糖醇（DTT）等。

③ 部分金属离子。如 Ca^{2+} 可保护 α-淀粉酶，Mn^{2+} 能稳定溶菌酶，Cl^{-} 能稳定透明质酸酶。它们的作用机制可能是防止酶的肽链延展。

④ 表面活性剂。许多酶置于 1%的吐温 85 水溶液中时，即使在室温下催化活力也能维持相当长的时间。

⑤ 高分子化合物。如血清蛋白、多元醇等，特别是甘油和蔗糖常用于低温保存添加剂。

⑥ 其他。在某些情况下，丙醇、乙醇等有机溶剂也能表现出一定的稳定酶活力的作用。为了防止微生物污染酶制剂，也可以加入一定浓度的甲苯、苯甲酸和百里酚等。

（江凌，李谦，倪芳）

第六章 酶的固定化

酶的固定化是20世纪60年代发展起来的一项技术。以往使用的酶绝大多数是水溶性的酶。这些水溶性的酶在催化结束后，极难回收，因而阻碍了酶工业的进一步发展。20世纪60年代，在酶学研究领域内正式开始研究固定化酶，其最早被称为“水不溶酶”或“固相酶”，酶的固定化技术将水溶性的自然酶与不溶性载体相结合，成为不溶于水的酶衍生物。1971年，第一届国际酶工程会议上此种酶被正式命名为固定化酶（immobilized enzyme）。固定化技术解决了酶在应用过程中的很多问题，为酶的应用开辟了新的前景。如该技术可使所使用的酶、细胞能反复使用，使产物分离提取容易，并在生产工艺上实现连续化和自动化，故在20世纪70年代后该技术得到迅速发展。其新的功能和新的应用正在迅速扩展，是一项研究领域宽广、应用前景极为引人瞩目的新研究领域和新技术。

第一节　酶固定化技术概述

1953年Grubhofer和Schleith首先将羧肽酶、淀粉酶、胃蛋白酶和核糖核酸酶等，用重氮化聚氨基聚苯乙烯树脂进行固定，拉开了酶固定化技术的帷幕。从20世纪60年代起，固定化酶的研究迅速发展，相关综述和专著大量涌现。现在，酶的固定化已拥有一套成熟的技术，而且在此基础上，已发展出细胞固定化技术。近年来，细胞器固定化技术、固定化多酶反应器、固定化微生物多酶反应系统、固定化酶-微生物复合物等相继发展，促使生物工程愈发趋向于相互联系、综合发展。酶固定化技术是这一发展的基础。

一、酶固定化技术的含义

酶是高效且专一性强的生物催化剂。但是酶在水溶液中，一般稳定性较差；作为催化剂，酶液只能单次发挥作用；若是用于医药或化学分析，酶的纯度要求很高，如此一次性使用，必然耗费颇多。为了克服这些缺点，人们开始探索将水溶性酶与不溶性载体联结起来，使之成为不溶于水的酶衍生物，这样一来可以保持或大部分保持原酶固有的活性，使原酶在催化反应中不易随水流失。这样制备的酶，曾被称为“水不溶酶（water-insoluble enzyme）”“固相酶（solid phase enzyme）”“bound enzyme”“fixed enzyme”等。后来人们发现，一些包埋在凝胶内或置于超滤装置中的酶，本身仍是可溶的，只是被限定在有限空间不能自由流动而已。所谓固定化酶，是指经物理或化学方法处理，使酶变成不易随水流失即运动受到限制，而又能发挥催化作用的酶制剂。

二、酶固定化的一般原则

酶的催化反应取决于它的高级结构及活性中心。因此若想成功研制一个固定化酶，关键在于选择适当的固定方法和必要的载体以及研究并改进固定化酶的稳定性。根据有关专著和综述粗略统计，目前已经进行固定化的酶不下 100 种。我国研究者也已对 30 多种酶进行了固定化研究。这些酶的固定化方法多种多样，但这些方法本质仍是早已归纳的四类方法：吸附法、载体偶联法、交联法和包埋法。近年来，在吸附法中，电吸附法被研究报道；在载体偶联法中，发展出多种无机多孔材料；在交联法中，有一些新的试剂被用作双功能试剂；而微胶囊法则是包埋法的一种，也在材料和方法上有所进展。

酶的固定化应注意以下几个方面。第一，必须注意维持酶的催化活性及专一性。酶的催化反应取决于酶本身蛋白质分子所特有的高级结构和活性中心，为了不损害酶的催化活性及专一性，酶在固定化状态下发挥催化作用时，既需要保证其高级结构稳定，又要使构成活性中心的氨基酸残基不发生变化。这就要求酶与载体的结合部位不是酶的活性部位，并避免活性中心的氨基酸残基参与固定化反应；另外，由于酶的高级结构是凭借疏水键、氢键、盐键等较弱的相互作用维持的，所以固定化时应采取尽可能温和的条件，避免那些可能导致酶中高级结构被破坏的条件，如高温、强酸、强碱、有机溶剂等。第二，酶与载体必须有一定的结合程度。酶的固定化既不影响酶的原有构象，又能使固定化酶能被有效回收、贮藏，利于反复使用。第三，酶的固定化应有利于自动化、机械化操作。这要求用于固定化的载体必须有一定的机械强度，才能使固定化酶在制备过程中不易被破坏或受损。第四，固定化酶应有最小的空间位阻。固定化应尽可能不妨碍酶与底物的接触，以提高催化效率和产物的产量。第五，固定化酶应有最大的稳定性。在应用过程中，所选载体应不和底物、产物或反应液发生化学反应。第六，固定化酶的成本应适中。工业生产必须考虑到固定化成本，这要求固定化酶应是廉价的，以利于工业生产使用。

三、酶固定化的方法

1. 吸附法

吸附法（adsorption）是通过载体表面和酶分子表面间的次级键相互作用而进行固定的方法，是酶固定化中最简单的方法。酶与载体之间的亲和力包括范德华力、疏水作用、离子键和氢键等。吸附法又可分为物理吸附法和离子吸附法。

（1）物理吸附法

物理吸附法（physical adsorption）是通过物理方法将酶直接吸附在水不溶性载体表面上而使酶固定化的方法，是制备固定化酶最早采用的方法，如 α-淀粉酶、糖化酶、葡萄糖氧化酶等都曾采用此法进行固定化。该方法中无机载体常用活性炭、氧化铝、皂土、多孔玻璃、硅胶、二氧化钛、羟基磷灰石等；有机载体常用纤维素、胶原、玻璃纸、陶瓷、淀粉及面筋等。

物理吸附法操作简单、价格低廉、条件温和，载体可反复使用，酶与载体结合后，酶的活性中心不易被破坏且酶的高级结构变化较少，故该法所制得的固定化酶活力较高。但由于此法仅通过物理吸附作用制备固定化酶，酶和载体结合不牢固，在使用过程中酶容易脱落，所以使用受到限制。

（2）离子吸附法

离子吸附法（ion adsorption）是将酶与含有离子交换基团的水不溶性载体以静电作用相结合的固定化方法，即通过离子键使酶与载体相结合的固定化方法。离子吸附法所使用的载体是某些离子交换剂。常用的阴离子交换剂有二乙氨乙基（DEAE）-纤维素、混合胺类（ECTEOLA）-纤维素、四乙氨基乙基（TEAE）-纤维素、DEAE-葡聚糖凝胶、Amberlite IRA-93、410、900 等；常用阳离子交换剂有羧甲基（CM）-纤维素、纤维素柠檬酸盐、Amberlite CG-50、IRC-50、IR-200、Dowex-50 等。离子吸附法具有操作简便、条件温和、不易引起酶变性或失活的优点。载体廉价易得，而且可反复使用。此外，在吸附过程中可同时进行酶的纯化。但是由于依靠吸附法固定的酶与载体间相互作用较弱，酶容易从载体上脱落下来，进而可能会影响酶的纯度和酶的稳定性。

2．包埋法

包埋法（entrapment）是将酶包埋在各种多孔载体中使酶固定化的方法。包埋法操作简单，由于酶分子只被包埋，未发生化学反应，可以制得较高活力的酶，对大多数酶、粗酶制剂甚至完整的微生物细胞都适用。

包埋法根据载体材料和方法不同，可分为凝胶包埋法和微胶囊包埋法等。

（1）凝胶包埋法

凝胶包埋法也叫网格型包埋法，是指将酶或含酶菌体包埋在凝胶细微网格中，制成一定形状的固定化酶或固定化含酶菌体。常用的载体有海藻酸钠凝胶、明胶、琼脂凝胶、卡拉胶等天然凝胶，以及聚丙烯酰胺凝胶、聚乙烯醇凝胶和光交联树脂等合成凝胶或树脂。

（2）微胶囊包埋法

微胶囊包埋法是指把酶包埋在由高分子聚合物制成的小球内，制成固定化酶。由于形成的酶小球直径一般只有几微米至几百微米，所以也称为微囊化法。这种方法使酶存在于类似细胞内的环境中，可有效防止酶的脱落，防止微囊外的环境直接与酶接触，从而增加了酶的稳定性。常用于制造微胶囊的材料有聚酰胺、火棉胶、醋酸纤维素等。

（3）其他包埋法

除上述两种方法外，包埋法中还包括：①界面分离法，是利用某些高聚物在水相和有机相的界面上溶解度极低而形成皮膜将酶包埋的方法；②界面聚合法，是指利用亲水性单体和疏水性单体在界面发生聚合而包埋酶的方法；③表面活性剂乳化液膜包埋法，是指在酶的水溶液中添加表面活性剂，使之乳化形成液膜达到包埋目的的一种方法。

3．载体偶联法

酶分子与不溶性固相支持物表面通过离子键结合而使酶固定的方法，称为离子键结合法。其间形成化学共价键结合的固定化方法称为共价结合法，又叫载体偶联法。共价结合法结合牢固，使用过程中不易发生酶的脱落，稳定性能好。但该法的缺点是载体的活化或固定化操作比较复杂，反应条件也比较强烈，所以往往需要严格控制条件才能获得活力较高的固定化酶。

使载体活化的方法有很多，主要有重氮法、叠氮法、溴化氰法以及烷基化法和芳基化发等。

（1）重氮法

重氮法是将酶与水不溶性载体的重氮基团通过共价键相连接而实现固定化的方法，是共价键结合法中使用最多的一种。常用的载体有多糖类的芳族氨基衍生物、氨基酸的共聚体和聚丙烯酰胺衍生物等。

（2）叠氮法

叠氮法，即载体活化生成叠氮化合物，再与酶分子上的相应基团偶联制成固定化酶。含有羟基、羧基、羧甲基等基团的载体都可用此法活化。如羧甲基纤维素（CMC）、CM-交联葡聚糖（sephadex）、聚天冬氨酸、苯乙烯-顺丁烯二酸酐共聚物等都可用此法来固定化酶，其中使用最多的是羧甲基纤维素。

（3）溴化氰法

溴化氰法是用溴化氰将含有羟基的载体，如纤维素、葡聚糖凝胶、琼脂糖凝胶等，活化生成亚氨基碳酸酯衍生物，然后再与酶分子上的氨基偶联，制成固定化酶。任何具有连位羟基的高聚物都可用溴化氰法来活化。由于该法可在非常缓和的条件下与酶的氨基发生反应，近年来已成为普遍使用的固定化方法。尤其是溴化氰活化的琼脂糖凝胶已在实验室广泛用于固定化酶以及亲和色谱的固定化吸附剂。

（4）烷基化法和芳基化法

烷基化法和芳基化法是以卤素为功能团的载体可与酶分子上的氨基、巯基、酚羟基等发生烷基化或芳基化反应而使酶固定化。此法常用的载体有卤乙酰、三嗪基或卤异丁烯基的衍生物。

4．交联法

交联法（cross-linking）是使用双功能或多功能试剂使酶分子之间相互交联成网状结构的固定化方法。因为酶的功能团，如氨基、酚基、巯基和咪唑基，均参与此反应，所以酶的活性中心构造可能受到影响从而使酶失活。尽可能降低交联剂浓度和缩短反应时间有利于提高固定化酶的活力。常用的双功能试剂有戊二醛、己二胺、异氰酸衍生物、双偶氮联苯和*N*,*N*′-乙烯双顺丁烯二酰亚胺等，其中使用最广泛的是戊二醛。戊二醛和酶中的游离氨基可发生过碘酸希夫（Schiff）反应，形成希夫碱，从而使酶分子之间相互交联形成固定化酶。

第二节　固定化酶的性质及其影响因素

一、固定化酶的性质

固定化酶的活力在多数情况下比天然酶的活力低，其原因可能是：

① 酶活性中心的重要氨基酸残基与水不溶性载体相结合；

② 当酶与载体结合时，酶的高级结构发生了变化，其构象的改变导致酶与底物结合的能力或催化底物转化的能力发生改变；

③ 酶被固定化后，虽未失活，但酶与底物间的相互作用受到空间位阻的影响。

也有在个别情况下，酶经固定化后活力升高，这可能是由于固定化后酶的抗抑制能力提高，使固定化酶的活力反而比游离酶更高。

游离酶的一个显著缺点是稳定性差，而固定化酶通常具有比游离酶显著提高的稳定性，这对酶的应用是非常有利的。固定化酶的稳定性增强主要表现在如下几个方面：

① 操作稳定性。酶的固定化方法不同，所得的固定化酶的操作稳定性亦有差异。固定化酶在操作中可以长时间保留活力，一般情况下，半衰期在一个月以上，因此具有工业应用价值。

② 贮藏稳定性。固定化可延长酶的贮藏有效期。但长期贮藏，酶的活力也不免下降，因此固定化酶也最好能立即使用。如果贮藏条件比较好，亦可较长时间保持酶的活力。例如，固定化胰蛋白酶，在 0.0025 mol/L 磷酸缓冲液中，于 20℃可保存数月，而活力不损失。

③ 热稳定性。热稳定性对工业应用非常重要。大多数酶在固定化之后，其热稳定性都有所提高，但也有一些酶的热稳定性反而下降。一般采用吸附法来进行酶的固定化时，有时会导致酶热稳定性的降低。

④ 对蛋白酶的稳定性。酶经固定化后，通常对蛋白酶的抵抗力提高。这可能是因为蛋白酶是大分子，由于受到空间位阻的影响，不能有效接触固定化酶。例如，用尼龙或聚脲膜包埋或用聚丙烯酰胺凝胶包埋的固定化天门冬酰胺酶，对蛋白酶极为稳定，而在同一条件下，游离酶几乎全部失活。另外，固定化后酶对有机试剂和酶抑制剂的耐受性也得到了提高。

⑤ 酸碱稳定性。多数固定化酶的酸碱稳定性高于游离酶，稳定 pH 范围变宽。极少数酶固定化后稳定性下降，可能是由于固定化过程使酶活性构象的敏感区受到牵连而受影响。

酶被固定后，其最适 pH 和 pH 曲线常会发生偏移，原因可能有以下三个方面：一是酶本身电荷在固定化前后发生变化；二是由于载体电荷性质的影响，固定化酶分子内外扩散层的氢离子浓度产生差异；三是酶促反应产物导致固定化酶分子内部形成带电荷的微环境。产物的酸碱性会对固定化酶的最适 pH 产生影响。一般来说，产物为酸性时，固定化酶的最适 pH 与游离酶相比升高；产物为碱性时，固定化酶的最适 pH 与游离酶相比降低。这是由酶经固定化后产物的扩散受到一定的限制所造成的。产物为酸性时，产物的扩散限制，使固定化酶所处微环境的 pH 与周围环境相比较低，需提高周围反应液的 pH，才能使酶分子所处的催化微环境达到酶促反应的最适 pH，因而，固定化酶的最适 pH 比游离酶的最适 pH 略高；反之，产物为碱性时，固定化酶的最适 pH 比游离酶的 pH 略低。此外，固定化酶的酶促反应最适温度多数较游离酶高，如色氨酸酶经共价结合后酶促反应的最适温度比固定前提高 5～15℃，但也有部分酶固定化后酶促反应的最适温度不变甚至降低。固定化酶的酶促反应最适温度会受固定化方法以及固定化载体的影响。固定化酶的表观米氏常数 K_m 随载体的带电性能变化。米氏常数 K_m 反映了酶与底物的亲和力。酶经固定化后，酶分子高级结构的变化以及载体电荷的影响可导致底物和酶的亲和力发生变化。使用载体偶联法制成的固定化酶的 K_m 有时会产生变动，这主要是由于载体与底物间存在静电相互作用。

二、影响固定化酶性质的因素

固定化酶的制备方法很多，酶在固定化过程中，对酶促反应系统产生的影响各不相同。但若假定酶固定化之后，在载体表面或多孔介质内的分布完全均匀，以及整个系统各向同性，则可以将讨论对象简化，这样就可以将固定化带来的影响概括为以下几个方面。

首先是构象改变、立体屏蔽。酶在固定化过程中，由于酶和载体之间相互作用，酶分子构象发生某种扭曲变化，从而导致酶与底物的结合能力或催化底物转化的能力发生改变，在大多数情况下，固定化会致使酶活力出现不同程度的下降。在共价结合法和吸附法制备固定化酶时，这种影响尤为突出。立体屏蔽是指固定化后，载体孔隙太小，或固定化的结合方式不适宜，使酶活性中心或调节部位出现某种空间障碍，导致效应物或底物与酶的邻近或接触受到干扰。因此，在选择载体时孔径大小是不可忽视的因素。采用载体加“臂”的方法，可改善这种立体屏蔽的不利影响。

其次是分配效应和扩散限制效应，这两种效应都和微环境密切相关。所谓微环境是指紧邻固定化酶的环境区域，其主要受载体的疏水、亲水及电荷性质的影响。分配效应是载体性质造成酶的底物或其他效应物在微环境和宏观体系之间出现不等性分配现象，从而影响酶促反应速率的一种效应。这种效应，可以用分配系数进行定量描述。

扩散限制效应是指底物、产物和其他效应物在环境中的迁移运转速率受到的限制作用，分为外扩散限制和内扩散限制两种类型。前者是指物质从宏观体系穿过包围在固定化酶颗粒周围近乎停滞的液膜层（又称 Nernst 层）到达颗粒表面时所受到的限制。内扩散限制是指上述物质进一步向颗粒内部酶所在点扩散时所受到的限制。扩散限制效应可通过引入相应的参数和模量进行定量讨论。

载体的亲水、疏水作用和介质的介电常数等性质，会直接影响酶的催化能力或酶对效应物的反应能力，这种效应称为微扰（perturbation）。目前还不能对这种效应作定量描述。实际上对构象改变和立体屏蔽效应，也不能作定量描述。近年来，关于蛋白质“可及表面”计算方法的进展，似乎为这几种效应的定量讨论展示了一种前景。这些效应将具体在酶的动力学性质、酶的稳定性、酶促反应影响因素乃至酶的底物专一性等方面体现。

三、固定化酶的优缺点及研究意义

固定化酶与水溶性酶相比，具有下列优点：

①固定化酶可以多次使用，而且在多数情况下，固定化酶的稳定性提高，因而单位酶催化的底物量增加，用酶量减少，即单位酶的生产力更高；②固定化酶极易与底物、产物分开，因而产物溶液中，没有酶的残留，简化了提纯工艺，产率较高，产品质量较好；③固定化酶的反应条件易于控制，可以装柱（塔）连续反应，宜于自动化生产，可节约劳动力，减少反应器占地面积；④较水溶性酶更适合于多酶反应；⑤辅酶固定化和辅酶再生技术，可使固定化酶和能量再生体系或氧化还原体系合并使用，从而扩大酶的应用范围。

固定化酶虽然有以上优点，但用于工业生产的实例，至今仍然不多。原因就在于固定化酶的应用尚存在若干困难或缺点：①固定化酶所用载体与试剂较贵、成本高、工厂投资大，并且固定化过程中酶活力有损失，即酶活力回收率低，更增加了工业化生产的投资困难。如果用胞内酶进行固定化，还要增加酶的分离成本。固定化酶在长期使用后，杂菌污染、酶的渗漏、载体降解或其他错误操作，也会致使酶失活。②固定化酶一般只适用于水溶性的小分子底物；大分子底物常受载体阻拦，不易接触酶，致使酶难以发挥催化活力。③目前固定化酶尚限于单级反应，多酶反应特别是需要辅因子的酶固定化技术仍有待开发。

酶促反应机制的研究，是阐明生物体内各种复杂代谢过程及其调控的基础。随着分子生物学的发展，现在人们已愈加清晰地认识到，生物细胞内大多数的主要代谢酶，都定位在生物膜上或亚细胞结构之中，它们在细胞中的这种结合状态，是构成代谢过程乃至整个生命物质运动的严密有序性的基础。

以往酶学研究中，人们总是把酶从细胞的结合状态分离出来，再加以探讨。酶学在理论上和实践上取得的辉煌成就，表明这种研究方法是必要且接近真实的。然而现有证据也表明，与水溶性酶相比，结合在细胞膜和亚微结构中的酶在催化性质上确实存在差异。为了阐明生物体内的代谢规律，对于这种结合状态的酶，必须用更接近实际的体系和方法来深入研讨。而固定化酶在很大程度上可用作这种研究的理论和实验模型。固定化酶的研究，有助于了解生物体内膜或凝胶类微环境对酶功能的影响，在一定程度上可以说是一种生物模拟。

利用酶的固定化技术，调节酶的亚基固定化和酶的重组，使一些在溶液状态难以解离为“天然”亚基的酶得以解离，从而可以确定这些酶的四级结构和亚基功能。

另外，利用酶的固定化技术，可以改变酶的性质。例如固定化辅因子，使酶不再要求游离辅因子。为保护酶，在效应物存在的情况下进行化学固定化处理，“冻结”酶的构象，从而使酶不再受效应物的影响。此外，在底物存在的情况下进行固定化处理，可使其构象“冻结”，从而使酶处于高底物亲和力构象状态。将酶固定化技术转化为亲和色谱技术，应用于分子生物学研究，可为酶等生物化学制剂提供快速的分离纯化手段。固定化酶的动力学研究，不仅还可以为农业化学和土壤化学中常遇到的类似体系提供有益的启迪，甚至可以直接借鉴其研究成果。固定化酶技术作为一项新技术，其研究成果，推动了细胞固定化技术的发展。这一技术为植物次生物质的工业化生产和基因工程产物的工业化生产提供了技术基础。

总之，固定化酶，是酶工程的重要组成部分，又是酶工程的一个重要发展阶段。有人把酶工程分为化学酶工程（亦称初级酶工程）和生物酶工程（亦称高级酶工程）两部分。固定化酶属于前者。如果说天然酶的酶制剂是第一代酶，那么固定化酶则被认为是第二代酶。从酶的实际应用上讲，第二代酶正在逐步退出历史舞台。第三代酶将是包括辅因子再生系统在内的固定化多酶反应器，目前这类技术正在迅速发展，当其用于工业生产时，必将引起发酵工业和化学合成工业的巨大变革。

第三节　固定化酶的研究进展及展望

一、固定化载体材料和固定化技术的研究概况

目前，酶的固定化已发展出许多新型载体材料及固定化技术。

1．固定化载体材料

酶（细胞）固定化对载体材料具有很高的要求，理想的载体应具有良好的机械强度、热及化学稳定性、耐微生物降解性，以及对酶的高结合能力等特性。高分子复合物是由两种不同的高分子链通过氢键等次级键聚集成的具有一些特殊功能的复合物，其优良的质量传递性能、灵敏的电解质介电特性以及出色的生物相容性等特点，为酶的固定化技术提供了一种新型载体。

将无机载体表面用有机聚合物进行修饰，然后再与酶结合制得的固定化酶具有良好的机械强度和热稳定性。例如，分别利用直接法和共价结合法将青霉素酰化酶固定在一种具有长程有序结构、孔径分布窄的含铁 MCM-41 介孔分子筛表面，所得固定化青霉素酰化酶对青霉素 G 水解反应表观活性较高，且共价结合法的操作稳定性优于直接法。将纳米级的金、银离

子吸附于聚氨基甲酸乙酯的孔中得到一种复合载体，用此载体制成的固定化酶可表现出良好的催化活性，且对温度及 pH 的稳定性均有所提高。将多孔硅球进行处理形成氨丙基多孔硅球，再用戊二醛作交联剂与酶共价偶联后，酶的渗漏现象能够得以解决，用此法制成的固定化胰凝乳蛋白酶和木瓜蛋白酶都获得了良好的效果。随着生物技术、材料化学及表面化学的发展，以沸石和分子筛作为固定化酶载体材料会得到更好的发展和实际应用。将二甲基硅烷和吡咯的嵌段共聚物用于酶的固定化，结果表明其共聚物比单用聚吡咯载体制备固定化酶具有更高的相对活力和操作稳定性。

磁性载体将酶固定化后可借助外部磁场方便简单地回收固定化酶，提高了酶的使用效率，近年来这一技术发展较为迅速。例如，用聚乙二醇磁性胶体离子作为固定化 α-淀粉酶的载体，该载体内部为磁性氧化铁，外围缠绕聚乙二醇，其表面具有两亲性，可稳定分散于水溶液和有机溶剂中，使固定化酶在反应中能充分发挥酶的催化作用，同时，在较弱的外部磁场作用下，磁性载体快速沉降，有利于固定化酶的回收和重复使用。

以光敏性单体聚合物包埋固定酶或带光敏性基团的载体固定酶时，固定化条件温和，可获得高活力及高稳定性的固定化酶。

pH 响应性高分子作为一类新的固定化酶载体也得到了广泛的研究。例如，利用丙烯酸甲酯-甲基丙烯酸甲酯-甲基丙烯酸三元共聚物（MPM-06）固定蛋白酶。这种固定化酶在 pH 5.8 以上为溶解状态，在 pH 4.8 以下则形成沉淀，因而可通过调节 pH 进行酶促反应和回收酶。这类载体材料具有均相催化与异相分离的优点，但同时也具有致命缺点，如对于一些对 pH 十分敏感的酶及最适 pH 不在此范围内的酶，这类载体就不适用。因此，人们合成了一种通过温度来改变沉淀-溶解状态的载体材料。例如，*N*-异丙基丙烯酰胺的水溶液具有低临界溶解温度（LCST），可通过升温或降温来调节聚 *N*-异丙基丙烯酰胺在水中的沉淀或溶解。有研究通过 *N*-异丙基丙烯酰胺与甲基丙烯酸缩水甘油酯共聚得到了一种温度敏感性载体。另外，光响应、压力响应及离子强度响应材料也将会成为固定化酶载体的新型材料。

2．固定化技术

吸附法的载体是多种多样的，如离子交换树脂、寅式盐、活性炭、氧化铝、多孔玻璃等多孔状无机载体。微孔分子筛及沸石由于其特有的物理和化学性质而得到了广泛的关注和研究，中孔分子筛 MCM-41 也表现出潜在的应用价值。作为固定化酶的载体材料，它们都表现出良好的特性，如高比表面积、亲水或疏水特性、静电作用、物理和化学稳定性及抗微生物降解性等。载体偶联法是应用较为广泛的固定酶的传统方法。但由于反应过程中酶的活性部位易受到破坏，有的酶可能在固定化的过程中完全失活，故在固定化技术方面也必须寻求新的途径。总的原则是在较为温和的条件下进行酶的固定化以减少酶活力的损失，如超声波作用下的酶固定化过程仅有部分酶失活或完全不失活。辐射技术也在固定化酶领域得到应用，γ-射线引发丙烯醛与聚乙烯膜接枝聚合后，活性醛基可共价固定葡萄糖氧化酶并呈现出良好的结果，^{60}Co 辐照低温下单体与酶的混合液使酶包埋固定化，有利于酶活力的提高。用等离子体修饰聚砜后制成的固定化酶表现出较高的酶活力，例如用等离子体引发丙烯酰胺（AM）聚合的载体包埋固定化葡萄糖氧化酶（GOD），使得酶的稳定性和活力均得到了显著提高。

传统的酶固定化方法中酶是在随意位点和载体进行连接的，酶的多个位点可能同时与载体结合，以至于会阻碍底物进入酶的活性位点，同时，多位点结合也会降低固定化酶的载酶量，所以，酶的定向固定化研究日益受到重视。且酶的定向固定化具有容量大、活力高的优点，因此其将成为今后酶固定化方法研究的一大热点。目前已有学者对酶的定向固定化进行了研究。另外，超临界流体条件下进行聚合包埋、采用纳米粒子进行原位共聚包埋等，都是今后酶固定化技术研究的方向。

二、固体化载体材料和固定化技术的发展

酶的固定化载体材料和固定化技术的发展，旨在保持各种传统固定化酶（细胞）的优点，并改进当前技术的不足，这已成为固定化酶（细胞）研究的重要内容之一。在包埋材料中渗入特定粒子以增加材料密度或赋予磁性，将有利于改善包埋材料的传质、吸附及分离性能。明胶包埋-戊二醛交联法中的戊二醛对微生物有毒害作用，改用高碘酸钾氧化淀粉作偶联剂则能保持菌体的高活性且非常适合在生物反应器中应用。同时运用两种或多种固定化方法能改进单一固定化方法的不足，如将酶吸附于离子交换树脂上再用多功能基化合物交联可提高固定化胰蛋白酶的活力及稳定性。对某一方法的部分改进也能提高固定化酶的活力，如将戊二醛的一端用二乙醇胺保护后活化载体，再脱保护并用于制备固定化酶，避免了载体或酶的自身交联反应，从而可以较大幅度地提高固定化酶的酶活力回收率。调节 pH 使酶固定化过程及固定化酶处于一个最适环境中，也是提高酶活力的一种途径。考虑到酶是生物大分子以及某些大分子底物与产物的传质和扩散的需要，采用线型聚合物致孔法合成丙烯腈-醋酸乙烯酯共聚物（MR-AV 树脂），再将其转化为聚丙烯偕胺肟-聚乙烯醇大孔球状载体固定嗜热菌蛋白酶，结果表明固定化酶活力随载体孔径的增大而提高。采用 MR-AV 树脂与含水乙二胺反应得到大孔型聚 *N*-氨乙基丙烯酰胺-聚乙烯醇载体，其亲水性进一步增强，用于固定木瓜蛋白酶时可获得良好结果。利用空间悬臂技术可减少酶促反应及酶固定化时的空间阻碍从而提高固定化酶的活力，如采用不同链长的二元胺等交联剂活化聚氯乙烯及聚丙烯酸甲酯等大孔球状载体时，固定化酶的活力随着侧基的链长增加而提高。纤维状载体的比表面积大、传质性能好、理化性能优异，如化学改性后的腈纶纤维用于固定木瓜蛋白酶时，具有较高的酶活力回收率及良好的酶促反应活力。固定化酶的载体应具有一定的亲水性，疏水性载体因缺少水而使固定化酶失活。但如果载体的亲水性太强，酶的催化效果也不理想。同时，载体孔径、颗粒大小也可能对固定化酶催化反应的活力产生影响。天然载体具有适宜的生物相容性及亲水性，因而对天然载体的各种改性及修饰也成为目前酶固定化材料及方法的另一发展方向。

有些酶在酶促反应过程中需要辅酶或辅因子的参与，特别是需要多步酶促反应才能完成生物合成的某些产品，因而发展出制备多酶固定化反应系统的技术。葡萄糖氧化酶与过氧化氢酶共同固定化，黄素氧化酶与过氧化氢酶及超氧化物歧化酶共同固定化等，都是人们熟悉的多酶共固定化的例子。例如，将 α-淀粉酶、葡萄糖淀粉酶和葡萄糖异构酶进行共固定化，所得共固定化酶可使淀粉转化为果糖。

细胞固定化是酶固定化技术的进一步发展。死细胞的固定化则相当于一个多酶贮袋的固定化，类似于多酶共固定化，但其酶促行为优于共固定化酶。活细胞的固定化则是现代生物工程技术领域的研究热点之一，目前固定化细胞的实际应用甚至已超过固定化酶的应用，并已在生物工程、生物环境、食品科学、药物科学等领域得到了长足的发展。固定化细胞倍受重视的原因是：首先，它可以省去酶的分离纯化工作，减少酶活力损失；其次，固定化细胞可以利用它所包含的多酶系统完成催化过程，比固定化酶更具优势。目前欧美各国和日本都在开发这一技术，有些国家或地区已将此技术应用于工业生产。自 20 世纪 60 年代以来，固定化酶（细胞）的研究得到了长足的发展，不仅取得了许多重要成果，而且已经产生并将继

续产生巨大的经济和社会效益。然而，固定化酶（细胞）研究具有的高新技术特征与基础理论意义，仍使其处于国际学科前沿，具有很大的研究发展空间。

三、展望

设计和开发新的合成载体材料，利用和改性质优价廉的天然高分子载体材料，探索和研究新的固定化技术将是这一领域的基础性研究。合成具有特定反应性官能团的功能高分子大孔载体，使其所带有的功能基团与所吸附酶（细胞）的氨基、羧基等蛋白质残基在温和条件下进行共价偶联，这样所制备的固定化酶（细胞）不仅具有较小的酶活力损失和较高的传质效率高，而且能够使其同时具有吸附法及载体偶联法的优势并避免包埋法的缺点，因而这是酶（细胞）固定化载体材料今后的发展方向。同时研究高分子和特定无机材料的复合材料也将是酶（细胞）固定化载体的另一个发展方向。另外，应充分重视和利用沸石、分子筛等无机材料作为酶固定化的载体。此类载体材料不仅价格低廉，同时还具有比有机高分子材料更好的物理稳定性、化学稳定性及抗微生物降解性。此类载体在固定化酶的相关应用方面也应给予重视。拓展新的应用领域并研究解决应用过程中出现的种种问题是酶（细胞）固定化技术发展的保证。现代工农业生产、现代生物工程、生物医学工程、生物环境工程以及科学技术领域的基础理论研究需求等将是酶（细胞）固定化技术持续发展的动力。

（朱本伟，宁利敏，熊强）

第七章
酶的化学修饰

酶的化学修饰是指通过对酶分子的主链进行“切割”“剪切”以及在侧链上进行化学修饰来改造酶分子，从而改变酶的理化性质以及生物学活性。从广义上来讲，凡涉及共价部分或部分共价键的形成或破坏都可看作是酶的化学修饰；从狭义上来看，酶的化学修饰是指在较温和的条件下，以可控制的方式使某些化学试剂与酶分子发生特异反应，从而引起酶分子中单个氨基酸残基或其功能基团发生共价的化学改变。

酶作为一种生物大分子在生物医药、食品工业以及能源等领域有着十分重要的意义。大部分天然来源的酶分子往往具有活力低、稳定性差以及具有一定的免疫原性等缺点，因此一定程度上限制了其应用。而酶分子化学修饰技术极大地解决了天然酶分子的应用限制。从方法学来看酶的化学修饰可以分为酶分子表面的化学修饰、酶分子内部的化学修饰以及基于基因工程的化学修饰。本章将重点阐述酶的化学修饰的基本要求、酶分子的修饰技术以及酶的化学修饰的应用。

第一节　酶的化学修饰的基本要求

一、被修饰酶的基本性质

在进行酶分子的化学修饰前需要对酶分子的基本特性有所了解，例如酶分子的稳定性包括温度稳定性、pH 稳定性以及抑制剂稳定性等。此外，还需要对酶活性中心有所了解，并确认待修饰酶的酶促反应是否需要辅酶以及辅因子，催化位点氨基酸残基的性质等。

二、修饰剂的选择

基于不同的修饰目的，对酶专一性的修饰要求也不同，因此需要依据修饰目的来选择合适的修饰剂。一般来说酶修饰剂的选择应考虑以下几点：①修饰反应的完成程度；②对个别氨基酸残基是否专一；③修饰过后蛋白质的构象是否基本保持不变；④修饰后的衍生物是否易于分离；⑤是否建立易于分析的修饰方法。对于用于修饰酶分子活性位点的修饰剂来说，还需要考虑该修饰剂在修饰过程中是否会造成酶分子失去活力。此外还需要考虑被修饰残基在肽链中是否稳定等。

三、反应条件的确定

对于酶分子与修饰剂的反应，除了要保证修饰反应顺利进行外，还需要保证该修饰过程不会对蛋白质造成不可逆的变性，此外确保实现专一性修饰蛋白质。因此需要对反应条件进行严格控制。从工艺的角度来看，修饰剂的分子量大小、pH、反应温度、反应时间、酶与修饰剂的比例，都会影响修饰程度和修饰后酶的性质。首先，修饰剂的分子量大小会影响被修饰酶分子的免疫原性，例如使用不同分子量的羧甲基壳聚糖对天门冬酰胺酶进行修饰时发现，分子质量为200kDa的羧甲基壳聚糖可以在保持酶活力的同时，大大降低酶分子的免疫原性。因此，反应过程中需要优化修饰剂的分子量，从而确保修饰效果。其次，反应体系中的pH会影响修饰反应速率。一般情况下，提高pH可以提高反应速率，降低pH可以降低反应速率，此外，由于pH决定了酶分子中反应基团的解离状态，可以通过调节pH来控制各功能基团的解离程度，从而有利于修饰的专一性。再次，温度也会影响修饰反应速率，反应速率随着温度升高而增加。温度也会影响肽链的构象，严格控制温度可以减少一些非专一性的修饰反应。从反应时间的角度来看，修饰反应时间越长，反应越彻底，但是反应产生的副产物也越多。因此，控制反应时间可以减少甚至消除一些非专一性的修饰反应。最后，修饰剂的用量会影响氨基修饰率和修饰后酶的性质，随着修饰剂用量的增大，修饰程度加大，修饰后酶的免疫原性降低，但同时残留酶活力也降低。因此需要通过调节修饰剂与酶分子的比例来平衡酶分子免疫原性以及活力之间的关系。

四、修饰效果的评价

酶的化学修饰效果可以通过平均修饰度、修饰产物均一性、修饰位点和修饰后酶的结构等方面进行评价。然而由于修饰过程具有随机性并且修饰产物具有多样性，检测酶化学修饰的效果比较困难。目前用于分析修饰产物均一性、平均修饰度和修饰位点的方法主要有分光光度法、电泳法等，而用于检测修饰产物结构的方法主要包括紫外吸收光谱以及圆二色谱等。

1．分光光度法

分光光度法是通过测定待测物质在特定波长处或一定波长范围内光的吸收度，对该物质进行定性和定量分析的方法。它具有灵敏度高、操作简便、快速等优点，是评价酶平均修饰度的常用方法。其中三硝基苯磺酸（TNBS）法最为常用，TNBS可以与氨基酸残基的氨基反应并且在420 nm以及367 nm下产生特定光吸收。但是该方法精确度较差，并且不适用于测定使用PEG作为修饰剂的酶分子的修饰度评价。

2．电泳法

电泳法可分为SDS-聚丙烯酰胺凝胶电泳以及毛细管电泳，其中SDS-聚丙烯酰胺凝胶电泳可用于分离并分析化学修饰后酶的分子量，推测偶联到酶分子上的PEG的分子数，从而评价酶平均修饰度。SDS-PAGE的不足之处在于修饰后的蛋白质难以入胶，也难以染色，此外大分子修饰剂的半径较大，大大降低了酶的迁移速率，因而无法有效分离，所测得的表观分子量与实际分子量不一致。毛细管电泳则是一种既能定性又能定量分析PEG修饰酶的方法，例如使用毛细管电泳可以分辨出偶联有1～8个PEG分子的不同蛋白质峰。

3．紫外吸收光谱

酶分子经修饰后构象会发生变化，从而引起发色团紫外吸收光谱的变化，因此可以使用紫外吸收光谱来检测酶分子修饰程度。例如使用 mPEG 对木瓜蛋白酶表面进行修饰后，由于 mPEG 的屏蔽作用，木瓜蛋白酶在 230～235 nm 下的紫外吸光度明显下降。此外，通过紫外示差光谱，分析修饰前后发色团紫外吸收光谱的变化，就可以了解其微环境的变化，从而推断酶分子的构象变化。

4．圆二色谱

圆二色谱（CD）是研究稀溶液中蛋白质构象的一种快速、简单、较准确的方法。在蛋白质或多肽的二级结构中，肽键是高度有规律排列的，不同二级结构的蛋白质或多肽所产生的 CD 谱带位置、吸收的强弱都不相同。因此，圆二色谱可以用于检测分析修饰前后酶分子二级结构发生的变化，从而对修饰产物的结构进行分析。

第二节　酶分子的修饰技术

从修饰策略来说，酶分子的修饰技术大致可以分为大分子修饰、小分子结合修饰、肽链有限水解修饰、氨基酸置换修饰、金属替换修饰、固定化修饰以及基于基因工程的修饰技术。

一、大分子修饰

可溶性大分子物质如聚乙二醇、右旋糖酐、环糊精以及肝素等可以通过共价键与酶分子表面相连，形成覆盖层，从而实现对酶分子的保护修饰。一般来说经过大分子共价修饰的酶分子稳定性大大增加，并且酶分子的催化效率也有所提高。

从工艺的角度来看，可溶性大分子物质需要根据酶分子的结构和修饰剂的特性来选择。此外，修饰剂里的基团往往不能与酶分子直接共价结合，因此修饰前需要一定的活化过程。在进行共价修饰时，反应的温度和 pH 对共价修饰效率有较大影响。不同酶分子间共价修饰度往往存在一定的差异，因此需要通过尺寸排阻色谱法对不同修饰度的酶分子进行分离纯化，从中获得具有较好修饰效果的酶分子。

1．聚乙二醇

聚乙二醇（polyethylene glycol，PEG）作为一种高分子聚合物，是由环氧乙烷和水或乙二醇逐步加成聚合而成。聚乙二醇分子中含有大量的乙氧基，能与水形成氢键，因此具有较好的亲水性。经过聚乙二醇修饰的酶分子水溶性增加，并且稳定性提高。

聚乙二醇末端羟基反应活性较低，因此使用聚乙二醇对酶分子进行修饰时一般需要将末端羟基转化成高反应活性的官能团，使其能在温和条件下与酶分子偶联。活化后的聚乙二醇产物则为聚乙二醇衍生物。目前为止，聚乙二醇衍生物发展到了第三代。其中第一代 PEG 衍生物主要有 PEG 均三嗪类衍生物、PEG 琥珀酰亚胺类衍生物，第一代 PEG 衍生物主要是针对氨基进行随机修饰的低分子量聚乙二醇（小于 20 kDa），由于蛋白质表面可以修饰的氨基位点过多，使用第一代 PEG 衍生物容易导致修饰产物不均一。此外，第一代 PEG 衍生物还有修饰产物不稳定的缺点，因此一定程度上限制了其应用。第二代 PEG 衍生物更加着重于特异性以及功能性的化学修饰。从作用位点来看，第二代 PEG 衍生物主要可以分为：①对 N 末端定点修饰的聚乙二醇衍生物，代表性的修饰剂有 mPEG-丙醛、mPEG-丁醛；②对巯基定点修饰的聚乙二醇衍生物，代表性的修饰剂有 PEG-马来酰胺、PEG-碘代乙酰胺等；③异双功能 PEG 衍生物，这种衍生物将 PEG 两端羟基活化成不同的功能基团，因为可以同时连接两个实体，所以双功能 PEG 衍生物广泛应用于药物研发领域，例如 NHS-PEG-biotin 修饰胰岛细胞，可以使胰岛细胞不被宿主免疫系统清除。第三代 PEG 衍生物多为具有分支结构的衍生物，包括树形 PEG、Y 形 PEG 以及梳形 PEG，这种 PEG 衍生物修饰后的酶分子具有更高的稳定性并且能更好地保留被修饰酶的生物学活性。

2．右旋糖酐

右旋糖酐（dextran）是一种无毒的高分子多糖，具有价格低廉、毒性低、生物相容性好等优点，广泛用于酶分子的修饰。多项研究表明，使用右旋糖酐对酶分子进行修饰，不仅可以保留酶分子的生物学活性，还可以提高酶分子的稳定性，如温度稳定性以及 pH 稳定性。从修饰工艺的角度来看，右旋糖酐的分子量、酶分子与右旋糖酐的质量比、反应时间、反应温度等条件对修饰后酶分子的稳定性以及活力有显著影响。此外，使用右旋糖酐对药用酶分子进行修饰时，如果将右旋糖酐的末端进行氨基化或者羧基化处理，可以提高修饰效率，修饰后酶分子的半衰期显著延长，其药代动力学参数以及稳定性也得到改善。

3．环糊精

环糊精（cyclodextrin）是一种环状多糖，由 6～8 个葡萄糖分子通过 α-1,4-糖苷键连接而成，分子结构是一个中空的圆柱体，内部有一个大的空腔，这种结构使得环糊精在水溶液中具有良好的水溶性以及生物相容性。此外，空腔结构可以作为载体或者配体，与蛋白质相互作用，从而实现对蛋白质（酶分子）的修饰。有研究表明使用环糊精对酶分子进行修饰，可以改变酶分子的溶解性、稳定性以及部分功能。例如，使用 β-环糊精修饰 L-天门冬酰胺酶，修饰后酶分子的温度稳定性以及抗胰蛋白酶水解稳定性分别提高了 2 倍和 4 倍。

4．肝素

肝素（heparin）是一种聚阴离子高分子化合物，归属于硫酸化的糖胺聚糖。目前用于酶分子修饰的商业化的肝素主要有两种，一种是普通肝素（unfractionated heparin），另一种是通过酶法或者化学法降解得到的低分子量肝素（low molecular weight heparin，LMWH）。这两种肝素更多应用于药用酶分子修饰，修饰之后的酶分子不仅可以延长半衰期，还可以降低免疫原性。例如使用经过高锰酸钾活化的 LMWH 对超氧化物歧化酶（SOD）进行修饰后，LMWH-SOD 在体内的半衰期延长，在体外的稳定性增加，可以有效治疗由博来霉素诱发的小鼠肺纤维化损伤。

二、小分子结合修饰（酶分子侧链修饰）

酶分子侧链主要基团有巯基、氨基、羧基、吲哚基、咪唑基等，这些基团可以形成各种化学键，对酶分子空间结构的形成和稳定有重要作用。利用小分子化合物对活性基团之外的侧链基团进行修饰，可对酶分子的性质以及结构产生一定影响。

1．巯基的化学修饰

酶分子表面的巯基对维持亚基间的相互作用至关重要，并在酶催化过程中起着重要的作用。巯基具有很强的亲核性，因此其成为含有半胱氨酸的酶分子中最容易反应的侧链基团。通过修饰巯基可以改变酶分子的空间构象和功能，从而对酶分子进行结构与功能的研究。

烷基化试剂是一种重要的巯基修饰剂，修饰产物稳定，目前常用的修饰剂为碘乙酸

[图 7-1（a）]。DTNB，即 Ellman 试剂 [5,5′-二硫代-双（2-硝基苯甲酸）]，是另一种常用的巯基修饰剂，它与巯基反应形成二硫键，释放出 1 个 2-硝基-5-硫苯甲酸阴离子 [图 7-1（b）]，该阴离子在 412 nm 处有最大吸收，可以通过吸光度的变化来示踪反应程度。因此该方法可以用来定量酶分子中巯基的数目。例如，通过 DTNB 可以测得人胎盘谷胱甘肽 *S*-转移酶中巯基的数量为每亚基 2 个，均为表面巯基。另外，通过 DTNB 也可以对酶分子的作用机制进行解析。例如使用 DTNB 对番麻蛋白酶进行修饰后，酶的活力显著下降，表明酶活性中心内半胱氨酸（Cys）与催化反应密切相关。此外有机汞试剂，如对氯汞苯甲酸 [图 7-1（c）] 对巯基有较强的专一性，修饰产物在 250 nm 处有最大吸收。

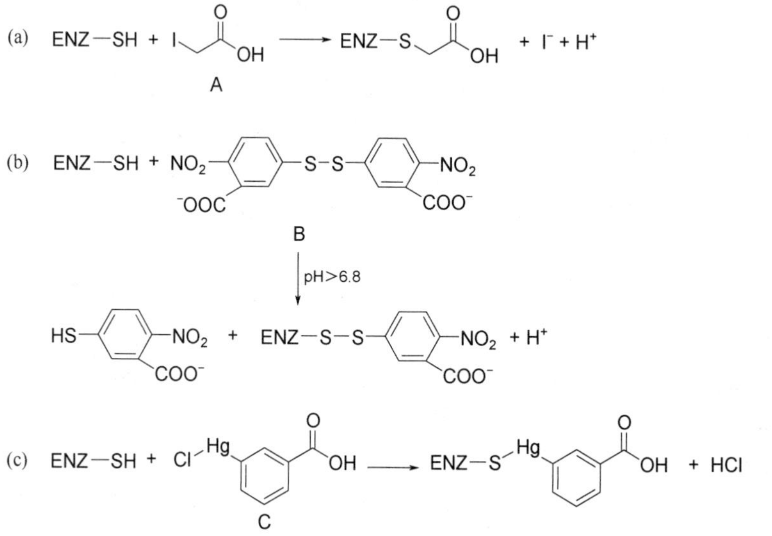

图 7-1 巯基的化学修饰

A—碘乙酸；B—5,5′-二硫代-双（2-硝基苯甲酸）；C—对氯汞苯甲酸

2．氨基的化学修饰

酶分子中赖氨酸的氨基以非质子化形式存在时亲核反应活性很高，因此容易被选择性修饰。氨基的烷基化是一种重要的赖氨酸修饰法，修饰剂包括卤代乙酸、芳基卤、芳香族磺酸。这些修饰剂可以作用于蛋白质侧链上的氨基产生脱氨作用，或与氨基共价结合将氨基屏蔽起来，从而达到化学修饰的作用。此外，2,4-二氟硝基苯（DNFB）、丹磺酰氯（DNSCl）以及三硝基苯磺酸（TNBS）可以通过修饰多肽链 N 末端残基（图 7-2），从而进行蛋白质（酶分子）一级序列测定。DNSCl 法具体原理为：蛋白质 N 末端的氨基可以与 DNSCl 反应，反应可生成 Dansyl-蛋白质，经过酸水解后可以得到 Dansyl-氨基酸，Dansyl-氨基酸在波长 254 nm 以及 265 nm 下可以发出黄绿色光，易于色谱分离分析。并且 DNSCl 法得到的酸水解产物比 DNFB 法得到的产物更加稳定，分析灵敏度也更高。

3．羧基的化学修饰

蛋白质侧链的羧基可以与几种修饰剂进行反应，其中水溶性碳二亚胺 [图 7-3（a）] 特定修饰酶的羧基已经成为最普遍的标准方法，此外盐酸乙醇试剂在一定条件下也可以与蛋白质侧链的羧基发生反应 [图 7-3（b）]。

4．咪唑基的化学修饰

酶分子的活性中心通常含有组氨酸残基，因此对酶分子组氨酸残基的咪唑基进行修饰成为探究酶作用机制的常用方法。酶分子咪唑基修饰常用的修饰剂有两种：焦碳酸二乙酯（DEPC）和碘乙酸（图 7-4）。其中 DEPC 在中性条件下对组氨酸的咪唑基有较好的专一性，并且反应的产物在 240 nm 处有较大的吸收，可以用于示踪反应和定量分析。采用碘乙酸修饰则可以观察不同修饰位点对酶活力的影响。

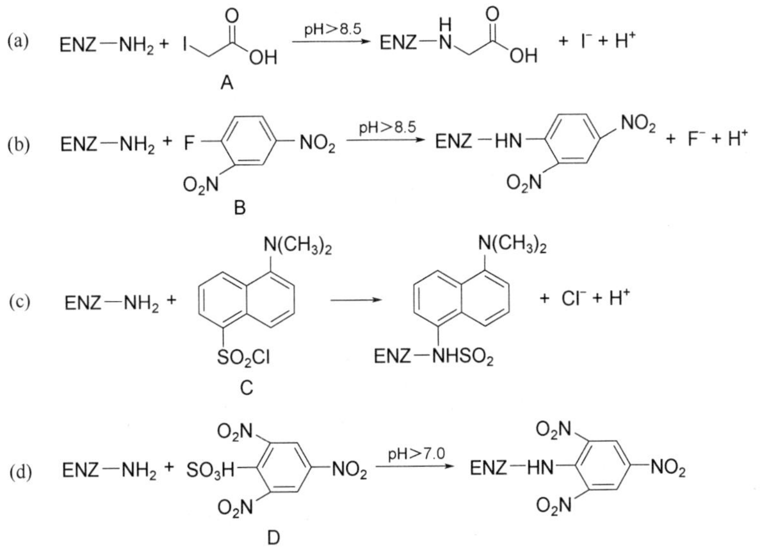

图 7-2　氨基的化学修饰

A—碘乙酸；B—2,4-二氟硝基苯（DNFB）；C—丹磺酰氯（DNSCl）；D—三硝基苯磺酸（TNBS）

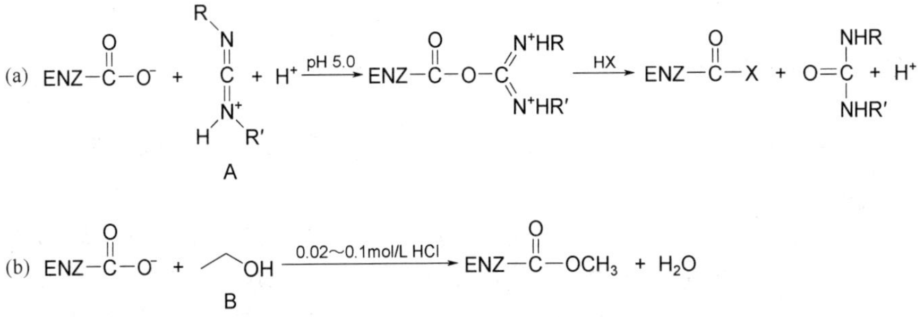

图 7-3　羧基的化学修饰

A—水溶性碳二亚胺；B—盐酸乙醇试剂

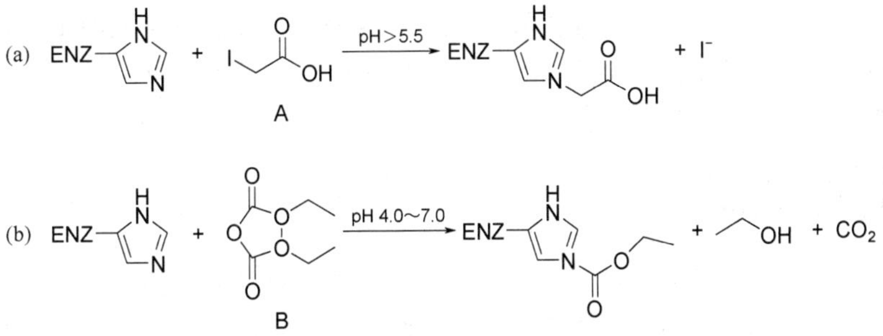

图 7-4　咪唑基的化学修饰

A—碘乙酸；B—焦碳酸二乙酯

5．吲哚基的化学修饰

色氨酸残基一般分布于酶分子内部，一般来说色氨酸反应性较差，不与常规修饰剂反应，仅与特定的修饰剂如 *N*-溴代琥珀酰亚胺（NBS）、2-羟基-5-硝基苄溴（HNBB）以及 4-硝基苯硫氯发生反应（图 7-5）。其中吲哚基与 NBS 发生反应之后，生成的产物在 280 nm 处有最大吸收。HNBB 的水溶性较差，并且容易与巯基发生反应，因此修饰色氨酸残基的时候应对巯基进行保护。

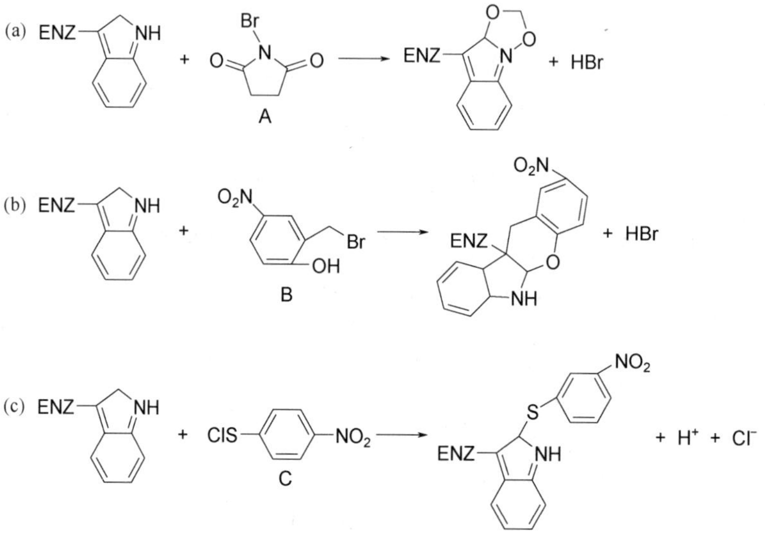

图 7-5　吲哚基的化学修饰

A—NBS；B—HNBB；C—4-硝基苯硫氯

三、肽链有限水解修饰

肽链有限水解是指在肽链限定位点进行水解，使酶的空间结构发生精细改变，从而改变酶催化特性的方法。

通常来说酶分子经肽链有限水解修饰后会出现三种情况：①肽链有限水解后酶分子的活性中心受到破坏，酶分子的活力丧失。采用此修饰策略可以对酶分子的活性中心进行探测。②肽链有限水解后，酶分子的活力保持不变，但是免疫原性大大降低，这种修饰策略广泛应用于药用酶分子修饰中。典型案例为木瓜蛋白酶经过亮氨酸肽酶有限水解后，活力并没有降低，但是免疫原性大幅降低。类似地，酵母烯醇化酶经过有限水解除去 150 个氨基酸组成的肽段后，保持酶催化活力的同时使酶的免疫原性大幅降低。③部分酶原原本没有活力或者活力不高需要通过有限水解来激活活力。例如胰蛋白酶原没有活力，当 N 端的六肽被有限水解后，才能表现出胰蛋白酶的催化功能。

四、氨基酸置换修饰

酶分子的催化能力以及稳定性主要取决于酶分子的高级结构，酶的高级结构主要依靠次级键如二硫键、疏水键以及范德华力来维持。而酶分子中各种次级键的形成主要依靠不同氨基酸残基所带的基团来实现。例如，半胱氨酸的巯基可以形成二硫键，二硫键的存在一定程度上可以提高酶分子的稳定性；碱性氨基酸和酸性氨基酸之间可以形成盐键等。将酶分子中某一个氨基酸替换成另一个氨基酸，从而引起酶分子空间结构以及活力功能的改变，这种方法称为氨基酸置换。

一般来说，酶分子的氨基酸置换修饰有三个目的：①提高酶分子的活力，例如将酪氨酰-tRNA合成酶中第51位的苏氨酸（Thr51）置换为脯氨酸（Pro）后酶的活力提高了25倍。②增强酶分子的稳定性，例如将海洋来源褐藻胶裂解酶cAlyM中第102位的天冬氨酸（Asp102）以及Ala300置换为半胱氨酸（Cys）后温度稳定性提高了2.25倍。③改变酶分子的底物特异性，例如将枯草杆菌蛋白酶中的丝氨酸（Ser）置换为异亮氨酸（Ile）后，该酶对蛋白质的水解活性消失，但是出现催化硝基苯酯的催化活性。

目前最常用于氨基酸置换的方式是定点突变技术，其通过改变编码氨基酸的相应碱基即可进行氨基酸置换。定点突变技术为氨基酸或核苷酸的置换修饰提供了先进、可靠、行之有效的手段。此外，虽然化学法修饰已经在枯草杆菌蛋白酶中获得成功，但是化学法成本高、专一性差、操作复杂，难以用于工业化生产。

五、金属替换修饰

把酶分子中的金属离子替换成另一种金属离子，从而使酶的功能和特性发生改变的修饰方法称为酶分子金属替换修饰。一般来说将酶分子中的金属离子去除之后，酶的活力往往会丧失，而重新添加原有的金属离子，酶的活力则会部分或者完全恢复，如用另一种金属离子进行替换，则往往会使酶分子的特性发生改变。

首先酶分子中金属离子的改变往往会改变其最适反应条件。例如，将氨基酰化酶中的锌离子替换为钴离子时，其最适pH由8.5下降为7.0。其次，金属离子替换有增强酶稳定性的作用，如含铁超氧化物歧化酶中的铁离子被替换为锰离子后，该酶对过氧化氢的稳定性显著增强。

从工艺的角度看，酶分子的金属替换主要分为三步。①酶的分离纯化：将欲进行修饰的酶经过分离纯化，除去杂质，获得具有一定纯度的酶液。②除去原有的金属离子：在经过纯化的酶液中加入一定量的金属螯合剂，如乙二胺四乙酸（EDTA）等，使酶分子中的金属离子与EDTA等形成螯合物。通过透析、超滤、分子筛色谱等方法，将EDTA-金属螯合物从酶液中除去。此时，酶分子往往为失活状态。③加入替换离子：于去离子的酶液中加入一定量的另一种金属离子，酶蛋白与新加入的金属离子结合，除去多余的替换离子，就可以得到经过金属离子替换后的酶。

六、固定化修饰

酶固定化技术将水溶性的自然酶与水不溶性载体结合，制备出不溶于水的酶的衍生物。固定化修饰后的酶分子稳定性大幅度提高，并且易于回收重复利用。目前用于酶分子固定化的方式主要分为四种：吸附法、交联法、包埋法以及载体偶联法，具体详见第六章“酶的固定化”。

七、基于基因工程的修饰技术

1. 定点突变技术

定点突变（site-directed mutagenesis）指通过聚合酶链反应（PCR）对目标DNA中特定

位点进行碱基添加、删除以及替换等，从而高效优化 DNA 所表达的目的产物的性质。一般来说，酶分子定点突变可以采用四大策略，分别为：局部随机掺入法、碱基定点转化法、部分片段合成法以及 PCR 扩增突变法。

（1）局部随机掺入法

局部随机掺入法主要是将待突变的基因克隆在载体质粒的特定位点上，其上游紧接着两个酶切位点 RE1 和 RE2，它们可以产生 3′和 5′单链黏性末端。使用大肠埃希菌核酸外切酶Ⅲ特异性降解经过 RE1 和 RE2 双酶切开的重组质粒 3′凹端，并通过酶解反应时间控制新生成的单链大小。使用 T4-DNA 连接酶填补缺口，并且在缺口填补的过程中，引入一种特殊结构的脱氧核糖核苷酸类似物，使得该类似物掺入 DNA 链的一处或者多处，从而实现特定位点的突变。

（2）碱基定点转化法

碱基定点转化法通常使用某些化学试剂在体外诱变 DNA 分子，将质粒 DNA 或者待突变 DNA 用诱变剂处理后，转化大肠埃希菌，构建突变体文库，最常用的诱变剂为亚硫酸氢钠。为了实现定点突变，需要合理控制诱变剂的处理条件，使每个 DNA 分子只含有单一的转换碱基。而当突变位点呈随机分布时，则需要在突变体文库中挑选出在期望位点上成功发生突变的重组分子。

（3）部分片段合成法

部分片段合成法通过化学合成相应突变位点的寡聚核苷酸片段，并且将该片段置换到重组质粒上对应的待突变区域，从而完成基因的定点突变。该方法特别适用于系统性改变功能的氨基酸序列及饱和突变法。

（4）PCR 扩增突变法

PCR 扩增突变法通过依照待突变位点旁侧序列设计一对含突变碱基的局部引物 P1 和 P2，同时设计合成突变基因两端的全匹配引物 P3 和 P4。其中 P1 和 P2 引物介导的 PCR 将产生缩短型含突变碱基的扩增产物，而 P3 和 P4 引物的存在又引导其合成各自的互补链。这两组缩短突变型的双链片段在随后的退火过程中，可形成交叉互补结构，并实现两端延伸，最终合成突变型全长片段。

2．定向进化技术

定向进化（directed evolution）是在试管中模拟自然选择过程，通过随机突变和重组，人为创建基因多样性文库，按照特定的需要和目的给予选择压力，筛选出具有期望特征的蛋白质，从而实现分子水平的模拟进化。这是最有前景的改善蛋白质性能方法。一般来说，定向进化策略包括三个步骤：①通过随机突变建立相应的突变体文库；②将上述突变体文库在适当的受体生物中转换成相应的蛋白质变体文库；③采用高通量手段筛选出目标蛋白质。常用的随机突变策略包括易错 PCR、DNA 改组以及交错延伸法。

易错 PCR 的基本原理是改变传统 PCR 反应体系中某些组分的浓度，或者使用低保真度的 DNA 聚合酶，使得碱基在一定程度上随机错误引入而创建基因序列多样性文库。易错 PCR 技术在枯草杆菌蛋白酶 E 中获得成功，使定向进化后的蛋白酶催化效率提高了 256 倍。

DNA 改组（DNA shuffling）又称为基因洗牌术，采用 DNase Ⅰ酶消化不同来源的同源 DNA，获得 10～50 bp 的小片段，它们之间含有部分重叠的碱基序列，将这些 DNA 小片段进行无引物的 PCR 扩增，在此过程中不同来源的 DNA 片段交错混合互补，产生大小不等的引物-单链模板结构，经过自身引导的 PCR，小片段 DNA 重新组装成各种序列的全长基因样本，形成突变体文库。例如，将 DNA 改组技术应用于 β-内酰胺酶定向进化中，突变后酶分子活力提高了 32000 倍。

交错延伸技术（stagger extension process，StEP）是一种简化的 DNA 改组技术。在 PCR 中把常规的退火和延伸合为一步，并且缩短其反应时间，从而只合成出非常短的新生链。经变性后的新生链再作为引物，与体系内同时存在的不同模板退火而继续延伸，通过模板转换实现不同模板间的重组。

第三节　酶化学修饰的应用

一、在酶结构与功能方面的应用

酶分子中氨基酸侧链的反应性与它周围的微环境密切相关，使用具有荧光性质的修饰剂对酶分子进行修饰后，结合荧光光谱可以探索不同微环境下酶分子的构象变化以及酶分子的解离-缔合现象。通常来说，化学修饰剂能与酶分子表面基团反应，而一般不能与埋藏在酶分子内部的基团反应。因此，化学修饰法能够确定某种氨基酸残基在酶分子中所处的位置和状态。此外，双功能试剂交联法修饰可以测定酶分子中特定基团之间的距离，在酶分子晶体结构分析中，有时需要借助化学修饰方法制备含有重原子的酶分子衍生物，这有利于酶分子的晶体结构分析。

酶分子修饰还可以对酶的作用机制进行解析，最常用于机制解析的方法是丙氨酸置换技术，即将酶分子活性中心中的氨基酸残基依次置换为丙氨酸，比较置换前后酶分子活力的差异，置换前后酶分子活力相差较大的位点即为活性关键位点。例如使用丙氨酸置换技术对褐藻胶裂解酶 Aly-SJ02 的活性位点进行分析后可知，第 353 位的酪氨酸（Tyr353）在催化反应中作为双功能位点同时作为催化碱和催化酸参与反应。

二、在工业方面的应用

目前，生物催化技术在工业上得到了广泛的应用，大大提高了产量，降低了成本，且减少了对环境的污染。但工业生产要求高温、高压、强酸、强碱等条件，天然酶极易失活，而经过修饰的酶则在一定程度上克服了这些不利的条件。

化学修饰可以提高酶分子的温度稳定性。首先，利用大分子物质对酶分子表面进行共价修饰后，可以在酶分子表面形成一层保护膜，一定程度上可以提高酶的温度稳定性。例如使用右旋糖酐修饰的弹性蛋白酶的温度稳定性显著高于野生型酶，使用 PEG 修饰的菠萝蛋白酶的温度稳定性也有显著提高。其次，使用某些小分子物质对酶分子进行修饰，也可以提高酶分子的温度稳定性，如使用甲基顺丁烯二酸酐对来源于地衣芽孢杆菌的 α-淀粉酶的赖氨酸的侧链进行修饰，修饰过后的 α-淀粉酶在 70℃下的比活力远高于野生型 α-淀粉酶。固定化修饰是另一种提高酶分子温度稳定性的策略。固定化修饰之后酶分子的刚性增强，温度稳定性提升。例如，使用介孔二氧化钛对褐藻胶裂解酶 AlyPL6 进行修饰，修饰后的褐藻胶裂解酶在 45℃下的温度稳定性提高了 7 倍。此外，通过氨基酸置换在酶分子中引入化学键，也可增加酶的结构刚性从而提高酶分子的温度稳定性。例如，使用氨基酸置换技术将褐藻胶裂解酶 PyAly 中第 79 位的甘氨酸（Gly79）和 Asp230 置换为 Cys 后，引入二硫键增加了结构刚性，因此氨基酸置换后的褐藻胶裂解酶的温度稳定性有了较大的提升。脯氨酸可以降低酶分子去折叠的解旋熵，从而可以提高结构刚性以提高温度稳定性，有研究对 *α*-糖苷酶进行定点突变探索，其中 T430P 突变体的 T_m 值提高了 10.5℃。

化学修饰可以提高酶分子的 pH 稳定性，例如使用右旋糖酐以及 mPEG 分别对弹性蛋白进行修饰，修饰后的蛋白质耐酸碱的能力均有所提升。此外，通过氨基酸置换策略也可以提高酶分子的 pH 稳定性。其中通过在酶分子中引入精氨酸可以增加酶分子亲水性，一定程度上可以提高酶分子的 pH 稳定性。例如，通过对 *α*-糖苷酶进行定点突变研究后可以发现，突变体 H293R、H316R 以及 H327R 在低 pH 条件下表现出较好的 pH 稳定性。此外，在酶分子中引入芳香族氨基酸，可以增强酶的疏水性以及结构局部稳定性，从而增加酶分子的结构刚性以及 pH 稳定性。例如在对 *α*-L-鼠李糖苷酶饱和突变探索中发现，突变体 R308Y 的碱稳定性远高于野生型酶分子。

化学修饰还可以提高酶分子的活力，其中使用大分子共价修饰可以有效提高酶分子的活力，例如使用 mPEG 对小麦淀粉酶进行修饰，修饰之后酶的活力提高了 39%。与之类似，经过 mPEG 修饰后磷脂酶的活力比野生型酶提高了 3 倍。此外，某些小分子对氨基进行化学修饰后，可显著提高酶分子的活力，例如使用 *N*-（异丁氧基甲基）丙烯酰胺对假丝酵母脂肪酶进行修饰后，酶分子的活力提高了 200%。此外，使用氨基酯的盐酸盐对脂肪酶进行化学修饰，修饰后的酶在有机溶剂中的热稳定性、溶解度以及催化酯化反应的活力均有较大提高。

三、在生物医药方面的应用

随着生物技术的发展，尤其是蛋白质工程的发展，生物药学取得了显著进步，越来越多的酶制剂被应用于临床来治疗疾病。但是，天然酶分子作为大分子具有一定的免疫原性，给患者使用后极易刺激免疫系统产生免疫反应。此外，大部分酶分子的半衰期比较短，在患者体内极易降解，为了达到疗效，通常需要反复给药，这会造成患者依从性较低，并且极易产生耐药性。最后，大部分酶分子的稳定性较差，不易于长期储存，一定程度上限制了酶分子在临床的应用。

目前主要采用蛋白质交联、化学修饰等方式来改变药用酶分子的性质，从而降低药用酶的免疫原性，延长其半衰期，确保它的生物活性能够充分发挥。有研究表明，作为治疗药物，聚乙二醇修饰的酶比未修饰的酶更加有效。也有研究表明，使用无免疫原性的水溶性高分子聚合物修饰酶，既可以消除或者降低酶的免疫原性，又可以防止酶降解并且延长其半衰期。因此，对酶进行有效的化学修饰是解决前述问题的有效方法。

（宁利敏，姚忠，王浩绮）

第八章

酶的定向进化

“进化的力量通过生命的多样性得以展现”，2018年弗朗西斯·阿诺德（Frances H. Arnold）、乔治·史密斯（George P.Smith）和格雷戈里·温特尔（Gregory P.Winter）被授予诺贝尔化学奖，获奖理由是3人在掌控进化的方式及利用定向进化技术为人类带来最大福祉方面作出了重要贡献。通过定向进化（directed evolution）技术开发的酶如今已广泛应用于生物燃料、药物生产等多个领域。

第一节　酶定向进化的概述

一、定向进化的含义

酶分子定向进化技术被称为酶催化领域上游核心技术之一，其在试管中模拟自然进化过程，通过随机突变和重组等方式人为产生基因多样性，再结合高通量筛选技术，获得具有某些预期特征的改造酶。酶的定向进化需要针对“酶”“定向”“进化”三部分概念进行理解。首先，酶是生物体中具有催化功能的大分子，细胞内几乎所有生存、复制所需的代谢过程都需要各种不同的酶进行催化以持续生命。其次，进化是自然选择的演变过程。环境的改变淘汰了不适者，一些个体通过自身的改变适应了环境，甚至能从中获益，从而存活下来。对于酶分子而言，基因的突变导致了酶的变异，其性能或者行使的功能也可能随之发生变化，从而在自然选择下得到进化。此外，进化拥有两个基本要素——突变与选择，其中突变是随机的，选择则是可以有方向性的。自然的进化需要千百万年的时间，而选择的结果也取决于不断变化的环境因素。因此为了引导进化出有用的表型，人类在突变过程中会施加一个恒定的方向，从而实现“定向”。三者概念相结合就是酶的定向进化。

经过许多代的演变，生物进化过程中的反复突变和自然选择为生物体在自然界中面临的挑战提供了解决方案。尤其对酶来说，经过数百万年的进化，它们不仅大大提高了化学反应速率，还能够完成复杂的区域选择或立体选择的转化。然而，自然选择产生的特征只是偶尔与人类所寻求的生物和生物分子的特征相吻合。大部分自然进化的酶都存在催化缓慢、稳定性低、对温度等条件耐受力低等问题，这些问题限制了酶在工业上的应用。因此，为了提高酶的性能，甚至为了使酶获得符合人们期望的功能，定向进化应运而生。定向进化的酶工程已成为定制目标蛋白质的催化、生物物理和分子识别特性的首选策略。

定向进化的发展拓宽了蛋白质工程的设计范围，可在目标蛋白质的结构信息和作用机制未知的情况下对蛋白质进行改造。在蛋白质定向进化发展初期，该技术主要被用于筛选和控制所需表型。在20世纪中期，蛋白质定向进化被引入实验室用于再现和研究自然进化进程。随着技术发展，定向进化更多地被用来改善蛋白质性能，开发酶的新底物加以利用，以及优化或探索新的代谢途径等。最近的研究表明，蛋白质定向进化被成功地应用于代谢途径的关键酶设计、新底物催化功能的开发、创造全新功能蛋白质以及筛选和鉴别预期功能蛋白质，其在代谢工程和合成生物学领域发挥了重要作用。2018年对于定向进化来说，尤其是一个里程碑式的发展节点。阿诺德等因其在“酶定向进化”上所作出的杰出贡献被授予诺贝尔化学奖。他们的工作为人类带来了最大福祉并且为化学行业的革命奠定了基础。而且，他们的方法正在被多个国际团队深入研究，以用于推动化学工业的绿色发展、开发制备新材料、制造可持续的生物燃料、减轻疾病痛苦和拯救生命等。

1. 定向进化与其他方法的对比

目前大部分学者认为定向进化与半理性设计、理性设计等概念是并列关系（图8-1）。定向进化是在酶的结构、催化机制等信息未知的情况下通过易错 PCR、DNA 重组、定点饱和突变等技术创建序列多样的随机突变体文库，并通过给予一定选择压力或条件，筛选出具有期望特征的突变体。而理性设计和半理性设计则是基于对酶的序列、结构、催化机制具有一定理解之后进行的有目的性的改造。

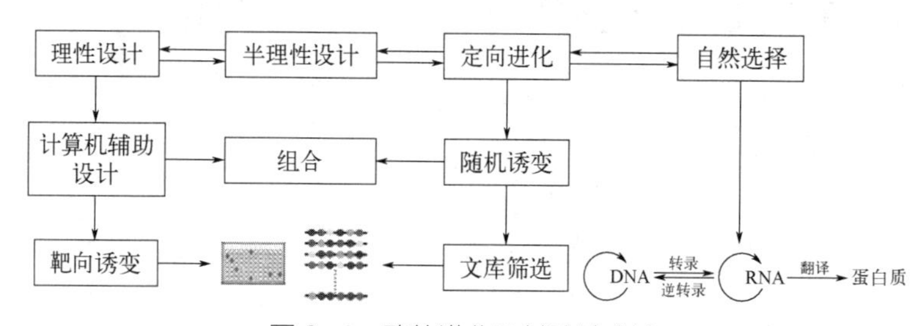

图8-1 酶的进化及其改造方法

（1）半理性设计

定向进化的关键在于建立突变体文库并选用合适的高通量方法进行筛选。但并不是所有的酶都适用高通量筛选，也不是所有的筛选方法都易于实现。因此，许多研究人员不再通过扩大文库和增加筛选次数来解决这些问题，而是超越了传统的定向进化方法，转而提倡设计更小、更高质量的文库的新策略——半理性设计（semi-rational design）。半理性设计借助了生物信息学方法，在分析大量的蛋白质序列比对信息、二级结构数据，或是同源建模得到目的蛋白质三维空间构象的基础上来预先选择合适的目标位置，更有针对性地对蛋白质进行改造，该策略不但提高了阳性突变率，而且大大缩小了突变体文库容量，更易于筛选。除了突变体文库的数量级不同外，半理性设计建立文库的策略也与定向进化有显著差别。定向进化一般通过易错 PCR、DNA 重组、定点饱和突变等技术创建序列多样的随机突变体文库。而半理性设计经常使用组合活性位点饱和突变（CAST）和迭代饱和突变（ISM）来建立小而精的突变体文库。此外，半理性设计前期所进行的工作都会涉及蛋白质的序列、结构等分析。而定向进化不需要事先了解结构信息及催化机制，通过迭代有益突变，即能实现蛋白质性能的飞跃。

（2）理性设计

随着计算机运算能力的持续提升、先进算法的相继涌现，以及蛋白质序列特征、三维结构、催化机制之间的关系不断被挖掘和解析，基于计算机辅助的理性设计策略得到前所未有的重视和发展。在计算机的辅助下，研究者通过运用分子对接、分子动力学模拟、量子力学方法等一系列计算方法，预测并评估数以千计的突变体在结构、自由能、底物结合能等方面的变化。基于计算结果，从中筛选可能符合改造要求的突变体并进行实验验证，最终根据实验结果制定下一轮计算方案，循环往复直到获得符合需求的酶。其中，蛋白质从头设计被赋予创造自然界中不存在的、可成功折叠的蛋白质，进而服务于自然界的使命。但是由于该方法对信息和技术的要求较高，实现困难较大，目前使用单一理性设计成功改造蛋白质功能的例子不多，利用从头设计获得蛋白质功能提高的成功案例也较少。总的来说，理性设计既可提供明确的改造方案，又可大幅降低建立、筛选突变体文库所需的工作量。除了文库工作量的区别外，理性设计区别于定向进化最大的特点便是对蛋白质结构、序列以及计算机技术存在一定依赖性。

从定向进化、半理性设计到理性设计，每个阶段均涌现了一系列广泛应用的改造策略和技术，同时对计算机技术的依赖也逐渐加深。定向进化不依赖于蛋白质结构及催化机制等信息，但面临筛选瓶颈问题；半理性设计同时兼顾序列空间多样性和筛选工作量；而理性设计则可以构建自然界不存在的新酶、新反应。因此，在实际中开展蛋白质工程时，应基于改造目的灵活选用合适的改造策略。

（3）自然选择

什么是自然选择？依据达尔文理论，生物在生存斗争中适者生存、不适者被淘汰的现象正是自然选择。具有有利变异的个体，容易在生存斗争中获胜而生存下去。反之，具有不利变异的个体，则容易在生存斗争中失败而死亡。而所有的变异都归因于基因的变化，所有的进化都是基因适应环境的结果。因此，酶分子的定向进化借鉴了自然界中进化的理念对酶进行了改造。尽管原理大体相同，但定向进化与自然选择在目的、方式方法上有所不同。首先，自然选择的目标是生存和繁殖，而定向进化是在更高的突变和重组率下，有针对性地人为筛选所需的生物功能。其次，比起自然界缓慢的突变过程，定向进化通过添加随机引物、采用低保真 PCR 等手段人为地增加了突变率，缩短了酶分子性能进化周期，丰富了酶的底物谱和反应类型等。此外，自然选择是在多种多样的选择压力下发生的，而定向进化是在对预定功能的可控选择压力下完成的。

2．定向进化的关键步骤

定向进化的一般过程包括两个主要步骤：①通过随机突变或基因重组来实现基因多样化，从而产生多样化的突变体文库；②筛选/选择获得表型改善的变异，即建立一种快速、有效的高通量筛选模型，针对改善的酶功能以及酶与底物反应中潜在的现象、产物特性等关系，在尽可能短的时间内，从突变体文库中筛选出最佳突变体。

（1）突变与文库建立

从宏观上来讲，基因的多样化可以通过体外诱变与体内诱变来实现。体外诱变是最常用的控制良好且能实现有效基因多样化的策略。其中，随机突变、聚焦诱变以及重组是最为常见的构建突变体文库的方法。相较于传统的使用化学或物理试剂随机损伤 DNA 的随机突变方法，以易错 PCR（epPCR）为代表的体外诱变方法的诱变过程更加可控，并具有更高的突变率和更小的突变偏差。该方法在非标准条件下进行 PCR 扩增时，使用低保真 DNA 聚合酶如 Taq DNA 聚合酶和 Mutazyme DNA 聚合酶产生点突变。突变过程中增加镁离子浓度、补充锰离子、改变 dNTPs 浓度或延长 PCR 周期都会降低碱基配对的保真度，突变率将会进一步提高。序列饱和诱变（SeSaM）是一种与 epPCR 互补的不依赖聚合酶的随机突变方法。在诱变过程中，硫代磷酸核苷酸被插入基因序列中，随后进行切割，并用通用或简并核苷酸延伸所得片段。这些核苷酸被规范核苷酸所取代，使得核酸变异在整个基因序列中广泛分布。研究表明，该方法通过引入连续的突变，表现出强烈的翻转倾向，可以优先实现有益的取代。当目标蛋白质的结构可知时，通常会优先考虑聚焦诱变，从而创建更小但更有效的文库，以简化选择过程并增加获得改进突变体的可能性。位点饱和诱变（SSM）是目前最流行的聚焦诱变技术，其通过对目标蛋白质的编码基因进行改造，短时间内可获取靶位点氨基酸分别被其他 19 种氨基酸替代的突变体。包含上述突变体的 SSM 文库可以通过以下几种不同的方法生成：①盒式诱变；②全质粒扩增；③PCR 诱变。在定向进化领域，结果最为显著的就是体外基因重组，其分为同源重组与异源重组。其中，DNA 改组（DNA shuffling）作为典型的代表显著提高了良性突变的概率，该策略通过改变单个基因（或基因家族）原有的核苷酸序列，创造新基因，并赋予表达产物以新功能。

由于基因编辑技术的最新进展，体内诱变正日益受到青睐，其具有在没有人为干预的情况下连续进行诱变的巨大潜力。该方法可在胞内诱导特定基因的突变，无需进行基因克隆与转化，很大程度上缩短了定向进化的实验周期。基于单链 DNA 重组的多元自动化基因组工程技术（MAGE），是针对大肠埃希菌基因组上特定基因进行体内诱变的重要策略。CRISPR-Cas 介导的重组技术实现了在原核与真核细胞中对目的基因的高效片段插入、删除和替换。此外，基于 Retroelement 的基因编辑方法可以引入随机突变，并应用于代谢途径的突变。

（2）筛选

在成功建立了大型突变体文库后，定向进化所要面临的另一个关键挑战是高效地识别所需的表型并以高通量的方式分析目标产物。在进化过程中，符合人类期望的蛋白质突变体的数目比突变体文库容量小很多个数量级。因此，能否建立一个有针对性、目的性的高通量筛选方法已经成为目前大多数蛋白质定向进化研究的瓶颈。目前为止，常用的筛选方法有如下几种：

① 基于荧光激活细胞分选（FACS）的筛选。该法利用 FACS 对有荧光信号表型的宿主细胞进行高通量筛选，基于荧光强度的高低分选目标宿主细胞。它利用流式细胞仪高灵敏度、高通量的特点，能以极高的速度对大容量酶基因文库进行筛选。此技术的出现突破了常规筛选方法低效、耗时、费力等瓶颈问题，极大地提升了人类对大容量基因文库的探索能力。

② 基于微量滴定板的筛选。在此法中，微量滴定板将蛋白质及其编码 DNA 划分在单个孔中，以区分不同活性谱的酶。随后，将微量滴定板中的反应与比色或荧光测定技术相结合，以筛选各种酶的性质。在筛选前，微量滴定板也被用作摇瓶的替代方法用于生长变异，从而简化操作。

③ 基于质谱（MS）的筛选。高通量质谱技术的发展为复杂分析物的分析提供了高度灵敏且准确的方法。其中，蛋白质非标记定量技术（label free）通过液质联用技术对蛋白质酶解肽段进行质谱分析，比较不同样品中相应肽段的信号强度，从而对肽段对应的蛋白质进行相对定量。相较于其他高通量蛋白质检测手段，如荧光微流控技术等，非标记定量检测技术具有前处理方便、无需标记样品等一系列突出优点。

④ 液滴微流控筛选。该技术将目标酶反应底物和产物限制在微液滴反应体系中，构成

定向进化的最佳体外间隔（IVC），并与不同类型的分析检测技术进行耦合，进行蛋白质鉴定。该技术能够避免潜在的交叉污染，且能兼容不同的底物，保持表型-基因型连锁。

⑤ 数字成像。该法将单像素光谱成像技术与固相筛选方法相结合，从而高效地筛选酶突变体。它依赖于简单的比色法活力测定，具有广泛的应用目标，并能在固相或高黏性溶液中筛选底物。

最终，通过高通道筛选出的改良突变体将成为下一轮基因多样化的新起点，用于执行定向进化的迭代，直到获得期望的突变体。

二、定向进化的优势与挑战

定向进化的优势在于其能够在较短时间内积累自然界中上万年才能产生的变异，同时能够在缺乏酶的结构、催化机制等信息的前提下对酶的活力、稳定性等特性进行改造。此外，定向进化能从多个方面对蛋白质的生产进行优化，主要包括增加表达和改善性状两大方面。

但定向进化存在局限性，即使文库中突变体达数百万个，对一个蛋白质来说，仍然只能从庞大的文库中抽取小部分样本。这对高效筛选有益突变体来说是一个极大的挑战。因此，理性设计和定向进化结合的策略，可使研究人员能够提前预测赋予期望功能的突变。蛋白质结构、功能和动力学的复杂知识也无疑将有助于定向进化实验的设计。此外，基于序列、结构、分子动力学模拟和机器学习的计算工具的最新进展将有助于识别有益突变，并能通过创建更小但更智能的文库来加速进化过程。特别值得注意的是，机器学习可以与定向进化无缝结合，预计这一领域将会取得许多新的进展。得益于 DNA 测序技术的快速发展，原始氨基酸序列信息的数量呈指数级增长。然而，这些测序数据大多是未标记的。目前的机器学习模型在很大程度上是受监督的，这意味着它们无法利用这种未标记的测序数据。因此，设计机器学习辅助定向进化筛选数据的方法仍有待进一步研究。尽管理性设计能够降低定向进化对筛选效率的依赖性，但仍需繁复的实验验证。并且，对于新型功能蛋白质的获得而言，从头设计方法得到的酶活力较低。因而，除了发展先进的定向进化技术外，开发高突变效率的进化策略和易行通用的高通量筛选方法仍是未来蛋白质定向进化亟待解决的问题。

由于科学家们过去几十年的巨大努力，各种筛选方法快速发展，获得所需属性的突变体的概率已大大增加。然而，目前的筛选方法仍有需要解决的局限性。如微量滴定板筛选存在样品制备费力、耗时的问题。尽管 FACS 显示出极高的灵敏度和通量，但靶酶必须与荧光蛋白偶联才能进行表型分析。超高通量液滴微流控技术提高了定向进化的效率，并使在大型文库中发现罕见靶标成为可能。然而，大多数液滴分选器使用荧光或吸光度信号作为读数，这存在一定的局限性。此外，在筛选过程中，将样品自动导入质谱仪可以大大提高分析量。然而，建立基于质谱的蛋白质分析和解释复杂的数据集不仅需要特殊而昂贵的仪器，还需要配备训练有素的技术人员和生物信息学管道。因此，基于新兴技术来建立、完善高通量筛选方法已成为定向进化的一大主流任务。

此外，基于定向进化所提出的改进酶的各种特性的蛋白质工程已被广泛提出。不论是优化酶的催化活性、热稳定性、对非天然底物的特异性、对映选择性，还是进化新的代谢途径及提高蛋白质表达等都已被验证。但定向进化在改进酶的底物特异性上仍具有挑战性。因为体外进化中，酶特性改变主要通过点突变来完成，这种点突变偏向于碱基转换而非颠换，因此限制了较大范围的碱基替换，而酶家族的进化分析显示，若想使酶的功能发生显著变化，必然要求其多肽链骨架发生较大的改变，这样的变化不可能通过体外进化过程来完成。我们还了解到，目前定向进化发现的有益突变往往远离催化位点。即使在今天，我们也很难解释它们的影响，也无法可靠或容易地预测它们。

总之，定向进化已被广泛用于设计核酸、蛋白质、遗传回路、生化途径和全基因组，赋予它们新的或改进的功能，进而用于基础和应用生物学和医学研究。随着复杂的体内基因多样化方法、全面的高通量筛选和自动化平台以及先进的计算设计和机器学习工具的最新进展，定向进化正在进入一个新的时代，其通过揭示自然进化的秘密、生物分子结构-功能关系、基因型-表型关系以及在能源领域大量应用的工程有用的生物系统，可为未来的科学研究和技术创新创造更多的可能性。

第二节　酶基因的随机突变

在过去的几十年中，随着分子生物学技术的不断进步，人们对 DNA 的测序、编辑和翻译的能力越来越强，这使得人们可以在实验室中引导蛋白质向着期望的方向进化。人们希望通过改造产生的新酶具备以下优势：易于获取、催化可靠、可以对反应进行精细的调控、成本低廉。更进一步的愿景是，可以创造出超越现有的化学合成手段，用于催化未知的化学反应的新酶。但目前人们对于氨基酸序列和蛋白质功能之间关系的理解远不能满足人们对新酶功能的期望。然而，定向进化能够实现这一期望，并且回避了目前人们无法将蛋白质序列和其功能对应起来的问题，这是理性设计方法所无法做到的。

一、定向进化的基本原理

定向进化就是通过人工选择来模拟自然界中自然选择的过程，并在实验室环境中加速单个基因的进化，从而获得人们期望的蛋白质的方法。简单来说，定向进化技术是利用蛋白质的不断突变和人工筛选，不断积累有益突变，从而使蛋白质向着人们期望的方向不断进化的技术。

定向进化的机制比我们想象中要简单得多，它并不是从头创造一个新酶的过程。相反，它是把一个“旧酶”进化成一个“新酶”的过程。也就是说，定向进化就是在“旧酶”的基础上构建新的反应机制的过程，并且，通常在“旧酶”中也会存在着较低水平的新反应机制。

定向进化技术一般分三步进行。第一步是序列多样化，使用随机突变技术、位点饱和突变技术或是 DNA 改组技术等方法构建一个突变体文库。第二步是利用筛选或选择方法识别出具有有益突变的突变体。第三步，重复上述两个步骤，直到符合预期的突变体被选出。

近年来新的序列多样化技术不断涌现，而不同的序列多样化方法构建的突变体文库也不尽相同，建立适合的筛选方法并选择合理的序列多样化方法可以使我们在定向进化时事半功倍。

二、序列多样化的方法

蛋白质序列可以以完全随机或是有针对性的方法多样化处理。蛋白质每个位置都有 20 种可能的氨基酸，想要构建包含一个蛋白质所有突变体的突变体文库是不现实的。

当完全不明确某个蛋白质的序列和功能之间的关系时，单个位点的随机突变可以很大程度上识别对应蛋白质特性的“热点”位置。当我们对该蛋白质的序列和功能之间的关系有一定了解时，聚焦诱变某些位置，可以在更小更集中的突变体文库中找到符合要求的突变体。

目前，易于控制、高效的体外诱变技术仍是最常用的序列多样化方法。但是，随着基因编辑工具的不断发展，体内诱变技术也展现出了巨大的潜力，变得越来越流行。

1．完全随机突变

（1）易错 PCR（epPCR）

目前，使用最广泛、最常见的诱变方法仍是基于聚合酶链反应（PCR）的体外诱变方法，比如易错 PCR（epPCR）、DNA 改组（DNA shuffling）等。

1989 年，易错 PCR 这一概念首次被提出，其基本原理就是在非标准的环境下进行 PCR 扩增，增加 PCR 扩增过程中错配发生的概率，从而诱导扩增产物出现突变，实现序列多样性。创造非标准环境的方法一般分为三种：第一种方法是利用低保真度的 DNA 聚合酶进行 PCR；第二种方法是改变 PCR 的反应条件，如提高镁离子浓度、加入锰离子、改变体系中 dNTPs 的浓度、引入核苷酸类似物等；第三种方法是利用化学试剂或辐射等方法诱导 PCR 过程发生错配。2004 年，多轮易错扩增技术被开发，使得 PCR 过程中的突变效率大大提高。易错 PCR 技术的主要优点是操作简单、无需考虑序列和功能的关系。同时，易错 PCR 的缺点是可控性较差，其突变位点可以在整个质粒中出现、不能使突变位点均匀或连续地出现在目标蛋白质中，往往突变体的数量并不具有代表意义。因此，人们一直在开发其他序列多样化方法。

（2）序列饱和诱变（SeSaM）

序列饱和诱变（sequence saturation mutagenesis）是一种较为常见的基因突变方法，主要用于在 DNA 序列中引入大量的随机突变。它是一种与易错 PCR 互补的随机突变方法。序列饱和诱变的基本原理是通过使用特殊的核苷酸和配对策略来引入随机突变。例如，使用 α-磷酸硫酸酯核苷酸来进行诱变，该核苷酸具有广泛的碱基配对能力和编码偏好，这种特性使得它能很轻易地在 DNA 序列中引入突变。序列饱和诱变可以在蛋白质序列上引入连续突变，即在同一个目标序列中引入多个突变，这使得突变的多样性和可控性大大提升。这是易错 PCR 难以实现的。

（3）InDel 突变（insertion and deletion）

随机插入或删除突变方法（random insertion/deletion mutagenesis，RID）可以在随机位置删除任意数量连续的碱基，并在同一位置插入任意数量的特定或随机的碱基。这个突变位点可能会发生在蛋白质的编码区域，导致阅读框发生改变，并且在翻译时可能会产生截短、延长或替换等多种突变形式，从而使蛋白质的序列和功能发生变化，这是易错 PCR 和序列饱和诱变无法做到的。这种技术较为便利，但突变体文库中存在大量截短的突变体，因此，只有在具有灵敏、快捷的高通量筛选方法时才适合采用这种技术。

（4）DNA 改组（DNA shuffling）

同源重组是自然进化过程中不可或缺的一部分，它起着为生命体获取有益突变、去除有害突变的重要作用。许多科学家的实验已经证明迭代同源重组方法在定向进化中是极为重要的一部分，因为它构建的突变体文库与非重组方法（如易错 PCR、聚焦突变等）是完全不同的。同源重组可以发生在具有随机点突变的基因与原基因之间或两种不同来源具有一定同源性的基因之间，这将大大增加序列的多样性。这种技术有时可以同时提高单个蛋白质的多种属性，这是非重组方法难以做到的。

DNA 改组（DNA shuffling）技术使用 DNase Ⅰ 酶将双链 DNA 切割成片段。随后，使用这些片段在无引物的情况下进行 PCR，使其随机重组成完整的基因，从而引发模板的突变。突变后的嵌合基因库通过 PCR 扩增后，被转化到载体中以进行进一步分析。这种技术的主要限制是亲源基因重组产生的突变体文库的多样性较低，因为重组倾向于发生在序列相似度较高的区域。

由于这种方法对亲本的同源性有较高的要求，在实际的研究过程中，许多在功能上相似的蛋白质同源性并不高。并且，有些蛋白质在三维结构上非常相似，但在序列上相似度不高。这使得 DNA 改组方法很难在这些蛋白质中发挥应有的作用。为了构建更加多样化的突变体文库，科学家们开发了许多非同源依赖型重组方法，以搜寻序列相似度较低的亲本基因之间重组产生的有益突变。例如，递增切割法构建杂合酶技术（incremental truncation for the creation of hybrid enzymes，ITCHY），采用核酸外切酶（exonuclease Ⅲ，Exo Ⅲ）对亲本基因的末端进行随机截短。截短程度取决于酶的反应温度和反应时间，再将不同长度的基因片段随机连接。通过截短和连接，可以在两个具有低序列相似性的基因之间创建突变体文库，从而实现创建更多样化的功能融合的突变体文库。这种方法可以在非同源位点上形成融合体，为研究者们提供了更广阔的可能性。但同时，这种方法对反应条件的要求较为严格，操作也比较复杂。递增切割法构建杂合酶技术还可以与 DNA 改组技术联合使用，以获得更多样化的突变体文库。例如，将 DNA 改组技术和递增切割法构建杂合酶技术结合在一起，创造了新的非同源的片段改组技术——SCRATCHY（sequence homology-independent protein recombination）。这个策略是先将两个基因首尾融合，再对融合基因进行截短，只选择具有其中单个基因长度的片段进行进一步分析。这个方法在很大程度上减少了最终突变体文库中的样本数量，从而提高了筛选效率。

目前，DNA 改组技术有多种可以将不同来源的 DNA 片段重新组合在一起，形成具有不同组合的新 DNA 序列的方法。但是，这个技术目前仍然存在一些限制，虽然理论上存在所有有益突变都集中在一个突变体上的可能，但这种可能出现的概率很小，因此对筛选过程的高效性和准确性存在极大的考验。

2．聚焦诱变（focused mutagenesis）

位点饱和突变是最常见、应用最广泛的聚焦诱变方法。其原理是在 PCR 过程中，引入含有一个或多个简并密码子的寡核苷酸，以改变目标位点上的密码子序列，使目标位点上的单个氨基酸被其他 19 种氨基酸所替代。该方法可以选择多个残基同时进行诱变，以增加突变体文库的多样性。位点饱和突变一般可以分为三种：盒式诱变（cassette mutagenesis）、全质粒扩增（whole plasmid amplification）和 PCR 诱变（PCR mutagenesis）。

在盒式诱变法中，需要将目标位点周围的一个小区域从质粒中切除。然后，在 PCR 中引入预先合成的寡核苷酸，它包含了限制性内切酶的酶切位点。最后，对质粒的剩余部分进行消化，并与 PCR 的产物进行连接。这种方法生成的突变体文库具有较低的野生型蛋白质背景，因为只有在插入突变片段后，蛋白质功能才会恢复。然而，这种方法仅适用于制备单点突变体文库或目标位点较为靠近的多点突变体文库（大约 60 个碱基对内）。

全质粒扩增法是指用一对含有简并密码子的互补引物去扩增含有目的基因的整个质粒。这种方法操作较为便利，无须进行亚克隆步骤。并且，这种策略可以用于产生位置较远的多个突变位点同时突变的突变体文库。通过对这一方法进行了改良，新的方法 OmniChange 可以同时对五个相距较远的突变位点诱发突变。

PCR 诱变法是一种可以使用多个引物对目的基因进行扩增的方法，每个引物可以携带一个或多个简并密码子，可以用于诱变多个远端位点。PCR 诱变法结合 DNA 组装方法，是产生单个或多位点饱和突变体文库最常用的方法之一。例如，利用重叠延伸 PCR 方法（overlap extension PCR）可以稳定地生成多达 6 个位点同时突变的突变体文库。再如，在 PCR 过程中使用磷酸化引物和 T4 DNA 连接酶，可以产生超过 10 个位点同时突变的突变体文库。

从理论上讲，位点饱和突变是否能取得好的实验效果，主要看构建的突变体文库是否足够大。在诱变时使用的简并密码子越多，创建的突变体文库就越多样化，发现有益突变体的概率就越大。但是，在同时诱变多个位点时，使用完全随机密码子（NNN，N = A，C，G，T）会产生一个极其庞大的突变体文库，这会使得筛选步骤极其困难。因此，在饱和突变时，一般会使用密码子 NNK（NNK，K = T，G），该密码子以 32 倍的简并度将突变体文库缩小了一倍，但是仍然能表达常见的 20 种氨基酸。此外，密码子 NDT（D = A，G，T）和 DBK（B = C，G，T）都可以表达 12 种氨基酸，也较为常见。根据实验需求构建合理的突变体文库可以极大地提高筛选效率。

目前，使用最为广泛的创建聚焦诱变突变体文库的方法是迭代饱和突变（iterative saturation mutagenesis，ISM）。迭代饱和突变是一种基于蛋白质的笛卡尔视角结构进行诱变的方法。蛋白质的笛卡尔视角结构是指将蛋白质分子看作由原子坐标所定义的三维空间结构，在这种视角下，蛋白质的结构被认为是一系列原子之间的距离、角度和二面角的总和。这种结构化视角能够更好地把握蛋白质的整体形状、拓扑关系和空间组织，从而揭示其功能和性质。迭代饱和突变通过选择关键位点进行饱和性突变，不断地改变氨基酸的组成，从而探究和优化蛋白质的性质。在每个迭代循环中，通过评估突变体的性能、选择具有改进性质的突变体，以此总结经验，并指导下一个突变步骤。通过多次循环迭代，逐渐优化蛋白质的性质，实现对所需的功能的优化。这种方法充分利用了蛋白质的结构信息，以及对结构与功能之间关系的理解，从而进行有针对性的突变设计。

3．体内诱变技术

完全随机突变和聚焦诱变都是基于 PCR 的体外诱变方法，它们通常都包括序列多样化、转化、筛选、分离等几个步骤，并需要不断重复。体外诱变方法是高效的，但是，它们拥有共同的缺点，即耗时较长，并且工作量极大。

体内诱变技术可以在完整的活细胞中进行，可避免大量的克隆和转化的步骤。并且，体内诱变技术还能够同时使多个目标残基发生突变。如果目标蛋白质的表型与细胞生长相关，或者可以通过高通量筛选的方式进行评估，那么在理论上，体内诱变技术同体外诱变技术一样，也可以在实验室中重现和加速自然进化过程。

例如，已开发的大肠埃希菌突变菌株和大肠埃希菌突变质粒都可以使其质粒在复制的过程中，发生单点突变的概率提高 4000～5000 倍。然而，他们的不可控、遗传不稳定的性质限制了其应用。目前越来越多可控的体内诱变技术被开发出来。

（1）多元自动化基因组工程

多元自动化基因组工程（multiplex automated genome engineering，MAGE）是目前最常见的大肠埃希菌体内诱变策略之一。多元自动化基因组工程（MAGE）是一种高通量基因编辑技术，可以同时导入多个自主合成的 DNA 寡核苷酸片段，从而对目标序列进行精确的编辑或替换。它是基于单链 DNA（ssDNA）介导的诱变策略。例如，通过使用噬菌体 λ 的 beta 蛋白，将外源的短链单链 DNA 与 DNA 复制叉的滞后链进行互补结合，实现了基因重组和体内诱变。随后，有研究通过破坏大肠埃希菌的甲基定向错配修复系统（methyl-directed mismatch repair，MMR），阻断该系统对 DNA 复制过程中发生的碱基错配情况的修正过程，进一步提升了突变效率。多元自动化基因组工程可以同时靶向多个位点进行基因突变，多次迭代后在短时间内可以产生一个极大的可用于定向进化的突变体文库。但是，错配修复功能的丧失会引起脱靶突变（即基因编辑技术在修改目标基因时，有时也会对非目标基因产生影响，使其发生突变）的出现，脱靶突变的不断累积是制约这一方案广泛应用的主要原因。其次，将多元自动化基因组工程应用于不同种类的大肠埃希菌时，需要对菌株进行一些较为复杂的修饰。最后，单链 DNA 一般较短（一般小于 20 bp，单链 DNA 过长会导致插入效率大幅下降），也会限制这一技术的应用。

不过目前，已经有很多科学家开发了许多方案优化这一策略，使得这一策略变得越来越流行。例如，共选择策略（‘coselection’ MAGE，CoS-MAGE），它是通过向目标单链 DNA 池中添加少量带有选择标记的寡核苷酸来辅助分离高度修饰的细胞。这种策略极大地提升了 DNA 的突变效率。

另外，多元自动化基因组工程也可以用于真核生物的序列多样化。例如，在酿酒酵母中由寡核苷酸介导的突变，这种方法被命名为酵母寡核苷酸介导的基因组工程（yeast oligo-mediated genome engineering，YOGE）。但是，这项技术仍然不够完善，单链 DNA 的同源重组效率极低。因此，多元自动化基因组工程目前很少用于真核生物的序列多样化。

（2）基因组改组（genome shuffling）技术

在分子水平上，DNA 改组技术模拟并加速了自然进化的过程，并在单个基因的 DNA 片段上进行了改进。而基因组改组技术是通过原生质体融合或来自不同群体的多个亲本杂交的方式，对微生物进行基因组重组，它是改造革兰氏阳性菌、真菌甚至植物的常见策略之一。它可以在基因组细节未知的情况下，通过基因组重组加速自然进化过程。这项技术具有两个优势：第一，它可以使用多个亲本进行杂交；第二，整个基因组都可能被重组。许多研究表明细菌群体中的基因组重组可以高效地产生新菌株的组合突变体文库。但是，这项技术很难追踪有益突变体的基因组变化情况，极大地限制了其应用范围。

（3）正交诱变质粒（orthogonal mutator plasmid）与诱变菌株（mutator strain）

正交诱变质粒是指可以用于引入随机突变到目标 DNA 序列中的质粒。正交诱变质粒通常包含特定的突变酶系统，例如 T7 RNA 聚合酶等，这种质粒可以进行碱基的替换、插入或截短等类型的诱变。这种质粒被称为正交诱变质粒，是因为它们的诱变作用是相对独立的，不会影响到非目标位点，并且与目标 DNA 序列的其他诱变作用之间不会或很少产生相互影响。这使得研究人员可以通过组合不同的正交诱变来实现更高程度的序列多样化。诱变菌株是指会增加基因突变频率的特殊菌株。这些菌株一般是突变修复系统的缺陷型菌株，该菌株会因此产生更高的自发突变率。正交诱变质粒和诱变菌株往往被组合使用。例如，TRACE（T7 polymerase-driven continuous editing）策略，它是利用噬菌体 T7 RNA 聚合酶和胞苷脱氨酶在大肠埃希菌或人类细胞中随机在目标基因上引入从 GC 到 TA 的突变，突变率约为 10^{-6}。该方法操作简单，并且能够在相对较长的序列（大约 8 kbp）上引入随机突变，而且不会降低宿主细胞的存活能力或引发宿主细胞中非目标基因的突变，从而导致细胞回避选择压力，这是一种极为优秀的突变策略。

第三节　酶突变基因的定向选择

一、定向选择的重要性

自 20 世纪 90 年代以来，定向进化已经成为定制工业应用酶的强大工具。与以生存和繁殖为目标的自然进化不同，定向进化是在更高的突变和重组率下进行的，旨在筛选所需的生物功能。定向进化的一般过程包括两个主要步骤：①通过随机突变或基因重组来实现基因多样化，从而产生多样化的突变体文库；②筛选/选择获得改良的突变体。改良的突变体将作为下一轮基因多样化的新起点，继续执行定向进化的迭代回合，直到获得期望的突变体。在定向进化过程中，突变体文库的多样性和可靠的高通量筛选方法是决定其成败的两个关键因素。目前，突变体文库的构建方法已得到广泛开发，如易错 PCR、基因重组、位点饱和突变、基因编辑等，能够在较短时间构建容量大于 10^7 的突变体文库。所以如何从庞大的文库中获得期望的突变体，是定向进化的一个关键挑战。

高通量筛选的核心思想就是将待检测的生物学信号转化为可测量、高精度、通量高的信号。这种方法是通用和灵活的，可以很容易地根据特定的工业环境来制定实验条件。随着多年来的发展和创新，高通量筛选方法已开发出很多种类，从转化的信号种类来看，可以大致分为三类：①基于颜色或荧光的筛选方法；②基于细胞生长的筛选方法；③基于生物传感器的筛选方法。从信号转化后的检测类型来看，其又可以分为：①微孔板筛选；②荧光激活细胞分选；③液滴微流控技术等。除此之外，随着科技的飞速发展，高通量筛选中也产生了一些新技术方法，如计算机虚拟筛选、基于智能学习平台的超高通量筛选等。虽然利用现有的生化信息可以合理设计和测试一组特定的突变酶，但对大量的酶突变体进行评估而选择合适的高通量筛选方法是不容易的。因此需要根据所产生特定表型的突变体选择合适的高通量筛选方法。下文详细阐述了各种高通量筛选方法，总结了每种方法的一般原理、意义、新颖性，并且列举了具体实例，为后续研究提供借鉴。

二、常用的定向选择策略

1. 基于转化的信号种类分类的高通量筛选方法

（1）基于颜色或荧光的筛选方法

通过筛选突变体，可以鉴定出具有改进特性的酶突变体，例如其活力增加、底物特异性改变、稳定性增加或对 pH 或温度变化的耐受性增强。为实现有效筛选，需要在表型和基因型中建立起一种可靠的关联。在此过程中，可将酶突变体的活力与生化数据相结合，例如通常可检测底物消耗或产物形成导致的光学性质的变化。由于灵敏度高、响应能力强，且拥有成熟的检测器，荧光检测法已成为酶和细胞工厂改造中最常用的突变体文库筛选方法。此外，分光光度法因其原理简单，也已广泛应用于微孔板筛选中，它是一种通过测定物质在特定波长或一定波长范围内的吸光度对该物质进行定性和定量分析的方法。例如，对硝基苯酚比色法中，末端羟基化产物为不稳定半缩醛，在室温下会发生氧化反应，生成黄色的对硝基苯氧基离子，这种离子在410 nm处具有特征吸收峰。再如，利用细胞色素P450单加氧酶催化脂肪酸替代底物对硝基苯氧基羧酸（pNCA）末端羟基化生成半缩醛的反应，建立高通量筛选方法，通过比较P450BM3 F87A突变体与野生型的活力，验证了该方法在筛选过程中的灵敏度与可行性。

（2）基于生物传感器的筛选方法

在微生物生产的化学品中，只有少数可以通过颜色或者荧光的筛选方法直接进行筛选。许多化学物质本身不具有颜色或荧光，甚至难以转化为易于染色或者有颜色的物质。在微生物体内广泛存在一类蛋白质或RNA，它们能够识别并响应细胞内特定的代谢物，并转化为特定的信号输出（如荧光、细胞的生长、代谢通路的开闭），通过信号强度检测细胞代谢物浓度。基于这一原理，研究人员开发了一系列生物传感器的筛选方法，用于菌种进化工程突变体文库的高通量筛选。

生物传感器是合成生物学中的关键工具之一，可用于高通量筛选或直接优化生物合成途径。生物传感器包括传感器部分（例如核糖开关、核酶、转录因子、酶或周质结合蛋白）和执行器部分（例如荧光报告基因、调节开关或选择标记）。在与效应分子结合后，传感器部分的构象变化控制执行器部分的表达，从而影响细菌的表型。这种表型可表现为不同的荧光值、对抗生素的不同耐受性或在营养缺乏环境中的不同生长状态。生物传感器在细菌多糖的制备中具有巨大的应用潜力，并将扩展应用到高产菌株的构建和优化以及高催化效率酶的探索和定向进化中。此外，随着群体传感技术的发展，通过将生物合成多糖的能力与细胞生长速率相结合，将显著提高基于生物传感器系统的筛选效率，从而能够分离出具有高生产率的细胞，这些细胞中包含具有高催化效率的酶突变体。

（3）基于细胞生长的筛选方法

基于细胞生长的筛选方法是使用营养缺陷型菌株作为报告系统，用于代谢物高产菌株或者特定酶的筛选。营养缺陷型菌株丧失了合成某一种自身生长必需物质的能力，它们在普通培养基里不能生长，必须补充特定的营养物质才能正常生长，因此可以用来对合成这种必需成分的酶或者代谢途径进行高通量筛选，如苯甲酰甲酸脱羧酶、脂肪酶A、葡糖转运蛋白或甲羟戊酸途径。例如，利用突变调控元件的方法来平衡甲羟戊酸途径的3个酶的相对表达量，以提升甲羟戊酸产量，随后构建了营养缺陷型报告菌株对突变体文库进行筛选。报告菌株依赖甲羟戊酸生长，并表达绿色荧光蛋白基因。生产甲羟戊酸的菌株经过24 h培养后离心除去细胞，并将其上清液用作报告菌株的底物。当甲羟戊酸被合成时，细胞方能在培养基上生长，且甲羟戊酸的产量可通过细胞的荧光强度来监测，最终从突变体文库中成功筛选到了甲羟戊酸产量增加7倍的高产突变体。

基于细胞生长的筛选方法已在细菌、酵母和哺乳动物细胞中得到发展，并已成为基于FACS和荧光共振能量转移（FRET）的筛选方法的重要组成部分。特别是，整合酵母表面显示、酶介导的生物偶联和FACS的新系统被报道为酶进化中改良键合能力的一般策略。

2．基于信号检测类型分类的高通量筛选方法

（1）微孔板（MTP）筛选

基于微量滴定板（微孔板）的筛选是在鉴定所需酶突变体时最常用的方法。通过检测微孔板中底物或目标产物所引起的吸光度或荧光信号的变化对其进行定量分析，可以确保筛选的精确性和灵敏度。含有96至9600个孔的微孔板与比色法或荧光测定技术相结合，以筛选各种酶的性质（图8-2）。在微孔板筛选中，蛋白质及其编码DNA被划分在单个孔

中；因此，具有不同活力的酶很容易被区分，并且不会与其他 DNA-蛋白质对混合。底物和产物可以很容易地通过宏观观察或测量紫外/可见吸光度或荧光信号检测到。在筛选前，微孔板也可被用作摇瓶的替代方法，用于培养突变体。然而，如果没有自动菌落采集器和智能平台的帮助，基于微孔板的筛选方法通量相对较低，每次实验的筛选文库大小约为 10^4 个。

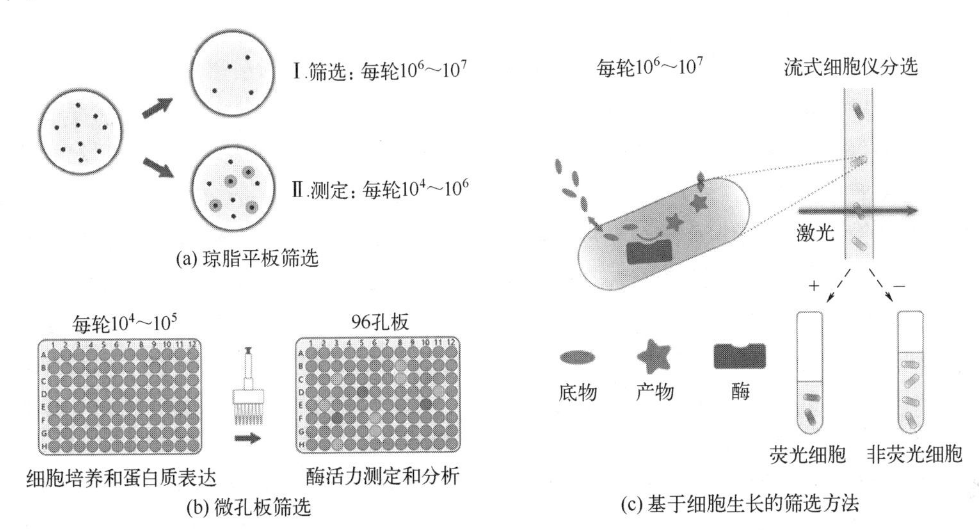

图 8-2　常见的高通量筛选方法

（2）荧光激活细胞分选（FACS）

基于样品特定的荧光特性，荧光激活细胞分选（fluorescence-activated cell sorting，FACS）已成为一种常用的工具，其在单细胞水平上根据荧光信号对目标细胞进行筛选。此外，它已与许多其他筛选方法相结合，能以高达 10^5 个细胞每秒的速率定量分析不同的酶。FACS 的过程包括以下几个步骤：①将细胞以流体动力学的方式排成一列。②通过激光束测量每个细胞的大小、形态以及荧光强度等信息。③根据细胞性质，瞬间给目标细胞加上相应电荷，从而产生带正电荷或负电荷的细胞液滴。④含有目标细胞的带电液滴通过电磁场时会被引导到相应的收集管中。

虽然基于荧光标记底物的 FACS 高通量筛选方法简单易行，但其存在荧光标记底物和荧光产物限制的问题。首先，酶促反应底物需要具有可自由渗透细胞的特性。其次，酶对于荧光标记底物的催化活力可能会降低，容易出现假阴性的问题。最后，酶促反应生成的荧光产物应无法扩散至胞外。然而，仅有少量符合这些要求的荧光标记底物和荧光产物，因此需根据实际需求人工设计合理的荧光标记底物。

（3）基于质谱（MS）的筛选方法

高通量质谱的最新进展为分析复杂分析物提供了高度灵敏且准确的方法，这对于蛋白质工程应用十分有价值。通过利用天然底物和配体，质谱技术能够进行无标记高通量测定，以表征工程蛋白质的复杂混合物。

在典型的基于质谱的筛选方法中，创建检测、样品制备、测量和数据分析是必要的步骤。每个步骤都可以以多种形式进行，这取决于目标蛋白质的性质、要获得的信息、通量和仪器。首先，可以在溶液中或表面上设置测定，通常使用前文提及的微孔板进行测定。其次，样品制备对于限制抑制电离的分子数量至关重要，从而减少不相关材料的干扰。可以采用各种策略将目标分析物与复杂混合物分离。目前，气相色谱法（GC）、液相色谱法（LC）和毛细管电泳（CE）是常用的分离技术。在大多数情况下，样品制备仍然耗时且耗力，因此成为基于质谱的筛选中的限速步骤。再次，开始质谱测量，需要将样品引入质谱仪的离子源中。根据质量分析仪中的质荷比（m/z）进行分离，并通过离子检测器进行定量。接下来，绘制相对离子丰度与 m/z 值的关系图，以生成质谱，其中包含被测分析物的定性或定量信息。该技术显著提高了质谱采集效率。

（4）液滴微流控筛选（DMFS）

液滴微流控筛选已经成为高通量筛选中一种极具吸引力的方法，该方法仅需要非常小体积的分析物即可完成测定，其通过在毛细管或微流体通道中可以产生飞升至纳升级的液滴，实现蛋白质测定的微型化。

液滴微流控筛选的工作流程一般包括以下几个步骤：①在质粒上创建所选酶的 DNA 模板；②将携带目的基因的质粒转入大肠埃希菌等宿主细胞进行扩增；③培养细胞，产生目的酶；④裂解细胞以释放酶，并将酶分配到多个微量滴定板中；⑤产生样品液滴；⑥通过微流体通道泵送液滴，并依次添加酶和淬灭剂；⑦通过光学技术检测反应混合物，或对样品混合物进行质谱分析。数据分析中表现最佳的候选者可以继续进行另一轮定向进化。这种液滴微流控筛选方法已应用于配体/抑制剂筛选、蛋白质工程等多个领域。

目前，使用吸光度或荧光信号作为读数的分析检测技术仍然是 DMFS 测定的首选方法。此外，为液滴分选机开发的酶测定技术仅限于具有荧光团或发色团的底物。因此，当旨在提高酶选择性时，这种筛选技术很难在工业上应用。然而，质谱和核磁共振等其他先进检测方法的不断发展和演变则可以极大地帮助化学和生物实验室广泛采用液滴微流控筛选技术。

三、选择的效率和准确性

传统的高通量筛选包括琼脂平板筛选和微孔板筛选（图 8-2）。琼脂平板筛选是最简单的筛选形式，涉及菌落与酶底物的孵育。通过底物转换产生视觉信号，例如荧光或颜色，鉴定表达具有所需特性的酶的菌落。微孔板筛选也是在鉴定所需酶突变体时最常用的方法。通过检测微孔板中底物或目标产物所引起的吸光度或荧光信号的变化对其进行定量分析，可以确保筛选的精确性和灵敏度。微孔板中的内容物也可以通过液/气相色谱或质谱分析。因此，微孔板筛选可以使用各种分析工具。琼脂平板筛选或微孔板（如 96 孔板或 384 孔板）筛选等典型筛选方法在合理的时间范围内只能覆盖 10^4～10^6 的突变体，并且由于对人力依赖重、筛选通量低，日益成为新酶开发流程的瓶颈。

为弥补现有筛选方法的不足，近年来开发了荧光激活细胞分选（FACS）和液滴微流控筛选（DMFS）等超高通量筛选方法（$>10^7$），用于酶定向进化中大容量突变体文库的筛选。基于流式细胞仪的荧光激活细胞分选仅需极微量的底物，极大降低了筛选所需的试剂成本，并且可以以高达 10^5 个细胞每秒的速率定量分析不同的酶。DMFS 将单个突变体封装在微流体液滴内以进行酶促反应，处理量可达到 10^8 个样品每小时。而且，集成了液滴生成、液滴操作和筛选模块的微流控技术的发展使得整个酶筛选过程的自动化成为可能。通过输入酶突变体文库，研究人员每天可以从多达 10^8 个候选物中收集所需的输出，同时消耗的样本量减少为原本的 $1/10^6$。这些新型的高通量筛选技术在蛋白质工程、抗体工程、细胞分选及临床研究等方面具有重要的应用潜力。

四、现代技术在定向选择中的应用

1．流式细胞术

流式细胞术（FCM）是一种功能强大的工具，可以定量地提供单个颗粒大小、结构、荧光强度等信息，并能够从大量样品中分选出具有特定性质的群体。目前，流式细胞术已与质谱、显微成像等技术结合，形成了多种功能的组合技术，并已广泛应用于免疫学、分子生物学、细菌学、病毒学、癌症生物学和传染病监测等领域。流式细胞仪则是专门用于单颗粒（如细胞、微球、微液滴等）高效检测的仪器，其中，荧光激活细胞分选（FACS）是基于FCM建立的一种可以实现荧光标记单细胞分选的技术，具有极快的检测速率，在一个项目周期内可处理的样品数可达 10^{10} 个，因此也被称为“超高通量筛选方法（ultrahigh-throughput screening method）”。这种超高通量筛选技术揭示了酶定向进化的广泛潜力，可以快速筛选和改进工业上重要的酶。虽然流式细胞术和分选不是传统蛋白质工程中最常用的技术之一，但是近年来，荧光激活细胞分选（FACS）系统在细胞色素P450酶、葡萄糖氧化酶、几丁质酶、纤维素酶、过氧化物酶、酯酶、转移酶、*β*-半乳糖苷酶、硫酯酶等多种酶的蛋白质进化研究中的应用越来越多，并且能以极高的分选频率（10～15 kHz）对大容量突变体文库进行高通量筛选，已广泛应用在新酶发现、高酶活力筛选及细胞工厂的定向进化中。

2．微流控技术

高通量筛选过程中涉及许多精确可靠的流体操作手段，以便实现结果可重复，因此，在亚微升或亚纳升的体积范围内，微流控技术为高通量筛选提供了一种新的模式，它能够凭借极少的试剂体积提供精确的单细胞分辨率分析。微流控装置具有数十到数百微米的通道网络，可以生成均匀大小的液滴（微升到飞升）。表面活性剂系统能够稳定液滴，使它们可以在芯片外孵育，并被完整地重新引入后续的微流体装置中进行分类和分析。最近，基于液滴的微流控芯片由于其低成本和高通量的特点，在细胞或无细胞体系中的酶定向进化中得到了广泛的应用。由于分离原理基于液滴中的标记或无标记特征，因此分选方法对整个系统的效率贡献最大。荧光激活液滴分选（FADS）是最常用的标记方法，除此之外，还有吸光度激活的液滴分选（AADS）、基于核磁共振的液滴分选（NMR-DS）等。与最新的机器人筛选系统相比，基于FADS的高通量筛选系统的通量增加了1000倍，其分析试剂成本降低为原来的100万分之一。随着技术的发展，DMFS也已经应用于高等动植物细胞的筛选中，液滴微流控植物和动物细胞高通量筛选的开发与应用将大大拓宽DMFS在获得高产植物次级代谢产物以及动物蛋白质细胞工厂中的应用。

五、定向选择在实际应用中的案例研究

对于酶的定向进化产生的庞大突变体文库，要想在一定的实验时间内探索其多样性，就必须采用高通量筛选方法。除了传统的琼脂平板筛选和微孔板筛选方法外，流式细胞术和基于芯片的微流控筛选方法更是提供了通量 $>10^6$ 每小时的选择，目前已成为超高通量筛选技术的基准。例如，通过FADS在定向进化中发现辣根过氧化物酶（HRP）突变体的应用，根据荧光强度对含有最活跃酶突变体的液滴进行分类。在每一轮筛选中，诱导酵母细胞表达HRP，包被成液滴，以每秒2000液滴的速率分选，在3小时内总共检测了 2×10^7 个细胞。最终获得了新的HRP突变体，其催化速率比野生型提升了10倍以上。

除了酶的定向进化外，高通量筛选技术已被应用于许多研究，如通过筛选数百或数千种分子能否用于特定临床应用来实现先导候选药物的快速鉴定。在药物实验室中，微流控筛选设备可以极大地帮助研究人员从复杂环境中分离病原体。例如，利用声电泳分选方法，通过在微通道上施加强烈的声波，成功地分选了大肠埃希菌和人类血细胞的混合物，得到的含有细菌的溶液显示出超过96%的细菌纯度（低于4%的血细胞）。此外，高通量筛选也是药物设计中最常使用的技术之一，可以在短时间内对化合物进行一系列分析。最经典的例子就是高通量筛选可以针对酶靶标进行筛选。该方法依赖于非荧光底物到荧光产物的生物催化转化过程，并具有广泛影响药物发现过程各个阶段的潜力，包括先导物鉴定和优化。利用该方法可以快速鉴定出最有效的抑制或激活酶靶标的化合物。

六、未来展望

酶作为大自然的生物催化剂，在温和的条件下，可以高速、高特异性催化化学反应。如今，定向进化已成为一种通用方法，其不仅可以鉴定具有新反应特异性的酶，而且正在改进现有酶的性能。随着科技的发展，已有多种方法可以在较短时间内建立容量>10^7的突变体文库，但如何从中快速筛选到目标突变体仍是一个瓶颈。目前，除了传统的琼脂平板筛选和微孔板筛选，基于新技术的FACS和DMFS等超高通量筛选方法的研究和应用已取得很大的进展，并已在定向进化中发挥了不可替代的作用。与传统筛选方法相比，FACS和DMFS技术不仅可以对大容量样本进行超高通量的分析和筛选，而且能够对样品的多项指标同时进行定量分析，因此，具有显著的优势。然而，目前FACS和DMFS主要依赖荧光信号进行检测，虽然已有基于吸光度和拉曼光谱的DMFS被报道，但这些技术尚不成熟，灵敏度和通量均较低，仍需要进一步的优化与设计以提高其灵敏度和筛选通量。随着各方面技术的不断发展，基于其他高精度的检测方法，如荧光共振能量转移、荧光偏振、中红外光谱或质谱的超高通量技术会不断涌现并日趋成熟，并将进一步推动酶和细胞工程领域的快速发展。例如，随着生物信息学技术的快速发展，研究人员开发了很多转录因子调控的数据库，如DBTBS、RegulonDB、TRANSFAC、RegTransBase等，这些数据库总结了各种微生物体内的转录因子及其识别调控区域和响应的小分子，为生物传感器的开发提供了强有力的信息支撑，更为高通量筛选提供了更多选择和可能性。

第四节　酶分子定向进化的研究进展及应用

一、定向进化的历史背景

定向进化技术的萌芽可以追溯到20世纪60年代，美国分子生物学家Sol Spiegelman利用RNA噬菌体Qβ第一次实现了在分子水平上定向改造单一分子。他通过不断改变培养条件，使Qβ RNA复制酶适应不同的环境，从而产生了不同长度和序列的RNA分子。这是一个简单的定向进化实验，但它为后来的研究者提供了重要的启示和思路。

随着DNA重组技术和蛋白质晶体学的进步，20世纪80年代酶工程的主流思想是采用基于结构分析和定点诱变的理性设计策略。理性设计要求人们对酶的结构、功能、动力学以及催化机制具有一定程度上的了解，才能有针对性地选择酶分子的关键位点或区域进行诱变、重组、插入、删除等操作，以期望获得更好的催化性能或者新的催化活性。但受限于当时的科技水平，人们对酶的结构与功能之间关系的了解并不透彻，实际应用中可能产生不必要的突变带来的副作用，影响酶分子的整体功能和特性。美国化学工程师 Frances H.Arnold 很快意识到了理性设计的局限性，并开始探索分子进化策略，以设计出具有更高的稳定性和活力的酶。

直到 1993 年，Frances H.Arnold 从大自然中汲取灵感，将物种的定向选择和进化缩小到蛋白质分子水平，首先提出通过易错 PCR 对天然酶进行改造，从而获得具有定制特征（温度耐受性、溶剂耐受性、对映选择性等）的酶，并将此过程定义为定向进化。通过定向进化技术，Frances H.Arnold 将枯草杆菌蛋白酶 E 在 60%二甲基甲酰胺中的活力提高了 256 倍，极大地改变了生物酶催化剂的蛋白质工程改造效率。因此，作为酶分子定向进化的先行者，Frances H.Arnold 教授荣获 2018 年诺贝尔化学奖。

典型的定向进化过程如图 8-3 所示。在定向进化技术被提出后的近 30 年时间里，研究者们开发了许多新的突变和筛选技术，以提高定向进化技术的效率和效果。同时，定向进化技术的应用领域也在不断扩展和深入。

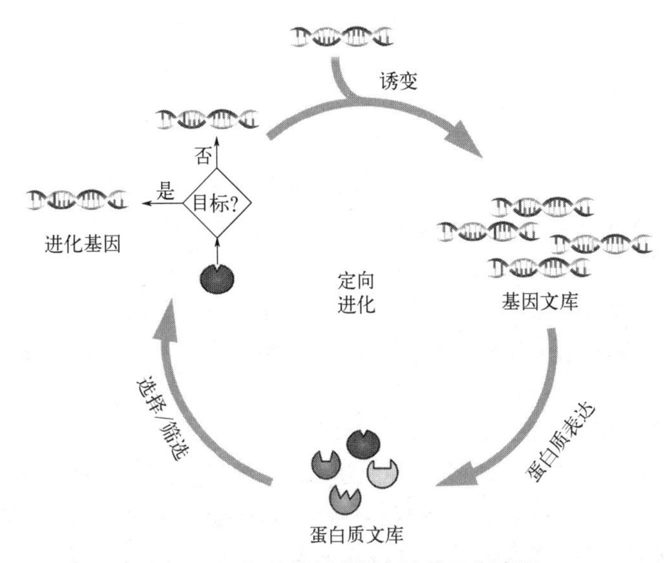

图 8-3　典型定向进化实验的工作流程

二、新的突变和筛选技术

早期定向进化中常用的突变技术主要是易错 PCR（error-prone PCR，epPCR）、DNA 改组（DNA shuffling）等，然而这些技术都具有其局限性，因此许多新颖完善的突变技术也被提出并应用在定向进化中。

1. CRISPR/Cas 系统介导的突变技术

CRISPR 的全名是 clustered regularly interspaced short palindromic repeats，意思是成簇的规律间隔的短回文重复序列。Cas 则是 CRISPR-associated。CRISPR/Cas 系统是细菌体内用来对抗侵略细菌的外源 DNA、质粒和噬菌体的获得性免疫系统。近年来，基于 CRISPR/Cas 系统已经发展出许多新的突变技术，如 CRISPR-Cas9、CasPER、CRISPR-X、EvolvR 等。这里简单介绍一下 CRISPR-Cas9。

CRISPR-Cas9 是一种利用 RNA 导向的核酸内切酶 Cas9 在特定位置切割和修复 DNA 的技术，它可以通过同源重组或非同源末端连接等机制实现 DNA 的定向编辑。这种技术可以对蛋白质的氨基酸序列或编码区域的长度进行高效、精确和灵活的改造。

2．Retroelement 介导的随机突变

这是一种利用名为“retrons”的细菌逆转录因子在目标基因上产生随机突变的技术，它可以在不影响细胞生长和存活的情况下，实现对目标基因的动态编辑和诱变。这种技术具有突变效率高、突变多样性高、突变可控性高等优点，是一种适用于定向进化的突变技术。

3．计算机辅助技术

计算机辅助技术是一种利用计算机模拟和预测，对定向进化的文库进行优化和筛选的技术。该技术可以根据序列信息或空间结构信息，对文库中的候选突变体进行评估和排序，从而减少实验筛选的难度和工作量。这种技术可以节省人力和时间，提高定向进化的效率和效果，但也存在一些局限性，如计算工具和模型的可靠性、准确性和适用性不高等。

突变技术的快速发展，使在短时间内生成超过十亿个突变体的大型基因文库成为可能。因此，定向进化面临的一个关键挑战是建立一个通用平台，以高效识别所需表型，并以高通量方式分析目标产物。目前已有多种实用的筛选技术被应用在定向进化中。

4．噬菌体辅助连续进化（phage-assisted continuous evolution，PACE）系统

噬菌体辅助连续进化系统是一种利用噬菌体生命周期实现目标蛋白质与噬菌体基因组的耦合，通过自动化连续培养装置实现目标分子的定向进化的技术。该技术具有实验室进化速度快、筛选条件灵活、分子功能或性能调控精确等优点。

5．荧光激活细胞分选（fluorescence-activated cell sorting，FACS）技术

荧光激活细胞分选技术是一种基于细胞的光散射和荧光特性进行单细胞分选的技术，可以在流式细胞仪中实现对细胞的高效、特异的分离和检测。FACS 技术具有筛选通量高、分辨率高、操作灵活等优点，但也存在一些局限性，如不适用于所有酶的筛选，以及不能较好地保持基因型和表型之间的一致性等。

6．液滴微流控（droplet microfluidics）技术

基于液滴的微流控技术是一种利用微小的液滴作为反应载体，进行高通量、高分辨率、低成本的生物分析和检测的技术。该技术具有样品用量少、纯化选择效率高、分类速度快、与多种分析检测技术兼容等优点，是一种极具前景的高通量筛选技术。

总而言之，传统突变技术不断引入创新的同时，新技术的涌现也为定向进化的未来发展提供了一个新视角。此外，稳定的高通量筛选方法至关重要。如何使高通量筛选方法适用于更广泛的酶功能筛选依然是未来研究的重点。科学家们还需不断地改进现有的技术手段，研发和优化更高效的文库构建和筛选方法，为定向进化创造更加广阔的前景。

三、定向进化的应用领域与实际应用案例

随着上述新的突变技术与筛选技术的涌现，定向进化技术被不断完善与改进。这些技术可以提高定向进化的效率和效果，产生更多样化和创新性的突变体文库，覆盖更广泛的序列空间和结构空间，从海量的候选突变体中快速准确地识别出最优突变体。因此，定向进化技

术也在各种热门领域中得到应用，主要包括基因治疗、化学合成、代谢途径等领域。

1．在基因治疗领域的应用

基因治疗利用基因转移的方法，将有益的外源基因导入到患者的细胞中，以治疗由基因缺陷或异常引起的疾病。基因治疗的载体是将外源基因送入细胞的工具，其中病毒载体是最常用的一种，因为它们具有高效、稳定等优点。病毒载体在基因治疗、疫苗开发、癌症治疗等领域有着广阔的应用前景。例如，基于腺相关病毒（adeno-associated virus，AAV）的基因治疗载体是治疗各种人类疾病的主要平台。然而，病毒载体也存在着一些局限性和挑战，例如传递效率和特异性不够高，以及安全性和免疫性问题等。为了克服这些难题，一些研究者利用定向进化的方法来改造或优化病毒载体。

为了筛选出能够更好地感染 HIV-1 生产的 T 细胞系的 AAV 衣壳蛋白变异体，进而开发出性能更佳的基因转移载体，通过定向进化的方法，使用了一个 AAV 变异体文库去感染先前被感染或未被感染的 H9 T 细胞系，然后用野生型 AAV 进行扩增。经过 6 轮生物学选择后，选择了 4 个 AAV 衣壳蛋白变异体进行进一步的研究。最后定量聚合酶链反应检测显示，与野生型病毒相比，4 个 AAV 衣壳蛋白突变体中有两种（HIV-2B 和 HIV-4C）突变体的细胞相关病毒 DNA 量显著增加。实验结果表明，定向进化可以成功地用来筛选出对 HIV-1 存在下的 T 细胞系具有更好亲和力的突变体。

遗传性视网膜变性是一种由于眼睛的感光细胞或视网膜色素上皮细胞中表达的 mRNA 转录物质发生了致病性突变，导致细胞死亡和结构退化的疾病。为了满足对广泛适用的基因递送方法的需求，采用体内定向进化的方法，成功设计出能够将基因货物从玻璃体输送到视网膜外层的 AAV 突变体（7m8）。它能够高效地将基因运送到小鼠和非人灵长类动物的视网膜各层，还能在两种视网膜疾病小鼠模型中将治疗基因输送到光感受器，从而对整个视网膜的疾病表型进行无创、长期的组织学和功能性的挽救。这项成果展示了定向进化在设计能够穿透密集组织的基因传递载体方面的价值。

除 AAV 载体外，病毒核衣壳也极有可能应用于递送核酸，从而避免与病毒相关的安全风险和工程挑战。病毒核衣壳是一种人工合成的类似于病毒的核衣壳结构，一般用于研究病毒的组装、传播和感染机制，也可作为基因或药物的载体。例如，通过定向进化，将 aquifex aeolicus lumazine 合成酶及其编码的 mRNA 形成的非病毒蛋白笼转化为病毒核衣壳。进化后的衣壳蛋白特异性识别同源 mRNA 上的包装信号，这些 RNA 标签也可以用来指导其他基因的优先包装。这些研究表明，蛋白质组装物通过简单的进化途径可以获得类似病毒的基因组包装和保护能力。因此，定向进化在核酸传递治疗和疫苗开发方面具有巨大潜力。

2．在化学合成领域的应用

定向进化早期主要被用于对天然酶进行改造，以提高酶的稳定性与活力，并微调其化学选择性、立体选择性和对映选择性。Frances H.Arnold 等在一项工作中选择了一种从细菌中分离出来的 *p*-硝基苯甲酸酯酶作为起始酶。经过 4 轮随机突变和 1 轮 DNA 重组后，R2 突变体在含有 30% 二甲基甲酰胺的溶液中的活力是起始酶的近 60 倍，这表明 R2 突变体具有很高的有机溶剂耐受性。

另一个引人注目的研究成果是 Gregory J. Hughes 等于 2010 年成功利用生物催化替代铑催化进行不对称烯胺加氢反应，并用来进行抗糖尿病药物西格列汀的大规模生产。首先，选择一个能够催化酮和氨基酸之间的氨基转移反应但又缺乏对前西格列汀酮催化活力的转氨酶，应用一种基因演化、建模和突变的方法，创造出一个具有较低活力的转氨酶突变体，这个变异体能够催化前西格列汀酮和L-异亮氨酸之间的反应，产生西格列汀和L-吡咯烷羧酸。然后，对这个突变体进行定向进化处理，通过随机突变和高通量筛选来提高其活力和选择性，成功筛选出一个优良的突变体TA-A，该突变体的活力提高了约25000倍。最后，对TA-A变异体进行了工艺优化和放大，在200 g/L的规模下生产西格列汀的*ee*值大于99.95%，超越了铑催化工艺，并且无需任何后处理或纯化步骤。

随着计算化学和生物学的进步，从头设计催化非生物反应的人工酶也逐渐走进人们的视野。这种方法也被称为“由内而外”的酶设计方法，即把为目标反应设计的活性中心嵌入到一个稳定的蛋白质骨架中。由此产生的新酶的结构是稳定的，但其动力学性能通常不及天然酶。因此还需要根据酶结构和催化机制指导的定向进化来改善人工酶的催化性能。虽然目前该方法的成功率仍然很低，但科学家们已经成功地证明该方法确实能够产生具有目标活力和选择性的酶。

例如，根据“由内而外”的酶设计方法，分别使用氢键网络和质子搬运剂这两种不同的催化模式来稳定过渡态并降低活化能；通过量子力学计算来设计理想的活性位点；通过蛋白质折叠算法来构建酶分子的三维结构；通过突变分析和晶体结构来验证设计的准确性，并用体外进化的方法来优化设计，最终成功设计出了8种能够催化Kemp消除反应的新人工酶。

Diels-Alder反应是有机合成中的一个基石，目前为止没有自然存在的酶能够催化双分子Diels-Alder反应。科学家们根据Diels-Alder反应的反应机制设计了一个活性位点，并选择一个刚性的、具有高度可进化性和稳定性的β-螺旋支架作为酶的框架。将设计的活性位点嵌入到支架的一个非极性结合口袋中，并对其进行了优化。通过定向进化发现添加一个螺旋-转角-螺旋（helix-turn-helix）的钙元素可以显著提高人工酶与底物的亲和力，并最终得到了能够高效地催化双分子的Diels-Alder反应，并且具有高度的立体选择性和底物特异性的人工酶。

3．在代谢途径领域的应用

定向进化可以用于对代谢途径进行设计和优化，从而提高其在生物工程中的应用效果。然而定向进化对代谢途径的改造或优化具有较高的挑战性，因为需要同时进化代谢途径中的多个酶，增加了文库构建和文库分析的复杂性。此外，与目标途径相关的调节因子和遗传元件也可能需要优化，这进一步扩大了需要探索的潜在序列空间。因此，定向进化对代谢途径的改造或优化通常需要采用量身定制的方法。用于遗传多样化和筛选代谢途径的最佳方法因具体情况而异，可能根据目标是作为同化途径还是生物合成途径以及可用的筛选方法而不同。

同化途径是指生物体将从外部环境中摄取的营养物质转化为自身所需的组分或能量储备的过程，也就是生物体利用能量将小分子组装为大分子的一系列代谢途径，是生物新陈代谢的一个重要过程。定向进化非常适用于优化同化途径，因为细胞生长与途径效率密切相关。因此，可以对整个途径进行突变，然后根据细胞生长情况进行简单的筛选。

例如，研究人员开发了一种名为“COMPACTER”的方法，能够生成一个大规模的代谢途径突变体组合库，其中包括以不同水平表达的每个代谢步骤的多个基因突变体。这种方法被应用于麦角菌中由木糖还原酶、木糖醇脱氢酶和木糖激酶组成的异源木糖利用途径，从而产生了一种木糖消耗速率为0.92 g/（L•h）的酵母菌株，每克木糖的乙醇产量为0.26 g。用类似的组合方法创造了8000多个木糖代谢途径突变体，从而产生了每克木糖可产生0.31 g乙醇的酵母菌株，而每克木糖仅产生0.06 g副产品。

再如，通过采用组合表达方法在有氧和无氧条件下丰富来自*Scheffersomyces stipitis*的三基因木糖利用途径和八基因木糖利用途径的库。使用一种一锅法的Golden Gate反应，将含有由五种不同强度的固定启动子驱动的表达盒子的质粒与骨架组装在一起，从而得到包含三基因和八基因木糖利用途径所有可能表达谱的库。然后，将得到的库转化到 *S. cerevisiae* 中，并通过在无氧和有氧条件下进行以木糖为主要碳源的连续培养，富集出表现最好的木糖利用途径。不出所料，八基因木糖利用途径比三基因木糖利用途径表现得更好，而在无氧条件下表现最好的木糖利用途径与在有氧条件下表现最好的木糖利用途径并不对应。

与同化途径相比，生物合成途径的定向进化可能更加困难，因为生物合成途径的功能往往不能直接与目标生物的生长或生长相关物质产生联系，而需要对目标物质进行筛选。

例如，使用大肠埃希菌作为生产宿主，确定了酵母埃尔利希途径是 4-羟基苯乙酸的最佳生物合成途径。通过 epPCR 进化组成酶，得到了两种比野生型性能更优的苯丙酮酸脱羧酶 ARO10 和苯乙醛脱氢酶 FeaB 突变体。然后通过使用可调节的基因间区序列来平衡进化基因的表达，进化后途径相比野生型途径提高了 1.13 倍的产量。在实现了一种群感应回路来对抗异源途径的毒性后，最终菌株达到了（17.39±0.26）g/L 4-羟基苯乙酸的产量最大值，摩尔产率为 23.2%，比连续表达的进化途径进一步提高了 46%的产量。

再如，为了优化抗疟药青蒿素的前体四氢呋喃-4,11-二烯的生物合成途径，将在大肠埃希菌中表达的异源酵母戊二酸途径，通过生成可调节基因间区（TIGRs）的文库进行了定向进化。TIGRs 可以用来在 100 倍的范围内改变两个报告基因的相对表达，并同时调节操纵子内几个基因的表达。通过使用 TIGRs 文库来平衡戊二酸生物合成途径的表达，成功使戊二酸产量增加了 7 倍。

四、展望

定向进化是一种强大而灵活的方法，可以用来改造自然界中存在的生物分子，使其具有更适合特定应用的性能。随着合成生物学、人工智能、计算化学等技术的发展，定向进化已经在许多领域取得了重大的进展和突破，但是定向进化仍然面临着一些挑战和局限性，如：如何有效地产生具有高度多样性和创新性的突变体文库，以覆盖更广泛的序列空间和结构空间；如何设计和实施高通量、高灵敏度、高选择性的筛选或选择方法，以从海量的候选突变体中快速准确地识别出最优突变体；如何整合定向进化与其他蛋白质工程方法（如理性设计、计算机辅助设计等），以实现更高效和精确的多目标优化；如何揭示定向进化过程中发生的分子机制和进化规律，以提高定向进化的可预测性和可控性。

结合以上定向进化存在的局限性，我们认为定向进化将会在以下几个方面有所突破和创新。

① 利用机器学习优化定向进化策略：机器学习是一种利用数据进行自主学习和预测的技术，它在许多领域都有广泛的应用。在定向进化中，机器学习可以帮助设计出更有效的突变策略、筛选条件和评价指标，从而提高定向进化的效率和精度。我们期待通过利用机器学习分析大量的序列—结构—功能数据，揭示蛋白质进化的规律和模式，从而实现更智能和自动化的定向进化。

② 新型高通量筛选方法：高通量筛选是定向进化中至关重要的一环，它决定了定向进化能否快速地从庞大的突变体文库中筛选出目标酶。目前，常用的高通量筛选方法仍然存在一些局限性，如灵敏度、特异性、可扩展性等。我们期待通过开发新型高通量筛选方法，实现更广泛、更灵活、更精准的定向进化筛选。

③ 从头设计催化非生物反应的人工酶：目前，从头设计催化非生物反应的人工酶是一个具有挑战性和前沿性的研究方向，近年来，已经有一些成功的案例。然而，从头设计催化非生物反应的人工酶仍然面临着许多困难，如活性中心的预制、蛋白质支架的选择、能量计算的准确性等。我们期待通过结合定向进化和计算设计的方法，实现更多样化非天然有机化学品的生物催化合成。

总而言之，作为一种仿生学方法，定向进化不仅可以帮助我们改造自然界中存在的生物分子，也可以帮助我们理解自然界中发生的进化过程。因此定向进化是一种具有巨大潜力和应用前景的生物技术，它将不断地推动生物科学和工程的发展和创新。我们相信，在未来，定向进化将会产生更多的惊喜和奇迹。

（年彬彬，朱本伟）

第九章
计算酶化学

设计功能增强的酶突变体是酶工程的“圣杯”。有益突变的自然发生率低于1%，因此迫切需要计算机辅助来优化酶的序列。结构生物信息学、计算建模以及蛋白质数据库的快速发展促进了各种计算工具的发展，这些工具可以加快新酶的创制过程。在过去的十年中，物理驱动的计算机辅助酶设计方法在增加酶的生物催化性能上取得了显著成就。尽管数据驱动的方法尚处于起步阶段，但就像AlphaFold2在结构预测中的突破性进展一样，可以预见未来数据驱动的方法在酶设计中的巨大潜力。在未来几年中，融合物理驱动和数据驱动的方法，将有助于实现更加宏伟的酶工程目标。

本章内容能够让读者了解计算机辅助酶设计的最新进展，推动新的计算方法的开发与应用，促进数学家、计算科学家、工程师、分子生物学家和化学家之间的合作，为合成生物学和制药领域创造新的生物催化剂。

第一节　经典的计算机辅助酶设计

经典的计算机辅助酶设计方法通常包括基于序列的酶设计和基于结构的酶设计。基于结构的酶设计方法利用已知的酶结构信息来设计新酶，而基于序列的酶设计方法则依赖于酶序列信息来优化酶。

一、基于序列的酶设计

1．序列比对

蛋白质一级结构为理性设计提供了最直接、最容易获得的信息。在结构信息未知的情况下，可以从氨基酸序列中分析潜在突变位点，如图9-1所示。实际上，当有相当数量的同源序列时，序列比对更加可靠。高通量测序技术产生了大量的数据。为了处理这样的数据，在过去的二十年中已经开发了多种多序列比对（multiple sequence alignment，MSA）方法，并且这些方法在现代分子生物学中得到了广泛的应用。常用的序列比对软件包括：ClustalW、Clustal Omega、T-Coffee、MAFFT、MUSCLE、MMseqs2和PROMALS3D等。比较同源的蛋白质序列时，可进行多序列比对以确定每个位置上进化最保守的氨基酸。高度保守的位置可能与蛋白质的活性、折叠或稳定性有关，而非保守的位置可能更适合于突变。将目标蛋白向共识序列突变往往能提高酶的活力或稳定性。然而，如果只考虑暴露于自然选择压力的序列，就排除了许多其他潜在的突变。

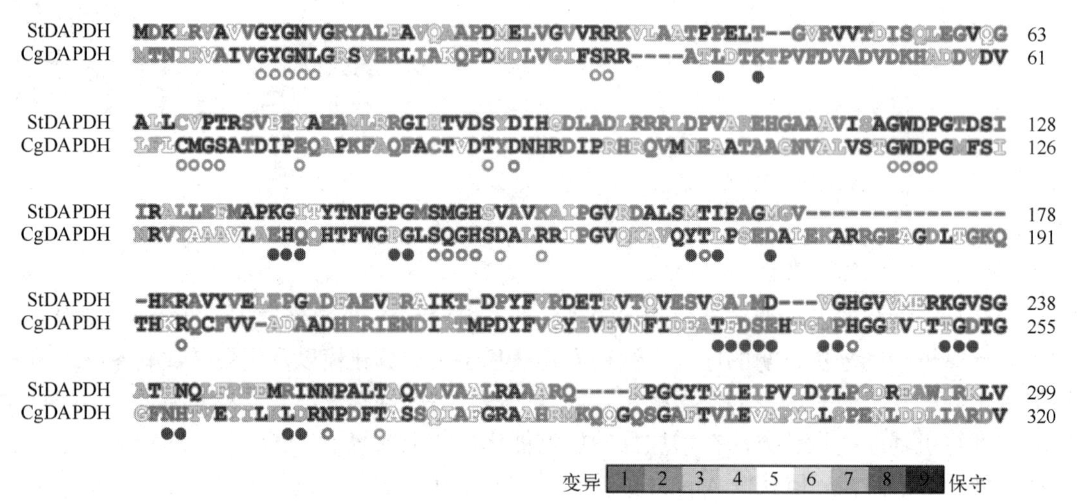

图 9-1　内消旋-二氨基庚二酸脱氢酶（*meso*-DAPDH）进化保守性分析

（*J Chem Inf Model*, 2019, 59(5):2331-2338）

（级别 1 定义为高变异氨基酸位置，级别 9 定义为高保守氨基酸位置）

2．共进化

共进化可以被定义为两个实体的进化变化之间的相互依存关系，从生态系统到分子水平上都发挥着重要作用。在自然胁迫条件下，蛋白质序列会发生残基共变异以保持其功能。当在功能重要位点的突变导致在合作残基上发生补偿性取代以避免功能丧失时，就会发生共变异（图 9-2）。因此，对同源蛋白质序列两个不同位点氨基酸共变异的进化分析，有助于鉴定出功能上重要的残基。通过引入突变来调节酶活力的进化热点往往是高度共进化的。如果两个残基表现出统计上显著的共现，或者换句话说，共进化，那么它们就是偶联的。进化偶联可分为直接偶联和间接偶联，其中直接偶联的残基在折叠蛋白中接触，而间接偶联的残基不接触。AlphaFold2 就是利用共进化信息预测高准确度的蛋白质结构的。因此，共进化分析可以用来探索酶如何执行其功能，可以作为蛋白质工程的一种策略。共进化算法可大致分为互信息（mutual information，MI）和直接耦合分析（directed coupling analysis，DCA）。其中，InterMap3D 使用 MI 来预测共进化位点，但不能区分直接偶联和间接偶联。mfDCA（mean-field DCA）和 plmDCA（pseudo-likelihood maximization DCA）可以区分直接耦合。MISTIC 利用 MI、高斯 DCA、mfDCA、plmDCA 或它们的组合进行分析预测。

SCANEER（sequence co-evolutionary analysis to control the efficiency of enzyme reactions）方法基于序列共进化分析来鉴定关键的氨基酸替换，以提高酶活力。为了找到氨基酸替换的候选物，SCANEER 评估了氨基酸对在同源序列共进化位点的分布。在多序列比对中没有观察到或很少观察到的氨基酸对可能导致酶的功能丧失。因此，从搜索空间中剔除功能丧失的突变体可以增加改善酶活力的突变的机会。β-内酰胺酶和氨基糖苷 3′-磷酸转移酶的高通量饱和突变验证了该方法的可行性。此外，SCANEER 还被用于设计了具有生物工业实际需求的广泛的酶，包括顺式乌头酸脱羧酶、α-酮戊二酸半醛脱氢酶和肌醇加氧酶。

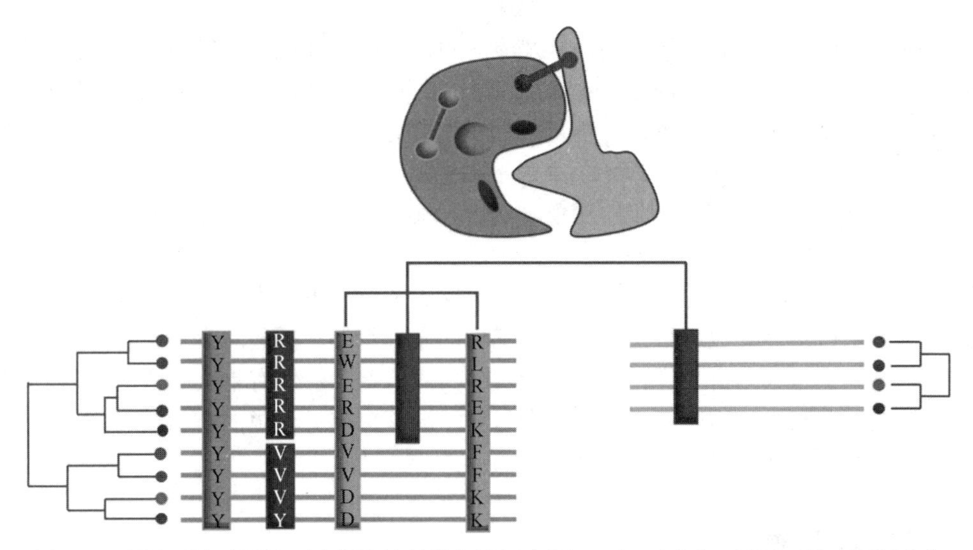

图 9-2　蛋白质多序列比对中提取的共进化特征（*Biotechnol Adv.*, 2022, 56:107926.）

不同颜色的圆圈代表蛋白质序列的不同物种来源。蛋白质内共进化残基（浅蓝色）可能表示残基在空间上邻近，而蛋白质间共进化残基（深蓝色）反映了不同蛋白质链中残基之间的邻近。完全保守的位置（灰色）往往形成蛋白质核心的一部分，其也常出现在功能区（如蛋催化位点）

3．祖先序列重建

酶祖先序列重建（ancestral sequence reconstruction，ASR）是一种利用计算机算法推导出一个祖先酶的残基序列的技术。祖先酶通常具有更好的热稳定性、高异源表达量、低 pH 活力、高活力、催化混杂性和可进化性等，这些都是蛋白质工程的理想蛋白质支架，更符合现代绿色生物制造对工业酶的需求。祖先序列被定义为其中每个残基在其相关位置存在的可能性最大的残基集合。虽然存在许多不同的计算算法来执行 ASR，但是所有算法的基本原则是使用已知的现存蛋白质的序列来重建包含推定的祖先序列的系统发育树，基于在氨基酸序列的给定点找到给定的氨基酸替换的概率。酶祖先序列重建技术通常包括六个步骤：现代酶的核酸/氨基酸序列收集、多序列比对、系统发育树构建、关键节点分析和祖先酶序列推断、基因克隆和酶的性质表征（图 9-3）。ASR 倾向于在远离活性位点的蛋白质区域产生许多突变，这些突变位点通常难以通过理性设计方法设计。已有大量的实验研究使用祖先序列重建的蛋白质作为酶设计的起点。

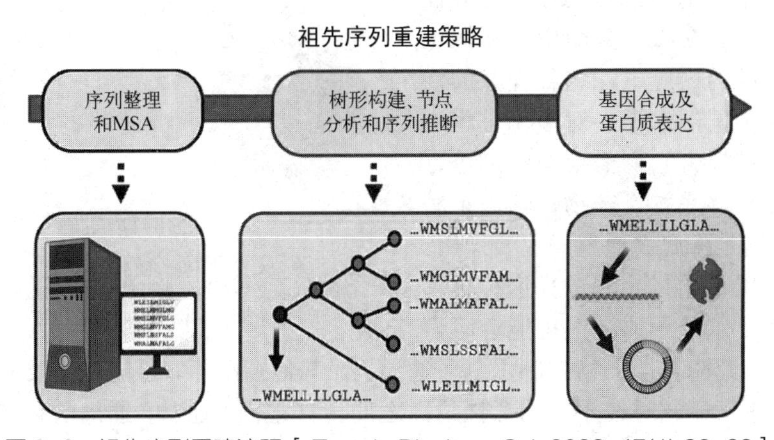

图 9-3　祖先序列重建流程［*Trends Biochem Sci.*, 2022, 47(1):98-99］

为了使重建能够处理大量的序列，以及应对序列中插入和删除等挑战，科学家开发了一种称为 GRASP（graphical representation of ancestral sequence predictions）的祖先序列重建方法，它有效地实现了最大似然方法，能够推断拥有超过 10000 个成员的祖先序列。GRASP 通过偏序图（partial order graph，POG）来表示和推断祖先序列之间的插入和缺失，并预测了三种不同酶家族的祖先序列：葡萄糖-甲醇-胆碱氧化还原酶、细胞色素 P450 和二羟基/糖酸脱水酶，它们均表现出酶活力。

基于序列的蛋白质设计的优缺点很明显。其优点是对于不同类型的酶，其设计原则可能是相似的。由于自然序列被用于探索蛋白质工程的序列空间，预测的突变更有可能产生中性或积极的影响，这是因为自然进化可以消除对蛋白质折叠和活性有重大影响的残基。其缺点是需要大量的同源家族酶的同源序列。特别是对于缺乏家族进化史的新功能酶，考虑到同源序列的数量较少，可能做出不准确的预测。

二、基于结构的酶设计

基于结构的酶设计依赖于酶的结构，准确的结构仍然是理性设计成功的先决条件。如果晶体结构尚未确定，基于计算机的蛋白质结构预测可以生成用于结构-功能分析的模型，但值得注意的是，随后的工程在很大程度上取决于该模型的质量。大多数酶或酶突变体尚没有实验确定的结构。因此，必须根据其序列对酶的结构进行建模。常用的建模软件包括 Modeller、Swiss-Model、Phyre2、CPH、I-TASSER、Robetta 和 YASARA 等，30%的序列一致性通常被视为同源建模的阈值。基于深度学习的结构预测技术的最新进展可能会彻底改变这种情况，逐步减轻酶设计对晶体结构的需求。近年来，随着深度学习方法 AlphaFold2 和 RoseTTAFold 的开发，从头设计结构预测领域取得了突破性进步，其精度甚至超过了高质量的同源模型，达到了原子精度的水平。因此，这些模型很可能成为酶设计的良好起点，避免通过实验方法进行烦琐的结构确定。

利用实验或者物理驱动的方法获得酶-底物复合物结构后，须考虑酶-底物相互作用以及酶的相互作用网络。酶-底物复合物通常用少数已知的相互作用描述，如经典的氢键、离子键、疏水相互作用和 π-π 堆积等。

“钥匙孔-锁-钥匙”（keyhole-lock-key）模型（图 9-4）表明底物通道与底物特异性之间存在相关性。在大多数酶中，活性位点位于一个较深的内腔中，这种埋藏的活性位点能够在不同的水平上对催化过程进行非常严密的调控。它们需要与溶剂进行一些通信，即转移底物、产物，辅因子和溶剂分子等。这是酶底物通道的主要作用。通道的次要作用是选择允许进行这种转移的物质。例如，水分子的存在可能会阻碍酶催化反应，因此酶需要严格控制水分子通过。在其他情况下，可能有必要防止从酶的内部释放有毒中间体，同时在不同的活性位点之间转移它们。通常，通道的存在使得更容易选择哪些物质被允许从存在于溶剂中的复杂分子混合物进入蛋白质的特定部分。如果通道

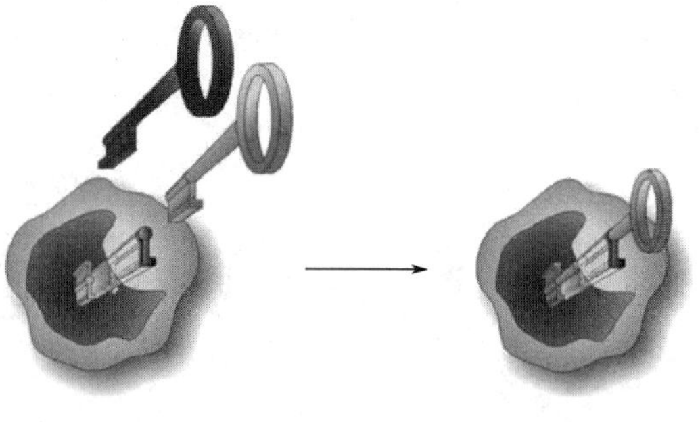

图 9-4 “钥匙孔-锁-钥匙”模型（*Protein engineering handbook*: 421-464）

（钥匙代表必须穿过钥匙孔的底物，钥匙孔代表通道，到达锁，即到达活性中心，并发生催化反应）

的几何形状和物理化学性质得到很好的调整，它可能能够排除期望的底物之外的所有物质，从而确保酶的底物特异性。

计算蛋白质中通道的最常用的程序是 CAVER、MOLE、MolAxis、CHEXVIS 和 BetaCavityWeb 等。这些工具提供了通道的几何形状、通道残基以及形成通道瓶颈的残基（即通道最狭窄的部分）等信息。其中，瓶颈残基是蛋白质工程中备受关注的热点残基，若它们发生替换通常会对蛋白质的功能或稳定性有重大影响。突变通道上的瓶颈残基为一个小的氨基酸残基，如甘氨酸或丙氨酸，主要影响底物的进入和产物的释放。加宽底物通道可拓宽瓶颈，以吸引和容纳更多和更大的底物。

三、传统的计算机辅助酶设计的流程

传统的计算机辅助酶设计策略分为 6 个模块（图 9-5）。

1．模块 1：酶的结构-功能分析

在开始设计酶之前，必须对酶功能的结构和动力学基础有深入的了解。如果晶体结构尚未确定，基于计算机的蛋白质结构预测可以生成用于结构-功能分析的模型。近年来，通过深度学习方法，从头设计结构预测领域取得了突破性进展，达到了原子精度的水平。

2．模块 2：构建酶-底物复合物

获得具有准确的底物结合位点或过渡态复合物、酶-底物复合物是计算流程中的第一步。分子对接是一种在药物发现中广泛使用的方法，通过搜索构象空间寻找最适合蛋白质结合口袋的底物结合构象。

3．模块 3：设计位置的确定

在酶-底物复合物准备完成后，下一步是设计突变残基。分析结合口袋中的分子相互作用。进化保守性分析，可以预测单个残基的重要性，并有助于评估残基作为设计位置的适宜性。

4．模块 4：酶的工程稳定性

从生物技术的角度来看，改进生物催化剂的稳定性可以提高其对高温或有机溶剂的稳定性，从而有可能在工业规模上加快化学转化率。PROSS 和 FireProt 是最常用的两种提高酶稳定性的软件。

5．模块 5：酶的活力和特异性

酶的活力和特异性的理性和半理性设计侧重于直接或间接连接酶的催化中心或结合口袋的残基。基于极性和非共价键的结合口袋形状和配体结构之间的简单相关性，可重新设计这些性质以允许接受新的底物与酶结合。当然，实际情况要复杂得多，在许多情况下，需要多个突变才能大幅度增加新基质的活力。IPRO、FuncLib、CADEE 和 HotSpot Wizard 3.0 等软件是代表性的酶活力和特异性设计工具。

6．模块 6：筛选酶的稳定性、亲和力和活力

模块 4 和模块 5 中生成的酶突变体文库规模可能会超过可以通过实验筛选的大小。此外，设计多种多样的突变体可能需要昂贵的基因合成时，实验突变将过于耗时。因此，酶的稳定性、底物结合亲和力或活力的计算筛选可以加快确定实验测试的最佳候选者的过程，同时减少研究费用。多种计算方法可以预测单点突变后酶的稳定性、亲和力和活力的变化。

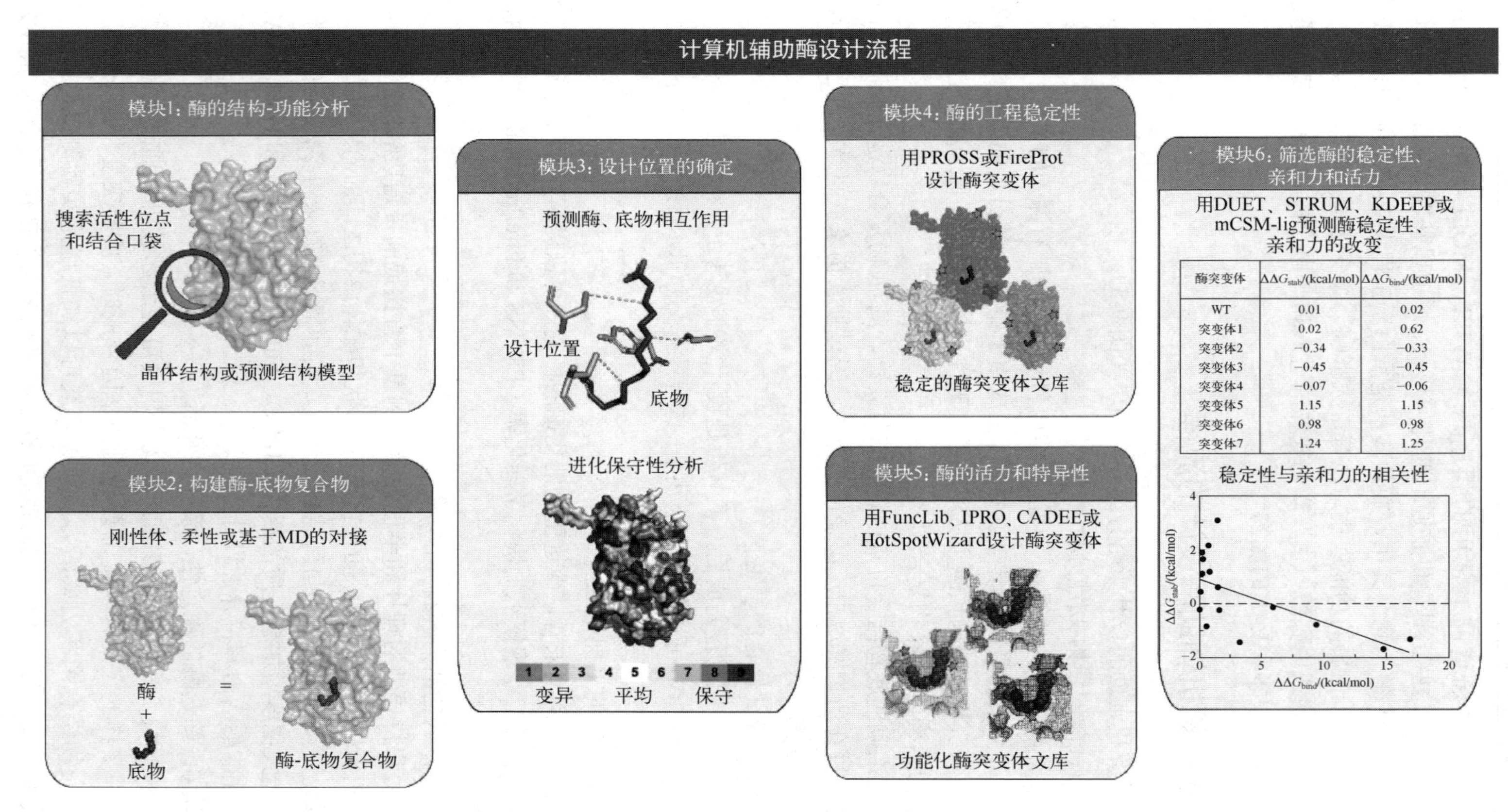

图 9-5 传统的计算机辅助酶设计策略的流程（*Front. Bioeng. Biotechnol.*, 2021, 9, 673005）

第二节　物理驱动的酶设计

酶催化过程由一系列非化学步骤和化学步骤组成，其中非化学步骤包括底物结合和产物释放。此外，一些酶还存在亚构象状态间的转换。化学步骤指酶催化过程中旧化学键的断裂和新化学键的形成。任意一类酶的催化循环都可分为底物结合、催化反应和产物释放，如图 9-6 所示。催化过程经过几个步骤，首先酶处于开放构象，底物结合到酶中形成酶-底物复合物。其中一些酶可直接发生化学反应形成酶-产物复合物，另一些酶会发生构象转变，从开放构象转变为闭合构象，在闭合构象中发生化学反应，然后又经过构象转变，活性口袋打开形成开放构象，从而释放产物。其中任一化学和非化学过程都有可能是决定酶活力的关键步骤。物理驱动的酶设计即借助计算机模拟酶催化循环的各个过程，探寻其中的关键位点，进而指导实验。这一节将重点介绍探索酶催化全程分子模拟的软件。

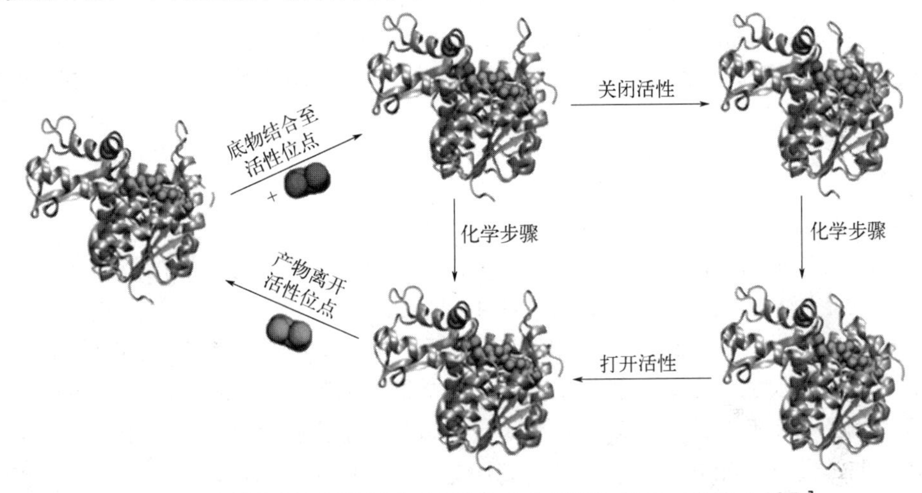

图 9-6　酶催化循环示意图 [*ACS Catal.*, 2015, 5(4): 1172–1185]

一、底物结合和产物释放

在酶促反应中酶（E）和底物（S）通过扩散而结合在一起形成酶-底物（ES）复合物。产物（P）在酶-产物复合物形成后释放。

$$E+S \underset{k_{-1}}{\overset{k_1}{\rightleftharpoons}} ES \xrightarrow{k_2} E+P \tag{9-1}$$

$$K_m = \frac{k_{-1}+k_2}{k_1} \tag{9-2}$$

$$K_d = (\frac{[E][S]}{[ES]}) = k_{ES} = \frac{k_{-1}}{k_1} \tag{9-3}$$

式中，底物结合和产物释放的速率常数分别为 k_1 和 k_2，如式（9-1）所示。E、S 和 ES 复合物处于平衡状态。因此，与 k_1 和 k_{-1} 相比，k_2 小得多。在这种平衡假设下，可以做出如下评估。

如式（9-2）、式（9-3）所示，配体的结合自由能：$\Delta G_{bind} = RT\ln K_d$，$K_d \approx K_m$，所以 $\Delta G_{bind} = RT\ln K_m$。

底物到活性口袋是酶促反应的第一步，对酶催化具有重要的影响。可以通过分子动力学模拟方法探索酶进入活性口袋的过程，如模拟药物分子进入蛋白质的全过程，需要大量的计算机资源。此外还可以利用加速采样分子动力学模拟方法，比如拉伸分子动力学（steered molecular dynamics，SMD）、Metadynamics、随机加速分子动力学（random acceleration molecular dynamics，RAMD）和高斯加速分子动力学模拟（GaMD）等。除了上述方法，也可通过分子对接软件探索底物在活性口袋的结合构象。酶口袋形状完美匹配底物，通过改变口袋氨基酸的大小和性质，改变酶或赋予酶新的性质，常用的计算口袋大小的软件有 POVME、D3Pocket、CASTp 和 Fpocket 等。底物和酶的结合自由能有多种计算方法，常用的方法有自由能微扰（free energy perturbation，FEP）方法、热力学积分（thermodynamic integration，TI）方法、线性相互作用能（linear interaction energy，LIE）方法、flex-ddG、分子力学/泊松-玻尔兹曼表面积（molecular mechanics/Poisson-Boltzmann surface area，MM/PBSA）方法以及分子力学/广义波恩表面积（molecular mechanics/generalized Born surface area，MM/GBSA）方法。从理论上来说，FEP 和 TI 是计算结合自由能理论最严格和准确的方法。但是它们需要运行多个 λ 窗口的分子动力学模拟，并且使用显性溶剂，因此需要花费大量的时间。

二、催化

与生物学有关的所有反应均属于两种反应中的一种，即动力学控制的反应和热力学控制的反应。动力学控制的反应可以通过使用催化剂来加速反应进行。热力学控制的反应除了催化剂外，还需要提供能量（例如 ATP 水解）。任何发生的反应均应伴有自由能的减少。因此，平衡常数和相应的反应标准自由能由以下方程式关联：$\Delta G^{\ominus} = -RT\ln K_{eq}$。催化剂不能改变反应的平衡，因此 K_{eq} 和 $\Delta G^{\ominus}$ 不受影响。酶通过降低活化能来提高反应达到平衡的速率，且生物催化遵循与非酶催化相同的一般规则。酶加速化学反应主要通过以下七个方面：①酶通过稳定过渡态、降低活化能来加速反应，酶可以被视为优先结合或稳定过渡态（TS）而不是底物，这主要体现在降低焓上。②底物在活性位点的特异性结合和催化基团的定位定向，也降低了活化能，这主要体现在降低熵上，即将化学事件的熵成本转移到结合的物理事件。③酶催化将分子间反应变为分子内反应，提高局部反应基团的浓度。④活性位点通常会排出大量水，从而产生独特的局部介电环境，这对官能团反应性具有深远的影响，羧酸盐的 pK_a 在局部低介电常数环境中升高，如溶菌酶的 Glu35 的 pK_a 值为 6.3。类似地，氨基的 pK_a 值可以变化很大，如乙酰乙酸脱羧酶的 Lys-NH_2 的 pK_a 值为 5.9。⑤在催化期间的某些阶段，可能产生酶-底物共价中间体。这种催化甚至可以遵循与未催化的反应路径不同且更容易的反应路径。酶可以将复杂的反应分解为两个或更多个简单的反应，每步反应都有自己的活化能。然而，这些新的能垒低于未催化的反应。⑥已知酶中，三分之一需要金属离子才能发挥其功能。这些金属离子可以作为蛋白质结构的决定因素，但更重要的是它们可以直接参与催化过程。金属离子可以与底物结合，并因此增强底物与酶的相互作用，通过稳定和呈现一种特定的底物构象用于催化。⑦大多数酶促反应涉及一个或多个质子转移，因此广义的酸碱催化在酶中普遍存在，酶的加速作用体现在质子的转移、夺取和贡献上。

反应速率的过渡态理论可扩展到酶促反应上，如图 9-7 所示，对于从酶-底物复合物（R）到酶-产物复合物（P）的反应，沿虚构反应坐标的最高点称为过渡态（图 9-7 中的 TS）。过渡态具有最高的自由能，并且是一种极为不稳定的物质，涉及化学键的断裂和形成。

过渡态理论预测，化学反应速率与过渡态浓度有关：

$$反应速率=\frac{k_B T}{h}[TS] \tag{9-4}$$

式中，k_B 表示玻尔兹曼常数，$k_B= 1.38\times10^{-16}\ cm^2\cdot g\cdot s^{-2}\cdot K^{-1}$；$h$ 表示普朗克常数，$h=6.626\times10^{-27}\ cm^2\cdot g\cdot s^{-1}$；$T$ 表示绝对温度。

根据 TS 的定义，其浓度不可测量。但是，可以通过在底物和 TS 之间建立准热力学平衡并使用假设平衡常数来间接替代：

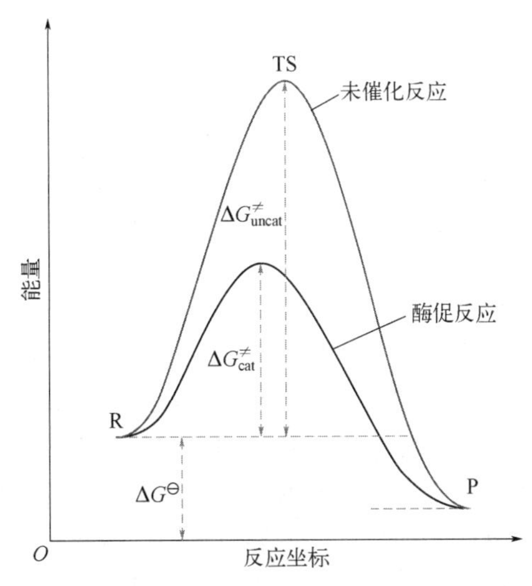

图 9-7　酶促反应和未催化反应的比较示意图

$$K^{\ddagger}_{eq}=\frac{[TS]}{[S]} \tag{9-5}$$

将式（9-5）代入式（9-4）中，我们得到：

$$反应速率=\frac{k_B T}{h}K^{\ddagger}_{eq}[S] \tag{9-6}$$

$$k=\frac{k_B T}{h}K^{\ddagger}_{eq} \tag{9-7}$$

式中，k 是速率常数。通过类似于 K_{eq} 和 $\Delta G^{\ominus}$之间的关系，我们确定：

$$k=\frac{k_B T}{h}e^{-\frac{\Delta G^{\ddagger}}{RT}} \tag{9-8}$$

酶的催化步骤是反应中最关键的一步，大多数情况下，酶催化是反应的决速步骤，酶通过稳定过渡态降低活化能来加速反应，酶可以被视为优先结合/稳定过渡态（TS）而不是底物。假设酶催化过程中限速步骤是化学反应步，那么活化能与 k_{cat} 存在如下关系：

$$k_{cat}=\frac{k_B T}{h}e^{-\frac{\Delta G^{\ddagger}}{RT}} \tag{9-9}$$

其中，k_{cat} 的单位是 s^{-1}。式（9-9）反映了 k_{cat} 和活化能之间的关系，为蛋白质工程虚拟筛选酶突变体文库提供了理论方法，可以评估突变对活化能的影响来预测 k_{cat} 值的变化。常用的方法有 QM-cluster、ONIOM 和 QM/MM-MD。增加 k_{cat} 值的常用策略是去稳基态和稳定过渡态，但是去稳基态必定会引起 K_m 值的增加，最终的催化效率变化不大甚至会降低。稳定过渡态是酶催化优于非酶催化的理论基础，许多酶工程案例通过突变活性口袋第一壳层，甚至第二、第三壳层氨基酸残基，稳定过渡态、降低活化能来提高酶活力。与此相似，去稳中间物同样会降低活化能而不影响 K_m 值，被认为是非常有效的策略。

三、物理驱动方法软件和工具

前文简述了物理驱动的方法如何研究酶催化全程，下文将简述具体的计算工具和方法。

1．分子对接

酶的特异性和选择性是酶对底物进行分子识别的直接结果。因此，通过分子对接方法对酶-底物复合物进行建模可用于研究特异性和选择性。活性位点和底物结合位点的形状和物理化学性质是提供酶和底物过渡态之间导致催化的特定相互作用的主要驱动力。诱变在对接时与底物发生冲突的氨基酸，可使酶的活力增加。此外，越来越多的证据表明，酶-底物复合物的柔性对于识别至关重要，因为较小的结构调整可能会对对接打分产生重大影响。因此，对接成功的关键在于可靠的结构模型。

在大多数对接方法中，通常假定酶的结合位点在与底物结合之前呈现为明确定义的构象，并且可以将酶的晶体结构或结构模型作为对接的起点。但是，有证据表明在没有底物的情况下结合位点的构象已经存在，即构象选择理论。这些构象中的一小部分与底物结合后的结合位点构象相似，而其他则不同于底物复合物的构象。因此基于示综的分子对接能提高获得准确构象的概率。此外，可能会因多个远离结合位点的突变而发生转移。除了底物结合位点的形状和酶与底物之间的特定相互作用外，水分子被底物从活性位点置换是结合自由能的主要来源。

目前分子对接软件已超过 60 种，有研究表明 Vina 和 LeDock 是表现最优的两个分子对接软件。通过评估七个非商业对接程序，对于金属酶体系，PLANTS 和 LeDock 是表现最优的两个对接软件。对两种常用的开源和免费对接软件 AutoDock4 和 AutoDock Vina 评估，结果显示，Vina 能产生更准确的对接构象，而 AutoDock4 产生更准确的结合能。Vina 还被开发出了几个改进的版本，如 Vina-Carb，提高了糖配体对接结果的准确性；VinaXB，提高卤代配体对接结果的准确性；smina，可以自定义打分函数；QuickVina 和 QuickVina-W，提高了对接速度。2015 年至 2019 年期间，基于机器学习打分函数迅速发展，机器学习评分功能比传统的评分功能要准确得多。在 CASF-2007、CASF-2013 和 CASF-2016 测试集中，$\Delta_{Vina}RF_{20}$ 在得分能力和排名能力测试中处于明显领先地位。最近一些基于深度学习的打分函数在药物设计领域表现优异，可以预见，其在酶-底物复合物预测上也将表现优异。总之，不同的酶适用不同的对接软件，在酶工程中更多考虑准确的结合构象，可以使用多个对接软件产生大量构象，通过催化机制和关键的催化几何参数选择构象。

2．分子动力学模拟

通过分子力学和分子动力学模拟进行几何优化是探索复杂分子系统构象空间并推导热力学性质（例如密度、焓或熵）的通用方法。系统的大小或复杂性没有主要限制，但是由于可用计算机资源的限制，酶-溶剂系统的大小通常不会超过几百万个原子，模拟时间也不会超过几毫秒。小型系统已经在毫秒时间尺度上进行了模拟，该时间尺度对应于底物结合和转运的时间尺度。

在生物分子模拟领域中已广泛应用的程序有 AMBER、GROMACS、YASARA、NAMD、HTMD、OpenMM、GENESIS 和 Desmond。分子动力学模拟依赖于力场，以计算相互作用并根据原子坐标来评估系统的势能。力场，既包括用于从粒子坐标计算势能和力的方程组，又包括方程中使用的参数的集合。在大多数情况下，这些近似方法效果很好，但它们无法再现量子效应，例如化学键的形成或断裂。力场将势函数细分为两类：成键相互作用，包括共价键的拉伸、弯曲、绕键旋转时的扭转势以及平面外的“不正确的扭转”势；非键相互作用，包括 Lennard-Jones 排斥项和色散项以及静电相互作用，这些通常是根据定期更新的邻居列表计算得出的。常用的分子力场有 AMBER、CHARMM、GROMOS 和 OPLS-AA 等。分子动力学模拟中，粒子的运动遵循牛顿运动方程，因此对该方程进行积分即可得到系统中原子的运动轨迹。典型的时间步长为 1～5 fs。在模拟之前，要指定相互作用参数，例如键合相互作用的力常数或分数原子电荷。假定这些参数在模拟过程中不会改变，并且不会破坏或形成任何键。但是，固定的分数原子电荷不能反映分子的电子结构对环境的依赖性。因此，为了模拟水或有机溶剂对蛋白质极化的影响，最近发展的极化力场如 AMOEBA 力场解决了这个问题。

分子动力学模拟已用于研究突变或溶剂对酶生化特性（如稳定性、特异性或选择性）的影响。预期蛋白质紧密堆积区域的突变会改变稳定性，因为它们会导致非键相互作用能的局部变化。在模拟五个不同折叠家族的代表性蛋白质中的突变后，不仅观察到突变位点附近蛋白质结构的局部重排，而且观察到了长期的协同变化。蛋白质的稳定性也可以通过蛋白质表面的盐桥网络实现。对于各种酶-底物复合物，关键参数（例如催化位点与结合的底物之间的距离）可预测活力、特异性和选择性，甚至可以成功地模拟远端突变的影响。对于高度柔性的结合位点，在再现实验确定的选择性和结合亲和力方面，分子动力学模拟已被证明优于分子对接。

3．QM/MM 模拟酶催化过程

结构生物学、酶动力学和定点突变等的各种实验已使人们对酶有了深入了解。然而，由于酶的复杂性和研究其中的反应的难度，仍然存在许多问题和不确定性。QM/MM（quantum mechanics/molecular mechanics）结合了活性位点的量子力学处理和酶环境的分子力学处理，成功地用于创建关于反应机制的假设、计算几何结构和能垒以及设计突变体，计算精度达到 1 kcal/mol。酶促反应机制是实验和理论研究中备受关注的焦点。实验研究中，主要采用 X 射线晶体衍射和核磁共振等实验手段，获取生物酶体系的结构，并通过同位素示踪、残基突变、酶促反应动力学参数测定等方法表征酶催化反应机制。但是，由于很难捕捉催化过程中的过渡态和瞬时中间体的结构信息，加之酶静态晶体结构和活性态的结构差异，催化机制推测上具有多样性及不准确性。基于该方法研究酶在促进底物转化、键断裂和形成的化学步骤中的作用，可以为生物分子的催化反应提供详细的原子分辨率见解，最明显的是，理论计算可以研究过渡态结构，这对反应至关重要，但不能直接通过实验进行研究，从而弥补了实验方法的局限性。

QM/MM 方法的核心思想是把研究体系划分成 QM 和 MM 两个区域，如图 9-8 所示，QM 区域用量子力学方法处理，系统的其余部分通过分子力学处理。在一个生物大分子体系中，

QM 区主要包括酶活性位点中关键残基侧链、底物分子、辅因子及一些水分子等，而其余的残基和溶剂分子则划分到 MM 区。QM/MM 方法可以准确描述在 QM 级别建模的酶活性位点中发生的化学事件，同时使用较便宜的基于经典力场的理论来处理系统的其余部分，有效地平衡了计算方法和计算精度。

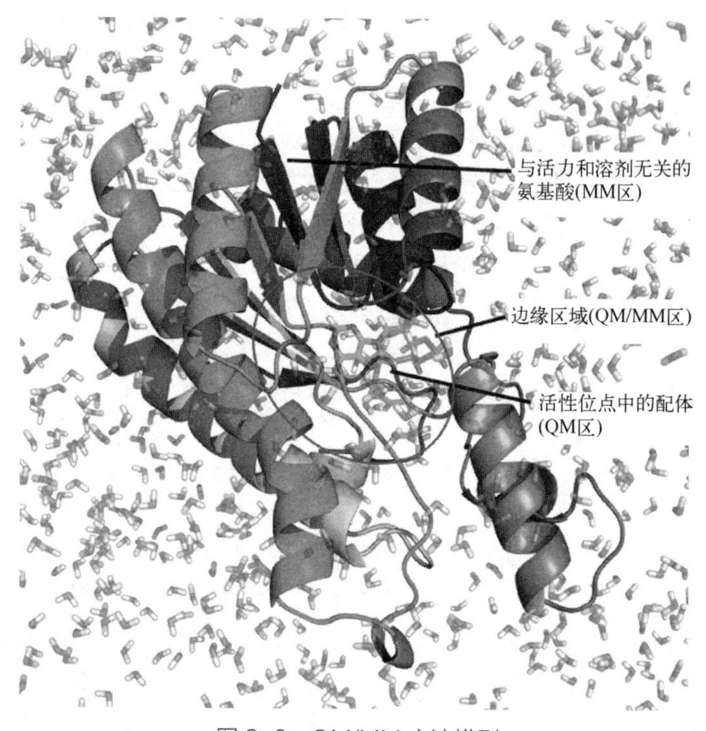

图 9-8 QM/MM 方法模型

过渡态（transition state，TS）的结构以及在重要中间体上的电荷分布及其相对于底物和产物的变化为理性设计定点突变提供了参考。一个普遍的目标是降低酶的活化能，从而提高反应的速率，使该酶作为生物催化剂在工业应用中具有更大的吸引力。通过应用 QM/MM 方法研究催化机制，以及通过分析野生型酶活性位点周围不同氨基酸残基的影响，替换关键氨基酸残基，可以更好地稳定过渡状态。然后通过 QM/MM 模拟反应，并将所得的势能面和活化自由能与野生型酶进行比较。通常通过 QM/MM 评估几种可能的突变，并通过确定 TS 结构和相关的能量来估计突变对反应速率的潜在影响。然后，对最有希望的替代方案进行实验测试。QM/MM 在酶工程的另外一个应用是构建理论酶模型，用于酶的从头设计。这些方法为计算酶促反应的自由能谱提供了新的途径，具有平衡的准确性和高效性。展望未来，深度学习算法，如神经网络势和深度生成模型，预计将进一步开创新的策略，以模拟酶催化过程中的自由能变化。近年来，这一领域已迅速成熟，并且越来越多的实验和计算酶学家正积极合作，共同解析实验数据，并利用对酶催化机制的见解来指导进一步的实验。

4．*de novo* 酶设计

从头（*de novo*）酶设计算法用于在蛋白质支架中创建一个催化位点，该位点可以结合目标底物并催化所需的反应。这是一个非常具有挑战性的设计问题，因为必须同时创建特定于所需底物的结合口袋和引入期望的化学反应所需的催化机制，并保持模板蛋白质折叠的整体结构和稳定性。从计算角度看，从头酶设计算法包含一个附加步骤，该步骤中放置了定义的理论酶模型，其中包含一个或多个催化残基侧链和过渡态，根据一组预定的几何约束条件，将其转移到预先存在的蛋白质支架上，这是设计的化学反应所必需的。目前从头酶设计理论上可以设计催化各种化学反应的酶，该过程分为 6 个阶段（图 9-9）：①QM/MM 解析酶的催化机制，计算得出酶催化过程中的过渡态；②定义理论酶模型，理论酶是具有被催化官能团包围的过渡态结构的理想排列；③识别可以放置理论酶的蛋白质支架；④设计活性位点相邻位置的氨基酸，以优化底物的识别和结合，稳定与过渡态和催化残基的相互作用，并引入空间位阻以防止不需要的底物结合模式；⑤结合 MD 模拟评估和排序得到的设计序列；⑥实验测定设计酶的活力。由于酶结构和功能的复杂性，使从头设计的酶的初始催化效率（k_{cat}/K_m）比自然界中发现的酶要低许多个数量级。而且，对从头设计的酶进行结构解析通常揭示了过渡态稳定残基的预测几何构型与实际几何构型之间具有明显差异。从头酶设计可使新酶具有能够有效结合底物的活性位点的能力，但这不能确保高效的催化作用。实际上，酶促反应速率是由完整催化过程的限速步骤决定的，它不一定是设计过程中以过渡态和酶为模型的化学转化。已有证据表明，对许多酶而言，在催化循环期间产物释放或各种亚稳态之间的构象交换是限速步骤。因此，这样的过程有可能降低从头设计的酶催化的反应速率。

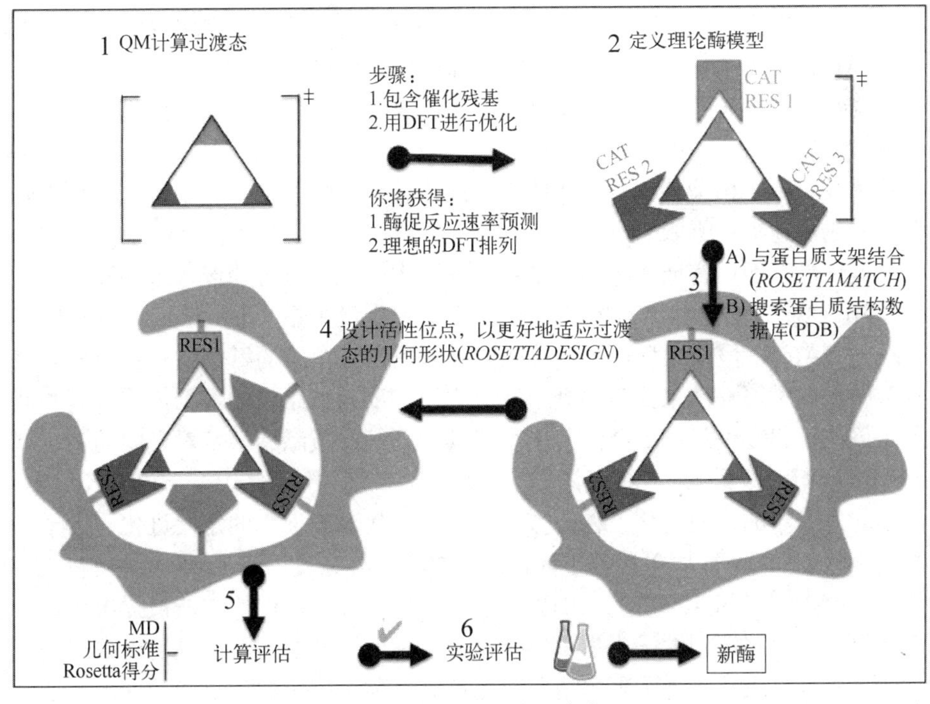

图 9-9　*de novo* 酶设计流程

第三节　数据驱动的酶设计

近年来，数据驱动策略，包括统计建模、机器学习（machine learning，ML）和深度学习（deep learning，DL），促进了人们对酶序列-结构-功能关系的理解，还增强了人们预测和设计新酶和酶突变体来催化新天然反应的能力。目前，人们已经开发出不同类型的统计、机器学习和深度学习模型来指导定向进化。与物理驱动的方法不同，数据驱动建模指出了预测性描述符和设计原则，这有助于发现具有增强功能或新功能的酶。具体来说，监督学习模型可以对酶序列进行模拟筛选，以获得期望的功能。无监督学习模型可以在先验情况下避免非功能突变体的产生。半监督学习模型利用无监督预训练（即从大量蛋白质序列中提取）来构建具有较少序列功能数据的监督学习模型。生成模型产生的人工酶序列具有与用于模型训练的功能相似的功能。

一、预测酶的性质参数

在众多的应用中，数据驱动方法被用来预测酶的 EC 编号、催化位点、最适温度、T_m 值、溶解度、底物混杂性或特异性、反应选择性、K_m、k_{cat} 和反应途径等。通过选择数字特征来描述酶和模型，可映射酶特征和观测数据之间的关系。数字特征可以从酶的氨基酸序列或三维结构中得到。对于基于序列的特征，独热编码可以说是编码氨基酸水平信息的最简单的描述符形式。它通过将蛋白质序列中的每个位置的氨基酸转换为一个独热向量来实现这一目的。独热向量是一个长度为 20 的向量，其中只有一个元素为 1，其余元素均为 0。这样可以将一个蛋白质序列转换为一个长度为 20 的矩阵。类似地，为了表示突变，二元向量可用于表示序列的特定突变。独热编码并不包含与酶功能相关的氨基酸的物理或化学信息。因此，物理化学特征向量被使用。在氨基酸指数（AA-index）数据库中，可以找到数百个关于氨基酸的几何形状、疏水性、空间构型和电子性质的氨基酸描述符。除了物理化学特征向量之外，语言嵌入模型越来越多地被用于表示酶序列。相比之下，物理化学特征向量可以以直观的方式编码局部氨基酸信息，而语言嵌入模型从数百万序列中学习更有可能嵌入全局和进化信息。

例如，ProSAR 方法借鉴了药物研发中结构-活性定量关系（quantitative structure-activity relationship，QSAR），假设表型信息直接或间接编码在蛋白质的氨基酸序列中，并使用统计建模和复杂的机器学习算法来探索序列空间。它不需要三维结构的数据，将序列和活力数据提供给遗传算法，建立偏最小二乘回归模型，其中残基的贡献和残基对之间的上位耦合相结合。这些模型可以用来预测来自突变体文库的高性能突变体，这些突变体没有经过实验采样，因此可以驱动进一步的定向进化。将该方法应用于卤代醇脱卤酶的定向进化，用于生产高对映选择性纯度的（*R*）-4-氰基-3-羟基丁酸乙酯，进化后的突变体包括 35 个突变位点，使氰化工序的体积产率提高了约 4000 倍。2018 年一种名为 innov'SAR 的方法被提出，该方法首先使用快速傅里叶变换将序列编码为蛋白质能谱，然后使用能谱与湿实验功能数据进行回归。使用 innov'SAR 方法成功改善了野生型黑曲霉环氧化物水解酶的对映选择性，通过对 9 个单点突变体的研究，预测了 512 个突变体的对映选择性，并通过实验验证了候选突变体，发现了更优的突变体。

酶的动力学参数决定了酶在反应中结合底物（米氏常数 K_m）和转化底物（转化数 k_{cat}）的能力。这些参数是严格定义的，不依赖酶的浓度。预测这些参数对工程化酶至关重要。

作为一种深度学习方法，DLKcat 可用来预测酶的 k_{cat} 值，只需要输入底物的 SMILES 信息和酶的蛋白质序列即可进行预测。DLKcat 模型使用针对底物的 2 层图神经网络（graph neural network，GNN）和针对蛋白质序列的 3 层卷积神经网络（convolutional neural network，CNN），先编码底物的连接性，然后使用 CNN 模型预测 k_{cat}。该模型在 7822 个酶序列和 2672

个底物上进行训练，总共有 16838 个 k_{cat} 数据点。该模型显示，皮尔逊相关系数为 0.94。值得注意的是，关于 DLKcat 模型是否可用于鉴定功能增强酶或工程用酶突变体，仍然是一个尚未解决的问题。尽管在 k_{cat} 数据集中涉及大量的底物，但是每个单一酶的底物数据量是相当小的。此外，DLKcat 模型所学到的催化必需底物-酶相互作用的程度也是未知的。尽管如此，该方法依旧证明了数据驱动建模在大规模预测转化数方面的能力。

2021 年，研究人员开发了一个深度学习框架来预测 K_m，即从 BRENDA 收集 K_m 值的数据集，使用 GNN 对底物和酶序列进行编码，得到了底物的特征向量和酶的 UniRep 向量。然后利用特征向量拟合梯度增强模型（gradient boosting model）。这个研究表明了 AI 在预测酶 K_m 值方面的潜力。

Martin Engqvist 课题组用一维卷积提取酶序列特征，训练了一个 CNN 模型 DeepET 来预测酶对应生物体的最佳生长温度（optimal growth temperature，OGT），通过迁移学习方法将 DeepET 学到的蛋白质序列表示用于酶最适温度 T_{opt} 和熔点 T_m 的预测，结果均优于原本已有的最优方法。

二、酶工程中的 DBTL 循环

在合成生物学和代谢工程中经常使用的设计、构建、测试和学习（design，build，test，and learn，DBTL）工程周期，已经被成功地用于通过优化微生物菌株来加速各种化学品的生产。这一策略减少了资源消耗，加速了细胞工厂的发展，从而更加可持续地制造化学品。因此，通过学习代谢工程的最佳实践，酶的定向进化的传统阶段（基因的突变、表达、筛选及测序）可以被整合到 DBTL 工程框架内（图 9-10）。

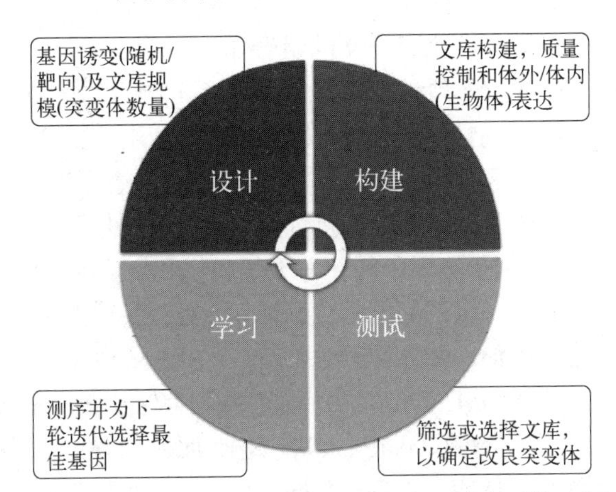

图 9-10　基于定向进化的蛋白质工程设计、构建、测试和学习（DBTL）循环
（*Methods Mol Biol.*, 2022, 2461:225-275）

蛋白质功能，通常被广泛称为适应性，例如催化活性，对所有生物体而言都至关重要。为了更好地满足现实生活中的需求，人们利用蛋白质工程来设计蛋白质。定向进化（directed evolution, DE）是蛋白质工程中的一种主要方法，通过诱变模拟自然选择来优化蛋白质的适应性。在数学上，DE 可以表述为用于搜索最佳序列 x^* 的黑盒优化问题：

$$x^* = \arg\max\left[f(x)\right](x \in \mathbf{S})$$

这里，**S** 是序列突变空间，$f(x)$ 是序列 x 的未知序列适应度函数。在 DE 中，突变空间非常大。例如，由专家选择的目标蛋白质的 N 个突变位点的所有突变体组成的组合文库有 20^N 个序列。为了找到全局最大序列，需顺序查询序列以进行实验适应度测量。然而，实验测量通常既昂贵又耗时。

在计算蛋白质适应度模型的成功推动下，机器学习辅助 DE（machine learning-assisted directed evolution，MLDE）成为 DE 加速和系统探索的新策略。机器学习辅助定向进化是在传统定向进化的基础上，通过基于序列函数模型有效筛选序列空间较大区域的一种新方法。MLDE 通常是一种主动学习方法，它从一个组合位点-饱和诱变文库开始，从中筛选出一小部分突变体，寻找期望的功能。得到的序列函数数据用于训练一个 ML 模型，该模型预测组合空间中所有剩余变量。优异的突变体为下一轮的 MLDE 提供亲本序列。通过重复这个过程，有可能有效地穿越大片的序列空间，以找到最佳的蛋白质。最近的研究发现，使用生物物理、结构和进化信息来过滤不同或高度适应变异的训练数据有助于更频繁地实现最大适应性。MLDE 通过在序列空间中引导，减少了总体筛选负担和上位性，增强了传统定向进化的能力。MLDE 已广泛应用于工程酶定向进化、蛋白质荧光、膜蛋白定位、蛋白质热稳定性的预测和优化。为了避免在包含大部分非功能序列的巨大突变空间中进行低效的随机抽样，ftMLDE 使用进化密度模型对序列进行排序并将抽样限制在信息丰富的子空间内。此外，CLADE 使用无监督的层次聚类来指导在更多信息子空间内的采样。CLADE 2.0 改善了 CLADE 在初始阶段中不均匀采样的低效率。使用 CLADE 2.0 可整合多个进化分数来对序列进行排序，以驱动稳健的初始采样。在没有可用标签数据的情况下，CLADE 2.0 中的进化驱动聚类采样可针对具有信息序列的高进化空间运行。在后期阶段有标签数据时，CLADE 2.0 使用标签数据迭代细化采样概率并优化聚类体系结构。通过选择的信息性训练集，CLADE 2.0 最终执行从集成监督模型中贪心搜索，以选择模型预测的可能具有高适应性的序列。

ECNet 算法使用全局和局部进化上下文的组合作为序列表示，并使用递归神经网络模型（recurrent neural network，RNN）来预测序列-适应度关系。结合局部协同进化特征使 ECNet 能够优先考虑适应度预测的高阶、高性能突变体。为验证其概念，ECNet 被应用于鉴定 37 个 TEM-1 型 β-内酰胺酶突变体，这些突变体覆盖了 22 个残基位点，改善了对氨苄青霉素的耐药性。其中，E26K/N98S/L100V/A182V 四点突变株的抗性最高。尽管在模型训练中使用了大量的序列，但缺乏底物信息可能限制了模型预测用于转化非天然底物和反应的功能增强酶的普遍性。

目前机器学习辅助定向进化最大的问题是数据管理困难。酶结构和功能数据存储在不同的数据库中，如酶结构数据存储于 PDB，酶动力学数据存储于 BRENDA 和 SA-BIORK，酶催化机制数据存储于 M-CSA，序列数据存储于 UniProt，热稳定性数据存储于 ProThermDB，溶解性数据存储于 eSOL，以及用于设计和工程化酶的 ProtaBank 等。这使训练多目标的数据驱动的模型变得困难。其次，数据清理困难，因为酶数据库采用各种数据标准、格式和验证机制。在许多酶条目中，基本参数缺失，如突变点标记和动力学测定的实验条件。此外，存储的数据与原始文献存在不一致性，这可能是人工输入和其他数值舍入误差造成的。最后，数据连接困难，因为在不同的酶数据库中不存在统一的标签，序列、酶-底物复合物结构和催化功能数据的一对一映射比较困难。

三、数据驱动的计算蛋白质设计

传统上，蛋白质设计一直被当作一个最优化问题来处理，通常利用如蒙特卡罗等方法搜索多维物理化学能量函数的全局最小值。近年来，深度学习领域发展迅速，各种算法在 CV （computer vision）和 NLP（natural language processing）领域不断涌现，这些方法也被应用到了其它具有相似数据结构的学科中，成为科学研究的基础手段。在蛋白质结构预测任务中，AlphaFold2 和 RoseTTAFold 等方法已经达到了实验级别的精度，预示着基于蛋白质序列预测结构的问题已经基本上得到了解决。这为分子生物学、生物化学等领域带来了深远影响。作为蛋白质结构预测的逆任务，蛋白质设计也取得了重大进展。数据驱动的计算蛋白质设计如图 9-11 所示。

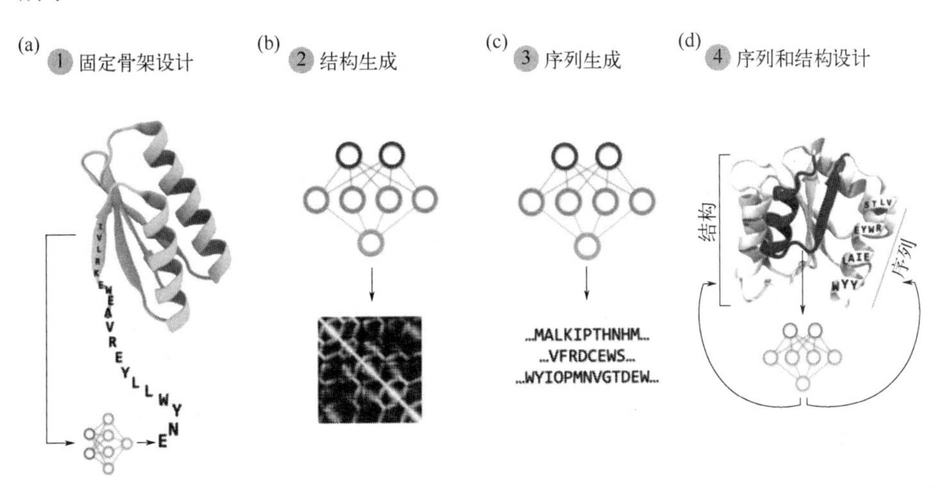

图 9-11　数据驱动的计算蛋白质设计（*Comput Struct Biotechnol J.*, 2022, 21:238-250.）

（a）基于主链结构设计侧链/序列；（b）产生结构编码对象的模型，如接触或距离图；（c）生成蛋白质序列的模型；（d）基于序列或结构来设计结构或序列

受过去几年 NLP 领域令人印象深刻的进步的启发，语言模型已被广泛应用于蛋白质序列的分析和设计中（例如，ESM 或 UniRep，侧重于蛋白质表征学习）。序列生成的模型领域也取得了重大进展，其中最引人注目的可能是 ProteinGAN，其在苹果酸脱氢酶（MDH）家族上训练 GAN，并成功产生与天然蛋白质序列相似度低至 66% 的新型功能性 MDH 序列。从那时起，大量具有生成能力的自回归蛋白质语言模型开始出现，它们通常使用 Transformer 架构。

ProteinMPNN 是一种基于深度学习的蛋白质序列设计方法，其编码器嵌入蛋白质骨架坐标，而解码器输出适当的序列。该方法经过了实验验证，在不同任务中结果均显示出高表达量（有时超过 88%）。其中一种设计经过结晶实验，结果显示出比迄今为止大多数新颖蛋白质更复杂的折叠。

SCUBA 是一种不依赖天然结构片段拼接的蛋白质主链从头设计方法，该方法基于数据驱动的统计能量模型，结合神经网络以及随机动力学模拟方法，可以在氨基酸序列待定的前提下连续且广泛地搜索主链结构空间，进而产生可设计的蛋白主链结构。SCUBA 的设计经过了实验性评估，最终发现了三种新的拓扑结构。ABACUS 是一种统计能量函数，用于在给定主链结构的基础上设计氨基酸序列。ABACUS-R 是一种基于深度学习为给定主链结构从头设计氨基酸序列的算法。在实验验证中，ABACUS-R 的设计成功率和设计精度超过了原有统计能量模型 ABACUS。ABACUS-R 将骨架结构特征和周围残基的侧链类型作为编码器的输入，并使用解码器输出给定残基的侧链类型。实验表征了 ABACUS-R 对 3 个天然主链结构重新设计的 57 条序列；其中 86%的序列（49 条）可溶表达并能折叠为稳定单体；实验解析

的 5 个高分辨晶体结构与目标结构高度一致（主链原子位置均方根位移在 1 Å 以下）。此外，ABACUS-R 从头设计的蛋白质表现出了超高热稳定性，去折叠温度可超过 100℃。

通过深度网络“幻觉”（hallucination）从头设计蛋白质的工作原理是将随机序列传递给结构预测方法，如 trRosetta，该方法利用序列信息预测残基-残基距离图。该图和在高分辨率天然结构上训练的背景分布之间的差异是通过一次一次地突变序列并重新计算其距离图来最小化的。通过蒙特卡罗迭代 40000 步来进行这一过程，从而得到明确定义的距离图。利用该方法，在大肠埃希菌中表达了 129 种设计的蛋白质，其中有 27 种是单体和良好折叠的，其中 3 种通过结晶实验验证。约束“幻觉”（constrained hallucination）在两个方面改进了“幻觉”过程：第一，使用复合损失函数，创建一个模型来同时找到结构模体的序列，以及“幻觉”周围的支架；第二，蒙特卡罗采样过程被基于梯度的序列优化所取代，这使采样时间减少到原时间的十八分之一（从 90 分钟减少到 5 分钟）。在 RFjoin 中，这种方法通过使用 RosetTTAFold 取代 trRosetta 得到了进一步的加强，从而找到了最小的三维结构差异而不是距离图。此外，“修复”（inpainting）是另一种从头设计蛋白质的策略，其从功能位点开始，填充额外的序列和结构，利用经过专门训练的 RoseTTAFold 网络在单次前向传递中创建可行的蛋白质支架。上述两种策略具有相当大的协同作用，AlphaFold2 结构预测计算表明，这些策略可以准确地生成包含各种功能位点的蛋白质。利用该蛋白质设计方法构建的碳酸氢酶Ⅱ的活性中心，可实现催化二氧化碳和碳酸氢盐的相互转化。活性中心由位于两条链上的三个与锌离子配位的组氨酸和位于环上的苏氨酸组成，苏氨酸负责定位二氧化碳。尽管不规则、不连续的三段位点很复杂，但“幻觉”能够产生具有亚埃基序的设计，并正确地配位锌离子。这些残基大小不到 100 个残基，比 261 个残基的天然蛋白质小得多。

酶工程是高维空间中的多变量最佳化问题。由于酶工程的复杂性，以及实验方法从小型到高通量的转变，人工智能将在未来成为酶工程的重要组成部分。传统的（半）理性设计方法聚焦于局部性能，如底物选择性。而定向进化方法侧重于改善全局影响的性质，如溶解度。这些随机或合理的替换遵循试错法，但并不能保证成功或更大意义上的全局优化。随着酶工程领域大数据的出现，我们正逐渐从试错法转向数据驱动的方法，机器学习算法与高通量实验方法的结合将极大地改变和提升传统的酶工程方法。基于人工智能的酶工程可以解决多目标优化问题，如同时提高酶的选择性、溶解度和活力以及各位点的复杂组合上位性问题。随着迭代的进行，学习模型将不断完善，并能通过多种性质的共同优化预测新的酶突变体。深度学习（DL）方法已经开启了酶设计的一场革命，这个领域在过去的几年里经历了一个范式转变。展望未来，物理驱动和数据驱动的有机融合将有望设计出具有可控性质的序列、结构和功能的酶，这将为酶工程在制造、制药和其他工业应用领域开辟新的途径。

（蒲中机，于浩然）

第十章
人工酶

人工酶（artificial enzyme），又称模拟酶，是一类利用有机化学方法合成的非蛋白质分子。人工酶的结构比天然酶简单，化学性质稳定，人工酶不仅具有酶的功能，还有高效催化、高选择性和价廉易得等优点。人工酶是用来模拟酶的结构、特性、作用原理以及酶在生物体内的化学反应过程的合成高分子，从本质来讲，其被定义为用人工方法合成的具有酶性质的一类催化剂。

酶是一类有催化活性的蛋白质，具有催化效率高、专一性强、反应条件温和等特点。然而，酶容易受到多种物理、化学因素的影响而失活，所以生物体内的酶无法广泛取代工业催化剂。为了克服酶的上述缺点，科学家们致力于研究和开发人工酶。

第一节　人工酶概述

人工酶起源于 20 世纪 70 年代。最初，研究主要集中在小分子人工酶体系，如环糊精、冠醚、环蕃、环芳烃和卟啉等大环化合物上。随后，以高分子为基础的人工酶体系逐渐发展起来，并受到科学界的普遍关注。人工酶高分子体系主要包括合成高分子体系和生物高分子体系两大类。利用合成的高分子可以便利地在分子层面上模拟酶的底物识别、催化，以及酶活性中心的柔性和诱导契合等特性。科学家利用共聚物、树枝状分子、超支化分子、聚合物凝胶、生物大分子等，研发了诸如分子印迹、催化抗体、超分子组装、酶定向进化等先进技术，制备了形式和功能多样化的人工仿酶高分子，实现了从简单水解酶到复杂酶类的功能模拟。

人工酶的主要研究方向为：①由简单设计向高级酶的设计发展。②运用新的合成技术和手段创造酶的特异性识别部位，构筑高效人工仿酶高分子体系。③利用天然高分子的结构和进化优势，将其改造成新酶。④开发智能人工酶体系，实现对酶功能的调控。⑤人工酶在工业、医药、分析上的实际应用，如开发以人工酶为基础的高性能检测手段和实用药物，并探讨代替天然酶的工业应用。

人工酶的研究，从合成简单仿酶高分子到构筑复杂的仿酶高分子体系，经历了 50 余年的历程，无论从仿酶高分子的品种还是催化类型，均取得了显著进展，仿酶的催化活性在不断地提高，科学家们已经制备出了可与天然酶相媲美的人工酶体系。随着酶模拟化学的发展，人们对酶结构及作用机制的进一步了解，化学家及生物学家共同协作，不断改进合成手段，采用新兴技术，未来必将有更多更高效的人工酶问世。我们有理由相信，具有酶催化活性的人工酶必将走出实验室进入实际的工业应用。

按照属性可将人工酶分为主客体酶、肽酶、分子印迹酶和胶束酶等模型，其中研究较为成熟的模型有环糊精酶（主客体酶）、大环聚醚酶（主客体酶）、胶束体系酶、分子印迹酶、抗体酶以及杂化酶和进化酶等。

一、主客体酶模型

环糊精（cyclodextrin, CD)是环糊精糖基转移酶（CGTase)作用于淀粉或直链糊精所产生的一类环状低聚糖的总称，由多个D-吡喃型葡萄糖通过 α-1,4-糖苷键连接而成，其葡萄糖残基个数一般为6、7、8，对应的环糊精分别称为 α-环糊精、β-环糊精、γ-环糊精，如图10-1所示。环糊精具有亲水的外壁和相对刚性的疏水内腔，能与尺寸和大小匹配的客体分子形成超分子包合物（inclusion complex)。与 α-环糊精、γ-环糊精相比，β-环糊精有适度的水溶性和适宜的空腔尺寸，在主客体酶中研究较多。由于疏水域的拓展和功能基团的引入，选择性修饰的环糊精及其衍生物作为主体分子广泛应用于人工酶的研究。环糊精中每个葡萄糖残基6位的伯羟基和2,3位的仲羟基都位于穴洞外上缘，所以两侧具有亲水性或者极性。其穴洞内壁为氢原子和糖苷键氧原子，具有疏水性或非极性。

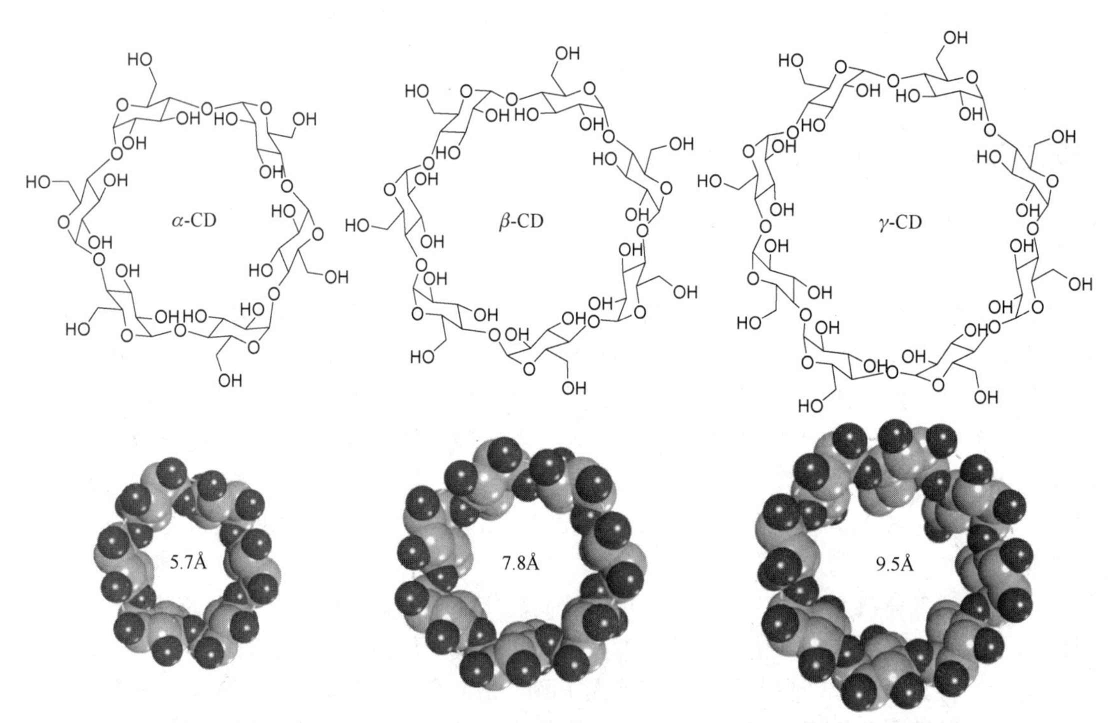

图10-1　环糊精的不同结构示意图 [*Int. J. Mol. Sci.*, 2022, 23(21): 13505]

1．水解酶的模拟

Breslow在酶模拟领域进行了开创性的研究，他在1970年报道了第一个金属酶模型，β-CD仲羟基修饰的功能基团与Ni（Ⅱ）的吡啶甲醛肟盐配位形成催化中心，环糊精的疏水空腔包合对硝基苯乙酸酯（*p*-nitrophenyl acetate，*p*-NA）底物，催化水解速率比未催化速率增加约1000倍；催化水解能被环己醇有效抑制，表明环糊精疏水空腔作为酶模型的结合中心。此外，研究人员利用二组氨酸取代的环糊精的Zn（Ⅱ）配合物作为碳酸酐酶的模型，其催化中心是锌离子和3个咪唑基构成的配合物（其中2个咪唑基来自环糊精修饰基团，另一个咪唑基由咪唑缓冲液提供）。研究发现其在咪唑的缓冲液中催化 CO_2 水合的二级速率常数为103 L/(mol·s)，但在没有锌离子或咪唑缓冲溶液时，其催化效率并无明显提高，而若只用锌离子与*N*-甲基组胺形成配合物，也显示较低的催化性能（图10-2）。这表明环糊精的疏水空腔是提高 CO_2 水合作用的一个重要因素，即环糊精同时提供了催化中心和结合中心。环糊精6位羟基单取代二乙烯三胺的Zn（Ⅱ）配合物为双位点识别的金属核酸酶模型，金属离子的正电荷与带负电荷的底物存在静电相互作用，而环糊精空腔能与底物的疏水部分结合，模拟生命体系中的多位点识别。它能有效催化核苷、环磷酸酯和核苷酸二聚体等磷酸酯键的水解断裂。又有研究人员合成了环糊精的6位羟基单取代四氮杂环十二烷钴配合物，其对底物*p*-NA的催化水解速率增加了900倍，而四氮杂环十二烷钴配合物本身不能发挥催化作用，表明环糊精钴配合物的环糊精疏水腔在催化反应中起重要作用。环糊精3位羟基单修饰邻菲罗林肟的锌配合物催化*p*-NA的水解速率比不加模型物时增加了22600倍，这归因于环糊精空腔疏水结合底物，同时锌配合物与底物存在静电相互作用而能够稳定过渡态，肟基的氧负离子能协同亲核进攻羰基的碳原子，从而显著加速底物的水解。

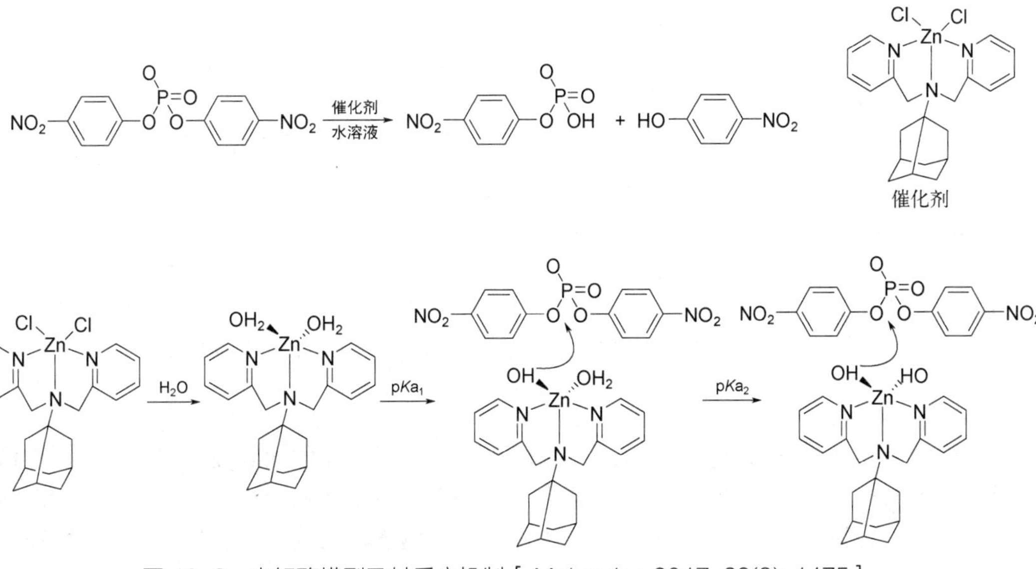

图10-2　水解酶模型及其反应机制［*Molecules*, 2017, 22(9): 1475］

2．氧化还原酶的模拟

已有研究人员研究了环糊精催化醇在温和条件下氧化成醛的反应，选择了高效廉价的反应物［图10-3（a）］。由于环糊精与反应物之间能够形成包合物，反应溶液呈均相状态，有利于反应的进行。同时，反应物范围大大扩展，其中以芳香醇为底物时产率较高。该类反应的优点是反应物廉价，环糊精催化剂可循环使用。醇氧化的机制如图10-3（b）所示。

另有研究人员直接利用环糊精作配体与Mn离子配位得到羟基桥联的双核Mn(Ⅲ)的环糊精配合物作为绿色植物的光致水氧化酶模型，电化学研究表明该配合物具有可逆的氧化还原峰。6 位羟基单取代乙二氨基的环糊精与铜离子形成 1∶2 型的配合物，能催化联糠醛氧化成糠偶酰。动力学研究表明该反应符合米氏方程，测得其催化常数 k_{cat} 为 1.1 min^{-1}，催化速率是无催化剂的 20 倍。在催化过程中，两个环糊精疏水空腔分别包合联糠醛的两个呋喃环，同时联糠醛烯醇化的氧负离子与铜铵配位离子产生静电相互作用或配位作用而稳定过渡态，烯醇化反应是糠偶姻氧化反应的限速步骤。Breslow 将 B_{12} 辅酶修饰到环糊精第一面的伯羟基上以构建 B_{12} 辅酶的模型物，其在催化过程中产生的环糊精自由基可以诱导包合在空腔的底物产生自由基，从而发生氧化还原或分子内重排反应。此外，研究人员用环糊精的伯羟基二取代组胺的铜配合物模拟超氧化物歧化酶（superoxide dismutase, SOD），研究结果发现邻位二取代的环糊精衍生物能有效清除超氧负离子自由基，其 IC_{50} 值为 0.12 μmol/L，分别比间位取代和对位取代的衍生物的催化活性高 33%和 60%，这是因为邻位二取代的两个组胺相距较近，易与铜离子配位形成中间体所需较稳定的四面体配位结构。此外，通过合成一系列苯并异硒唑酮基修饰 *β*-环糊精来构建 SOD 模型发现，模型物均表现出较高的 SOD 活力（121～330 U/mg），表明模型的催化中心和环糊精空腔的协同作用加速了催化过程。也有研究报道，用第一面或第二面羟基修饰二茂铁环糊精模拟半胱氨酸氧化酶，研究发现环糊精第二面修饰的衍生物催化半胱氨酸氧化的速率为 1470 L/mol·s，明显高于相应环糊精的第一面修饰物。再如，利用 *β*-环糊精二间羧基苯磺酸酯与三价铁离子在 H_2O_2 存在下形成的三元配合物模拟氨基酸氧化酶和葡萄糖氧化酶，用于痕量检测苯丙氨酸和葡萄糖等分子，具有灵敏度高、重现性好的优点，检出限分别是 8.354 μmol/L 和 4.10 mg/mL。

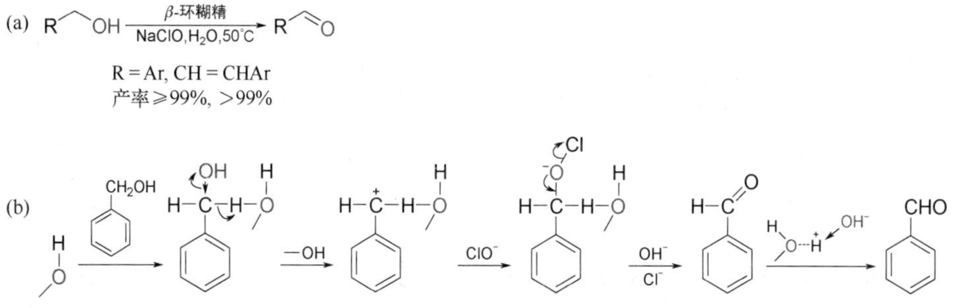

图 10-3　氧化还原酶模型及其反应机制［*Molecules*, 2017, 22(9): 1475］

3．转氨酶的模拟

1980 年 Lauer 团队报道了第一个人工转氨酶模型，其通过单硫醚键将吡哆胺与环糊精键合形成催化识别为一体的分子酶结构。该人工酶展现出与吡哆胺一致的酶催化能力，能够快速将 *α*-酮酸转化为 *α*-氨基酸，其存在下，苯并咪唑基酮酸转氨基速度比吡哆胺单独存在时快 200 倍，而且表现出良好的底物选择性。以上结果说明，环糊精空腔稳定结合类似亚胺中间体的过渡态是提高速率的关键。由于环糊精本身具有手性，可以预料产物氨基酸也应该具有光学活性。事实上，产物中 D 型、L 型异构体的含量确实不同，说明该人工酶有一定的立体选择性，但该酶的不足之处在于它不具备催化基团。另有研究人员进一步将催化基团与氨基共同引入环糊精得到全新模拟酶。乙二胺的引入不仅使反应速率提高了 2000 倍以上，还为氨基酸的形成创造了一个极强的手性环境。靠近乙二胺一面的质子转移受到抑制，从而使该模拟酶表现出很好的立体选择性。虽然据报道该模拟酶具有相当好的选择性，但后续研究已证实很难重复这些发现。在人们探索的一些替代方法中，光学诱导确实是用相关催化剂产生的，但迄今为止未能达到高于 90%的选择性。

二、肽酶

肽酶（peptidase）是模拟天然酶活性部位而人工合成的具有催化活性的多肽，这是多肽合成的一大热点。例如，有研究小组为克服苯丙氨酸工业合成的关键步骤草酰乙酸脱羧反应中所用酶需金属辅酶的不便，试图探寻与此反应机制不同的不需金属辅酶的脱羧酶。根据已有知识理论，胺可以催化草酰乙酸脱羧，其过程是先形成烯胺，进而脱去 CO_2。然而，自然界中尚未发现采用此途径的天然脱羧酶，全新合理设计就成了唯一可行的方法。基于胺催化脱羧的 6 大特征和 α 螺旋在催化活性中的重要性，根据烯胺机制设计出两个多肽，结果发现这两个多肽的催化效率比丁胺的催化效率高出 3～4 个数量级，但其活性仍比天然酶的活性低得多。另有研究人员根据超氧化物歧化酶（SOD）活性部位结构设计合成了一个十六肽，其二级结构与天然 SOD 类似，加入 Cu^{2+}后，十六肽中的 4 个组氨酸与 Cu^{2+}络合，形成与天然 SOD 类似的活性部位构象，结果显示该十六肽表现出的 SOD 活力是天然酶的 6.8%。

利用化学和晶体图像数据所提供的主要活性部位残基的序列位置和分隔距离可以构建肽酶。采用“表面刺激”合成法将构成酶活性部位位置相邻的残基以适当的空间位置和取向通过肽键相连，而分隔距离则用无侧链取代的甘氨酸或半胱氨酸调节，从而模拟酶活性部位残基的空间位置和构象。所设计合成的两个 29 肽 ChPepz 和 TrPepz 分别模拟了 α-胰凝乳蛋白酶和胰蛋白酶的活性部位，二者水解蛋白质的活力分别与其模拟的酶相同；在水解 2 个或 2 个以上串联的赖氨酸和精氨酸残基的化学键时，TrPepz 比胰蛋白酶的活力更强；对于苯甲酰酪氨酸乙酯的水解，ChPepz 比 α-胰凝乳蛋白酶的活力稍小，而 TrPepz 则无活力；对于对甲苯磺酰精氨酸甲酯的水解，TrPepz 比胰蛋白酶的活力稍小，而 ChPepz 则无催化活力。此外，利用肽酶构建功能化纳米酶不仅有助于提高酶的催化活性，而且可以显著提高酶的结构稳定性，同时赋予酶新的催化能力。将肽附着到金纳米颗粒表面是一种有前途的人工纳米肽酶构建策略。基于以上分析，有研究人员通过使用标准固相肽合成仪制备了一系列硫醇官能化的十二肽，并利用 Au-S 配位化学将肽酶附着到金纳米粒子表面。研究结果表明，结合到金纳米簇表面的肽可能形成具有酶样结构和性质的功能性纳米粒子。这是第一例报道的结构复杂性和自组装特性可与天然酶相媲美的纳米肽酶。它不仅是一种良好的酯化催化剂，而且能够调节催化活性。因此，将功能肽锚定到金纳米簇的表面能够造成：（a）通过侧壁上氨基酸的构成调节官能团特点；（b）不同催化位点（咪唑和羧酸根离子）之间的协同性；（c）创制近似于天然酶且不同于本体溶液的催化微环境。尽管所有官能团都明显存在于肽酶分子内，但以上这些纳米酶特点是在单体肽中都不具备的。这些新颖和引人注目的特征，以及它们的多价性质，已经被证明能够显著提高与选定底物的结合常数。此外，已有研究报道了一个精彩的利用短肽自组装构建的酶模型。通过自组装的方法，利用合成的三肽（Fomc-Phe-Phe-His）分子得到纳米管结构。组装体中的咪唑基团作为催化中心展示出了较高的对硝基苯乙酸酯的水解活性。当加入具有相似结构的短肽（Fomc-Phe-Phe-Arg）使两种构筑基元进行共组装时，就可以将具有稳定反应过渡态功能的胍基引入组装体内。定位基团的引入使其催化活性达到了极高的水平。这种高活力源自三个催化要素（催化中心、结合位点和过渡态稳定位点）的合理分布而形成的共同组装体。

三、分子印迹酶

天然酶是生物大分子催化剂，具有催化效率高、专一性强及反应条件温和等特点，已广泛用于化学工程、制药工程、食品工业和纺织加工等行业，但易受理化因素的影响而失活，且分离纯化困难，成本高。目前，金属氧化物、贵金属和碳纳米材料等模拟酶已有相关报道，但这些模拟酶的特异性较差，催化性能有待提高。

分子印迹技术（molecular imprinting technique, MIT）是空间结构和结合位点上与模板分子完全匹配的聚合物制备技术（图 10-4）。应用该技术，模板分子与特定的功能单体和交联剂自组装、共聚和洗脱后，能够获得具有特异性识别能力的分子印迹聚合物（molecular imprinted polymer, MIP）。将 MIT 与催化化学相互结合，可构建和发展出特异、高效和稳定的分子印迹酶（molecularly imprinted catalysts, MIC）。目前通过对构建方法、制备工艺和反应条件的探索和优化，MIC 的理论和应用已取得较大进展。

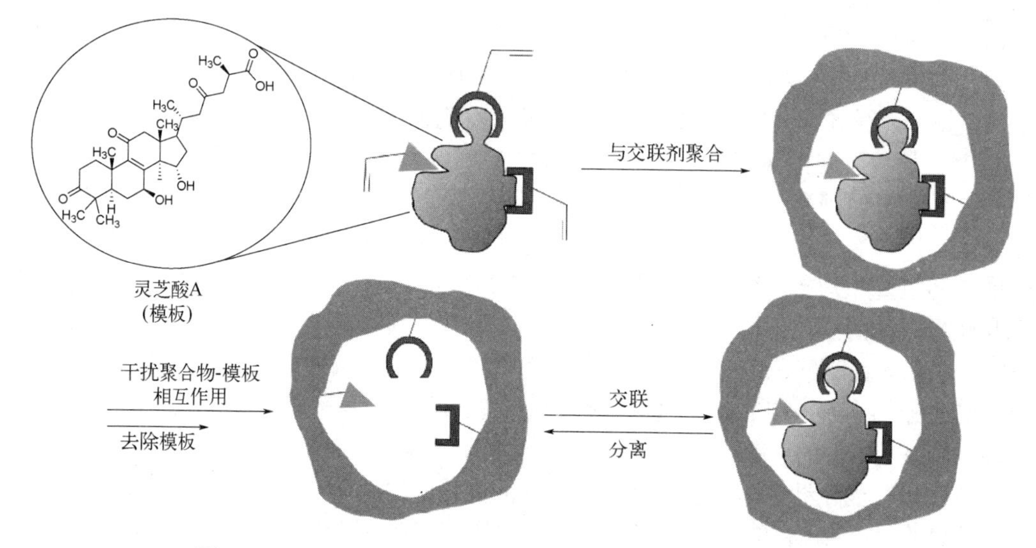

图 10-4　分子印迹技术示意图 [*Eng. Proc., 2023, 49(1)*: 1]

1．分子印迹酶的构建途径

传统 MIC 的构建途径主要包括印迹过渡态类似物（transition state analog, TSA）、印迹底物或产物类似物以及亲和聚集。印迹 TSA 是构建模拟酶最广泛和最有效的途径之一，用 TSA 作为模板分子制备的聚合物具有相应的 3D 记忆腔，可以模拟天然酶的作用机制，降低反应活化能，提高反应速率。例如，以膦酸酯 TSA 为模板，合成胰凝乳蛋白 MIC（其催化机制见图 10-5），结果显示催化效率较空白聚合物提高了 45 倍。然而，在 MIC 的制备过程中，TSA 的理化性质常常不稳定，难以制备。相比之下，印迹底物或产物类似物是更为便捷的方法，然而以产物类似物进行印迹可能会引发产物抑制，不利于反应的正向进行，因此关于底物类似物的印迹报道较多，也取得了较好的效果。再如，以底物甲基对硫磷为模板，制备催化有机磷农药水解的中空印迹磷酸三酯 MIC，其催化水解效率为空白聚合物的 3 倍，是底物自水解效率的 415 倍。目前通过这种方法制备出的模拟酶仍在深入研究，相关的催化机制需要进一步研究和探讨。

亲和聚集是解决模板分子难以合成和选择的有效途径。该方法通过亲和作用以及介孔纳米材料的限域效应，将反应物选择性地结合到印迹空腔的合适位置，基于活性位点特异性催化反应的正向进行，提高分子的有效碰撞概率，提升反应速率，已成为构建 MIC 的新策略。例如，有研究者根据这一思路采用亲和聚集增强偶联法（affinity gathering enhanced coupling,

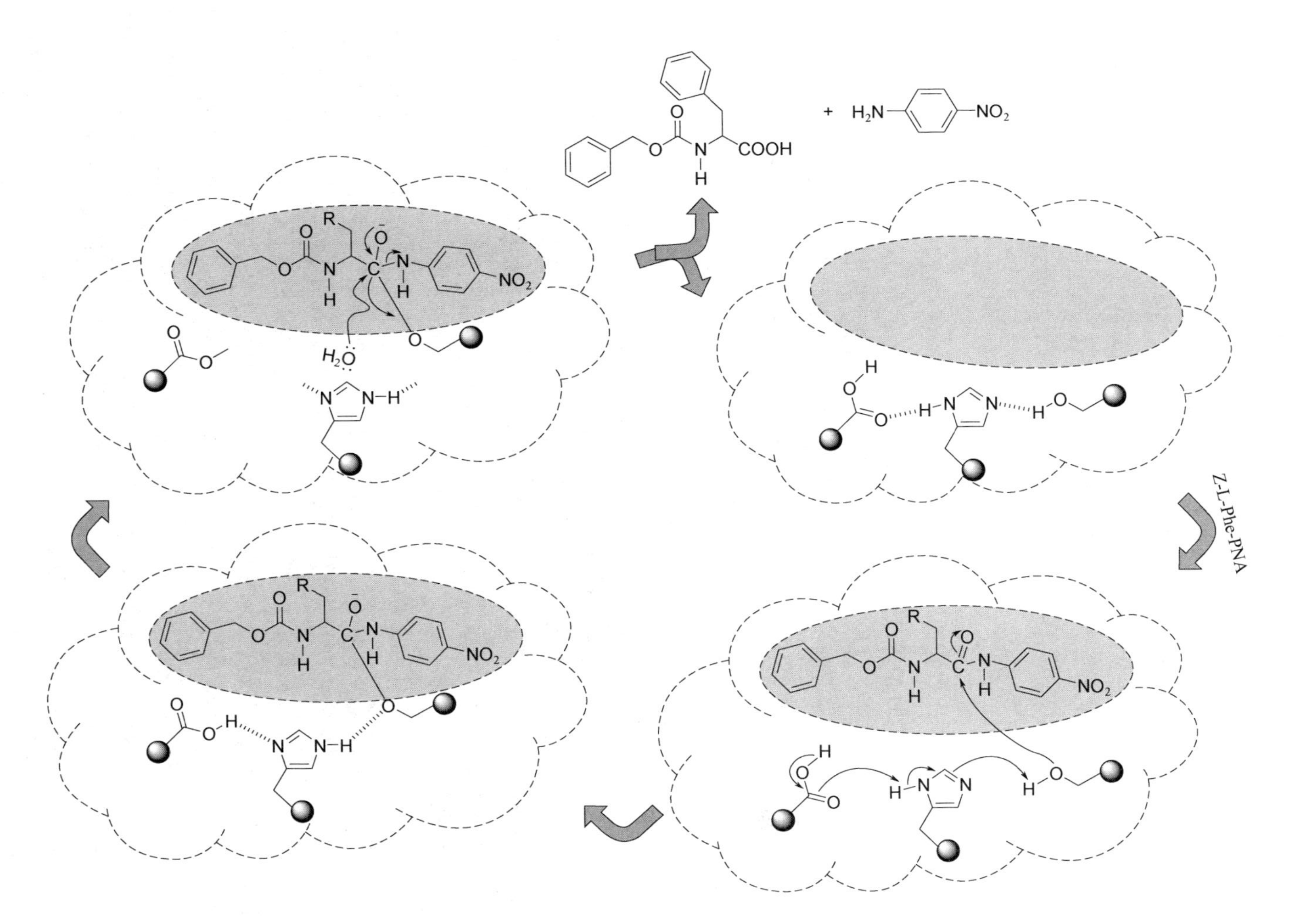

图 10-5 MIC 催化酰胺分解的示意图［*化学试剂*，2022,44(11): 1558-1567］

AGEC），设计了一种仿酶纳米反应器，以三聚核苷酸的两个衍生物（5′-TGT-3′和 5′-TGTp-3′）为底物，以偶联后形成的六聚核苷酸产物（5′-TGTTGT-3′）为模板，通过亲和聚集作用，反应速率比空白对照提高了 46.4～60.3 倍。

2．分子印迹酶的制备方法

（1）本体聚合

本体聚合是最常用的聚合方法，其过程是将功能单体和模板分子溶解在弱极性溶剂中，加入交联剂引发聚合，得到的 MIP 为块状聚合物。这种方法操作简单，实验条件要求不高，但是制备的产物存在粒度不规则、模板去除困难等缺点。1989 年，Robinson 等以对硝基苯基磷酸酯作为模板分子，采用本体聚合方法印迹了对硝基苯乙酸酯水解反应的 TSA—对硝基苯膦酸甲酯，结果显示所得 MIP 的水解活性与非印迹对照分子（non-print control polymers，NIP）相比提高了 60%以上。

（2）悬浮聚合

悬浮聚合是将单体、致孔剂和分散剂混合均匀后，加入引发剂，在搅拌下经升温或光照引发聚合形成高度交联的 MIP。聚合体系包括分散剂、水、不溶于水的功能单体和模板分子、催化剂和引发剂等。其工艺过程简单，所得聚合物形貌规整、比表面积大、识别性能强。例如，研究人员通过悬浮聚合制备含有环氧基团的磁性多孔聚合物微球（Fe_3O_4@GEM 微球），与游离假单胞菌属脂肪酶 PSL 相比，PSL/Fe_3O_4@GEM 具有较强的立体选择性和良好的重复利用性，循环使用 10 次后，催化效率仍保持在 95%左右。

（3）沉淀聚合

沉淀聚合是在非均相溶剂下制备 MIP 的方法。该方法利用聚合物表面的刚性结构，使它们在溶剂中彼此分散，不需要在反应体系中加入分散剂，组分简单，制备的 MIP 微球分散性好，尺寸均一，避免了分散剂对模板分子的非选择性吸附。该方法得到的微球颗粒可达纳米级，颗粒较小，比表面积大，吸附和催化性能优异。例如，研究人员通过自由基沉淀聚合法制备 MIP 微凝胶模拟酶，研究了各种反应参数对微凝胶催化效率的影响，MIP 的最高催化速率约为 NIP 的 4.2 倍，可以高效地将对硝基苯胺还原为对苯二胺。

（4）表面分子印迹技术

表面分子印迹技术是对硅胶等载体表面进行活化处理，使聚合物交联聚合在载体表面的技术。这种将识别位点建立在基质表面的方法，克服了模板分子在聚合物中被包埋而难以洗脱的弊端，提高了识别位点的印迹与结合效率，为生物大分子的印迹提供了可能。

例如，研究人员应用表面分子印迹技术，以环丙沙星为模板分子，甲基丙烯酸为功能单体，偶氮二异丁腈作为引发剂，合成了可以选择性降解改性的 NaCl/TiO_2 光模拟酶。光活性印迹模拟酶对环丙沙星具有良好的选择性和降解能力。再如，通过表面分子印迹技术，研究人员成功制备了 TiO_2/石墨烯光模拟酶，所得模拟酶表面上的活性位点对模板分子双酚 A 具有识别能力，其对双酚 A 的催化降解效率是 NIP 的 2 倍。还有其他研究人员通过表面分子印迹技术制备了以二氧化硅微球作为载体的对羟基苯甲酸表面 MIP，催化反应结果表明，甲苯的转化率为 85.5%，约为 NIP 的 2.4 倍。

（5）溶胶-凝胶法

该方法制备的模拟酶兼具溶胶-凝胶和 MIP 两者的优点，操作简便，可控性好。例如，研究人员以有机对氧磷作为模板分子，采用溶胶-凝胶法制备了核-壳纳米粒子，作为水解有机对氧磷的 MIP，结果表明，此 MIP 能够特异性识别对氧磷，反应速率比传统水解酶快 50%。

再如，采用溶胶-凝胶法在 TiO_2 纳米管阵列表面上制备分子印迹 TiO_2 膜，可得到新的复合 TiO_2 催化剂，与非改性的 TiO_2 印迹膜相比，分子印迹 TiO_2 膜不仅对靶污染物表现出更高的吸附能力，催化效率约为 NIP 的 3 倍，而且具有良好的化学稳定性。

（6）乳液聚合

乳液聚合是制备聚合物纳米粒子的一种通用方法，在聚合过程中单体借助乳化剂形成乳液，解决了水溶性分子的印迹问题，所制得的聚合物比表面积大，吸附力强，具有广泛的应用前景。例如，研究人员通过油包水反相乳液法制得对对硝基苯乙酸酯水解反应具有催化活性的分子印迹微凝胶模拟酶。水解反应结果表明，使用 Co^{2+} 可显著提高其催化活性，当吡啶基团与对硝基苯磷酸酯的摩尔比为 4∶1、交联剂质量分数为 20%时，所得 MIP 的催化活性最高，其催化对硝基苯乙酸酯的最大水解反应速率为 2.51×10^{-8} mol/h。再如，有研究者通过细乳液聚合制备直径为 150～300 nm 的对硝基苯酚印迹纳米颗粒。该 MIP 对底物分子的吸附能力明显高于 NIP，水相中对氧磷的水解速率比空白印迹纳米颗粒高出约 3.7 倍，是自发水解的 12.7 倍。

3．计算机辅助构建印迹酶

在 MIC 制备过程中，印迹条件的优化多采用传统实验方法，针对性和预见性差，筛选效率低。通过计算机虚拟仿真设计，可大大减少实验次数，降低材料和人工成本，缩短实验时间。计算机模拟有助于解析印迹识别机制，便于聚合物的科学合理设计及制备，常用的计算机模拟方法主要有量子力学和分子动力学方法。量子力学法通过求解薛定谔方程得出电子运动状态的波函数，进而计算微观参数，计算结果准确、精度高。例如，研究人员对邻苯二甲酸二(2-乙基)己酯和抗蚜威印迹聚合体系分别采用 PM3 半经验法和密度泛函方法，通过量子力学计算其分子构型、红外光谱、Mulliken 电荷和静电势等，考察模板分子与功能单体的结合位点，研究模板分子与功能单体的相互作用能，从理论上研究印迹体系的最佳组成，并用实验加以验证，为提升 MIC 的制备效率提供了新思路。这种方法计算量大、计算成本高，更适用于结构较为简单或原子数量较少的印迹体系。分子动力学模拟依照经典力学，预测原子的速度与位置，从原子水平对 MIC 的设计进行精确计算，并且模拟高温、高压和水浴等多种实验条件下的力学变化规律，对多原子及分子体系的计算比量子力学更为快速。但分子动力学模拟存在计算不够准确的问题，将上述两种计算方法相互结合，通过量子力学进行分子建模，应用分子动力学对识别原理进行模拟，可以最大程度发挥计算机模拟的优势。例如，研究人员应用 Material Studio 软件，采用 Dmol3 模块的量子力学算法进行建模与结构优化，再通过 Forcite 模块的经典力场分子动力学计算与模拟，成功筛选出最适的分子印迹体系，并研究了溶剂对预聚体系的影响，实验结果表明，该方法具有较好的可行性和预测能力。虽然计算机辅助设计 MIC，提高了 MIC 的制备效率，但目前计算机模拟仍存在预测精确度较差、运算速度慢及成本高的问题。随着计算机运算能力的提升和新算法的开发，MIC 的结构预测、催化机制研究、构象动力学模拟以及分子设计改造会更加准确。不同计算分析方法具有的优势各有不同，综合运用多种计算辅助方法会成为今后 MIC 设计的重要方向。

4．分子印迹酶的应用

（1）有机合成催化

天然金属酶的催化性能主要取决于催化活性中心的金属离子。在 MIC 的活性中心搭建金属离子催化位点，即可模拟天然金属酶实现选择性催化。根据这一思路，研究人员以 SiO_2 负载铑、钌和钯等金属配体与 MIP 结合，制备了多种表面分子印迹金属配位模拟酶，并已成功将其应用于加氢、Suzuki 偶联和环氧化等有机合成反应中。在上述工作的基础上，其他研究人员设计出了一种分子印迹钌-卟啉模拟酶，首先将钌-卟啉配合物通过硅烷偶联剂负载于 SiO_2，然后移除配体使钌配位点暴露出来，结合模板分子，聚合后洗脱模板，得到可用于催化天然化合物合成的 MIC。

提高对目标产物的选择性，是目前多相催化面临的重大挑战。利用分子印迹技术（MIT）在金属表面构建特异性识别的空腔，可以有效提高催化剂的选择性。例如，通过在 Pd 表面吸附各种不同的芳烃分子作为模板分子，经过二甲氨基丙胺（DMAPA）毒化，再洗脱模板，成功地制备了一系列的分子印迹负载型钯催化剂。结果表明，该 MIC 的金属表面具有特定形状和大小的活性位点，在芳香族分子的氢化过程中具有随尺寸变化的反应性。此外，以苯为模板制备的 MIC 在芳烃混合物中表现出对苯的优先加氢，为选择性去除汽油中致癌物苯的实际应用带来了可能，并且为设计智能 MIC 开辟了新的路径。

（2）生物医学

功能性 DNA 具有特异性识别和生物催化的独特功能，与 MIP 结合可以增强对模板分子的识别。例如，以 10-乙酰基-3,7-二羟基吩嗪（amplex red, AR）为模板，以 DNA 适配体作为功能单体，设计了一种模拟 DNA 酶的 MIC。氧化和催化速率的计算结果表明，该 MIC 的氧化和催化速率比空白对照高 2.7 倍以上，比游离的 DNA 酶高出了 3.5 倍，且该 MIC 印迹识别的特异性较好，可以选择性氧化 AR 荧光产物，同时可抑制其他底物的氧化。该模拟酶克服了 DNA 酶胞内传递的局限性，为细胞内生物催化提供了一个完整的解决方案，拓宽了细胞内人工模拟酶的应用范围和场景。再如，将分子印迹技术（MIT）和生物工程结合，可开发具有生物酶功能特征的核壳型 MIC，其可以特异性地识别、结合和水解细胞因子释放综合征（CRS）中的靶分子白细胞介素-6(IL-6)。研究人员通过共沉淀法将弹性蛋白酶与磷酸铜杂交形成纳米花作为核，以 IL-6 作为模板分子和多巴胺经过表面分子印迹技术聚合形成壳，最后去除模板。通过外壳结构的表面分子印迹位点可识别并富集目标分子。此外，结合的目标分子被核中具有生物酶特性的纳米花进一步降解而失活。它可用于治疗 CRS 中 IL-6 的过度分泌，达到辅助治疗 CRS 的目的，为类似靶标的高性能印迹与识别提供了新的技术路径。

金纳米粒子（gold nanoparticle, AuNP）具有类葡萄糖氧化酶活性，可以催化葡萄糖反应生成葡萄糖酸和 H_2O_2，用于葡萄糖的检测，是一种应用广泛的纳米酶。如何提升其催化活性与底物选择性是目前金纳米材料类酶催化活性研究中的关键问题。例如，研究人员以葡萄糖为模板分子，氨基苯硼酸为功能单体，在 AuNP 表面制备了具有识别活性的多孔 MIP 壳层，构建了一种基于 AuNP 的 MIC 能够特异性识别、富集并捕获靶标。之后，继续在印迹材料中引入供氧基团，进一步提高了 AuNP 的催化效率，k_{cat}/K_m 值提高了约 270 倍，该 MIC 已成功用于血液中葡萄糖的检测。由于分子印迹纳米酶在成本和稳定性方面的优势，高选择性的 MIC 在生物医学领域具有广阔的应用前景。

（3）污染物降解

在污水处理的化学方法中，光催化降解法因其反应条件温和，没有二次污染，得到了广泛重视。以 TiO_2 为代表的光催化剂成本低廉、反应活性高，但催化的选择性不高，结合分子印迹技术（MIT）可以有效解决这一问题。为解决外消旋体中特定对映体的选择性识别与催化，可将具有特异性识别的 MIT 和传统的光电氧化催化法结合，在一维单晶 TiO_2 纳米棒表面构建非活性 2-(2,4 二氯苯氧基)丙酸(*S* 构型)的分子印迹位点，这种 MIC 具有较强的手性选择性识别能力，对 *S* 构型的降解速率为 *R* 构型的 2.6 倍，为废水处理中特定手性农药对映体的去除提供了一种合理可行的途径。但 TiO_2 在可见光范围的光响应较差，导致催化效率不佳。金属有机骨架（metal organic framework, MOF）具有超大吸附量，与 MIP 结合，构建对目标污染物具有靶向催化作用的 MOF 基 MIC，可以弥补 TiO_2@MIP 的不足。例如，研究人员采用表面印迹法制备了铁基 MOF 印迹催化剂 MIL100-MIP。在最适条件下，MIL100-MIP 的速率常数是 MIL100 的 4 倍，但合成的 MOF 在水中不稳定，致使其对污染物的降解效率较低。之后，研究人员进一步制备了碳化 MOF 衍生物 C-MIL-100-MIP，其对污染物的去除效果比原来提升了 60%。近五年来，除了通过 MIT 对上述光催化剂进行改性，将 MIP 与传统催化剂相结合来改善难降解污染物的靶向降解已经得到了广泛的应用。

目前 MIC 的制备主要涉及单个模板分子或离子，这限制了 MIC 在同时识别和降解多个目标污染物的应用。通过使用多个目标作为模板，在单个聚合物材料中产生多种类型的识别位点，称为多模板印迹。这种多模板印迹在 MIC 降解多个目标分析物方面可以提供高通量的目标监测和消除方法，符合可持续发展的理念，具有巨大的应用潜力。

（4）食品安全

食品中的农药残留即使在微量剂量下也会给人体带来极大的伤害，通过合成化学模拟生物酶逐渐成为农药降解的研究热点。例如，研究人员在氧化铁核上涂覆有机-无机杂化二氧化硅壳，制备了一种核-壳结构的磁性有机磷 MIC。结果表明该 MIC 可以使水解对氧磷反应速率加快 50%。除了对食品危害物的降解，食品检测也是酶催化重要的应用领域。再如，利用 MIT 模拟有机磷水解酶活性中心，可制备有机磷水解 MIC，其有望用于检测有机磷类仿生传感器的构建，从而提高此类生物传感器的实用性和稳定性。此外，将制备的金纳米颗粒 MIC 和液相显色与电化学纸芯片两种方式结合，检测血液和市售饮料中的葡萄糖，可以获得与类似天然酶相同的检测结果。

（5）其他

纳米酶具有易于修饰、成本低及稳定性高等独特优势，但没有底物结合位点，无法进行分子识别。例如，研究人员提出在纳米酶-底物结合体表面引发聚合反应从而形成分子印迹的水凝胶层，提高纳米酶底物的特异性。再如，以 3,3′,5,5′-四甲基联苯胺和 2,2′-联氮-双-3-乙基苯并噻唑啉-6-磺酸为模板分子，将 MIP 结合在具有过氧化物活性的 Fe_3O_4NP 上，形成底物结合部位，与空白对照相比，MIC 活性增强了 16 倍，催化效率提高了约 100 倍。此外，研究人员设计出了一种分子印迹葡萄糖苷酶，在非水性溶剂及高温下，这种 MIC 显示出更好的稳定性，在极性非质子溶剂/离子液体混合物中，它的催化速率比缓冲溶液中商业纤维素酶快 3.6 倍，并且使用 10 次后仍能保留 75%的催化活性。

第二节　人工酶与人工光合作用

在自然界中，绿色植物和微生物等可以在温和的条件下利用光合作用，实现 H_2O、CO_2、N_2 等多种稳定的天然小分子的活化和高效转换，其中光合系统Ⅱ(PSⅡ)吸收太阳光子，光生空穴传递到放氧催化活性中心 Mn_4CaO_5 簇上激活 H_2O。PSⅡ吸收光子从 H_2O 中高效地给出 4 个电子和 4 个质子，并在催化中心伴随有 O_2 的生成，实现了 H_2O 的氧化。在 PSⅡ中产生的电子随着光合系统中电子传递链转移到 PSⅠ，PSⅠ受光子激发，产生的高能电子传递到 Fe 氧化还原蛋白。在一部分绿藻和厌氧生物中，PSⅠ中的氢化酶会接收电子，将质子还原产生 H_2。绿色植物中，CO_2 和质子在［NiFeS］金属酶催化中心借助高能电子完成还原，生成葡萄糖等碳水化合物（图 10-6）。

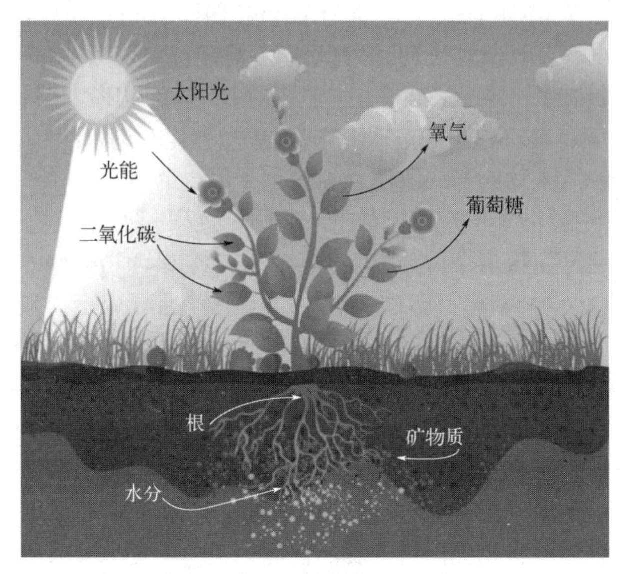

图 10-6　植物光合作用示意图

借助光子提供的能量，光合中心利用光化学反应将太阳能储存在化学键中，使许多难以进行的反应（如 H_2O 氧化、CO_2 还原）在温和的反应条件下进行。早在 19 世纪初，科学家们就尝试通过人工光合作用实现化学转换。历经百年的发展，人工光合作用在活化 C—H 键、X—H 键等惰性键，构建 C—C 键、C—X 键等化学键方面成果显著。例如放氢交叉偶联反应，将光催化活化惰性键的有机转换和光生电子还原质子产氢相结合，避免了牺牲剂的使用，在构筑 C—C 键/C—X 键的同时，产生反应唯一的副产物 H_2。

为了模拟高效的自然光合作用，扩大人工光合作用的适用范围，对 O—H 键、C═O 键、N≡N 键等惰性键进行有效活化，人工光合作用开始尝试实现 H_2O、CO_2 等小分子的转换。随着相关研究的开展以及对于自然光合系统的活性中心和结构更加深入的了解，科学家设计出了基于分子光敏剂和半导体材料的诸多人工酶光合体系，不断提高光能的利用效率和催化性能。

一、水分子氧化

光合酶 PSⅡ是自然界唯一可以借助太阳光氧化水分子产生氧气的生物系统，其中最重要的结构是放氧活性中心（OEC）。无数科学家经过数十年的探索，于 1999 年成功预测出生物 OEC 中关键辅基钙离子的结合方式，通过模拟自然蛋白质的配位环境，在 2015 年合成出了人工光合产氧催化剂 Mn_4CaO_4，其与自然催化中心结构相似（图 10-7），随后在 2019 年通过外围配体替换，进一步制备出与生物 OEC 更为接近的仿生 Mn_4CaO_4 簇合物。这类 Mn_4CaO_4 簇合物是与生物 OEC 结构和性能最为接近的人工模拟物。但是人工光合放氧催化剂与自然 Mn_4CaO_5 结构相比仍有差距，且催化剂稳定性和效率亟待提高。

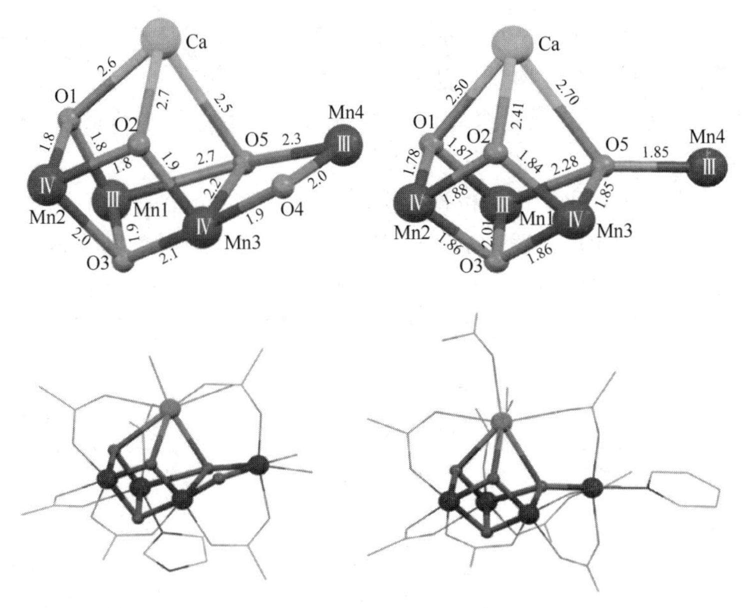

图 10-7　天然 OEC 和人工合成的 Mn_4CaO_4 结构图［*Catalysts*, 2020, 10(2): 185］

20 世纪 80 年代，Meyer 等报道了可以有效氧化 H_2O 产生 O_2 的氧桥连双核 Ru 基配合物 $[(bpy)_2(H_2O)Ru\text{-}O\text{-}Ru(H_2O)(bpy)_2]^{4+}$，被称为“blue dimer”。从这例开创性的工作开始，人工光合水氧化反应得到广泛研究。例如，以铁为中心的四氨基大环配体（Fe-TAML），能够在均相溶液中以分子催化剂的形式催化 H_2O 氧化产生 O_2。再如，四配位中性有机配体 Fe 配合物在硝酸铈铵（pH=1.0）、高碘酸钠（pH=2.0）条件下，催化循环数（TON）分别大于 350 和 1000。又如，研究人员报道了分子催化剂可通过 FeⅤ(O)中间体氧化 H_2O［TON=220，转化频率（TOF）= 0.76 s^{-1}］。缩二脲修饰的四氨基大环配体可以和 Fe 稳定结合，且在氧化过程中不会产生 Fe 纳米颗粒。此外，有学者进一步研究了双核铁的水氧化催化剂，并通过配体的精细调控以及构效关系研究揭示了高价 Fe═O 中间体生成 O—O 键的机制：在中间体几何构型允许的情况下，两个 Fe(Ⅵ)═O 之间或者 Fe(Ⅵ)═O 与 Fe(Ⅴ)═O 之间可以直接形成 O—O 键；而孤立的 Fe(Ⅵ)═O 或者 Fe(Ⅴ)═O 并不能与水有效地发生进一步的反应生成 O—O 键。

使用乙酸和 H_2O 作为配体，可合成与自然 PSⅡ活性中心十分接近的 Co_4O_4 立方结构，有利于加快电荷的转移从而促进反应进行。单核 Co 配合物使用$[Ru(bpy)_3]^{2+}$为光敏剂、$Na_2S_2O_8$ 为电子受体，表现出良好的光催化水氧化性能，催化循环数（TON）最高可以达到 1610。此外，研究人员设计合成了 4 种类似结构的 POM 基 Co 磷酸盐分子催化剂，并首次将 Ge 和 As 引入人工 OEC 结构中，在光催化条件下可以保持分子结构的稳定。也有研究选用碳点作为光敏剂，Co-POM 作为 H_2O 氧化催化剂，构建一种球形供体-受体型复合物，这例超分子杂化体系具有光催化放氧活性，TON 达到 552，明显高于传统的$[Ru(bpy)_3]^{2+}$催化体系。

水溶性 Cu 基吡啶配合物可用于光催化 H_2O 氧化，催化剂的 TOF 和 TON 分别为（1.58 ± 0.03）$\times10^{-1}$ s^{-1} 和 11.61 ± 0.23，通过在吡啶配中引入 F 可提高金属中心的稳定性。此外，Cu 基四氮唑羧酸配位聚合物也具有光催化水氧化性能。在以 $Ru(bpy)_3Cl_2$ 为光敏剂、$Na_2S_2O_8$ 为牺牲剂的硼酸缓冲溶液中（pH=9.0），TOF 可以达到 1.68 s^{-1}。含氮的富电子共轭羧酸配体可以有效降低反应过电位，提高光催化效率。

首个单核 Ru 水氧化催化剂已被合成，当轴向配体为 4-甲基吡啶时，单核配合物的催化循环数（TON）可以达到 580。鉴于自然界 OEC 中有氨基酸上的羧基配位，模拟 PSⅡ释氧中心的配位环境，可设计了一系列含有可以参与配位羧基的吡啶类配体配位的 Ru 化合物 Ru-bda（bda= 2,2'-联吡啶-6,6'-二羧酸）。由于催化剂结构中引入了羧基，Ru 配合物的氧化还原电位降低，并且催化水氧化的过电位也大大降低，在 $Ce(NH_4)_2(NO_3)_6$ 为氧化剂的条件下得到了优异的水氧化活性。此后，通过进一步合理修饰，向其中引入异喹啉，使其催化性明显提升。在酸性条件下，使用 $Ce(NH_4)_2(NO_3)_6$ 为氧化剂，转化频率(TOF)和 TON 可以分别达到 300 s^{-1} 和 8360±91，相当于每分钟每毫克催化剂生成 720 mL O_2，与自然 PSⅡ的反应速率相当（图 10-8）。

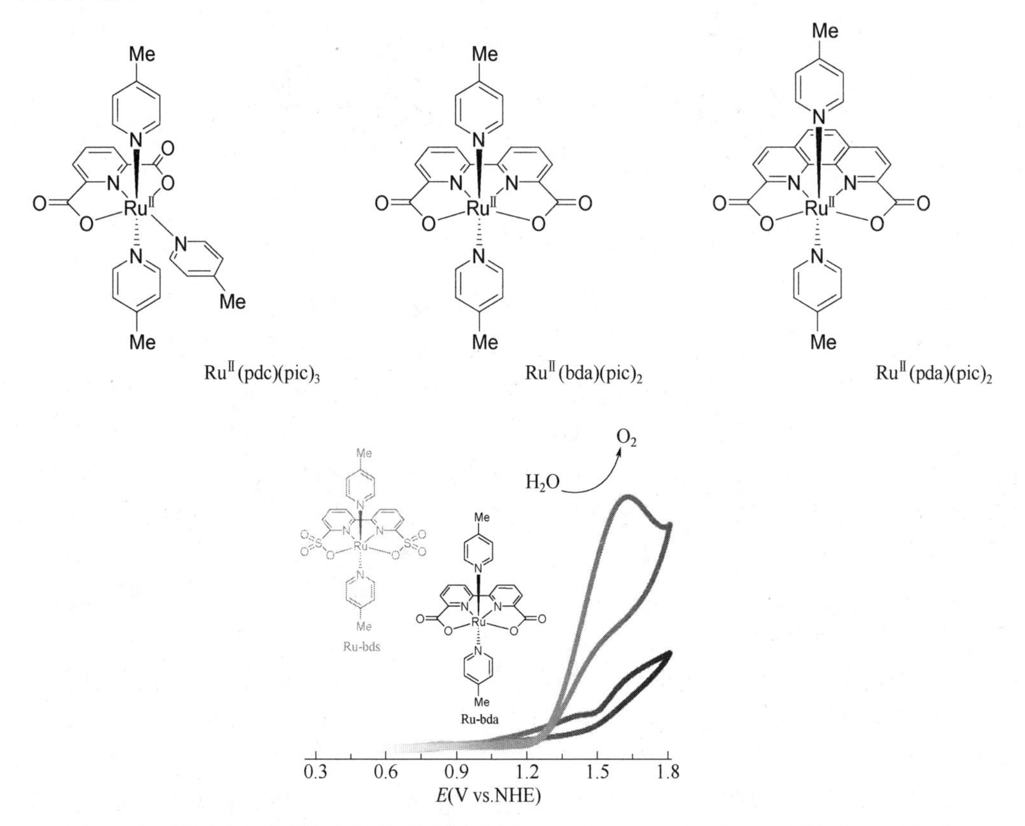

图 10-8　钌基水氧化催化剂结构示意图（*Nature Communication.*, 2021,12：373）

Ru-bda（bda= 2,2'-联吡啶-6,6'-二羧酸盐）可以高效催化硝酸铈铵驱动的水氧化反应，特定结构优化的催化剂的转化频率高达 1000 s^{-1}，是众多 Ru 基水氧化催化剂中一个典型的模型催化剂。然而，其电催化性能并不是迄今为止报道的最好的催化剂。在大量前期工作的基础上，研究人员进一步通过将羧酸盐配体改为供电子性较弱的磺酸盐配体 bds（bds= 2,2'-联吡啶-6,6'-二磺酸），从而制备出一种电催化性能更为优异的水氧化催化剂 Ru-bds。在酸性条件下，其电催化电流密度在 1.74 V 下为 1.48 mA/cm^2（扫描速率为 0.1 V/s），催化电流密度随扫描速率增加达到稳定状态时 TOF 为 160 s^{-1}；相比而言，该催化剂在中性条件下表现出了更优异的催化活性，电流密度在 1.63 V 下达到 11.79 mA/cm^2（扫描速率为 0.1 V/s），催化电流密度随扫描速率增加达到稳定状态时 TOF 为 12900 s^{-1}，远大于 Ru-bda 的性能（酸性条件下 TOF = 7 s^{-1}；中性条件下 TOF = 300 s^{-1}）。

二、水分子还原

在光合系统中，氢化酶作为析氢催化剂（HEC）将 PS Ⅱ 放氧过程中产生的 4 个电子和 4 个质子转化为 H_2，［FeFe］氢化酶的每个活性位点每秒就可以产生近万个 H_2 分子。随着近些年人们对氢化酶结构更加清晰的认识，人工光合催化剂借鉴自然催化剂的结构和功能，提升催化活性受到了广泛关注。天然 HEC 中的［2Fe-2S］团簇被认为是产氢的活性位点，因此科研工作者们设计合成了许多基于此结构的人工氢化酶（图 10-9）。

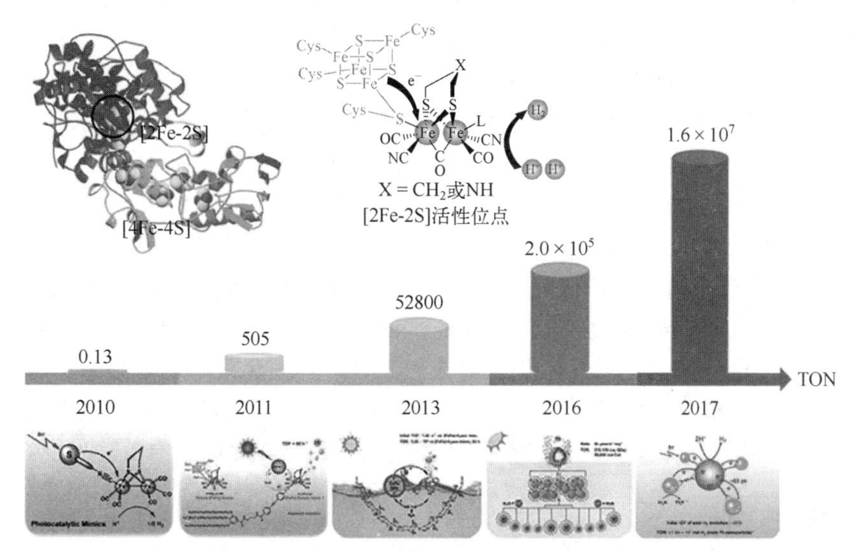

图 10-9　［FeFe］的结构及在人工光合作用中的发展（*Chem*, 2021, 7(6): 1431–1450）

二铁氢化物$[(\mu\text{-H})Fe_2(pdt)(CO)_4(dppv)]^+$是一种高效的仿生析氢催化剂。有学者首次尝试使用 Ru 基吡啶配合物作为光敏剂，氢化酶模拟物作为催化中心通过苯乙炔连接合成第一例共价二元催化剂，但这些精巧的二元分子不能实现催化产 H_2。将具有良好热稳定性和化学稳定性的 Re(Ⅰ)基配合物作为光敏剂，与［FeFe］氢化酶模拟物中的 Fe 中心通过共价键连接，在可见光驱动下产生 H_2，光催化剂具备良好的电荷分离效果和缓慢的电荷复合过程，与氢化酶的催化过程类似。将电子供体二茂铁、光敏剂 Re 配合物与氢化酶模拟物通过共价键连接形成三元催化剂，在催化过程中多步光诱导电子转移和生成的 Fe(Ⅰ)Fe(0)物种促进了光催化产氢。随后，基于 Ru、Ir、Re 等金属的光敏剂通过配位或共价键与催化中心连接，通过调节光敏剂与催化剂之间的相互作用，使催化剂展现出了良好的光催化产氢性能。

吴骊珠等报道了首例量子点与［FeFe］人工氢化酶模拟物相结合用于光催化产氢的工作，水溶性的 CdTe 量子点相比贵金属分子光敏剂更加廉价且光吸收范围广，在抗坏血酸作为牺牲剂的室温条件下，TON 和 TOF 最高分别可以达到 505 和 50 h^{-1}，是一种高效的人工光合制氢体系。为了进一步提高催化剂的稳定性，将聚丙烯酸（PAA）和天然 HEC 模拟物结合（PAA-*g*-Fe_2S_2）作为催化剂，CdSe 作为光敏剂用于光催化产氢。亲水性 PAA 的引入可以将活性位点 Fe_2S_2 引入水溶液，并且可以很好地防止量子点的聚集，提高材料的量子产率。PAA 缩短了光敏单元和活性中心之间的距离，很好地提高了电子转移效率，将 TON 提升到 27135。若将巯基丙酸（MPA）修饰的 CdS 纳米棒和氢化酶（CaI）复合，两者通过静电相互作用驱动的特异性结合可促进 CdS 向 CaI 铁硫簇的电子转移，CdS 和 CaI 的摩尔比可以控制电荷转移的速率。在 405 nm 的光照条件下，催化剂的 TOF 可以达到 380～900 s^{-1}，量子产率约为 20%，并且 H_2 的生成速率受光子吸收速率（～1 ms^{-1}）的限制，而不受 CaI 催化效率影响。在光催化剂失活之前，催化剂的产氢时间可达 4 h，总 TON 高达 106。

紧接着，使用巯基丙酸修饰的 CdSe 量子点和 $NiCl_2 \cdot 6H_2O$ 原位合成的核壳结构的人工产氢光催化剂 Nih-CdSe/CdS，能够以 153 μmol/(h·mg)的速率稳定产出 H_2。在众多金属离子与量子点结合形成的空心纳米球中，Ni^{2+}和 CdTe 量子点的组合表现出最高的产氢活性，在可见光下照射 42 h，TON 可以达到 137500。此外，利用二氢硫辛酸（DHLA）修饰的 CdSe 纳米晶体作为光敏剂，水溶性 Ni^{2+}-DHLA 作为催化剂，可实现光照条件下质子的高效还原。在 pH=4.5 的条件下，该催化体系 TON 最高可以达到 600000，并且催化活性可以持续 360 h，在水中量子产率超过 36%。受天然酶活性中心和残基调控的启发，有研究人员合成了三种具有钴卟啉单元的水溶性聚合物用于光催化产氢。通过更换聚合物的侧链基团可实现光催化性能的调节。聚合物的加入可以很好地提高配合物的溶解度和稳定性，使催化剂具有较高的产氢性能，光催化的 TON 高于 27400。

为了进一步提升人工光合产氢催化剂的效率，采用自组装的方法将 CdSe/CdS 量子点和助催化剂 Pt 纳米颗粒相结合形成催化体系。该催化体系缩短了吸光单元和催化单元之间的距离，极大地提高了界面电子的传递效率。光催化剂的内量子产率达到 65%，TON 高于 1.64×10^7，具有和天然 HEC 接近的催化活性，是目前人工光合产氢催化效率的最高值。随着对于自然催化活性中心结构和催化机制的深入认识，人工光合产氢体系的效率有了极大的提升。设计更加廉价、稳定、高效的人工 HEC 对于推动能源变革和社会发展具有重要意义。

三、二氧化碳还原

自然界中，绿色植物通过光合作用将 CO_2 转化为化学能并储存到有机物当中。光合作用包含光反应及暗反应两个阶段（图 10-10）。在光反应中，绿色植物内的叶绿素（P）吸收可见光，转化为激发态（P*）。与此同时，在光驱动下释氧中心将水分子氧化，释放电子和氧气。氧化水提供的电子，经处于激发态的 P*最终传递给 $NADP^+$，使其还原成 NADPH（还原型辅助酶），而 NADPH 作为还原剂进入了暗反应中协助二氧化碳还原。叶绿素基质中的质子移动到类囊体内使 ADP 生成 ATP，为暗反应提供能量。在暗反应中，NADPH 以及 ATP 在多种酶的帮助下将二氧化碳还原成有机物。这过程涉及多个氧化还原反应，太阳能作为驱动力，将光子的能量转化为有机物中的化学能。叶绿素通过吸收光子产生光电子，光电子通过一系列的电子受体最终参与二氧化碳还原，电子供体使失去电子的电子受体重生得到电子再生，至此完成一个反应循环。

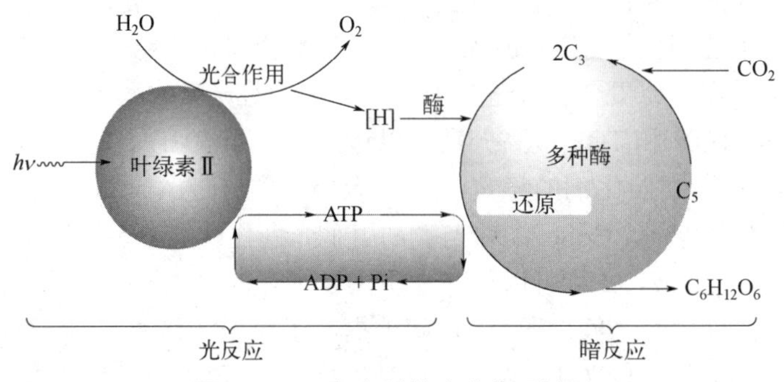

图 10-10　绿色植物光合作用过程

大自然中的光合作用为研究者们探究光催化还原 CO_2 提供了蓝图。模仿绿色植物中吸收光驱动 CO_2 还原构建人工光合作用体系，需含有吸光物质光敏剂、电子供体牺牲剂和催化剂。1982 年，Lehn 等首次以 $Ru(bpy)_3^{2+}$ 作为光敏剂，三乙胺作为电子牺牲剂，研究了 $CoCl_2$ 在乙腈和水混合体系中的光催化 CO_2 还原性能，并探讨了体系组成对产物（CO 和 H_2）选择性的影响。尽管，该体系的催化效率并不高，但研究初步验证了 Co^{2+} 可将 CO_2 催化还原为 CO，为今后的研究奠定了基础。2016 年，研究人员以 $Ru(bpy)_3^{2+}$ 作为光敏剂，BIH 作为电子牺牲剂，研究了 $[Co(qpy)(OH_2)_2]^{2+}$ 在乙腈和三乙醇胺混合体系中的光催化 CO_2 还原性能，在 460 nm LED 下光照 80 min，生成了大量 CO 和少量 H_2，TON_{CO} 为 2660，催化剂对 CO 的选择性为 98%，用有机染料代替钌光敏时，也会有 CO 产生，其 TON_{CO} 为 790。另外，在铁卟啉的苯环对位引入三甲基铵基团，在可见光照条件下，可将 CO_2 还原为 CO，选择性为 100%。正电基团的引入，使得催化剂具有高效的稳定性和选择性，在 60 h 内催化活性没有下降。

受天然酶中多金属中心的启发，多核金属催化剂也被设计应用于光催化 CO_2 还原。例如，近期报道的基于吡啶配体的双核钴催化剂，通过两个钴离子之间的协同作用，高效地将 CO_2 转化为 CO 或 $HCOO^-$。酸性条件下，生成 CO 的选择性为 99%，最大 TON 为 829；乙腈溶液中，生成 $HCOO^-$ 的选择性为 97%，最大 TON 为 821。Ru、Ni、Co、Mn、Fe、Zn 等多核金属配合物都在催化 CO_2 光还原方面展现出了优良的活性。

基于氮杂穴醚配体的双核钴配合物，以［$Ru(phen)_3$］$(PF_6)_2$ 为光敏剂、TEOA 为牺牲剂，在 LED（λ = 450 nm）光照射下，催化 CO_2 还原为 CO 的 TON 和 TOF 值分别高达 16896 和 0.47 s^{-1}，对 CO 的选择性达到 98%。与具有相同配位结构的单核钴配合物（TON_{CO} = 1600，TOF_{CO} = 0.04 s^{-1}）相比，双核钴的催化活性有了数量级的提高。为深入研究光催化 CO_2 还原过程中金属间的“双核协同”作用，进一步将没有催化活性的 Zn 取代双核 Co 中的一个 Co，成功合成了双核 CoZn 双核金属配合物。相同催化条件下，与双核钴双核金属配合物相比，双核 CoZn 催化剂的催化性能提高了 5 倍（TON_{CO} = 65000，TOF_{CO} = 1.8 s^{-1}，Sel_{CO} = 98%）。

与光合作用的光诱导电子转移过程类似，金属配合物催化剂可以和光敏剂结合形成超分子光催化剂，实现高效的电子转移。例如，利用 $CuInS_2$/ZnS 量子点，对四苯基卟啉铁（FeTPP）催化剂进行光敏化，借助量子点和金属配合物之间超快的电子转移（<200 fs），以 84%的选择性（16% H_2）将 CO_2 高效还原为 CO，对比分子光敏剂，效率提升了 18 倍，并且具有很好的稳定性，在 4.5 mW 光照条件下性能稳定保持 40 h。再如，将 CdS 纳米颗粒结合在 WO_3 空心微球上，构建 Z 型光转换体系，有利于光生空穴-电子对的分离。相比于单相 CdS 和 WO_3，效率可以提升 10 倍和 100 倍。另外，在 CdS 纳米棒上负载 ZnSe 量子点，可构建新型的 DOR 纳米异质结构，CO_2 还原生成 CO 的速率达到 11.3 μmol/（g • h），选择性大于 85%，催化性能可以保持 80 h，具有很好的稳定性。光还原 CO_2 的催化体系通常和牺牲剂相结合，这造成了空穴氧化能力的浪费。

此外，可以尝试利用太阳能将 CO_2 还原和有机转换过程相结合。在可见光照射下，CdSe/CdS 量子点催化 CO_2 到 CO 的还原，在三乙胺存在的条件下，选择性高达 96%，反应速率达到 412.8 mmol/(g • h)。当体系中加入 1-苯乙醇衍生物时，可以高效地催化 C—C 键氧化偶联反应，形成对应的频哪醇，产率达到 98%。光照条件下 CO_2 还原与有机转化反应的高效偶合为构建有效的人工光还原 CO_2 体系，实现高效的太阳能转化提供了一个新的思路。

第三节　人工酶与人工固氮

氮是地球上所有生物所必需的生命元素，是构成生物组织基础单元的重要组成部分。尽管地球表面富含丰富的氮资源，但其中大部分以氮气形式存在，无法直接被生物体利用或作为工业原料使用。生物体在消化吸收氮元素前，需通过各种方法使氮转变成为含氮的化合物，此过程被称为“固氮”。

固氮主要包括生物固氮和人工固氮。生物固氮是指在常温常压下，固氮菌在固氮酶的催化作用下将空气中的 N_2 转变为 NH_3 的过程。固氮酶催化 N_2 还原的反应需要 ATP 水解提供化学能。每一分子 N_2 还原，需要 16 个 ATP 水解提供的能量。人工固氮被视为化学领域中的“圣杯”反应，同时也被认为是 21 世纪重大工程挑战之一。近年来，美国和日本等发达国家先后启动 “REFUEL”“Green Ammonia”等绿色固氮示范项目。然而，我国起步较晚并受到各种因素影响，在绿色固氮技术方面与世界先进水平仍有一定差距。

1909 年，德国卡尔斯鲁厄大学的 Fritz Haber 发现合成氨过程，并于 1918 年获得诺贝尔化学奖。在随后的几十年内，德国 BASF 公司的 Carl Bosch 和德国马普学会 Fritz Haber 研究所的 Gerhard Ertl 分别凭借“发明和发展化学高压方法”和“固体表面的化学过程”于 1931 年和 2007 年获得诺贝尔化学奖。Carl Bosch 团队于 1913 年在德国 Oppau 建立了世界上第一座合成氨的工厂，氨的日产量为 30 吨。在迄今 117 年的诺贝尔奖历史上，固氮过程研究领域诞生了三位诺贝尔化学奖获得者，这充分说明了固氮过程及其研究的重要性。

传统的合成氨主要依靠 Haber-Bosch 铁催化剂及其复杂的工艺流程，经历百余年的技术改进后，仍需在高温、高压等苛刻的条件（400～500℃，高于 100 atm）下进行，能耗占世界能源的 2%左右。另外，合成氨所需的氢气主要通过甲烷蒸气重整法制备，要排放数以亿吨计的 CO_2 温室气体。据估算，每得到一分子的 NH_3，会产生两分子的 CO_2，伴随着大量的温室气体排放。近年来，由于人们对能源与环境的日益关注，合成氨工业高能耗和高污染的问题显得更加突出。因此，开展化学模拟生物固氮酶功能研究，尤其通过可再生资源（例如太阳能）驱动温和条件下的固氮反应对确保人类社会可持续发展意义重大，是化学科学研究领域最具挑战性的工作之一。

一、生物固氮与固氮酶

惰性的 N_2 分子只有在转化成为氨（NH_3）或者硝酸盐（NO_3^-）时，才能被生命体吸收利用。一些微生物具有在常温常压下将空气中的 N_2 还原为生物可用氮的能力，这个微生物固氮的过程依赖于固氮酶的作用。为了更好地了解固氮酶，长期以来，科学家们对于固氮酶的结构和功能进行了广泛深入的研究。如图 10-11 所示，固氮酶是由两种蛋白质组成的复合体系，分别是 MoFe 蛋白和 Fe 蛋白。在某些不含有 Mo 的微生物中，则会存在 VFe 固氮酶或者 FeFe 固氮酶，它们具有与 MoFe 蛋白同样的催化作用，然而这两种固氮酶的活性较低。MoFe 蛋白中含有两种金属原子簇：①M-簇［7Fe-9S-Mo-C-高柠檬酸］，也称为 FeMo 辅因子，为 N_2 键合与还原提供活性位点；②P-簇［8Fe-7S］，起到向 Mo Fe 蛋白传递电子的作用。Fe 蛋白

［4Fe-4S］为 MoFe 蛋白提供反应所需要的电子。

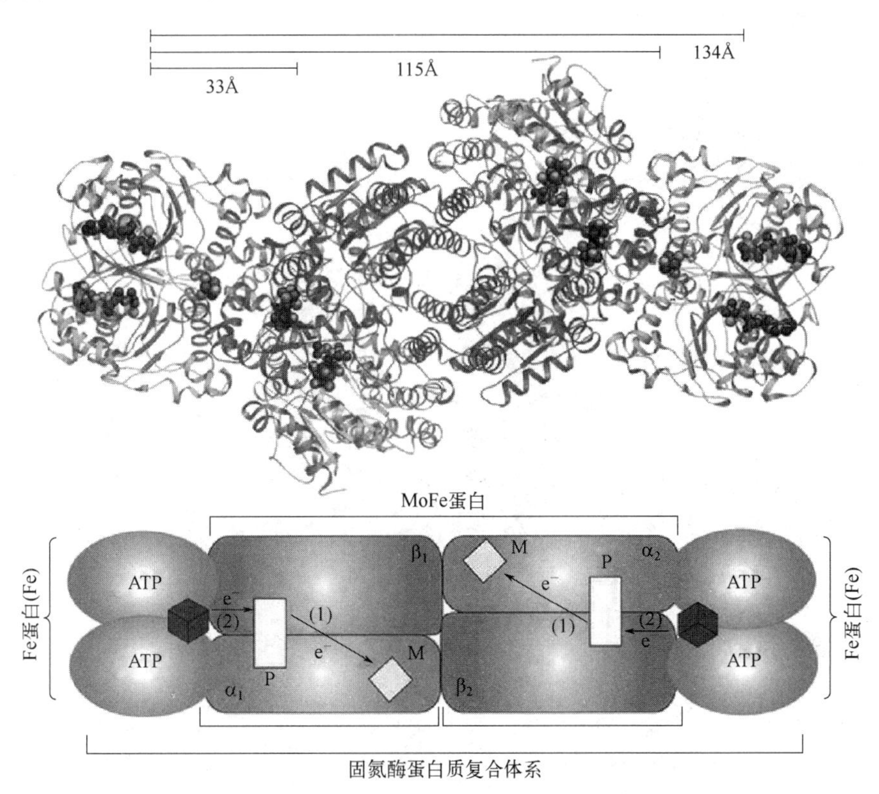

图 10-11　固氮酶体系结构与组成［*PNAS*, 2016, 113 (40): E5783-E5791］

人工模拟固氮酶的结构和功能，实现在温和条件下的 N_2 还原反应，取代高能耗、高 CO_2 排放的 Haber-Bosch 方法，是人类长久以来的梦想。早在 20 世纪 70 年代，就出现了模拟 MoFe 蛋白活性位点的合成工作。1982 年，Holm 等首次研究了在类似于 FeMo 辅因子的原子簇中配体取代反应的机制，提出了一种 Fe、Mo 定位反应的途径。之后合成了电子结构类似于 FeMo 辅因子的 $MoFe_3S_4$ 原子簇，并认为在质子源的存在下，还原态的 $MoFe_3S_4$ 簇可以结合并还原固氮酶底物。美国密歇根大学的 Coucouvanis 等合成了$[(L)MoFe_3S_4Cl_3]^{2-,3-}$原子簇并研究其催化 N_2H_4 生成 NH_3 的机制。他们认为 N_2H_4 的活化和还原发生在$[(L)MoFe_3S_4Cl_3]^{2-,3-}$原子簇的 Mo 位点上。然而此类工作存在的缺点是，这些人工合成的原子簇结构并不能实现真正意义上的固氮酶模拟、实现固氮成氨。2015 年，Kanatzidis 等基于已有的硫族凝胶的工作基础，借鉴固氮酶模拟领域中的进展，模拟固氮酶 FeMo 辅基和 Fe 辅基在蛋白中的相互作用。他们将人工模拟的 FeMo 辅基（$(NBu_4)_3[Mo_2Fe_6S_8(SPh)_3Cl_6]$和铁辅基（$(Ph_4P)_2[Fe_4S_4Cl_4]$分别或同时限域在聚合物网络中，从结构和功能上更紧密地模拟固氮酶（图 10-12）。研究发现由铁辅基$(Ph_4P)_2[Fe_4S_4Cl_4]$构成的凝胶在常温常压、光照条件下能得到更好的固氮效率，这揭示了在不含 Mo 的情况下，Fe 同样可以作为 N_2 还原的活性位点。

双核 Mo 络合物$[Mo(L)(N_2)_2]_2(\mu\text{-}N_2)$可用于催化 N_2 合成 NH_3，并能将 NH_3 产率提高至 63 mol/L。另有研究人员报道了一系列可以实现催化 N_2 还原成 NH_3 的 Fe 基络合物催化剂，并指出 Fe 活性位在催化过程中能够与 N_2 配位并形成稳定的 $Fe{\equiv}N{-}NH_2$ 中间体。此外，邻苯二硫酚桥联双核铁配合物［$Cp^*Fe(\mu\text{-}\eta_2{:}\eta_4\text{-bdt})Fe\,Cp^*$］，可实现在双铁中心上将二氮烯（$N_2H_2$）

还原转化成 NH_3。还有研究人员通过模拟 FeMo 辅因子中的 Fe 位点合成了 Fe 基配合物，并阐明了 N_2 在该配合物上的络合和还原过程。

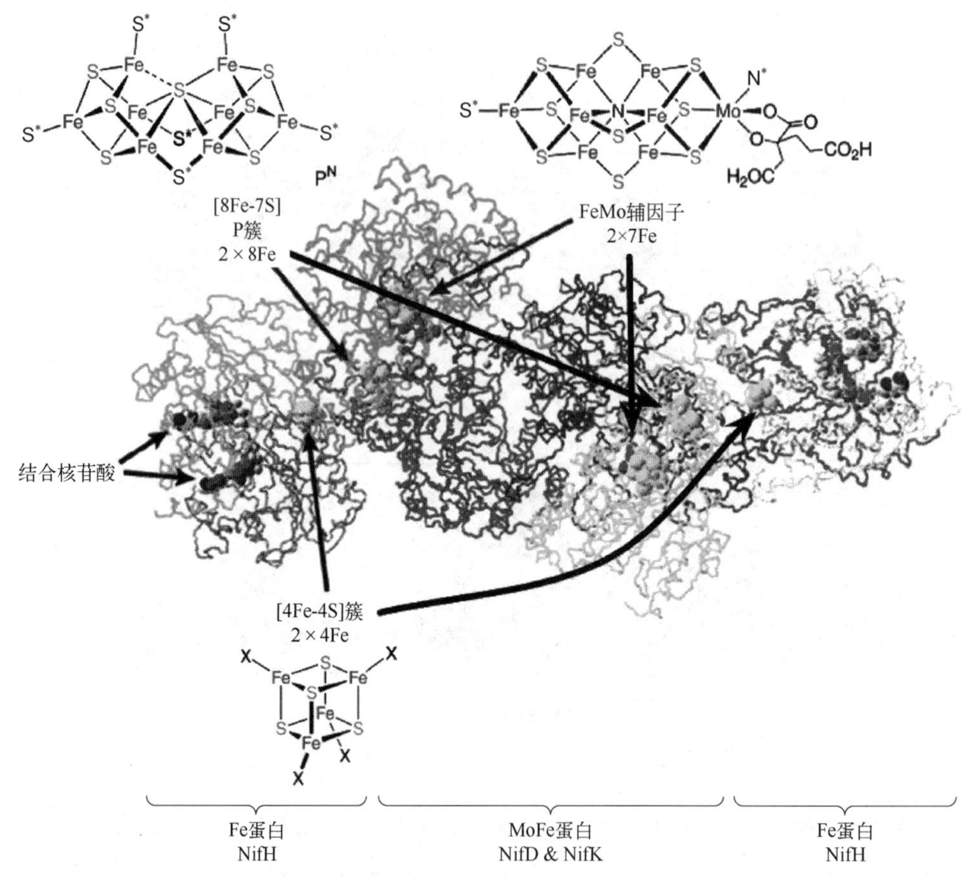

图 10-12 固氮酶和仿生凝胶的结构示意图（*Nature Reviews Chemistry*, 2023,7: 379）

此外，一些非 Fe、Mo 过渡金属配合物也被证明具有固氮作用。例如，一种可活化 N≡N 键并进行氢化反应的 Ti 基配合物被研究报道，由于氢化物配体可作为质子和电子源，因此过渡金属氢化物可以作为固氮反应的平台。此后，利用三核钛氢化物在温和条件下活化非活化烯烃与 N_2，构建了一系列烷基胺，实现直接加氢胺化反应，并通过理论计算详细阐明了 N_2 活化和选择性 C—N 键形成的关键机制。但上述金属配合物为均相催化剂，难以回收利用，且需要额外添加质子源、还原剂及有机溶剂，一些反应还需要低温环境，这影响了其进一步发展，难以实用化。

利用电子化合物可实现电子的富集，例如，应用 Ru 负载的电子化合物[$Ca_{24}Al_{28}O_{64}]^{4+}(e\text{-})_4$ Ru/$C_{12}A_7$:e^-)可提高 Ru 的表面电子密度，而且 H 吸附原子对 Ru 表面的中毒效应因 $C_{12}A_7$:e^- 可逆储存氢的能力而被有效抑制，从而增强低压下的合成氨反应性能。在后续研究工作中发现，$Ca(NH_2)_2$ 负载 Ru 纳米粒子也表现出良好的合成 NH_3 性能。此后，首次将具有明确晶体结构的三元金属间化合物 LaCoSi 用于合成氨反应，发现在常压条件下，LaCoSi 表现出良好的合成氨活性［1250 μmol/(g・h)]。基于密度泛函理论计算，给出了不同以往的 N_2 在催化剂表面解离和吸附过程的认识，提出了 N_2 分解的“热原子”机制，即 N_2 分子吸附过程所释放出的能量可直接加热 N 原子，进而促进 N_2 解离。此外，也有学者提出，传统的过渡金属催化剂不能实现低温低压条件下固氮是由于催化剂表面 N_2 的吸附能与解离能间存在对应关系，即强吸附的过程会使产物的脱附过程变得缓慢，导致活性位点的毒化。针对这一现象，将氢化锂（LiH）作为第二组分引入到负载型的过渡金属催化剂中，可构筑“过渡金属-氢化锂（TM-LiH）”这一双活性中心催化剂体系，通过 LiH 的协同效应，可显著提高传统金属催化剂在温和条件下的合成氨性能。

二、光催化固氮

固氮酶实现生物固氮并不需要光的直接参与。但是固氮酶的能量来源是固氮菌共生植物的光合作用。所以，从本质上来说，生物固氮的能量来源也是光能。在模拟固氮的研究工作中，利用光直接驱动固氮一直以来也是人们关注的焦点。目前来看，光催化或者电催化还原短期内是不可能取代工业过程的，但是可以为常温常压条件下复杂催化反应的研究提供重要的启示。

两个 N 原子经过 sp 杂化后会形成由 4 个成键轨道和 4 个反键轨道组成的线性中心对称物质。N≡N 键的断裂必须使电子从最高占据分子轨道（HOMO）（σ 键）跳到最低的分子轨道（LUMO）（反键 π*），然而两个轨道之间的能隙非常高（10.82 eV），因此很难打破 N≡N 键（图 10-13）。N_2 分子作为一种极其稳定的双原子分子，N≡N 键能为 940.95 kJ/mol，第一键解离能更是高达 410 kJ/mol，又因为其在水溶液中溶解度低、在催化剂表面吸附强度弱等问题，光催化氧化或者还原氮气分子都是十分困难的。

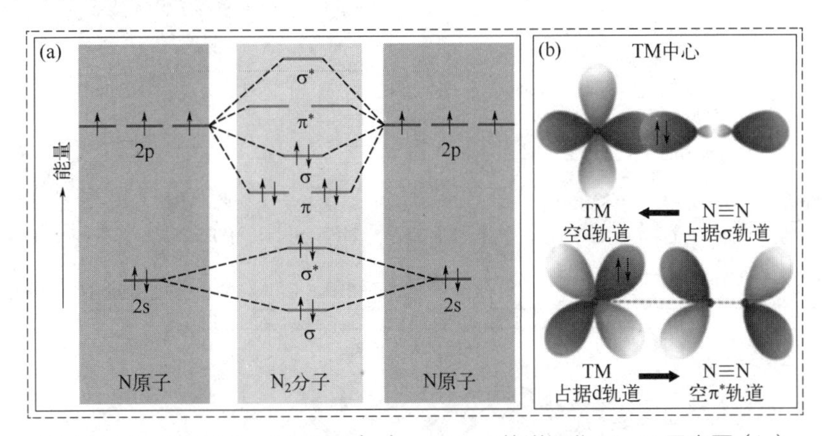

图 10-13　氮气的分子轨道图（a）；TM-d 轨道活化 N≡N 示意图（b）

1．光催化还原固氮

N_2 的光催化还原过程可分为两步。首先，光生电子被激发到导带，在价带留下空穴。然后一些电子和空穴重新结合，而另一部分跃迁至催化剂表面参与氧化还原过程。H_2O 可以被空穴氧化成 O_2，而 N_2 可通过一系列步骤与光生电子以及质子结合生成 NH_3（图 10-14）。

1977 年，Schrauzer 首次报道了在紫外光照射下，Fe 掺杂 TiO_2 产生的电子空穴对可以还原 N_2 形成 NH_3，同时氧化 H_2O 得到 O_2。1988 年，Bourgeois 等报道了未经修饰的 TiO_2 经空气煅烧后产生了带隙缺陷，表现出 N_2 还原光催化活性。这些早期的工作开启了人们对于 TiO_2 还原 N_2 机制的探索。例如，通过研究 N_2 在 TiO_2 表面氧缺陷上的光催化反应过程发现，在所测试的催化剂中，金红石相 TiO_2 表现出最高的固氮活性，由此认为表面氧缺陷产生的 Ti^{3+} 物种作为活性位点，通过氧化还原过程为 N_2 还原提供了电子。2001 年报道，纳米结构 $Fe_2Ti_2O_7$

被制备，在乙醇作为空穴牺牲剂的条件下，该材料可光催化还原 N_2 成 NH_3，推断光生导带电子可以还原 H^+，产生的吸附态氢原子进一步与 N_2 反应生成 NH_3，导带空穴则用于氧化乙醇为羟基自由基。此外，Fe_2O_3 掺杂 TiO_2 被研究制备，并将其负载于 γ-Al_2O_3 上，在高压汞灯辐照、反应温度 120℃以及常压条件下，能够光催化合成氨，故认为在光驱动合成氨过程中，光生电子和空穴的分离为决速步。另有研究人员通过合成 Fe 掺杂暴露（101）晶面的 TiO_2，使 Fe 通过氧化还原反应捕获电子，从而阻止载流子的重新结合。不稳定的 Fe^{2+}/Fe^{4+}向 Ti^{4+}传递电子，形成 Ti^{3+}活性位点。还有研究人员制备了 Au/$SrTiO_3$ 纳米等离子体光催化剂，通过考察其在可见光照下的合成 NH_3 性能发现，表面等离子体共振效应诱导 Au/$SrTiO_3$ 界面的电荷分离，从而促进了阳极的氧化和 N_2 的还原。另外，通过 K/Ru/$TiO_{2-x}H_x$ 催化剂的制备及其光热催化合成氨性能的研究发现，不同于普通的热催化，这种方法通过表面等离子体共振效应将电磁能和热能限域在 Ru 簇周围，降低了反应的活化能。载体 $TiO_{2-x}H_x$ 能够向负载的 Ru 提供电子，Ru 可高效活化 N_2。$TiO_{2-x}H_x$ 可逆地收纳 H 原子，从 Ru 上接受 H，并将其转移到活化后的 N_2 上形成 Ti-$NH_{x(x=1\sim3)}$，因此 H_2 的毒化作用得到了抑制。

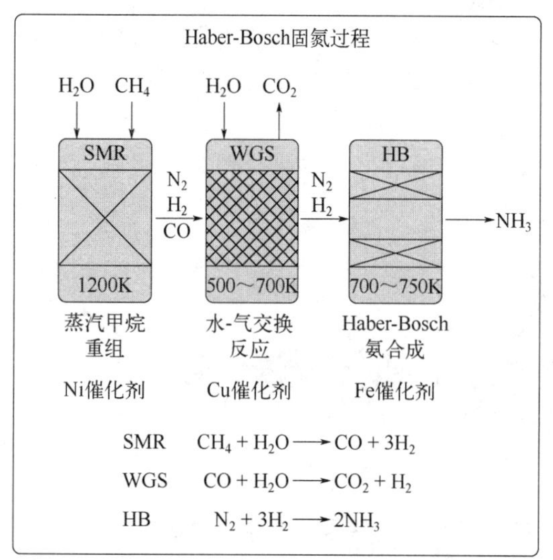

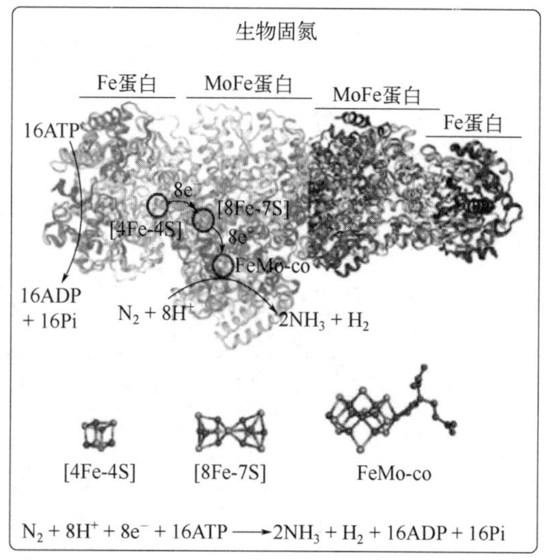

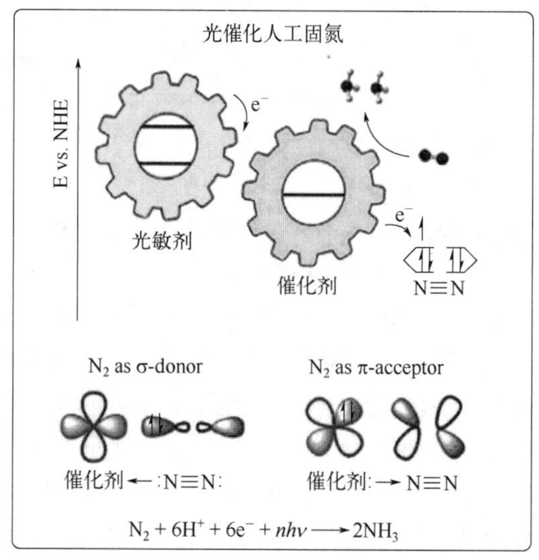

图 10-14 哈勃固氮、生物固氮和光催化人工固氮比较 [*Chem*, 2021, 7(6): 1431-1450]

除了 Ti 基氧化物，许多其他金属氧化物也具有光催化固氮的性质，包括 Fe 氧化物、Zn 氧化物、W 氧化物等。例如，水合氧化铁对光催化合成氨的活性甚至高于 TiO_2，这可能是由水合氧化铁对 N_2 的吸附作用增强所导致的。此外，水合氧化铁的 N_2 还原活性可通过掺杂钒得到提高，这是由于钒的引入促进了电荷分离。碳载 $WO_3 \cdot H_2O$ 也具有较高效的光催化固氮作用。一方面碳的引入极大提高了表面光生电荷的传输；另一方面，光活化 $WO_3 \cdot H_2O$ 突出的电子、质子传导能力确保了后续质子化作用的顺利进行。H-Bi_2MoO_6 可作为 N_2 还原的光催化剂，在反应过程中，加氢反应导致了 Bi_2MoO_6 氧缺陷的产生，使得 H-Bi_2MoO_6 具备了活化 N_2 的能力。该催化剂在纯 N_2 及光照条件下，生成 NH_3 的速率高达 1.3 mmol/(g · h)。之后，若用 W 代替 Mo，合成 NH_3 速率有所降低。

金属硫化物的带隙窄，因此可以高效利用光能，这使其作为 N_2 还原光催化剂具有显著的优势。早在 1980 年，Miyama 等就利用 CdS 在紫外光照下进行固氮反应，5 h 得到 NH_3 的产量为 10.67 μmol/g。然后又将 Pt 与 CdS 复合得到双金属硫化物，这极大提高了 NH_3 的产量。1988 年，CdS/Pt/RuO_2 被研究报道在可见光下可发生固氮反应，并利用 Pt/CdS · Ag_2S/RuO_2 实现了 N_2 的还原。

此外，一种利用金刚石光照下发射出的溶剂化电子来还原 N_2 的研究思路被提出。由于金刚石半导体的导电电势比较低，可以用于引发其他半导体难以实现的反应，如 N_2 还原。瞬态吸收光谱可以直接检测到金刚石发射到水中的溶剂化电子。另一种利用 BiOBr 上的氧空位来吸附活化 N_2 的思路也被提出，可实现常温常压下在纯水体系中可见光驱动的光催化固氮。BiOBr 纳米片晶面上的氧空位作为催化活性中心，可以有效地活化吸附的 N_2，BiOBr 纳米片受激发产生的电子可以将 N_2 还原为 NH_3。由此启发了一系列利用空位来活化 N_2 的研究。例如，利用层状化合物（LDH）可实现光催化固氮，通过共沉积的方法制备一系列 $M^{II}M^{III}$-LDH(M^{II}=Mg、Zn、Ni、Cu，M^{III}=Al、Cr）超薄纳米片光催化剂，LDH 纳米片上的氧空位能增强 N_2 的吸附和活化。

2．光催化氧化固氮

常见的光催化氮气氧化所用的光催化剂有 TiO_2、WO_3 等非金属氧化物，它们一般都具备成本低、稳定性高、结构坚固、无毒等优点。2013 年，俞汉青等发现纳米二氧化钛可以将空气中的氮气与氧气在光照条件下转化为硝酸盐。在以氮气和氧气作为反应物进行光催化反应时检测到有微量硝酸的生成，之后创造封闭环境进行长时间不间断反应，发现硝酸不断生成，该实验为研究光催化直接氮气氧化合成硝酸提供了理论依据（图 10-15）。

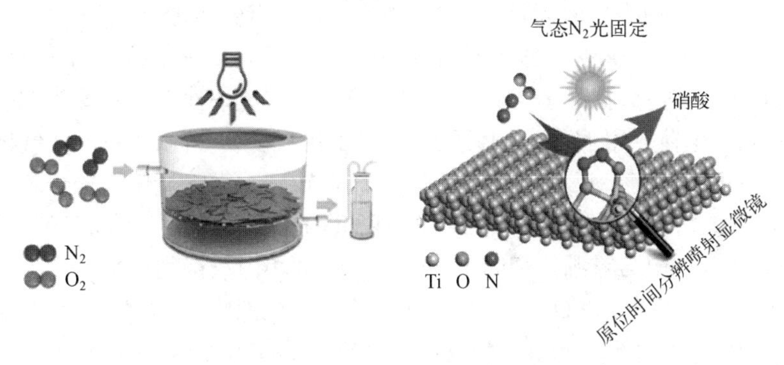

图 10-15　光催化 N_2 氧化的流动反应器示意图

以富孔洞的 WO_3 纳米片作为光催化剂，可实现对 N≡N 键的光催化活化，从而在环境条件下直接合成硝酸盐（图 10-16）。该过程设计并合成具有独特孔洞结构的 WO_3 纳米片，其富含的孔洞结构能够更有效地激发高动能电子，从而克服 N≡N 键活化的两个主要难点：N_2 分子与催化材料的较弱相互作用以及所需能量较高的反应条件。常温条件下，在不添加任何牺牲剂和贵金属助催化剂的情况下，硝酸盐的平均产率高达 1.92 mg/(g・h)。结合理论模拟计算可知，富孔结构可为 N_2 分子的直接吸附及后续活化提供丰富的锚点。激发高动量电子参与光催化可以加速 N≡N 共价三键的激活和裂解。此后，合成了掺杂铈的 $W_{18}O_{49}$ 纳米线（Ce-$W_{18}O_{49}$），在温和条件下实现了光催化氮氧化成硝酸盐。通过引入 Ce^{3+}和表面等离子体态偶合产生的缺陷态作为“电子陷阱”约束光生电子，从而促进光生电子-空穴对的分离并延长其寿命。掺杂了摩尔分数为 5% Ce 的 $W_{18}O_{49}$ 在不使用任何牺牲剂的情况下表现出最高的硝酸盐产率［319.97 μg/(g・h)］，大约是没有进行掺杂的 $W_{18}O_{49}$ 产率的 5 倍。这项工作也为通过控制光催化剂的能带结构实现高效光催化硝酸盐直接氧化进化活性提供了新的见解。2024 年，研究人员又通过构建异质结增强压电光催化活性的策略，设计了羧基化 C_3N_4 和 Bi_2MoO_6 的异质结构，用于压电光催化氮氧化硝酸。大量研究证明，Bi_2MoO_6 和 g-C_3N_4 之间的 Bi-COOH 极性相互作用的发生和结构重构。这些方式有助于电荷的有效分布，并成为载流子迁移的途径，从而促进了电荷转移和大的本征偶极矩。此外，极性相互作用和结构重构加强了 N_2 极化和电子转移，促进了氮氮三键的断裂并降低了活化能。通过实验在超声波和光照的刺激下，采用 BCO-3 催化剂的硝酸产率最高可达 5930 μg/(g・h)，是 C_3N_4-Bi_2MoO_6 催化下的 3.66 倍，优于已报道的所有压电光催化剂。

图 10-16 多孔 WO_3 作为光催化剂进行氮气氧化的示意图（*Angew Chem. Int. Ed.*,2019,58: 731-735）

以商业 TiO_2 直接光催化可将 N_2 固定为硝酸。优化后的 TiO_2 光催化剂的 NO_3^-产率为 1.85 μmol/h，选择性接近 100%，在 365 nm 辐射照射下的表观量子效率为 7.18%，太阳能转换效率高达 0.13%。这些数据显示出其比先前报道的在环境条件下固氮催化剂的能力更为卓越。通过 O_2 和光致电荷克服 N_2 分子中氮氮三键断裂的瓶颈，可以在不需要气体预分离的情况下，利用商业 TiO_2 和空气对反应过程供气，实现在较高的太阳能化学转化效率下的光催化 N_2 氧化。此后，以钯纳米粒子修饰 H-TiO_2（Pd/H-TiO_2)制备串联光热辅助光催化氮氧化体系，实现了氮在光氧化过程中与氢源的空间上的分离，在液相中只得到 HNO_3 作为固氮唯一产物而不产生氨副产物。在以 N_2 和 O_2（4∶1 模拟空气）气体氛围下的紫外-可见照射后，该体系硝酸的产率从室温下的 0.56 μmol/(g・h)增加到 200℃下的 4.58 μmol/(g・h)，同时在 350 nm 处的量子产率从 0.24%提高到 0.99%。而在相同温度的黑暗条件下，没有检测到任何产物。

钯纳米粒子的光热效应促进了气固相氮氧化过程中超氧自由基和氮氧化物中间体的生成，有助于提高硝酸产率。同时，光热辅助催化氮氧化策略为发展清洁节能硝酸生产开辟了新的途径。

3．光催化固氮合成尿素

光催化 C-N 偶联合成尿素涉及多个动力学步骤，包括反应物的吸附和活化、质子偶合电子转移过程、C-N 偶联过程和氢化过程。例如，通过铁负载 Ti_3^+-TiO_2 复合催化剂在煤基碳纳米管上光催化合成尿素。该反应体系以 CO_2 /N_2/H_2O 为原料，还原产物为 H_2、CO、$CO(NH_2)_2$、NH_4^+、$C_3H_6O_2$、$C_4H_8O_2$，氧化产物为 O_2、NO_2^-、NO_3^-。在此反应过程中，CO_2 分子只参与还原反应过程，而 N_2 分子同时参与还原和氧化反应。此外，在光催化过程中，H_2O 被分解生成 H^+，为还原反应提供所需的质子，过程中还产生 O_2^-、• OH 等高氧化性物质。因此，N_2 分子被 O_2^-、•OH 和活性 H^+氧化生成 NO_2 和 NO_3^-。N_2、CO 和 H^+在强还原性 e^-的作用下被还原生成 NH_4^+、$C_3H_6O_2$、$C_4H_8O_2$、$CO(NH_2)_2$、CO 和 H_2。由此，根据产物的分析结果提出了表面反应的机制，Ti^{3+}和氧空位的特定排列结构上的*CO 和 *NH_2 偶联，通过 N_2 加氢过程和断裂 C—O 键，最后形成 C—N 键得到尿素（图 10-17）。

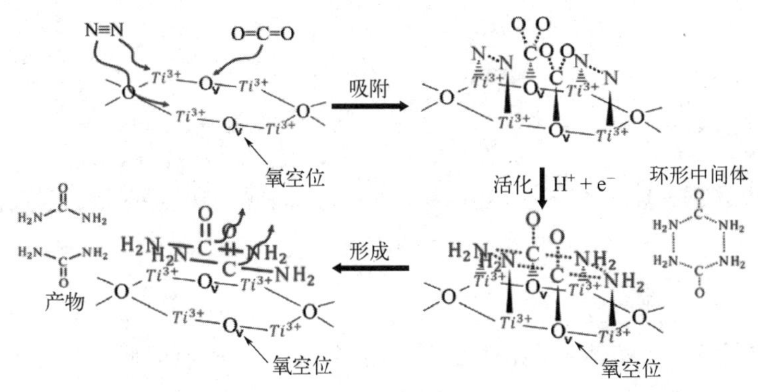

图 10-17　N_2 /CO_2光催化共还原为 $CO(NH_2)_2$的实验机制

此外，研究人员通过 TiO_2 固定可逆单原子铜（记为 Cu SA-TiO_2）来提高尿素在 N_2、CO_2 和 H_2O 中的光合作用性能。其研究的反应过程的前提是 N_2 和 CO_2 的共吸附，结合实验结果，根据不同的优先活化顺序（先进行 CO_2 还原反应，再进行 N_2 还原反应，或同时进行 CO_2 还原和 N_2 还原反应），提出了详细的可能反应途径。在 2D-CdS/3D-BiOBr 上，N_2 和 CO_2 与 H_2O 光催化共还原成 CO（NH_2）$_2$。根据实验推测出尿素的合成有两种途径：一种途径是吸附在 2D-CdS 和 3D-BiOBr 界面相邻不同位置的 CO_2 和 N_2 分子通过光生电子和 H^+直接还原为 CO（NH_2）$_2$，同时光生空穴将 H_2O 氧化为 O_2 和 H*。另一种途径是 N_2 在可见光下与 H_2O 在 2D-CdS 组分上反应生成 NH_3，形成的 NH_3 再与反应物 CO_2 或在 2D-CdS 上通过热催化还原 CO_2 得到光催化产物的反应。

硝酸介导的光催化 N_2 和 CO_2 合成尿素也已报道（图 10-18）。首先，通过缺陷诱导策略合成钌锚定的 Ru-TiO_2，并将其作为高效光催化剂用于硝酸介导下与 CO_2 共还原实现尿素的合成。在间歇性的光照下，尿素的产率达到 24.95 μmol/(h • $g_{cat.}$)，420 nm 波长单色光照下的 AQE 为 6.3%（尿素为 3.4%，NO_3^- 为 2.9%）。利用原位红外方法成功捕获到*NCONO 活性中间体；并通过实验对比，确定硝酸介导合成机制。研究表明，催化剂独特的纳米结构（Ru-O_4Ti_1）能有效地吸附、活化惰性 N_2，促进关键*NN(OH) 中间体的形成，降低决速步骤的反应势垒，并作为“电子泵”促进电子从氮气到 TiO_2 载体的迁移，为氮气的直接资源化利用提供了全新的研究思路。此外，通过设计新型光催化剂，也可实现光生电子和空穴的协同作用，提高尿素合成的效率。例如，通过 WO_3 和 Ni 单原子修饰的 CdS 构筑的异质结光催化剂（Ni_1-CdS/WO_3）在纯 H_2O 溶剂中，385 nm 处的量子效率达到 0.15%，尿素产率达到 78 μmol/(L • h)，性能优于现有光催化剂。反应机制揭示，N_2 通过 WO_3 上的空穴 • OH 自由基转化为 NO，而 Ni 位点在光生电子作用下将 CO_2 转化为*CO，随后 NO 和*CO 偶联生成尿素前体*OCNO，最终生成尿素。

图 10-18 硝酸介导的光催化 N_2 和 CO_2 合成尿素的实验机制

虽然现有的固氮性能差强人意，但是通过深入地向固氮酶学习，模拟固氮酶的结构和功能来构建高效的固氮人工酶体系，相信在不久的将来，人工固氮的研究会进入一个新的时代。

（丁欣，朱本伟，刘洋）

第十一章 核酶

核酶（ribozyme）是自然界中存在的一类具有催化活性的 RNA 分子，可催化 RNA 的断裂和连接等反应。1982 年，美国科学家 Thomas Cech 等发现四膜虫线粒体中的前体 rRNA 具有自我剪切的催化活性，他们将这种具有催化功能的 RNA 定义为核酶（ribozyme 或 RNAzyme），首次提出核酶这一概念。1984 年，美国 Sidney Altman 等发现大肠埃希菌核糖核酸酶 P 复合物的核酸组分 M1 RNA 具有酶的催化活性，并提出 RNA 分子具有活性中心。这两位科学家以其研究团队的研究成果证明了 RNA 兼有遗传信息的存储、传递和生物催化等不同的功能，从而突破了酶是蛋白质的传统观念，使人类对于生命起源的认识更为深入，他们于 1989 年被授予诺贝尔化学奖。在此之后，一系列天然核酶被陆续发现。

核酶的发现是对酶的概念和化学本质的进一步认识和拓展补充，并推动了“RNA 世界”假说的发展。核酶同样具有普通酶的一般特性，其酶促反应遵守米氏动力学，但是整体催化效率不及本质为蛋白质的酶。此外，受到天然核酶这一重大发现的启发，科学家们利用体外分子进化技术合成并筛选出一类具有高效的催化活性和结构识别能力的脱氧核酶，也称为 DNA 核酶（DNAzyme），进一步拓展了核酶的范畴，为酶工程提供全新的改造对象，基于 DNA 核酶的灵活设计也在生命分析领域中展现了巨大潜力。

根据核酶的存在方式，核酶可分为天然核酶和人工核酶两大类。需要特别指出的是，核酶与常用的水解核酸的核酸酶不同，概念不可混淆。希望这章内容能够让读者了解核酶的分类，明确核酶与蛋白质结构的酶的区别和联系，掌握核酶的特点与催化机制，熟悉由人工体外筛选技术获得的功能性 DNA 核酶在生物传感分析领域中的前沿热点研究。

第一节 天然核酶

天然核酶均为 RNA 核酶，根据催化反应的机制不同可将天然核酶分为自剪切型核酶和自剪接型核酶。然而，目前在生命体中尚未发现天然存在的 DNA 核酶，我们期待并鼓励读者在科学研究中积极探索，未来新的发现无疑将为现代酶化学领域增添浓墨重彩的一笔。

一、自剪接型核酶

1．分类与结构

自剪接型核酶是一类金属依赖型核酶，在反应过程中需要金属离子的催化，主要包括第一类内含子（Group Ⅰ intron）、第二类内含子（Group Ⅱ intron）以及 RNase P 的 RNA 亚基。这些核酶的分子量一般较大，因此又被称为大分子核酶，其催化反应通常生成 3′-羟基和 5′-磷酸根产物，可参与 RNA 的加工与成熟过程。

第一类内含子主要存在于 rRNA、tRNA 和一部分编码蛋白质的基因中。其二级结构包括 9 个核心的配对区域（P1～P9），最后折叠形成两个关键结构域 P4～P6 结构域和 P3～P9 结构域。第一类内含子经常会有很长的开放阅读框（open reading frame）插入其环状区域。它们广泛分布于真菌和植物线粒体的 DNA 中，也被发现存在于四膜虫和其他低等动物的核 rRNA 基因中。另外，一些噬菌体中如 T4、T-even and T7-like 等也含有第一类内含子。一方面，大多数第一类内含子的序列都高度变异，甚至在相关生物中。另一方面，相同的第一类内含子存在于 ctDNA 和五种不同的蓝细菌物种中，这表明它存在于质体出现之前 10 亿到 35 亿年间。这个发现证实了第一类内含子可能是原始 RNA 世界的残余。事实上，第一类内含子的催化活性为我们提供了一个原始 RNA 如何催化自身复制并促进蛋白质合成的进化的全新视角。

第二类内含子是一类独特的遗传元件，能够编码逆转录酶的逆转座子，能够有效地归巢（homing）进入无内含子的等位基因，也能够以极低的频率转座进入无内含子的非等位基因。第二类内含子存在于植物的线粒体和叶绿体以及真菌的线粒体中，约 1/4 的细菌基因组中也存在第二类内含子。最近，在古细菌的某些种属中也发现了第二类内含子。典型的第二类内含子在核苷酸一级序列上同源性很低，但都形成保守的二级结构；该二级结构由 6 个茎环结构域组成（D1 到 D6），它们似车轮状放射分布，使 5′端和 3′端剪接位点在空间上相互靠近；6 个结构域的近端螺旋结构由位于中央区域的少数核苷酸残基相连接（图 11-1）。

RNase P 是一种由 RNA 和蛋白质构成的复合体，其中 RNA 是真正的活性中心，蛋白质部分只是起支持结构的作用。RNase P 是一种核糖核酸内切酶，它参与加工 tRNA 的初始转录产物，所有的 tRNA 的 5′端都由该酶催化产生。

2．催化机制

第一类内含子的催化过程：第一步，鸟嘌呤单核苷酸的 3′-OH 进攻 5′端的切割位点磷酸基团，产生游离的 5′外显子。这一步只能由鸟嘌呤核苷酸来催化，但可以是单核苷酸，也可以是二核苷酸或三核苷酸，这表明此反应无需能量的介入。第二步，游离的 5′外显子的 3′-OH 进攻 3′端切割位点的磷酸基团，两个外显子连接起来同时游离出带有外来鸟嘌呤的内含子。

第二类内含子的催化过程：第一步，内含子中（与第一类内含子不同）一个保守的腺嘌呤残基的 2-OH 进攻 5′端的磷酸基团，产生游离 5′外显子和由 3′外显子与内含子构成的中间体；第二步，游离 5′外显子中裸露的 3′-羟基进攻 3′端切割位点的磷酸基团，两个外显子连接起来，并切割下内含子。

RNase P 是产生 tRNA 5′端的核酶，所有 tRNA 的 5′端都由它催化产生。但是由于 tRNA 的 5′端没有保守序列，人们认为 RNase P 是通过识别底物的三级结构来催化反应的，其催化反应需要二价阳离子（如 Mg^{2+}或 Mn^{2+}）和一价阳离子（如 K^{+}或 NH_4^{+}）的共同参与。随着冷冻电镜技术的发展，RNase P 的全酶及其底物复合物的结构被解析，研究人员发现 RNase P

以一种“双锚定（double anchor）”的机制来识别 tRNA 前体。tRNA 的 5′端被特异地锚定在活性中心以促使其完成切割反应。底物 tRNA 的结合诱导了该酶活性中心一个关键残基的巨大的构象变化。最后结合分子动力学模拟，研究人员提出了 RNase P 催化反应的双镁离子模型，深入阐释了这一类古老核酶的催化分子机制（图 11-2）。

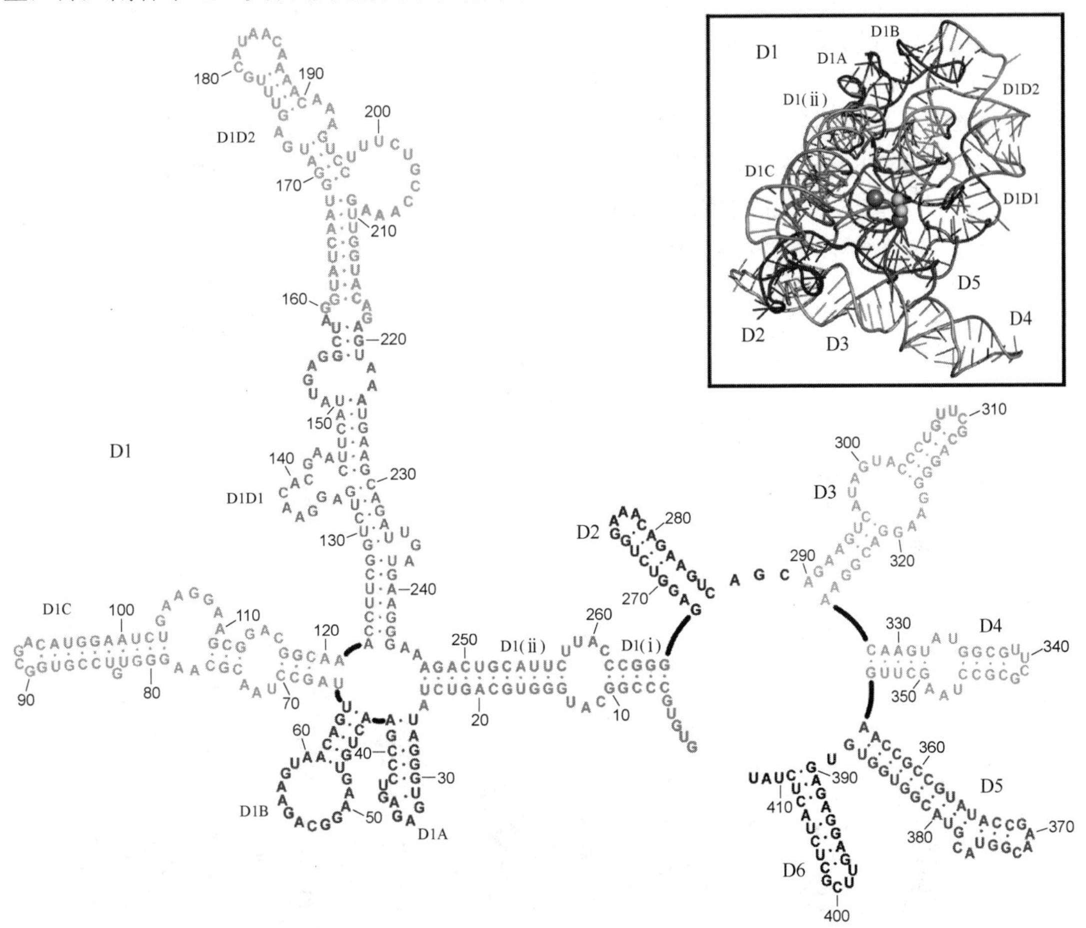

图 11-1　第二类内含子的二级结构示意图（*Mobile DNA*, 2013, 4: 14）

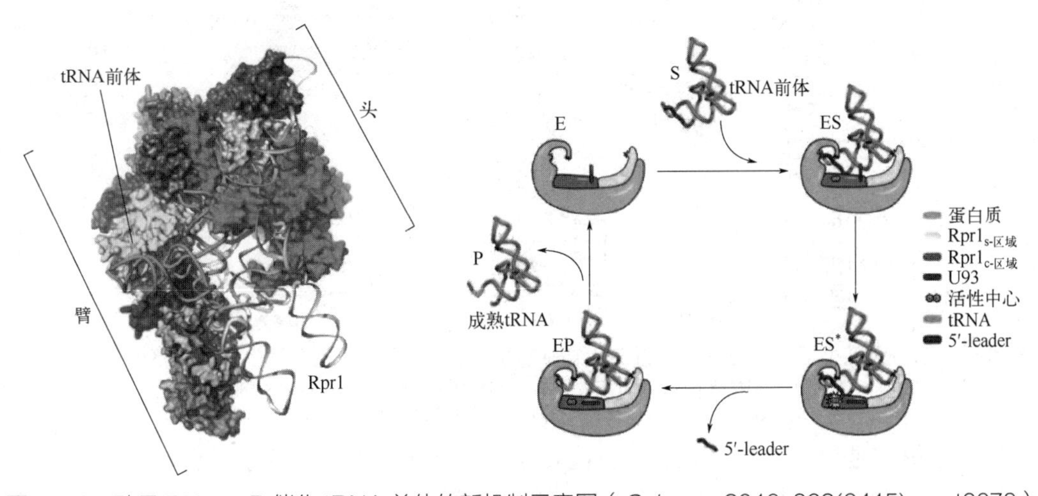

图 11-2　酵母 RNase P 催化 tRNA 前体的新机制示意图（*Science*, 2018, 362(6415):eaat6678）

二、自剪切型核酶

1．分类与结构

自剪切型核酶主要采用广义酸碱催化机制，在特定位点处进行自我剪切，生成 2′,3′-环磷酸（cyclic phosphate）和 5′-羟基产物。自剪切型核酶是一类小型核酶，长度通常在 50 nt～150 nt。尽管核酶在自然界中分布广泛，但是种类却十分稀少。自 20 世纪 80 年代至今，核酶被鉴定的频率已从过去的每年 1 个逐渐下降到后来的每 10 年 1 个。目前，已发现的自剪切型核酶有以下十一类：hammerhead（锤头型）核酶、hairpin（发夹型）核酶、HDV 型核酶、VS 型核酶、glmS 核酶、twister 核酶、twister sister 核酶、hatchet 核酶、pistol 核酶、hovlinc 核酶以及近期发现的一类以 B2 核酶为代表的 epigenetic 核酶（图 11-3）。

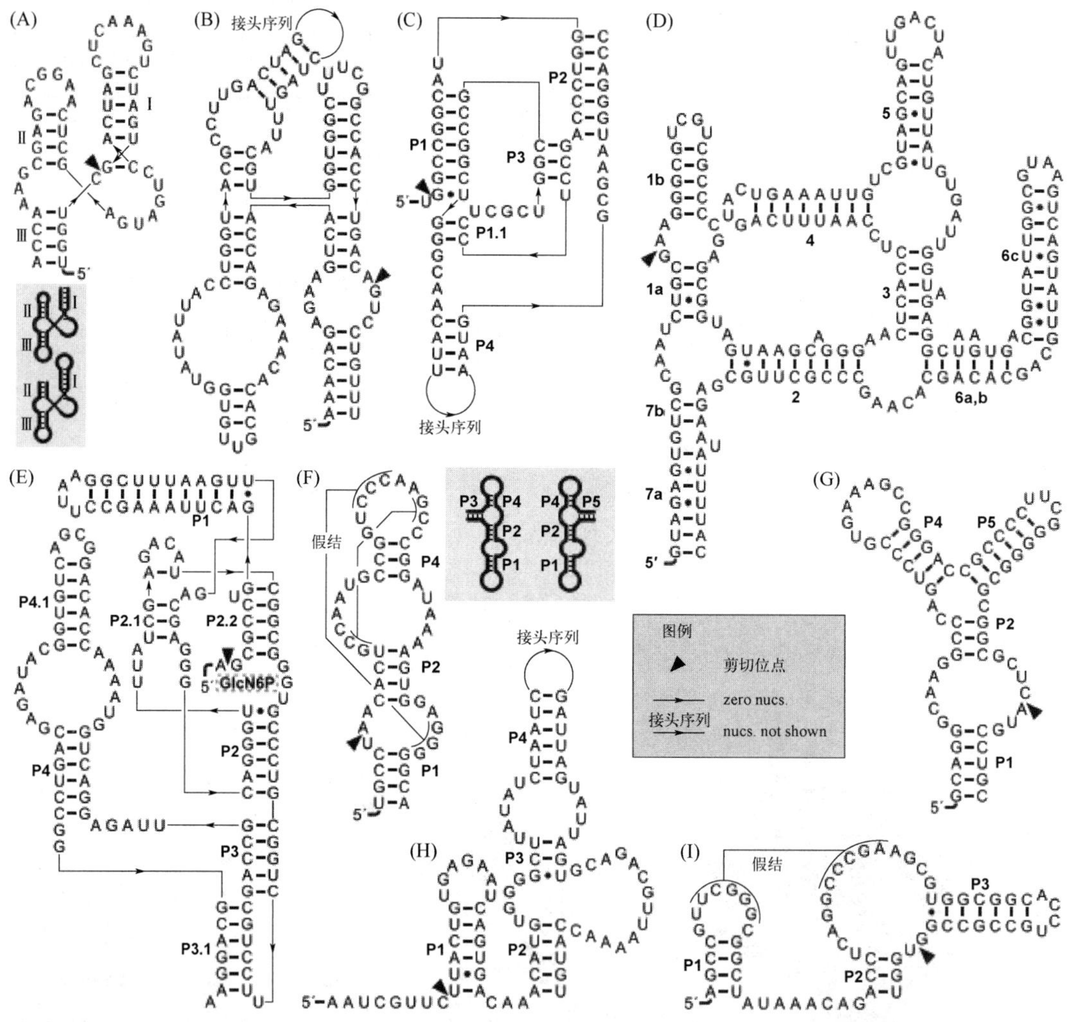

图 11-3　部分天然小型自剪切型核酶的二级结构（*Nucleic Acids Res*, 2019, 47(18):9480-9494）

（A）锤头型核酶；（B）发夹型核酶；（C）HDV 型核酶；（D）VS 型核酶；（E）glmS 核酶；（F）twister 核酶；（G）twister sister 核酶；（H）hatchet 核酶；（I）pistol 核酶

锤头型核酶是第一个被研究透彻、性质已知、结构参数完整的小型自剪切型核酶，其二级结构由 15 个高度保守的核苷酸构成的活性中心和三个茎——茎Ⅰ、茎Ⅱ和茎Ⅲ（双链

RNA 结构）组成，如图 11-3（A）所示，整个结构类似锤头鲨的头部形状。根据双链开口方向所处茎的不同，锤头型核酶可分为三种结构类型，分别命名为Ⅰ型、Ⅱ型和Ⅲ型锤头型核酶。发夹型核酶由四个茎形成一个四通道结构，如图 11-3（B），其中茎 A 和茎 B 均包含一个内环，且自剪切位点位于环 A。研究表明两个内环上的核苷酸序列高度保守，对于催化自剪切反应至关重要；相反，茎上的核苷酸并不完全保守，仅需保持双链碱基互补配对。

HDV 型核酶由五个茎组成，如图 11-3（C），分别为茎 P1～P4 和仅由两个碱基对组成的茎 P1.1。这些茎形成一个双嵌套的假结（pseudo-knot：茎环结构中环上序列与其他部位的序列碱基互补配对形成的 RNA 双链）：茎 P1 和 P2 形成一个假结，P3 和 P1.1 形成另一个假结；而后两个假结进一步嵌套，并在茎 P1 和 P1.1 间形成第三个假结。VS 型核酶是一类序列长度相对较长的小型自剪切型核酶，长度约为 150 nt，由七个茎组成，形成两个三通道结构，如图 11-3（D）所示；其中茎 4、3 和 6 同轴排成一个通道，茎 2 和 5 从此通道分别延伸出来，自剪切位点在茎 1 内环上。研究表明两个三通路上的碱基对这些茎处于同轴至关重要。glmS 核酶由三个近乎平行的同轴茎组成：茎 P1 与 P3.1 同轴，P4 与 P4.1 同轴以及茎 P2.1，如图 11-3（E）。其活性中心由两个假结（P1 和 P2.2）环绕，其中假结 P2.2 包含自剪切位点且有助于形成与辅因子葡萄糖胺-6-磷酸（glcN6P）结合的位点。研究表明茎 P3 和 P4 并非 glmS 核酶催化自剪切反应的必需结构，但它们有助于结构的稳定。twister 核酶的二级结构由三个茎（P1，P2 和 P4）以及形成的三个环组成，如图 11-3（F）。结构中包含两个假结，分别在环 L1 和 L4 间以及环 L2 和 L4 间形成。另外，环 L2 还可延伸出另外两个茎（P3 和 P5）形成三通道或四通道的连接口。twister sister 核酶与 twister 核酶具有相似的结构，由一个三通道或四通道结合中间的环和末端的环组成，如图 11-3（G），且这些环结构中具有与 twister 核酶相似的保守序列。hatchet 核酶由四个茎（P1、P2、P3 和 P4）结构组成，如图 11-3（H），其中茎 P1 与 P2 之间的连接序列，以及 P2 与 P3 之间的两个连接凸起结构处的序列均具有碱基高度保守性。最后，pistol 核酶由三个茎（P1、P2 和 P3），一个发夹环结构和一个包含自剪切位点的中心环组成，如图 11-3（I），其中中心环和茎 P1 与 P2 之间的连接序列（包含 3 个连续的腺嘌呤核糖核苷酸）是高度保守的，且发夹环结构与中心环之间形成 6 nt 的假结。

2．催化机制

不同类型的小型自剪切型核酶虽然结构各异，但都遵循在特定活性位点催化相同的酯交换反应的机制，研究表明，酸碱催化反应是核酶自剪切反应中普遍存在的催化机制，同时金属元素或其他代谢产物作为辅因子参与反应过程或者稳定 RNA 结构。催化反应中 2′-氧原子亲核攻击邻位磷酸二酯键，分别生成 3′端具有 2′,3′-环磷酸的上游自剪切产物和具有 5′-羟基的下游自剪切产物［图 11-4（a）］。

总的来说，在断裂位点共有四种催化方式［图 11-4（b）］：2′-OH 亲核试剂的攻击和离去基团的离去呈线性排列（α）；易断裂磷酸二酯键中非桥接氧原子的负电荷得到中和（β）；2′-OH 亲核试剂的去质子化（γ）；以及 5′氧原子携带的负电荷的中和（δ）。此外，研究人员通过计算比较了四个类型的自剪切型核酶 80 余种高分辨率晶体结构的活性位点，发现个别核酶还存在另外两种催化方式，每个催化方式都通过鸟嘌呤活化 2′-OH 亲核试剂：一种是通过氢键给予质子以酸化 2′-OH（γ′），另一种是通过竞争性氢键从抑制作用中释放出来以酸化 2′-OH（γ"）。

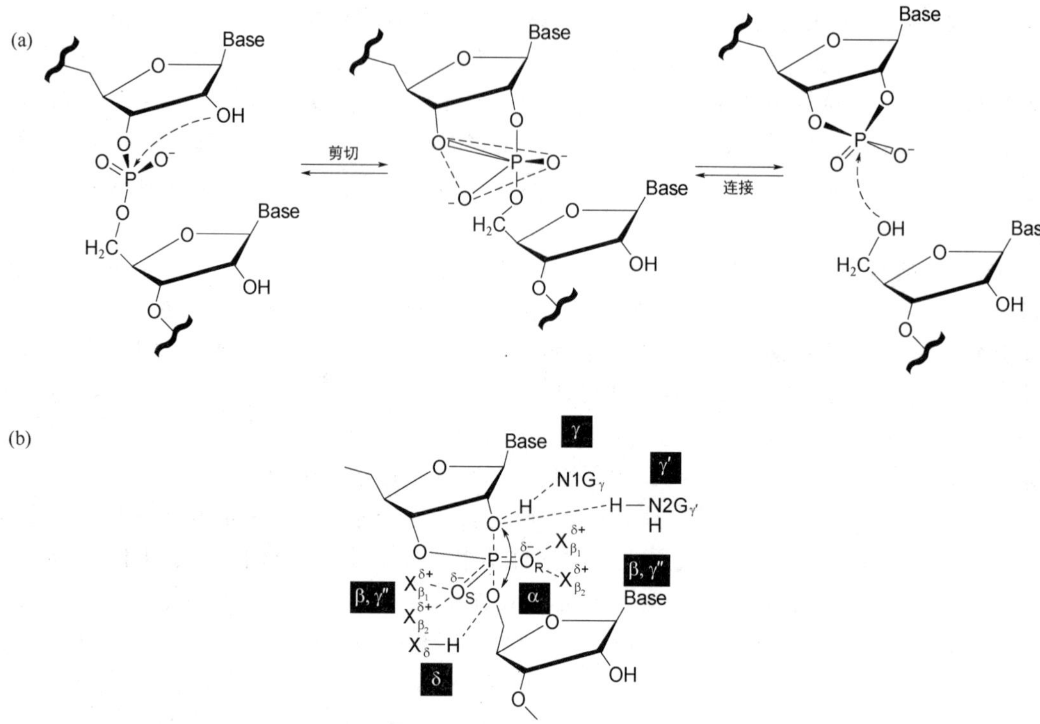

图 11-4 自剪切型核酶的催化机制和策略 [*Nucleic Acids Res*, 2019, 47(18):9480-9494]

三、天然核酶的鉴定方法与生物应用

1．鉴定方法

核酶的发现大都是生命活动研究过程中的偶然发现。科学家们意识到该类 RNA 分子还存在更多种类等待发掘，于是逐渐开发出以寻找核酶为目的的生物信息学方法和实验方法。

利用比较基因组学的生物信息学方法是发现新核酶的重要方法。核糖开关是一类可识别并结合体内代谢物或离子配体来调控基因表达的 RNA 序列。原核生物中核糖开关通常位于非编码区域或者基因间区（intergenic regions，IGR）。根据保守性序列和二级结构特征，研究人员在枯草杆菌(*Bacillus subtilis*)的 IGR 预测新的核糖开关结构的研究中，在 glmS mRNA 的 5′-UTR 发现了 glmS 核酶。该方法通过 BLAST 比较归类相似的 IGR，对于每组相似的 IGR 使用 CMfinder 软件预测可能的二级结构，并自动为每组 IGR 进化上保守性二级结构的可能性预测分值。

另外，基于已知核酶序列，使用生物信息学方法还可以寻找到具有相似结构的新的核酶序列。基于相似性寻找新核酶的方法可大体分为两个类型：第一类是建立 RNA 序列与结构保守性的统计模型，如协方差模型。通过协方差模型对相同结构类型的多条 RNA 序列的单核苷酸碱基和碱基对的频数进行统计，然后预测出新的具有相同结构模型的序列，Infernal 软件可以快速且高精准度地对预测的相似序列计算统计学意义参数（E 值表示）。该方法操作简单，仅需输入具有相同的保守 RNA 二级结构的多条序列，便可迅速得出同结构类型的新的 RNA 序列。该方法不仅可用于某种结构类型的核酶的新序列的预测，还可用于其他保守结构的 RNA 预测。另一类应用较多的寻找新的自剪切型核酶的方法则是基于保守序列和特定自剪切型核酶类型的结构特征，用户自定义搜索模式进行搜索。例如，许多研究使用 RNABOB 寻找新的 hammerhead 核酶。自定义一个准确度高的搜索模式比使用协方差模型要困难得多，协方差模型在寻找相似序列时可自动平衡核苷酸频数的轻微偏差。大多数自剪切型核酶序列在某些核苷酸位点相较于其他位点表现出极强的保守性，对于该类 RNA，自定义搜索模式更能准确预测到相似序列。

此外，利用自剪切型核酶普遍具有在自身特定位点发生磷酸二酯键断裂的特征，通过体外筛选具有自剪切能力的序列将可能发现新的种类的自剪切型核酶。实际上，已有一些非天然存在的自剪切型核酶种类通过该体外筛选方法被发现。研究人员使用随机生成的 RNA 序列库在镁离子存在的条件下进行自剪切反应，通过对 5′自剪切产物进行回收后修复，再自剪切再回收的多轮富集，最终得到大量富集自剪切型核酶的 RNA 文库样品，从而可鉴定出多种不同结构类型的自剪切型核酶。这一方法在推动筛选天然核酶的同时，也促进了人工核酶领域的飞速发展。

2．工程化设计与生物应用

理论上，任何一种与基因表达异常有关的疾病，都可以通过设计核酶对疾病的治疗进行研究，合理设计核酶底物识别部位的核苷酸序列，就能对任何含有嘌呤、嘧啶的 RNA 分子进行靶向切割，从而调控蛋白质的表达。随着人类基因组计划的深入，已有越来越多的人类基因组及病原微生物的基因组构成展现在人们面前，这为人们设计核酶作为治疗药物提供了广阔的空间。基于生物信息学方法检索出病原微生物基因组中对核酶的进攻最为敏感的位点，选择已知序列的高催化活性的核酶，保留其活性中心而对侧翼识别序列结合特异性进行改造，能满足不同的实验目的和靶点的需要，改造后的序列可借助核酸合成仪进行批量合成。其中，小型自剪切型核酶具有序列较短、易于修饰、自剪切速率快、功能灵活性强等优势，在合成生物学领域具有潜在的生物学应用，如图 11-5 所示，例如用于调控基因表达和生物传感分析等领域。

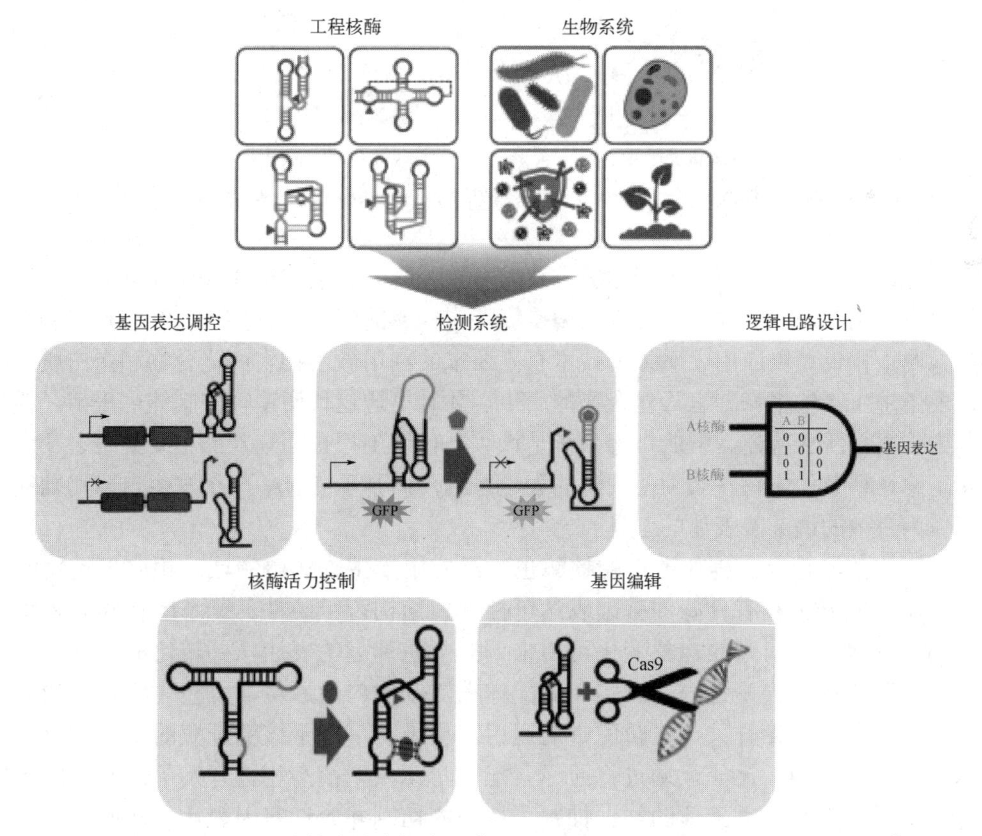

图 11-5 工程化设计核酶的生物应用 [*Biotechnol Adv*, 2019, 37(8):107452]

Hammerhead 核酶是最常见的人工设计的模板，经人工设计后可有效用于调控基因表达。例如，将自剪切型核酶设计为与特定配体结合后才发挥作用，通过这种依赖配体的催化作用调节基因表达，如翻译的起始或终止。科学家基于锤头型核酶设计了三种分别针对黄素单核苷酸、茶碱和 ATP 的配体依赖性的核酶类型。其将 hammerhead 核酶中茎Ⅱ替换为特定配体（如黄素单核苷酸、茶碱或 ATP）的适配体，从而通过特定配体调控 hammerhead 核酶的自剪切催化活性。最常见的是利用茶碱分子作为配体调控核酶自剪切，从而调控基因的表达。

例如将基于 HDV 型核酶开发的茶碱配体依赖性核酶插入增强型绿色荧光蛋白（eGFP）基因的 3′-UTR 区域，当茶碱分子进入哺乳动物细胞时，则会诱导该茶碱配体依赖性 HDV 型核酶发生自剪切反应，从而导致 eGFP mRNA 降解，进而阻碍了 eGFP 的翻译步骤。因此可利用配体依赖性的核酶作为抑制基因表达的调控开关，如图 11-6 所示。基于此抑制基因表达的调控开关，eGFP 基因的表达量差异比值可高达 29.5。

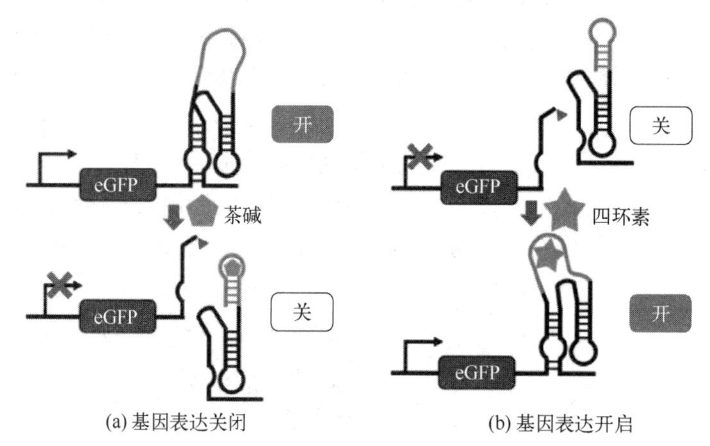

图 11-6　eGFP 基因表达开关的调控机制示意图 [*Biotechnol Adv*, 2019, 37(8):107452]

上述通过工程核酶调节基因表达的方法具有控制酶的表达水平和代谢通量的潜力。如果在微生物中使用代谢中间体作为工程核酶操纵特定代谢的配体，则可以任意调节产物的产量。这样的代谢工程也可以应用于对生物技术有高要求的利用微生物生产化合物和蛋白质的场景中，以及用于生物体中抑制有毒化合物的产生，并且可通过代谢途径控制体内平衡。模仿自然的体内平衡系统和构建新型的抗毒系统是该领域代谢工程正面临着的主要挑战之一。为了通过特定途径调节代谢物，必须控制酶的表达系统，而基于 RNA 分子发生自剪切功能的核酶则可作为有效的调节酶表达的工具。

基于相似的原理，工程化改造的核酶也广泛应用于生物传感领域。相比于天然的核糖开关，人工核糖开关具有良好的基因表达可控性、结构可组装性、靶基因特异性等特点。配体与适配体区结合引起的构象变化可用来调控下游基因的表达，并转化成相关的化学信号，如报告基因的荧光变化等，可实现对配体在活细胞内的原位、可视化检测。如今，合成生物学的发展及核糖开关在逻辑门中的运用，更推动了基于核糖开关的生物传感器在真核细胞内的广泛应用。比如，通过将四环素配体与锤头型核酶相连开发了四环素配体依赖性核糖开关，四环素与适配体的结合抑制了核酶的切割并允许基因表达，从而实现四环素小分子的检测。

第二节　人工核酶

随着核酶的发现，Breaker 和 Joyce 等在 1994 年利用体外分子进化技术（SELEX 技术）获得了首条人工合成的具有类酶催化功能的单链 DNA，这种能水解磷酸二酯键的 DNA 被称为脱氧核酶或者 DNA 核酶（deoxyribozyme，DNAzyme）。相比于 RNA 核酶（RNAzyme），DNA 核酶因其多形式的二级折叠构型更为稳定。目前为止，DNA 核酶仅能通过人工合成得到，被报道的脱氧核酶已有百余种，它们在构建生物传感器等领域中大放异彩。

一、DNA 核酶的分类与结构

根据功能的不同，DNA 核酶主要分为以下 5 种类型：①具有切割 RNA 或 DNA 活性的 DNA 核酶；②具有 DNA 连接酶样活性的 DNA 核酶；③具有金属卟啉模拟酶和过氧化酶样活性的 DNA 核酶；④具有 DNA 依赖蛋白激酶样活性的 DNA 核酶；⑤具有为 DNA“戴帽”活性的 DNA 核酶。

1．常用的 RNA 剪切型 DNA 核酶

就理论层面而言，所有 DNA 核酶系统都可以应用于生物传感，包括前文所涉及的多种核酶系统。然而，迄今为止，基于 DNA 核酶系统所构建的生物传感器主要集中使用 RNA 剪切型的 DNA 核酶，主要原因有两个：首先，从随机序列库中分离出多样的、对靶点有响应的、催化高效的 RNA 剪切型 DNA 核酶相对容易，从而能够在短时间内获得快速响应不同靶点的分子识别元件。此外，核酶切割产物是两个更短的核酸片段（图 11-7A），这为设计信号输出模块提供了便利。下面将对几种已知的 RNA 剪切型 DNA 核酶进行介绍。

几乎所有已阐明裂解机制的 RNA 剪切型 DNA 核酶体系都是通过裂解磷酸二酯键旁的 2′-OH 来攻击磷酸二酯键的，磷酸二酯键断裂后产生带有 2′,3′-环磷酸的 5′端剪切片段以及带有 5′-OH 的 3′端剪切片段（图 11-7A）、常见的 RNA 剪切型 DNA 核酶有 8-17 DNA 核酶（图 11-7B）、10-23 DNA 核酶（图 11-7C）、17E/17S DNA 核酶（图 11-7D）、GR-5 DNA 核酸（图 11-7E）、39E/39S DNA 核酶（图 11-7F）、NaA43 DNA 核酶（图 11-7G）、图 11-7C 中的 Y 和 R 分别指嘧啶和嘌呤。10-23 DNA 核酶和 8-17 DNA 核酶最初都是从纯 RNA 裂解底物中筛选出来的；这两种 DNA 核酶裂解核糖核苷酸后的磷酸二酯键。17E/17S、GR-5、39E/39S 以及 NaA43 DNA 核酶则是从嵌入了腺嘌呤核糖核苷酸（rA）的 DNA 序列的裂解产物中筛选出来的。

（1）8-17 DNA 核酶

8-17 DNA 核酶（图 11-7B 所示），由 Joyce 小组于 1997 年首次报道，同时该小组还报道了另一种著名的核酶——10-23 DNA 核酶（如图 11-7C 所示）。8-17 DNA 核酶在后来的几项体外筛选研究中也被发现。经典的 8-17 DNA 核酶具有由 14 个核苷酸组成的活性中心，其中 9 号核苷酸在发夹元件中，5 号核苷酸在单链元件中。DNA 核酶的两臂通过碱基互补配对原则与底物相互作用。最初研究人员认为裂解位点为 A-G，后来位点扩展为 N-G（N 可以是 A、U、C 或 G）。后来的研究进一步表明：①8-17 DNA 核酶能够裂解 16 个可能的二核苷酸连接

点中的 14 个；②活性中心中只有 4 个残基是绝对保守的，即发夹元件中的 A 和 G、单链元件中的 C 和 G，它们对于催化过程是不可或缺的；③其他位置的核苷酸替换、添加和缺失都是可以接受的。许多 8-17 DNA 核酶的突变体对嘌呤-嘌呤之间的连接表现出卓越的催化活性（反应速率 k_{obs}>1 min^{-1}）；对嘧啶-嘌呤之间的连接（反应速率 k_{obs} 为 0.1～1 min^{-1}）和嘌呤-嘧啶之间的连接（反应速率 k_{obs} 为 0.001～0.1 min^{-1}）也表现出较好的催化活性；而对嘧啶-嘧啶之间的连接催化活性很低（反应速率 k_{obs} 为 0.00001～0.001 min^{-1}）。

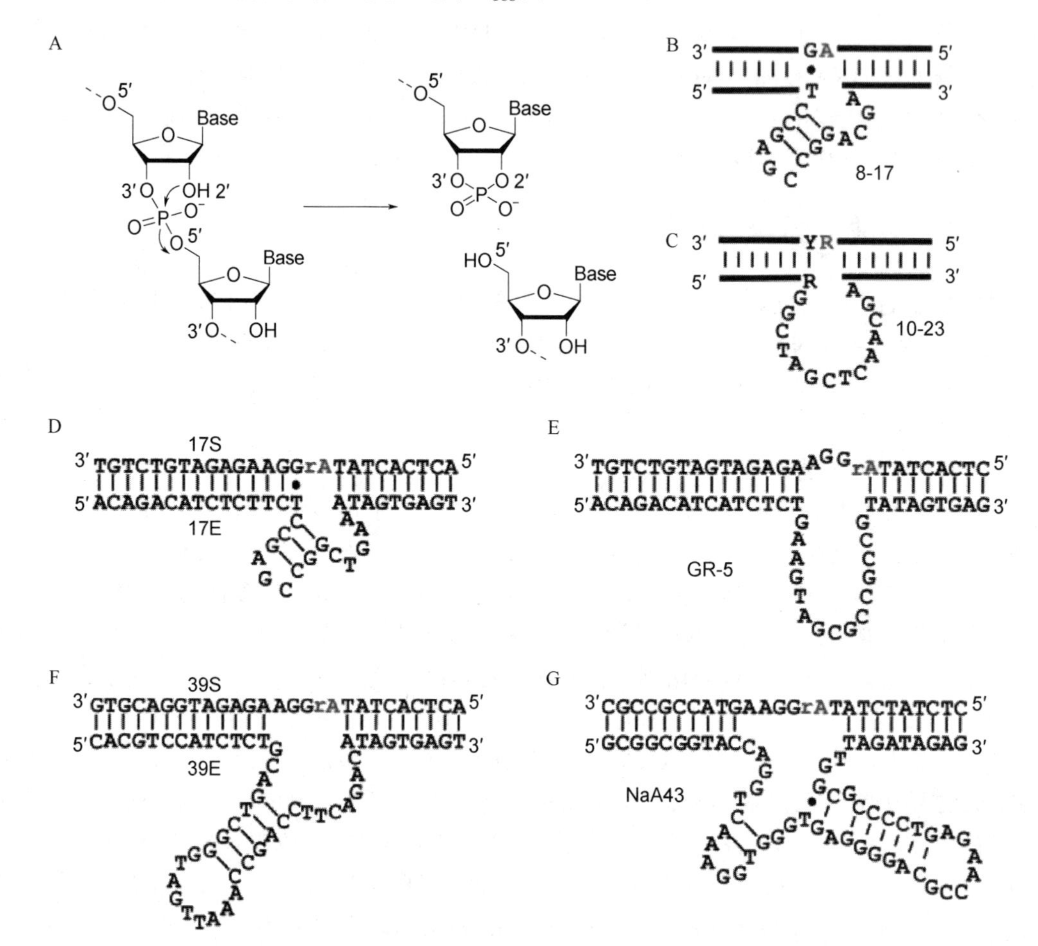

图 11-7　常用的几种 RNA 剪切型 DNA 核酶体系［*Chem Soc Rev*, 2021, 50(16):8954-8994］

8-17 DNA 核酶家族中一个值得关注的成员是 17E DNA 核酶，其序列和二级结构见图 11-7D。17E DNA 核酶最初是在 Zn^{2+}存在下被筛选出来的，研究发现它在 100 nmol/L Zn^{2+}存在下具有很强的催化活性，在 100 nmol/L Mn^{2+}和 Co^{2+}存在下同样具有很高的催化活性，而在 100 nmol/L Cd^{2+}、Ni^{2+}、Mg^{2+}、Ca^{2+}和 Sr^{2+}中活性一般。后来的一项研究发现，17E DNA 核酶在 Pb^{2+}存在下的活性最高：17E DNA 核酶对 Pb^{2+}和 Zn^{2+}的亲和常数（K_d 值）分别为 13.5 μmol/L 和 970 μmol/L。这一惊人发现为研究人员使用 17E DNA 核酶构建检测特定金属离子的生物传感器打开了大门。

（2）10-23 DNA 核酶

10-23 DNA 核酶是与 8-17 DNA 核酶同时被发现的，具有高效切割纯 RNA 底物的能力。其优势在于，通过设计两条 6-10 核苷酸的结合臂，与切割位点两侧的 RNA 杂交，它可以设计成能够作用于嘌呤-嘧啶交界处的任何 RNA 底物的分子工具。10-23 DNA 核酶是迄今已知最高效的核酶，因为它在高 Mg^{2+}浓度（10 mmol/L 或更高浓度）存在下的 k_{cat} 约为 10 min^{-1}。即使在模拟生理条件下（Mg^{2+}浓度低于 5 mmol/L），这种 DNA 核酶的 k_{cat} 仍能维持在 0.1 min^{-1} 左右。由于这些特性，10-23 DNA 核酶被认为是一种有效的、序列特异性 RNA 酶，并已作为一种分子工具被广泛用于控制生物系统中各种细胞 RNA 分子的水平。

（3）GR-5 DNA 核酶

另一个能够用于检测 Pb^{2+}的生物传感器的极好的候选者是 GR-5 DNA 核酶（图 11-7E），它是第一个人工合成的 DNA 核酶。与 17E/17S DNA 核酶相比，GR-5 DNA 核酶具有更高的选择性和检测限。并且 GR-5 DNA 核酶在 Pb^{2+}存在的情况下被筛选出来，而 17E DNA 核酶在 Zn^{2+}存在的情况下被筛选出来。因此，对于 Pb^{2+}的检测，GR-5 DNA 核酸是一个更好的分子识别元件。有趣的是，GR-5 DNA 核酶和 17E/17S DNA 核酶实际上联系非常紧密，GR 5 DNA 核酶可以通过突变转化为 17E/17S DNA 核酶，其中多个核苷酸在 GR-5 DNA 核酶到 17E/17S DNA 核酶的突变过程中起关键作用，从而解释了它们对于不同金属的特异性变化。

（4）39E/39S DNA 核酶

39E/39S DNA 核酶是另一个值得关注的 RNA 剪切型 DNA 核酶，因为它能够切割底物 39S（图 11-7F），并且对 UO_2^{2+}（一种可能对人类健康产生负面影响的重要环境污染物）的检测显示出高灵敏度和特异性。2007 年 39E/39S DNA 核酶被合成，其催化速率为 1 min^{-1}。在同一项研究中，基于这种 DNA 核酶，研究者设计了一种针对 UO_2^{2+}检测的高灵敏度和选择性的荧光生物传感器，并表明该传感器能够达到 45 pmol/L 的检测限，且对其他 19 种金属离子的选择性高达 100 万倍。这种 DNA 核酶现在已被用于利用其他信号转导机制进行传感应用的研究。

（5）NaA43 DNA 核酶

NaA43 DNA 核酶是最近报道的依赖于 Na^+的 DNA 核酶之一，也是第一种对单价金属离子具有特异性的核酶（图 11-7G）。NaA43 DNA 核酶在 400 mmol/L Na^+、20℃环境下的催化速率常数（k_{obs}）为 0.11 min^{-1}，在 22 种不同的一价和二价金属离子上测试时，其选择性比次钾离子高 10000 倍。NaA43 DNA 核酶具有良好的催化活性和优异的选择性，可以作为设计检测 Na^+的生物传感器的理想识别元件。NaA43 DNA 核酶的发现过程非常有趣，甚至可以说是出乎意料，因为人们认为 DNA 或核酸可能不具备足够多样化的功能，无法为简单的一价金属离子提供紧密的结合位点。

2．具有金属卟啉模拟酶和过氧化酶样活性的 DNA 核酶

G-四聚体脱氧核酶是一种具备特殊构型和类过氧化物酶活性的脱氧核酶。G-四聚体脱氧核酶 DNA 链序列富含鸟嘌呤 G，不同于 Waston-Crick 碱基配对作用，这些 G 碱基通过 Hoogsteen 碱基配对作用形成特异非共价的四聚体结构。G-四聚体结构通过与血红素作用形成 G-四聚体-血红素的高级复合结构，并呈现出类过氧化物酶的高效催化能力，可催化 2,2-联氮-双(3-乙基苯并噻唑啉-6-磺酸)二铵盐（ABTS）和 3,3′,5,5′-四甲基联苯胺（TMB）介导的氧化变色反应，还能催化鲁米诺（luminol）的化学发光氧化反应以及双氧水（H_2O_2）的电催化化学反应。常见的 G-四聚体特异结构可分为 4 种（如图 11-8 所示）：T4G4、AGRO、PS2.M、PS5.M。在不同环境的影响下，一种 DNA 序列可能形成几种具备不同稳定性的构型，G-四聚体结构的稳定性是范德华力、静电作用、疏水作用、氢键及碱基堆积力等多作用力平衡的结果。

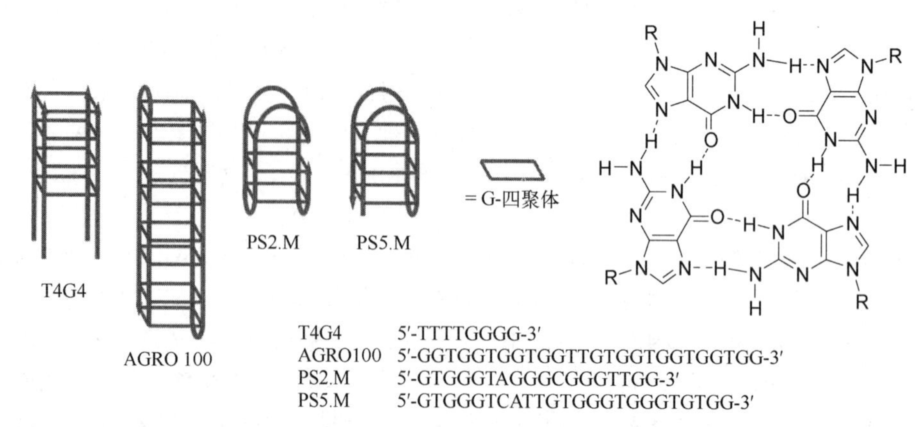

图 11-8　常见的四种 G-四聚体 DNA 核酶结构［*Anal Chem*. 2018, 90(1):190-207］

二、DNA 核酶体外筛选策略

1．筛选的一般策略

研究人员通常采用基于微珠的选择策略从随机序列 DNA 文库中分离 DNA 核酶［图 11-9（a）］。例如，GR-5 DNA 核酶就是用这种方法筛选出来的。在这种选择策略中，通常会在 DNA 文库中添加生物素化的嵌合 DNA/RNA 底物序列，其中含有一个单核苷酸（R）作为裂解位点，这样就可以将该序列通过高亲和力的生物素-链霉亲和素相互作用固定在链霉亲和素包被的磁珠上。与感兴趣的靶点孵育后，具有催化活性的序列会裂解附着的底物，并从微珠上释放出来。然后将反应液与微珠分离，用 PCR 扩增反应液中的 DNA。生物素化正向引物通常被设计为含有核糖核苷酸，因此来自 PCR 的双链 DNA 扩增子可以再次固定在链霉亲和素包被的磁珠上。最后，用碱性溶液清洗微珠有助于洗脱互补链，使 DNA 核酶以单链形式再生，以便进行下一轮筛选。

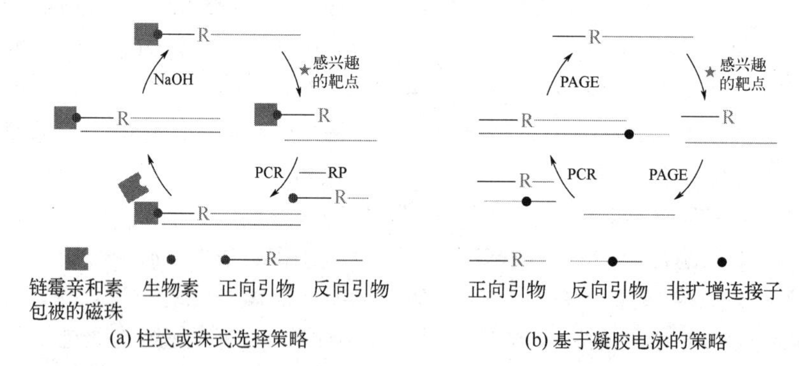

图 11-9　筛选 DNA 核酶的两种常见策略［*Chem Soc Rev*, 2021, 50(16):8954-8994］

另一种方法是利用变性聚丙烯酰胺凝胶电泳（PAGE）来分离裂解产物［如图 11-9（b）所示］。例如，39E/39S DNA 核酶就是用这种方法筛选出来的。其原理是，裂解会产生两种不同大小的裂解产物，从而表现出不同的凝胶迁移率。因此，可以将潜在的 DNA 核酶作为裂解产物进行分离，从凝胶中切出，洗脱并进行 PCR 扩增。PCR 可以通过一组正向引物和反向引物进行，正向引物包含所需的 RNA 单位，而反向引物在序列的中间包含一个不可扩增的连接子，使位于连接子前面的 DNA 片段在 PCR 过程中不能被复制。因此，PCR 产生扩增子包含两条长度不等的链，这使得可以通过 PAGE 来分离含有 DNA 核酶的序列。然后用纯化后的 DNA 结构进行下一轮的选择。

2．金属离子依赖性 DNA 核酶的体外筛选策略

DNA 核酶尤其适合与金属离子结合，因为金属离子对于 DNA（带负电荷的聚合物）结构的稳定十分重要，而且被认为可以作为核酶类的辅因子发挥作用。事实上，迄今为止，几乎所有已知的 DNA 核酶都可以归类为金属酶，因为它们发挥催化作用时需要金属离子的辅助。DNA 核酶不仅是金属酶，而且对特定金属离子具有特异性或高度选择性，这使它们成为生物传感分析领域中极具吸引力的生物识别分子。因此，金属离子传感已成为基于 DNA 核酶的传感技术的关键。大多数金属特异性 DNA 核酶都是通过将感兴趣的金属离子加入选择缓冲液而从含随机序列的 DNA 文库中衍生出来的。一个很好的例子是首次发现 GR-5 DNA 核酶的研究。在这一过程中，每一轮选择只有对 Pb^{2+}的正选择步骤，而没有对其他金属离子的反选择步骤。随后对 GR-5 DNA 核酶的金属离子特异性的分析结果显示，这种 DNA 核酶对 Pb^{2+}具有高度特异性。同样的方法已成功地应用于许多其他金属离子特异性 DNA 核酶的分离。其中包括对 UO_2^{2+}具有高度选择性的 39E/39S DNA 核酶，以及对 Na^+具有高度特异性的 NaA43 DNA 核酶。

另外，也可以使用非预期或潜在干扰金属离子的混合物合并反选择步骤，以及使用预期金属离子的正选择步骤进行筛选。例如，使用 Pb^{2+}、Zn^{2+}和 Cu^{2+}进行反选择，以及使用 Ni^{2+}进行正选择，克服了最初未能筛选 Ni^{2+}特异性 DNA 核酶的问题。之后还应用类似的方法获得了一种 Cu^{2+}特异性 DNA 核酶，最初仅用 Cu^{2+}进行正选择而建立的富集 DNA 库对 Cd^{2+}、Zn^{2+}和 Pb^{2+}的金属离子混合物也表现出很强的裂解活性。与这 3 种金属离子结合的反选择步骤获得了大量 DNA 核酶，显著提高了筛选得到的 DNA 核酶对 Cu^{2+}的选择性。这些研究表明，与其他金属离子的反选择可以作为一种高产策略来获得具有高金属离子特异性的 DNA 核酶。

由于 DNA 分子具有有限的官能团，无法强力且有选择性地结合金属离子，特别是与用于生物传感器的蛋白质或有机螯合剂相比，因此在体外选择过程中或选择后将修饰的核苷酸引入 DNA 核酶中显得尤为重要。这种方法的一个例子是通过模板定向扩展将修饰的核苷酸并入初始文库。比如对于过渡金属离子，如 Zn^{2+}和 Ni^{2+}，通过在剪切连接处插入一个咪唑基，获得了选择性较高的 Zn^{2+}特异性 DNA 核酶和 Ni^{2+}特异性 DNA 核酶。

3．小分子或蛋白质靶点依赖性 DNA 核酶的体外筛选

尽管在筛选对金属离子有响应的 DNA 核酶作为分析物方面取得了巨大的成功，但只有一个体外筛选实验描述了由特定的非金属小分子靶点激活的 DNA 核酶的分离过程。Roth 和 Breaker 在 1998 年发表的一项研究中描述了一组依赖于组氨酸的 DNA 核酶，分别为 HD1、HD2 和 HD3（图 11-10）。为了选择依赖组氨酸而不是依赖金属离子的 DNA 核酶，RNA 切割步骤是在含有靶点组氨酸和 EDTA 的反应混合物中进行的，EDTA 可以螯合任何污染的金属离子。经过 11 轮筛选，其中一个 DNA 分子仅在组氨酸存在的情况下表现出 RNA 切割活性，其在 50 mmol/L L-组氨酸中的 k_{obs} 为 1.5×10^{-3} min^{-1}。随后，根据这一序列建立了一个诱变池，在含有 50 mmol/L 组氨酸或 5 mmol/L 组氨酸/50 mmol/L HEPES 的反应混合物中对该池进行平行重选。经过 5 轮重选后发现，HD1 和 HD2 作为具有代表性的突变体，相较于原始的核酶具有更强的催化活性。

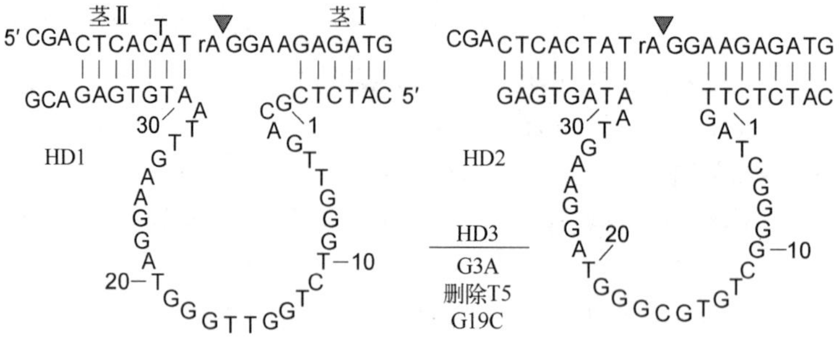

HD1：$k_{obs} = 4.7 \times 10^{-3}\ min^{-1}$，$K_d \approx 25$ mmol/L

HD2：$k_{obs} = 0.2\ min^{-1}$在100 mmol/L组氨酸下

HD3：$k_{obs} = 0.2\ min^{-1}$，$K_d \approx 25$ mmol/L

图 11-10　组氨酸依赖性 DNA 酶 HD1、HD2 和 HD3
[*Proc Natl Acad Sci USA*, 1998, 95(11):6027-6031]

三、基于 DNA 核酶的生物传感器的设计策略

1．基于 DNA 核酶活性中心构象调控的传感策略

DNA 核酶的催化活性高度依赖其活性中心的三维构象。以 8-17 DNA 核酶这种经典的RNA 切割型脱氧核酶为例，其遵循酸碱机制，活性中心为 DNA 单链借助非常规的碱基配对而卷曲形成的“假结”状结构，其中鸟嘌呤 G13 可充当“碱性基团”并通过去质子化作用激活核苷酸的 2′-OH。此外，其活性中心内含有二价金属离子结合口袋，而 Pb^{2+}、Mg^{2+}或 Mn^{2+}等金属离子的结合能够辅助酸碱催化反应。常见的一类基于 DNA 核酶的生物传感器设计策略是利用输入信号来调控 DNA 核酶活性中心的构象变化，包括核酸链构象和酶-辅因子结合构象。一些 DNA 核酶按照兼具适配功能和催化活性的要求而被筛选获得，能够通过结合目标小分子或蛋白质所产生的别构效应特异性激活催化活性，它们也因此被称为适体酶或别构效应脱氧核酶。在更为通用的设计中，额外的核酸适配体或其他功能核酸都可通过碱基互补配对作用阻止 DNA 核酶关键核酸链构象的形成，在输入信号后可通过适配体竞争反应或核酸链置换反应，激活 DNA 核酶的活性中心。随后，响应信号的输出可由 DNA 核酶催化的RNA 切割效果来实现（以 RNA 切割型 DNAzyme 为例），而被切割的 RNA 片段也可设计成下一步传感的启动端。

图 11-11 展示了基于 DNA 核酶设计生物传感器的一个示例，该方法将 DNAzyme 与滚环扩增（rolling circle amplification，RCA）相结合，提高了 ATP 调控的 DNAzyme 体系检测的灵敏度。具体而言，将 ATP 的适配体与 DNAzyme 整合到一条核酸链上，当存在 ATP 时，ATP 小分子嵌入适配体序列，使 DNAzyme 活性中心形成具有活性的稳定结构；DNAzyme 可以切割底物链，释放 5′端核酸片段，释放的片段作为滚环扩增的引物，在聚合酶的作用下沿着模板发生滚环扩增反应，生成长 DNA 单链。然后，该产物与短的互补链 PNA 杂交，此时荧光染料 DiSC2(5)将会嵌入双链中，生成紫色溶液，通过肉眼即可判断初始溶液中 ATP 的含量，从而实现 ATP 的可视化检测。

2．基于 DNA 核酶的报告探针

G-四聚体 DNA 核酶具有良好的信号媒介分子的性质，可通过构建不同的设计，将待测目标分析/识别事件与 G-四聚体脱氧核酶的释放事件直接关联，从而实现对目标的定量分析，并结合其他体系比如纳米材料、酶辅助、核酸循环等信号放大方式实现检测（图 11-12）。

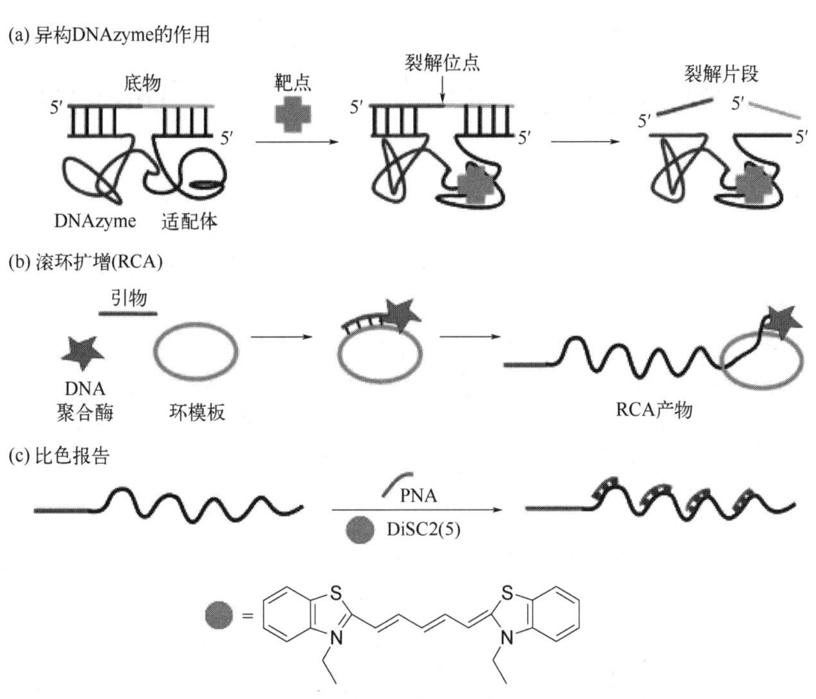

图 11-11　DNA 核酶别构效应用于生物传感器设计的示例
[*Angew Chem Int Ed Engl*, 2009, 48(19):3512-3515]

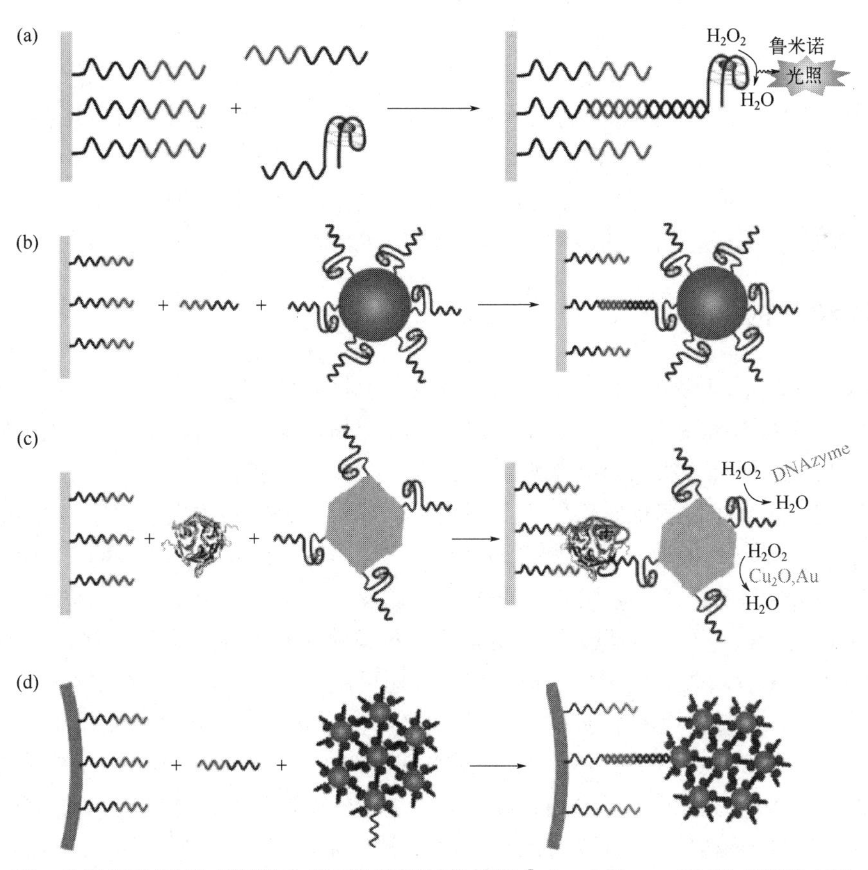

图 11-12　几种常见 DNA 核酶作为信号报告探针的策略 [*Anal Chem*, 2018, 90(1):190-207]

第三节　DNA 核酶在生物传感分析领域的应用

DNA 核酶研究中最活跃的领域是将其作为生物传感器的重要组成部分进行探索，这里的生物传感器泛指任何利用生物成分检测特定相关分析物的分析装置。传统的生物传感器大多采用基于蛋白质的识别元件（包括酶和抗体）作为分子识别元件。大多数蛋白质结构的酶都是针对特定的底物（配体）进化而来的，很难针对不同的配体进行调整或改造。而针对低分子量靶点（即抗原）生产抗体以及生产具有更高选择性的单克隆突变体需要大量时间，而且成本高昂，在规模化生产和批量一致性方面也存在困难。随着人们对生物传感器技术需求的日益增长，功能性核酸特别是 DNA 适配体和 DNA 核酶，已成为理想的替代品，它们通常可以弥补传统的基于蛋白质分子识别的不足。

DNA 核酶具有多种物理和化学性质，这些性质使其成为生物传感器的关键组件：①性质稳定，热稳定性和耐酸碱性比传统的蛋白质更好，可常温运输保存，即使在高温条件下也有较好的稳定性；变性可逆，即使经过热变性后再复性，仍能保持活性，可反复使用。②靶点广泛，靶点可以是各种金属离子、小分子，也可以是大分子蛋白质。③DNA 的化学标记技术成熟，且质量稳定，批次间差异小。一旦筛选得到一个成熟的脱氧核酶序列信息，便可以通过化学合成来批量生产、纯化，并且产量大、纯度高。④结构可预测且易于裁剪，DNA 核酶的分子量小，使用更方便，应用更广。⑤筛选周期短，并且可以在体外完成，不需要进行动物实验，可实现自动化和规模化筛选，采用最常见的 SELEX 技术一般筛选轮数为 8～15 轮，约 1～2 个月可以得到靶点特异性响应的核酶序列。⑥具有高效催化性，DNA 核酶的催化效率 k_{cat}/K_m 约为 109 mol/(L • min)。

本节将讨论 DNA 核酶在生物传感分析领域的具体应用，特别关注用于检测金属离子、小分子、核酸和大分子蛋白质的各种 DNA 核酶使用策略。

一、金属离子检测

金属离子在从细胞到生态系统水平的许多复杂生物系统中起着重要的作用，因此对特定金属离子的灵敏检测在各种应用中备受关注。环境样品、生物基质和生命系统中的金属离子的检测一直是许多研究小组的研究重点。

为了监测金属离子以确保它们低于允许限制，基于 DNA 酶的生物传感器已被报道用于检测复杂基质中的许多金属离子，例如 Pb^{2+}、UO_2^{2+}、Hg^{2+}、Tl^{3+}、Cd^{2+}、Cr^{3+}、Cr^{6+}、Ag^{+}、Cu^{2+}、Ca^{2+}、Mg^{2+}和 Na^{+}。如前所述，DNA 酶催化反应时通常需要金属离子作为辅因子，这一特性已经在用于检测金属和非金属分析物的多种策略中被利用。通过金属离子控制 DNA 酶催化活性来检测金属离子辅因子已被证明是普遍可用的，并且已在多种复杂基质中得到证实。到目前为止，最常报道的基于 DNA 核酶的金属离子传感器已经被开发用于检测铅离子。第一个合成得到的 DNA 核酶 GR-5 DNA 核酶是使用 Pb^{2+}作为金属离子辅因子被筛选出来的。然而，在基于 DNA 核酶的用于检测金属离子的生物传感器的开发研究中，第一个主要进展是使用 17E/17S DNA 核酶系统开发的用于 Pb^{2+}检测的荧光生物传感器。该传感器使 DNA 核酶对底物中嵌入 RNA 位点的 Pb^{2+}进行识别并切割，引起共价标记在 DNA 核酶和底物对的荧光团和猝灭剂分离，从而导致荧光信号的产生。基于此设计，后续研究者针对信号的产生设计了多种基于金属离子调控酶活力的衍生方案，实现了金属离子的超灵敏检测及多重分析（图 11-13）。

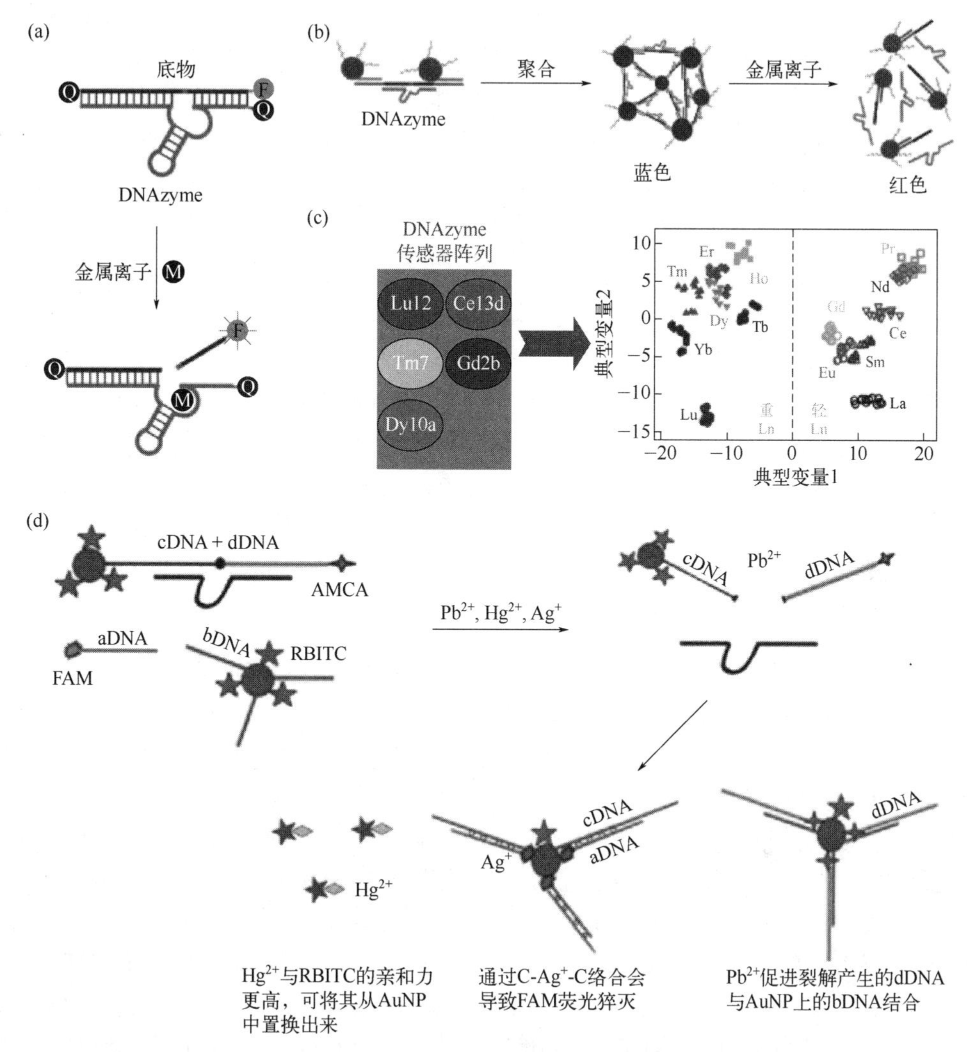

图 11-13　用于金属离子检测的代表性 DNA 核酶生物传感器

[*Chem Soc Rev*, 2021, 50(16):8954-8994]

（a）检测金属离子的荧光生物传感器，使用一对荧光团和猝灭器；（b）基于金纳米颗粒聚集和解离促进分解的比色生物传感器；（c）涉及 5 种 DNA 核酶的多重金属离子传感器；（d）在一锅反应中使用 DNA 核酶、荧光染料和金纳米颗粒检测 Pb（Ⅱ）、Hg（Ⅱ）和 Ag（Ⅰ）

二、细菌检测

活菌在营养条件下生长时，会不断地与环境交换物质，产生小分子和大分子组成的混合物，每种细菌可产生具有其高度特异性的代谢混合物，这些混合物也被称为细菌粗提代谢混合物（crude extracellular mixture，CEM）。例如，利用细菌 CEM 进行 DNA 核酶的筛选，建立相应的体外筛选策略，并以大肠埃希菌作为细菌模型，成功获得了特异性响应大肠埃希菌的 DNA 核酶。该策略可在靶标未知的前提下，直接以目标细菌的 CEM 作为筛选对象，与负向筛选相结合，得到针对该细菌的 DNA 核酶，为致病菌特异性分子探针的开发提供了强有力的工具（图 11-14）。此后，利用该方法又筛选出了另一种细菌响应的脱氧核酶探针 RFD-CD1，此探针不仅对艰难梭菌具有细菌种类特异性，而且对其耐药菌株 BI/027 也具有菌株特异性。再如，有研究人员利用相同的体外筛选策略，获得了特异性识别肺炎克雷伯菌的脱氧核酶探针 RFD-KP6，并将其应用于 96 孔纸基荧光生物传感器中。使用此筛选策略分离出了可以被幽门螺杆菌特异性激活的脱氧核酶探针 DHp3T4，并进一步将其应用于检测幽门螺杆菌的纸基生物传感器中。近期，研究人员筛选得到了特异性识别嗜肺军团菌的脱氧核酶探针 LP1，该探针在不同来源的冷却塔水中依然能够保持良好的催化活性。

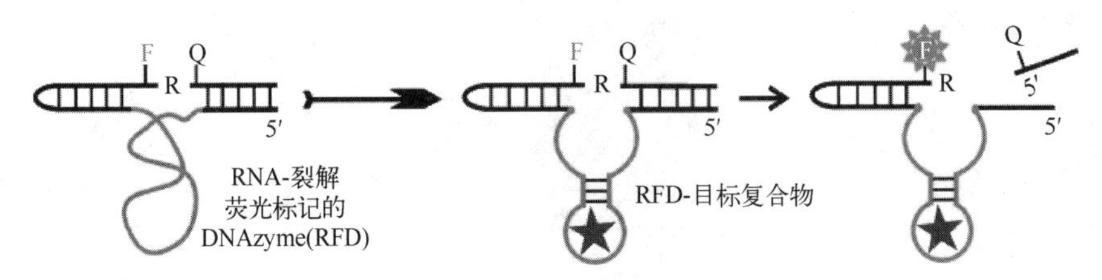

图 11-14　特异性响应大肠埃希菌的 DNA 核酶生物传感器示意图
[*Angew Chem Int Ed Engl*, 2011:3751-3754]

三、蛋白质和小分子检测

如第二节所述，各种变构 DNAzyme 和 DNA 适体酶被设计用于小分子的检测，其中大多数设计都集成了众所周知的结合 ATP 的 DNA 适配子（可识别 ATP、ADP、AMP 或腺苷）作为模型适配子来展示各种生物传感器的设计概念。早期的研究没有把重点放在将传感器设计概念扩展到其他目标或提升分析性能上。然而，近年来，这两个方面受到了越来越多的关注。

例如，研究人员报道了一种适体酶，其将依赖 Pb^{2+}的 DNA 核酶和结合 PSA 的 DNA 适配子置于发夹结构中，用于 PSA 检测。该传感器利用氧化石墨烯（GO）依赖 DNA 大小吸附的特性进行设计：GO 对较长的未切割底物的亲和力强于对较短切割片段的亲和力。在没有 PSA 的情况下，荧光标记的底物被 GO 结合并有效猝灭，但在 PSA 的存在下，底物被切割成较短的切割产物，不能有效结合 GO，导致猝灭损失和更高水平的荧光信号[图 11-15(a)]。该方法在人血清样品中的检测限为 0.76 pg/mL，线性范围为 1～100 pg/mL。

变构 DNAzyme 和 DNA 适体酶也被用于活细胞中的小分子检测。例如，将一种 DNA 树状大分子支架作为一种有效的纳米载体来传递 DNAzyme 并对活细胞中的组氨酸进行原位监测。DNA 树状大分子使用一系列 Y 形 DNA 结构逐步组装，如图 11-15（b）所示。在完全组装后，DNA 树状大分子带有标记有荧光团-猝灭剂对的 DNAzyme 单元，在细胞环境中保持了酶对组氨酸的催化活性。最值得注意的是，该树枝状大分子表现出极好的生物相容性、细胞膜通透性，并显著增强了细胞内的稳定性。再如，研究人员利用球形核酸结构，开发了一种用于在活细胞中扩增 ATP 探针的适体酶生物传感器。在这个传感器中，研究者用底物链与识别 ATP 的适体酶链杂交来修饰 AuNP。ATP 结合导致底物裂解、荧光团标记的底物链从 AuNP 中释放，从而导致荧光信号增强。此外，重复这一过程，靶标的每次复制都可以切割多条底物链，从而实现比活细胞中仅含适配子的检测 ATP 的生物传感器高 2 到 3 个数量级的检测灵敏度。

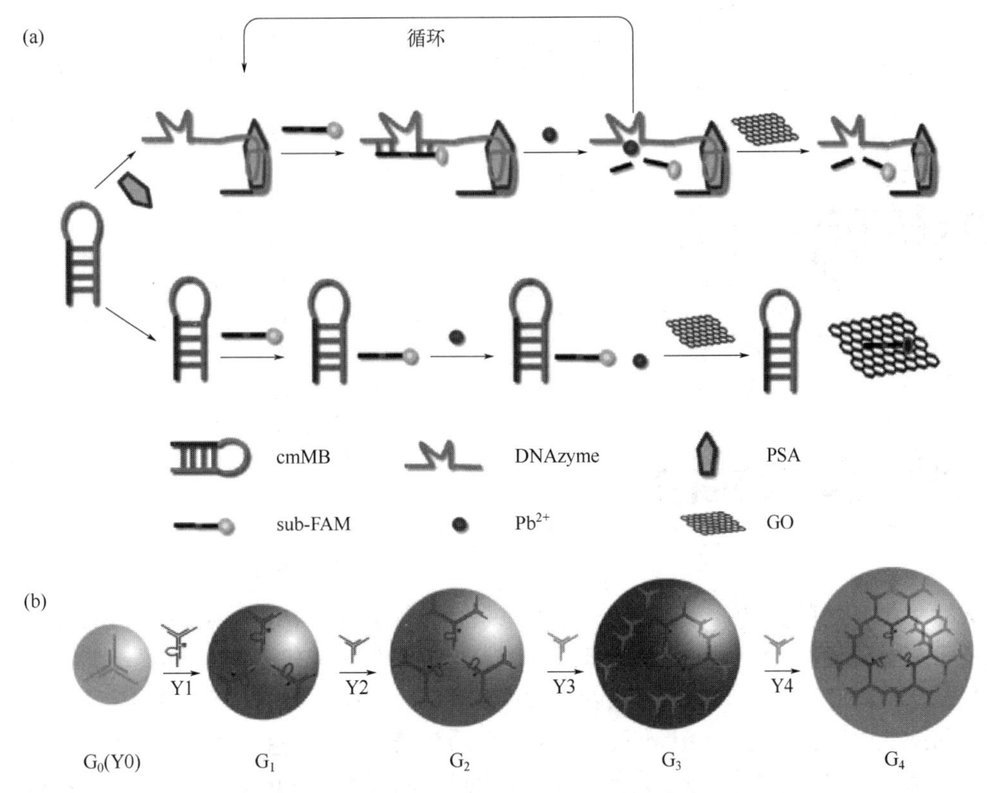

图 11-15　用于蛋白质和小分子检测的 DNA 核酶生物传感器
[*Anal Chim Acta*, 2020, 1104:172-179；*ACS Nano*, 2014, 8(6):6171-6181]

酶工程在传统层面上是以蛋白质为研究对象的一类改造技术。随着现代生物化学的发展，广泛存在于原核细胞和真核细胞中的天然核酶的陆续发现和人工核酶的合成刷新了人们对“酶的本质都是蛋白质”的认知，也扩大了酶工程的研究领域范畴。借助核酶开发新型的 RNA 或者 DNA 工具，在基因表达调控、临床疾病诊断与治疗以及生物传感分析等领域有着巨大的应用潜力。挖掘更多的核酶种类，解析催化机制将有助于我们充分认知核酶元件，并有利于对核酶进行工程化改造设计。这些基于蛋白质的酶工程策略同样可以用于解决核酶的选择性、稳定性、催化活性等关键问题。同时这些由不同碱基组成的核酶元件在组成、二级结构及后修饰标记上充满了无限可能，充分利用体外筛选技术，并结合新兴的合成生物学与人工智能技术，将能够设计出具有高性能的生物传感器，这将为酶工程在临床诊断及环境监测等方面提供新的途径。

（吴帅，宁利敏）

第十二章
纳米酶

第一节　纳米酶简介

天然酶是普遍存在的生物催化剂，在生命系统的化学反应中发挥着十分重要的作用。天然酶由于在温和条件（例如室温、环境压力、水溶液等）下具有十分优异的催化活性和反应特异性，已经被广泛应用于生命系统以外的各个领域。例如，它们已被应用于生物医学、环境和食品工业中。另一方面，无论天然酶是蛋白质还是核糖核酸，其都不可避免地存在一些固有的缺点，例如容易变性、使用成本高、难以进行回收等，这些缺点限制了其实际应用。

为了克服上述天然酶的缺点以拓宽酶的应用领域，自20世纪50年代以来，人们一直致力于开发天然酶的替代品，这种替代品被称为“模拟酶”（或“人工酶”）。Ronald Breslow 等对人工酶进行了定义：人工酶的目标是“模仿生命系统中发生的催化过程”。Ronald Breslow 等开创性地使用了环糊精及其衍生物来模拟各种酶，包括水解酶、细胞色素 P450 酶。受到这些研究的启发，人们开发了多种类型的材料，如金属络合物、聚合物、超分子和生物分子（如核酸、催化抗体和蛋白质）来模拟各种天然酶。

在过去的数十年中，伴随着纳米技术领域的快速发展，各种功能纳米材料被发现能够模拟天然酶的催化活性。2007年，阎锡蕴及其合作者首次发现四氧化三铁磁性纳米颗粒具有类辣根过氧化物酶活性，并将该纳米颗粒用作酶联免疫测定中辣根过氧化物酶的替代物，实现了对一些疾病标志物如前列腺特异抗原的检测。这一开创性研究首次揭示了无机纳米材料具有一种不可预见的生物催化活性，从酶学的角度系统研究了其催化活性和催化机制，并与天然酶进行了系统的比较。该研究打破了以往认为无机纳米材料为生物惰性物质的传统观念，在化学、纳米材料、酶学和生物医学等领域之间架起了一座桥梁。自此，具有类酶催化活性的纳米材料广泛引起了纳米科学、生物学、化学、物理学和医学领域研究者们的研究兴趣。魏辉和汪尔康在2013年发表的综述中将这些具有类酶催化活性的功能纳米材料定义为“纳米酶”，英文为 nanozyme。

由于相对于传统分子或聚合物模拟酶的独特优势，具有类酶催化活性的纳米材料（即纳米酶）被视为下一代模拟酶。作为纳米材料，纳米酶较大的比表面积和丰富的表面化学性质可以用于修饰各种生物分子；纳米酶具有优异的稳定性，可在一些苛刻的环境下（如高温）催化反应；除了催化活性之外，纳米酶还具有多种功能，如光、电、磁等功能；除此之外，纳米酶还具有成本低、可大规模生产以及可循环回收等优点。目前，数百种纳米材料被发现能够模拟多种天然酶，这些天然酶包括氧化还原酶类、水解酶类和连接酶类。目前全球已有五十多个国家的四百多个实验室从事纳米酶研究。通过将纳米材料的类酶催化活性与其他的理化特性相结合，纳米酶在生物分析、生物医学成像、疾病治疗和国家安全等方面展现出了广泛的应用前景。

第二节　纳米酶的类型

迄今为止，纳米材料被发现可模拟多种天然酶的催化活性。这些被模拟的天然酶主要分成两类，即氧化还原酶类和水解酶类，包括过氧化物酶、超氧化物歧化酶、过氧化氢酶、氧化酶、葡萄糖氧化酶、谷胱甘肽过氧化物酶、蛋白酶、酯酶、核酸酶、硝酸还原酶等数十种天然酶。下面将以几种典型的纳米酶为例进行简要介绍。

一、过氧化物纳米酶

如图 12-1 所示，过氧化物纳米酶催化的是双底物反应，能够催化第一个底物（氢受体）氧化第二个反应底物（氢供体）。根据氢受体的不同，模拟过氧化物酶的纳米酶可以分为辣根过氧化物纳米酶、谷胱甘肽过氧化物纳米酶以及脂质过氧化物纳米酶等。从阎锡蕴及其合作者首次发现四氧化三铁磁性纳米颗粒具有类辣根过氧化物酶活性以来，具有类过氧化物酶活性的纳米材料引起了人们广泛的关注。实验上通常通过光谱的方法检测纳米材料的类过氧化物酶活性。以辣根过氧化物纳米酶为例，研究人员通常以 H_2O_2 为氢受体，以 3,3′,5,5′-四甲基联苯胺、二氨基联苯胺以及 2,2′-联氮-双（3-乙基苯并噻唑啉-6-磺酸）二铵盐作为氢供体进行研究。这些氢供体的氧化产物具有特征吸收光谱信号，通过使用紫外分光光度计测量其特征光谱即可判断纳米材料类过氧化物酶活性的强弱。纳米酶的类过氧化物酶反应通常发生在酸性条件下，在中性和碱性条件下此种纳米酶则不具备催化活性。迄今为止，已有数百种纳米材料，包括金属氧化物基（例如四氧化三铁、四氧化三钴和五氧化二钒）、金属基（例如 Pt、Ru、Pd 和 Ir）、碳基（例如氧化石墨烯、石墨烯量子点和氮化碳）、金属有机骨架材料等已被发现具有类过氧化物酶的催化活性。这些具有类过氧化物酶活性的材料已被应用于生物医学和环境保护等各个领域。

$$AH_2 + ROOH \xrightarrow{\text{过氧化物模拟酶}} A + ROH + H_2O$$

图 12-1　过氧化物纳米酶所催化的反应

谷胱甘肽过氧化物酶是机体内广泛存在的一种以硒半胱氨酸为活性中心的酶。一些纳米材料，如五氧化二钒纳米线、四氧化三锰、钒基金属有机骨架材料以及硒纳米颗粒被证实具备类谷胱甘肽过氧化物酶活性。如图 12-2 所示，以五氧化二钒纳米线为例，谷胱甘肽过氧化物纳米酶能够催化谷胱甘肽（GSH）转变为氧化型谷胱甘肽（GSSG），并使有毒的 H_2O_2 还原成无毒的 H_2O 分子。由于谷胱甘肽还原酶可以利用还原型烟酰胺腺嘌呤二核苷酸磷酸（NADPH）催化 GSSG 产生 GSH，因此通过偶合谷胱甘肽还原酶的反应，检测 NADPH 的减少量就可以计算出基于五氧化二钒纳米线的谷胱甘肽过氧化物模拟酶的活力水平。

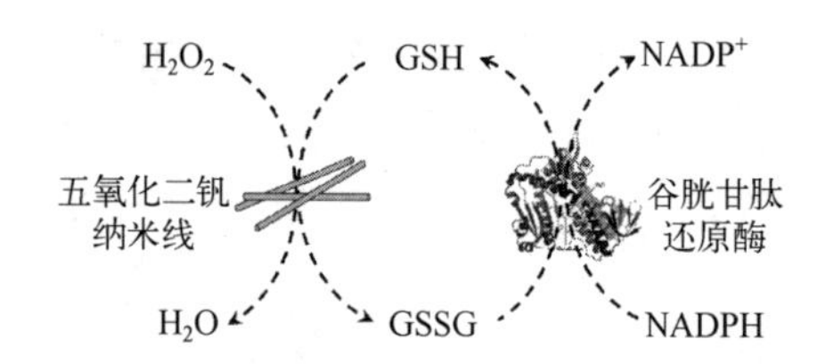

图 12-2　基于五氧化二钒纳米线的谷胱甘肽过氧化物模拟酶的催化过程

研究者们对基于五氧化二钒纳米线的谷胱甘肽过氧化物模拟酶的催化机制进行了研究（图 12-3）。首先，五氧化二钒纳米线暴露的｛010｝面可以作为吸附还原 H_2O_2 的活性位点，生成过氧化物钒中间体 **1**。随后，GS^- 通过对络合物 1 的过氧键进行亲核攻击而生成不稳定的亚磺酸盐结合中间体 **2**。该中间体随后可水解生成谷胱甘肽次磺酸 **3** 和二羟基中间体 **4**。之后，中间体 **4** 与 H_2O_2 反应生成复合物 **1**。该催化机制与天然谷胱甘肽过氧化物酶的催化机制类似。类谷胱甘肽过氧化物酶活性的纳米酶能够将有毒的 H_2O_2 分解为 H_2O，因而能够对细胞和动物体内的活性氧物质进行有效调控，使得细胞膜的结构及功能免受过氧化物的干扰及损害。有研究将五氧化二钒纳米线用于消除细胞内的过氧化氢过量进而实现对细胞的保护，使其免受氧化损伤，也有研究将纳米酶用于治疗老鼠的耳朵炎症和肠炎，这两项研究都取得了很好的疗效。

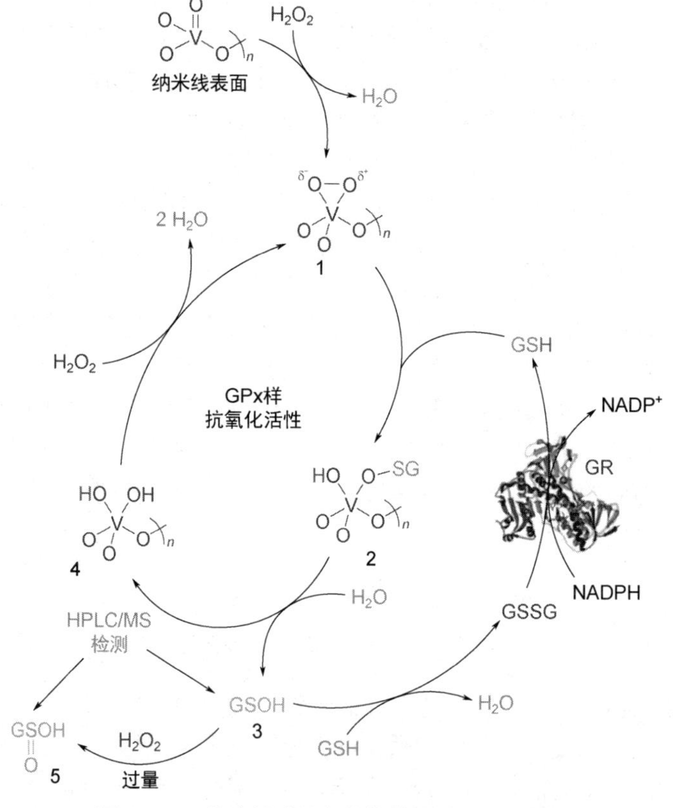

图 12-3　谷胱甘肽过氧化物模拟酶的催化机制

二、氧化纳米酶

氧化酶在分子氧或其他氧化剂存在下可以催化还原性底物的氧化，生成氧化产物和

$H_2O/H_2O_2/O_2^{\cdot-}$（图 12-4）。各种纳米材料，如二氧化铈纳米颗粒、Pt 纳米颗粒、Pd 纳米颗粒和四氧化三钴，被发现能够催化氧气氧化 3,3′,5,5′-四甲基联苯胺/2,2′-联氮-双(3-乙基苯并噻唑啉-6-磺酸)二铵盐/邻苯二胺。除了这些常见底物之外，一些氧化酶还能够催化氧气氧化其他底物，例如葡萄糖、多酚和亚硫酸盐等。例如，金基纳米酶被发现具有类葡萄糖氧化酶的活性。平均直径为 3.5 nm 的柠檬酸盐包被的金纳米颗粒具有很好的类葡萄糖氧化酶活性。研究证明金纳米颗粒的葡萄糖氧化纳米酶的催化机制与天然的葡萄糖氧化酶是一样的，即涉及葡萄糖脱氢和将 O_2 还原为 H_2O_2 的两电子氧化还原反应。除了金基纳米材料之外，改性的氮化碳和五氧化二钒纳米线也被发现具有类葡萄糖氧化酶的活性。多种漆酶底物（例如苯酚、氢醌、萘酚、儿茶酚和肾上腺素）可以被具有类多铜漆酶催化活性的纳米酶催化氧化。除了一些含铜的纳米材料（例如，含铜的碳纳米点和铜配位核苷酸），一些非铜的纳米材料（例如，纳米二氧化钛和 Pt 纳米颗粒）也具有类多铜漆酶的活性。MoO_3 纳米颗粒具有类亚硫酸盐氧化酶的活性，可以在生理条件下将亚硫酸盐转化为硫酸盐。

$$A_{red} + O_2 + H_2O \xrightarrow{\text{氧化纳米酶}} A_{ox} + H_2O_2$$

$$A_{red} + O_2 \xrightarrow{\text{氧化纳米酶}} A_{ox} + H_2O$$

$$A_{red} + O_2 \xrightarrow{\text{氧化纳米酶}} A_{ox} + O_2^{\cdot-}$$

图 12-4　氧化纳米酶所催化的反应

三、超氧化物歧化纳米酶

与超氧化物歧化酶（SOD）一样，超氧化物歧化纳米酶可以催化 $O_2^{\cdot-}$ 发生歧化反应，生成 H_2O 和 O_2（图 12-5）。代表性纳米材料，包括碳基、铈基和黑色素基纳米酶，已被证明具有类 SOD 的活性。具有类超氧化物歧化酶活性的纳米酶能够消除 $O_2^{\cdot-}$，因而可以发挥抗炎和抗氧化的作用，被广泛应用于炎症的治疗。

$$2O_2^{\cdot-} + 2H^+ \xrightarrow{\text{超氧化物歧化纳米酶}} H_2O_2 + O_2$$

图 12-5　超氧化物歧化纳米酶所催化的反应

四、过氧化氢纳米酶

与过氧化氢酶一样，过氧化氢纳米酶能够催化 H_2O_2 生成 H_2O 和 O_2（图 12-6）。催化反应会有氧气的气泡生成，因此可以使用氧电极来测量纳米材料的类过氧化氢酶活性。纳米材料通常在中性或者碱性条件下具有更好的类过氧化氢酶催化活性。常见的过氧化氢纳米酶包括 Pt 纳米颗粒、二氧化铈纳米颗粒以及四氧化三钴纳米颗粒等。

$$2H_2O_2 \xrightarrow{\text{过氧化氢纳米酶}} 2H_2O + O_2$$

图 12-6　过氧化氢纳米酶所催化的反应

五、水解纳米酶

水解酶可以催化各种底物化学键的水解，底物包括酯、磷酸酯、酰胺、碳水化合物等。

常见的水解纳米酶包括蛋白纳米酶、核酸纳米酶以及磷酸酯纳米酶等。蛋白纳米酶能够水解蛋白质的肽键，将蛋白质或者多肽水解成肽段或者氨基酸。核酸纳米酶能够将聚核苷酸链的磷酸二酯键切断，而将 DNA 或者 RNA 水解。例如，具有类脱氧核糖核酸酶催化活性的二氧化铈可以将单链寡核苷酸切割成更短的片段。金属有机骨架 NU-1000 可以催化磷酸酯键的水解，进而用于水解神经毒剂模拟物（即 4-硝基苯基磷酸二甲酯）和剧毒化学战剂（即甲氟磷酸异己酯，也称为 Soman 毒气）。

第三节　纳米酶的反应动力学和催化机制研究

一、酶促反应动力学

与天然酶一样，纳米酶在催化多底物反应时催化机制符合乒乓反应机制，在催化单底物-单产物反应时，其酶促反应动力学曲线符合 Michaelis-Menten（米氏）方程。目前的酶促反应动力学理论基于 Pauling 的过渡态理论，其中酶首先与底物结合形成酶-底物复合物，作为反应中间体，然后分解为最终产物。具体而言，反应第一步是将酶 E 及其特定底物 S 结合在一起。然后，酶 E 与底物 S 接触，形成酶促反应中间体 ES。结合的底物 S 在酶的催化下转化为产物 P，形成酶和产物的复合物，然后分解并将产物 P 释放到溶液中完成整个反应。该模型可以简单描述如下：

$$\mathrm{E}+\mathrm{S}\underset{k_{-1}}{\overset{k_1}{\rightleftharpoons}}\mathrm{ES}\xrightarrow{k_{\mathrm{cat}}}\mathrm{P}+\mathrm{E}$$

其中 k_1，k_{-1}，k_{cat} 是各个反应步骤的反应速率常数。

为了推导米氏方程，需要对以上的反应步骤作稳态平衡假设，包括以下三点：①在反应的初始阶段，底物浓度［S］远高于游离酶的浓度［$\mathrm{E_0}$］，因此假设反应初期的底物浓度［S］是恒定的；②在反应开始初期，生成的产物量极少，逆反应可忽略不计；③当反应开始后，经过极短的时间，反应的中间络合物达到稳态平衡，即 ES 的生成速率 V_{f} 与其分解速率 V_{d} 保持一致，［ES］保持恒定不变。

酶-底物复合物 ES 的生成速率 V_{f} 可以表示为：

$$V_{\mathrm{f}}=k_1[\mathrm{E}][\mathrm{S}]=k_1([\mathrm{E_0}]-[\mathrm{ES}])[\mathrm{S}]$$

酶-底物复合物 ES 的分解速率 V_{d} 可以表示为：

$$V_{\mathrm{d}}=(k_{-1}+k_{\mathrm{cat}})[\mathrm{ES}]$$

根据稳态平衡假设的第三点，可以得到：

$$k_1([\mathrm{E_0}]-[\mathrm{ES}])[\mathrm{S}]=(k_{-1}+k_{\mathrm{cat}})[\mathrm{ES}]$$

这里我们定义一个新的参数 K_{m}，称为米氏常数：

$$K_{\mathrm{m}}=\frac{k_{-1}+k_{\mathrm{cat}}}{k_1}$$

根据以上两个式子，可以得到：

$$[\mathrm{ES}]=\frac{[\mathrm{E_0}][\mathrm{S}]}{K_{\mathrm{m}}+[\mathrm{S}]}$$

因此，初始酶促反应速率 v_0 如下式所示：

$$v_0 = k_{cat}[ES] = \frac{k_{cat}[E_0][S]}{K_m + [S]}$$

$[E_0]$ 是酶的总浓度，如果所有的酶活性位点都参与催化反应，则该反应可以达到最大反应速率，即 V_{max}，这时 $[ES] = [E_0]$，最大反应速率如下式所示：

$$V_{max} = k_{cat}[E_0]$$

将 V_{max} 的表达式代入到 v_0 的表达式中，即可得到米氏方程的表达式：

$$v_0 = \frac{V_{max}[S]}{K_m + [S]}$$

如图 12-7 所示，K_m 表示当反应的初始反应速率达到最大速率 V_{max} 的一半时所对应的底物浓度。因而，K_m 反映了酶与底物的亲和性。K_m 越小说明越容易使得酶饱和，也就意味着底物与酶的亲和力越强。k_{cat} 被称为催化常数，表示单位时间内单个活性中心能催化反应的底物分子数。

对米氏方程两边取倒数可进一步转换为线性的“Lineweaver-Burk”方程，如下式所示：

$$\frac{1}{v_0} = \frac{K_m}{V_{max}} \times \frac{1}{[S]} + \frac{1}{V_{max}}$$

以 $1/v_0$ 对 $1/[S]$ 作图可得到线性直线，使研究人员能够从实验图中快速获得动力学参数。其在 y 轴的截距为 V_{max} 的倒数，斜率为 K_m 与 V_{max} 的比值，在 x 轴的截距的绝对值为 K_m 的倒数（图 12-8）。

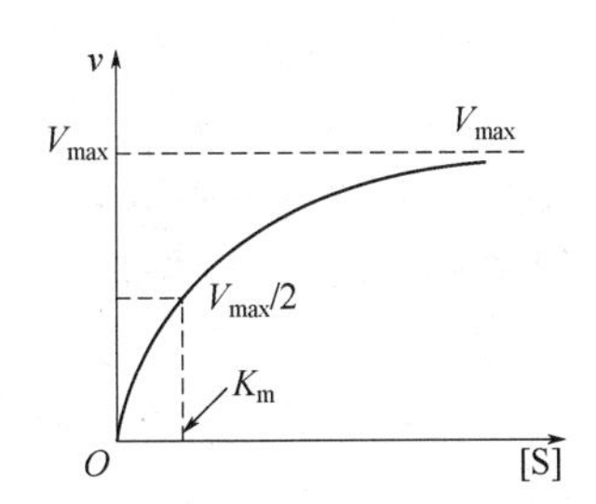

图 12-7　米氏方程所对应的曲线

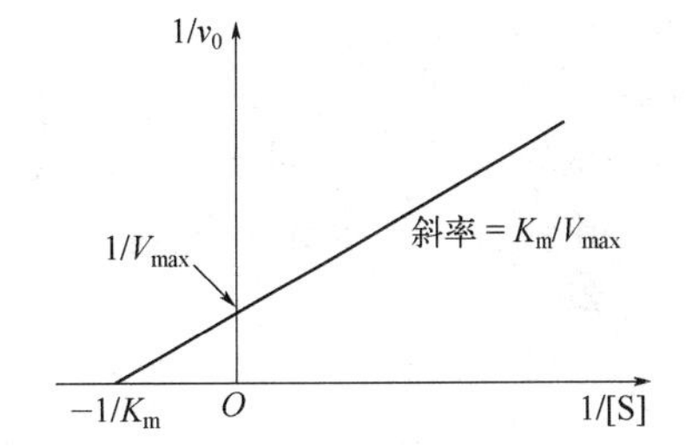

图 12-8　对米氏方程使用双倒数作图

Michaelis-Menten 方程在酶学中非常重要，因为许多酶的实验数据与该模型非常匹配。因此，相应的动力学参数 K_m 和 k_{cat} 可用于表征酶的催化性能并直接比较不同酶的催化活性。

下面以过氧化物纳米酶为例来介绍纳米酶的酶促反应动力学曲线的测试方法。由于过氧化物纳米酶具有两个底物即氢供体和氢受体，测量其酶促反应动力学曲线时需固定其中一种底物的浓度，改变另外一种底物的浓度。如以 H_2O_2 和 3,3′,5,5′-四甲基联苯胺（TMB）分别为氢受体和氢供体的反应中，固定 TMB 的浓度，改变 H_2O_2 的浓度，即可以得到在不同 H_2O_2 浓度下产物的生成速率（即初始反应速率 v_0）。而固定 H_2O_2 的浓度，改变 TMB 的浓度，即可以得到在不同 TMB 浓度下产物的生成速率（即初始反应速率 v_0）。其中产物的生成速率可以通过分光光度计测量。通过对上述测量的底物浓度-初始反应速率进行拟合即可以知道过氧化物纳米酶是否符合米氏方程。2007 年阎锡蕴等发现了第一个过氧化物纳米酶（即四氧化铁纳米颗粒）。他们对其催化活性和动力学性质进行了细致的研究，发现四氧化铁纳米颗粒过氧化物模拟酶与天然的辣根过氧化物酶一样，能很好地遵循米氏方程曲线。目前，人们发现的绝大部分纳米酶的酶促反应动力学曲线都符合米氏方程，这些纳米酶的催化活性可以用 K_m、V_{max} 和 k_{cat} 来表征。然而，也有少数酶/纳米酶的动力学特征与 Michaelis-Menten 方程不一致，这表明仍然需要新的理论来进一步研究酶催化的分子机制。

二、过氧化物纳米酶的催化机制研究

研究者们利用密度泛函理论对过氧化物纳米酶的催化机制进行了研究。以四氧化三铁为例，他们研究了过氧化物纳米酶的反应路径以及可能的中间态和过渡态结构。Fe_3O_4 的过氧化物纳米酶催化过程包括三个反应步骤（图 12-9）。氢受体（以 H_2O_2 为例）首先吸附在 Fe_3O_4 的表面，然后分解生成双 OH 吸附结构。氢供体（以 TMB 为例）在反应步骤 2 和 3 中被两个 OH 基团氧化。对于步骤 1，由于该步骤是 H_2O_2 的还原反应，因而过氧化纳米酶表面的还原性越强则 H_2O_2 解离成两个 OH 基团越容易，而步骤 2 和 3 是氢原子从 TMB 到 OH 基团的质子耦合电子转移反应。该催化机制不仅适用于 Fe_3O_4，也适用于贵金属和氧化物。

$$H_2O_2 \xrightarrow{E_{b,1}} 2OH^*, E_{r,1} \quad \text{（反应步骤 1）}$$

$$OH_1^* + TMB + H^+ \xrightarrow{E_{b,2}} oxTMB + H_2O, E_{r,2} \quad \text{（反应步骤 2）}$$

$$OH_2^* + TMB + H^+ \xrightarrow{E_{b,3}} oxTMB + H_2O, E_{r,3} \quad \text{（反应步骤 3）}$$

反应步骤 1～3 中的星号表示过氧化物纳米酶表面的吸附物质；OH_1 和 OH_2 分别表示反应步骤 2 和 3 中的羟基吸附物；E_b 和 E_r 分别是反应的活化能和反应能。

由阿伦尼乌斯方程可知，反应速率取决于活化能。此外，速率决定步骤指整个化学反应中最慢的基本步骤，它决定了整个反应过程的速率。因此，纳米酶的类过氧化物酶活性取决于速率决定步骤的活化能。对于一个过氧化物纳米酶而言，通过计算其吸附能（E_{ads}）、活化能和反应能的能量分布即可获得其速率决定步骤，并且能够预测其酶促反应动力学。

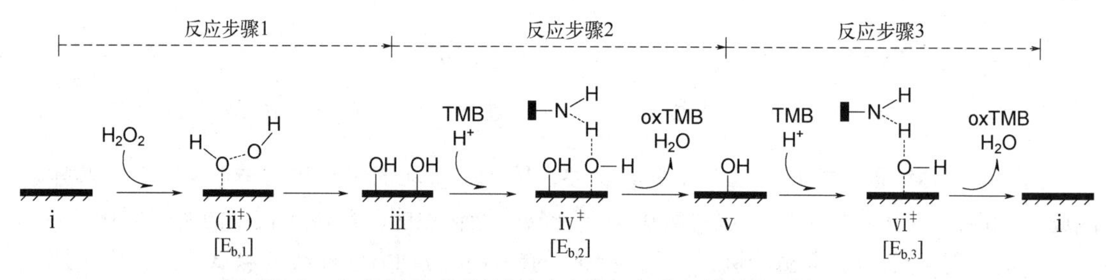

图 12-9　由密度泛函理论计算确定的四氧化三铁催化反应的机制

第四节　纳米酶催化活性的调控

与天然酶一样，酶促反应的温度、纳米酶的浓度、底物的浓度、反应的 pH 等都会影响酶促反应的速率。除此之外，纳米材料本身的物理化学性质对其酶促反应速率的影响也非常显著。目前，已证明包括纳米材料组成、尺寸、形貌和晶面等在内的几个因素可以调节纳米酶的催化活性。下文以过氧化物模拟酶为例，介绍纳米酶催化活性的调控。

一、元素组成

通过改变元素组成来调节类过氧化物酶活性的纳米酶大致可分为两种类型：Ⅰ型——在活性较低的表面上涂覆或生长具有高过氧化物酶活性的材料；Ⅱ型——将另一种元素掺杂到纳米材料的晶格中形成固溶体。一些贵金属纳米颗粒如铱、钌和铂已被证明具有优异的类过氧化物酶活性。通过在活性较低的材料上涂覆或生长高活性的贵金属纳米粒子，不仅可以增强其类辣根过氧化物酶的活性，还可以提高贵金属的原子利用效率。例如，有研究通过在钯纳米立方体的外层沉积铱原子层来获得钯-铱纳米立方块。相比于钯立方块和辣根过氧化物酶，钯-铱纳米立方体的类过氧化物酶活性分别增强了 20 倍和 400 倍（图 12-10）。此外，贵金属纳米颗粒也被用于调节碳基或金属氧化物基纳米材料的类过氧化物酶活性，这不仅可以增强活性较低的碳基或金属氧化物基纳米材料的类过氧化物酶活性，而且还可以提高金属纳米颗粒的催化循环稳定性。

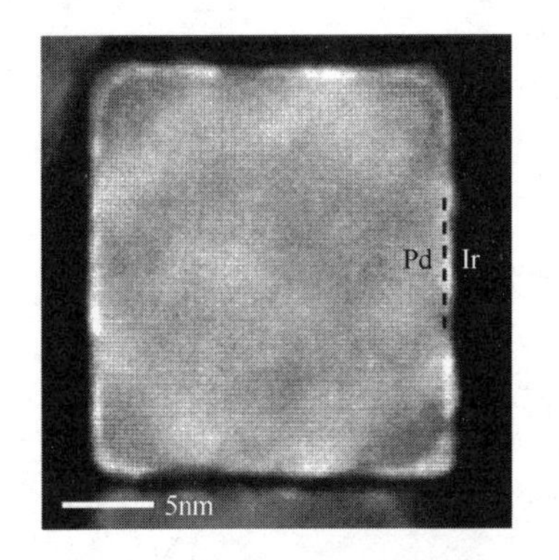

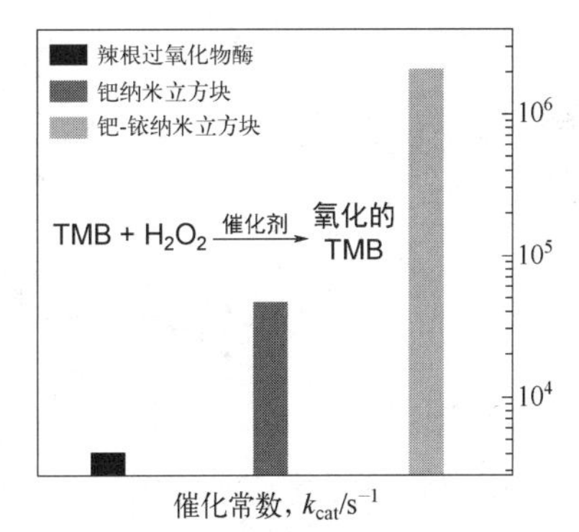

图 12-10　钯-铱纳米立方体的类辣根过氧化物酶活性

将其他元素掺杂到纳米材料的晶格中是另一种增强类过氧化物酶活性的有效方法。增强的类过氧化物酶活性归因于通过掺杂另一种元素改变了原本材料的电子结构。有研究证明杂原子氮掺杂到还原氧化石墨烯和介孔碳中可以将它们的类辣根过氧化物酶活性分别提高 100 倍和 60 倍以上。除了碳材料以外，金属氧化物的类过氧化物酶活性也可以通过掺杂另一种元素来提高。例如，将过渡金属元素掺杂到纳米氧化铈（CeO_2）的晶格中，形成 $M_xCe_{1-x}O_{2-\delta}$ 固溶体（M 代表过渡金属元素）。在这些以 CeO_2 为基底的掺杂材料中，掺杂锰的固溶体明显表现出更好的类过氧化物酶催化活性。

二、尺寸

就纳米酶而言，其酶促反应是发生在纳米材料表面的。而尺寸较小的纳米材料具有较高的表面积与体积比，从而在表面能够暴露出更多的活性位点。因此，纳米材料的类过氧化物酶活性很显然是与其尺寸有关系的。很多研究表明，尺寸越小，纳米材料的类过氧化物酶活性越高。阎锡蕴课题组首先发现了四氧化三铁磁性纳米颗粒具有优异的类过氧化物酶活性，并证明了它们的催化活性具有尺寸依赖性。其研究了三种尺寸的四氧化三铁磁性纳米颗粒（尺寸分别为 30 nm、150 nm 和 300 nm），随着四氧化三铁磁性纳米颗粒尺寸的增加，其相应的类过氧化物酶活性逐渐降低。他们认为之所以较小的四氧化三铁磁性纳米颗粒具有更高的催化活性是由于其具有更大的比表面积，进而导致能够暴露更多的活性位点（图 12-11）。然而，一些研究发现，有些纳米酶的类过氧化物酶活性并没有随着尺寸的减小而提高。例如，通过电子自旋共振谱研究不同尺寸的金纳米颗粒的催化活性。金纳米颗粒能够催化 H_2O_2 产生羟基自由基，而羟基自由基的信号能够被自由基捕获剂捕获而产生电子自旋信号。当纳米颗粒的尺寸从 10 nm 增加到 50 nm 时，电子自旋共振谱的信号随着尺寸的增加而提高。然而当尺寸从 50 nm 增加到 100 nm 时，信号随着尺寸的增加而降低，说明尺寸为 50 nm 的金纳米颗粒具有最高的类过氧化物酶活性。由此可知，尺寸除了能够改变比表面积之外，还能够改变纳米材料的一些其他性质如材料的电子结构。

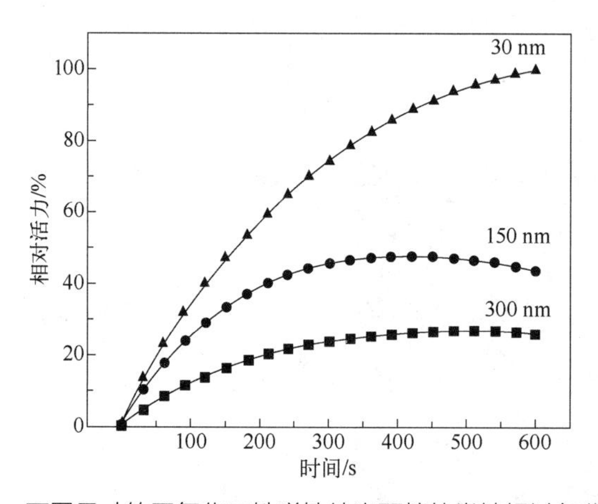

图 12-11　不同尺寸的四氧化三铁磁性纳米颗粒的类辣根过氧化物酶活性

三、形貌和晶面

纳米材料的表面通常有几个不同的晶面。这些具有不同原子排列和不饱和配位点的晶面可对同一底物表现出不同的吸附能、反应能和活化能，这决定了它们具有不同的催化活性。不同形貌的纳米材料具有不同的晶面，因而可以通过调控形貌进而调节纳米酶的类辣根过氧化物酶活性。例如，通过水热法分别获得形貌为团簇球、八面体和三角片的三种四氧化三铁纳米颗粒，研究表明，暴露{311}晶面的团簇球四氧化三铁表现出最高的类过氧化物酶活性，具有｛200｝晶面的三角片四氧化三铁表现出相对较弱的类过氧化物酶活性，而具有｛111｝晶面的八面体四氧化三铁则具有最差的催化活性（图 12-12）。最近，许多研究表明，高指数面上具有丰富的配位不饱和的原子台阶、框架等，因而具有这些晶面的金属纳米颗粒通常比具有低指数晶面的纳米颗粒更具催化活性。另外，通过密度泛函理论计算研究不同晶面对于金纳米颗粒的类过氧化物酶活性的影响发现，具有｛111｝、｛110｝和｛211｝晶面的金纳米颗粒遵循相同的催化机制并且有着相同的酶促反应速率决定步骤。根据速率决定步骤的活化能，具有最高活化能的｛111｝晶面催化活性最低，而具有｛211｝晶面的金纳米颗粒具有最高的催化活性。

图 12-12　团簇球、三角片和八面体四氧化三铁纳米结构的类过氧化物酶活性

第五节　纳米酶的应用

一、用于生物传感和诊断

纳米酶能够通过催化特性来实现催化放大的功能，这一性质能够提升生物传感和诊断性能。催化放大信号可以提高灵敏度并降低检测限，这有利于早期检测和诊断。此外，纳米酶由于其纳米级的尺寸，被赋予了超越酶特性的独特功能，如多功能特性（如用于分离的磁性）、高稳定性、大的生物共轭表面积等。纳米酶的这些独特优势也将有利于生物传感和诊断技术的发展。如图 12-13 所示，纳米酶生物传感涉及两个主要过程：分析物的特异性识别和催化信号的转导。通过使用不同类型的底物，研究人员已经开发了基于纳米酶的各种比色、荧光、电化学（包括光电化学和电化学发光方法）、化学发光和表面增强拉曼散射等生物传感平台。具有类过氧化物酶或类氧化物酶活性的纳米酶被广泛用于生物传感平台。识别部分通常由预先选择的生物配体（例如氧化酶、适配体或抗体）构建，而信号转导通常通过纳米酶的催化活性来实现。生物传感平台的作用机制主要分为四种类型：①纳米酶作为催化信号标签与抗体或适配体偶联，用于检测分析物（例如核酸、蛋白质、外泌体、细胞）；②利用纳米酶催化反应氧化底物产生信号，检测过氧化氢（H_2O_2）或能够通过级联反应产生 H_2O_2 的靶点；③通过还原氧化产物来检测具有还原性的靶点，从而降低催化信号（例如谷胱甘肽）；④一些靶点物质能够与纳米酶相互作用调节纳米酶的催化活性，可以基于此原理检测相应的靶点物质。

阎锡蕴等使用具有类过氧化物酶活性的 Fe_3O_4 磁性纳米颗粒作为天然酶的替代品，构筑酶联免疫吸附测定实验，用于乙型肝炎病毒抗原和心肌肌钙蛋白 I 的检测。随后，他们用具有类过氧化物酶活性的纳米酶开发了纳米酶试纸，用于检测埃博拉病毒的糖蛋白以及 SARS-CoV-2 的抗原和核酸。除了免疫分析之外，通过使用四氧化三铁作为过氧化物纳米酶，2,2′-联氮-双（3-乙基苯并噻唑啉-6-磺酸）二铵盐作为底物，汪尔康团队构建了一种用于 H_2O_2 检测的比色分析方法。基于级联反应（即葡萄糖氧化酶催化葡萄糖氧化产生 H_2O_2 和 Fe_3O_4 催化类过氧化物酶反应），他们成功实现了葡萄糖的检测。除了体外诊断，纳米酶也已用于活体生物测定，例如活体大脑、活体肿瘤组织和活体动物的新陈代谢等。

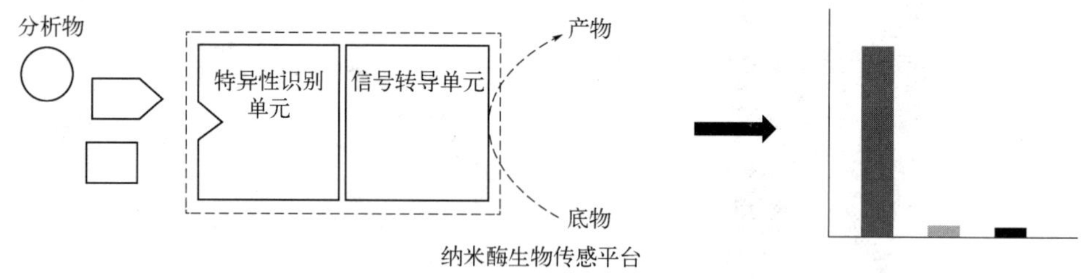

图 12-13　纳米酶生物传感平台构筑方式

二、用于抗肿瘤治疗

氧化还原酶类的纳米酶，例如过氧化物纳米酶、氧化纳米酶、过氧化氢纳米酶、谷胱甘肽过氧化物纳米酶和超氧化物歧化纳米酶，通过调节活性氧（ROS）水平，已广泛应用于疾病治疗之中。通过使用促氧化纳米酶（包括过氧化物纳米酶和氧化纳米酶）刺激 ROS 产生是常用的肿瘤治疗策略。具有类过氧化物酶活性的纳米酶可以催化肿瘤内的 H_2O_2 原位产生有毒的·OH，而具有类氧化酶活性的纳米酶可以催化氧气产生超氧（$O_2^{\cdot-}$）或单线态氧（$^1O_2$）。如将天然葡萄糖氧化酶和具有类过氧化物酶活性的超小 Fe_3O_4 纳米颗粒集成到大孔径且可生物降解的树枝状二氧化硅之中，可形成用于抑制肿瘤生长的纳米催化系统。葡萄糖氧化酶不仅可以有效消耗肿瘤细胞内的葡萄糖实现饥饿治疗，而且可以产生 H_2O_2。由葡萄糖的氧化产生的 H_2O_2 和体内原本存在的 H_2O_2，都可用于随后由 Fe_3O_4 催化的类过氧化物酶反应，从而在酸性肿瘤微环境中生成大量·OH 用于杀伤肿瘤细胞。

除了使用促氧化纳米酶进行肿瘤的治疗之外，具有类过氧化氢酶活性的纳米酶也被用来在肿瘤治疗中实现增敏作用。光动力疗法/放射疗法/声动力疗法的治疗效果受到实体瘤固有缺氧的严重阻碍。过氧化氢纳米酶可以催化 H_2O_2 产生大量的氧气以缓解肿瘤内的缺氧情况，进而实现肿瘤治疗的增敏作用。此外，一些纳米酶具有多功能性，例如磁性和表面等离子体共振，这使得它们具有光热特性、磁热疗、磁共振成像等功能。这些特性与其催化特性一起可用于协同肿瘤治疗或成像。

三、用于抗菌和抗生物膜治疗

除癌症治疗外，具有氧化酶和过氧化物酶样活性的促氧化纳米酶因其可以催化 ROS 的产生，在抗菌和抗生物膜治疗领域也具有广阔的应用前景。促氧化纳米酶杀菌的工作机制是纳米酶催化 H_2O_2 或 O_2 产生自由基，进而引发细菌死亡。自由基会破坏细胞膜的完整性，损伤细菌 DNA 和细胞内蛋白质。例如，美国食品药品监督管理局批准的 Ferumoxytol 纳米颗粒具有类过氧化物酶活性，其能够催化 H_2O_2 产生自由基，通过降解细胞外聚合物基质和破坏细胞膜来进行抗生物膜治疗。这些具有类过氧化物酶活性的 Ferumoxytol 纳米颗粒可以破坏口腔生物膜，使其在预防生物膜引起的口腔疾病（包括蛀牙、龋齿等）方面具有广阔的应用前景。将纳米酶与一些生物治疗药物相结合具有很好的抗菌和抗生物膜治疗前景。例如，将具有类过氧化物酶活性的还原氧化石墨烯@硫化亚铁（rGO@FeS_2）纳米酶与乳杆菌（*Lactobacillus*）结合，构建响应性透明质酸（HA）水凝胶 rGO@FeS_2/*Lactobacillus*@HA，用于念珠菌阴道炎的治疗（图 12-14）。当将水凝胶放入阴道时，乳杆菌能够发酵产生乳酸和 H_2O_2。产生的乳酸可将阴道 pH 值降低至 4～4.5，使阴道微环境正常化，并为类过氧化物酶反应提供酸性的微环境。随后，rGO@FeS_2纳米酶在酸性阴道微环境下催化乳杆菌产生的H_2O_2产生有毒的·OH，从而杀死白念珠菌。该凝胶具有催化杀灭白念珠菌和调节阴道微环境的作用，对白念珠菌引起的阴道炎具有很好的治疗效果。

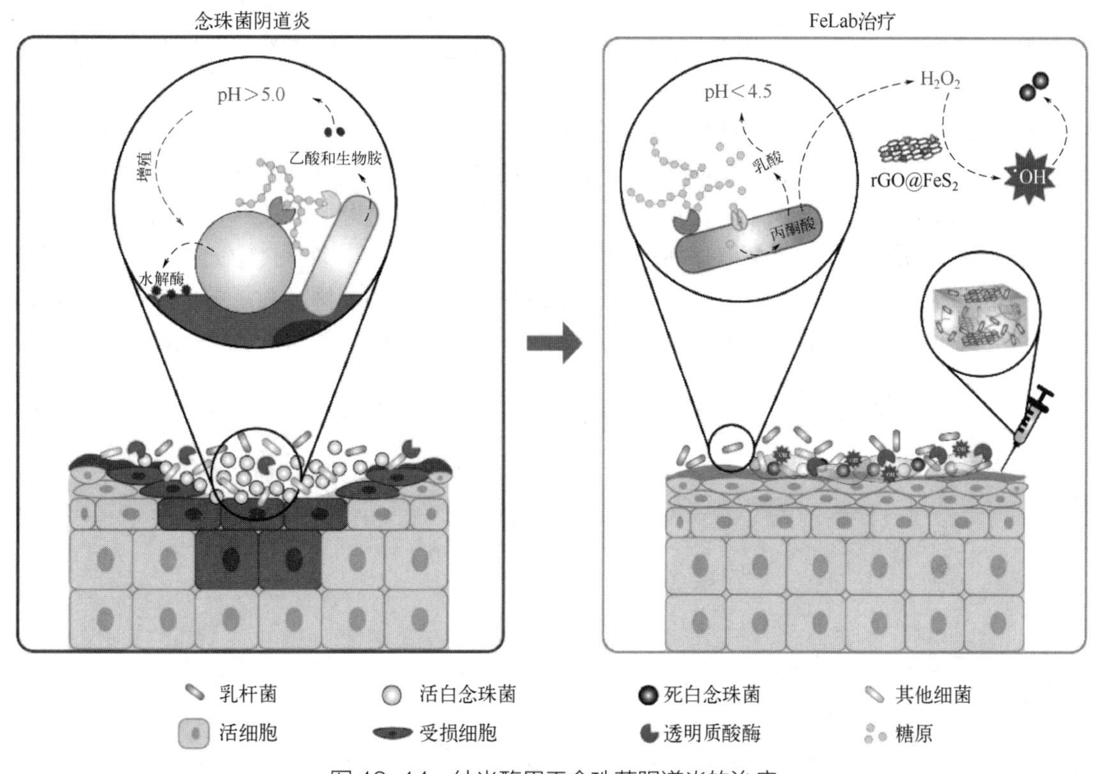

图 12-14　纳米酶用于念珠菌阴道炎的治疗

生物膜是一种具有胞外聚合物（EPS）的细菌聚生体。含有磷酸酯键、酰胺/肽键和糖苷键的 EPS 可以被具有类水解酶活性的纳米酶降解。因此，除了促氧化纳米酶外，类水解酶活性的纳米酶也被用于对抗生物膜。此外，卤素过氧化物酶通过催化细菌群体感应分子的氧化溴化，表现出很好的抗菌和抗生物膜活性，有望作为船体的表面涂层实现抗生物污染性能，进而应用于海洋环境中。

四、用于抗炎症治疗

炎症是对感染、损伤和毒素等刺激因素的自然防御反应。但过度的炎症会导致许多疾病。过度炎症反应中的活性氧（ROS）物种会加重局部组织损伤并导致慢性炎症。因此，去除过量的 ROS 被认为是治疗各种炎症性疾病的可行方案，这些炎症相关的疾病包括急性肝损伤、急性或慢性伤口、急性肾损伤、炎症性肠病、类风湿性关节炎、动脉粥样硬化等。然而，广谱抗氧化剂生物利用度差、稳定性和功效低，限制了其在炎症相关疾病中的应用。纳米材料，特别是多功能纳米酶的发现，为 ROS 相关炎症疾病的治疗提供了新的途径。

五、用于其他疾病的治疗

具有抗氧化活性的纳米酶可以保护神经细胞免受自由基损伤，从而实现神经保护。例如，一项开创性工作发现羧基富勒烯（即 C_{60}-C_3）对家族性肌萎缩侧索硬化症（ALS）具有治疗作用。ALS 是一种神经退行性疾病，可由多种基因突变致病，例如 SOD1 中的错义突变。使用 C_{60}-C_3 后，携带人类 ALS 疾病基因的转基因小鼠的存活率提高了 8 天。此外，C_{60}-C_3 还被证明可以在 1-甲基-4-苯基-1,2,3,6-四氢吡啶诱导的猕猴帕金森病模型中治疗帕金森病。C_{60}-C_3 被证明能够在帕金森病模型中减少纹状体损伤并改善运动功能。除了 C_{60}-C_3 之外，其他抗氧化纳米酶也在神经保护方面显示出巨大的潜力。

纳米酶除了在肿瘤治疗、抗菌治疗、抗炎症治疗、神经保护等中的应用外，在高尿酸血症、痛风等疾病中也有应用。尿酸（UA）是一种废物，通常通过尿液排出体外，而尿酸晶体在关节中积聚会导致痛风。痛风的特征是关节突然剧烈疼痛、肿胀和发红。尿酸氧化酶可以催化 UA 降解为尿囊素，这是治疗痛风的新方法。然而，基于尿酸氧化酶的疗法会产生副产物 H_2O_2，并且 H_2O_2 会在关节环境中积累，这限制了该疗法的应用。为了解决这一限制，已有研究开发了具有类尿酸氧化酶和类过氧化氢酶活性的自级联纳米酶催化系统，以减少体内尿酸的累积。

（王小宇，宁利敏）

第十三章
非水酶学

第一节　概述

在活体细胞中，大约70%是生命活动不可缺少的水，因而传统的酶学研究都在水溶液介质中进行。这就导致大家普遍认为，酶只有在水中才有活力，在有机溶剂中则会失活。然而，早在100多年以前就有报道指出酶可以在有机介质中发挥催化作用，但这并未引起科学家们的广泛关注。直到1984年，Klibanov A M在《Science》上发表了一篇文章，指出他们在微水介质（microaqueous media）中酶促合成了酯、肽、手性醇等许多有机化合物，并且明确指出，只要条件合适，酶可以在非生物体系的疏水介质中催化天然或非天然的疏水性底物和产物的转化。酶不仅可以在水与有机溶剂互溶体系，也可以在水与有机溶剂组成的双液相体系，甚至在仅含微量水或几乎无水的有机溶剂中表现出催化活性，这无疑是对“酶只能在水溶液中起作用”这一传统酶学思想的挑战。在这之后，非水溶剂中酶催化的研究才开始活跃，并取得了突破性的进展。现已报道，有十几种酶在适宜的有机溶剂中具备与水溶液中可比的催化活性，包括酯酶、脂肪酶、蛋白酶、纤维素酶、淀粉酶等水解酶类，过氧化物酶、过氧化氢酶、醇脱氢酶、胆固醇氧化酶、多酚氧化酶、细胞色素氧化酶等氧化还原酶类和醛缩酶等转移酶类。与水相酶相比，非水相酶的主要优点包括：①可增强脂溶性底物的溶解度；②在有机介质中可改变反应平衡；③酶制剂易于分离；④在有机介质中可增强酶的稳定性；⑤在有机介质中可改变酶的选择性；⑥不会或很少发生微生物污染。

目前对非水酶学的研究主要集中在3个方面：①非水酶学基本理论研究，包括研究影响非水介质中酶催化的主要因素以及非水介质中酶的性质；②研究酶在非水介质中的结构与功能，阐明非水介质中酶的催化机制，建立和完善非水酶学的基本理论；③利用上述理论来指导非水介质中酶促反应的应用。

第二节　传统非水酶学中的反应介质

通常人们所说的非水反应介质是指那些以有机物质（溶剂、底物、产物等）为主的介质（有机介质），以区别于那些以水为主的常规介质，它们不同于标准的水溶液体系，在这类反应体系中水含量受到不同程度的控制，因此又称为非常规介质（nonconventional media）。

一、水–有机溶剂单相系统

增加脂溶性底物溶解度的一个最简单的办法是向反应混合物中加入与水互溶的有机溶剂，该溶剂通常被称为有机助溶剂或共溶剂（organic co-solvent）。常用的有机助溶剂有二甲基亚砜（DMSO）、二甲基甲酰胺（DMF）、四氢呋喃（THF）、二氧六环（dioxane）、丙酮和低级醇等。由于水与有机溶剂形成的是均相反应系统，因此通常不会产生传质阻力。一般来讲，该系统中与水互溶的有机溶剂的量可达总体积的 10%～20%（体积分数），在一些特殊的条件下，甚至可高达 90%以上。有些酶（如蛋白酶）在水-有机溶剂单相系统中的反应选择性会增强。但如果该系统中有机溶剂的比例过高，有机溶剂将夺取酶分子表面的结构水使酶失活。然而，也有少数酶的稳定性很高，如南极假丝酵母脂肪酶 B（CALB），只需在水互溶有机溶剂中含极少量的水，就可保持它们的催化活性。此外，当酶促反应在 0℃以下进行时，与水互溶的有机溶剂还能降低反应系统的冰点，这是低温酶学的重要研究内容之一。

二、水–有机溶剂两相系统

水-有机溶剂两相系统是指由水相和非极性有机溶剂相组成的非均相反应系统，酶溶解于水相中，底物和产物则主要溶解于有机溶剂相中。两相的体积比可以在很宽的范围内变动。经常使用的非极性有机溶剂有烃类、醚类等。反应过程中，酶与有机溶剂在空间上相分离，使酶处于有利的水环境中，而不直接与有机溶剂相接触。水相中含有的有机溶剂有限，也减少了对酶的抑制作用。此外，在反应过程中若能及时将产物从酶表面移除，将会推动反应朝着有利的产物生成方向进行。两相系统中酶促反应仅在水相中进行，因此必然存在底物和产物在两相之间的质量传递，反应中振荡和搅拌可加快两相系统中酶促反应的速率。目前，水-有机溶剂两相系统已成功地用于强疏水性底物（如脂质、烯烃类和环氧化合物）的生物转化。

三、含有表面活性剂的乳液或微乳液系统

反相胶束系统是含有表面活性剂与少量水的有机溶剂系统。反相胶束系统能够较好地模拟酶的天然环境，使大多数酶能够保持催化活性和稳定性，甚至表现出“超活性”。自 1974 年 Wells 发现磷脂酶 A2 在卵磷脂-乙醚-水反相胶束系统中具有催化卵磷脂水解的活性以来，胶束酶学的研究和应用已在国内外引起广泛的关注。

表面活性剂分子由疏水性尾部和亲水性头部两部分组成，在含水的有机溶剂中，它们的疏水性基团与有机溶剂接触，而亲水性头部形成极性内核，从而组成许多个反相胶束，水分子聚集在反相胶束内核中形成“微水池”，容纳酶分子，这样酶被限制在含水的微环境中，而底物和产物则可自由进出胶束。表面活性剂可以是阳离子型、阴离子型或非离子型，常用丁二酸二(2-乙基)己酯磺酸钠（AOT）、十六烷基三甲基溴化铵（CTAB）、卵磷脂和吐温等。在反相胶束体系中，水与表面活性剂的摩尔比（W_0）是个重要的参数，对“微水池”中水分子的结构和酶的催化性能具有深刻的影响。水含量少（$W_0<15$）的聚集体通常被称为反相胶束，水含量多（$W_0>15$）的聚集体则被称为微乳状液。

反相胶束系统作为反应介质具有以下优点：①组成灵活性，大量不同类型的表面活性剂、有机溶剂甚至是不同极性的物质，都可用于构建适宜酶促反应的反相胶束系统；②热力学稳定性和光学透明性，反相胶束是自发形成的，因而不需要机械混合，有利于规模放大，反相胶束的光学透明性则便于使用 UV、NMR、量热法等方法跟踪反应过程，有利于研究酶的反应动力学和催化机制；③反相胶束有非常高的比表面积，远高于有机溶剂-水两相系统，这对底物和产物在相间的转移极为有利；④反相胶束的相特性随温度而变化，这一特性可以简化产物和酶的分离纯化，例如马肝醇脱氢酶在 AOT 或 $C_{12}E_5$ 反相胶束系统中催化 4-甲基环己酮还原生成 4-甲基环己醇，反应后通过改变温度可将产物回收到有机相中，而酶、辅酶在水相中，并可多次循环反复使用，且每次循环酶活力损失很小。

反相胶束系统中的酶促反应可用于油脂水解、辅酶再生、外消旋体拆分、肽和氨基酸合成以及高分子材料合成。色氨酸可由色氨酸合成酶催化吲哚和丝氨酸缩合而成，但吲哚在水中的溶解度很低且对酶有抑制作用，Eggers 运用 Brij-Aliguat336-环己醇作为反相胶束系统，建立了膜反应器中反相胶束酶法合成色氨酸的生产工艺。

除了反相胶束（微乳液）系统外，在一些疏水性底物的生物转化反应中，还经常使用表面活性剂稳定的乳液系统。如在脂肪酶催化拆分酮洛芬酯的水解反应中，添加适量的非离子型表面活性剂 Tween-80，不但有助于难溶底物（酯）的分散，使酶促反应的速率提高了 13 倍，而且还大幅提高了酶的对映选择性（最多可提高两个数量级）。类似地，在环氧化合物水解酶催化的反应中，添加乳化剂 Tween-80 比添加助溶剂 DMSO 的效果要好，其不仅改善了酶的活力和选择性，而且提高了酶的稳定性。

四、微水有机溶剂单相系统

实验证明，与水互溶的亲水性溶剂，如甲醇、丙酮，并不适合进行酶促反应，相反，甲苯、环己烷等水不溶的疏水性溶剂是更适合酶促反应的反应介质。据推测，其原因是水在酶分子表面与在有机溶剂主体相中的分配不同，酶分子表面上的少量水是酶保持活力所必需的，而亲水性强的溶剂如甲醇、丙酮等能夺取酶分子表面的水，容易导致酶失活。

有机溶剂作为酶促反应介质的优点主要如下。

① 增强不溶或微溶于水的底物的溶解度。

② 在接近无水的介质中，水解反应平衡会向缩合反应方向移动。

③ 酶通常会悬浮于疏水性有机溶剂中而不溶解，因而在反应结束后更容易分离回收酶。

④ 酶在无水有机溶剂中比在水中稳定得多。据报道，在水中溶菌酶在 100℃、pH 8.0、30 s 后或者 pH 4.0、100 min 后，酶活力的损失可达 50%；而在环己烷中，干粉状的酶在 140 h 甚至 200 h 后还可保持 50%的酶活力。

⑤ 在反应介质中，通过控制相关操作参数，可对酶的底物专一性和选择性进行调控。

⑥ 有机溶剂比水容易回收，这是由于水具有较高的蒸发焓。

五、无溶剂或微溶剂反应系统

在许多情况下，酶促反应系统的最佳选择可能是不用溶剂的无溶剂系统（solvent-free system），或者只用很少量溶剂的微溶剂系统（little solvent system）。在至少有一种底物为液体的情况下，底物之间的质量传递可以通过流体相进行。例如，在用脂肪酶催化各种手性醇的对映选择性转酯化反应中，经常使用过量的乙酸乙烯酯或乙酸异丙烯酯作为酰基供体，同时兼作反应介质（无需外加溶剂），通常效果非常好，已在工业规模广泛应用。如果同时能将反应温度稍微提高，那么传质问题就更容易解决。这是由于在较低的水活度条件下，酶的热稳定性要比在普通水溶液中高出许多，因此，在无溶剂系统中适当提高反应的温度，可以促进底物分子的扩散和混合，从而提高酶促反应的速率。当底物均为固体颗粒时，也不一定非要用溶剂溶解。反应可在含酶的液相中进行，虽然该液相有可能完全隐藏在底物固体颗粒之间的缝隙中而看不见。为了更好地形成这一隐形液相，一般只需加入少量（如底物质量的10%）的某种“溶剂”，而最好的溶剂可能就是水，因为水通常会使酶发挥最高的催化活力。这种主要由固体构成的生物催化系统同样具有有机介质系统的某些优点，例如，有利于水解酶催化的反应平衡偏向产物的合成，避免不必要的水解，提高目标产品的得率。

六、气相反应介质

气相介质适用于底物是气体或者能够转化为气体物质的酶促反应。由于气相介质的密度低，扩散容易，因此酶在气相介质中的催化作用与在水溶液中的催化作用有明显的不同。目前这方面的研究局限性很大，因此研究相对较少，这里不予详细介绍。近年来随着科技的发展，已经开发出几种新型的反应介质，将在本章后续内容中予以单独介绍。

第三节　非水介质中酶的结构与性质

一、非水介质中酶的结构

在传统酶学中，酶分子（固定化酶除外）均一地溶解于水溶液中，而在有机溶剂中酶分子的存在状态有多种形式，主要分为两大类。第一类为固态酶，包括冷冻干燥的酶粉或固定化酶，它们以固体形式存在于有机溶剂中。最近一项研究利用结晶酶进行了非水介质中酶促反应和酶结构的研究，结晶酶的结构更接近于水溶液中酶的结构，它的催化效率也远高于其他类型的固态酶。第二类为可溶解酶，主要包括水溶性大分子共价修饰酶和非共价修饰的高分子-酶复合物、表面活性剂-酶复合物以及微乳液中的酶等。

酶不溶于疏水性有机溶剂，它在含微量水的有机溶剂中以悬浮状态发挥催化作用。根据热力学预测，球状蛋白质的构象在水溶液中是稳定的，在疏水环境中是不稳定的。然而，近些年大量的实验结果表明，酶悬浮于苯、环己烷等疏水性有机溶剂中不仅不会发生变性，而且还能表现出催化活性。那么，为什么酶在有机溶剂中也能表现出催化活性？许多学者对酶在水相与有机相的结构进行了比较，发现在有机相中酶能够保持其结构的完整性，有机溶剂中酶的结构（至少是酶活性中心的结构）与水溶液中的结构是基本相同的。如利用内源荧光谱光谱术和圆二色谱分析了溶剂诱导木瓜蛋白酶的结构变化情况，发现在乙醇、乙腈浓度为90%时，木瓜蛋白酶的 α 螺旋的数量增多，但其整体三级结构没有明显改变。再如，采用稳态荧光光谱术研究酶与微环境的相互作用，通过荧光共振能量转移来确定不同分散相微环境中酶的定位，通过电子顺磁共振（EPR）技术研究体系中水相和有机相的界面性质，结果表明在低水含量的条件下，酶依然呈现出在高水含量下的结构状态。通过增加酶量使体系中水含量超过 2%（体积分数）时，酶仍然能够保持活力，此时酶被定位在一个小“水池”中，阻止了有机相的破坏。有研究人员利用圆二色谱研究 α-胰凝乳蛋白酶、嗜热菌蛋白酶和枯草杆菌蛋白酶的构象变化，发现 PST-01 蛋白酶和枯草杆菌蛋白酶在甲醇中的稳定性远高于无甲醇存在时的稳定性。通过对聚氨基酸的构象研究发现，有无甲醇时，聚氨基酸的二级结构不同，因此推测酶在有机溶剂中的稳定性可能与酶的二级结构的组成有密切关系。另有研究小组研究了 α-胰凝乳蛋白酶 30℃和 50℃时在离子液体 1-乙基-3-甲基咪唑双（三氟甲基磺酰基）亚胺中的稳定性，并与在其他液体环境（如水、山梨糖、1-丙醇）中进行比较。动力学分析指出，在 1-丙醇中，α-胰凝乳蛋白酶有明显的失活，而在 3 mol/L 山梨糖和该离子液体中，酶呈现出很强的稳定性。采用差示扫描量热法（DSC）、荧光光谱术、圆二色谱分析发现，该离子液体对酶的稳定性与蛋白质结构的改变有关。与其他溶剂体系相比，该离子液体提高了酶的熔融温度和热容。荧光光谱术研究表明该离子液体能有效地压缩 α-胰凝乳蛋白酶的结构，防止产生在其他环境中常常出现的蛋白质展开现象。圆二光谱检测发现，在该离子液体存在的情况下，β 折叠片的结构增加至 40%，说明该离子液体对酶具有稳定作用。

酶在有机溶剂中结构的直接信息还可通过 X 射线衍射技术进行研究。例如，研究者用 2.3 Å 分辨率的 X 射线衍射技术比较了枯草杆菌蛋白酶在水中和乙腈中的晶体结构，发现酶的三维结构在乙腈中与水中相比变化很小，这种变化甚至比两次在水中单独测定结果的变化还要小，酶活性中心的氢键结构仍保持完整。类似地，采用 X 射线衍射技术对正己烷中胰凝乳蛋白酶的晶体结构进行研究，发现酶在有机溶剂中蛋白质分子骨架的构象与水中相比没有明显的变化。目前晶体结构实验结果都支持酶在有机溶剂中蛋白质能够保持三维结构和活性中心的完整。但是也有人认为这是由于结晶的蛋白质比溶解状态的蛋白质更能抵抗有机溶剂导致的变性。当然，并非所有的酶悬浮于任何有机溶剂中都能维持其天然构象，保持酶活力。碱性磷酸酶冻干粉悬浮于四种有机溶剂（二甲基甲酰胺、四氢呋喃、乙腈和丙酮）中，密封振荡 5 h、20 h 和 36 h 后，离心除去溶剂，冷冻干燥并重新溶于缓冲液中，以对硝基苯磷酸酯为底物，检测该酶的活力，发现四种有机溶剂均使酶发生了不同程度的不可逆失活。

研究人员用固态核磁共振技术研究 α-胰凝乳蛋白酶冷冻干燥、添加有机溶剂冷冻干燥等过程中酶活性中心结构的变化，发现干燥脱水和添加有机溶剂冷冻干燥能破坏 42%的活性中心，冷冻干燥过程中加入冻干保护剂（如蔗糖）可不同程度地稳定酶的活性中心结构。另有研究者利用傅里叶变换红外光谱仪（FTIR）研究蛋白质在冷冻干燥过程中的结构变化，发现冷冻干燥会导致蛋白质二级结构的可逆改变，即可增加 β 折叠片的含量，降低 α 螺旋的含量。将冷冻干燥后的蛋白质粉末或晶体放入有机溶剂并未导致其二级结构发生明显的变化；而当将它置入水-有机溶剂的混合体系后，蛋白质的二级结构则发生了明显的改变。这种行为受动力学的控制。通过实验发现，7 种有机溶剂可导致酶活性中心不同程度的破坏（0%～50%），破坏程度与溶剂的疏水性相关。此外，有机溶剂中酶分子构象被部分破坏的原因还与溶剂的介电性有关，在高介电常数的溶剂中，随着溶剂介电常数的增大，酶分子构象将去折叠、同时分子柔性增加，但去折叠程度远小于冷冻干燥的过程。之后通过测定酶活性中心的变化，解释溶剂极性对酶活力的影响。但是实验结果表明不同介质中酶活性中心的完整性差别不大，而酶活力却相差 4 个数量级。因此，研究者认为酶分子活性中心的改变不是导致不同介质中酶活力变化的主要原因，而酶结构的动态变化很可能是主要因素。

酶作为蛋白质，在水溶液中以一定构象存在。这种构象是酶发挥催化功能所必需的“紧密”（compact）而又有“柔性”（flexibility）的状态。紧密状态取决于蛋白质分子内的氢键，在水溶液中，水分子与蛋白质分子之间会形成氢键，从而使蛋白质分子内氢键受到一定程度的破坏，蛋白质结构变得松散，呈一种“开启”（unlocking）状态。北口博司认为，酶分子的“紧密”和“开启”两种状态处于一种动态的（breathing）平衡中，表现出一定的柔性（图 13-1）。因此，酶分子在水溶液中以其紧密的空间结构和一定的柔性发挥催化功能。

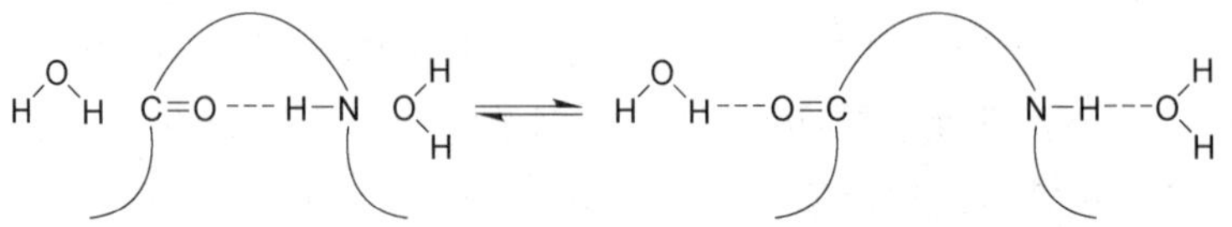

蛋白质分子内氢键　　蛋白质分子间氢键

图 13-1　蛋白质分子内氢键和分子间氢键

酶悬浮于含微量水（小于 1%）的有机溶剂中时，与蛋白质分子形成分子间氢键的水分子极少，蛋白质分子内氢键起主导作用，导致蛋白质结构变得“刚硬”（rigidity），活动的自由度变小。蛋白质的这种动力学刚性（kinetic rigidity）限制了疏水环境下蛋白质构象向热力学稳定（thermodynamic stability）状态的转变，能维持和水溶液中同样的结构与构象。例如，利用时间分辨荧光光谱术（time-resolved fluorescence spectroscopy）研究酶悬浮于有机溶剂中的结构特点，发现随着水化程度的提高，酶分子的柔性逐渐增加。利用 EPR 技术通过酶活性中心上连接的外源探针的运动比较胰凝乳蛋白酶在不同介质中的动态结构，进一步证实，随着溶剂介电常数的增大，酶分子的柔性增加。有研究小组用计算机模拟研究了有机溶剂中蛋白质动态结构和水化过程。采用 NMR 技术研究蛋白质柔性与酶活力的关系时发现，在完全无水的疏水介质中增加其他极性溶剂时，即使蛋白质的柔性不增加，酶也有活力。因此，在有机溶剂中酶分子的水合作用、蛋白质柔性和酶活力之间的关系要比人们以往的认识复杂得多。

将酶包埋在反相胶束中，可以模拟体内环境，研究酶的结构和动力学性质。因为反相胶束是一种热力学稳定、光学透明的溶液体系，所以光谱技术可以作为探测反相胶束中酶的结构、稳定性和动力学行为的一种灵敏技术。吸收光谱法通常对生色团周围的变化并不敏感，但可用于测量反相胶束中酶的活力。圆二色性（circular dichroism）、荧光光谱术（fluorescence spectroscopy）和三态光谱技术（triplet-state spectroscopy）通常用于研究胶束中的酶。圆二色性可以用于研究胶束中酶的二级结构。但是值得注意的是，有些表面活性剂分子在远紫外区有强的吸收，会影响在 190～240 nm 之间的准确测量。如十六烷基三甲基溴化铵的反相胶束不能在 215 nm 下测量，因为溴有强烈吸收，此时可用十六烷基三甲基铵的氯化物代替其溴化物。胶束中的水与大量水的性质不同，肽链接近表面活性剂分子的亲水性头部时可产生电场，这些是引起胶束中酶的结构变化的重要因素，因此，胶束中酶结构的变化取决于天然酶的结构和它在胶束中的水合程度。溶菌酶与反相胶束结合后，圆二色性发生变化，而乙醇脱氢酶和二氢硫辛酰胺脱氢酶与反相胶束结合后，圆二色性几乎无变化。稳态荧光光谱只能表示出荧光最大值的位置和变化。时间分辨荧光光谱术则可以测出荧光团的动态情况。其中，色氨酸是蛋白质中使用最多的荧光团。采用该方法研究反相胶束中的几种多肽类激素和溶菌酶时，研究人员发现色氨酸残基的转动受到限制，限制的程度取决于荧光团是定位于内部水核还是邻近水-表面活性剂界面。用荧光各向异性衰减法研究醇脱氢酶和反相胶束的边缘区域相互作用，可得到色氨酸残基的快速运动和酶的整个旋转运动的信息。三态光谱技术可以很方便地测得反相胶束间的交换速率。研究人员将水含量从很小调节到最大可能值，测定了反相胶束中醇脱氢酶和碱性磷酸酶中色氨酸的磷光，证明色氨酸附近的动力学结构发生了变化。光激发的三线态可用作研究蛋白质和反相胶束表面活性剂之间相互作用的探针，并且用电子传递引起三线态猝灭，可测定胶束间的交换速率。

另一种测定非水介质中酶结构的方法是双亲分子增溶法。此种增溶方式不同于反相胶束，酶分子在这种情况下所处的微环境最接近于固体酶分子悬浮于有机溶剂中的情形，酶分子在有机溶剂中是均相的，因而能够对这种酶-表面活性剂复合物进行光谱分析。曹淑桂等发现双亲分子三辛基甲基氯化铵（TOMAC）增溶的脂肪在非水介质中的荧光光谱与水溶液中的荧光光谱相比有很大不同，增溶酶在有机溶剂中的荧光光谱发生了明显的红移，这种红移现象与增溶过程无关，而是由于酶分子从水溶液抽提入有机溶剂后酶所处的微环境的改变，这也说明了酶分子在有机介质中的构象与水溶液中的构象不同。

二、非水介质中酶的性质

酶在有机溶剂中能够保持整体结构及活性中心结构的完整性，因此可发挥催化功能。此外，酶催化反应时的底物特异性、立体选择性、区域选择性和化学键选择性等性质在有机溶剂中也能够得到体现。但是有机溶剂同时也改变了疏水作用的平衡，酶的底物结合部位受到影响，使得酶的稳定性和酶的底物特异性发生改变，另外，有机溶剂也会改变底物存在的状态。因此，酶和底物相结合的自由能就会受到影响，而这些将会影响有机溶剂中酶的催化活性、稳定性以及选择性等性质。

1．酶的催化活性和稳定性

（1）酶在有机溶剂中的催化活性

反应系统如果没有水，则可以促使一些新酶促反应的发生。例如，在水中脂肪酶、酯酶和蛋白酶能将酯催化水解为相应的酸和醇，而在无水溶剂中这些反应显然不能进行，但加入其他的亲核试剂，如醇、胺和硫醇，则可使新的酶促反应发生，即转酯化、氨解和转硫酯化反应，这些反应通常在水溶液中较难实现。此外，在无水溶剂中由醇和酸逆向合成酯，在热力学上也变得十分有利。一般来说，酶在单纯的有机溶剂中所表现出的活力远低于其在水相中的活力，但这种活力的下降也并非不可避免。

（2）酶在有机溶剂中的稳定性

酶的（热）不稳定性包括两种，一种是当酶暴露于高温时随时间推移逐渐失去活力的不可逆失活，另一种是由热诱导的瞬间和可逆的协同性去折叠。在这两种失活方式中，水起到非常关键的作用，包括促进蛋白质分子的构象变化、天冬酰胺/谷氨酰胺的脱氨以及肽键的水解等不利反应。所以，酶在有机溶剂中的热稳定性和储存稳定性会比在水溶液中高。研究者推断有机溶剂中酶的热稳定性大大提高是由于有机溶剂中缺少使酶热失活的水分子，因而避免了由水而引起的各种不利反应，包括酶分子中天冬酰胺、谷氨酰胺的脱氨基作用，天冬氨酸肽键的水解、二硫键的破坏，半胱氨酸的氧化以及脯氨酸和甘氨酸的异构化等。酶分子的构象在无水有机溶剂中刚性增强，同时也不容易发生水溶液中存在的不可逆失活的共价反应。此外，酶在有机溶剂中还能避免被蛋白酶酶解，因为无论是混杂在制剂中的蛋白酶，还是可能成为酶解对象的其他酶（蛋白质），均因不能溶解而无法相互作用。

2．酶的选择性

（1）底物特异性（substrate specificity）

和水溶液中的酶促反应类似，酶在有机溶剂中对底物的化学结构和立体结构也有严格的选择性。例如青霉脂肪酶在正己烷中催化2-辛醇与不同链长的脂肪酸进行酯化反应时，该酶对短链脂肪酸具有较强的特异性，这与它催化三酰甘油水解反应时的脂肪酸特异性是相同的。但是，由于酶与底物的结合能取决于酶与底物复合物的结合能和酶、底物及溶剂相互作用能的差值，因此，酶与底物的结合受到溶剂的影响。如胰凝乳蛋白酶等蛋白酶在水溶液中催化疏水的苯丙氨酸和亲水的丝氨酸的*N*-乙酰氨基酸酯的水解反应，前者比后者快5×10^4倍。与水溶液中的结果相反，在辛烷中催化转酯反应时，丝氨酸酯比苯丙氨酸酯快3倍。在水溶液中组氨酸酯的反应活性只有苯丙氨酸酯的0.5%，而在辛烷中其反应活性比后者高20倍。其原因是酶在水溶液中，酶与底物的结合主要是疏水作用，而在有机溶剂中，底物与酶之间的疏水作用已不重要。酶能够利用它与底物结合的自由能来加速反应，总的结合能的变化是酶与底物之间的结合能和酶与水分子之间的结合能的差值。因此，介质改变时，酶的底物专一性和催化效率会发生改变。另外，底物在反应介质与酶活性中心之间分配的变化也是影响酶的底物专一性及其催化效率的因素之一，而底物和介质的疏水性直接影响底物在两者之间的分配。

（2）对映选择性（enantioselectivity）

酶的对映选择性是指酶能识别外消旋化合物中的某种对映体，这种选择性是由两种对映体的非对映异构体的自由能差别造成的。有机溶剂中酶对底物的对映选择性由于介质的亲（疏）水性的变化而发生改变，例如胰凝乳蛋白酶、胰蛋白酶、枯草杆菌蛋白酶、弹性蛋白酶等蛋白酶对于底物*N*-Ac-Ala-OEtCl（*N*-乙酰基丙氨酸氯乙酯）的立体选择因子［即$(k_{cat}/K_m)_L/(k_{cat}/K_m)_D$］在有机溶剂中为10以下，而在水中为$10^3$～$10^4$。许多实验表明，酶在强疏水性的有机溶剂中立体选择性差，因此，某些蛋白酶在有机溶剂中可以选择D型氨基酸合成肽，而在水溶液中酶只选择L型的氨基酸。有研究认为，有机溶剂中酶的立体选择性降低是由于底物的两种对映体把水分子从酶分子的疏水结合位点置换出来的能力不同。反应介质的疏水性增大时，L型底物置换水的过程在热力学上变得不利，使其反应活性降低很多；而D型异构体以不同的方式与酶活性中心结合，这种结合方式只置换出少量的水分子，当介质的疏水性增加时，其反应活性降低得不多，因此酶的立体选择性随介质疏水性的增加而降低。对有些脂肪酶进行研究，也观察到了类似的现象。此外，还发现枯草杆菌蛋白酶对映体选择因子$(k_{cat}/K_m)_S/(k_{cat}/K_m)_R$与介质的偶极矩和介电常数有良好的相关性，并且提出一个新的模型解释上述问题。研究人员认为在该酶活性中心的底物结合部位有一个大口袋和一个小口袋，慢反应异构体是由于它的大基团与小口袋之间有较大的空间障碍，因此反应速率慢。任何降低蛋白质的刚性、减小空间障碍的手段都会提高慢反应异构体的反应速率。蛋白质的刚性主要是由于静电作用及分子内氢键的存在，因此，在低介电常数的溶剂（如二氧六环）中催化的选择性要高于高介电常数的溶剂（如乙腈）中催化的选择性。计算机模拟的结果也证实了上述实验结果。虽然上述模型能够解释反应介质对枯草杆菌蛋白酶对映选择性的影响，但是它并不适用于所有的酶。例如，溶剂的疏水性对猪胰脂肪酶的对映选择性的影响非常小，*Candida cylindracea*脂肪酶催化的2-羟基酸与一级醇的合成反应的对映选择性与所用溶剂的lg*P*值也没有关系。

溶剂的几何形状也会影响酶的对映选择性。例如，一些脂肪酶和蛋白酶在(*R*)-香芹酮及(*S*)-香芹酮中的立体选择性不同。此外，有许多报道认为，增加体系的水含量会提高酶的对映选择性。对此虽然并没有明确的解释，但是增加体系的水含量，在某种程度上可以使酶恢复其天然构象，快反应与慢反应的速率差加大，从而提高了酶的对映选择性。

（3）区域选择性（regioselectivity）

酶在有机溶剂中的催化还具有区域选择性，即酶能够选择性地催化底物中某个区域的基团发生反应。例如，用猪胰脂肪酶在无水吡啶中催化各种脂肪酸（C_2脂肪酸、C_4脂肪酸、C_8脂肪酸、C_{12}脂肪）的三氯乙酯与单糖的酯发生酯交换反应，实现了葡萄糖 1 位羟基的选择性酰化。不同来源的脂肪酶催化上述反应时，选择性酰化羟基的位置不同。因此，选择合适的酶，能够实现糖类、二元醇和类固醇的选择性酯化，制备具有特殊生理活性的糖脂和类固醇酯。目前对于酶在非水介质中的区域选择性研究得比较少。*P. cepacia* 脂肪酶催化图 13-2 所示的酯交换反应的速率 v_1 与 v_2 显著不同，反应的区域选择性因子（k_{cat}/K_m）$_1$/（k_{cat}/K_m）$_2$ 与溶剂的 lg*P* 值有较好的相关性。为了解释这种现象，设想脂肪酶的活性中心附近有一个疏水裂缝，催化过程中如果底物 a 的辛基进入这个疏水口袋，那么丁酰基团就位于活性中心，形成产物 b，如果丁酰基团位于疏水口袋中，则形成产物 c。由于在疏水介质中，从热力学角度分析，辛基基团不易进入此疏水口袋，因此易生成产物 c，而在亲水性溶剂中则相反。

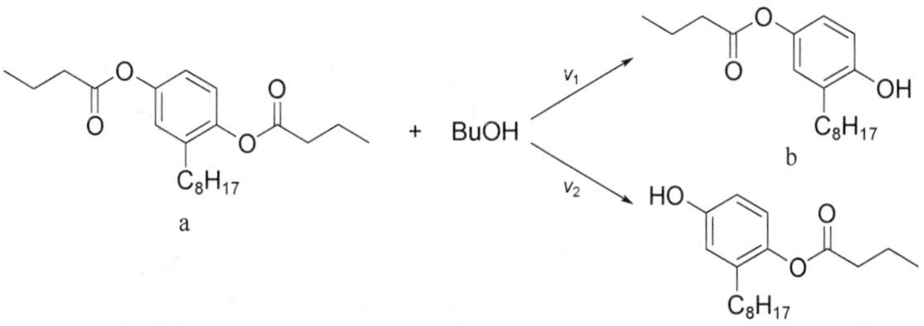

图 13-2　反应介质对酶区域选择性的影响

（4）化学选择性（chemoselectivity）

非水介质中酶催化的另一个显著特点是化学选择性。*Aspergillus ninger* 脂肪酶催化 6-氨基-1-己醇的酰化反应时，羟基的酰化占绝对优势，这种选择性与传统的化学催化完全相反。这样就可以在无需基团保护的情况下合成氨基醇的酯。反应介质对某些氨基醇丁酰化的化学选择性（*O*-酰化与 *N*-酰化）有很大的影响。例如图 13-3 中化合物与丁酸三氯化乙酯的酰化反应在叔丁醇中和在 1,2-二氯乙烷中的酰化程度不同。在 *Pseudomonas* sp.脂肪酶的催化下，羟基更容易被酰化。有趣的是，在同样的溶剂中，*Mucor meihei* 脂肪酶则更容易使氨基酰化，它对氨基与羟基的选择性相差 18 倍。此外，酶的化学选择性还与氢键有关，*Mucor meihei* 脂肪酶催化羟基酰化时形成氢键的倾向强，而对于氨基酰化则刚好相反。由此推断，为了实现对酶-底物复合物中间体的进攻，亲核基团应该不易形成氢键，由于羟基基团易于形成氢键，因此不利于亲核进攻，而氨基不易形成氢键，有利于亲核进攻，从而有利于反应的进行。

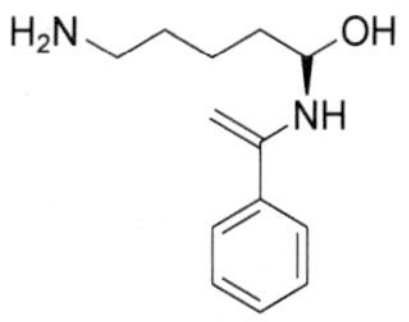

图 13-3　验证脂肪酶化学选择性的化合物结构

3．非水相酶的其他特征

酶在有机溶剂中一个非常有趣的性质是“分子记忆”效应，这是由于酶在无水环境中具有高度的构象刚性，结果导致酶在有机相中的性质变得与其历史构象有关。例如，将冷冻干燥的 α-胰凝乳蛋白酶粉先溶于水，再用叔戊醇稀释 100 倍后，其活力比直接悬浮于含 1%水的相同溶剂中几乎高 1 个数量级。当再加入额外的水时，由于酶的结构变得“柔顺”，两种形式制备所得酶的差异将变小。

此外，将枯草杆菌蛋白酶从含有各种竞争性抑制剂的水溶液中冷冻干燥，用无水溶剂萃取除去抑制剂，然后再置于无水溶剂中催化反应时，与无配基存在下直接冷冻干燥的酶相比，不仅活力高 100 多倍，而且底物专一性和稳定性也明显不同。当将酶重新溶于水时，这种配基诱导的酶“分子记忆”效应也随之消失。在给定的有机溶剂中，α-胰凝乳蛋白酶的对映选择性和脂肪酶的底物选择性，受到脱水过程中添加于酶溶液中配基的显著影响。这些发现是比较容易理解的，如果假定这些配基会引起酶活性中心的构象变化，而且即使在配基除去后，所留下的“印迹（imprint）”在无水介质中也能保持下来。由于配基-印迹酶的结构有别于非印迹酶，因此它们的催化性质也不相同。

第四节　影响非水介质中酶催化的因素以及调控策略

在有机溶剂中酶的催化活性和选择性与反应系统的水含量、有机溶剂的性质、酶的使用形式（固定化酶、游离酶、化学修饰酶）以及酶干燥前所在缓冲液的 pH 和离子强度等因素密切相关。控制和改变这些因素，可以提高酶在有机溶剂中的活力，调节酶的选择性。此外，蛋白质工程和抗体酶技术也是改变酶在有机介质中的催化活性、稳定性和选择性的重要手段。

一、有机溶剂

有机溶剂是影响酶活力的重要因素，有机溶剂不但直接或间接地影响酶的活力和稳定性，而且也能够改变酶的特异性，包括底物特异性、立体选择性、前手性选择性等。通常有机溶剂通过与水、酶、底物和产物的相互作用来影响酶的这些性质。

1．有机溶剂对酶的结合水的影响

虽然一些有机溶剂对酶的结合水影响较小，但一些相对亲水性的有机溶剂却能够夺取酶表面的必需水，导致酶的失活。研究者通过测定分散于各种有机溶剂中的酶（胰凝乳蛋白酶、枯草杆菌蛋白酶及过氧化物酶）释放水的情况，发现酶会在这些溶剂中发生水的脱附现象。酶失水的情况与溶剂的极性参数（$1/\varepsilon$）和疏水性参数（$\lg P$）有关。例如甲醇能够夺取酶表面 60%的结合水，而正己烷只能夺取酶表面 0.5%的结合水。由于酶与有机溶剂竞争水分子，体系的最适水含量与酶的用量及底物浓度也有关。再如，对木瓜蛋白酶催化的酯合成反应进行研究发现，最适水含量与溶剂的 $\lg P$ 有良好的线性关系。这也进一步证明了有机相中酶的活力主要取决于酶的结合水与有机溶剂的相互作用。

增加酶表面的亲水性可以限制酶在有机溶剂中的脱水。例如，将 α-胰凝乳蛋白酶用 1,2,4,5-苯四二酸酐（pyromellitic dianhydride）共价修饰后，酶在有机溶剂中的稳定性明显提高。

2．有机溶剂对酶分子的影响

（1）有机溶剂对酶结构的影响

尽管酶在有机溶剂中的整体结构以及活性中心都保持完整，但是酶分子本身的动态结构及表面结构却发生了不可忽视的变化。例如，二氧六环存在时，过氧化物酶内部色氨酸的荧光强度在与游离的 L-色氨酸的荧光强度相似，说明酶在二氧六环中有所失活。此外，在 2,3-丁二醇中，α-胰凝乳蛋白酶也发生了变性，这可以从荧光强度和最大发射波长的变化中看出。

（2）有机溶剂对酶活性中心的影响

酶的活性中心是酶发挥催化功能的主要部位，任何对活性中心的干扰都将导致酶的催化活性的改变。活性中心柔性的改变会导致酶活力的变化。有机溶剂对酶的活性中心的影响主要通过减少整个活性中心的数量。活性中心的数量可以通过活性中心滴定的方法测定。例如，α-胰凝乳蛋白酶的活性中心在水溶液中并不受有机溶剂的影响，但当悬浮在辛烷中时，可催化的活性中心数量只剩下原来的 2/3，但活性中心数量的减少并不完全是由有机溶剂造成的。固态 NMR 研究表明，冷冻干燥过程所造成的活性中心的丧失约占整体损失的 42%，而有机溶剂则造成另外 0%～52%的丧失，后者导致的活性中心数量丧失的多少取决于有机溶剂的疏水性大小。例如，辛烷与二氧六环分别会造成 0%和 29%的活性中心的丧失。这种由有机溶剂导致的酶活力的丧失可能是酶脱水或蛋白质去折叠造成的。虽然这可以用来解释为什么有机溶剂中酶活力要低于水中的酶活力，但目前仍不清楚酶活力的丧失是否是蛋白质分子的运动性降低造成的。有机溶剂影响酶活性中心的另一种方式是与底物竞争结合酶的活性中心，当有机溶剂为非极性有机溶剂时，这种影响更明显。此外，有机溶剂分子还能渗透入酶的活性中心，降低活性中心的极性，从而增加酶与底物的静电斥力，降低酶与底物的结合能力。这种竞争性抑制能够很好地解释为什么底物与酶在有机溶剂中（如二噁烷和乙腈）反应时 K_m 值会增加。

3．有机溶剂对底物和产物的影响

有机溶剂能直接或间接地与底物和产物相互作用，影响酶的活力。有机溶剂能改变酶分子必需水层中底物或产物的浓度，而底物必须渗入必需水层，产物必须移出此水层，才能使反应进行下去。研究者对这种影响进行了较为深入的研究，发现有机溶剂对底物和产物的影响主要体现在底物和产物的溶剂化上，这种溶剂化作用会直接影响反应的动力学和热力学平衡。在脂肪酶催化酯合成的实验中发现，该酶在十二烷（$\lg P=6.6$）中的活力只达到苯（$\lg P=2$）中酶活力的 57.5%，酶在 $2.0<\lg P<3.5$ 范围内的有机溶剂中活力较高。这并不完全符合酶活力与 $\lg P$ 之间的规律。这可能是有机溶剂的疏水性强，使疏水性底物不容易从溶剂中扩散到酶分子周围，从而导致酶活力降低。

4．有机溶剂对酶活力和选择性的调节和控制

选择性是酶的特征标志。据报道，当从一种溶剂中换到另一种溶剂中时，酶的各种选择性（包括底物选择性、区域选择性、化学选择性、对映选择性和前手性选择性等）都会发生较大变化。

底物选择性是指酶能辨别两种结构相似的底物，这常常基于两种底物之间疏水性的差别。例如，许多蛋白酶（如枯草杆菌蛋白酶和 α-胰凝乳蛋白酶）与底物结合的主要驱动力来自于氨基酸底物的侧链与酶活性中心之间的疏水作用。因此，疏水性的底物比亲水性的底物反应活性更强，因为疏水性底物的驱动力更大。但当水被有机溶剂代替时，疏水作用不再存在，上述情形将发生显著的变化。实验表明，在水中 α-胰凝乳蛋白酶对疏水性底物 N-乙酰-L-苯丙氨酸乙

酯（*N*-Ac-L-Phe-OEt）的反应活性比对亲水性底物 *N*-乙酰-L-丝氨酸乙酯（*N*-Ac-L-SerOEt）高 5 万倍，而在辛烷中，对苯丙氨酸底物的反应活性只有对丝氨酸底物反应活性的 1/3。此外，在二氯甲烷中枯草杆菌蛋白酶对 *N*-Ac-L-Phe-OEt 的反应活性比对 *N*-Ac-L-Ser-OEt 高 8 倍，而在叔丁胺中刚好相反。这种底物选择性明显依赖于有机溶剂的情形也可见于上述两种酶与其他底物的反应。

酶的区域选择性和化学选择性也受到有机溶剂的影响。区域选择性是指酶对底物分子中几个相同官能团中的一个官能团优先反应，化学选择性是指酶对底物分子中几个不同官能团之一的偏爱程度。例如，洋葱假单胞菌（PCL）脂肪酶对一芳香族化合物中两个不同位置的酯基，或者对糖分子中不同位置的羟基的选择性受到有机溶剂的深刻影响。又如，许多脂肪酶和蛋白酶在催化氨基醇的酰化反应时，对羟基和氨基的优先选择性也在很大程度上取决于有机溶剂的种类。

从合成化学的角度来看，酶的选择性中应用价值最大的是立体选择性，尤其是对映选择性和前手性选择性。然而，酶在一些非天然的具有实用价值的重要转化反应中表现出的立体选择性不够理想，这就促使人们不得不费力费时地进行筛选。但是，当科学家们发现有机溶剂可以显著影响甚至逆转酶的对映选择性和前手性选择性后，酶的筛选出现了一种有前途的替代方法。例如，*α*-胰凝乳蛋白酶催化医药上重要的化合物 3-羟基-2-苯基丙酸甲酯与丙醇的转酯化反应时，它的对映选择性在不同的有机溶剂中的变化幅度达 20 倍，而且在一些有机溶剂中它优先选择（*S*）-对映体的底物，在另一些有机溶剂中却优先选择(*R*)-对映体。同样，当 *α*-胰凝乳蛋白酶在异丙醚或环己烷中催化前手性底物 2-(3,5-二甲氧苯基)-1,3-丙烷二醇的乙酰化时，优势产物是(*S*)-单酯，而在乙腈和乙酸甲酯中优先生成(*R*)-单酯。以上结果不仅具有普遍性和合理性，而且可以根据不同手性或前手性底物与酶结合形成过渡态时的去溶剂化能量学，进行定量或半定量的理论计算。

有机溶剂会影响酶的选择性。例如，硝苯地平是 1-取代的二氢嘧啶单酯或双酯，常用于心血管疾病的治疗，被称为钙通道阻滞剂。通过研究发现，假单胞菌脂肪酶选择性水解前手性二氢吡啶二羧基酯类衍生物，产生二羧酸单酯。在不同的有机溶剂中，酶具有不同的对映选择性，如在环己烷中产生(*R*)-对映体，在异丙醚中产生(*S*)-对映体。这种拆分已经成功应用于钙通道阻滞剂尼群地平的合成中。

目前，尽管有机溶剂对酶活力和选择性的影响规律和机制并不十分清楚，但是大量的实验结果表明，通过改变有机溶剂可以调节酶的活力和选择性，改变酶的动力学特性和稳定性等性质。这种技术被首次称为“溶剂工程”（solvent engineering），并认为它有可能发展成蛋白质工程的一种辅助方法，因其不必改变蛋白质本身，而只要改变反应介质就可以改变酶的特性。当然，有机溶剂的选择还应该注意以下几点。首先，有机溶剂对底物和产物的溶解性要好，能促进底物和产物的扩散，防止由于产物在酶分子周围的积累而影响酶催化反应；其次，有机溶剂对反应必须是惰性的，不参与酶促反应；最后，还要考虑有机溶剂的毒性、成本以及产物从有机溶剂中分离、纯化等问题。

二、反应系统的水含量

大量的文献报道表明，酶在有机溶剂中的催化活性与反应系统的水含量密切相关。系统的水含量包括与酶结合的结合水、溶于有机溶剂中的自由水以及固定载体和其他杂质的结合水。与酶结合的结合水量是影响酶的活力、稳定性以及专一性的决定因素。因此，控制酶的结合水量和水在酶分子中的位置，是成功进行非水介质中酶促反应的关键。在基本无水的有机溶剂中，水对于酶活性中心构象的保持是必需的，但水也与许多酶的失活过程有关。

1．水对酶活力的影响

虽然水含量在一个典型的非水酶体系中通常只占 0.01%，但水含量微小的差别却会导致酶活力的较大改变。酶需要少量的水保持其活性中心的三维构象，即使是共价键合到支持物上的酶也不例外。水影响蛋白质结构的完整性、活性位点的极性和稳定性。酶分子周围水的存在，能降低酶分子中极性氨基酸的相互作用，防止产生不正确的构象结构。有证据表明，酶分子周围的水化层是酶微环境的主要成分，可作为酶表面和反应介质之间的缓冲剂。有机溶剂和酶结合水之间的相互作用会影响酶的活力，当加入极性添加剂时，添加剂剥夺了酶的水化层，从而导致非水介质中的酶失活。在一个完全“干”的体系中，酶基本是无活力的，随着酶水合程度的增加，酶的活力也不断提高。

利用 UV、IR、NMR、ESR、拉曼光谱、DSC 等技术研究发现，随着溶菌酶水合程度的增加，酶的活力也不断提高。当水含量在 0%～7%时，每一个酶分子周围有 0～60 个水分子，这些水分子大部分在蛋白质侧链可离子化残基附近，有助于侧链残基的离子化，包括羧基脱质子和氨基质子化。这种状态下蛋白质活动的自由度非常小，没观察到催化活性。当水含量在 7%～25%时，每个酶分子周围有 60～220 个水分子。水含量在 7%左右时，侧链残基离子化后，水分子在其他极性部位形成簇（cluster）；水含量在 25%时，肽键的 NH 基团被水合，局部介电率升高，同时蛋白质分子的活动自由度急剧增大，但是蛋白质结构基本不变，构象基本相同，酶表现出催化活性；当水含量在 25%～38%时，每个酶分子周围有 220～300 个水分子，肽键羧基为主的极性部位完全水合，酶活力随着水含量的增加而增加，这是因为水和酶分子之间形成多个氢键，水作为分子润滑剂增大了酶构象的柔性，增加了界面的表面积。然而，太多的水会使酶的活力降低。当水含量在 38%以上时，每个酶分子周围有 300 个以上的水分子，整个酶分子（包括非极性部位）被一层单分子水层包围，此时酶的活力是水溶液中的 1/10。其中一个原因是水分子在活性位点之间形成水束，通过介电屏蔽效应，掩盖了活性位点的极性；另一个原因是太多的水会使酶积聚成团，导致疏水性底物较难进入酶的活性中心，引起传质阻力。有机溶剂中酶的水含量低于最适水含量时，酶构象的刚性过大而失去催化活性；水含量高于最适水含量时，酶结构的柔性过大，酶的构象将向疏水环境下热力学稳定的状态变化，引起酶结构的改变和酶失活。只有在最适水含量时，蛋白质结构的动力学刚性和热力学稳定性之间达到最佳平衡点，酶才会表现出最大活力。因此，最适水含量是保证酶的极性部位水合、活力最大所必需的，即“必需水”。由于水的高介电性，有机溶剂中少量的必需水能够有效地屏蔽有机溶剂与酶表面某点之间的静电作用，酶分子的构象与结晶状态一致，即与水溶液中酶的结构类似。只有当有机溶剂的极性非常强，水的介电能力不足以屏蔽溶剂与酶分子之间的静电作用，或者有机溶剂的亲水性大于与水相互作用的蛋白质表面的亲水性，水脱离蛋白质进入有机溶剂时，酶分子的结构才会受到有机溶剂的影响。当水加入到有机溶剂-酶体系中时，水在有机溶剂和酶之间分配，与酶紧密键合的结合水是决定酶活力的关键因素，在有机介质中，只要有少量的水与酶结合，酶就会保持其活力。但是有时在脱水的酶体系中也观察到了酶的催化活性，这可能是由于未折叠的蛋白质充当了少量天然酶的稳定剂。

2．水活度（water activity，a_w）

当水加入到非水酶催化的反应体系中时，反应系统的水含量分布在酶、有机溶剂、固定化载体及杂质中。因此，对同一种酶，反应系统的最适水含量与有机溶剂的种类、酶的纯度、固定化酶的载体性质和修饰剂的性质有关。例如，通过研究马肝醇脱氢酶、酵母醇氧化酶和蘑菇多酚氧化酶在不同有机溶剂中水含量对酶活力的影响发现，在水的溶解度范围之内三种酶在有机溶剂中的活力随有机溶剂中水含量的增加而增加。但与亲水性有机溶剂相比，在疏水性强的溶剂中酶表现最大活力所需要的水量要低得多；当有机溶剂的水含量相同时，酶束缚的水量却不同，酶活力与酶束缚水量之间有很好的相关性，即随着酶束缚水量的增加而增大。在不同有机溶剂中酶活力对酶束缚水量的依赖是相似的，而系统水含量则变化很大。

为了排除有机溶剂对最适水含量的影响，Halling 建议用反应系统的热力学水活度（thermodynamic activity of water，a_w）描述有机介质中酶活力与水的关系。水活度（a_w）定义为系统中水的逸度与纯水逸度之比，水的逸度在理想条件下用水的蒸气压代替，因此，a_w 可以用体系中水的蒸气压与同样条件下纯水的蒸气压之比表示。Halling 提出水活度是确定酶结合水的数量的一个参数。在 a_w 值较低的情况下，有机溶剂中键合到酶上的水量与在空气中键合到酶上的水量非常相似，表明有机溶剂没有直接影响水与酶紧密的键合。a_w 值较高时，极性有机溶剂（如乙醇）使酶结合的水量有所减少，非极性有机溶剂也有同样的效果。这可能是有机溶剂与键合位点的水直接竞争的结果，也证明了蛋白质-有机溶剂界面水与有机溶剂存在直接作用。Halling 在各种有机溶剂中得到六种悬浮蛋白质与水的吸附等温线，证实了上述结论。因此，建议在不同有机溶剂中研究酶动力学时，为避免水的影响，最好保持一个恒定的水活度，以便确保有一个相似的酶水合水平。

水活度可由反应体系中水的蒸气压除以在相同条件下纯水的蒸气压而测得。在不同有机溶剂中获得恒定的水活度至少可通过三种方式：①用一个饱和盐水溶液分别预平衡底物溶液和酶制剂；②向反应体系中直接加一种水合盐；③向每一有机溶剂中加入固定的但不同量的水。其中，第二个方法中的水合盐在一定温度下能提供恒定的蒸气压。用这个方法能有效地控制 α-胰凝乳蛋白酶、脂肪酶以及枯草杆菌蛋白酶的水活度。

3．微量必需水对酶催化活性和选择性的调节控制

必需水是酶在非水介质中催化反应所必需的。它直接影响酶的催化活性和选择性。例如，脂肪酶在催化拆分外消旋 2-辛醇的反应中，在有机溶剂、酶等其他因素相对不变的条件下，可以用系统水含量衡量水对酶活力的影响，只有反应系统的水含量为最适水含量时，酶才有最高的活力和选择性。水分子可通过氢键和范德华力等非共价键来维持酶的三维构象，从而使酶保持稳定的催化活性，水分子在酶催化过程中发挥着润滑剂的作用。因此，有机溶剂二甲基亚砜中的水含量对脂肪酶（lipase from *Rhizopus niveus*）的催化活性有很大的影响。为了进一步确认水含量对脂肪酶（lipase from *Rhizopus niveus*）催化羟醛缩合的影响，在反应体系中使用不同比例的二甲基亚砜与去离子水组成的混合溶剂作为反应介质（图 13-4）。

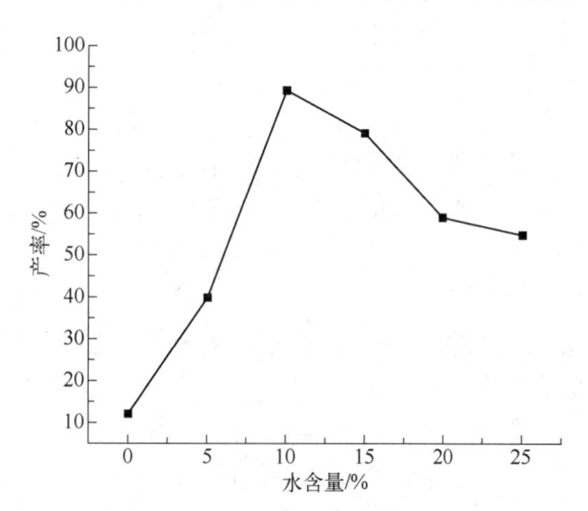

图 13-4　不同水含量对脂肪酶催化羟醛缩合的影响

对于生成水的反应（如酯合成和肽合成），反应体系中水的积累会导致酶活力降低，不利于合成反应的进行。向该体系加入分子筛、乙基纤维素等除水剂或利用醋酸纤

维素无孔聚合膜进行反应全过程蒸发，及时除去反应生成的水，能使酶保持较高的活力，有利于合成反应的进行。

Halling 在物理化学所定义的标准状态下得出以下规律：①利用水活度能准确描述水解反应的平衡位置，只要水活度不变，反应平衡就基本保持不变。当 $a_w<1$ 时，水解反应平衡向合成方向移动，当 a_w 足够高时，水解反应平衡则向水解方向移动，若知道水解反应的平衡位置，则可以推算出 a_w。②有机相中酶的最适水活度（即酶活力达到最高时的水活度）与酶的浓度无关，而系统水含量则随酶浓度的增加而增加。③在含有不同底物的各种有机溶剂中，酶的最适水活度都在 0.55 左右。因此酶的最适水活度与有机溶剂的极性、底物的性质及浓度无关。因此，水活度能被用来控制平衡位点。为解决在低 a_w 水平下反应速率较低的问题，起始反应可在高 a_w 下进行，以获得最佳反应速率，然后到反应快结束时降低水活度，从而提高产率。

4．仿水溶剂（water-mimicking solvent）对酶催化活性和选择性的调节控制

如前所述，“必需水”是酶在有机溶剂中表现催化活性所必需的。如果这一点是由于水具有高介电常数和形成氢键的能力，那么我们不禁思考，除水以外的具有这种性质的其他有机溶剂是否也能活化有机溶剂中的酶。例如，用二甲基甲酰胺（DMF）和乙二醇作为辅助溶剂，部分或全部替代有机溶剂中的辅助溶剂水，结果发现 DMF 部分替代水后，脂肪酶催化 2-辛醇酯化的活力显著降低，全部替代水后酶活力仅为水作辅助溶剂时的 21%，但是比不加任何辅助溶剂时的酶活力高 2 倍。用乙二醇替代水能显著提高酶活力。加入 3%的甲酰胺使在辛醇（含 1%水）中的多酚氧化酶的活力提高了 35 倍。也有研究者详细地研究了嗜热菌蛋白酶在含有一定量的水或其他辅助溶剂的 *t*-戊醇中催化高疏水性氨基酸的肽合成反应。结果表明，最适水含量（4%）的 3/4 被 9%的甲酰胺替代后，酶活力与最适水含量（4%）时相近；乙二醇和甘油对酶也有一定的活化效果，但没有水的活化效果好；DMF 和乙二醇醚类溶剂对酶几乎没有活化效果。辅助溶剂应该具有高介电常数和多点形成氢键的能力，如甲酰胺和乙二醇，它们在有机溶剂中对酶的活化机制与水相同。但是只添加甲酰胺而不添加水时，酶完全没有活力。这是因为干燥的酶水合时要经过几个阶段，其中某个阶段（可能是最初的离子化阶段）中水是不可能被仿水溶剂替代的。用仿水溶剂替代水的意义是可以控制和消除由水而引起的逆反应和副反应，因此，仿水溶剂的应用范围很广，而且可以开发成新的酶促反应体系。

三、添加剂

在酶促反应系统中，除了有机溶剂或水之外，有时还可目的性地引入一些酶促反应的调节剂，通过改变酶分子所处的微环境条件，影响酶的催化性能（包括活力、选择性和稳定性）。事实上，许多商品酶制剂中都含有一些分散剂或稳定剂（例如糖类），这些成分如果不经预处理，就会随酶一起进入反应系统，给酶促反应带来不同程度的正面或负面影响。另外，添加剂的加入也可能影响底物或产物的溶解或分散状况，降低传质阻力，提高反应速率。如果底物或产物对酶有害或具有抑制作用，添加适当的化学试剂（如吸附剂）可消除或减轻底物或产物对酶的抑制或毒害作用。当然，引入添加剂会增加反应体系的复杂性，并可能给产品分离造成一定的困难。添加剂种类多样，操作简单，效果奇特，给微环境工程调控酶的催化性能（特别是对映选择性）提供了一种可供选择的方法，因此仍然值得我们去研究和应用。添加剂的种类繁多，目前还没有统一的分类方法，主要包括无机盐类添加剂、有机助溶剂、多

醇类添加剂以及表面活性剂等。

四、生物印迹

利用酶与配体的相互作用，诱导、改变酶的构象，制备具有结合该配体及其类似物能力的“新酶”，这是修饰、改造酶的一种方法。例如，根据酶在有机溶剂中具有“刚性”结构的特点，巧妙地发展了这种修饰酶的技术，即将枯草杆菌蛋白酶从含有配体 *N*-Ac-TyrNH_2（竞争性抑制剂）的缓冲液中沉淀、干燥、去除配体后，放在无水有机溶剂中，发现“配体印迹酶”的活力比无配体存在时冷冻干燥的酶高 100 倍；但是“印迹酶”在水溶液中的活力与未印迹酶相同。由此认为，酶在含有其配体的缓冲液中，肽链与配体之间的氢键等相互作用使酶的构象改变，除去配体后这种新构象在无水的有机溶剂中仍可保持，并且酶通过氢键能特异性地结合该配体。这种方法被称为生物印迹（bio-imprinting）。用 FTIR 方法可以定量分析“印迹酶”的二级结构的变化，如溶菌酶、胰凝乳蛋白酶和牛血清白蛋白用 L-苹果酸印迹后，二级结构的变化主要表现为 β 折叠片含量的降低。通常在冷冻干燥过程中，酶分子间形成 β 折叠，导致 β 折叠片的含量升高，而“印迹酶”中配体使酶分子隔开而减小了这种效果，并且在印迹过程中，配体与蛋白质形成氢键，产生了一个空穴，在去除溶剂后仍然能保持这个空穴结构。再如，用该方法制备了一系列 L 型和 D 型的 *N*-乙酰氨基酸印迹的 *α*-胰凝乳蛋白酶，在环己烷中，D 型“印迹酶”可催化合成 *N*-乙酰-D-氨基酸乙酯，L 型“印迹酶”催化合成 *N*-乙酰-L-氨基酸乙酯的活力也比未印迹酶提高 3 倍左右。他们还详细地研究了“印迹酶”的活力与有机溶剂中水含量的关系，D 型“印迹酶”在水含量为 1 mmol/L 时酶活力最高，水含量大于此量时，随着水含量的增加，酶逐渐失去 D 型“印迹酶”的催化能力，因为酶的构象又恢复到印迹前的构象。因此，只要控制好“印迹酶”在有机溶剂中的最适水含量，就可以用生物印迹调节和控制酶在有机溶剂中的催化活性和选择性。

五、化学修饰

虽然酶在非水介质中能够催化反应，但是其催化效率比在水溶液中低几个数量级，其中一个原因是酶一般不溶于有机溶剂。虽然有些酶能直接溶解在少数有机溶剂中，但是这些酶的催化效率常常很低。用双亲分子共价或非共价修饰酶分子表面，可增加酶在有机溶剂中的溶解度。

例如，用单甲氧基聚乙二醇（PEG）共价修饰脂肪酶、过氧化氢酶、过氧化物酶等酶表面的自由氨基，修饰酶能够均匀地溶于苯和氯仿等有机溶剂，并表现出较高的酶活力和稳定性。再如，选用二烷基型脂质，以分子膜的形式包裹酶分子表面，制成可溶于有机溶剂的酶-脂质复合体。其中酶-中性糖脂复合体在无水苯中催化三酰甘油合成的活力比 PEG 共价修饰的脂肪酶还高，其原因可能是酶-脂质复合体中没有 PEG 长链阻碍底物接近酶。脂质包裹的酶制备简单，将酶的水溶液和脂质的水乳浊液在冰冷条件下混合，并搅拌过夜，离心分离、回收沉淀物、冷冻干燥，即得到白色粉末。这种粉末不溶于水，溶于苯、氯仿等有机溶剂，但阴离子型脂质得不到沉淀物。元素分析和 IR、UV 测定结果表明，粉末中每一个酶分子表面被 200～400 个脂质包裹。由糖脂制备的粉末，经 NMR、荧光光谱分析发现，酶分子表面与脂质的亲水基团形成氢键，这些脂质的数量相当于在脂肪酶分子表面包裹 1～2 层。已有研究人员用脂肪酶-脂质复合体在含有高浓度底物的有机溶剂中进行了醇的不对称酯合成反应，且用同样的方法还制备了可溶于异辛烷的 *α*-胰凝乳蛋白酶-脂质复合体，并研究了其在有机溶剂中的底物选择性。用对环境敏感的水凝胶共价修饰酶，并通过调节修饰酶的环境，可控制酶的溶解和沉淀，实现在反应过程中酶能进入溶液并能在均相条件下催化反应；反应结束时，酶又能从反应体系中沉淀出来，这有利于酶的回收和重复使用。该修饰酶兼具可溶性酶的均相催化特点和固定化酶稳定性高、可反复使用的特点。

六、酶固定化技术

酶在绝大多数的有机溶剂中以固态形式存在。因此，目前大多数研究者采用的非水酶催化体系是将固态酶粉直接悬浮在有机溶剂中。这样虽然操作简单，但是冷冻干燥的酶粉在反应过程中常常发生聚集，导致酶的催化效率降低。酶固定化后，增大了酶与底物接触的表面积，在一定程度上可以提高酶在有机溶剂中的扩散效果和热力学稳定性，调节和控制酶的活力与选择性，有利于酶的回收和连续化生产。常用的比较简单的固定化方法有多孔玻璃和硅藻土等载体吸附法、载体表面共价交联法。

用于有机相的固定化载体和固定化方法与水相有所不同，其原则是，应该满足酶在有机介质中催化反应所需要的最适微环境并有利于酶的分散和稳定。例如，用适当配比的具有不同亲水能力的树脂包埋脂肪酶，能很好地控制脂肪酶在有机相中催化反应所需要的微水环境。再如，为研究固定化载体的亲水性对固定化酶在有机相中酶活力的影响，用分配到载体上的水量与溶剂中水量之比（$\lg A_q$）表征载体亲水性，通过研究 13 种载体的 $\lg A_q$ 值与这些载体的固定化酶在有机相中活力的关系，结果表明低 $\lg A_q$ 值的载体有利于固定化酶在有机相中发挥催化活性，即酶活力与载体的亲水性成反比，载体的亲水性越强，与酶争夺水的能力就越强，这将不利于维持酶的微水环境，导致酶活力降低。此外，载体的亲水性强，也会增加疏水性底物向固定化酶扩散的阻力，不利于固定化酶向疏水性有机溶剂中分散，使反应速率降低。因此，选择载体时，除了考虑载体对酶“必需水”的影响和固定化酶在溶剂中的分散情况，还应考虑底物和有机溶剂的疏水性。当底物和有机溶剂的疏水性强时，可选择疏水性固定化载体，当底物和有机溶剂的亲水性较强时，应该在保持较高酶活力的前提下，降低载体的疏水性以减小底物扩散的阻力。

七、反应温度

由于酶在有机溶剂中的热稳定性高于在水溶液中的热稳定性，因此，为了提高酶的催化效率可以适当提高反应温度，但是有些酶在某些有机溶剂中也会因温度高而失去活力。温度不仅影响酶的活力，而且还与酶的选择性有关。一般认为酶和其他催化剂一样，温度低时，酶的立体选择性高。Philips 从热力学的角度对这一观点进行了详细的论述，他认为在热力学焓的控制下，酶在较低的温度下能表现出较高的立体选择性，而在热力学熵的控制下，酶、底物和一些其他相关因素与较高的温度相匹配时，反应也可获得较高的立体选择性。在酶催化过程中，通过温度的控制，可以有效地提高产率。如在脂肪酶催化油脂的甘油醇解、制备单酰甘油的反应中，采取两段温度，使单酰甘油的转化率由 30%提高到 60%。

八、酶干燥前所在缓冲液的 pH 和离子强度

有机溶剂中酶的活力与酶干燥前所在缓冲液的 pH 和离子强度有关，有机相中酶的最适

pH 与水相中酶的最适 pH 一致。因为在有机溶剂中，酶分子表面的“必需水”维持着酶的活性构象，而且只有在特定 pH 和离子强度下，酶分子活性中心周围的基团才能处于最佳离子化状态，有利于酶催化活性的表现。例如，研究人员通过缓冲液中磷原子的核磁共振谱的变化，检测了酶由缓冲液转入微水有机溶剂后的 pH 变化。用分子探针研究了微水环境下的 pH，结果表明，酶由缓冲液经过丙酮沉淀或冷冻干燥后，转入微水有机溶剂中时，它能“记忆”原缓冲液中的 pH。他们称这种现象为“pH 记忆”。但是在使用 pH 指示剂监测冷冻干燥过程 pH 的变化时，发现酵母醇脱氢酶在磷酸缓冲液中冷冻干燥时，pH 急剧下降，同时伴有酶活力的大量丧失；但该酶在 Tris 缓冲液、HEPES 缓冲液或 *N*-甘氨酰甘氨酸缓冲液中冷冻干燥时，pH 指示剂的颜色没有明显的变化，酶也比较稳定。因此，酶在不同缓冲液中冷冻干燥时的 pH 变化不同，缓冲液选择不当导致的 pH 急剧下降可能是酶在预处理冷冻干燥过程中大量失活的一个重要原因。为了使酶具有催化反应的最佳离子化状态，应在酶反应前的预处理和反应过程中采取相应措施，如选择适当种类和适宜 pH 的缓冲液处理酶，使之不受冷冻干燥过程破坏。

第五节　非水介质中酶催化的应用

一、酯的合成

由于酶的来源、有机溶剂以及底物的不同，脂肪酶催化合成反应时的反应体系也各不相同，下面以非水介质中酶促合成短链脂肪酸酯、糖脂以及黄酮类化合物的酯化等为例进行介绍。

1．短链脂肪酸酯

短链脂肪酸酯是一大类十分重要的香味剂，具有多种天然水果香味和特殊风味特征，是香精、香料的重要组分，被广泛用于食品、饮料、酿造、饲料、化妆品及医药行业。

目前，短链脂肪酸酯的生产，只有极少数的少量产品是从天然植物中提取得到的，其他的产品几乎都是通过传统的化学合成方法生产，即高温、高压条件下由化学催化剂（如浓硫酸、对甲苯磺酸等）催化合成。但化学合成中使用的化学催化剂可能会产生有毒物质，而且在高温、高压条件下很容易发生副反应，副产物大多有毒副作用。此外，有些化学合成产品由于底物不纯，影响了产品的质量，如化学法合成的己酸乙酯产生的极不自然的“浮香”；有些产品提取后有强烈的气味，如棕榈酸异丙酯。这使得下游的提取工作困难重重，从而导致产品质量降低。另外，化工生产还给环境带来了许多污染与破坏。由于化学法生产的产品与生物法生产的产品在安全性和品质等方面也存在较大的差异，两者在价格上也存在极大的差异。如国际上化学法生产丁酸乙酯的价格仅为 2～5 美元/kg，而由生物催化剂催化合成的价格高达 180 美元/kg。目前，虽然有些情况下化学合成还比较经济，但人们对天然产物的青睐和对生存环境的重视逐渐增加，直接从植物中提取又无法满足日益增长的需求，因此，人们把研究转向了生物化学、微生物学、化学和生化工程等多学科交叉的生物转化的方法上来。

尽管在 20 世纪初就有用猪胰脂肪提取物合成丁酸乙酯的报道，但长久以来，由于酶种类单调，可用于生物催化反应的酶制剂更少，同时由于化学工业的飞速发展，采用酶作为催化剂的方法并没有引起人们的重视。直到 20 世纪 80 年代的中后期，随着有机相酶学的出现和酶制剂工业的发展，酶的品种不断增加，酶催化在有机合成中的应用也不断扩大。目前，国际上用脂肪酶催化合成已酸乙酯时，一般底物浓度为 0.25 mmol/L，利用猪胰脂肪酶和皱褶假丝酵母脂肪酶催化酯合成的转化率为 68%。

利用具有高酯化能力的脂肪酶，在有机相中酶促转化短链脂肪酸不仅具有一般生物催化合成有机化合物的优点，如酶促反应在常温常压条件下进行、反应条件温和、节约能源、酶促反应特异性高、副产物少、产品品质高等，还具有以下特点和优势：有机相中反应的热力学平衡趋向合成方向、反应转化率高、酶不溶解于有机相从而容易回收再利用等。

2．糖脂

糖脂作为一种生物功能分子和化工原料，具有重要的价值。高级脂肪酸的糖脂作为一类具有较宽 HLB 范围的非离子型乳化剂，由于具有无毒、易生物降解及良好的表面活性等特点，被广泛用于食品、医药和化妆品等产品的生产中，是联合国粮食及农业组织推荐使用的食品添加剂。糖脂的来源较广泛，应用面广，安全性高，因此特别适合用作食品乳化剂。另外，糖的衍生物如糖脂、糖蛋白等在体内有重要的作用，近年对糖及其衍生物的研究成为人们研究的热点。一些糖脂衍生物具有抗肿瘤的作用，如二丙酮缩葡萄糖的丁酸酯能够抑制肿瘤细胞的生长而不影响正常细胞，同时能够增强干扰素 α 或干扰素 β 的抗肿瘤作用。

当前，糖脂的合成方法分为两大类：化学合成法和酶促合成法。化学合成法已十分成熟并工业化，多用二甲基甲酰胺（DMF）、酰氯、吡啶等作溶剂，以甲基苯磺酸、金属钠等为催化剂，反应温度一般在 140℃左右，因而该方法能耗大、溶剂毒性大、产品易着色。此外，由于糖分子上有多个羟基可以被酯化，可产生多种同分异构体，该反应还伴随多种副反应。例如，利用气相色谱分析食用山梨醇酯，发现其包含 65 种同分异构体，其中一些成分还具有致癌性和致敏性。酶作为生物催化剂，具有高度的区域选择性和相对的底物专一性，其催化的酯化反应一般只发生在特定的羟基上，并且同一种底物不同酶的酯化位点不同，同一种酶对不同的底物的酯化位点也不同。因此可根据需要设计不同的反应，获得不同产物，以满足人们多方面的需要。为了克服酶法生产糖脂转化率低的问题，科研人员不断探索新方法，如使用介质工程、减压法除去副产物、固相合成和全蒸发法等完善了合成糖脂的酶法合成。

3．黄酮类化合物的酰化

黄酮类化合物是广泛分布于植物界的一类重要的天然产物，目前已被广泛用于食品、化妆品及其他日用品的生产中。黄酮类化合物除了具有清除自由基和抗氧化等功能外，还具有多种生理活性，包括扩张血管、抗肿瘤、抗炎、抗菌、免疫激活、抗变应性、抗病毒、雌激素样作用等。另外，黄酮类化合物还可作为磷酸酶 A2、环氧合酶、脂肪氧化酶、谷胱甘肽还原酶和黄嘌呤氧化酶等多种酶的抑制剂。但黄酮类化合物在脂及水相中的稳定性和溶解度较低，这大大限制了它们的应用。通过化学法、酶法及化学-酶法对它们的结构进行修饰，可以改善它们的性质，其中糖基化和酰基化这两类修饰更加引起人们的关注。前一种修饰通过加入糖基提高黄酮类化合物的亲水性，而第二类修饰反应则通过连接脂肪酸使之疏水性更强。应用化学法对黄酮类化合物进行酰基化修饰后通常无区域选择性，从而导致黄酮类化合物起抗氧化作用的酚羟基产生非期望的功能。而用脂肪酶催化黄酮类化合物的酰基化反应，其酚羟基较化学法具有更高的区域选择性，不仅可以提高它们在不同介质中的溶解度，还可以提高它们的稳定性及抗氧化活性。

目前，已有蛋白酶、酰基转移酶、脂肪酶、枯草杆菌蛋白酶等用于黄酮类化合物的酰基化修饰。研究表明，酶的来源及种类对转化率和酰化反应的初速率有很大的影响；而作为糖基配体的黄酮类化合物，其酰化位点主要取决于酶的种类及来源以及黄酮类化合物的主链骨架等。同时可以发现，Novozym 435 和 PCL 脂肪酶似乎分别是合成糖基化酯类和糖苷黄酮酯类的最佳酶。

二、肽的合成

目前所谓肽的酶促合成，是指利用蛋白酶的逆转反应或转肽反应进行肽键合成。在有机介质中酶促肽键的合成，包括较大肽段间的缩合，尤其是合成只含几个氨基酸的小肽片段，较传统的化学合成法具有明显的优势。它的主要优点表现在反应条件温和、立体专一性强、不用侧链保护基和几乎无副反应等。近年来，利用各种来源的蛋白酶在非水介质中合成了各种功能的短肽或其前体，包括一些具有营养功能的二肽和三肽、低热量高甜度的甜味剂二肽以及具有镇静作用的脑啡肽五肽等；甚至一些具有生物功能的蛋白质如胰岛素、细胞色素 C 和胰蛋白酶抑制剂等也可以用酶技术进行重合成和半合成。利用酶反应器连续合成某些功能短肽，已接近生产规模。此外，脂肪酶也可以用于肽键的形成，而且具有一些蛋白酶没有的特性，如酰胺酶的催化活性，可以更好地应用于多肽的合成。另外，还有报道指出在纯水体系中一些蛋白酶也可以合成肽键，其原理与有机介质中用蛋白酶进行肽合成大致相同。

酶法合成肽是利用蛋白酶的逆反应或转肽反应来进行肽键的合成，因此，酶既可以催化化学反应向正方向进行，也可以催化其向逆反应进行，反应平衡点的移动取决于反应条件。有机介质能改变某些酶的反应平衡方向。例如，水解酶类，在水介质中，水的浓度高达 55.5 mol/L，使热力学平衡趋向于水解方向；而水含量极低的有机介质则能使热力学平衡向合成方向移动，则这些水解酶行使催化合成反应的功能。

1898 年，Hoff 提出蛋白酶可以催化合成这个概念，他认为胰蛋白酶可能具有催化蛋白水解物的蛋白质合成反应的功能。1937 年，Bergmann 和 Fraenkel-Conrat 等第一次用木瓜蛋白酶催化合成了硅胺 Z-GlyNHC_6H_5，产率达 80%；随后他们又先后用木瓜蛋白酶、糜蛋白酶等催化合成了设计好的肽。在此之前，人们相继发现木瓜蛋白酶、糜蛋白酶和胃蛋白酶的转肽作用，并利用它们的转肽作用催化合成了一系列的小肽及其衍生物。20 世纪 70 年代，多个研究小组利用蛋白酶合成了生物活性肽，再次验证了利用蛋白酶进行肽合成的应用价值。在此之后，人们陆续合成了一些重要的生物活性肽。近三十年的合成工作展示了酶法合成相对化学法的明显优点：①反应条件温和，降低了化学和操作上的危险性。②酶高度的区域选择性允许使用保护程度很低的底物，这样的底物既便宜又易得到，同时也简化了合成过程中中间产物的保护、脱保护步骤。③肽的酶法合成是立体特异性的，观察不到外消旋的发生。这样可以使用外消旋的起始反应物，通过合成反应进行拆分，而回收未反应的异构体。蛋白酶同样也能催化由化学法合成的寡肽片段的无消旋缩合，这一工作用化学法时效率较低，且产生很高的消旋率。

三、高分子的合成与改性

1．聚酯类可生物降解高分子的合成

利用线性单体的缩合反应可以合成具有可生物降解性的聚酯，反应的模式主要如下所示：

$$nAB \xrightarrow[\text{有机相}]{\text{酶}} \left(AB \right)_n$$

$$nAA + nBB \xrightarrow[\text{有机相}]{\text{酶}} \left(AA—BB \right)_n$$

式中，A 和 B 各代表一种具有反应性的功能基团，如羟基和羧基、羧基和酰氯等。

例如，利用黑曲霉脂肪酶在甲苯中以 1,6-己二醇和 2,5-二溴代丁二酸-（2-氯代乙醇）为单体，聚合得到(+)-聚己二醇-2,5-二溴代丁二酸酯。得到的聚合物虽然分子量不大（只有 800），但是寡聚物具有光学活性，生物相容性好。再如，利用更易得的底物反丁烯二酸酯与 1,4-丁二醇，以 *Canclida cyclndracaea* 等 10 种来源的脂肪酶作催化剂，在四氢呋喃和乙腈中合成全反式构象的聚酯，它具有生物可降解性。

利用内酯的开环聚合反应也可以合成具有可生物降解性的聚酯。反应模式如下：

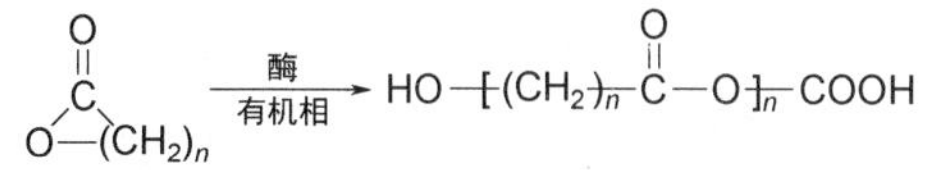

$$\underset{O-(CH_2)_n}{\overset{O}{\overset{\|}{C}}} \xrightarrow[\text{有机相}]{\text{酶}} HO-[(CH_2)_n-\overset{O}{\overset{\|}{C}}-O]_n-COOH$$

例如，为研究 ε-己内酯的开环聚合反应，采用 ε-己内酯作为原料，加入少量甲醇（作为亲核供体），以正己烷为溶剂，在猪胰脂肪酶的催化下，合成聚己内酯，聚合度为 10。研究人员利用猪胰脂肪酶（PPL）催化 ε-己内酯在二氧六环、甲苯、庚烷等溶剂中的开环聚合反应，反应温度为 65℃，单体的含量为 10%，用正丁醇作为亲核供体，得到的聚酯的分子量为 2700。也有研究小组采用无溶剂体系，用 *Pseudomonos fluorescens* 脂肪酶催化 ε-己内酯的开环聚合反应，得到了较高分子量的聚合物，数均分子量达 7000。还有研究者用 *Pseudomonos fluorescens* 脂肪酶和 *Candida cylindracaea* 脂肪酶在 60℃条件下直接催化 ε-己内酯、β-丁内酯、ε-壬内酯聚合，所得聚合物的分子量达 25000。

2．酚及芳香胺类物质的聚合

辣根过氧化物酶（horseradish peroxidase，HRP）是催化合成聚合物方面很有潜力的一种酶。它能够以过氧化氢作为电子受体，专一地催化酚及苯胺类物质的过氧化反应。通过对多种底物在不同介质中的聚合反应进行研究，发现由于底物的反应活性和结构的差别，获得的聚合物的分子量有明显的不同。正是由于辣根过氧化物酶具有如此广泛的底物专一性，其在合成聚酚以及芳香胺类物质方面有极大的应用潜力。为了更好地控制聚合反应的过程，研究人员对辣根过氧化物酶催化酚类物质的聚合过程进行了 numerical 和 Monte Carlo 模拟，并对试验结果进行比较，指出采用低浓度的具有给电子能力强的酚，有利于形成高分子量的聚合物。

聚合物的结构是由该催化反应的机制所决定的，这种聚合反应主要是在酚及芳香胺的邻、对位发生的，因而获得的是一种芳环上碳碳相连的结构。通过对聚合物的结构及基本的高分子性质进行比较系统的研究，采用 NMR 与 IR 技术，研究结果表明，在二氧六环体系中催化联苯酚聚合可以获得图 13-5 中的几种结构。其中图 13-5（a）为主要部分，而通过化学法来获得这种碳碳相连的聚酚类结构是十分困难的。这种具有大 π 共轭体系的聚合物在功能材料方面具有极大的应用前景。

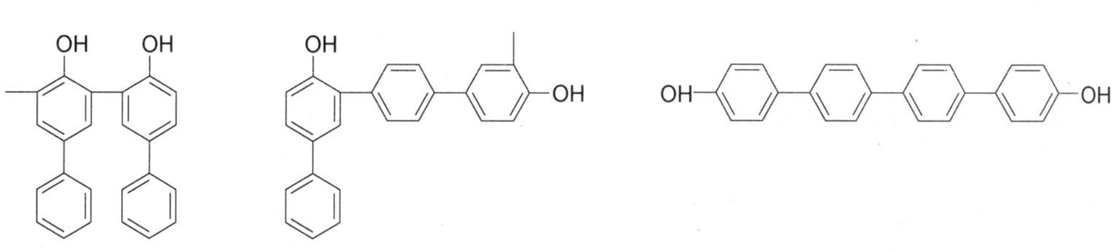

(a) (b) (c)

图 13-5　酶法合成的聚对苯基苯酚的三种可能结构

3．旋光性高分子

聚合物的旋光性来源于两个方面，一方面是单体单元中含有的手性元素，另一方面则是聚合物分子的手性构象，有时则是这两者的共同作用。近年来，人们已逐渐认识到，影响高分子材料物理性能及加工性能的不仅仅是组成高分子的一级结构，其二级结构和三级结构也是影响高分子材料物理性能及加工性能的重要因素，而聚合物的旋光性也是影响聚合物微观结构的一个主要因素。

旋光性聚合物分子中存在构型或构象上的不对称性，与具有相应结构的非旋光性聚合物相比，两者在分子识别和组装上具有明显的区别，这使得两者在熔点、溶解度、结晶特性上存在着较大的差异，但其内在规律尚未明确。另外，在其他光、电、磁等物理特性上也具有一定的差异，尚待深入研究。

4．高分子的改性

（1）天然高分子的酶催化改性

天然高分子，特别是多糖，因其主链上通常含有大量的羟基而被视为一类难以进行化学加工的材料。然而，用酶法或化学-酶法来进行天然高分子改性的研究，改变了人们传统的观点。例如，在酶的催化作用下，通过对多糖的选择性酰化，可以得到更多、更清洁的亲水亲油材料、生物可降解材料、生物可侵蚀及生物相容性材料。

天然高分子改性中常用的酶有脂肪酶、蛋白酶、半乳糖氧化酶、β-半乳糖苷酶等。值得注意的是，即使来自于不同菌种的同一种酶，其性质也会有很大的差异。脂肪酶是高分子改性中应用较多的一种酶，主要用于高分子的酰化、酯化及接枝反应。20 世纪 90 年代初有文献报道，脂肪酶（来自于假单胞菌属）可用于催化侧链含有羟基的梳状的甲基丙烯酸聚合物的酰化反应。例如，用 PPL（来自于猪胰脏）催化 ε-己内酯对羟乙基纤维素（HEC）的接枝反应。在这一反应中，PPL 在 HEC 薄膜上催化 ε-己内酯的开环聚合反应，生成聚 ε-己内酯，并与 HEC 发生接枝反应。产物取代度为 0.10～0.32（以每个脱水葡萄糖单元计）。另有关于 PPL 催化 ε-己内酯开环聚合反应的研究指出，PPL 催化的另外一个反应是甘油和果胶之间的酯化反应。PPL 对这一反应具有高度的专一性，产物中甘油仅以单酯形式存在，并无任何交联结构（二酯）存在。

（2）合成高分子的酶催化改性

在相对温和的条件（<45℃，3～5 h）下，来自于假丝酵母的脂肪酶 Novozym 435 能够催化甲基棕榈酸酯和聚乙二醇（M_w 为 500～2000）之间的反应，得到一种表面活性剂——聚乙二醇的棕榈酰单取代物和少量的双取代物。此外，也有文献报道用生物法可选择性地催化高分子的某一特定反应。例如，用固定化脂肪酶 Novozyme 435 成功地催化了聚丁二烯（M_n ≈1300）微结构 *cis*-1,4 为 20%，*trans*-1,4 为 35%，*trans*-1,2 为 45%的环氧化反应。结果表明，这一酶促反应对聚丁二烯分子链主链上的双键有较高的选择性，其中约有 60%的双键被环氧化，而侧链上的双键则未被环氧化。

四、光学活性化合物的制备

光学活性化合物是指那些具有旋光性质的化合物，它们的化学组成相同，但是立体结构不同而成为恰如人的左右手一样的对映体，因此也被称为手性化合物。光学活性化合物的制备一直是有机合成的难题，人们至今尚未走出困境。酶作为生物催化剂，可以用于光学活性化合物的合成和拆分。由于它具有高对映选择性，副反应少，所以产物的光学纯度和收率高。此外，酶促反应条件温和，无环境污染。酶催化光学活性化合物的合成是将有前手性的化合物和前体通过酶促反应转化为单一对映体的光学活性化合物，常用氧化还原酶、裂合酶、羟化酶、水解酶、合成酶和环氧化酶等，它们可以催化前体化合物的不对称合成，得到具有光学活性的醇、酸、酯、酮、胺衍生物，也可以合成含磷、硫、氮及金属的光学活性化合物。酰还可催化外消旋化合物的拆分反应，如脂肪酶、蛋白酶、腈水合酶、酰胺酶、酰化酶等能够催化外消旋化合物的不对称水解或其逆反应，以拆分制备光学活性化合物。手性药物是一类非常重要的光学活性化合物，下面将列举几个这方面的实例。

1．普萘洛尔的拆分

在有机溶剂中，利用 PSL（假单胞菌脂肪酶）对外消旋的萘氧氯丙醇酯进行水解反应，得到 *ee* 值大于 95%的(*R*)-酯（图 13-6）；而利用 PSL 对消旋的萘氧氯丙醇进行选择性酰化，也得到了 *ee* 值大于 95%的具有光学活性的(*R*)-醇。

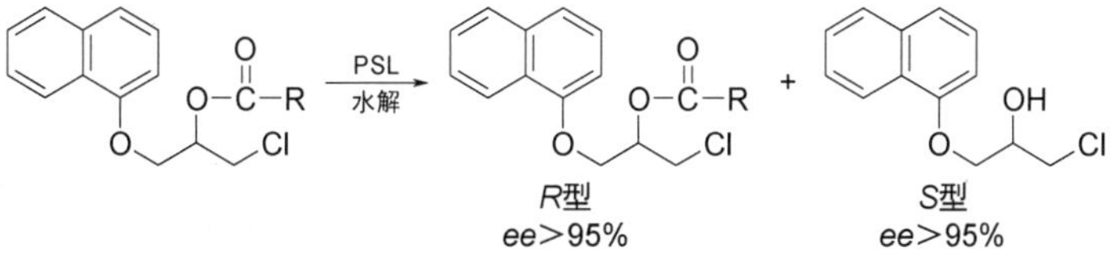

图 13-6　PSL 催化萘氧氯丙醇进行水解反应的示意图

2．非甾体抗炎剂类手性药物

非甾体抗炎剂类手性药物被广泛地用于人结缔组织的疾病（如关节炎等），其活性成分是 2-芳基丙酸的衍生物（$CH_3CHArCOOH$），如萘普生、布洛芬、酮基布洛芬等。

研究者对有机溶剂中脂肪酶（CCL）催化的反应进行研究，结果表明 80%的异辛烷与 20%的甲苯组成的有机溶剂中，酶促反应获得了较高 *ee* 值的光学活性萘普生。

在有机溶剂中对布洛芬进行酶促酯化反应时加入少量的极性溶剂，使酶的选择性有了明显的提高（图 13-7），如加入了二甲基甲酰胺后，最后得到（*S*）-布洛芬的 *ee* 值从 57.5%增加到了 91%。已有研究者对布洛芬的酶法拆分做到了克级规模。另外，对布洛芬酯化的反应速率进行研究发现，当未加任何添加剂时，反应进行 30 h，（*S*）-布洛芬的产率为 43%，而加入苯并-［18］冠-6-醚后，同样的反应时间，产率提高到 68%，而加入内消旋的四苯基卟啉后，其反应产率提高到 79%，而且酶的对映选择性没有受到大的影响。

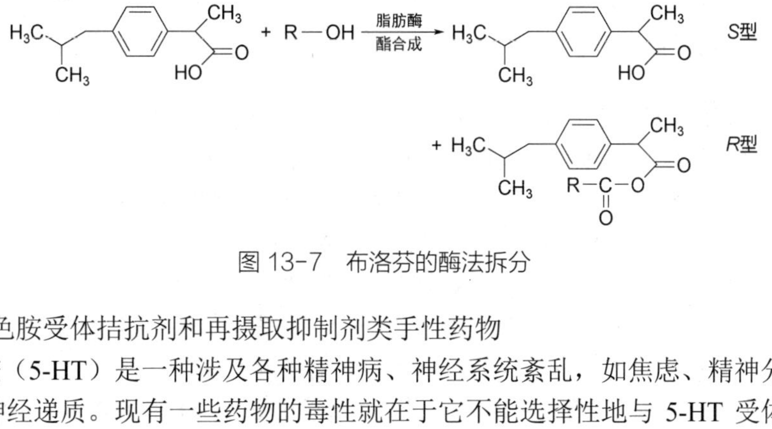

图 13-7　布洛芬的酶法拆分

3．5-羟色胺受体拮抗剂和再摄取抑制剂类手性药物

5-羟色胺（5-HT）是一种涉及各种精神病、神经系统紊乱，如焦虑、精神分裂症和抑郁症的重要的神经递质。现有一些药物的毒性就在于它不能选择性地与 5-HT 受体反应（已发

现至少 7 种 5-HT 受体）。事实上，那些具有立体化学结构的药物在很大程度上能影响其与受体结合的亲和力和选择性，其中一种新的 5-HT 受体拮抗剂 MDL 就极好地显示了这一特性。（*R*）-MDL 在体内的活力是（*S*）-MDL 的 100 倍以上，是 5-HT 受体拮抗剂酮色林活力的 150 倍，更为重要的是，（*R*）-MDL 对 5-HT 受体表现出极高的选择性。

在制备 MDL 的过程中，研究人员第一次成功地在酶法拆分时进行了同位素标记。其中一个主要的手性中间体的拆分如下：

OH NCH$_2$Ph CH$_3$ —脂肪酶→ OCOCH$_3$ NCH$_2$Ph CH$_3$ (*R*,*R*)型 + OH NCH$_2$Ph CH$_3$ (*S*,*S*)型

在转酯化反应中，脂肪酶选择性地催化反应生成了（*R*,*R*）-酯，残留的为（*S*,*S*）-醇。

以上实例几乎都是脂肪酶在拆分中起重要作用，但事实上一些其他种类的酶也能催化拆分反应，如酯酶、蛋白酶、过氧化物酶、醇脱氢酶、过氧化氢酶、多酚氧化酶、ATP 酶、胆固醇氧化酶和细胞色素氧化酶等，另外还有一些蛋白工程酶和抗体酶。只不过这些酶有的不易获得，价格昂贵，而且有的还需要辅酶，因此利用这些酶进行拆分反应的研究比较少。

第六节　离子液体中的酶催化

离子液体（ionic liquid）是指由有机正离子如烷基咪唑离子、烷基吡啶离子、季铵盐离子等和不同的负离子组成的在室温下呈液体的有机熔盐。在非水酶催化应用中，离子液体同传统的有机溶剂相比具有以下突出的优点：第一，离子液体对多种有机化合物、无机化合物以及气体均有很好的溶解性；第二，离子液体基本无蒸气压，不可燃，有优异的化学和热稳定性，易分离溶于其中的化合物，可以循环使用；第三，可以通过改变阴离子或阳离子来调节甚至彻底改变离子液体的性质，从而“设计”合成适合某种特殊反应的离子液体；第四，离子液体能够维持甚至提高酶以及微生物全细胞的催化活性、操作稳定性和立体选择性。

一、离子液体概述

离子液体（或称离子性液体）是指全部由离子组成的液体，如高温下 KCl、KOH 呈液体状态，此时它们就是离子液体。在室温或室温附近温度下呈液态的自由离子构成的物质，称为室温离子液体、室温熔盐（室温离子液体常伴有氢键的存在，定义为室温熔盐有点勉强）、有机离子液体等，尚无统一的名称，但倾向于简称为“离子液体”。在离子化合物中，阴阳离子之间的作用力为库仑力，其大小与阴阳离子的电荷数量及半径有关，离子半径越大，它们之间的作用力越小，这种离子化合物的熔点就越低。某些离子化合物的阴阳离子体积很大，结构松散，导致它们之间的作用力较低，以至于熔点接近室温。

离子液体的历史可以追溯到 1914 年，当时 Walden 报道了$(EtNH_2)^+HNO_3^-$的合成（熔点

12℃）。这种物质由浓硝酸和乙胺反应制得，但是，由于其在空气中很不稳定而极易发生爆炸，它的发现在当时并没有引起人们的兴趣，这是最早的离子液体。一般而言，离子化合物熔解成液体需要很高的温度才能克服离子键的束缚，这时的状态叫做“熔盐”。离子化合物中的离子键随着阳离子半径增大而变弱，熔点也随之下降。对于绝大多数的物质而言，混合物的熔点低于纯物质的熔点。例如 NaCl 的熔点为 803℃，而 50%$LiCl$-50%$AlCl_3$（摩尔分数）组成的混合体系的熔点只有 144℃。如果再通过进一步增大阳离子或阴离子的体积和结构的不对称性，削弱阴阳离子间的作用力，就可以得到室温条件下的液体离子化合物。根据这样的原理，1951 年，F. H. Hurley 和 T. P. Wiler 首次合成了在环境温度下是液体状态的离子液体。他们选择的阳离子是 *N*-乙基吡啶，合成出的离子液体是溴化乙基吡啶和氯化铝的混合物（氯化铝和溴化乙基吡啶的物质的量之比为 1∶2）。但这种离子液体的液体温度范围还是相对比较狭窄的，而且，氯化铝离子液体遇水会放出氯化氢，对皮肤有刺激作用。直到 1976 年，美国科罗拉多州立大学的 Robert 利用 $AlCl_3$/[N-EtPy]Cl 作电解液，进行有机电化学研究时，发现这种室温离子液体是很好的电解液，能和有机物混溶，不含质子，电化学窗口较宽。1992 年，Wilkes 以 1-甲基-3-乙基咪唑为阳离子合成出氯化 1-甲基-3-乙基咪唑，在摩尔分数为 50%的 $AlCl_3$ 存在下，其熔点达到了 8℃。至此，离子液体的应用研究才真正得到了广泛的开展。

离子液体通常可以依据阴阳离子类型分类，如按阳离子类型其可分为季铵盐类、季盐类、咪唑类、吡啶类等；按阴离子类型其可分为两大类：一类是组成可调的氯铝酸类，一类是组成固定且对空气、水稳定的阴离子［包括 BF_4^-、PF_6^-、$CF_3SO_3^-$、$(CF_3SO_2)_2N^-$、CF_3COO^-、$(CF_3SO_2)_3C^-$、$(C_2F_5SO_2)_3C^-$、$(C_2F_5SO_2)_2N^-$、SbF_6^- 等］。根据离子液体的水溶性，其可以分为亲水性和憎水性离子液体。前者如[BMIM][BF_4]、[EMIM][BF_4]、[EMIM][Cl]、[BPy][BF_4]等，后者如[BMIM][PF_6]、[OMIM][PF_6]、[BMIM][SbF_6]、[BPy][PF_6]等。此外，很重要的一种分类方法就是按照离子液体的酸碱性将其分为：Lewis 酸性、Lewis 碱性、Bronsted 酸性、Bronsted 碱性和中性离子液体。Lewis 碱性离子液体是指能够接受电子对的离子液体。反之，Lewis 碱性是指能够给出电子对的离子液体。Lewis 酸性或碱性主要是氯铝酸类离子液体，随着 $AlCl_3$ 摩尔分数的增加，阴离子种类按照 $Cl^- \rightarrow AlCl_4^- \rightarrow Al_2Cl_7^- \rightarrow Al_3Cl_{10}^- \rightarrow Al_4Cl_{13}^-$ 的顺序转化，其 Lewis 酸性也由碱性→中性→酸性→强酸性逐步增强。Bronsted 酸性离子液体指能够给出质子（或含有活泼酸性质子）的离子液体，如[HMIM][BF4]；Bronsted 碱性离子液体指能够接受质子（或阴离子为 OH^-）的离子液体，如[BMIM][OH]。

到目前为止，化学家们制备了许多室温离子液体，它们的阳离子基本上都是有机含氮杂环阳离子，阴离子一般为体积较小的无机阴离子。有些离子液体对水特别敏感，如阴离子为 $AlCl_4^-$ 的离子液体，它们需在干燥的气氛中合成，操作要求比较严格。而有些离子液体与水不相混溶，如离子液体[EMIM][BF_4]和[EMIM][PF_6]，它们的制备无需隔绝空气，操作比较简单。上述两类离子液体对应两种不同的离子液体合成方法：直接合成法和离子交换法。直接合成法由相应的烷基咪唑盐[MIM]X 或烷基铵盐[NR_xH_{4-x}]X 和 Lewis 酸试剂 $AlCl_3$、$FeCl_3$、$ZnCl_2$ 和 $CuCl_2$ 等直接融合形成离子液体。其中 X 代表 Cl、Br、I 等卤素，R 为不同的取代烷基。离子交换法以 R_1-M 前驱体通过烷基化或季铵化等反应方法合成 R_1-M-R_2A，再通过离子交换等方法合成目标产物离子液体。通过改变 M 和 X 结构调节离子液体中离子对的离子强度；通过改变 R_1 的链长（l）、R_2 的链长（k）、X 和 A 的结构调节离子液体的酸性强弱。

二、离子液体的溶剂特性

溶剂的各种性质是关系到生物催化反应能否顺利进行的重要因素，同传统有机溶剂相比，离子液体在某些方面具有与之相似或完全不同的溶剂特性，且溶剂性质的变化范围大、可调节性强，使得其在生物催化中得到更广泛的应用。

1．离子液体的极性

极性不同的有机溶剂会对酶和微生物细胞造成不同的影响。极性低的有机溶剂具有疏水性而不易引起酶的变形，能保持酶的正确催化构象，而极性高的有机溶剂则会夺取酶分子表面的结合水而降低酶的活性甚至使其完全失活。另外，有机溶剂还会破坏微生物细胞膜的完整性，影响其催化能力，甚至使其完全失活。离子液体的极性可以根据某些特殊染料如尼罗红（Nile red）、赖卡特染料（Reichardt's dye）等在不同极性溶剂中的可见光最大吸收值来测定，也可以通过内荧光检测法或分配平衡常数法来测定。用不同方法得到的结果有所不同，但总体来说离子液体属于高极性物质，其极性范围在水和某些醇类之间。然而，高极性的离子液体并不像高极性的有机溶剂一样会使酶失活，反而能够保持酶的活力和稳定性，因此，离子液体可以用于极性亲水性底物的反应，也可以用于非极性疏水性底物的反应。

2．离子液体的水溶性

离子液体的水溶性变化很大且难以预测，如[BMIM][BF_4]和[BMIM][$MeSO_4$]能与水互溶，但是[BMIM][PF_6]和[BMIM][Tf_2N]与水却不相溶。一般认为水溶性和极性是互不相关的两个性质，不能像有机溶剂一样依据极性的不同来判断离子液体的水溶性。但离子液体具有吸湿性，能吸收1%的水分，干燥处理后的离子液体仍残留部分水，残留的水分会影响离子液体的性质。

3．离子液体的黏度

酶通常以固定化酶或游离态的形式悬浮在离子液体中，因此这些酶的活性中心的催化作用会受到其内表面和外表面传质速率的影响，而传质速率又取决于反应介质的黏度，因此离子液体的高黏度是其在生物催化应用中的一个较大的障碍。

离子液体的黏度要比有机溶剂（如甲苯为0.6cP）以及水的黏度（0.9cP）高很多，如25℃时，[BMIM][Tf_2N]的黏度为52cP，[BMIM][BF_4]的黏度为219cP, [BMIM][PF_6]的黏度为450cP。离子液体的黏度和组成它的阴阳离子相关，随着阳离子碳链长度的增长，以$[PF_6]^-$和$[Tf_2N]^-$为阴离子的离子液体的黏度也增大，而对于以 Cl^-为阴离子的离子液体来说却恰好相反；以$[BMIM]^+$为阳离子的液体，其黏度按阴离子$[BF_4]^-$、$[Tf_2N]^-$、$[CF_3CO_2]^-$、$[CF_3CO_3]^-$、$[PF_6]^-$的顺序增大。值得提出的是，离子液体的黏度随温度变化很大，如20℃时，[BMIM][BF_4]的黏度为154cP，30℃时为91cP。因此，在生物催化反应中可以通过改变反应温度或者振荡速度来减少黏度的影响。

4．离子液体的热稳定性

离子液体的蒸气压很低、沸点普遍较高，因此在作为生物催化反应溶剂时，其热稳定性主要取决于其热降解温度。离子液体的降解温度一般在 400℃以上。离子液体的热稳定性按阴离子$[BF_4]^-$、$[Tf_2N]^-$、$[PF_6]^-$的顺序增强，而阳离子烷基链长度对其影响不大。同水和大多数有机溶剂相比，离子液体具有更大的稳定液态温度范围，应用领域更广阔，且由于生物催化的反应条件较温和、温度不高，故离子液体的热稳定性可完全适合生物催化过程。

5．离子液体的表面张力

离子液体的表面张力比一般有机溶剂高、比水低，使用时可以加速相分离的过程。离子液体表面张力的大小受阳离子碳链长度的影响较大。

三、离子液体在酶催化中的应用

1．酯化反应

脂肪酶对有机溶剂具有非常高的耐受性，因而，在有机溶剂中的脂肪酶具有较高的活力，有利于催化反应的进行。研究表明，脂肪酶能够在干燥的离子液体中催化酯交换反应、氨解反应、水解反应以及环氧化反应等，并且还具有较高的产物产率。

例如，研究人员在离子液体中考察了几种不同的仲醇与乙酸乙烯酯在脂肪酶催化下的酯基转移反应，发现产物 *ee*（光学纯度）值高达 99.5%，脂肪酶可以附着在离子液体中，产物经过分离后，脂肪酶/离子液体可以循环使用，尽管速率有所降低，但是产物的光学纯度并未降低。与传统的有机溶剂（THF、甲苯）相比，在[BMIM][BF_6]或[BMIM][BF_4]中，产物的对映选择性得到了显著提高（可达 25 倍以上）。又如，在 10 种纯离子液体中，通过与乙酸乙烯酯的酯基转移反应对 1-苯乙醇进行动力学拆分。结果表明，某些以离子液体（如[BMIM][Tf_2N]）为介质的反应，与以有机溶剂甲基叔丁基醚（MTBE）为介质的反应相比，酶的活力和产物的立体选择性都有明显提高。反应结束后，可通过蒸馏的方法得到分离的产物，同时在离子液体中，酶表现出良好的热稳定性，悬浮于离子液体中的酶可循环使用 3 次，尽管酶的活力以 10%递减，但是选择性并不受影响（图 13-8）。

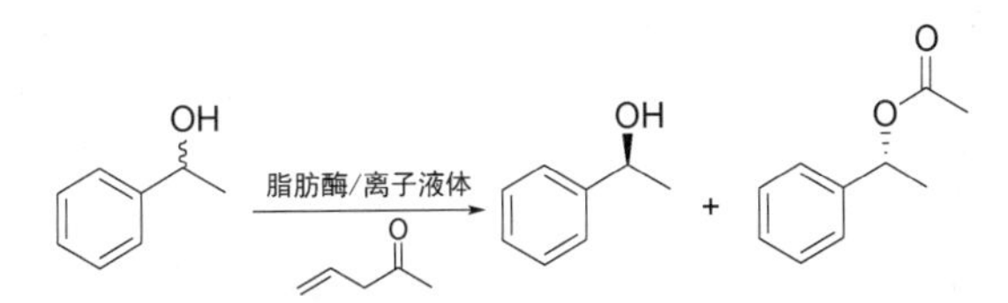

图 13-8　脂肪酶催化 1-苯乙醇的转酯化反应

最近，研究人员在离子液体[BMIM][BF_6]中，使用 *Pseudomonas cepacia* 酶催化不同结构仲醇与琥珀酸酐的酯化反应，进行动力学拆分，离子液体中加入有机碱（如三乙胺）可以在不影响对映选择性的前提下，显著提高反应速率。许多潜手性醇可以通过这种方法进行动力学拆分。例如，在离子液体中，通过考察多种脂肪酶催化烯丙醇的不对称酯基转移反应发现，反应的速率和产物选择性取决于离子液体中阴离子的种类，产物通过醚萃取分离后，含有酶的离子液体可以反复使用。再如，在离子液体中对外消旋 P-手性羟甲基次磷酸酯进行动力学拆分，结果表明，在[BMIM][BF_6]中，产物的立体选择性比使用传统的有机溶剂有了显著提高，*ee* 值可以提高 3～6 倍。与此相反，在亲水性的离子液体[BMIM][BF_4]中未发现产物有立体选择性。目前，对此现象还没有令人满意的解释。此外，另有研究人员考察了无水条件下，在离子液体[BMIM][BF_6]或[BMIM][BF_4]中，Novozym 435 催化 5-苯基-1-戊烯-3-醇与甲酸酯的反应，得到了较高的反应速率和立体选择性，所用的酶可以循环使用，但是所生成的乙醛低聚物在溶剂中的聚积会使反应速率显著下降。当把反应条件改为 40℃下减压进行时，酶循环使用就可以得到相应的反应速率和产物选择性，但是这一方法仅仅适用于非挥发性的底物。随后的研究表明，[BMIM][BF_4]是乙酸乙烯酯为供体的酯基转移反应的良好溶剂，酶可以很方便地循环使用，没有发现乙醛低聚物，所选择的条件同样适用于挥发性的底物。但是当使用[BMIM][BF_6]时，反应却不能进行。该研究小组还在咪唑烷基磺酸盐的离子液体中考察了烯丙型醇与乙酸乙烯酯的酯基转移反应，反应速率虽然没有咪唑四氟硼酸盐高，但是几乎可以得到光学纯的乙酸烯丙醇酯。又如，通过考察在不同的离子液体和有机溶剂中 *Pseudomonas cepacia* 酶催化 2-羟甲基-1,4-苯并二氧六环同乙酸乙烯酯的酯基转移反应发现，离子液体作为传统的有机溶剂的添加剂，对反应有显著的影响，离子液体中的酶可以循环使用多次，催化活性没有显著降低（图 13-9）。

在 6 种不同的离子液体中，通过考察 CALB 或 α-糜蛋白酶（体积分数为 2%）催化的酯基转移反应发现，所考察的离子液体都增加了酶的热稳定性和催化活性。例如：酶的催化活性在[BMIM][BF_4]中比在传统溶剂正丁醇中提高了 5 倍，酶的半衰期提高了 4 倍。

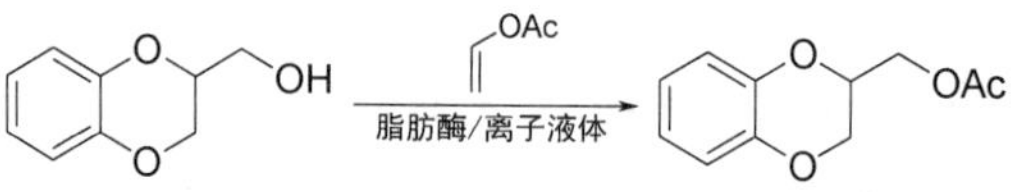

图 13-9　离子液体中脂肪酶催化 2-羟甲基-1,4-苯并二氧六环同乙酸乙烯酯的酯基转移反应

在 7 种离子液体中，通过考察 *Candida rugosa* 酶催化的布洛芬与正丙醇的酯化反应，实现了布洛芬的动力学拆分，并把结果与在异辛烷中的反应进行对比，研究发现[BMIM][BF_6]中的立体选择性是在异辛烷中的 2 倍，酶的稳定性比在异辛烷中提高了 25%。这显示出[BMIM][BF_6]作为酶催化反应的替代溶剂，可以表现出独特的优势。α-氨基酸是许多药物和具有生理活性物质的结构单元，通过酶法拆分是合成手性氨基酸的有效方法。在离子液体 EpyTA 中，对苯丙氨酸酯与链烯的拆分结果表明，酶的活力和产物的立体选择性都是很高的。此外，也有一些文献报道使用离子液体中酶催化酯基转移和 $ScCO_2$ 分离技术的结合，这提供了分离异构体的可供选择的方案。

2．酰胺化反应

嗜热菌蛋白酶是一种性质非常稳定的反应酶，在憎水性离子液体介质中，能够对 *Z*-天冬酰胺苯丙氨酸甲酯的合成起到良好的催化作用，其产物的收率能够达到 95%（图 13-10）。在离子液体中的蛋白酶具有良好的稳定性，其活力与在乙酸乙酯-水体系中相当，为蛋白酶催化作用的充分发挥提供了良好的介质环境。相较于有机溶剂乙腈和己烷，在离子液体中的蛋白酶只需要少量的水用以维持其活力，而对于在超临近 CO_2 中进行的反应，蛋白酶对于水的需求量较高。研究表明，在离子液体和有机溶剂中的酯交换反应速率相当。某些蛋白酶在离子液体中的活力虽然仅为醇类液体的 10%～50%，但是在离子液体中的蛋白酶具有更高的稳定性，在催化反应过程中能够始终保持自身性质的稳定，有利于催化反应向正方向不断进行，因此，最终能够获得更高的产物浓度。

图 13-10　蛋白酶催化 *Z*-天冬酰胺苯丙氨酸甲酯的合成

利用 CaLB 在[EMIM][BF_6]中催化葡萄糖的酯化反应，其反应选择性可达到 100%，反应在[MOEMIM][BF_4]中变化比在丙酮中快 100 倍，产率为 99%，选择性为 93%，这是由于葡萄

糖在[MOEMIM][BF_4]中溶解度比在丙酮或者THF中高。

3．氧化还原反应

氧化还原酶催化的不对称合成是一种重要的合成生物催化合成手性化合物的方法，也是当前最有发展前景的方法之一。在实际氧化还原酶的催化过程中，为了促进催化反应的顺利进行常常需要配合一种辅酶。由于辅酶的价格较高，为了尽可能减少反应费用，在反应过程中往往需要利用完整的细胞进行催化反应。例如，通过将生物试剂的优点和离子液体可循环利用的优点进行有机结合，可研制出发面酵母，用作催化剂由酮的还原反应制备醇，相较于传统的有机溶剂-水体系，该催化剂在产物的对映选择性上表现出了良好的性质，而且发面酵母只需要进行简单的过滤就能与产物进行有效的分离。

4．其他酶催化的反应

糖苷酶在离子液体-水体系中具有良好的耐受性，这就为其在离子液体中进行有效的催化反应提供了必要条件。例如，采用β-半乳糖苷酶在离子液体中对N-乙酰乳糖胺进行催化反应，当该催化反应在水中进行时，β-半乳糖苷酶会导致产物进行二级水解，进而影响产物的生成量，其进行水解的产物占生成总产物的70%；而离子液体-水体系则能对产物的二次水解起到良好的抑制作用，避免产物的大量水解，因此，其产物的产率高达60%，并且糖苷酶在离子液体-水体系中能够保持较高的活力，可以进行循环重复利用，能够有效降低反应成本。

（姜进举，熊强，宁利敏）

第十四章

有机合成中的酶促反应

在有机合成领域中，化学、区域和立体选择性催化方法的开发仍然存在许多挑战，此外，减少催化剂系统对环境的影响并提高其操作简单性对于化学有机合成的长期可持续性发展至关重要。酶是有机合成中颇具吸引力的催化剂，因为它们在化学反应中提供的选择性通常是小分子催化剂无法比拟的。另外，再加上其可再生性和操作简单性以及酶发现、定向进化的高通量技术和计算设计和建模方面的最新进展，使得生物催化剂日益成为有机化学家工具箱中的关键贡献者。

传统的有机合成具有以下问题。

① 有机溶剂的使用：有机合成中需要使用有机溶剂，但为了实现可持续发展，有机溶剂的使用应尽量减少，并应选择环境友好的有机溶剂。

② 废物的产生：在有机合成中，使用化学试剂和有机溶剂会产生大量废物。为了实现绿色和可持续发展，有机合成需要减少废物生成并避免使用有毒和/或危险物质。

③ 多步合成的产率低：传统的多步有机合成过程中，需要将中间体分离和纯化后再进行下一步反应，这导致产率低、循环回收过程复杂并会产生大量废物。

为了充分利用生物和小分子催化剂系统的优势，化学合成的化学酶策略的设计和实施近年来受到越来越多的关注。本章将系统介绍有机合成中的酶促反应，为从事酶制剂开发的生物学家提供应用思路，为从事化学合成的化学家寻找可替代的生物合成路径并提供便捷的信息查询“字典”。

第一节　酶催化的有机合成反应概述

根据酶的来源、功能和化学性质的不同，可以将生物酶分为以下几类：①氧化还原酶类，这类酶参与氧化还原反应，包括过氧化氢酶、过氧化物酶、醛氧化酶等；②转移酶类，这类酶参与底物之间的转移反应，包括甲基转移酶、乙酰转移酶、磷酸转移酶等；③水解酶类，这类酶能催化水解反应，包括酯酶、蛋白酶、淀粉酶、磷酸酶等；④裂合酶类，这类酶能催化裂解反应，包括碳酸酐酶、腺苷酸环化酶等；⑤异构酶类，这类酶能催化异构化反应，包括磷酸丙糖异构酶、醛醇缩合酶等；⑥合成酶类，这类酶能催化合成反应，包括 ATP 合成酶、氨基酸合成酶等。

酶在有机合成中的应用范围广泛，可用于合成多种化合物。它们可以通过催化一些特异性反应来加速有机合成反应。酶的应用领域包括制药、食品和饮料加工、造纸行业、纺织品和皮革行业等。酶催化的有机合成反应具有较高的选择性和效率，并且对环境友好，可广泛应用于制药、化工和其他领域。相比于传统的多步有机合成过程，酶催化的有机合成反应。将多个催化步骤整合到一个反应中，不需要分离中间体，可以减少废物的生成。也就是说，酶促反应同时还具有与化学反应进行级联组合反应的优势。

一、有机合成反应中酶催化特征

酶催化转化与传统化学转化相比，在反应条件和选择性方面具有以下优势：

① 环境友好：酶催化过程是绿色和可持续的，符合绿色化学的 12 个原则中的 10 个。催化剂来自可再生物质，具有生物相容性、可生物降解性，并且几乎没有毒性和危害性。相比于使用稀有贵金属催化剂，酶催化避免了去除产物中微量贵金属的成本。此外，酶促反应一般无需进行官能团的活化、保护和去保护等步骤，比传统有机合成更加简便、高效。同时，酶催化主要在标准反应器中、接近环境温度和压力下在水中进行，降低了对有机溶剂的依赖和使用量，使其在环境上更具吸引力和成本效益。

② 高选择性：酶催化过程通常能够准确区分立体异构体、官能团等化合物特性，实现立体选择性、化学选择性。特别是通过高度工程化的酶，可以实现几乎绝对的对映选择性，因此在合成光学纯的药物中间体方面成为首选方法。

③ 易重复利用：酶可以通过交联等方法固定在载体上，从而增加酶的稳定性和可重复使用性。相比于传统有机催化剂，酶制剂更易重复利用。

二、有机合成反应中酶催化的劣势

传统化学转化与酶催化转化相比，酶催化转化的劣势主要有：

① 底物适应性问题：酶通常催化特定的底物进行反应，而对于结构差异较大的非天然底物的转化效率可能较低。

② 稳定性问题：一些酶可能在高温或有机溶剂等工业条件下表现出较低的稳定性，需要通过酶工程等手段进行改进，以提高稳定性。

③ 成本问题：在有机合成中，酶制剂的成本是一个重要的挑战。商业化的酶制剂价格相对昂贵，特别是一些稀缺的酶或需要昂贵辅因子的酶。为了解决这个问题，稳定的固定化酶的研发成为一个重要的发展方向。通过将过量产生的热稳定酶与适当的固定化方式结合，可以实现酶的重复利用，从而获得低成本的催化剂。

④ 反应条件限制问题：一些酶需要特定的反应条件，如温度、pH 等，这可能限制了其在工业生产中的应用。

⑤ 下游分离纯化问题：酶促反应通常需要进行底物和产物的分离和纯化步骤，这可能在工艺上增加困难和成本。

⑥ 工业应用问题：有机合成中应用酶催化需要考虑其在工业规模上的可行性，并解决相关的工艺开发和下游处理的难题。

在工业应用中，这些劣势正在通过酶工程、底物工程和反应工程等技术的不断发展和改进得到有效解决。

第二节 酶催化有机合成反应的类型

一、C—O 键的水解和生成反应

1．羧酸酯的水解和合成反应

酶催化的羧酸酯类底物主要包括 α-氨基酸酯、苯氧丙酸类酯、烯酮酸类酯以及环状二元醇酯等。羧酸酯类化合物具有广泛的应用价值，可用于制备药物、香料、涂料、塑料等多种化合物。在医药领域，羧酸酯类化合物常被用作药物前体，通过在体内水解生成活性药物。在香料和食品添加剂的制备中，羧酸酯类化合物常用于增强香味或给食品增添特殊的风味。此外，羧酸酯类化合物还可以用作涂料的添加剂，改善其性能，并在塑料工业中用作增塑剂，增加塑料的柔韧性。

催化以上羧酸酯类底物的酶有酯酶和脂肪酶。酯酶是一类由大自然进化而来的多功能酶，负责催化酯类化合物的水解和合成反应（图 14-1）。脂肪酶是一类特殊进化来水解脂肪和油的酯酶的亚类，酯酶和脂肪酶之间有一些结构上的差异。酯酶和脂肪酶对底物的结构没有特定的选择性，这使得它们成为有机化学领域中理想的催化剂。由于大多数底物在水中溶解度较差，因此在水解反应中推荐使用两相体系。而且，多数脂肪酶在两相混合体系中显示出较高的活力。

$$R_1C(=O)OR_2 + H_2O \rightleftharpoons R_1C(=O)OH + R_2\text{-}OH$$

图 14-1 由酯酶（脂肪酶）催化的酯的合成和水解反应

此类酶的催化反应可通过动力学拆分、不对称还原两种反应完成（图 14-2)：①以外消旋体为起始物质的动力学拆分（kinetic resolution，KR），利用酶的催化作用可以实现高对映选择性［图 14-2（a)]，可以在反应进行中实现对映体的再利用，减少催化剂的浪费。然而，动力学拆分的缺点是限制了理论产量，产率最高只能达到 50%。这是因为该方法只能将左右旋异构体中的一种转化为产物，而剩余的旋光异构体需要通过酶降解后再循环利用。此外，动力学拆分需要对底物进行消旋处理，并且可能需要使用较高浓度的底物来提高转化率，这增加了生产成本。不过，可以通过将 KR 与起始物质的可逆动态消旋结合，使 KR 的产率翻倍，总体过程被称为动态动力学拆分。②以前手性化合物为起始物质的不对称还原反应法［图 14-2（b)]，如对称二醇、二酯或二酸酯。酯酶可以通过对化学上的两个功能基团之一进行对映选择性转化来打破化合物的对称性。该方法在理论上可实现 100%的产率和 100%的对映选择性。

2．环氧化物的水解和合成反应

环氧化物是一类含有环氧基团的化合物，其中环氧基团指由氧原子和碳原子组成的环状结构。环氧化物在生物界中广泛存在，具有多种生理功能。例如，一些环氧化物可以作为生物活性分子，参与信号转导、细胞分化等生命活动。此外，一些环氧化物还具有抗菌、抗病毒等活性。环氧化物在生物界中的存在和生理功能也为其在药物研发等领域的应用提供了广阔的前景。因此，环氧化物在有机合成和药物研发等领域具有重要的应用价值。环氧化物在有机合成中的应用主要涉及碳链增长、官能团转化和点击反应等方面。碳链增长反应是利用环氧化物与烯烃、炔烃等化合物中的不饱和键进行加成反应，生成更长碳链的化合物。官能团转化反应是利用环氧化物作为中间体，进行羟基、氨基等官能团的转化。点击反应是利用环氧化物与叠氮化物的反应，生成具有高度活性的氮杂环丁烷等化合物。

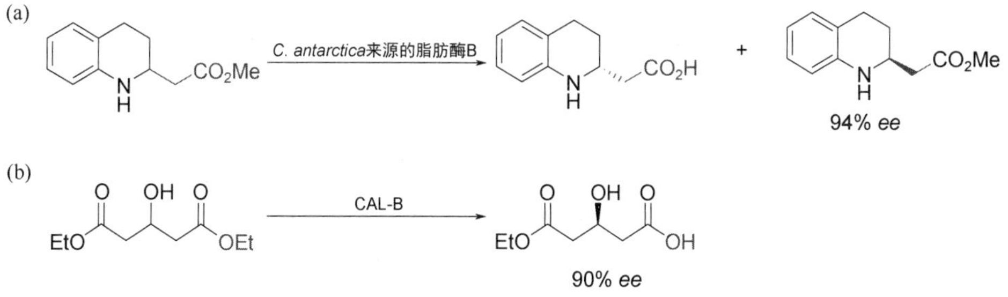

(a) *C. antarctica*来源的脂肪酶B；94% *ee*

(b) CAL-B；90% *ee*

图 14-2　酯酶（脂肪酶）催化的动力学拆分反应（a）和不对称还原反应（b）

环氧化物的水解和合成反应可以通过不同的酶，如卤代醇脱卤酶、环氧化物水解酶和醇脱氢酶等实现。酶催化的反应如图 14-3 所示。合成和转化环氧化物的两类主要的酶是卤代醇脱卤酶和环氧化物水解酶（图 14-3 中加粗显示的反应）。环氧化物水解酶催化水分子与环氧化物的加成，产生邻二醇。卤代醇脱卤酶催化卤代醇的可逆闭环以及与叠氮化物、氰化物和亚硝酸盐等亲核试剂的不可逆开环。

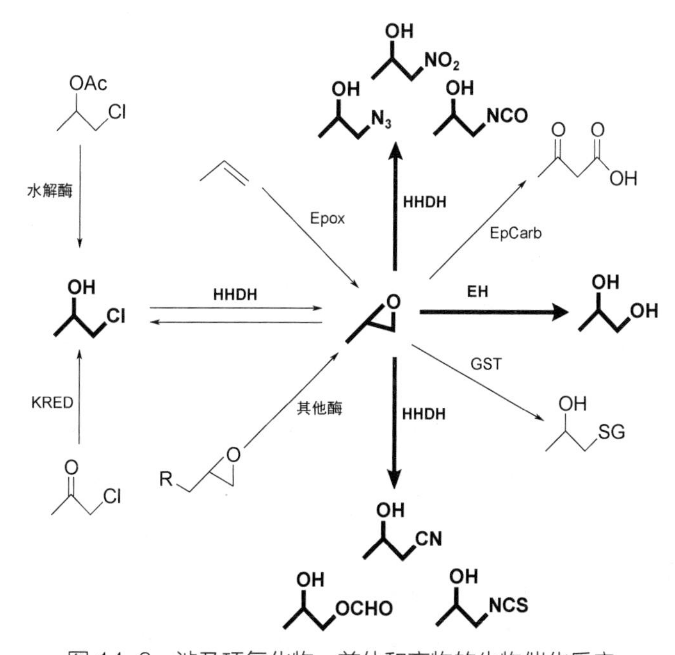

图 14-3　涉及环氧化物、前体和产物的生物催化反应

卤代醇脱卤酶（HHDH）、环氧化物水解酶（EH）催化的反应，实际进行了克级反应。醇脱氢酶（称为 ADH 或 KRED）、环氧化酶（Epox）、环氧化物羧化酶（EpCarb）、谷胱甘肽硫转移酶（GST）以及与相邻官能团发生反应的各种其他酶也能催化该类反应

大多数环氧化物在酶促反应条件下会发生一定程度的水解。这是其中一个主要缺点，也是目前已被证明的其生物催化在工业规模应用的障碍之一，但是这个问题可以通过偶联反应，

省略环氧化物的分离，并让它进一步反应成更稳定的物质来解决。

3．糖苷键的合成和水解反应

这类反应主要指糖苷类化合物的合成和水解。糖苷类化合物是由糖基通过糖苷键与其他化合物结合而形成的化合物。糖苷键是一种连接两个分子的化学键，其中一个是糖分子，另一个可以是糖分子以外的其他分子。糖苷类化合物在生物体内广泛存在，包括多种类型，如脂质糖苷、氨基酸糖苷和核苷酸糖苷等。它们在生物体内发挥重要的作用，例如作为信号分子、调节基因表达和参与细胞黏附等。

完成这类催化反应的酶主要包括两类：糖苷酶（glycosidase，EC 3.2.1.-）和糖基转移酶（glycosyltransferase，EC 2.4.-）

（1）糖苷酶

糖苷酶是一类广泛存在的酶，它们可以水解两个或多个碳水化合物之间的糖苷键，或者碳水化合物与非糖基团之间的糖苷键。其催化的反应如图 14-4 所示。根据作用底物的不同，糖苷酶可分为多种类型，包括寡糖合成酶、糖蛋白修饰酶和木质素合成酶等。这些酶在生物体内的作用各不相同。例如，寡糖合成酶参与细胞壁多糖的合成，糖蛋白修饰酶负责蛋白质的糖基化修饰，而木质素合成酶则参与木质素的生物合成。

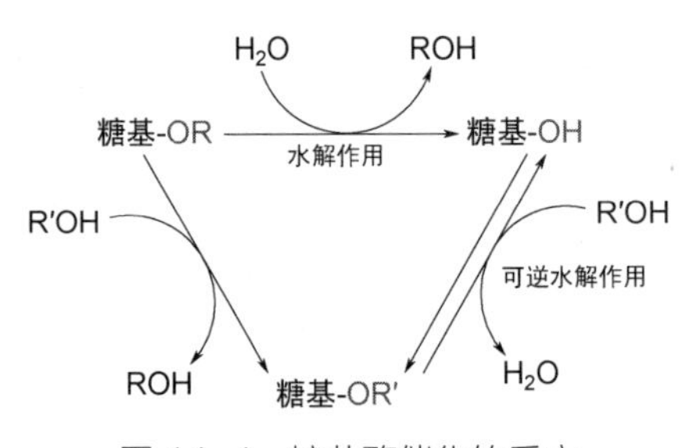

图 14-4　糖苷酶催化的反应

糖苷酶的部分应用案例包括：糖苷酶通过转糖基化或逆水解反应，以单糖、寡糖或活性糖苷作为供体，构造和修饰糖结构，合成寡糖，包括二糖、三糖和更高级别的多糖；降解纤维素和木聚糖，应用于农业、纸浆和纸张、纺织品以及食品工业中；部分糖苷酶，如纤维素酶和木聚糖酶，用于生物质降解和生物燃料的生产；制备食品工业中的一些特定化合物，比如益生元类似物和果聚糖（寡聚果糖）等。

由于酶本身的催化特点，糖苷酶需要在水环境中催化反应，而在纯有机溶剂中往往无活力。糖苷酶在催化反应中对于底物的区域选择性较低，当底物为糖时通常会形成多种异构体，导致产物收率降低。

（2）糖基转移酶

糖基转移酶负责将糖基从供体分子转移到受体分子上（如图 14-5 所示），从而合成寡糖和其他糖蛋白。根据其功能和底物，糖基转移酶可分为多种类型，如：①糖蛋白合成中的糖基转移酶，这些酶参与了在细胞质和细胞膜上糖蛋白的合成。②细胞受体中的糖基转移酶，这些酶负责细胞表面受体的糖基化修饰，有助于细胞间的识别和相互作用。③糖脂合成中的糖基转移酶，这些酶参与了膜上糖脂的合成，对细胞膜的结构和功能具有重要作用。④核酸糖基转移酶，这些酶负责将糖基转移到核酸分子上，形成具有特定功能的核酸糖。

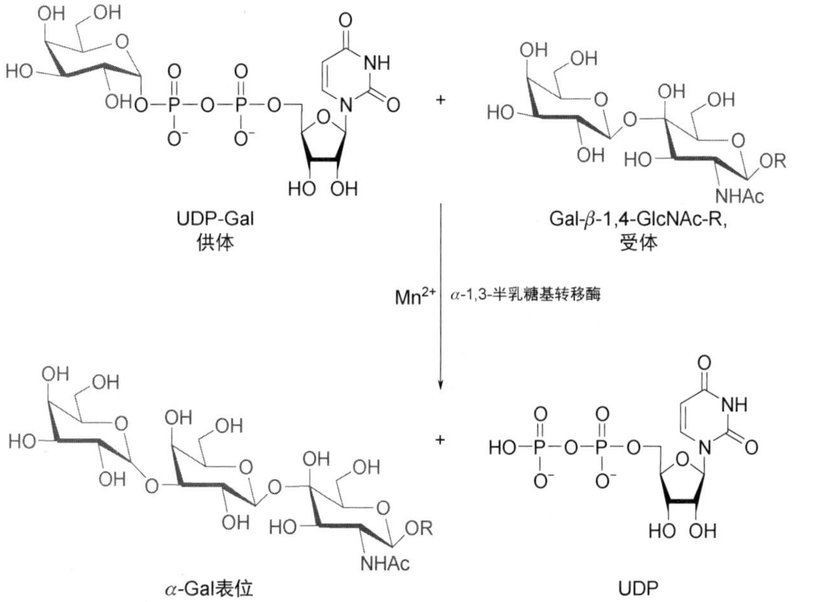

图 14-5　α-1,3-半乳糖基转移酶催化完成的转糖基反应

糖基转移酶的部分应用案例包括：通过糖基转移酶的作用，可以将糖基从供体分子转移到受体分子上，从而合成寡糖（oligosaccharide）；将葡萄糖转移到底物分子上，用于制备食品中的益生元化合物，如寡糖；对药物中的糖基进行转移或修饰，改变药物的活性和稳定性，从而发展新型药物；将糖基转移酶应用于制备苦参苷等天然化合物的糖基修饰衍生物；利用高通量工具（如糖类芯片）结合糖基转移酶的特异性反应，用于筛选药物靶点和药物分子的相关糖基结构。

值得注意的是，糖基转移酶在实际应用中仍面临着一些挑战，如糖基转移酶的稳定性较低，易受到环境温度、湿度、pH 等变化的影响，导致其催化活性的丧失；糖基转移酶不易获得，需要经过复杂的生物化学分离和纯化过程才可获得，而且这些酶的来源有限，成本较高；糖基转移酶的稳定性较低，需要使用昂贵的核苷酸糖基作为供体。上述因素综合限制了其在工业化生产中的应用。

二、C=C 键的加水和消除反应

水与 C=C 键的加成可以通过水合酶的催化来实现。水合酶（hydro-lyase 或 hydratase）是一类催化 C=C 键可逆加水反应的酶类，它们在新陈代谢中起着重要作用，参与柠檬酸循环、脂肪酸的合成和降解等过程。例如，利用水合酶催化生产（*R*）-γ-dodecalactone，这是威士忌中的一种重要风味物质。一些互变异构酶（tautomerases）和脱卤酶（dehalogenase）也催化水加成到 C=C 键上以形成醇。水合酶可根据加水机制分为两类，包括向孤立的 C=C 键上加水的酶和共轭的 C=C 键上加水的酶［图 14-6（a）］。可以完成对孤立双键进行水的加成的酶主要有油酸水合酶（oleate hydratase，EC 4.2.1.53）、类胡萝卜素水合酶（carotenoid hydratase）、基维酮水合酶（kievitone hydratase，EC 4.2.1.95）、乙炔水合酶［acetylene hydratase（AH），EC 4.2.1.112］、二醇脱水酶/甘油脱水酶（diol dehydratase，EC 4.2.1.28）等；可以完成对共轭双键进行水的加成的酶按照活化基团主要分成三类，包括：①活化基团为酸的延胡

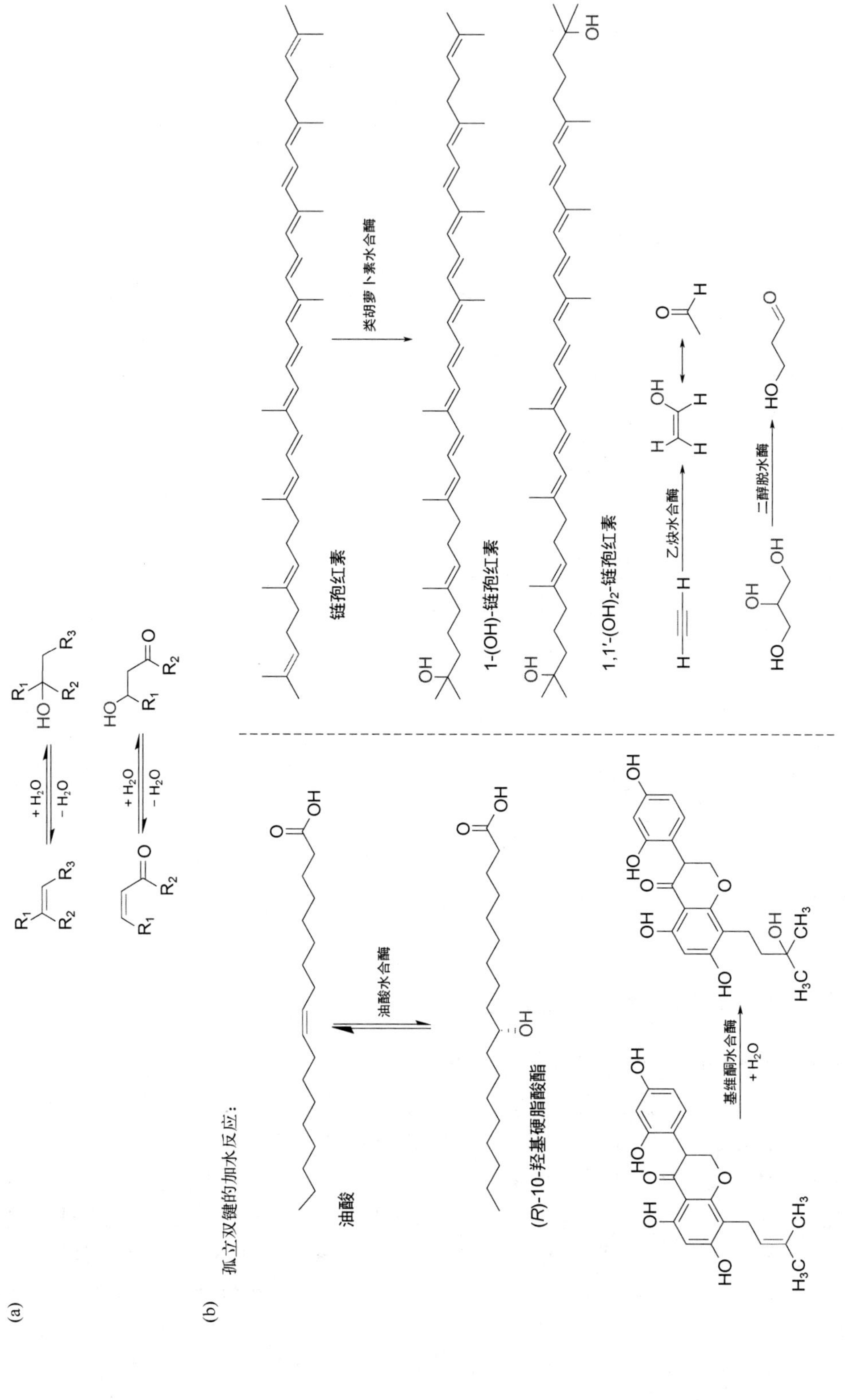

(a)

R_1 R_2 R_3 $\underset{-H_2O}{\overset{+H_2O}{\rightleftharpoons}}$ HO R_1 R_2 R_3

R_1 R_2 O $\underset{-H_2O}{\overset{+H_2O}{\rightleftharpoons}}$ HO R_1 O R_2

(b)

孤立双键的加水反应：

油酸 $\xrightleftharpoons{\text{油酸水合酶}}$ (*R*)-10-羟基硬脂酸酯

基维酮水合酶 $+H_2O$

链孢红素 $\xrightarrow{\text{类胡萝卜素水合酶}}$ 1-(OH)-链孢红素

1,1'-$(OH)_2$-链孢红素

H—≡—H $\xrightarrow{\text{乙炔水合酶}}$ H H OH H $\leftrightarrow$ O H

HO OH OH $\xrightarrow{\text{二醇脱水酶}}$ HO O

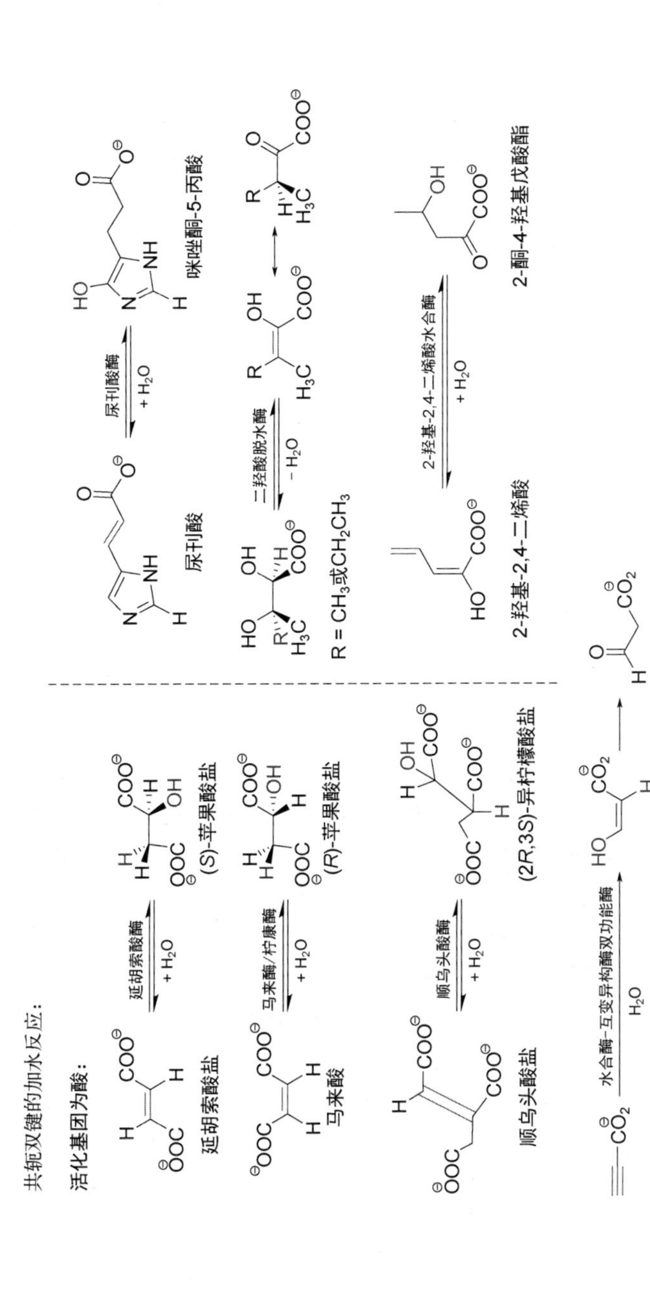

图 14-6　水合酶催化的加成反应

（a）水分子与孤立双键和共轭双键的加成反应通式；（b）水合酶的类别及催化底物

索酸酶（fumarase，EC 4.2.1.2）、马来酶/柠康酶（malease and citraconase）、顺乌头酸酶[aconitase（Acn）or citrate（isocitrate）hydro-lyase，EC 4.2.1.3]、尿刊酸酶[urocanase（urocanate hydratase，EC 4.2.1.49]、二羟酸脱水酶[dihydroxy acid dehydratase（DHAD），EC 4.2.1.9]、糖脱水酶（sugar dehydratase）、2-羟基-4-二烯酸水合酶（2-hydroxy-4-dienoate hydratase）、丝氨酸和苏氨酸脱水酶（serine and threonine dehydratase）、水合酶-互变异构酶双功能酶（hydratase-tautomerase bifunctionality）等；②活化基团为酮的脱氢喹酶（dehydroquinase，EC 4.2.1.10）、斯卡酮脱水酶（scytalone dehydratase）、1,5-脱水-D-果糖脱水酶[1,5-anhydro-D-fructose dehydratase（AFDH），EC 4.2.1.111]和醛糖-2-乌洛糖脱水酶等；③活化基团是硫酯的酶，主要参与催化脂肪酸合成、脂肪酸降解以及β-氧化等。图 14-6（b）详细列出了以上水合酶的部分催化底物。

水合酶催化反应存在的一个缺点是水合酶对底物的选择性很高，往往只能催化一种底物。这一特点使得水合酶在有机合成中的应用受到了一定的限制。此外，水合酶催化反应的定量收率只能通过原位产物去除来实现。

三、C—N 键的水解和生成反应

含氮有机化合物在过去、现在和将来都会引起化学工业界的极大兴趣。它们广泛存在于食品、化妆品、药品和农用化学品等生产领域，其市场容量从每年几公斤到大于 1 万吨不等。有机氮也是任何生命系统不可或缺的一部分：含氮有机化合物是核酸和蛋白质两类重要生物聚合物以及许多其他生物分子（例如激素、神经递质、细胞因子和抗生素）的组成部分。因此，大自然已经演化出了丰富的酶库，例如蛋白酶、酰胺酶、C—N 键裂解酶、氨基转移酶等，它们可以非常有效地作用于 C—N 键。这些酶相对稳定，通常不需要昂贵的辅因子，如 NAD(P)H 或 ATP，这使得它们在实际应用中非常有吸引力。

1．腈水解成酰胺

酰胺在许多领域都有应用，包括但不限于以下几个方面：①化工领域。通过酰胺的合成，可以生产多种化学品。例如，将腈经由腈水合酶催化水解成酰胺的过程被成功应用于利用丙烯腈合成丙烯酰胺，这是首个成功利用酶催化生产基础化学品的例子。②医药领域。酰胺是许多药物的重要组成部分。酰胺具有较好的稳定性和生物活性，因此在药物设计和合成中被广泛应用。③农业领域。酰胺类化合物也被用于制造农药和植物保护剂，用以保护作物免受病虫害的侵袭。④合成材料领域。酰胺可用于合成聚酰胺等高分子材料，如尼龙、聚酰胺纤维等，具有重要的工业应用价值。⑤其他领域。酰胺还可用于染料、涂料、塑料添加剂、润滑剂等行业。

能够催化腈化合物的水解反应生成酰胺的酶是腈水合酶（nitrile hydratase，NHase，EC 4.2.1.84）。使用腈水合酶催化是一种在温和条件下进行酰胺合成的新方法。从严格意义上讲，第一步是水合——将水加到 C≡N 上——而不是水解（图 14-7）。

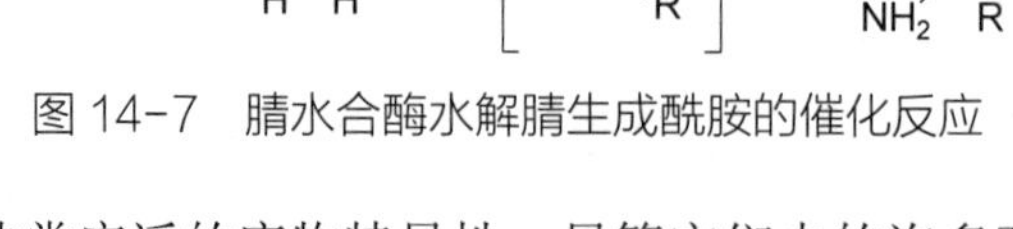

$$R-C\equiv N + H_2O \longrightarrow [HN=C(OH)R] \longrightarrow NH_2C(=O)R$$

图 14-7　腈水合酶水解腈生成酰胺的催化反应

腈水合酶通常具有非常广泛的底物特异性，尽管它们中的许多亚类都对脂肪基腈具有偏好，但大多数也能够转化具有大体积取代基的芳香族和杂环腈。腈水合酶在应用过程中也存在一些不足。例如这种酶的热稳定性较差，在高温条件下催化效率较低。另外，腈类化合物的水合反应通常为放热反应，过高的反应温度会导致腈水合酶的催化效率降低、使用寿命减少。

2．腈水解成羧酸

腈一步水解为羧酸是传统有机合成的一种不寻常的过程。一般来说，腈水解为羧酸的常规过程是通过形成酰胺作为中间体而进行的，并且需要苛刻的酸性或碱性反应条件。这种方法的主要缺点是会形成不必要的副产物、低产率和产生大量废物，例如无机盐。与此种方法形成鲜明对比的是，在生物体中广泛观察到的腈直接转化为有机酸的反应，这一过程是由腈水解酶（一组首先在植物中发现的酶）催化完成的。这种腈的酶促转化在温和条件下（低温和中性 pH）进行，具有高转化率和选择性，并且在某些情况下具有对映体和区域选择性。腈水解酶能够选择性地仅作用于 CN 基团，而不影响分子中其他不稳定基团，这是酶促过程的一个主要优点。基于这些优点，腈水解酶已被用于生产药物和化学品的有机合成中，并已被证明是高度通用的生物催化剂，可用于生产手性药物中间体以及每年数千吨的大宗产品。

腈水解酶（EC 3.5.5.1）是一种催化有机氰化物或腈水解成相应的羧酸和氨的酶，在水解过程中不形成游离酰胺作为中间体。腈水解酶主要分解三类底物：芳香族或杂环腈（如苯甲腈）、脂族腈、芳基乙腈。由此，腈水解酶根据底物特异性可分为芳香族腈水解酶、脂族腈水解酶、优先水解芳基乙腈的腈水解酶。腈水解酶能够选择性地将具有相同氰基的二腈转化为氰基羧酸，表现出明显的化学选择性。二腈的水解已用于合成内酰胺，两步收率可达 80%～94%［图 14-8（a）］。多种腈水解酶可以水解 α,β-不饱和腈。在大多数情况下，腈水解酶选择纯（*E*）-异构体（或没有可能异构现象的腈，例如丙烯腈）作为底物。由于这一完全的（*E*/*Z*）选择性，因此腈水解酶可以用于催化异构体分离，合成具有很高价值的（*E*）-酸或（*Z*）-腈，如(*R*)-扁桃酸和普瑞巴林的制备［图 14-8（b）、图 14-8（c）］

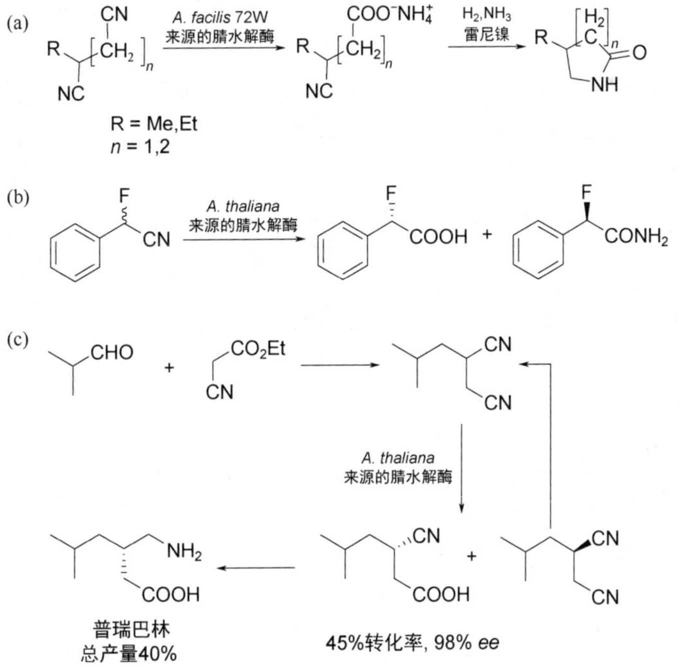

图 14-8　腈水解酶催化的反应

（a）选择性催化二腈；（b）（*R*）-扁桃酸的催化过程；（c）普瑞巴林的催化过程

目前腈水解酶的主要应用形式包括两类：一种是全细胞催化，但是这种形式可能会有额外的腈水解酶和/或腈水合酶/酰胺酶的出现，导致反应选择性差的严重问题；另一种是以游离酶的形式催化，比如纯化后的酶，但是在保存过程中不稳定，易失活。

3．酰胺的水解

有机羧酸酰胺和羧酸在工业中有着广泛的用途，可用于生产日用化学品、药品、农用化学品以及食品和饲料工业中使用的化合物。

酰胺酶（酰胺水解酶，EC 3.5.1.4）可以将羧酸酰胺水解，生成羧酸和胺，具有较强的区域选择性和对映体选择性，特别适合制备手性羧酸［图 14-9（a）]，其催化的底物包括羧酸酰胺类底物、环状酰胺类底物以及氨基酸酰胺类底物［图 14-9（b）]。

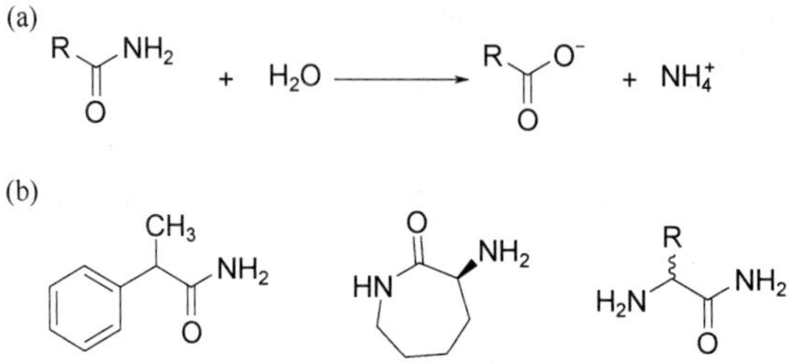

图 14-9　酰胺酶催化的反应及其代表底物

（a）酶促反应通式；（b）三类代表性底物

青霉素酰胺酶是酰胺酶中的一类，能够裂解青霉素的酰基侧链，生成 6-氨基青霉烷酸（6-APA）和相应的有机酸。青霉素酰胺酶由于其高效的催化效率、耐高温性（适宜温度高达 60℃，变性温度可达 64.5℃）及在固定化后能够重复多次利用的特点，在工业上得到广泛应用。青霉素酰胺酶通过分别水解青霉素 G、头孢菌素 G 制备 6-APA 和 7-氨基-3-去乙酰氧基头孢烷酸（7-ADCA），这些是生产半合成抗生素过程中非常重要的中间体，通过它们可以制备半合成β-内酰胺类抗生素。

4．转氨反应

转氨反应指以α-酮酸、酮或醛作为氨基的受体，氨基酸作为氨基的供体，氨基供体的氨基被转移到氨基受体的羰基碳原子上，获得手性纯的氨基酸或胺［图 14-10（a）]。这类反应可由氨基转移酶催化完成。

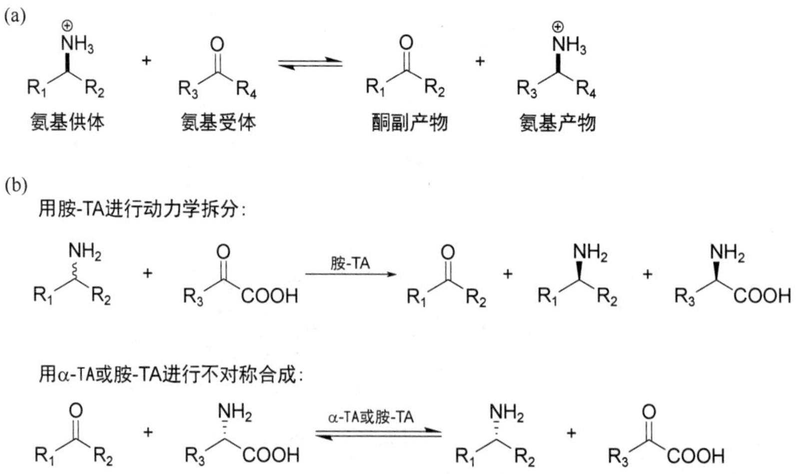

图 14-10　氨基转移酶催化的反应

（a）反应通式；（b）催化反应策略

氨基转移酶是多种代谢途径中的关键酶，因此在自然界中广泛分布。其酶促反应过程需要磷酸吡哆醛（PLP）作为辅酶，通常仅需要 50～100 mmol/L 的浓度。按照底物专一性，氨基转移酶可分为 α-氨基酸转氨酶、ω-氨基酸转氨酶和胺转氨酶三类。其中前两种酶催化反应的氨基受体通常是 α-酮戊二酸，后一种通常以丙酮酸作为氨基受体。

转氨反应可以以动力学拆分或不对称合成［图 14-10（b）］的方式进行。不对称合成通常是优选的途径，因为可以获得更高的产率。此外，产物的对映体纯度不依赖于转化率，这与动力学拆分相反，在动力学拆分中，必须达到 50%的转化率才可实现底物的对映体过量。为实现高产量，通常采用平衡转移策略，如消耗酮酸副产物、偶联氨基酸消旋反应等。

四、C—C 键的生成和裂解反应

1．羟醛缩合反应

羟醛缩合反应可以在一次操作中在羟醛加合物的 α-碳和 β-碳上产生新的碳-碳键和两个新的立体中心［图 14-11（a）］。醛缩酶（aldolase，EC 4.1.2.x）是一组特定的裂合酶，可催化醛醇供体组分（亲核试剂）与受体组分（亲电子试剂）之间可逆的、立体选择性的加成反应。产物通常以 3-羟基羰基化合物为代表，这种结构经常纳入复杂天然产物框架中的结构元素。由于其高选择性和催化效率，醛缩酶作为体外合成手性化合物的催化剂已得到越来越多的认可。醛缩酶可以用于合成和降解某些生物分子，如用于生产 1,3-丙二醇、1,4-丁二醇和其他有机溶剂；在食品工业中，其可用于生产低聚糖、功能性低聚糖和糖醇等；在医药领域，其可用于生产治疗高胆固醇血症的药物洛伐他汀。此外，醛缩酶还被用于制备手性醇、合成香料和药物等。

迄今为止，已知有几十种不同的醛缩酶（按 EC 4.1.2.x 分类），并且其中许多酶已经实现商业化应用。醛缩酶对于亲核供体组分具有很强的特异性，亲核供体组分通常是前手性的二碳或三碳片段，因此，酶可以根据其对特定亲核试剂的功能要求方便地进行分类。从合成的角度来看，目前研究最广泛的酶有：①乙醛依赖性醛缩酶，如 2-脱氧核糖-5-磷酸醛缩酶（EC 4.1.2.4）；②丙酮酸/磷酸烯醇丙酮酸依赖性醛缩酶，如 N-乙酰神经氨酸（NeuNAc）醛缩酶（EC 4.1.3.3）和 NeuNAc 合成酶（EC 4.1.3.19）等；③二羟基丙酮磷酸/二羟基丙酮依赖性醛缩酶，如果糖-1,6-二磷酸醛缩酶（EC 4.1.2.13）；④甘氨酸依赖性醛缩酶，如苏氨酸醛缩酶（ThrAs；L-苏氨酸选择性，EC 4.1.2.5；L-别异苏氨酸选择性，EC 4.1.2.6）。它们催化的反应过程如图 14-11 所示。

(a)

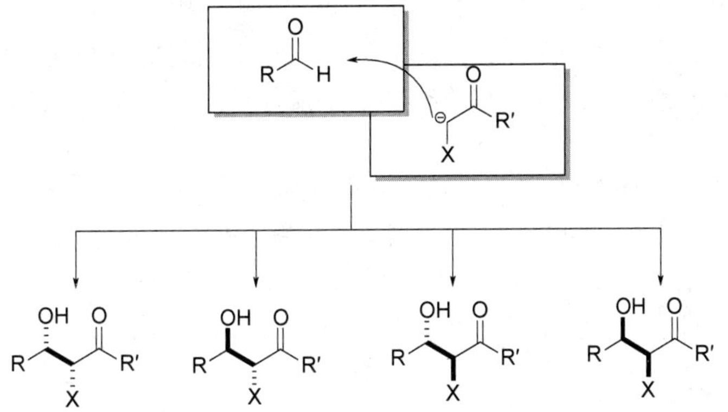

图 14-11

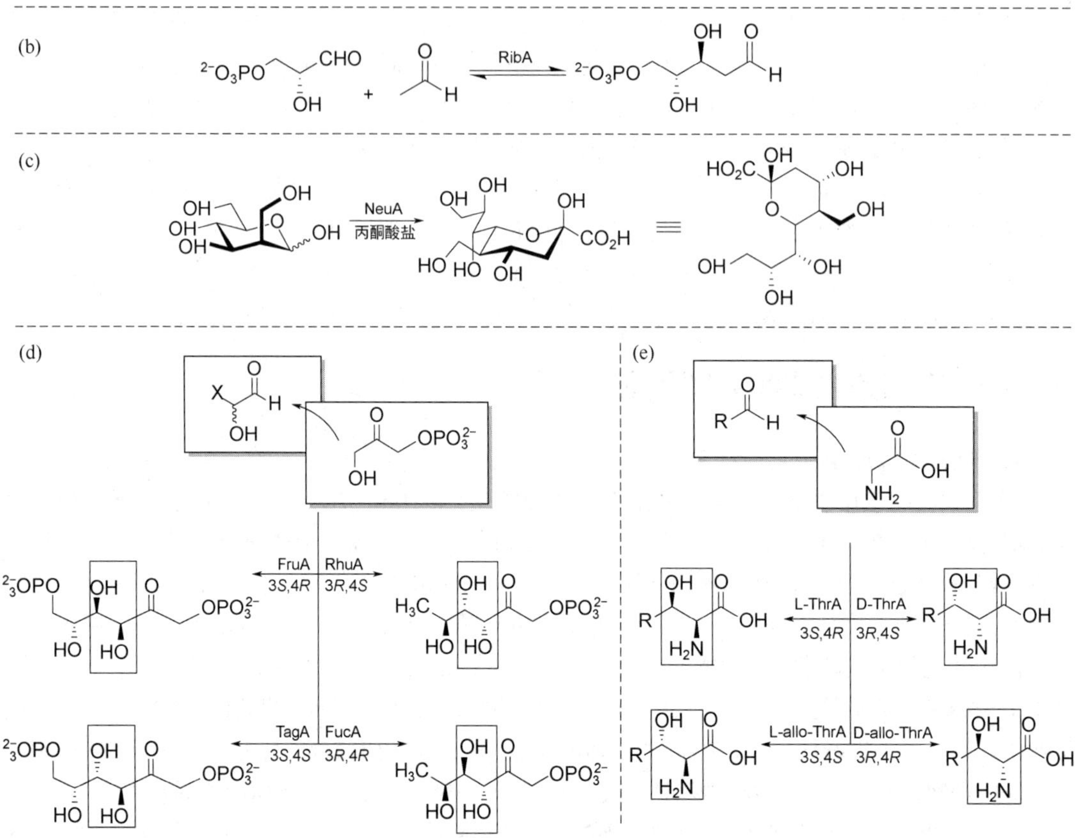

图 14-11　羟醛缩合反应

（a）反应及生成的手性情况；（b）2-脱氧核糖-5-磷酸醛缩酶（RibA）催化的反应；（c）NeuA 催化制备大环内酯类抗生素两性霉素 B 的合成前体；（d）四种立体互补二羟基丙酮磷酸依赖性醛缩酶在体内催化的羟醛缩合反应；（e）由甘氨酸依赖性醛缩酶的四种亚型催化的立体互补羟醛缩合反应

2．偶姻缩合反应

偶姻缩合反应指不同醛分子间的缩合或者同一个醛分子自缩合形成 α-羟基酮的反应。这种缩合反应是一种“极性反转”，反应过程中亲电/亲核中心（羰基碳）发生了一次大逆转，从常规的“亲电中心”变成“亲核中心”。

该类碳连接反应可由硫胺素二磷酸（ThDP）依赖性酶完成，该酶是多功能的生物催化剂，参与多种代谢途径并催化广泛的反应。它们在不同的代谢过程中参与碳与氢、氧、硫或氮之间的键的形成和断裂，最重要的是，参与两个碳原子之间的键的形成和断裂。任何涉及连接两个邻位羰基或2-羟基酮的甲醇和羰基的碳-碳键的酶促反应几乎都是ThDP依赖性酶催化完成的。

根据醛分子的类型，ThDP 依赖性酶催化的偶姻缩合反应包括以下几类：

① 脂肪族-芳香族偶姻缩合：包括由丙酮酸脱羧酶（PDC）、苯甲酰甲酸脱羧酶（BFD）等催化的脂肪族供体醛和芳香族受体醛的偶姻缩合；苯甲醛裂解酶（BAL）、苯甲酰甲酸脱羧酶（BFD）等催化的芳香族供体和脂肪族受体的碳连接反应；芳香族-脂肪族偶姻缩合；脂肪族偶姻的自连接反应；脂肪族或芳香族 α,β-不饱和供体醛与乙醛、乙醛衍生物或甲醛作为受体的碳化反应；丙酮酸（活性乙醛）分别与作为受体的丙酮酸或2-酮丁酸加成来合成乙酰乳酸和乙酰羟基丁酸的缩合反应；以羟基丙酮酸为供体，由转酮醇酶（TK）催化许多磷酸化

和非磷酸化羟基醛受体底物（碳水化合物和碳水化合物类化合物）的双碳链延长，从而产生脱氧糖（5-脱氧木酮糖、6-脱氧山梨糖）、苄基糖衍生物和确定长度的糖，例如木酮糖-5-磷酸、景天庚酮糖-7-磷酸或辛酮糖-8-磷酸等。

② 安息香缩合反应：两个苯甲醛分子在苯甲醛裂解酶（BAL）、苯甲酰甲酸脱羧酶（BFD）等催化作用下发生自偶联反应，以高产率和优异的对映体过量生成(*R*)-安息香。其催化底物不局限于苯甲醛，而是多种芳香醛［图 14-12（a）］。

③ 杂偶姻缩合反应：包括醛与 *α*,*β*-不饱和羰基化合物的共轭 1,4-加成的 Stetter 反应；偶姻与酮和亚胺的 1,2-加成缩合反应；与甲醛以及甲醛合成物的偶姻缩合，如芳香醛与甲醛可直接羟甲基化，生成相应的 2-羟基-1-芳基乙烷-1-酮［图 14-12（b）］。

3．氰醇的裂解和生成反应

对映体纯氰醇（即 *α*-羟基腈）已成为合成各种手性结构单元的通用来源，如扁桃腈。酶催化的合成方法相比化学法，表现出较好的对映体选择性，是目前最有效的制备方法。

酶催化合成氰醇有两种路径：路径 1，由酯酶或脂肪酶催化，外消旋氰醇或烷氧基腈为底物进行动力学拆分；路径 2，在羟基腈裂合酶（HNL）的催化作用下，以氰化物作为供体，形成氰醇。如今，已有多种(*R*)-和(*S*)-选择性羟基腈裂合酶可供使用。其底物范围不局限于无环脂肪酮和甲基苯基酮，还包括环状、双环、杂环和含硅化合物。如图 14-13（a）所示，羟基腈裂合酶催化游离 HCN 可逆形成氰醇和醛或酮。目前也已发现一些羟基腈裂合酶的转氢氰化活性。如图 14-13（b）所示，在(*R*)-羟基腈裂合酶的催化下，芳香族和脂肪族醛与丙酮合氰化氢发生转氢氰化，得到氰醇。这样避免了使用游离 HCN 作为氰化物源。目前也已经发现了可以使用氰甲酸乙酯作为氰化物供体，进一步扩展了转氢氰化的概念。

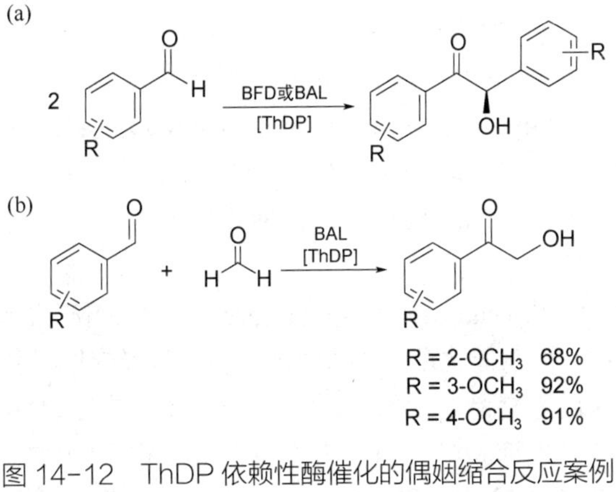

图 14-12　ThDP 依赖性酶催化的偶姻缩合反应案例

（a）芳香醛分子的安息香缩合反应；（b）芳香醛与甲醛缩合生成 2-羟基-1-芳基乙烷-1-酮

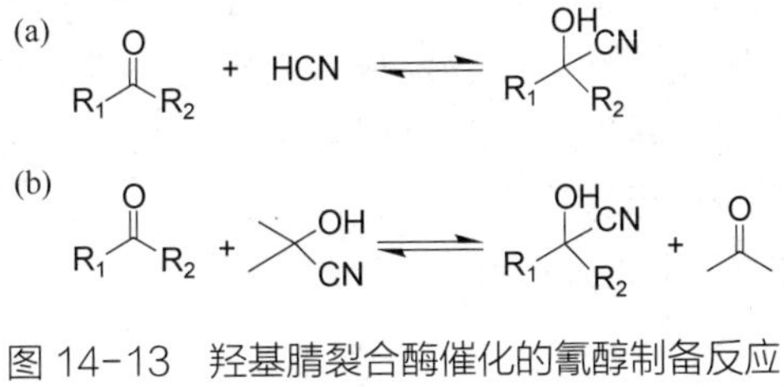

图 14-13　羟基腈裂合酶催化的氰醇制备反应

（a）以游离 HCN 作为供体；（b）以非 HCN 的化合物作为氰化物源的转氢氰化反应

五、P—O 键的生成和断裂反应

含磷酸酯的化合物具有广泛的应用价值，不仅可用作药物，还在食品工业中用作调味剂或味道增强剂，并用作化妆品中的活性成分。含磷酸盐的前药已成功用于克服各种药物递送问题，这些问题如果不解决，可能会损害母体药物的治疗价值。例如，作为抗病毒剂口服使用的几种糖苷酶抑制剂会引起胃肠道问题，因为胃肠道中的糖苷酶也受到抑制。通过药物游离羟基的磷酸化，胃肠道中糖苷酶的抑制大幅度减少，并且在循环系统中磷酸酶的作用下很容易去除不稳定的磷酸基团。这些前药中磷酸基团的离子性质显著提高了难溶性药物的溶解度和溶出速率，从而提高了生物利用度。磷酸酯也是有价值的合成中间体，可作为有机锂化合物的来源，脱水产生烯烃，用作格氏试剂立体选择性置换的底物，或者是许多碳水化合物合成中的活化结构单元。不同去磷酸化和磷酸化酶以及已用于合成转化的磷酸转移酶（激酶）均可以催化完成 P—O 键的生成和断裂反应。

1．磷酸化反应

（1）以磷酸化酶（phosphorylase，EC 2.4.1.1）作为催化剂，采用无机酸磷酸作为磷酸基团供体的反应

磷酸化酶可以将糖基转移到磷酸基团上形成新的糖苷键，具有可逆性，并且不会水解底物或产物。根据其底物和来源的不同，磷酸化酶大致分为以下几类：

① 糖原磷酸化酶（glycogen phosphorylase）：广泛分布于动物（肝、肌）和微生物中，糖原磷酸化酶催化糖原的水解反应生成葡萄糖-1-磷酸，是糖原分解过程中的关键酶。

② 麦芽糖磷酸化酶（maltose phosphorylase）：主要存在于高等植物和细菌中，催化麦芽糖的磷酸化反应生成葡萄糖-1-磷酸。该酶与麦芽糖的分解代谢过程有关。

③ 1,3-β-D-葡聚糖磷酸化酶（1,3-β-D-glucan phosphorylase）：主要存在于真菌和高等植物中，催化 1,3-β-D-葡聚糖的磷酸化反应生成 1,3-β-D-葡聚糖磷酸二酯，与植物细胞壁的合成和分解有关。

④ 嘧啶核苷磷酸化酶（pyrimidine nucleotide phosphorylase）：催化嘧啶核苷的磷酸化反应生成相应的嘧啶碱和 1-磷酸核糖，与嘧啶碱的合成和分解代谢有关。

⑤ 尿苷磷酸化酶（uridine phosphorylase）：催化尿苷的磷酸化反应生成相应的核苷酸和 1-磷酸尿苷，与尿苷的分解代谢有关。

图 14-14 以蔗糖磷酸化酶（sucrose phosphorylase，SP）为例展示了磷酸化酶的催化反应通式。蔗糖磷酸化酶（SP）可以催化蔗糖与无机磷酸的可逆转化，生成 α-葡萄糖-1-磷酸和果糖。蔗糖磷酸化酶广泛应用于食品、化妆品和医药工业中。在食品工业中，该酶可以以蔗糖为供体，以鼠李糖、木糖、果糖和半乳糖作为受体，催化得到相应的低聚糖；通过蔗糖磷酸化酶和可逆性葡萄糖-1-磷酸肌醇转移酶（CBP）的组合，可以合成纤维二糖（4-O-β-葡萄糖吡喃糖基-葡萄糖）。该过程已经在食品应用中实现了百吨级的生产规模。在化妆品工业中，该酶可以修饰和改造具有酚羟基、羧基和醇羟基的化合物。其以蔗糖为糖基供体，对苯二酚为糖基受体催化合成 α-熊果苷。α-熊果苷具有抗氧化、抗微生物和抗炎活性，是一种温和、安全和有效的产品，已广泛应用于医疗和化妆品行业。

（2）以磷酸转移酶（激酶）［phosphotransferase（kinase），EC 2.7］为催化剂，从 ATP 上转移磷酸基团到受体的反应

磷酸转移酶催化磷酸基团从一个底物转移到另一个底物，包括激酶和碱性磷酸酶等。这

些酶具有广泛的底物特异性，催化生成磷酸酯类化合物。

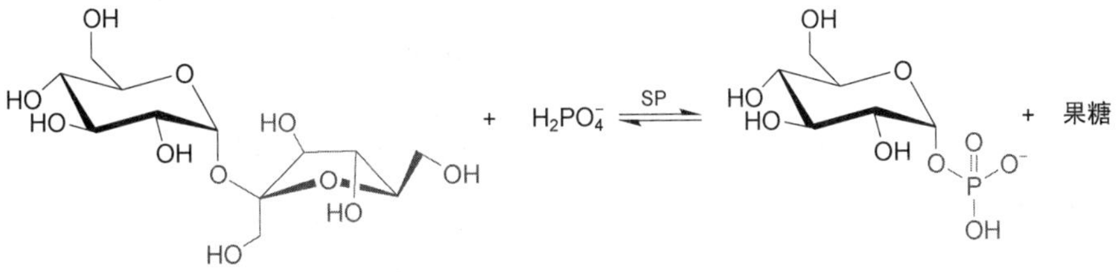

图 14-14 蔗糖磷酸化酶催化的反应通式

以激酶为例，该酶已在磷酸化化合物的合成中得到应用，通常使用醇基、羧基、含氮基团或磷酸基团作为受体。例如，激酶能够利用 ATP 将 D-葡萄糖磷酸化为 D-葡萄糖-6-磷酸，这是一种再生烟酰胺辅酶的有用试剂。激酶对底物的特异性广泛，可以选择性地将多种葡萄糖的类似物磷酸化，包括氟代类似物；腺苷酸激酶可以将腺苷酸磷酸化为具有抗病毒活性的核苷酸磷酸酯化合物。图 14-15 展示了引入泛酸激酶（PanK）和醋酸激酶（AcK）的突变体的 HIV 治疗药物 islatravir 的体外生物催化级联合成路径。在 PanK 与 Ack 的共同作用下图中化合物 **1** 磷酸化为化合物 **2**。

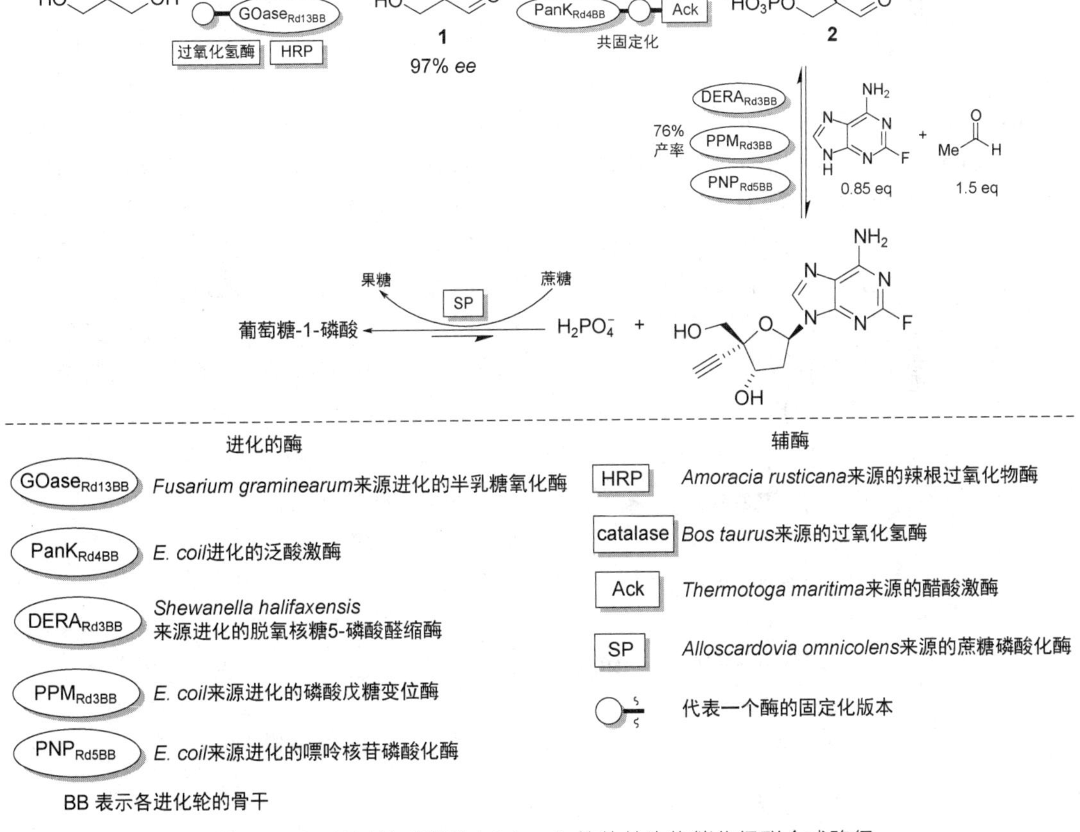

图 14-15 HIV 治疗药物 islatravir 的体外生物催化级联合成路径

2．底物去磷酸化反应

底物去磷酸化反应主要由水解酶催化完成，包括磷酸单酯水解酶（phosphoric-monoester hydrolase，EC 3.1.3）、腺三磷双磷酸酶（apyrase，EC 3.6.1.5）、裂解酶（EC4.-）等。

磷酸单酯水解酶可催化水解磷酸单酯，释放出磷酸和相应的醇，例如催化水解磷酸甘油酯、磷酸肌醇等。生成的醇取决于磷酸酯的种类。该反应通式为：H_2O+磷酸单酯 $\xrightarrow{\text{磷酸单酯水解酶}}$ 磷酸+醇。此类酶中常见的碱性磷酸酶（alkaline phosphatase，EC 3.1.3.1）在有机合成中的应用较多，包括：

① 利用其水解活性：碱性磷酸酶可用于水解聚磷酸酯以及生物样品中的鞘糖脂 1-磷酸盐。其中，鞘糖酸 1,5-双磷酸盐的区域选择性去磷酸化在合成 20-羧基-D-阿拉伯糖-1-磷酸盐（一种核糖 1,5-双磷酸羧化酶的天然抑制剂）时得到了应用。此外，碱性磷酸酶还可用于水解核苷酸和芳香磷酸酯等潜在的基于 1,2-二氧杂二环已烷的化合物的化学发光反应。

② 利用其转移磷酸基团的催化活性：碱性磷酸酶，以 PPi 和其他磷酸供体为底物，催化磷酸基团的转移反应，从而参与大量生产规模的磷酸酯类醇、二醇和多元醇的合成。

六、还原反应

1．醛酮还原成醇

醛（aldehyde）和酮（ketone）是分子中含有羰基（carbonyl）官能团的有机物。手性醇在手性药物合成领域占有重要地位。乙醇脱氢酶（alcohol dehydrogenase，ADH）是一大类负责将醛、酮和 α-酮酯、β-酮酯或 ω-酮酯可逆还原为相应的羟基化合物的酶。其催化的醛酮类底物主要包括酮酯、醛类、酮类、类固醇酮等。目前应用 ADH 催化的典型底物主要有苯乙酮及其取代衍生物、2-烷酮和简单的 α-酮酯和 β-酮酯，例如乙酰乙酸乙酯和 4-氯-3-氧代丁酸乙酯。

乙醇脱氢酶包括醛酮还原酶（AKR）、中链脱氢酶（MDR）、短链脱氢酶（SDR）。乙醇脱氢酶催化的还原反应是可逆的，使用该酶作为催化剂时其辅因子（辅酶）作为还原剂，最优选的辅因子是 NADH 或 NADPH。尽管文献中描述了大量 ADH 催化的不对称反应，但只有少量的酶是市售的，例如酵母 ADH 和来自嗜热厌氧杆菌的 ADH，所以仍有必要开发适用于特定应用的新型生物催化剂。辅因子较为昂贵，生产成本高，目前在工业应用中通过将酮还原过程与第二过程相结合来原位回收辅因子。对于原位辅因子的再生，研究人员已经开发了两种主要的方法，即底物偶联和酶偶联的辅因子再生（图 14-16）。目前使用生物催化剂的形式主要是分离的酶（纯化的游离形式、粗提取物或固定化形式）以及天然菌株或者工程菌的全细胞。

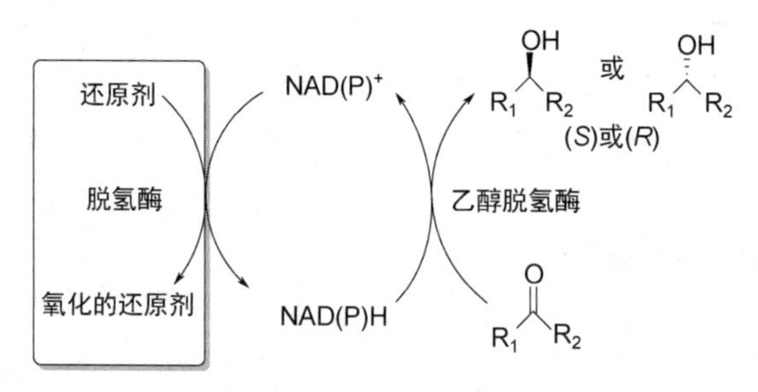

图 14-16　乙醇脱氢酶催化的反应通式及辅因子循环体系的底物偶联反应

2．C═C 键的还原反应

烯烃是化工产业最基础的原材料之一，可合成化学品、高分子材料，还可用于制造燃料，广泛应用于包装、家具家电、汽车、食品、化工、医疗卫生乃至军工制造、航天航空等领域。烯烃中 C═C 键的不对称还原反应可以同时引入两个手性中心，在不对称合成反应中是非常重要的一类反应，也是合成很多精细化工品的必要步骤。

来源于酵母的古老黄色酶（old yellow enzyme，OYE，EC 1.6.99.1）一直以来被科研工作者用于实现烯烃的不对称加氢反应。古老黄色酶家族成员广泛分布于真菌、细菌和植物中。其所有同源物都含有黄素单核苷酸（FMN）作为非共价辅基，催化反应时需要 NAD(P)H 作为辅因子（图 14-17）。面包酵母古老黄色酶被用于还原环戊烯酮、环己烯酮及其衍生物，制备前列腺素、类胡萝卜素和其他萜类化合物的手性构建，也被用于还原脂肪族 α,β-不饱和醛和酮，制备天然植物醇、α-生育酚和昆虫信息素的手性构建。其底物谱主要包括：硝基烯烃、烯酮、烯醛、烯烃、脂肪族 α,β-不饱和醛和酮等。巴斯德酵母古老黄色酶对几种硝基烯烃、烯醛和烯酮等呈现良好的还原能力，它们也可催化还原有机硝酸盐，但 OYE 不催化 α,β-不饱和酸、酯、腈和胺的还原反应。真菌古老黄色酶超家族成员，如酮-异佛尔醇还原酶［keto-isophorone（KIP）reductase］，来源于马其顿假丝酵母，可以立体选择性地还原 4-氧代异佛尔酮。*N*-乙基马来酰亚胺还原酶（*N*-ethylmaleimide reductase）来自于解脂耶氏酵母，可以在 NADPH 存在下将顺式-2-烯酰基辅酶 A 还原为相应的饱和酰基辅酶 A 衍生物。细菌古老黄色酶超家族成员，如吗啡酮还原酶（morphinone reductase），可催化还原吗啡酮和可待因酮的烯烃键，获得很难化学合成的产物氢吗啡酮和氢可酮，该产物具有有用的镇痛和镇咳特性。吗啡酮还原酶也以 NAD(P)H 依赖的方式还原 2-环己烯酮。从放射性农杆菌和阴沟肠杆菌分离出来的古老黄色酶同源物，可以催化还原有机硝酸酯。植物古老黄色酶超家族成员，如 12-氧代植物二烯酸还原酶（12-oxophytodienoic acid reductase，OPR），催化亚麻酸生物合成茉莉酸的第四步［图 14-17（b）］，以 NADPH 为代价减少图中 **3** 的内环双键，产生饱和环戊酮（**4**）。青蒿中克隆了一个编码青蒿素醛 D11 还原酶的基因，该基因参与抗疟化合物青蒿素的生物合成。

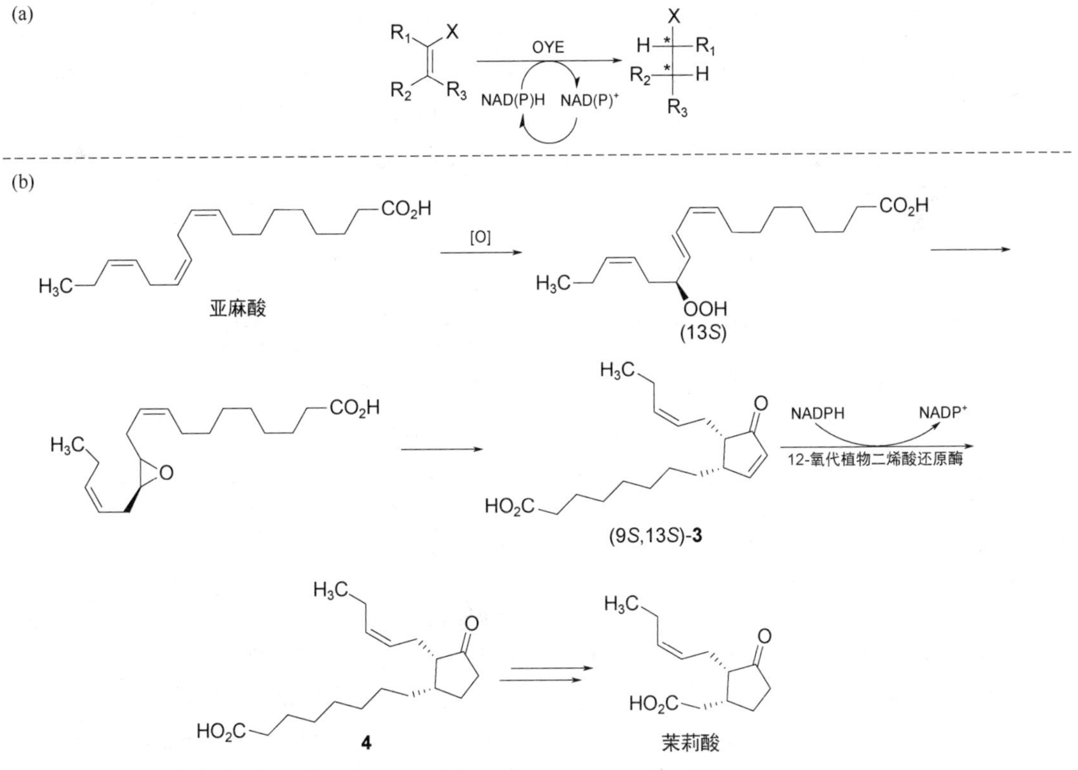

图 14-17　古老黄色酶催化的烯烃 C═C 键的不对称还原反应

（a）反应示意图；（b）古老黄色酶参与催化亚麻酸生物合成茉莉酸的应用案例

烯键还原酶（enoate reductase），也称为烯酸还原酶/脱氢酶或烯酸还原酶蛋白，是一类催化各种烯酸还原的酶，这些烯酸是含有与羰基共轭的碳-碳双键的化合物，如2-烯酸酯、烯酸、二烯醛等。烯醇还原酶参与烯醇化物的生物还原，如 α,β-不饱和羰基化合物，产生饱和羰基化合物。烯键还原酶和OYE家族之间的关系在于，这两类酶都参与了 α,β-不饱和羰基化合物的还原反应。尽管它们可能具有不同的底物特异性和催化机制，但它们在这些化合物的代谢中具有相似的功能作用。此外，OYE家族的一些成员已被发现具有烯键还原酶的催化活性。总的来说，烯键还原酶可以被认为是更广泛的古老黄色酶家族中的一个子集或特定类型的酶，具有与烯酸和类似化合物还原相关的共同特征和功能。

醛/酮氧化还原酶（alkenal/ketone oxidoreductase，AOR）在中链脱氢酶/还原酶（MDR）超家族中构成一个独特的家族，称为LTD家族。其主要存在于几种哺乳动物和各种组织中。这类酶是类二十烷失活的关键参与者，可以作为烯丙醇脱氢酶（白三烯B4 12-羟基脱氢酶）或烯酮还原酶（15-氧代前列腺素13-还原酶）作用于主要内源性脂质介质。该类酶主要催化的底物有烯酮、烯醛、烯烃。常见的酶有：15-氧代前列腺素还原酶（PGR）、15-氧代PGE2（PGE2=前列腺素E2）、LTB4 12-羟基脱氢酶（LTB4DH；LTB4=白三烯B4）、P1-f-结晶蛋白（P1ZCr）醌氧化还原酶、烯醛脱氢酶、大肠杆菌醌还原酶、普列酮还原酶、醌氧化还原酶、2-卤代丙烯酸酯还原酶。与MDR超家族的其他氧化还原酶相比，上述烯键还原酶都不依赖金属，缺乏结合的 Zn^{2+}。

短链脱氢酶，如(−)-异哌啶酮还原酶（IspR）、$\Delta^{4,5}$-甾体-5-β-还原酶等，也可以完成部分底物中C═C键的不对称还原反应，如烯酮、黄体酮、2-环己烯酮、α-丙烯酸酯。

3．酮酸的还原胺化

酮酸作为一种有生物活性的双官能团物质，是有机合成、药物合成及生物合成的重要中间体，在医药、饲料、食品、化学合成等领域具有重要应用价值。例如，在医药领域，2-酮基-L-古洛糖酸已被广泛用于合成L-抗坏血酸。在化学合成中，酮酸被用作农药、诊断检测试剂、氨基酸和高性能弹性材料的合成前体。酮酸经还原胺化生成氨基酸，这一过程由氨基酸脱氢酶与作为氮源的氨和作为还原剂的辅因子NAD(P)H组合催化，该过程通常与烟酰胺型辅因子的连续原位再生相结合（图14-18）。

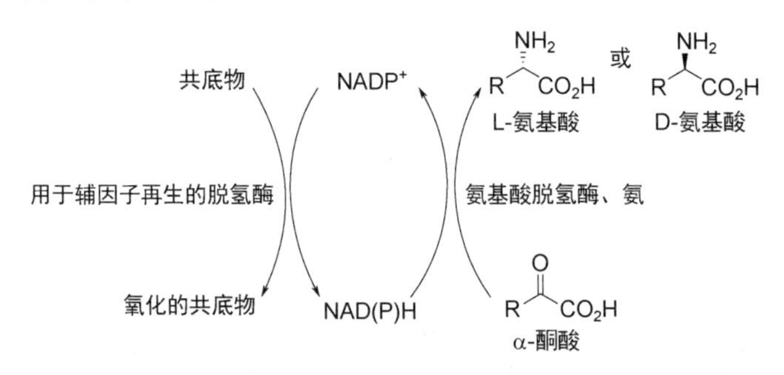

图14-18　氨基酸脱氢酶催化酮酸生成氨基酸的反应通式

α-酮酸的还原胺化机制被认为分为两步，以 α-酮戊二酸的还原胺化为例：首先，氨与酮基反应，形成亚氨基中间体；第二步为对映体选择性步骤，氢离子从辅酶NAD(P)H转移至 α-亚胺戊二酸，生成L-谷氨酸。不同立体选择性的氨基酸脱氢酶，最终生成氨基酸的构型不同，因此可以分为L-氨基酸脱氢酶（L-amino acid dehydrogenase）和D-氨基酸脱氢酶（D-amino acid dehydrogenase）。

① L-氨基酸脱氢酶：目前大多数制备应用都是选用亮氨酸脱氢酶或苯丙氨酸脱氢酶进行的。这两种酶都接受广泛的 α-酮酸底物，能覆盖侧链取代基的不同互补结构。利用这些酶催化

反应可以获得广泛的天然和非天然脂肪族和芳香族 α-氨基酸。亮氨酸脱氢酶（leucine dehydrogenase）对于合成具有线性和高度支化侧链的广泛的脂肪族氨基酸是非常有用的。苯丙氨酸脱氢酶（phenylalanine dehydrogenase），主要催化芳香族或脂肪族 α-氨基酸的还原胺化反应，特别对苯丙氨酸具有很强的选择性，是制备具有芳香和庞大侧链的氨基酸的选择催化剂。

② D-氨基酸脱氢酶：以 2-酮酸作为底物，通过具有 D-立体选择性的 D-氨基酸脱氢酶的不对称加氨反应，不仅能一步生成主产物 D-氨基酸，而且反应副产物只有水分子，具有条件温和、经济、绿色的优点。目前分离得到的 D-氨基酸脱氢酶根据其电子受体的不同分为两类：一类为 FAD-依赖型；另一类是染料依赖型，且该类 D-氨基酸脱氢酶均为膜结合蛋白。目前发现的 D-氨基酸脱氢酶只表现出氧化脱氨的活性，不能催化酮酸底物进行还原胺化反应生成相应的 D-氨基酸。此外，D-氨基酸脱氢酶膜结合的这一特性也大大增加了人们获得高纯度的、有活力的可溶性 D-氨基酸脱氢酶的难度，严重影响了 D-氨基酸脱氢酶的工业应用。后来，内消旋-二氨基庚二酸脱氢酶（*meso*-diaminopimelate dehydrogenase，*meso*-DAPDH，EC 1.4.1.16）因为其特殊的 D-立体选择性，用于 D-氨基酸的不对称合成。目前可用于合成 D-氨基酸的酶依旧比较少。最早发现的可合成 D-氨基酸酶来自于谷氨酸棒杆菌的突变体 BC621，可催化丙酮酸环己酯合成 D-环己基丙氨酸。后来，有更多的天然 *meso*-DAPDH 被发现具有 D-氨基酸的合成能力，如来自于 *Symbiobacterium thermophilum* IAM14863 的 StDAPDH 及所在的亚类。

七、氧化反应

1．C—C 键的氧官能化——羟基化反应

羟基化反应，即碳氢键转化为碳羟基键，可用于脂肪酸、烷烃、萜烯和萜类化合物、甾体等的羟基化。该类反应可由加氧酶催化完成。此类酶使用分子氧（O_2）或过氧化氢（H_2O_2）作为主要氧化剂，在环境条件下运行，因此为绿色有机合成提供了理想的系统；通常它们表现出精确的底物特异性以及区域和/或立体选择性。因此，使用这些生物催化剂通常可以生成难以通过传统化学合成工艺生产的化合物。但是它们需要辅因子 NAD(P)H 和额外的电子传递蛋白。

催化羟基化反应的加氧酶有单加氧酶、双加氧酶和脂加氧酶。

单加氧酶大概分为血红素金属单加氧酶（heme metallo monooxygenase）、非血红素金属单加氧酶（non-heme metallo monooxygenase）。细胞色素 P450 单加氧酶（cytochrome P450 monooxygenase）属于血红素金属单加氧酶，能够催化 20 多种不同的反应类型，包括对非活化的 sp^3 杂化碳原子的氧化、芳香族羟基化、环氧化、碳氢键断裂、杂原子氧化、杂原子解除（去烷基化）、氧化酯断裂、酚环及环联、通过（中途的）氧化进行异构化以及氧化脱卤等复杂反应。许多细胞色素 P450 单加氧酶使用脂肪酸及其衍生物作为底物，如图 14-19（a）所示。另一类含有血红素的酶是血红素过氧化物酶（heme peroxidase）。它们利用过氧化氢中的一个氧原子，产生水作为副产物[图 14-19(b)]。如来自真菌 *Caldariomyces fumago* 的氯过氧化物酶(CPO)、来自 *Armoracia rusticana* 的辣根过氧化物酶（HRP）和来自真菌 *Agrocybe aegerita* 的卤代过氧化物酶（AaP），这三种过氧化物酶特别适用于 C—H 键的氧官能化。非血红素金属单加氧酶，如甲烷单加氧酶可对许多丰富且具有潜在毒性的碳氢化合物的 C—H 键进行氧官能化分析［图 14-19（c)］；四氢蝶呤依赖性单加氧酶（tetrahydropterin-dependent monooxygenase），利用四氢蝶呤作为共底物，在催化循环期间转化为 4-α-羟基蝶呤［图 14-19（d)］。其他金属单加氧酶（other metallo monooxygenase），常用肽基甘氨酸 α-酰胺化单加氧酶（peptidylglycine α-amidating monooxygenase，PAM）和多巴胺

β-单加氧酶（dopamine *β*-monooxygenase，DβM）。如图 14-19（e）所示，PAM 的肽基甘氨酸羟基化单加氧酶（PHM）组分可催化 C 端甘氨酸延伸肽（**5**）转化为其 *α*-羟基化产物（**6**）。如图 14-19（f）所示，DβM 催化多巴胺（**7**）羟基化为去甲肾上腺素（**8**）。

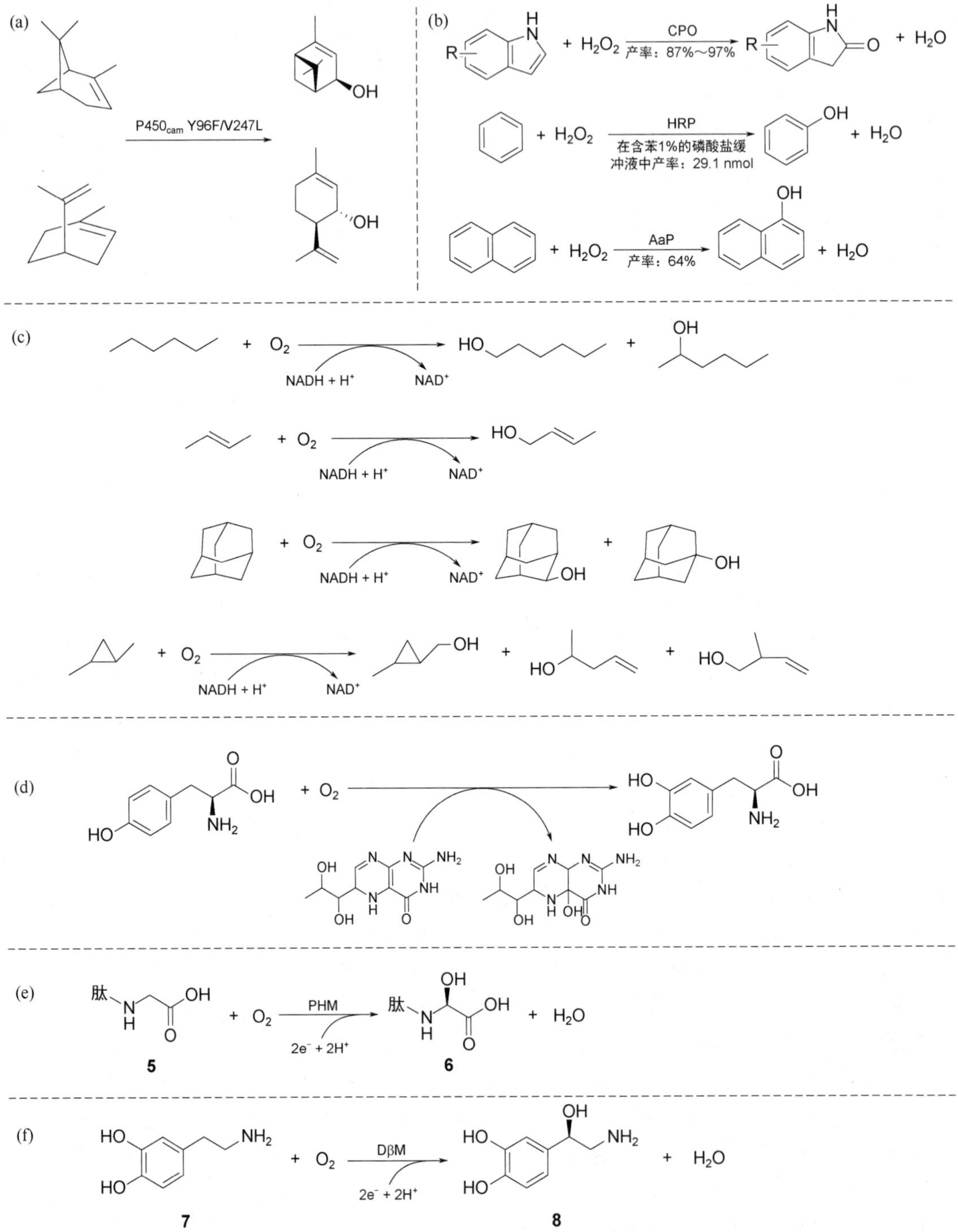

图 14-19　单加氧酶催化的羟基化反应

（a）细胞色素 P450 单加氧酶催化的羟基化反应通式；（b）血红素过氧化物酶催化的反应；（c）甲烷单加氧酶催化的反应；（d）四氢蝶呤依赖性单加氧酶催化的反应；（e）肽基甘氨酸羟基化单加氧酶催化的反应；（f）多巴胺 *β*-单加氧酶催化的反应

双加氧酶（dioxygenases）可以含有一个或多个血红素铁单元或非血红素铁单元，将来自双氧的两个氧原子结合到底物中。比如 Rieske 顺式二醇双加氧酶（rieske *cis*-diol dioxygenases，RDO）、铁(Ⅱ)/α-酮酸依赖性双加氧酶（iron(Ⅱ)/α-keto acid-dependent dioxygenase，KGDO）等。KGDO 可以催化各种反应，可用于合成抗生素和植物产品，以及降解各种化合物。如脯氨酸（**11**）通过脯氨酸 3-羟化酶（3-pKGDO）或脯氨酸 4-羟化酶（4-pKGDO）进行羟基化反应，以及异亮氨酸（**14**）通过异亮氨酸-4-羟化酶（4-iKGDO）进行羟基化反应（图 14-20）。反应中第二个氧原子转移至 α-酮戊二酸（**9**），产生琥珀酸（**10**）和 CO_2。

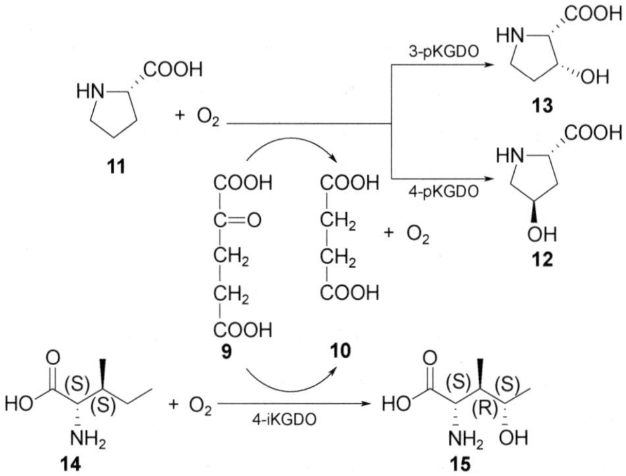

图 14-20　双加氧酶——脯氨酸羟化酶催化的羟基化反应过程

脂氧合酶（lipoxygenase，LOX）属于非血红素铁的脂肪酸双加氧酶，例如 LOX 可利用不饱和脂肪酸和（1*Z*,4*Z*）-戊二烯（例如花生四烯酸、亚油酸或亚麻酸），并从这些底物合成一系列手性氢过氧衍生物（图 14-21）。

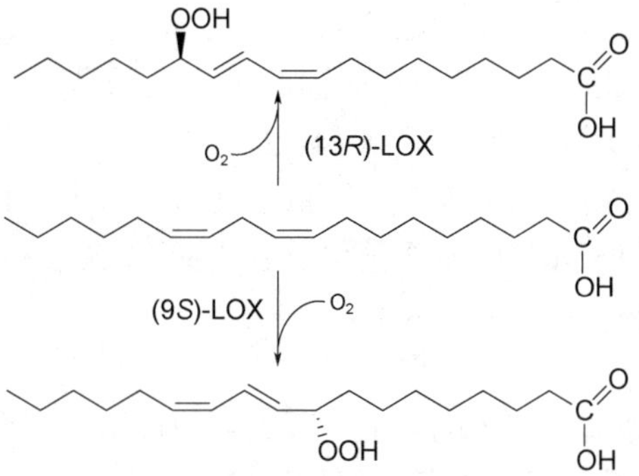

图 14-21　脂氧合酶的两个催化反应

2．碳碳重键的氧官能化

不同取代的 C═C 键的氧官能化对于有机合成特别重要，因为这一过程通常会导致在前手性底物内形成一两个新的手性中心。双键氧官能化允许与环氧化物形成高反应性合成子。将氧原子氧化引入碳碳重键的过程通常由不同种类的加氧酶和过氧化物酶催化。在氧化还原酶中，加氧酶是催化碳碳重键氧官能化的最主要酶类。

能够实现碳碳重键氧官能化的加氧酶主要有以下几种。

① 双核非血红素铁加氧酶（binuclear non-heme iron oxygenase）：如甲烷单加氧酶（MMO），它们通常由含二铁簇活性位点的可溶性或膜结合的羟化酶、用于将电子从 NADH 传递到羟化酶的还原酶以及在可溶性羟化酶中作为小的效应蛋白质的多个蛋白质组分组成。

② 单核非血红素铁加氧酶（mononuclear non-heme iron oxygenase）：包括依赖于酮戊糖的羟化酶、Rieske 双加氧酶和脂氧合酶。依赖于酮戊糖的羟化酶通过与亚铁离子和氧气的作用，产生活性氧和底物的氧化产物。Rieske 双加氧酶具有多种反应活性，可以参与芳香族二羟基化反应和环氧化反应。脂氧合酶则通过底物的氧化，形成碳基自由基中间体，从而催化多不饱和脂肪酸的过氧化反应。

③ 含血红素单加氧酶（heme-containing monooxygenase）：主要是细胞色素 P450 单加氧酶。

④ 黄素依赖性加氧酶（flavin-dependent oxygenase）：该酶与黄素衍生物（通常是 FAD）紧密结合，并通过 NAD(P)H 提供电子。不同类型的黄素依赖性加氧酶可以催化各种底物的官能化反应，包括 Bayer-Villiger 氧化、芳香族羟基化和环氧化反应。

⑤ 过氧化物酶（peroxidase）：不需要任何电子供体，它们作为氧源和电子受体催化一种双电子氧化反应，并产生一个水分子（或在有机过氧化物驱动的反应中产生一个醇）作为副产物。过氧化物酶的操作稳定性较低，这主要是过氧化物引起的失活所致。为了克服这个问题，可以通过维持较低的过氧化氢浓度或者利用化学还原剂或氧化酶从氧气中原位生成过氧化氢来延长其稳定性。过氧化物酶通常以分离的酶形式用于反应。

通常，我们比较常见的是 C═C 键的氧化反应，如脂肪族烯烃的环氧化、乙烯基芳香族底物的环氧化、萜烯和类固醇类化合物的环氧化以及 C═C 键的双羟基化。

大多数报道的脂肪族烯烃的环氧化涉及血红素依赖性单加氧酶或非血红素铁酶，其中烷烃单加氧酶［图 14-22（a）］、烯烃单加氧酶、甲烷单加氧酶（MMO）和细胞色素 P450 单加氧酶［图 14-22（b）］是最典型的例子。对于乙烯基芳香族底物的环氧化，优选催化剂是黄素依赖性单加氧酶以及血红素依赖性单加氧酶和过氧化物酶，它们统称为苯乙烯单加氧酶（styrene monooxygenase，StyAB），图 14-22（c）展示了氯过氧化物酶（CPO）催化的反应底物。萜烯和类固醇类化合物的环氧化，如薄荷脑（menthol）、柠檬烯（limonene）、马鞭烯醇（verbenol）、花侧柏烯（cuparene）、香桧烯（sabinene）以及大豆甾醇（soyasterol）均已实现羟基化。烯属单萜的微生物环氧化实例如图 14-22（d）。C═C 键的双羟基化，包括脂肪族烯烃和共轭烯烃、萜烯类化合物，如甲苯双加氧酶（TDO）和萘双加氧酶（NDO）催化苯并稠合环烯烃转化成顺式二醇和一元醇的双羟基化反应［图 14-22（e）］。

3．醇、醛、酸的氧化

（1）醇的氧化

醇类指分子中含有跟烃基或苯环侧链上的碳结合的羟基的化合物，其官能团为—OH。重要的醇有甲醇、乙醇、苯甲醇、乙二醇等。醇的氧化主要包括：伯醇选择性氧化为相应的醛；醇通过氧化生成相应的酸；二醇的氧化内酯化；通过氧化还原偶合酰基化/立体转化得到对应醇；多元醇的区域选择性氧化。图 14-23 展示了醇类经不同氧化反应生成的产物。

醇的氧化所依靠的主要生物催化剂为氧化还原酶，在这之中，醇脱氢酶与醇氧化酶的使用概率最高，过氧化物酶的使用概率则较低。醇氧化酶（alcohol oxidase，AO）催化伯醇氧化成相应的醛。因此，该酶的两种底物是伯醇和 O_2，两种产物是醛和 H_2O_2。它们的自然作用是产生过氧化氢，然后被同样排出的过氧化物酶用来产生用于木质素解聚的芳香自由基。醇氧化酶主要包括甲醇氧化酶和乙醇氧化酶。这种酶有时也被称为短链醇氧化酶（SCAO），

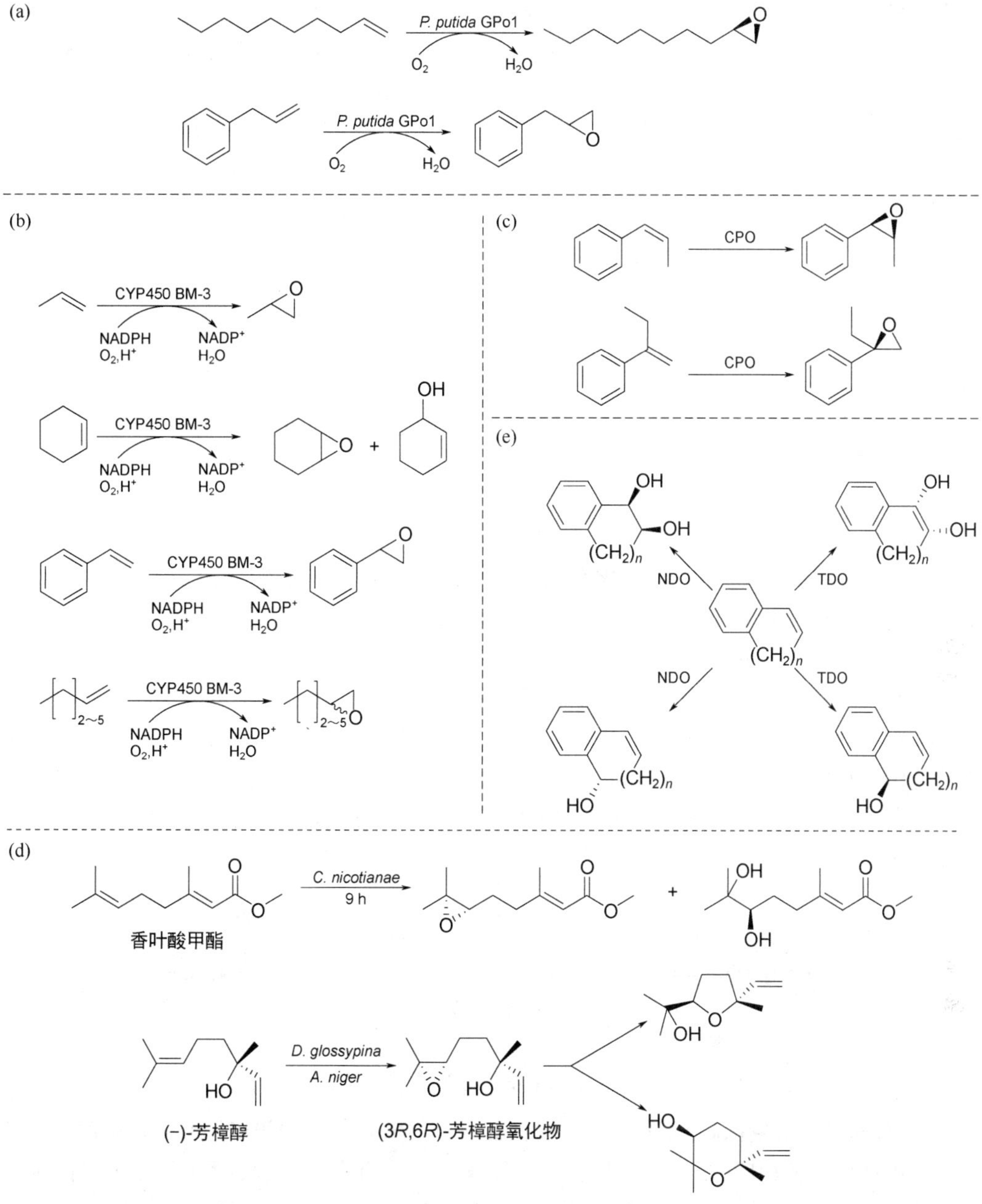

图 14-22　C═C 键的氧化反应

（a）恶臭假单胞菌 GPo1 的烷烃单加氧酶对各种烯烃的环氧化；（b）细胞色素 P450 单加氧酶对烯烃 C═C 键的环氧化；（c）CPO 催化的环氧化反应；（d）烯属单萜的酶促环氧化；（e）甲苯双加氧酶（TDO）和萘双加氧酶（NDO）催化的双羟基化反应

以区别于长链醇氧化酶（LCAO）、芳基醇氧化酶（AAO）和仲醇氧化酶（SAO）。与醇脱氢酶不同，醇氧化酶不能催化逆反应。这也反映在它们的辅助因子上：与使用 $NAD(P)^+$ 的乙醇脱氢酶不同，乙醇氧化酶使用 FAD。SCAO 可以催化氧化最多 8 个碳原子的醇，但其主要底物是甲醇和乙醇。这种酶的已知抑制剂包括 H_2O_2、Cu^{2+}、菲咯啉、乙酰胺、氰化钾和环丙酮。醇脱氢酶（alcohol dehydrogenase，ADH）从催化的底物中提取还原氢，然后将其转移到辅助因子 $NAD(P)^+$ 上，并且这种反应是可逆的（如图 14-16 所示）。ADH 几乎存在于自然界所有生物的体内，最为常用的市售 ADH 来自于马肝脏和微生物。根据所需的选择性，可以从大量已经报道的酶中选择合适的 ADH。常见的 ADH 有马肝醇脱氢酶（horse liver alcohol dehydrogenase，HLADH）、酵母醇脱氢酶（yeast alcohol dehydrogenase，YADH）、甘油脱氢酶（glycerol dehydrogenase，GDH）以及来自红球菌属的醇脱氢酶和来自嗜热微生物的醇脱氢酶。

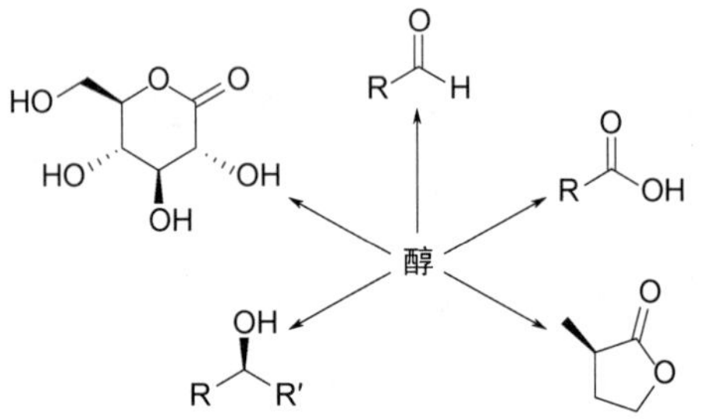

图 14-23　醇的氧化反应产物

（2）醛的氧化

分子中含有醛基（—CHO）的化合物称为醛，通式为 R—CHO，R 可以是烷基、烯基、芳基或环烷基。醛基进行氧化后产生羧酸，这对于聚合物的合成、溶剂的生产、药物的合成和食品添加剂的制备都很重要。催化完成该类反应的酶主要有三类：

① 醇脱氢酶（ADH）：其主要催化伯醇和仲醇的可逆氧化，分别生成相应的醛和酮。同时 ADH 将醛氧化成酸的能力也备受人们的关注，虽然这种反应被认为是副反应而不是它们的主要功能。Henehan 和 Oppenheimer 提出的利用 TBADH 催化醇顺序氧化制备相应羧酸的反应方案，通过调节所涉及的不同反应物的浓度，该系统能够将醇或醛底物完全转化为羧酸（图 14-24）。

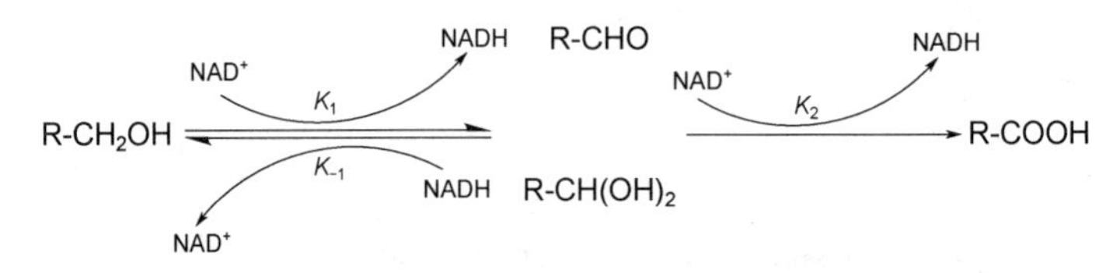

图 14-24　包含醇脱氢酶的由醇到酸的顺序酶促反应

② 醛脱氢酶（aldehyde dehydrogenase）：其通过与醛底物形成硫半缩醛共价中间体，催化各种醛不可逆氧化为相应的羧酸，但是醛类毒性较大。用于生物催化的醛脱氢酶的例子很少。

③ 单加氧酶：如前所述，其属于混合功能氧化酶，它催化一个氧原子生成底物，另一个氧原子被还原成水。据报道，各种底物可通过细胞色素 P450 单加氧酶系统将醛氧化成相应的羧酸（图 14-25）。

（3）羧酸的氧化

分子中具有羧基（—COOH）的化合物称为羧酸。羧酸广泛存在于自然界。根据与羧基相连的烃基的不同，羧酸可分为脂肪酸、芳香酸、饱和酸和不饱和酸等。甲酸脱氢酶（FDH）催化了羧酸最显著的氧化反应。FDH 是从多种细菌、酵母和植物中分离出来的酶，其生理作用是 NADH 的再生。虽然大多数酶需要金属离子或甲基才能成功转移氢化物，但 FDH 是一种既没有金属离子也没有其他甲基结合到活性中心的酶的例子。FDH 能够催化甲酸氧化为二氧化碳，在底物中断裂一个单一的碳氢键，同时在辅酶中形成一个新的碳氢键。由于该酶具有良好的热力学平衡性，反应产物具有挥发性，因此常用于手性化合物不对称合成过程中 NADH 的原位再生。

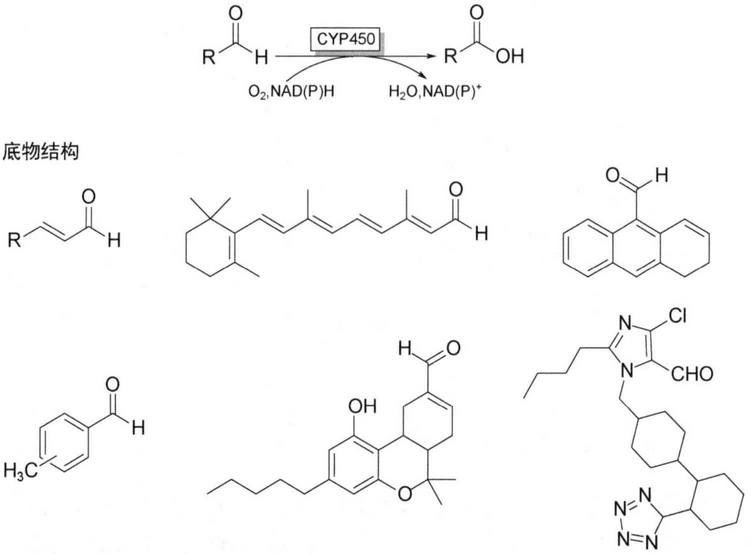

图 14-25　细胞色素 P450 单加氧酶催化醛氧化成相应的羧酸

（4）C—N 键的氧化

催化 C—N 键氧化的酶主要是黄素依赖性加氧酶和烟酰胺依赖性脱氢酶。其他各种催化 C—N 键氧化的酶包括黄素依赖性单加氧酶、细胞色素 P450 单加氧酶、漆酶、酪氨酸酶和辣根过氧化物酶。

黄素依赖性加氧酶使用分子氧作为氧化剂，氧气被还原成过氧化氢，C—N 键被双电子氧化成 C═N 键。从有机合成应用的角度来看，该家族中特别重要的成员有 L-氨基酸氧化酶、D-氨基酸氧化酶和胺氧化酶。如图 14-26（a）所示，L-赖氨酸氧化酶（EC 1.4.3.14）可以在一锅双酶体系中用于从线性前体合成几种环氨基酸。L-赖氨酸氧化酶（或 L-氨基酸氧化酶或 D-氨基酸氧化酶）首先催化二氨基酸（如图中 **16**）转化为相应的 *α*-酮氨基酸（如图中 **17**），产物自发环化成亚胺酸（如图中 **18**）。随后加入 *N*-甲基-L-氨基酸脱氢酶（NMAADH），就可以得到收率高、光学纯度高的环氨基酸（如图中 **19**）。用环氨基酸的外消旋类似物与 D -氨基酸氧化酶（D-AAO）和 NMAADH 结合就能完成去外消旋。图14-26（b）展示了用 D-氨基酸氧化酶和化学还原剂将 D,L-氨基酸脱羧为 D-氨基酸的过程。图 14-26（c）展示了黑曲霉单胺氧化酶（MAON）突变体 D5 催化外消旋 *O*-甲基-*N*-羟胺（**20**）的对映选择性动力学拆分，生成 *ee* 为 99%的(*R*)-对映体。

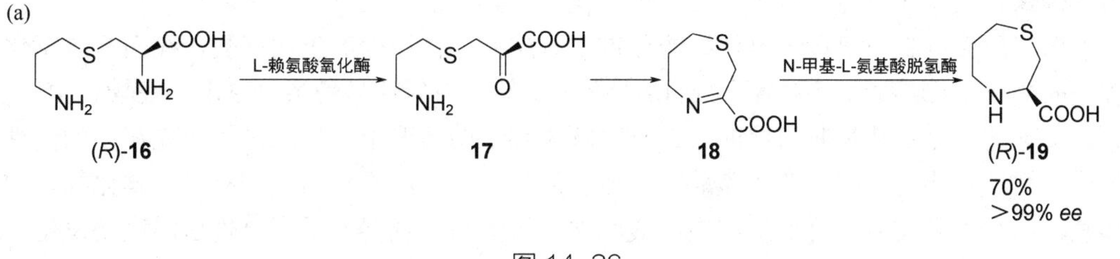

图 14-26

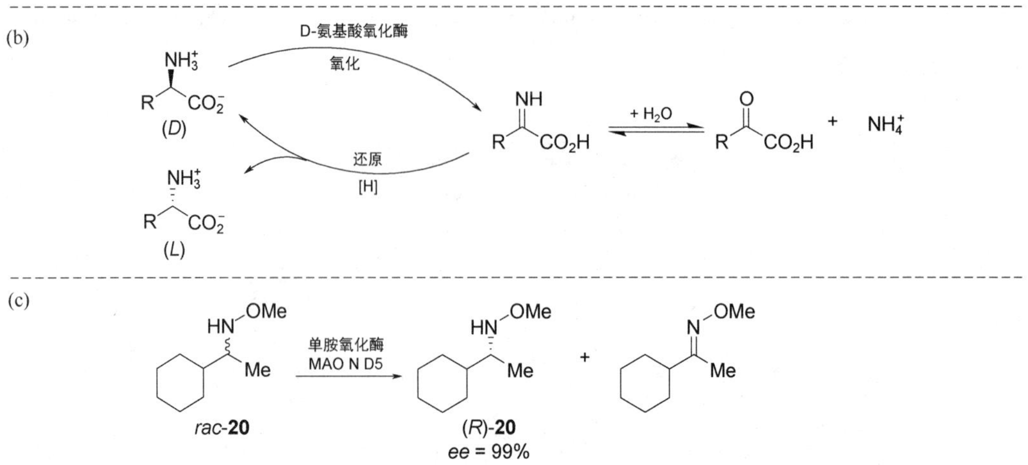

图 14-26　黄素依赖性加氧酶的应用案例

（a）利用 L-赖氨酸氧化酶与 *N*-甲胺酸脱氢酶结合将（*R*）-二氨基酸转化为（*R*）-环氨基酸；（b）用 D-氨基酸氧化酶和化学还原剂将 D，L-氨基酸脱羧为 D-氨基酸；（c）单胺氧化酶用于动力学拆分

相比之下，烟酰胺依赖性脱氢酶利用 NADH/NAD 对在底物和辅因子之间转移氢化物，催化 C—N 键的可逆氧化还原。例如：利用 L-谷氨酸脱氢酶将 L-谷氨酸钠转化为戊二酸钠，见图 14-27。

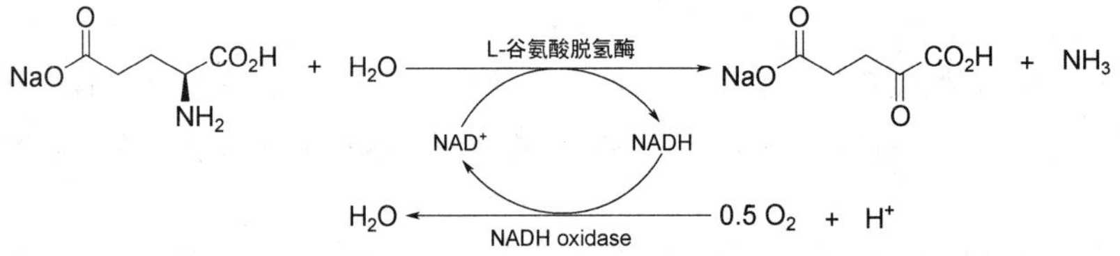

图 14-27　烟酰胺依赖性脱氢酶的催化应用

八、卤化反应

卤化反应又称卤代反应，是指有机化合物中的氢或其他基团被卤素取代生成含卤有机化合物的反应。催化该类反应的酶包括以下几类。

1．卤素过氧化物酶

根据此类酶所能利用的卤化物离子，可以将卤素过氧化物酶分为三大类：碘过氧化物酶、溴过氧化物酶和氯过氧化物酶。碘过氧化物酶催化碳碘键的形成，溴过氧化物酶催化碘化和溴化反应，氯过氧化物酶催化有机底物的碘化、溴化和氯化反应。由于氟过氧化物酶是使用过氧化氢作为氧化剂氧化卤化物离子产生低卤酸的氧化还原酶，因此在此处描述的卤化反应中可以排除氟过氧化物酶的存在。卤素过氧化物酶几乎没有底物特异性。

根据其反应机制，卤素过氧化物酶和过水解酶共同作用而产生次卤酸。在卤素过氧化物酶存在的情况下，这种次卤酸离开酶的活性位点，然后与任何易受亲电攻击的底物发生反应。因此，实际的卤化步骤是非酶促的。在过水解酶存在的情况下，反应过程中先在酶的活性位点形成过氧乙酸或另一种短链过氧酸，扩散出活性位点后，它与卤化物离子（碘化物、溴化物和氯化物）发生反应，再次形成次卤酸，次卤酸随后与任何易受亲电攻击的底物发生非酶促反应。

2．依赖 $FADH_2$ 的卤化酶

黄素依赖性卤化酶是一个双组分系统，由产生还原 FAD 的黄素还原酶和实际卤化酶组成。这种卤化酶只能催化含有双键的芳香族或脂肪族底物的卤化，该双键可以与亲电卤素物质相互作用。与卤素过氧化物酶和过水解酶相比，黄素依赖性卤化酶具有非常高的底物特异性。它们只接受 $FADH_2$ 而不接受 $FMNH_2$，对还原的黄素辅因子表现出高的底物特异性，更重要的是，它们对有机底物也有很高的特异性。根据其底物，黄素依赖性卤化酶可细分为三种类型：色氨酸卤化酶、为亲电攻击而激活的催化其他芳香族底物卤化的卤化酶和作用于活化的脂肪族化合物的卤化酶。

3．非血红素 Fe(Ⅱ)α-酮戊二酸依赖性卤化酶

这种酶嵌入在非核糖体肽合成酶装配线中，并催化与硫代结构域相连的氨基酸甲基的氯化和溴化，产生单卤甲基，如冠状碱生物合成过程中环丙基氨基酸生物合成中的 CmaB。不同于卤素过氧化物酶和黄素依赖性卤化酶，α-酮戊二酸依赖性卤化酶能够催化卤化非活性碳原子，其不需要带有双键的底物，就能够引入卤素原子。故 α-酮戊二酸依赖性卤化酶能够非常有效地催化卤化脂肪族底物。

4．*S*-腺苷甲硫氨酸依赖性卤化酶

该类卤化酶可催化卤素原子作为亲核试剂的结合，从而允许氟离子的结合，这是卤素过氧化物酶、黄素依赖性卤化酶以及非血红素 Fe(Ⅱ)α-酮戊二酸依赖性卤化酶无法实现的。比如5′-氟-5′-脱氧腺苷合成酶（5′-FADS），它能够参与土壤细菌链霉菌的 4-氟苏氨酸和氟乙酸的生物合成。在氟酶反应中，*S*-腺苷甲硫氨酸中的 L-甲硫氨酸被氟取代，形成 5′-氟-5′-去氧腺苷（图 14-28）。这些酶对有机底物具有极高的底物特异性。它们只选择 *S*-腺苷甲硫氨酸作为底物。

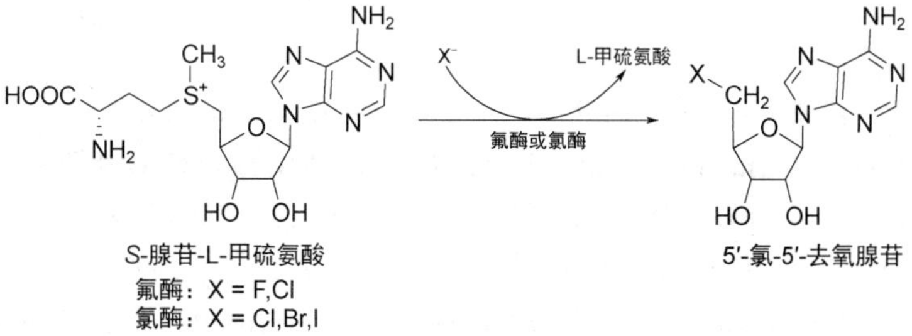

S-腺苷-L-甲硫氨酸
氟酶：X = F,Cl
氯酶：X = Cl,Br,I
5′-氯-5′-去氧腺苷

图 14-28　氟酶和氯酶催化的亲核卤化反应

5．Baeyer-Villiger 氧化

在 19 世纪末，Adolf von Baeyer 和 Victor Villiger 首次发现了酮氧化转化为内酯或酯的过程。在过氧酸的作用下，将酮转变为酯或将环酮转变为内酯或羟基羧酸的反应，称为 Baeyer-Villiger 重排反应。

Baeyer-Villiger 氧化能容忍分子中许多官能团的存在，例如，α,β-不饱和酮的氧化一般发生在羰基而不是 C═C 键上。在 20 世纪 60 年代末，Baeyer-Villiger 单加氧酶（BVMO）首次被分离并表征（图 14-29）。大多数报道的 BVMO 是可溶性蛋白质，而其他类型的单加氧酶则倾向于与膜相关的不可溶蛋白质。BVMO 存在两种不同类型：1 型 BVMO 由单个多肽链组成，含有 FAD 作为辅因子，并且依赖于 NADPH，这两个辅因子结合在不同的二核苷酸结合区域；2 型 BVMO 含有 FMN 并依赖于 NADH。它们由两个不同的亚基组成，并与萤光素酶有一定的关系。

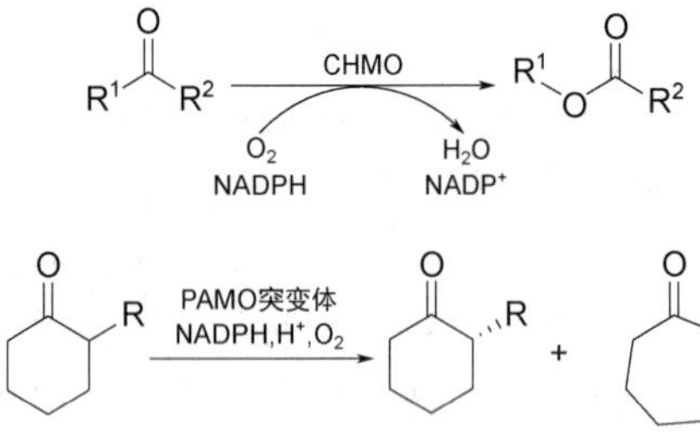

图 14-29　BVMO 催化

值得注意的是，BVMO 在自然界中的分布是非常特殊的，因为它们在原核生物和真菌中大量存在，但在高等真核生物和古细菌中似乎不存在。许多这些酶在分解代谢途径中发挥重要作用，使生物体能够在替代碳氢化合物来源的原料上生长。

九、异构化反应

在异构化反应中，分子构型发生重排，从而产生异构体，异构体是一组分子式相同但结构不同的分子。根据异构化反应的类型，催化异构体形成的酶可分为消旋酶、差向异构酶、顺反异构酶和互变异构酶、变位酶或环异构酶。

1．外消旋化和差向异构化

外消旋化是指旋光物质转变为不旋光的外消旋体的过程。消旋酶（racemase）催化对映异构体的相互转化。而差向异构化是指差向异构体（一种特定类型的立体异构体）转变为其非对映异构体的化学过程。差向异构酶（epimerase）催化非对映异构体的相互转化。

消旋酶和差向异构酶包括以下几类。

（1）依赖辅因子的酶

这类酶包括使用磷酸吡哆醛（PLP）作为辅因子催化的酶和 ATP 依赖性苯丙氨酸消旋酶。例如，丝氨酸消旋酶（serine racemase，EC 5.1.1.18），催化 L-丝氨酸外消旋为 D-丝氨酸，其对 L-丝氨酸具有高度选择性，但对其他氨基酸没有催化活性。苯丙氨酸消旋酶（phenylalanine racemase，EC 5.1.1.11），利用 ATP 将 L-苯丙氨酸活化为 L-苯丙氨酸-腺苷酸，并用于活化肽基载体蛋白。L-至 D-肽异构酶，该异构酶可逆地相互转换肽的第二个氨基酸残基的 L-形式和 D-形式。因此，它们都可以用于动力学拆分，即对手性分子的外消旋混合物进行光学拆分，形成对映异构体。图 14-30 显示了利用 *α*-氨基-*ε*-己内酰胺消旋酶由 L-丙氨酸酰胺合成 D-丙氨酸的实例。

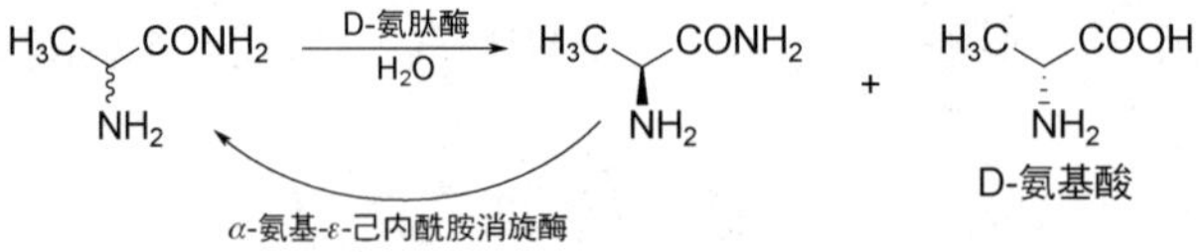

图 14-30　消旋酶用于动力学拆分制备 D-丙氨酸

（2）不依赖辅因子的氨基酸消旋酶和差向异构酶

辅因子非依赖性消旋酶和差向异构酶家族的成员通过 Ca 原子的去质子化催化手性中心的转化，然后从相反侧对碳阴离子中间体进行再质子化。如谷氨酸消旋酶（glutamate racemase，EC 5.1.1.3）和天冬氨酸消旋酶（aspartate racemase，EC 5.1.1.13）。

（3）作用于氨基酸衍生物的其他消旋酶和差向异构酶

如乙内酰脲消旋酶（hydantoin racemase，EC 5.1.99.5）。D-羟基苯甘氨酸及其衍生物是阿莫西林等半合成青霉素和头孢菌素的重要侧链前体，工业化生产 D-羟基苯甘氨酸时，采用 D-乙内酰脲酶（EC 3.5.2.2）选择性水解 D-乙内酰脲衍生物形成 D-氨酰氨基酸，而剩余的 L-乙内酰亚胺衍生物在微碱性条件下非酶促外消旋化［图 14-31（a)］。*N*-酰基氨基酸消旋酶、L-氨基酰化酶（EC 3.5.1.14）和 D-氨基酰化酶已被表征为对 *N*-酰基氨基酸具有催化活性。D-氨基酰化酶（*N*-酰基-D-氨基酸酰胺水解酶）催化 *N*-酰基 D-氨基酸形成 D-氨基酸和脂肪酸。D-氨基酰化酶和 *N*-酰基氨基酸消旋酶生产 D-氨基酸［图 14-31（b)］。异青霉素 N 差向异构酶（isopenicillin N epimerase，EC 5.1.1.17），在合成头孢菌素时，异青霉素 N 的表向异构化生产青霉素 N 是由差向异构化系统催化的，该系统涉及两种酶：异青霉素 N-CoA 合成酶和异青霉素 N-CoA 差向异构酶。图 14-31（c）显示了由异青霉素 N 差向异构酶催化的反应。

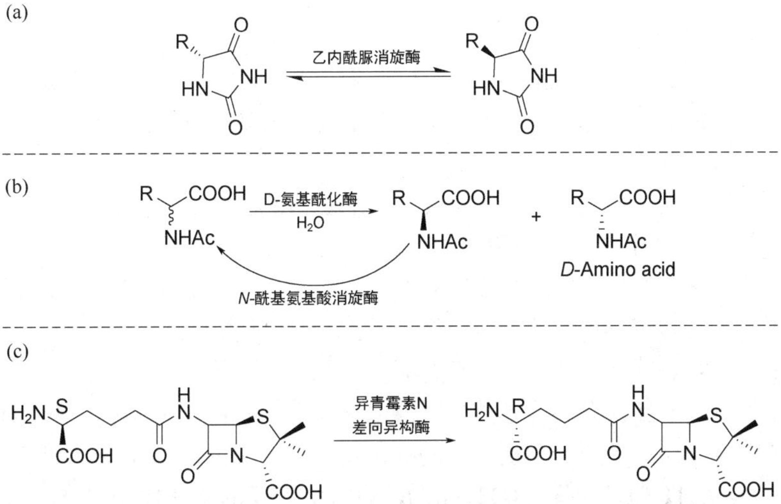

图 14-31　作用于氨基酸衍生物的其他消旋酶和差向异构酶催化案例

（a）乙内酰脲消旋酶催化的反应；（b）N-酰基氨基酸消旋酶催化的反应；（c）异青霉素 N 差向异构酶催化的反应

（4）作用于羟基酸及其衍生物的消旋酶和差向异构酶

这类酶包括乳酸消旋酶（EC 5.1.2.1）、扁桃酸消旋酶（EC 5.1.2.2）、3-羟基丁酰-CoA 差向异构酶（EC 5.1.2.3）、羟基丁酮消旋酶（EC 5.1.2.4）、酒石酸差向异构酶（EC 5.1.2.5）和异柠檬酸差向异构酶（EC 5.1.2.6）。在这一组酶中，迄今为止只有扁桃酸消旋酶被用于有机合成反应，催化(*R*)-扁桃酸和(*S*)-扁桃酸的相互转化。该酶将(*R*)-扁桃酸转化为苯甲酸，苯甲酸通过β-酮己二酸途径进一步代谢为乙酰辅酶 A 和琥珀酸，这种酶显示出异常高的催化活性，游离酶和固定化酶均表现出显著的稳定性。扁桃酸消旋酶的一个显著特征是其松弛的底物特异性，该酶已被证明对多种芳基和杂芳基取代的 α-羟基酸起作用（图 14-32）。

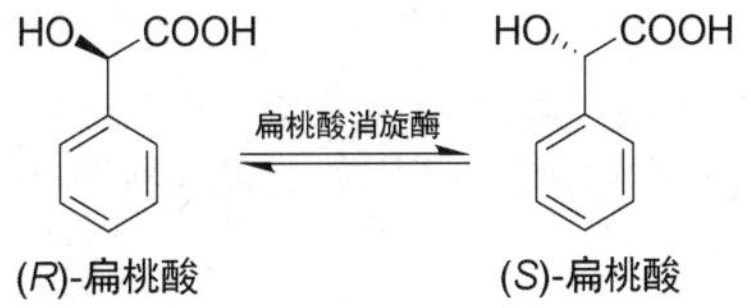

图 14-32　扁桃酸消旋酶催化（*R*）-扁桃酸和（*S*）-扁桃酸的相互转化

（5）对碳水化合物及其衍生物起作用的差向异构酶

碳水化合物是具有多个立体中心的密集功能化分子，该特征导致其具有大量可能的非对映异构体。大自然已经进化出一组碳水化合物差向异构酶（EC 5.1.3.x），这组酶通过在其中一个手性中心的立体化学反转来转化糖和糖衍生物。

① *N*-酰基葡糖胺 2-差向异构酶（*N*-acylglucosamine 2-epimerase，EC 5.1.3.8）：*N*-乙酰-D-神经氨酸（Neu5Ac）是唾液酸家族中的最主要成员，占整个唾液酸家族的 99%以上，是合成其他唾液酸物质的重要前体，而 *N*-酰基葡糖胺 2-差向异构酶是合成 *N*-乙酰-D-神经氨酸的关键酶。

② 糖核苷酸合成中的碳水化合物差向异构酶（carbohydrate epimerase involved in sugar nucleotide synthesis）：碳水化合物差向异构酶已被证明是（化学）酶促合成各种糖核苷酸的有用工具，这些糖核苷酸在碳水化合物代谢中占据中心位置，并作为糖基转移酶的供体底物。

③ 己酮糖 3-差向异构酶（ketohexose 3-epimerase）：催化几种酮己糖和酮戊糖 C-3 位立体化学的转化。

2．顺式-反式异构化

顺反异构酶（*cis-trans* isomerase，EC 5.2）是差向异构酶的一个小亚类，催化双键周围取代基几何结构的重排。在这一组酶中，马来酸顺反异构酶（EC 5.2.1.1）和亚油酸顺反异构酶（EC 5.2.1.5）应用较多。

马来酸顺反异构酶（maleate *cis-trans* isomerase，EC 5.2.1.1）催化马来酸转化为富马酸［图14-33（a）］。富马酸有着广泛的应用，例如，用于聚酯树脂的制造，作为食品和饮料添加剂，或作为染料的媒染剂。该酶已被证明对马来酸的顺反异构化具有高度特异性，富马酸是很多有用化合物（如 L-天冬氨酸和 L-苹果酸）的重要起始材料。

共轭亚油酸（CLA）具有许多潜在的健康益处，包括抗肥胖、抗糖尿病、抗癌、抗炎和抗动脉粥样硬化作用。商业 CLA 是由亚油酸的碱催化异构化产生的，主要含有 *c*9, *t*11-CLA 和 *t*10, *c*12-CLA 的异构混合物。亚油酸顺反异构酶（linoleate *cis-trans* isomerase，EC 5.2.1.5）催化亚油酸异构化为 *c*9, *t*11-CLA［图 14-33（b）］，也被称为亚油酸 D12 顺式-D11-反式异构酶。

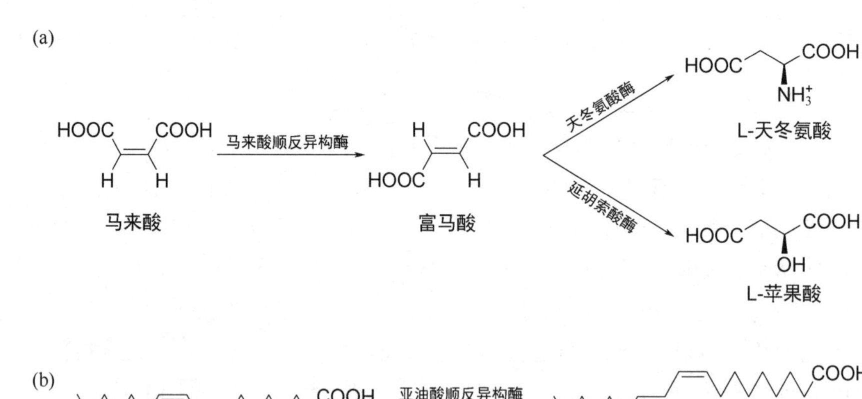

图 14-33　顺式-反式异构化酶促反应案例

（a）马来酸顺反异构酶催化马来酸转化为富马酸；（b）亚油酸顺反异构酶制备 *c*9, *t*11-CLA

3．分子内氧化还原反应

分子内氧化还原反应通过氧化分子的一部分并同时还原同一分子的另一部分来进行异

构化反应，由分子内氧化还原酶（intramolecular oxidoreductase，EC 5.3）实现。它们被归类为异构酶，而不是氧化还原酶，因为每个分子都是氢供体和氢受体，并且没有出现氧化产物。下面介绍几种异构酶。

磷酸丙糖异构酶（triose-phosphate isomerase，EC 5.3.1.1），是一种糖酵解酶，催化 3-磷酸 D-甘油醛和磷酸二羟基丙酮的相互转化。磷酸丙糖异构酶已广泛应用于原位生成磷酸二羟基丙酮和 3-磷酸 D-甘油醛。磷酸丙糖异构酶与酮还原酶或醛缩酶联合用于各种糖或糖类似物的立体选择性催化。例如，一锅酶法制备 D-木酮糖 5-磷酸［图 14-34（a）］。

D-阿拉伯糖异构酶（D-arabinose isomerase，EC 5.3.1.3）、L-阿拉伯糖异构酶（EC 5.3.1.4）和 D-木糖异构酶，是作用于非磷酸化糖的异构酶。来自肺炎克雷伯菌的 D-阿拉伯糖异构酶的底物谱已经得到了很好的表征。除了 D-阿拉伯糖和 L-岩藻糖外，该酶还接受多种 D/L-醛糖作为底物：D/L-木糖、L-葡萄糖、D-阿卓糖、L-核糖和 D/L-半乳糖。阿拉伯糖异构酶分别参与从廉价的可用糖 D-果糖和 D-木糖中生产稀有糖 D-阿糖和大拉比糖。D-阿拉伯糖异构酶也已用于从头合成具有增加疏水性的链末端的 L-岩藻糖和非天然 L-岩藻糖类似物［图 14-34（b）］。

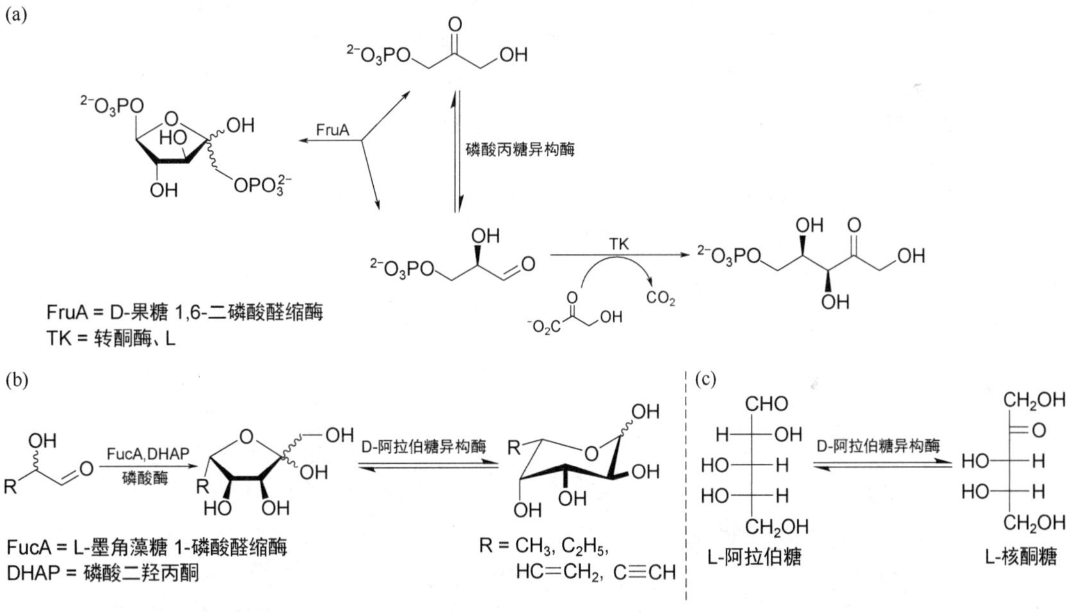

图 14-34 分子内氧化还原反应案例

（a）磷酸丙糖异构酶参与的 D-木酮糖 5-磷酸的酶促级联反应；（b）D-阿拉伯糖异构酶催化合成 L-岩藻糖和非天然 L-岩藻糖类似物；（c）L-阿拉伯糖异构酶催化 L-阿拉伯糖转化为 L-核酮糖。

L-阿拉伯糖异构酶（L-arabinose isomerase，EC 5.3.1.4）在生物系统中催化 L-阿拉伯糖转化为 L-核酮糖［图 14-34（c）］。该酶也被称为 D-半乳糖异构酶，因为它能够催化 D-半乳糖异构化为 D-塔格糖。

D-木糖异构酶（D-xylose isomerase，EC 5.3.1.5）催化 D-木糖转化为 D-木酮糖，然后将其磷酸化，并通过戊糖磷酸循环或磷酸酮醇酶途径进一步代谢。除了 D-木糖和 D-葡萄糖外，D-木糖异构酶已被证明对多种其他糖和糖衍生物起作用，通常可以转化 D-阿拉伯糖和 L-阿拉伯糖、L-鼠李糖、L-甘露糖、2-脱氧葡萄糖等。

L-鼠李糖异构酶（L-rhamnose isomerase，EC 5.3.1.14）首次在大肠杆菌中被鉴定为 L-鼠

李糖代谢的一部分，在该代谢中，该酶催化 L-鼠李糖（6-脱氧-L-甘露糖）可逆异构化为 L-鼠李酮糖（6-去氧-L-果糖）。比如来自 *P.stutzeri* 的酶可有效地催化常见和罕见的 D-和 L-形式的醛糖/酮四糖、醛糖/酮戊糖和醛糖/丙酮己糖的异构化。L-鼠李糖异构酶已用于生产几种稀有糖，例如将 L-果糖转化为 L-甘露糖。

所有类异戊二烯的中心前体是 C_5 化合物异戊烯基二磷酸（IPP），它被异戊烯二磷酸 Δ-异构酶（isopentenyl-diphosphate Δ -isomerase，EC 5.3.3.2）转化为其高度亲电的异构体二甲基烯丙基二磷酸（DMAPP）。随后，这两种异构体进行首尾缩合，生成香叶基二磷酸。使用非特异性磷酸酶脱磷很容易获得相应的异戊二烯醇，其被广泛用作香水和化妆品的香料、抗癌剂，以及化学合成的起始材料。

4．变位反应

变位反应是分子内的重排反应，只涉及一个分子，不涉及基团在分子间的转移，而且反应前后分子式是不变的。这类反应由变位酶（mutase，EC5.4）催化完成。目前已经被报道的变位酶如：

（1）分支酸变位酶（chorismate mutase，EC 5.4.99.5）

分支酸是生物合成途径莽草酸途径中的一个重要中间体，也是芳香族氨基酸（如 L-Phe 和 L-Tyr）以及维生素（如叶酸和甲萘醌）的前体。该酶仅以氯酸变位酶的形式存在，或以氯酸变位酶和邻苯二甲酸前脱氢酶（T 蛋白）或氯酸变多位酶和邻氯苯二甲酸前脱水酶（P 蛋白）的复合物的形式存在，其催化的反应如图 14-35（a）所示。

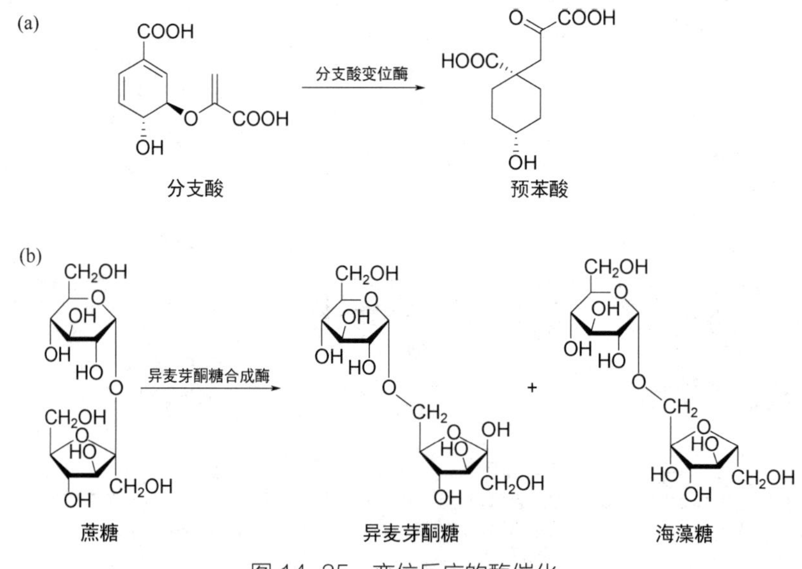

图 14-35 变位反应的酶催化

（a）氯酸变位酶催化的反应；（b）异麦芽酮合成酶催化合成异麦芽酮糖

（2）氨基变位酶（aminomutase）

该类酶催化分子内一个基团（如磷酸基团）的转移。它们分布在几种生物体中，最近在分子水平上进行了表征，显示出非常有趣的特征。此类酶包括：

① 赖氨酸 2,3-氨基变位酶（lysine 2,3-aminomutase，EC 5.4.3.2）：该酶可催化 L-赖氨酸可逆异构化为 β-赖氨酸。β-氨基酸是抗生素、抗癌剂等生物合成的前体。

② 鸟氨酸 4,5-氨基变位酶（ornithine 4,5-aminomutase，EC 5.4.3.5）：是一种腺苷钴胺

（AdoCbl）和 PLD 依赖性酶，催化 D-鸟氨酸末端氨基的可逆 1,2-重排产生（2*R*,4*S*）-2,4-二氨基戊酸，参与 L-鸟氨酸的发酵。

③ *β*-赖氨酸 5,6-氨基变位酶（*β*-lysine 5,6-aminomutase，EC 5.4.3.3）和 D-赖氨酸 5,6-氨基变位酶（D-lysine 5,6-aminomutase，EC 5.4.3.4）：赖氨酸 5,6-氨基变位酶（5,6-LAM）同时具有 *β*-赖氨酸 5,6-氨基变位蛋白酶和 D-赖氨酸 5,6-氨基突变酶的催化活性。它是 AdoCbl 依赖性的，5,6-LAM 催化 D-Lys 或 L-Lys 与 2,5-二氨基己酸的相应对映体的相互转化，以及 L-*β*-Lys 与 L-3,5-二氨基己酸的相互转化。

④ 谷氨酸变位酶（glutamate mutase，EC 5.4.99.1）：可催化（*S*）-谷氨酸碳骨架可逆地重排为（2*S*,3*S*）-3-甲基天冬氨酸，该酶需要 SAM 和连二亚硫酸钠作为活化剂。

⑤ 酪氨酸 2,3-氨基变位酶（tyrosine 2,3-aminomutase，EC 5.4.3.6）：该酶可将酪氨酸加工成 *β*-酪氨酸。

（3）异麦芽酮糖合成酶（isomaltulose synthase，EC 5.4.99.11）

异麦芽酮糖是蔗糖的一种结构异构体，天然存在于蜂蜜和甘蔗提取物中，含量较少。它作为食品和饮料中的蔗糖替代品已在许多国家获得批准。异麦芽酮糖可以通过异麦芽酮合成酶催化蔗糖转化为异麦芽酮糖和海藻糖［图 14-35（b）］。

第三节　酶在有机合成反应中的应用

生物催化是合成过程中以自然催化剂（如酶制剂）替代化学催化剂进行转化的过程。酶在有机合成中的一个优势就是它具有显著的选择特性，可生产高选择性的单一立体异构体，产生更少副产物，从而减少再加工或纯化步骤，使产品分离更简单，污染小，所有这些优势意味着更低的成本。生物催化已逐渐成为医药、化工和高分子合成等领域发展的一个重要工具。在本节中，我们将重点关注酶在有机合成中的应用，并使用不同的案例讨论酶促合成的优势和不足。

一、利用酮还原酶生产手性醇

手性醇在许多药物、精细化学品和农药的结构和功能中扮演着重要的角色。在制药行业中，手性醇是许多药物分子中重要的结构和功能元素，是合成多种活性药物成分（API）的重要中间体。借助生物催化法合成手性醇的合理性和受欢迎程度是显而易见的——这种方法在合成过程中能够实现高立体选择性，反应条件温和，而且无需使用金属催化剂，对环境的影响也较小。

度洛西汀（duloxetine）是一种选择性 5-羟色胺及去甲肾上腺素受体抑制剂。治疗范围广泛，包括严重抑郁症、一般性焦虑症、痛性周围神经病以及骨关节炎和慢性下背痛相关的慢性肌肉骨骼疼痛的治疗。度洛西汀的传统合成工艺（图 14-36），是从乙酰基噻吩出发，经过 *β*-二甲基胺基酮中间体，通过羰基还原然后手性拆分的方法得到 *S* 构型醇中间体，接着进行成醚、脱甲基步骤，最终获得度洛西汀原料药。传统合成工艺步骤较长，操作烦琐，三废产生量大，生产成本较高，而且脱甲基步骤会产生氯甲烷，有致癌风险，收集困难，环保压力大。

度洛醇［(*S*)-**23**］是抗抑郁药度洛西汀合成的关键前体。如图 14-37 所示，来自短乳杆菌（*Lactobacillus brevis*）的酮还原酶 LbADH 和来自芳香菌（*Aromatoleum aromaticum*）的

EbN1 均可催化不稳定的底物氯酮（**21**）还原生成醇产物［（*S*）-**22**］，并通过使用异丙醇作为氢化供体对 NADH 进行高效循环回收，进而使中间产物（*S*）-**22** 发生胺化反应生成（*S*）-**23**，该反应具有高度的选择性。

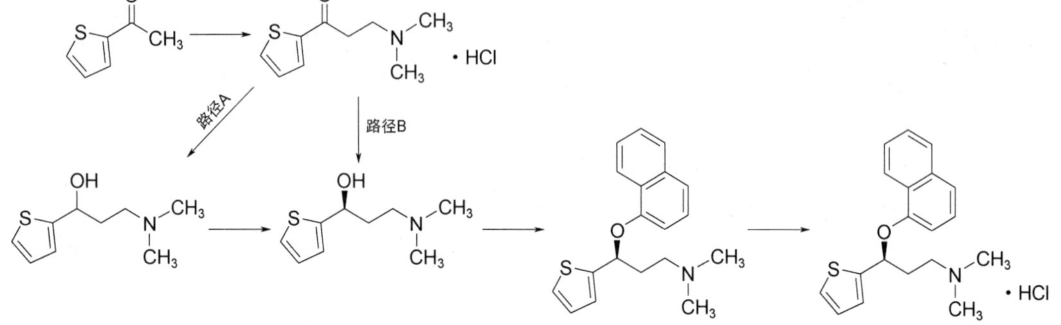

图 14-36 度洛西汀的传统合成工艺

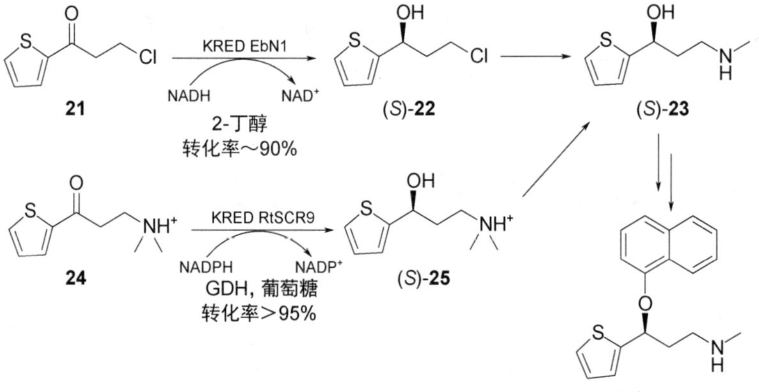

图 14-37 酮还原酶（KRED）催化合成抗抑郁药物度洛西汀的关键前体

此外，还有一种以更加稳定的二甲基铵酮（**24**）为底物的合成替代路线，首先利用从分离的菌株 *R. toruloides* ZJB2014212 中筛选获得酮还原酶 RtSCR9，并将其与葡萄糖脱氢酶 GDH 在 *E.coli* 中共表达，催化底物 **24** 合成中间产物(*S*)-**25**，同时 GDH 可完成 NADPH 的再生；然后利用亲核芳香取代及(*S*)-**25** 的 N 端去甲基化合成(*S*)-度洛醇。该反应可以在 1 mol/L 浓度下实现，达到了酶法合成度洛西汀前体物质目前为止最高的底物负载量（1000 mmol/L），最高的产率（92.1%）和最高的对映选择性（99.9% *ee*）。反应中，使用葡萄糖作为还原剂的原子效率较低，但能将羰基还原的平衡完全推向产物方向。

二、酶促羟基化制备手性醇

在工业规模上合成对映纯的仲醇，特别是叔醇时，区域选择性和立体选择性地对特定区域位置进行羟基化反应具有极大的挑战。催化这些单羟基化反应最突出的酶类之一是细胞色素 P450 单加氧酶。细胞色素 P450 和类似的黄素依赖性单加氧酶对单个羟基化产物显示出严格的选择性，这是传统化学方法无法比拟的。DSM/Innosyn 公司的两个实例是基于细胞色素 P450-BM3 突变体在 100 L 规模上对 *α*-异佛尔酮（**27**）氧化为（*R*）-4-羟基-*α*-异佛尔酮（**28**），以及双氯芬酸（**29**）氧化为其 5-羟基-代谢产物（**30**）的强化优化工艺（图 14-38）。来自 *Bacillus* *megaterium* 的细胞色素 P450-BM3（CYP102A1）在大肠埃希菌中表达良好，利用细胞色素 P450-BM3 将 *α*-异佛尔酮（**27**）氧化为相应的（*R*）-4-羟基-*α*-异佛尔酮（**28**），利用 GDH 实现 NADPH 的再生。该反应产物浓度为 10 g/L，时空产率为 1.5 g/L/h。

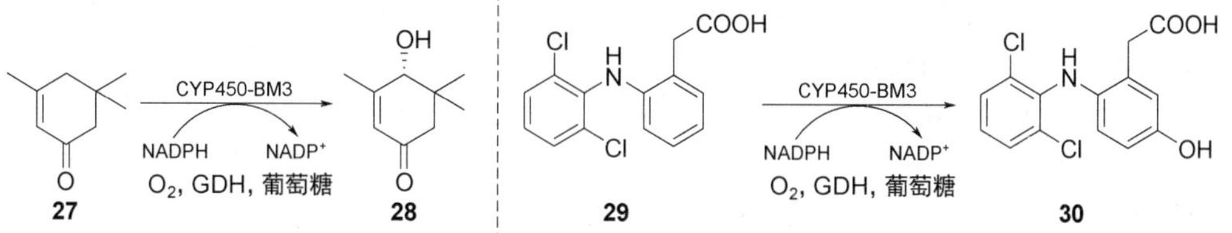

图 14-38　巨型芽孢杆菌细胞色素 P450 单加氧酶催化羟基化反应制备手性醇

三、利用腈水解酶生产他汀类药物

HMG-CoA 还原酶抑制剂（他汀类药物）目前在全球的销售额约为 200 亿美元，以阿托伐他汀（**31**）和瑞舒伐他汀（**32**）为首［图 14-39（a）］。合成他汀类药物均具有一个手性 3,5-二羟基酸侧链，这对其药理活性至关重要，是制备这些药物的一大挑战。通过筛选从全球收集的环境样本中制备的基因组文库，200 多种独特的腈水解酶被发现，这些腈水解酶可以温和选择性地催化水解前底物 3-羟基戊二腈（3-HGN）（**33**），从而制得(*R*)-4-氰基-3-羟基丁酸（**34**），这是阿托伐他汀的前体。通过基因位点饱和诱变，即将蛋白质中的每个氨基酸突变为其他 19 种氨基酸的组合饱和诱变技术，并通过高通量质谱分析，筛选获得了催化活性和立体选择性提升的酶突变体，其中最好的是 Ala190His 突变体，其在 3 mol/L 底物负载下可产生 98.5% *ee* 的产物，体积生产率为 619 g/L/d。研究人员使用最佳的突变腈水解酶，开发了一种制备阿托伐他汀中间体(*R*)-**34** 的有效工艺。随后，又开发了一种三阶段工艺，该工艺从低成本表氯醇（**35**）与氰化物反应开始，得到 3-HGN（**33**）。该工艺的第二阶段利用腈水解酶催化 3-HGN（**33**）的不对称化。研究人员优化了腈水解酶催化反应，使其可在 3 mol/L（330 g/L）底物浓度、pH 7.5 和 27° C 下工作。在这些条件下，酶负载量为整个体系的 6%，反应产率为 100%，*ee* 为 99%，在 16 小时内可获得产物（**34**）。然后将该产物酯化，得到目标化合物（*R*）-4-氰基-3-羟基丁酸乙酯（**36**）［图 14-39（b）］。

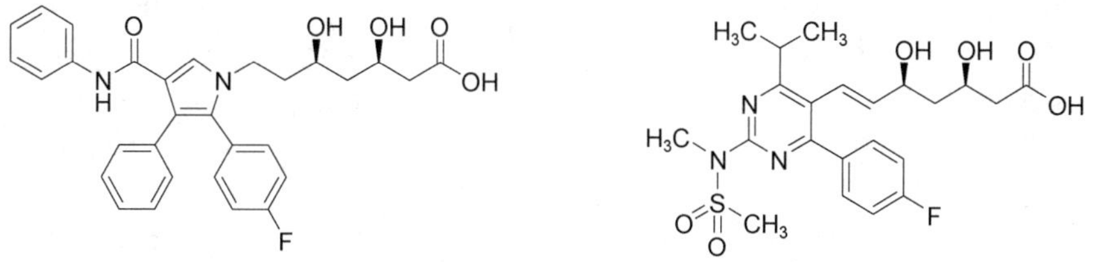

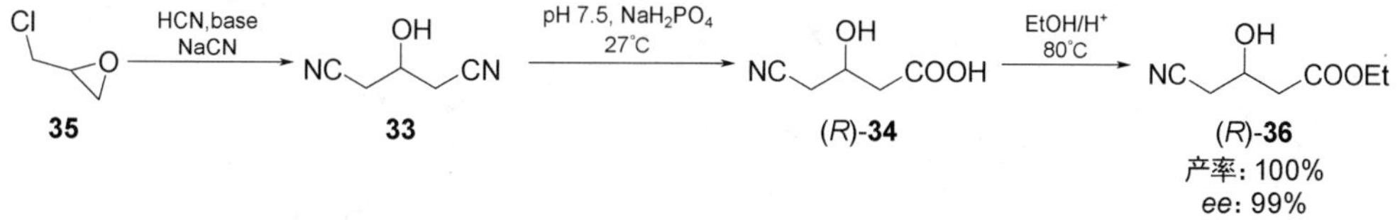

图 14-39　阿托伐他汀和瑞舒伐他汀的结构（a）及阿托伐他汀中间体的合成（b）

四、利用转氨酶合成西格列汀中间体

西格列汀是一种新型抗 2 型糖尿病药物，是第一个用于治疗 2 型糖尿病的二肽基肽酶-Ⅳ（DPP-Ⅳ）抑制剂类药物，常以磷酸盐形式入药。西格列汀可预防并治疗 2 型糖尿病、高血糖、胰岛素抵抗、肥胖和高血压以及某些并发症。目前磷酸西格列汀片已成为美国第二大口服糖尿病药物。临床研究表明西格列汀是一个口服有效、市场前景良好的药物，单用或与二甲双胍、吡格列酮合用都有显著的降血糖作用，且服用安全、耐受性好、不良反应少。

目前西格列汀的合成流程为形成烯胺，然后在高压（250 psi）下使用基于铑的手性催化剂进行不对称氢化，得到 *ee* 值为 97%的西格列汀（含有微量的铑），通过结晶提高对映体过量（*ee*），随后形成磷酸盐，得到磷酸西格列汀。传统化学合成工艺存在立体选择性不足和产品被铑污染的问题，需要额外的纯化步骤，以牺牲产量来提高对映体过量（*ee*）和化学纯度。转氨酶技术已成功应用于合成手性西格列汀前体（**37**），以取代传统化学合成工艺（图 14-40）。该反应以异丙胺作为氨基供体，利用（*R*）-转氨酶将氨基转移至复杂的受体酮分子，从而催化对映选择性还原胺化。来自节杆菌属（*Arthrobacter* sp.）的 ATA-117 是（*R*）选择性转氨酶，但对底物酮受体没有催化活性。科研人员通过对结合口袋周围的氨基残基进行改造，以提供容纳酮受体的空间，从而产生具有低活力的酶，通过多轮的定向进化技术得到了含有 27 个突变的突变株，并成功将其性能进一步提高到商业上可行的水平。在优化的条件下，使用简单的异丙胺作为氨基供体，可将 200 g/L 的酮转化为西格列汀，该反应具有优异的选

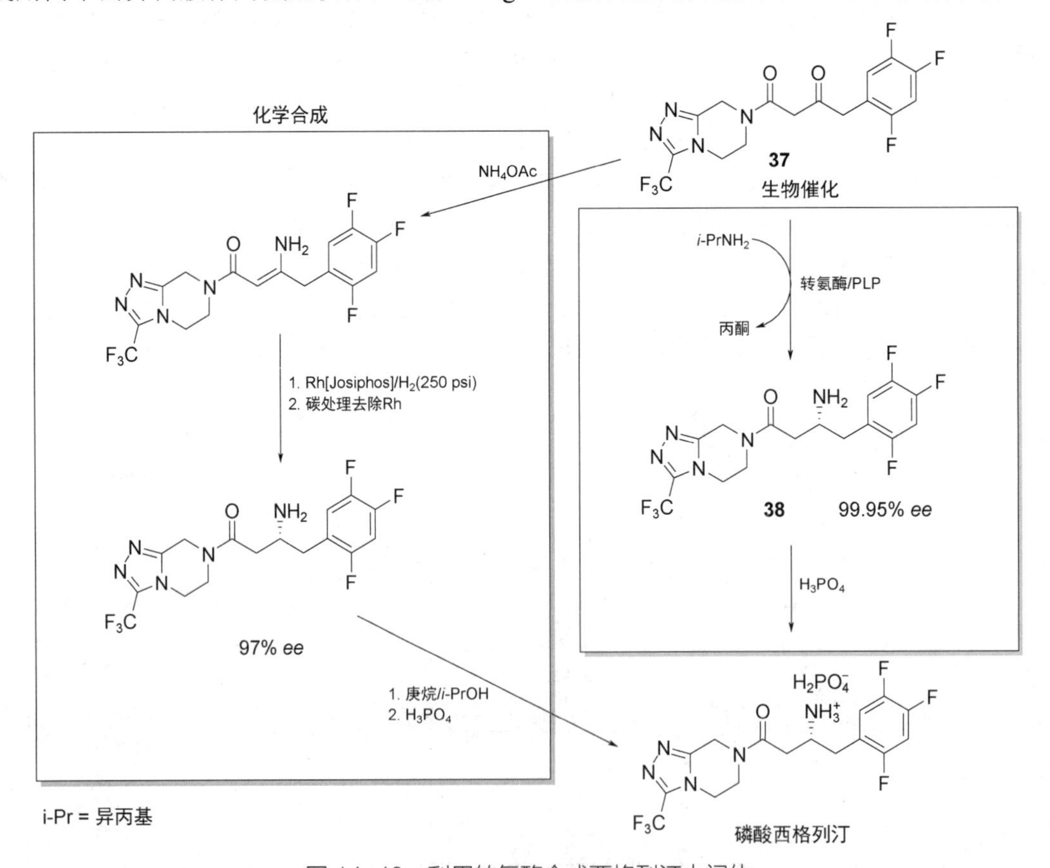

图 14-40　利用转氨酶合成西格列汀中间体

择性（99.95% *ee*），产率可以达到 92%。与铑催化的不对称氢化相比，生物催化过程的总产率提高了 10%～13%，生产效率提高了 53%（kg/L/d）。这导致总废物减少了 19%，消除了所有重金属，同时降低了总制造成本。此外，酶促反应是在多用途容器中进行的，不需要专门的高压氢化设备。

五、利用腈水解酶合成羧酸类化合物

羧酸被广泛应用于化工、食品、材料和制药行业。生物催化最适合高价值（手性）羧酸的工业生产。合成羧酸最有效的生物催化方法之一是通过腈水解酶或腈水合酶-酰胺酶系统水解腈，因为这些酶在不需要外部辅因子的情况下就具有高度的催化活性。

1．腈水解酶催化合成烟酸和(*R*)-扁桃酸

基于腈水解酶的工艺已在工业中应用了 20 多年，如烟酸（niacin）和(*R*)-扁桃酸的生产。由于氰醇的原位外消旋作用以及以 100%的理论产率提供最终产物（图 14-41），所以生产(*R*)-扁桃酸的过程是一种优雅的动态动力学拆分。目前，研究人员报道了一种最具生产力的合成过程，该过程使用 *E.coli* 表达的来自 *Burkholderia cenocepacia* J2315 的腈水解酶（BCJ2315）。通过连续进料 **40a**，在 10 L 的规模下，24 h 生产 2.3 mol/L（*R*）**-41a**（350 g/L），*ee* 值为 97.6%。经过进一步的后处理，分离出（*R*）**-41a**，产率 93%，*ee* 值为 99.5%。高时空产率（STY）（15 g/L/h）和低生物催化剂负载量（3.9 g CDW/L）展示了工业化实施的潜力。（*R*）-邻氯扁桃酸［(*R*)-**41b**］是抗血小板药物(*S*)-氯吡格雷（**42**）的关键中间体。然而，由于邻氯取代基的空间位阻，大多数天然腈水解酶在活力和/或对映选择性方面较差。腈水解酶 BCJ2315 的双突变体（I113M/Y199G）具有较高的活力和对映选择性。在 *E.coli* 中表达这种突变体（3.9 g CDW/L），3 h 内（*R*）**-41b** 的产生浓度为 500 mmol/L（93 g/L），*ee* 值为 98.7%，STY 达到 31 g/L/h。

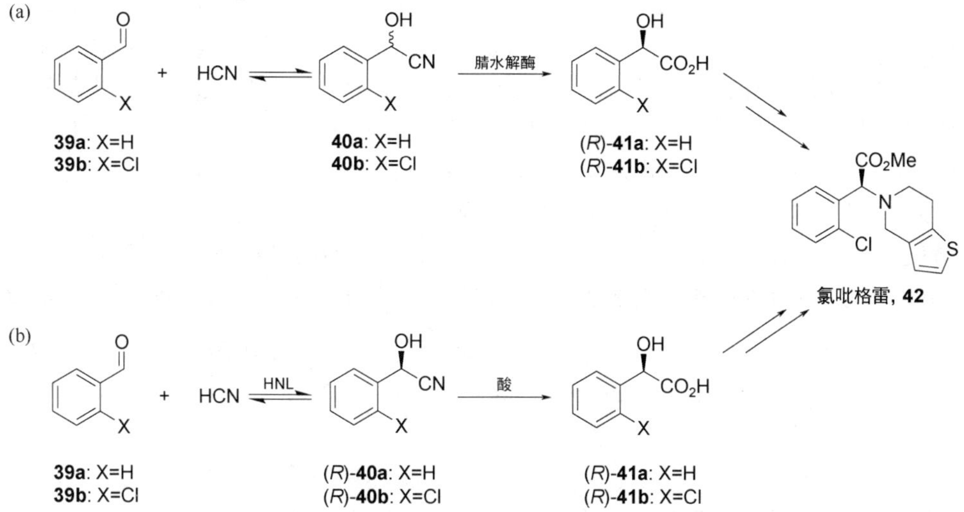

图 14-41　利用腈水解酶法（动态动力学拆分）（a）和用于合成（*R*）-扁桃酸和（*R*）-*o*-氯扁桃酸的相关羟基腈裂解酶法（b）生产氯吡格雷

2．腈水解酶催化合成普瑞巴林中间体

腈水解酶可用于动力学拆分以产生手性羧酸，如普瑞巴林的生产工艺（图 14-42）。目前(*S*)-普瑞巴林规模化生产工艺是利用 2-氰基乙酰胺和异戊醛合成环亚胺，然后碱水解获得混

消旋的（*R/S*）-单酰胺，进一步在氯仿溶液中使用(*R*)-(+)-1-苯乙胺进行化学拆分获得手性中间体(*R*)-单酰胺，最后经霍夫曼重排反应合成(*S*)-普瑞巴林。化学拆分步骤需要使用大量的有机溶剂，污染重、周期长、收率低，开发(*S*)-普瑞巴林的绿色合成工艺成为产业需求。用来自 *Brassica rapa* 的具有高区域选择性和对映体选择性的腈水解酶催化水解异丁基丁二腈（**43**,100 g/L），在 3 h 内产生(*S*)-3-氰基-5-甲基己酸［(*S*)-**44**］，转化率为 47.5%，*ee* 为 98%。值得注意的是，大肠埃希菌细胞固定化促进了下游工艺，在保持性能的同时可重复使用 12 批（转化率>41.1%，*ee*>98%）。未反应的(*R*)-**43** 被分离并外消旋为起始原料，而（*S*）-**44** 很容易氢化为普瑞巴林（**45**），这种工艺与其他途径相比，产生的废物要少得多。基于这种腈水解酶，进一步设计了一种对(*S*)-**44** 具有更高活力和优异对映选择性的杂交腈水解酶，因此，我们可以期待未来更实用的普瑞巴林合成工艺的出现。

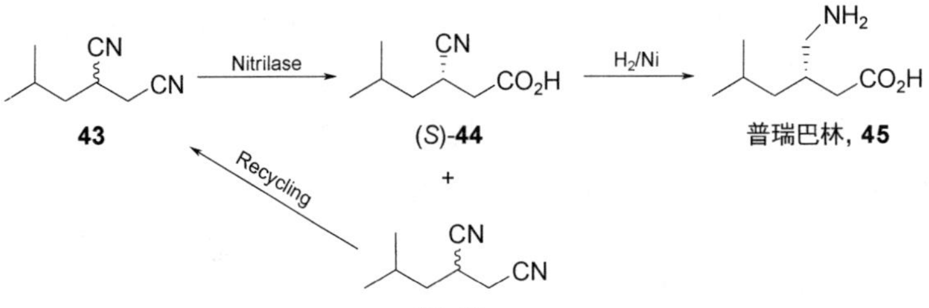

图 14-42　利用合成（*S*）-3-氰基-5-甲基己酸（44）的腈水解酶法工艺生产普瑞巴林（45）

3．腈水解酶催化合成加巴喷丁中间体

加巴喷丁是治疗癫痫和神经性疼痛的一线处方药，需求量巨大，通常以环己烷化合物为底物经过 4～6 步化学反应合成。1-氰基环己烷乙酸（1-CHAA，**47**）是合成加巴喷丁（**48**）的关键中间体，此前已有报道以 1-氰基环己基乙腈（1-CHAN）化学转化为（**47**），但选择性差，且需要强酸和强碱（图 14-43）。腈水解酶对二腈的区域选择性水解也可以提供有用的非手性羧酸。郑裕国院士课题组设计了一种来自 *Acidovorax facilis* ZJB09122 的腈水解酶的突变体，该突变体具有改进的活力、热稳定性和产品耐受性。在最佳条件下，在 6 h 内 1.5 mol/L 1-氰基环己基乙腈（**46**,222 g/L）被大肠杆菌表达的腈水解酶（14 g CDW/L）完全水解，STY 为 37 g/L/h。在该反应过程中，**47** 很容易分离得到，产率为 88%。除了这些发展良好的药物外，腈水解酶还被广泛应用于制备（手性）羧酸/腈，用于许多正在开发的候选药物的合成。因此，腈水解酶对腈的区域和对映选择性水解是工业化生产（手性）羧酸的一种高效和成熟的方法。

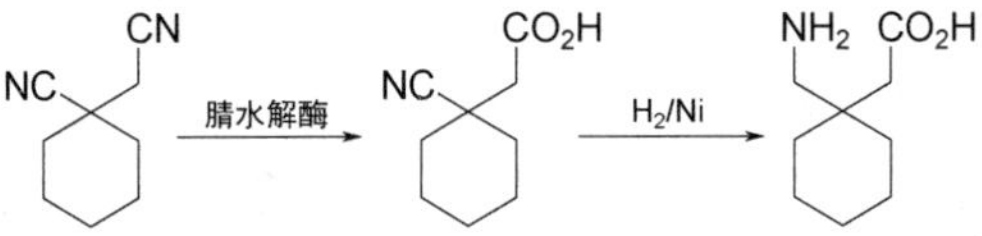

图 14-43　利用合成 1-氰基环己烷乙酸（47）的腈水解酶法工艺（区域选择性水解）生产加巴喷丁（48）

六、通过裂合酶生产氨基酸类化合物

结合生物催化和均相催化的一个有趣的例子是合成(*S*)-2-吲哚啉羧酸（**51**），这是生产血管紧张素转化酶抑制剂（如吲哚普利和培哚普利）的关键中间体。DSM 使用全细胞开发了一种在大肠杆菌中表达来自 *Rhodotorula glutinis* 的苯丙氨酸解氨蛋白酶（PAL）的路线，以 91%的产率和 99%的 *ee* 获得氨基酸中间体（**50**）。研究人员对随后的铜催化闭环的优化使反应能够在 4 h 后使用摩尔分数 4% CuCl 以 95%产率和 99%*ee* 获得最终产物（图 14-44）。值得注意的是，溴衍生物在只有摩尔分数 0.01% CuCl 时经历了更快的闭环，但在 PAL 催化的步骤中，溴衍生物是不太好的底物。DSM 开发的路线规模已经进一步扩大为吨级反应。一项生命周期分析显示，与旧工艺相比，该工艺的碳足迹减少了一半，主要是因为有机溶剂的使用量大幅减少。

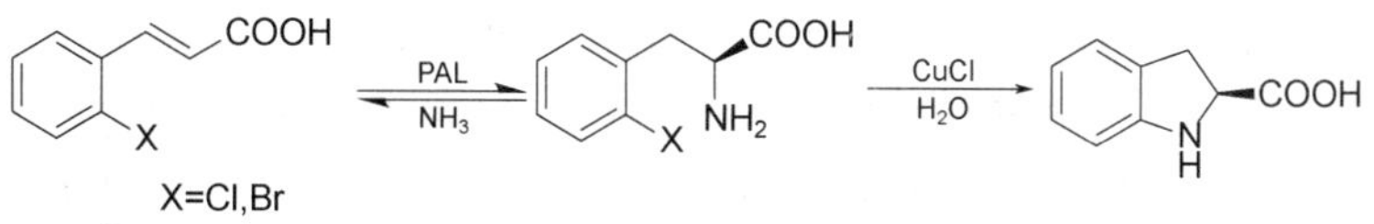

COOH X X=Cl,Br **49** ⇌(PAL / NH_3) COOH X NH_2 **50** →($CuCl$ / H_2O) COOH N H **51**

图 14-44　PAL 催化的酶促反应与铜催化的闭环组合提供了血管紧张素转化酶抑制剂的关键中间体

进一步的实例之一是使用工程 PAL 将肉桂酸衍生物（**52**）加氢胺化为相应的苯丙氨酸类似物（**53**），然后将其与甲醛缩合（Pictet-Spengler 反应），分离得到相应的四氢异喹啉衍生物（**54**），产率为 60%～70%，*ee*>99.9%（图 14-45）。在这种情况下，设计该酶的突变体以增强其活力，特别是增强其在高 pH（9.5～10.5）和高浓度氨（9～10 mol/L）下的稳定性，以推动反应平衡并最大限度地提高产量。经过仔细优化，诺华公司将这一过程扩大到 2 kg 级，用于制备一种治疗带状疱疹后神经痛和神经性疼痛的血管紧张素Ⅱ 2 型受体拮抗剂 EMA401。这是一个比之前的合成过程更加可持续、时间更短、更具成本效益的替代方案。

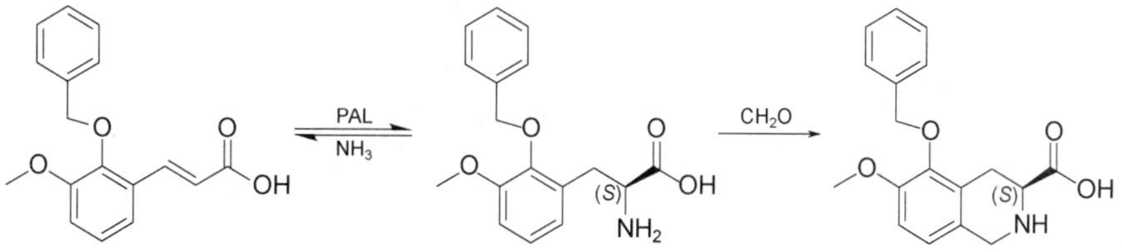

O O O OH **52** ⇌(PAL / NH_3) O O O (S) OH NH_2 **53** →(CH_2O) O O O (S) OH NH **54**

图 14-45　PAL 介导的用于生产 EMA401 的关键中间体（47）的合成

七、利用蔗糖磷酸化酶合成糖苷类化合物

糖类是细胞中非常重要的一类有机化合物，大多数生物聚合物（蛋白质和 DNA/RNA）以及许多小分子生物活性化合物都包含糖单元，糖类及其衍生物除了参与能量供给、细胞构成及细胞间的信息识别等功能之外，往往还具有独特的生理活性，并在食品、医药及化妆品等领域中具有广泛的应用。

在糖类化合物的合成中，最基本和最重要的问题是糖苷键的合成。在糖化学研究中，学者们开发了大量糖苷键化学合成的方法来制备糖类化合物，但由于糖链往往高度支链化，糖苷键又有 α、β 两种构型，糖类化合物中存在多个性质相似的羟基，需要复杂的保护基策略来选择性地实现键的形成，保护基团的大量使用使得传统的有机合成效率低下。因此对有机合成化学家来说，区域选择性、立体选择性的高效催化糖基化反应是一个特别大的挑战。

酶具有内在的选择性和特异性，极大地提高了糖基化的效率。具有高催化活性的糖苷酶已经在商业上开发了很长一段时间，淀粉酶、纤维素酶和果胶酶已经被广泛应用在多糖的水解和葡萄糖的合成生产中，并完全取代了酸作为催化剂的传统生产方式。应用葡萄糖异构酶生产果糖是酶在糖类化合物生产中的经典案例，每年可生产 1400 万吨的高果糖玉米糖浆（HFCS；42%～55%的果糖、剩余葡萄糖和 1%～4%的低聚糖），这是工业上十分重要的生物合成过程，在该反应过程中，葡萄糖异构酶（IGI）被固定化，反应体系在 60℃下连续通过固定化酶催化进行转化反应，生产效率可达到 1 kg/(L • h)，并且催化剂的消耗量较低，从而取代传统的高温酸碱催化方式，实现了绿色清洁和选择性生产。

近期，一个典型的应用实例代表为利用蔗糖磷酸化酶生产糖苷类化合物，蔗糖的异头键含有较高的能量。蔗糖水解的吉布斯自由能变化（ΔG）为−27 kJ/mol，远高于麦芽糖水解的 ΔG（−15 kJ/mol）或纤维二糖水解的 ΔG（−12 kJ/mol），这是蔗糖作为糖基供体发生糖基化反应的基础。

1．蔗糖磷酸化酶催化合成甘油葡萄糖苷

蔗糖磷酸化酶（SP）催化蔗糖与无机磷酸盐可逆转化为 *α*-葡萄糖-1-磷酸和果糖（图 14-46），除此之外，SP 还表现出广泛的底物混杂性，磷酸盐受体可被其他糖基受体所取代，使得 SP 对制备葡糖基化产物方面具有价值。例如，利用来源于肠膜明串珠菌的蔗糖磷酸化酶（LmSP）的转糖苷反应活性，将葡萄糖从蔗糖直接选择性地转移到甘油中的仲醇位置。该反应在无磷酸盐条件下进行，几乎不产生中间体葡萄糖-1-磷酸。如果过量使用甘油（0.8 mol/L 蔗糖；2.0 mol/L 甘油），则会以 90%的粗产率（色谱分离后 63%）形成 2-*O*-(*α*-葡糖基)-甘油。该方法应用于保湿霜原料 2-*O*-(*α*-葡糖基)-甘油的合成，生产规模扩大到数百公斤。

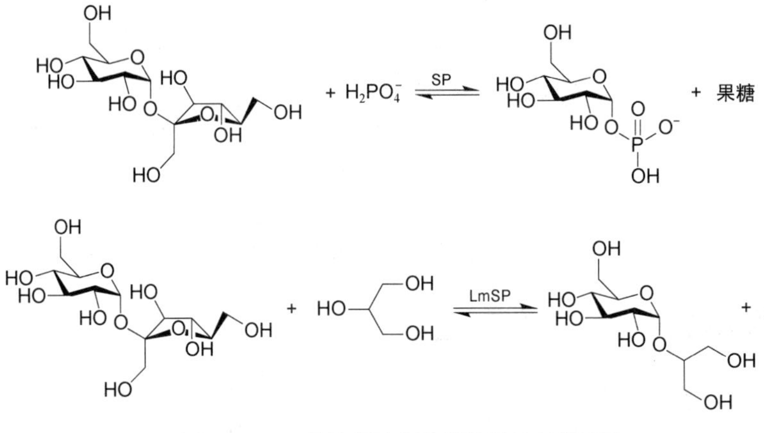

图 14-46　蔗糖磷酸化酶催化的糖基化反应

2．蔗糖磷酸化酶催化合成曲二糖

曲二糖是一种口服有效的益生元双糖，是一种低热量甜味剂，能特异性抑制 *α*-葡萄糖苷酶 Ⅰ 的活性，曲二糖是双歧杆菌、乳酸菌和真细菌的增殖因子，可降低体内炎症标志物的肝脏表达。Desmet 小组设计开发了公斤级生产稀有糖曲二糖（2-*O*-*α*-D-吡喃葡糖基-D-吡喃葡糖苷）的工艺。来源于青春双歧杆菌的蔗糖磷酸化酶（BaSP）的突变体可选择性地将蔗糖的葡萄糖单元转移到第二分子葡萄糖的 2-羟基位置上（图 14-47）。释放的果糖分子通过葡萄糖异构酶（GI）转化为葡萄糖并作为受体分子，从而使该过程具有高度的原子效率和简洁性。

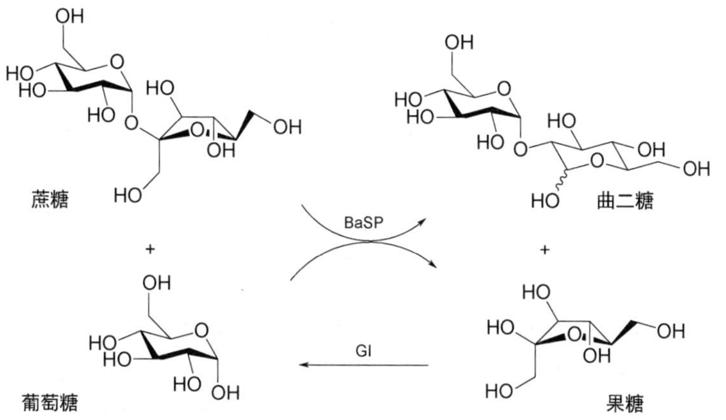

图 14-47　蔗糖磷酸化酶催化合成曲二糖

八、多酶级联生物催化合成精草铵膦

精草铵膦又称 L-草铵膦，是德国拜耳公司从吸水链霉菌发酵液中分离得到的具有杀菌活性的三肽化合物——双丙氨膦。草铵膦是包含 D/L-草铵膦的外消旋物，仅 L-草铵膦具有除草活性，其通过作用于植物体的谷氨酰胺合成酶，可有效抑制 L-谷氨酰胺合成，从而导致细胞毒剂铵离子累积、铵代谢紊乱、氨基酸缺失、叶绿素解体、光合作用被抑制，最终将杂草彻底去除。

L-草铵膦的制备方法主要有 3 种：不对称合成法、外消旋体拆分法和生物催化法。

1．不对称合成法

不对称合成法是从手性原料出发合成光学纯 L-草铵膦的方法。2007 年，明治制果公司将 *β*-次膦酸酯基醛与伯胺反应生成亚胺类化合物，在 Jacobsen 催化剂的作用下，用三甲基硅氰对亚胺进行不对称 Strecker 反应（图 14-48），再经水解转化得到精草铵膦，*ee* 值最高达 94%。此工艺较复杂，需要使用昂贵的手性拆分试剂，理论收率仅 50%，单次拆分率低。

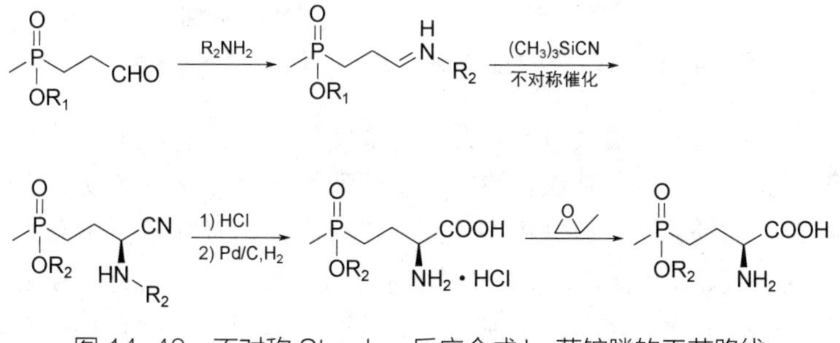

图 14-48　不对称 Strecker 反应合成 L-草铵膦的工艺路线

2．外消旋体拆分法

外消旋体拆分法通过对外消旋 D/L-草铵膦或其衍生物进行手性拆分，实现 D 型和 L 型异构体分离，从而得到光学纯 L-草铵膦。2018 年史泰龙等报道了以 *Pseudomonas* sp．zjut126 为催化剂、*N*-癸酰草铵膦为拆分底物，水解拆分制备 L-草铵膦的合成工艺路线。拆分过程中 *N*-癸酰草铵膦在 *Pseudomonas* sp．zjut126 催化下，L-*N*-癸酰草铵膦水解生成 L-草铵膦（图 14-49），而 D-*N*-癸酰草铵膦不参与反应，处理后可得 *ee* 值大于 95.2%的 L-草铵膦。此工艺步骤多、收率低、手性原料昂贵，不利于大规模制备。

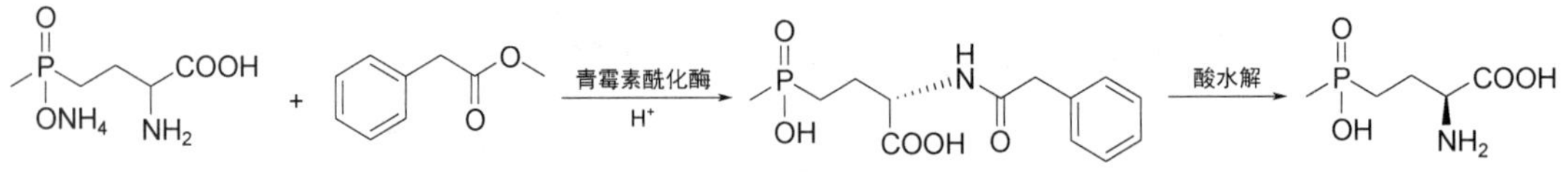

图 14-49 用 *Pseudomonas* sp. zjut126 催化拆分外消旋草铵膦制备 L-草铵膦的工艺路线

3．生物催化法

生物催化法具有立体选择性严格、反应条件温和、收率高等优点，是生产 L-草铵膦最具前景的技术。魏东芝教授团队联合永农生物科学有限公司，开展《手性纯草铵膦（精草铵膦）除草剂绿色生物制造技术与应用》专项攻关，围绕精草铵膦绿色生物制造关键技术，创新了高活力、高对映体选择性酶定制技术和多酶自组装生物催化技术，创建了高底物浓度的纯水反应体系，在国际上首次通过生物催化技术，实现将草铵膦外消旋体（D/L-草铵膦）以近 100%的效率转化为精草铵膦，建成了国际首条可实现年产 5000 吨精草铵膦生物催化新生产线，在全球范围内首次实现 L-草铵膦绿色生物制造工艺产业化，具备显著的成本优势（图 14-50）。2020 年精草铵膦产品金百速®（10%精草铵膦 SL）成功上市，获得了中国植物保护市场最具爆发力产品、中国农业化学品行业匠心产品等多项荣誉。

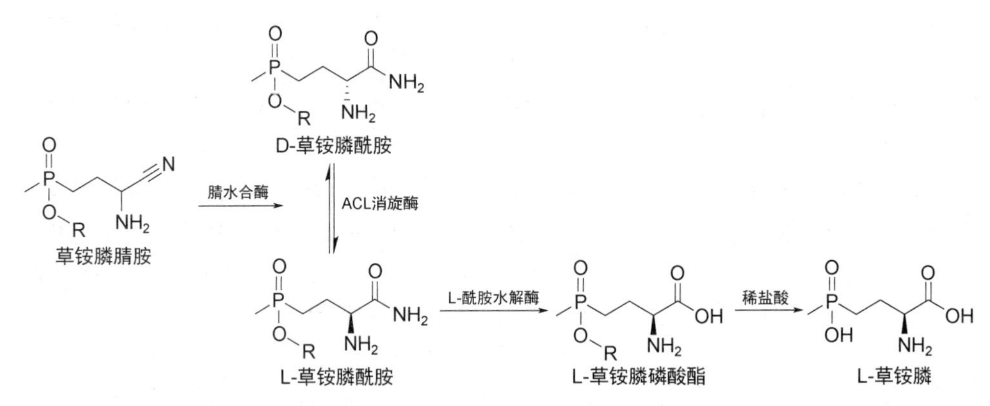

图 14-50 多酶级联反应转化草铵膦消旋体合成 L-草铵膦

浙江工业大学郑裕国院士团队研究开发基于酰胺酶、脱乙酰基酶、氨基酸氧化酶、脱氢酶、还原胺化酶、酮酸转氨酶、腈水合酶、腈水解酶等生物催化技术以及从头合成的合成生物学技术制备 L-草铵膦的路线，并与山东绿霸化工有限公司及其子公司合作，相继成功开发了 L-草铵磷生产的一代、二代和三代技术，并进行了工程放大。根据绿霸公司的战略发展，基于第三代技术的年产 13000 吨高光学纯 L-草铵膦生产线已建成并顺利投产。该生产线采用化学-生物级联合成技术，以常规化合物代替 D/L-草铵膦为原料生产 L-草铵膦，摒弃了采用 Strecker 反应先合成 D/L-草铵膦再拆分获得 L-草铵膦的技术路线，缩短了反应步骤，避免了剧毒化合物的使用，同时在生物催化工序中，首创了辅酶自足型工程细胞和 L-草铵膦生物无机胺化手性合成技术。山东绿霸化工有限公司获得了我国首个生物法精草铵膦铵盐原药登记证，并牵头和参与制定了我国首个精草铵膦铵盐原药、精草铵膦铵盐可溶液剂产品团体标准（T/CCPIA 186-2022、T/CCPIA 189-2022）和精草铵膦国家标准。

浙江大学杨立荣教授团队筛选获得来自芽孢杆菌（*Bacillus* sp.）YM-01 的 ω-转氨酶，并用于去消旋化生产L-草铵膦，发现能够避免有毒物质过氧化氢生成。以D/L-草铵膦为原料，通过(R)-选择性的 ω-转氨酶将 D-草铵膦转化为 2-羰基-4-［羟基（甲基）膦酰基］丁酸，L-草铵膦由于不参与反应而得以保留；然后谷氨酸脱氢酶以2-羰基-4-［羟基（甲基）膦酰基］丁酸为原料不对称合成L-草铵膦，从而得到光学纯L-草铵膦（图14-51），并使用醇脱氢酶进行辅酶再生，同时生成丙酮作为第一步转氨酶的氨基受体，最大幅度提高了原料利用率。合成过程中所需辅原料异丙醇转化为副产物异丙胺，经过简单蒸馏回收为农药化工原料。

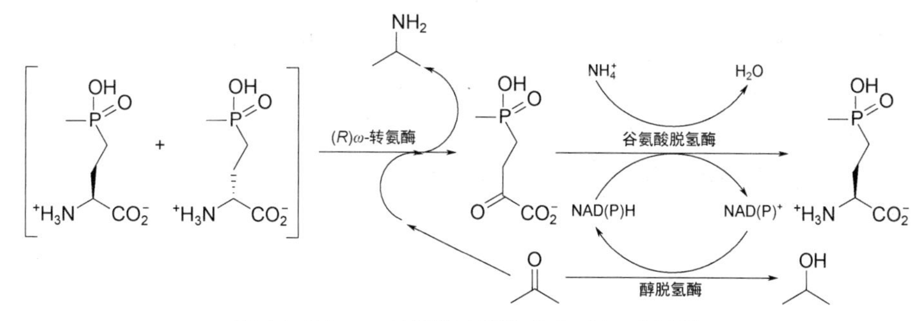

图14-51　ω-转氨酶去消旋化合成L-草铵膦

酶催化是有机合成领域中的一种强大工具，它具有许多独特的优点：酶催化具有高度的特异性，这是化学合成方法无可比拟的，通过酶催化可以实现产物的高度选择性合成；许多酶在接近生理条件下的催化反应中表现出高效催化活性，因此酶促反应的条件温和；酶具有高效性，酶的催化效率通常远远高于化学催化，有些酶的 k_{cat}/K_m 可以达到每秒几百万次甚至更高；酶还可以通过固定化等方式进行回收和重复利用，从而降低生产成本并减少环境影响。虽然酶催化存在一些限制，如底物范围、稳定性和生产成本等，但随着技术的不断发展和新酶的发现，这些限制正在逐步被克服。因此酶催化在有机合成和其他领域的应用前景仍然非常广阔。

选择合适的酶和优化反应条件对于许多生物化学反应过程非常重要。酶可以加速化学反应的速率，同时降低能量的消耗。然而，选择和优化酶及反应条件是一个复杂的过程，需要系统的实验操作。首先，必须鉴定反应及其相应的生物催化剂。对于某些反应，可能有几种生物催化剂可以起作用。在选择生物催化剂时，必须考虑不同生物催化剂的相对底物范围、活力和选择性。反应的背景也是一个主要的考虑因素，可以选择进行单酶反应、一锅多酶串联反应或全细胞反应。对于涉及合成和生物催化步骤的反应，还可以选择是将这些反应分开进行还是在一个锅中进行。对于单酶反应，无需关注反应条件和溶剂的兼容性，但所需的额外加工和分离会增加该工艺的成本。对于一锅多酶串联反应，每种酶都有其最适的温度和pH范围，以及中间产物对酶活力的激活或抑制作用等，这些都是我们需要去优化的。为了选择合适的酶和优化反应条件，需要进行一系列的实验操作。这包括测定不同条件下的反应速率，测定酶的活力，以及测定各种因素对反应的影响等。这些实验的结果将用于建立一个模型，预测在不同条件下的反应效果。这个过程可能需要使用计算机模拟和其他高级的统计工具。尽管这个过程增加了实验操作的复杂性，但是对于获得高效、准确的生物化学反应和生物工程过程来说，这是必要的步骤。通过合理的选择和优化，可以大大提高生产的效率和产物的纯度，从而为医药、农业、能源等多个领域提供更有效的方法。

酶化学合成领域的持续发展依赖于化学和生物学交叉领域的多学科的影响，包括：①酶学，是研究酶的本质、结构、性质以及反应机制的学科。它可以帮助我们理解酶如何在生物体内发挥催化作用，以及如何通过化学手段增强或调整这种作用。②合成生物学，是研究如何设计和构建生物系统，以改进或创造新的生物功能和结构的学科。对于酶化学合成领域，合成生物学可以提供新的酶设计和改造策略，以优化酶的催化效率和特异性。③生物信息学，是研究生物系统信息的存储、处理和表达的学科。在酶化学合成领域中，生物信息学可以用于分析酶的基因序列和结构，预测其性质和功能，并为实验验证提供指导。④计算化学，是使用计算机模拟和预测物质性质和行为的学科。计算化学可以通过模拟酶的反应过程，预测新的酶候选者，并帮助优化其性能。⑤纳米科学，是研究纳米级别材料和系统的学科。纳米科学可以用于设计和制造新型的酶制剂和生物反应器，以提高反应的效率和选择性。这些子学科的交叉应用，可以帮助我们更好地理解酶的合成和性质，开发新的合成策略，提高工业生产的效率和产物的纯度，通过跨学科的合作和交流，从而推动酶化学合成领域的持续发展。

（高秀珍，马钦元，张同）

第十五章
天然产物的酶法修饰

天然产物广泛存在于自然界中，通常是指动物、植物或微生物中分离出来的生物次级代谢产物，如糖类、萜类、黄酮类、生物碱、醌类和蒽类衍生物、强心苷、甾体、皂苷、香豆素、木脂素、氨基酸和蛋白质、动植物激素、海洋天然有机物等，其数量种类繁多且结构复杂多样，具有重要的生理与药理活性。从宏观来看，绝大多数天然产物都是由氧、碳、氮、氢等化学元素组成；从微观来看，天然产物结构复杂，大多由小分子作为合成底物，在酶促反应中合成。Kyriacos Costa Nicolaou 教授是当今世界天然产物全合成的领军人物，他在 *Molecules that changed the world* 一书中提及了改变世界的 30 余个分子，多数为来自于自然界的天然产物。相较于传统的有机合成分子，天然产物的结构更加复杂多样，通常具有良好的生物活性和多种生物学功能。目前对于结构复杂的天然产物分子还无法实现人工全合成，只能通过天然提取和改良修饰获得。

天然产物与人们的日常生活息息相关，被广泛应用于食品、医药、农业和工业等领域，具有重要的经济价值。其在食品行业可作为食品原料、食品添加剂等使用，如调味料、人造肉、饮料和保健品等；在农业生产中可应用于植物保护剂及植物诱导剂等，如真菌源杀虫剂、除草剂、生物农药和生物肥料；在工业生产中可作为日化原料或其他精细化工产品使用，如化妆品、精油、香精香料和防腐剂等；特别是在医药领域，天然产物可作为先导化合物，通过适当的结构改造，成为新一代药物，在癌症治疗和传染病防治等方面发挥重要作用，如青蒿素、小白菊内酯和伊立替康等。因此，发掘新的天然产物、改造或修饰天然产物为具有特定活性的化合物并实现其高效合成，是科学研究领域的热点和难点，对于丰富和提升人们的生活水平也至关重要。

尽管天然产物具有良好的生物活性和多种生物学功能，但在实际应用过程中，未经修饰、直接用于治疗或应用的天然产物只占很小一部分，这是由于很多天然产物在溶解度、生物利用率等性能方面存在着一些固有缺陷。如大部分多糖类化合物在水中溶解度较低、黏度大，多数黄酮苷元及部分黄酮苷类水溶性差、利用率低，部分五环三萜类化合物如甘草次酸在临床上长期使用易引起低钾血症、高血压和醛固酮增多症等副作用，这些缺陷大大限制了天然产物的进一步研究和大规模应用。为了赋予天然产物以新颖和特定的性质，以活性天然产物为起始物，对其进行结构修饰，并运用多样性导向合成策略构建性状优良的天然产物衍生物，已经成为天然产物开发应用过程中的重点和热点。

目前，天然产物的结构修饰可以通过化学法、微生物法和酶法，并采用多种途径进行官能团转化来实现。天然产物的化学修饰方法，包括糖基化、乙酰化、甲基化、硫酸化、硒化等，在多种天然产物的结构修饰及合成中取得了一些成就和进展。但是包括经典的

Koenigs-Knorr 反应在内，化学法普遍存在产率低、选择性差、高毒性、环境不友好、需要复杂的保护及脱保护过程等缺陷，这导致部分化学法的应用受到限制，在实际生产过程中存在一定的局限。相较于化学法，酶法由于条件温和、专一性强、区域和立体选择性高、操作步骤相对简便和环境友好等特点得到广泛应用。

本章仅通过一些具有代表性的例子对天然产物的酶法修饰进行介绍。

第一节　天然产物的糖基化修饰

糖类和糖苷被认为在许多生物过程中起调节作用，它们潜在的临床应用价值也是生物化学领域的热门话题之一。天然产物的糖基化修饰往往能有效改变母体分子的理化活性，因而利用糖类基团对天然产物进行糖基化修饰是新药开发的一种重要手段。由于天然产物的结构复杂多样，通过化学法对天然产物进行糖基化修饰的步骤烦琐，很难实现对特定位点进行糖基化修饰。相比之下，具有选择性强、反应效率高和条件温和等特征的酶法糖基化修饰在改善天然产物的溶解度、稳定性和生物活性等成药性因素方面的优势逐渐凸显，并取得了一定的研究成果。对天然产物的糖基化修饰一般是通过糖基转移酶催化进行的，该酶受体种类广泛，包括糖类、萜类、黄酮类、蛋白质、脂质、核酸和各种小分子次级代谢产物等，是天然产物结构修饰改造的重要工具酶之一。

一、糖基转移酶概述

糖基转移酶（glycosyltransferase，GT）是自然界存在最广泛的转糖基酶，在原核生物和真核生物中存在大量的糖基转移酶，其用于催化糖基化反应生成寡糖、多糖和糖缀合物。这些结构多样的糖分子参与和介导从结构、存储到信号传递等生命活动。糖基转移酶能够将活化的糖基供体上的糖基团转移至特定的受体分子形成糖苷键，而在糖基团转移过程中异头碳原子构型保留或者翻转而形成不同构型的糖基化产物。

1．糖基转移酶的分类

糖基转移酶的传统分类方法依据其所转移的单糖类型进行分类，如可分为半乳糖糖基转移酶、葡萄糖糖基转移酶、岩藻糖糖基转移酶等。

依据糖基转移酶序列的同源性、反应机制、糖苷键的立体化学性以及糖基供体等，碳水化合物活性酶数据库将糖基转移酶划分为 116 个糖基转移酶家族（截止至 2023 年 8 月）。UGT 命名委员会为每个确定的 GT 基因/蛋白质分配一个独特的标识符，该标识符由一个家族编号、一个亚家族字母和一个基因/蛋白质编号组成。其中，对于 GT1 家族的糖基转移酶研究较多，这个家族由来自植物、动物、真菌、细菌和病毒中的高度不同的酶组成。由于 GT1 家族的糖基转移酶通常使用尿苷二磷酸（UDP）-糖为糖基供体，所以一般将 GT1 家族的酶称为 UDP-依赖的糖基转移酶（尿苷二磷酸葡萄糖醛酸转移酶，简称 UGT）。并且，GT1 家族的 UGT 多以小的亲脂性分子作为糖基化的底物，其中糖基化可以发生在—OH、—COOH、$—NH_2$、—SH 和 C—C 基团上。该家族蛋白质的 C 端具有一个由 44 个氨基酸（WAPQ--VL-H-AVG-FLTHCGWNSTLES---GVP---WPM--D）组成的保守序列，被称为 PSPG 盒（plant secondary product glycosyltransferase）或特征基序（signature motif），如图 15-1 所示。GT1 家族中具有此特征基序的酶类约占 48%，这一段基序在糖基化过程中可能与糖基的供体——尿苷二磷酸-糖的结合有关，利用该基序在拟南芥、玉米、葡萄和大豆中分别鉴定出了 122、148、184 和 128 个 UGT 基因，这些具备该基序的植物 UGT 在调控植物次生代谢产物相关的过程中扮演了重要的角色。然而，这些酶的 N 端序列差异较大，研究推测这些序列可能具有识别不同底物的作用。

图 15-1　糖基转移酶 PSPG 盒的共识序列示意图 [*Trends Plant Sci.*, 2005, 10(11): 542-549]

依据催化特性，糖基转移酶可分为 Leloir 型和 non-Leloir 型。Leloir 型的糖基转移酶以活化的核苷酸糖为糖基供体，如尿苷二磷酸葡萄糖（uridine diphosphate glucose，UDP-葡萄糖）、尿苷二磷酸半乳糖（uridine diphosphate galactose，UDP-半乳糖）及尿苷二磷酸鼠李糖（uridine diphosphate rhamnose，UDP-鼠李糖）等；而 non-Leloir 型的糖基转移酶则以磷酸酯连接的糖为糖基供体，如蔗糖、糊精、可溶性淀粉及其水解产物等。

糖基转移酶的结构被上传在蛋白质数据库（PDB）中，依据蛋白质的结构相似性，糖基转移酶可以分为 GT-A、GT-B 和 GT-C 三个亚家族（图 15-2）。GT-A 亚家族的糖基转移酶由一个 α/β/α 三明治结构组成，中间的 β 折叠被一条较小的 β 折叠包围着，两者的结合形成了活性位点，类似于罗斯曼折叠。该亚家族的糖基转移酶中普遍存在一个 DxD 的保守序列，且其催化活性的发挥需二价阳离子参与。DxD 保守序列通过二价阳离子（通常是 Mn^{2+}）的配位与核苷酸供体的磷酸基团相互作用。不同的糖基转移酶中的两个天冬氨酸并非保守的，但该保守序列或者其突变体在不同的糖基转移酶中总是处于相同的位置，位于连接主体三明治结构 β 折叠和一条小的 β 折叠的环中。GT-B 亚家族的糖基转移酶与 GT-A 亚家族的糖基转移酶的结构相似，主要由两个独立的罗斯曼折叠模式 β/α/β 结构域组成，包括一个连接区域和位于结构域之间的催化位点，其结构域之间有一个较深的域间裂缝，可以连接连接区域并作为催化中心的通道，大多数结合位点也位于其中。目前的研究表明 GT-B 亚家族的糖基转移酶并没有完全保守的氨基酸，但具有良好的结构保守性，尤其是核苷酸结合区域的 C 端结构域。而蛋白质的 N 端结构域是可变区域，在该结构域中活性位点周围的环和螺旋结构具有适应各种不同的糖基受体的能力。在反应过程中，GT-B 亚家族的糖基转移酶通过糖基供体的结合，触发从开放构象到封闭构象的一系列构象变化，允许焦磷酸盐与 N 端和 C 端结构域相互作用或在裂缝中引入直接相互作用，进一步稳定催化活性构象，同时也改变糖基受体结合口袋的形状。GT-C 亚家族的糖基转移酶具有与 GT-A 亚家族和 GT-B 亚家族的糖基转移酶不同的 α/β/α 三明治结构，通常包含两个结构域：N 端跨膜区结构域和 C 端具有糖基转移酶催化活性的球状结构域。GT-C 折叠型的蛋白质主要是由 α-甘露糖基转移酶组成，这些酶使用多萜醇焦磷酸-甘露糖作为膜脂 *O*-连接甘露糖基化的糖基供体，GT-C 亚家族成员属于 GT 的非 Leloir 途径。

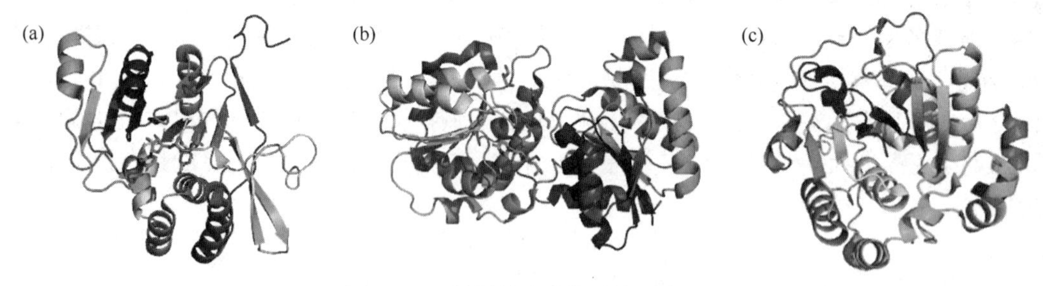

图 15-2　糖基转移酶的结构示意图

(a)GT-A 亚家族糖基转移酶代表蛋白质结构(PDB code：1OMZ)；(b)GT-B 亚家族糖基转移酶代表蛋白质结构(PDB：1NLM)；(c) GT-C 亚家族糖基转移酶代表蛋白质结构（PDB：1RO7）

2．糖基转移酶的催化机制

基于糖基化的立体化学差异，糖基转移酶的催化反应机制可分为翻转型（如 NDP-*α*-糖-*β*-糖苷）或保留型（如 NDP-*α*-糖-*α*-糖苷）。目前对于翻转型糖基转移酶的研究较为透彻，所有的结构证据都支持 α3-FucT 的双分子亲核取代反应（S_N2）催化机制（图 15-3）。糖基转移酶活性中心侧链的氨基酸残基作为广义碱（谷氨酸、天冬氨酸或组氨酸等）使受体分子的羟基去质子化，紧接着受体的去质子化羟基作为亲核基团从磷酸基团的背面攻击糖基供体上的异头碳，形成氧络碳正离子的离子样过渡态，最终导致异头碳的构型发生翻转，磷酸基团离去，完成糖基化反应。在该反应过程中，二价金属离子一般具有稳定带负电荷的磷酸基团的作用。GT-A 亚家族翻转型糖基转移酶的催化中涉及一个金属离子 Mn^{2+}，而 GT-B 亚家族翻转型糖基转移酶与 GT-A 亚家族翻转型糖基转移酶的活性位点完全不同，并且催化反应时没有金属离子参与。

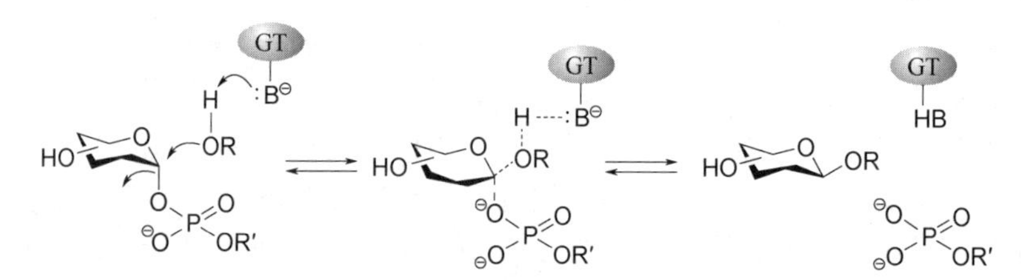

图 15-3　S_N2 糖基转移酶催化机制示意图［*Curr Opin Struct Biol.*, 2012, 22(5): 540-549］

目前，保留型糖基转移酶的催化机制尚未明确，学者们推测出两种可能的催化机制：双取代反应机制和类分子内亲核取代反应（S_Ni）机制。双取代反应过程需要经历两步 S_N2 反应，首先糖基转移酶活性中心的氨基酸残基攻击糖基供体的异头碳，形成糖基-酶共价结合中间体，然后受体分子的羟基作为亲核基团攻击糖基-酶共价结合中间体的异头碳，但异头碳的构型保持不变并完成糖基化反应。而由于缺乏糖基-酶共价结合中间体的结构信息，目前该机制尚未得到证实。因此，一些学者又提出另外一种反应机制——类 S_Ni 机制，在这种机制中受体 OH 基团在糖基离开供体的同一侧攻击糖异构 C-1 原子，过渡态被糖基转移酶屏蔽在反应中心的一侧，从而防止来自另一侧的亲核攻击，进而保留了糖基化产物的 C-1 构型。

二、糖基转移酶在改善天然产物中的应用

天然产物的糖基化修饰往往能有效改变母体分子的理化性质和天然产物的功能，从而改

善天然产物应用上的一些缺陷。因此，利用糖基团对天然产物进行糖基化修饰是开发新型化合物和提高天然产物利用率的一种有效手段。

1. 萜类化合物的糖基化修饰

萜类化合物是异戊二烯聚合物及其衍生物的总称，广泛存在于植物和微生物中，是构成植物香精、树脂、色素等次生代谢物的主要成分。并且，萜类化合物是已知最古老、结构最多样化、分子种类最多的次级代谢产物，目前已鉴定的萜类化合物超过 7 万种。根据异戊二烯单元的数目，萜类化合物可分为单萜、倍半萜、二萜、二倍半萜、三萜、四萜、多聚萜等，如单萜香叶醇、倍半萜青蒿素、二萜雷公藤甲素、三萜皂苷、四萜类胡萝卜素。研究表明，萜类化合物具有抗肿瘤、抗细菌、抗真菌、抗病毒、降血压、降血糖和增强免疫力等多种生物活性，同时对植物的生长、发育和代谢也起着重要作用。例如，甜菊糖苷可作为甜味剂使用，青蒿素是治疗疟疾的特效药，紫杉醇是治疗多种癌症的化疗剂，人参皂苷具有抗癌、抗衰老、保护神经和治疗心血管疾病等多种功能。因此，萜类化合物的功能研究一直是科研工作者们研究的热点。

尽管天然的萜类化合物已有多种生物功能，但是糖基化修饰往往能够有效改变母体分子的理化活性，进而赋予它们一些不同的性质及功能。目前，已有较多关于糖基转移酶催化萜类化合物糖基化的研究，如对甜菊糖苷、橙花醇、芳樟醇及皂苷等萜类化合物的糖基化修饰均有报道。

甜菊糖苷是甜叶菊中的主要活性成分，是一种二萜糖苷，具有极高的研究价值。不同糖基数目、糖类型和糖苷连接方式丰富了甜叶菊中甜菊糖苷的种类。研究者们从甜叶菊中鉴定出了许多种甜菊糖苷，包括甜菊糖、莱鲍迪苷 A（Reb A）、莱鲍迪苷 B（Reb B）、莱鲍迪苷 C（Reb C）、莱鲍迪苷 D（Reb D）、莱鲍迪苷 E（Reb E）、莱鲍迪苷 F（Reb F）、杜尔可苷 A（dulcoside A）和甜菊双糖苷等。各类甜菊糖苷的口感存在明显差异，其中含量最为丰富的两种甜菊糖苷为甜菊糖和 Reb A，其甜度是蔗糖的 200～300 倍，但明显的回苦味限制了两种糖苷的应用。相较于甜菊糖和 Reb A，甜叶菊中含量较少的 Reb D 和 Reb M 具有更高的甜度和更少的回苦味。另外，甜菊糖苷 C-13 位和 C-19 位所连接的葡糖基数目及所连接的糖基种类对甜菊糖苷的甜度和回苦味也有重要影响。通过糖基转移酶对甜菊糖苷进行修饰是改善其不良口味的一种可行方法。目前，用于糖苷修饰的酶主要包括环糊精葡萄糖基转移酶（CGTase）、果糖苷酶、半乳糖苷酶、交替糖蔗糖酶、葡聚糖蔗糖酶、α-淀粉酶、葡聚糖酶以及葡萄糖苷酶。例如，利用 β-1,4-半乳糖基转移酶和 UDP-葡萄糖糖基供体对甜菊苷和甜菊双糖苷进行糖基化修饰，得到相应的半乳糖基糖苷，其溶解度显著提高，且回苦味得到明显改善。再如，通过将 CGTase β-CD 和葡萄糖淀粉酶构建级联反应修饰 Reb A，并以 53.3%的产率得到 Reb A 的单糖衍生物 RA1G，其甜度与 Reb A 相似，而回苦味相较于 Reb A 降低了 54%。

橙花醇是最普遍的一种倍半萜类物质（3,7,11-三甲基-1,6,10-十二烷基三烯 3-醇），广泛存在于多种植物的花精油中，茶树中的糖基转移酶 CsUGT91Q2 能够催化橙花醇的糖基化反应，生成橙花醇糖苷，其可作为香味添加剂使用。

芳樟醇是一种典型的单萜烯，经过氧化、环化、羟基化等反应可产生多种氧化物、醇和酮等芳香类化合物，桂花来源糖基转移酶 OfUGT85A84 可催化芳樟醇和芳樟醇氧化物进行糖基化反应，将其芳香类化合物进一步转化为糖缀合物。

皂苷是一类具有抗过敏、免疫调节等功能的三萜类化合物。人参的主要活性成分——人参皂苷是名贵中药，具有抑制肿瘤、抗疲劳、延缓衰老、增强免疫力等多种功效。人参皂苷一般是原人参二醇或原人参三醇的糖基化产物，其中 UGT 介导的糖基化是人参皂苷的最后一个生物合成步骤。研究人员将糖基转移酶 UGTPg100 和 UGTPg1 的基因转入人参三醇异源生物合成细胞工厂中，最终得到糖基化修饰的人参皂苷 Rh1，产量达到了 92.8 mg/L，且避免了价格昂贵的 NDP-糖供体的使用，这为人参皂苷的开发奠定了物质来源基础。

2．黄酮类化合物的糖基化修饰

黄酮类化合物泛指两个具有酚羟基的芳香环（A 环和 B 环）通过三个碳原子相互连接而形成的一系列化合物，一般黄酮类化合物主要是以六元 C 环的氧化状况和 B 环所连接的位置为依据进行分类。黄酮类化合物是广泛存在于植物和微生物中的次级代谢产物，数量上堪称天然酚性化合物之最。根据结构组成的不同，黄酮类化合物一般分为七个亚类：黄酮、黄酮醇、异黄酮、查耳酮及它们的加氢物，以及花色素、黄烷酮和黄烷醇（图15-4）。这种分类方法是基于中心杂环的氧化程度进行分类的。另外两个环上的甲基和羟基位点导致各种类黄酮苷修饰，例如糖基化和酰化。由于黄酮类化合物的结构千差万别，黄酮类化合物的生理功能也多种多样，如木犀草素具有抗菌消炎的作用，杜鹃素可以止咳祛痰，槲皮素具有增强心脏收缩的功能等。这些化合物功能上的差异与其分子组成及结构有关。但是黄酮类天然产物的溶解度普遍较低，通过糖基化修饰，能够改善该类天然产物的溶解度，并且能够丰富黄酮类化合物的种类，改善其生理活性。

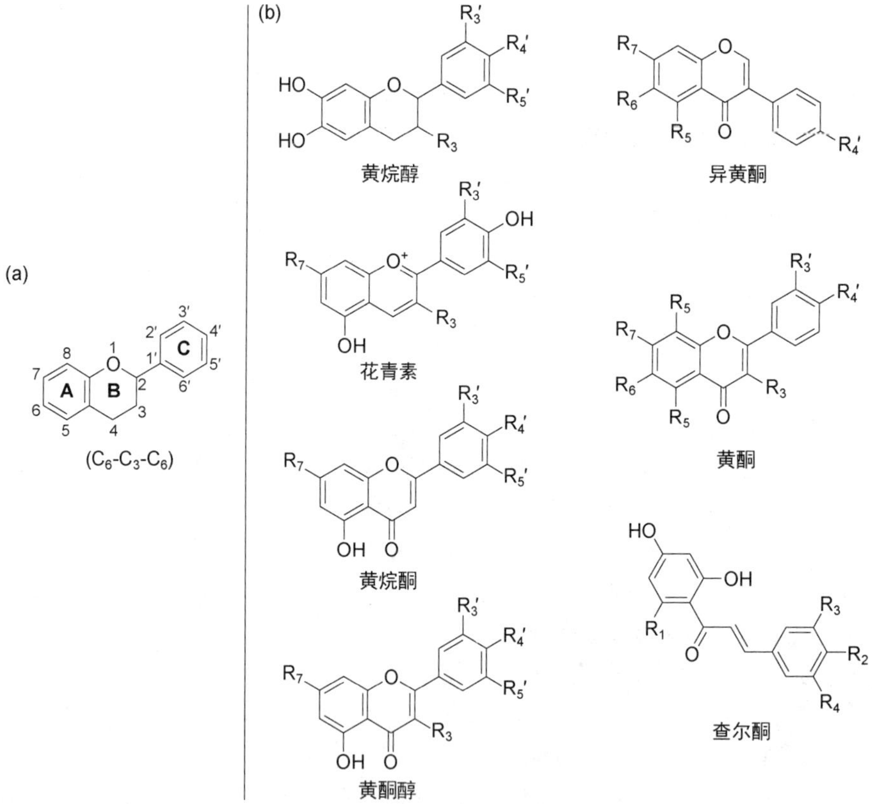

图 15-4 黄酮类化合物的分类、结构示意图及主要食物来源(*Food Chem.*, 2022, 383: 132531)

（a）黄酮类化合物的化学结构；（b）黄酮类化合物的分类（R 代表—H 或—OH 或—OCH_3）

拟南芥作为一种模式植物，体内含有多种糖基转移酶。例如，研究人员通过大肠埃希菌表达了来自于拟南芥的糖基转移酶 AtUGT78D2 和 AtUGT79B1，其中糖基转移酶 AtUGT78D2

能够利用UDP-葡萄糖将槲皮素催化转化为槲皮素-3-*O*-葡萄糖苷，然后在糖基转移酶AtUGT79B1的作用下，以UDP-木糖苷为糖基供体、槲皮素-3-*O*-葡萄糖苷为底物合成了65 mg/L槲皮素-3-*O*-葡萄糖基（1-2）木糖苷。其他研究人员则将拟南芥中的糖基转移酶基因*RhaGT*和UDP-鼠李糖合酶基因*MUM4*导入大肠埃希菌中，以UDP-鼠李糖为糖基供体、槲皮素为底物合成了槲皮素-3-*O*-鼠李糖苷（将UDP-葡萄糖转化成UDP-鼠李糖），产量达到了1.12 g/L。再如，将糖基转移酶UGT73B3和UGT84B1在大肠埃希菌中进行表达，以槲皮素为底物、UDP-葡萄糖为糖基供体分别合成了槲皮素-3-*O*-葡萄糖苷和槲皮素-7-*O*-葡萄糖苷。然后通过对反应温度的优化，发现糖基转移酶UGT73B3在33℃时催化合成槲皮素-3-*O*-葡萄糖苷的产量最高，达到330 mg/L；糖基转移酶UGT84B1在37℃时催化合成槲皮素-7-*O*-葡萄糖苷的产量最高，达到了95 mg/L。

大豆是我国重要的粮食经济作物，其中也含有用于合成糖苷类化合物的糖基转移酶基因。例如，研究者通过大肠埃希菌表达了来自于大豆的糖基转移酶基因*GtUF6CGT1*，然后以白杨素为底物合成了白杨素-6-*C*-葡萄糖苷（产量为14 mg/L），以木犀草素为底物合成了木犀草素-6-*C*-葡萄糖苷（产量为34 mg/L）。也有研究人员将大豆中的糖基转移酶基因*UGT78K1*在大肠埃希菌中进行了表达，以UDP-葡萄糖为糖基供体、以山柰酚为底物合成了山柰酚-3-*O*-葡萄糖苷（产量为109.3 mg/L）。

在其他的植物中也含有多种糖基转移酶，如研究者将来自于红景天的糖基转移酶UGT73B6的基因进行表达，以UDP-葡萄糖为糖基供体、酪醇为底物合成了产量为56.9 mg/L的红景天苷。而将红景天糖基转移酶UGT73B6第389位苯丙氨酸突变为丝氨酸，可得到新的糖基转移酶UGT73B6^{FS}，其能以UDP-葡萄糖为糖基供体、4-羟基苯甲醇为底物合成产量为545 mg/L的天麻素。

综上所述，天然产物具有重要的应用价值，但由于自身的结构与性质，其在应用时存在一些缺陷，从而限制了天然产物的应用和开发。通过对天然产物的主链和侧链基团的修饰，不仅能够改善天然产物的缺陷，还能够开发一些新的产物，提高天然产物的价值和利用率，为人们的生活及健康提供更多便利。

第二节　天然产物的酰基化修饰

一、组蛋白翻译后修饰

蛋白质翻译后修饰（post-translational modification，PTM）是一种在所有生命体中广泛存在的重要调控机制，是蛋白质功能调节的重要方式。蛋白质翻译后修饰通过对蛋白质前体进行翻译后加工，以共价连接的方式在蛋白质特异位点添加小分子，进而对蛋白质结构、功能、稳定性以及活性产生一定影响，改变蛋白质的理化性质、构象和结合能力，从而影响蛋白质的活性、稳定性和功能等。20世纪60年代，乙酰化的首次发现开启了人们对于蛋白质翻译后修饰的深入研究。在随后的几十年里，得益于蛋白质组学和高分辨率质谱色谱等技术的快速发展，越来越多的新型翻译后修饰位点被鉴定，目前已经有超过500种翻译后修饰被报道。近年研究发现，肿瘤的发生常伴随蛋白质翻译后修饰的异常，蛋白质翻译后修饰在肿瘤进展中起重要作用，可作为肿瘤的治疗靶点。蛋白质翻译后修饰也因可影响酶活力和基因表达而介导许多生理病理机制，从而成为研究热点。

最常见的蛋白质翻译后修饰是组蛋白上的翻译后修饰。组蛋白于 1884 年被德国科学家科塞尔所发现，它是真核生物中一类高度保守的、富含碱性氨基酸的蛋白质，是染色体的基本结构蛋白，主要包括 H1、H2A、H2B、H3 和 H4 五种类型，其中后四种又被称为核心组蛋白。真核细胞的染色体由重复单位核小体组成，每一个核小体包括一个核心八聚体（由四种核心组蛋白的各两个单体组成，其中 H3、H4 首先形成异四聚体，H2A、H2B 形成异二聚体结构，随后组装成八聚体）、长度约为 200 bp 的脱氧核糖核酸和一个单体组蛋白 H1，DNA 以左手螺旋方式缠绕于核心八聚体的表面而形成核小体。五种类型的组蛋白中，H1 不同于其余四种核心组蛋白，其序列保守性相对较低，主要与连接核小体之间的 DNA 和效应蛋白质相互作用，参与形成更高级的结构。

研究者最初在 20 世纪 60 年代提出组蛋白翻译后修饰，之后很多研究都证明了组蛋白翻译后修饰对真核生物基因表达具有重要意义。目前，在核心组蛋白上发现了多种不同位点不同类型的翻译后修饰，包括乙酰化（赖氨酸）、磷酸化（丝氨酸、苏氨酸、络氨酸、组氨酸）、甲基化（又分为赖氨酸单、双、三甲基化和精氨酸单甲基化以及对称和非对称的二甲基化）、糖基化、泛素化（赖氨酸）、类泛素（如 Nedd8、SUMO）化等。大部分的修饰位点都集中于组蛋白 N 端的无结构游离区域，而人们也逐渐发现在结构区域尤其是中间区域，同样存在不少修饰位点。通常情况下，组蛋白作为真核生物核小体的主要蛋白质成分，在“编写者”（writers）和“擦拭者”（erasers）等酶类的催化下发生甲基化、磷酸化、泛素化和乙酰化等酶促共价翻译后修饰，通过改变染色质的不同构象（异染色质和常染色质的转化），实现对基因复制、转录、重组和修复的快速调控。异常的组蛋白翻译后修饰往往会导致人类疾病的发生和发展，如癌症、心血管疾病以及糖尿病等。

组蛋白乙酰化修饰（histone acetylation，Kac）是最早被发现的对基因表达具有调控功能的蛋白质翻译后修饰，也是真核细胞中最常见的一种翻译后修饰，大约 40%～50%的酵母蛋白质会进行 N 端乙酰化，而在人的细胞中，这一比例高达 80%～90%，并且这种方式在进化上是保守的。

近年来，随着生命科学的发展，一系列除乙酰化外的新型酰基化修饰被发现。2022 年 12 月，中国医学科学院&北京协和医学院药物研究所花芳团队在 *Signal Transduction and Targeted Therapy* 期刊上发表了题为 *Protein acylation：mechanisms，biological functions and therapeutic targets* 的长文综述，描述了蛋白质酰基化修饰的发现里程碑时间轴以及酰基的化学结构（图15-5），并对多种蛋白质酰基化修饰在多种疾病的生理过程和进展中的功能多样性及其发生机制进行了概述。

在蛋白质的酰基化修饰中，根据修饰基团性质的不同，可将酰基化修饰分为以下几类：①含有疏水性酰基化侧链的修饰，包括赖氨酸巴豆酰化（lysine crotonylation，Kcr）、赖氨酸丙酰化（lysine propionylation，Kpr）、赖氨酸丁酰化（lysine butyrylation，Kbu）、赖氨酸异丁酰化（lysine isobutyrylation，Kibu）、赖氨酸甲基丙烯酰化（lysine methacrylation，Kmea）、赖氨酸苯甲酰化（lysine benzoylation，Kbz）和赖氨酸异烟酰化（lysine isonicotinylation，Kinic）等；②含有极性酰基化侧链的修饰，包括赖氨酸 β-羟基丁酰化（lysine β-hydroxybutyrylation，Kbhb）、赖氨酸 2-羟基异丁酰化（lysine 2-hydroxyisobutyrylation，Khib）和赖氨酸乳酸酰化（lysine lactylation，Klac）；③含有酸性酰基化侧链的修饰，包括赖氨酸丙二酰化（lysine malonylation，Kmal）、赖氨酸琥珀酰化（lysine succinylation，Ksuc）、赖氨酸戊二酰化（lysine glutarylation，Kglu）。这些酰基化修饰常发生在组蛋白上，可以改变基因组 DNA 与组蛋白的相互作用，从而改变染色质状态和基因表达。

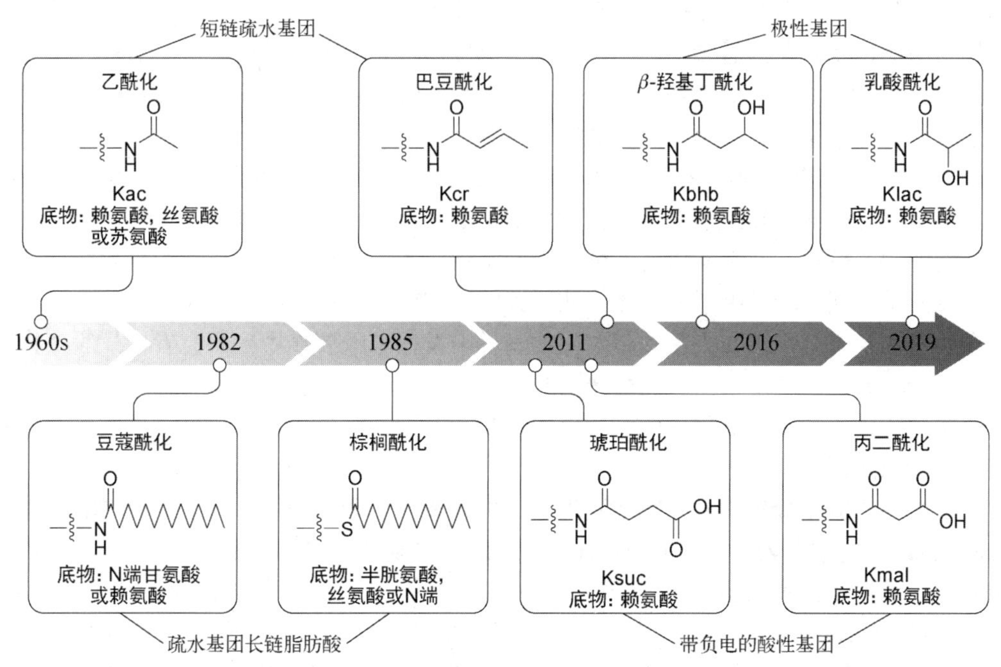

图 15-5　蛋白质酰基化修饰的发现里程碑时间轴以及酰基的化学结构示意图
[*Signal Transduct Target Ther.*, 2022, 7(1): 396]

（1）组蛋白乙酰化和去乙酰化

组蛋白乙酰化修饰在真核和原核生物体内均存在，1963 年科学家首次发现组蛋白上可以发生乙酰化修饰，紧接着在 1964 年 Vincent Allfrey 团队首次发现组蛋白乙酰化修饰对基因有正调控的作用。之后的研究表明组蛋白乙酰化修饰在体内是被动态调控的，由乙酰转移酶和去乙酰化酶共同调控。乙酰基自身带有的负电荷，既能够中和组蛋白赖氨酸上所带的正电荷，也会形成空间位阻，打破组蛋白的电荷平衡。因此，当组蛋白赖氨酸被乙酰化后，其与 DNA 的结合减弱，导致 DNA 序列松弛展开，使一些转录因子能更好地与 DNA 结合，从而促进基因转录。

组蛋白乙酰化也是最典型的动态组蛋白修饰之一，在组蛋白乙酰转移酶（histone acetyltransferase，HAT）的作用下，乙酰辅酶 A 的乙酰基转移到组蛋白 N 端尾部的赖氨酸残基 ε-氨基上，实现乙酰化修饰。C. David Allis 博士团队在 1995 年首次鉴定到了具有乙酰转移酶催化活性的蛋白质，并在 1996 年率先在四膜虫中鉴定到了一个组蛋白乙酰转移酶，该酶与酵母中的 GCN5 同源，该团队还鉴定了 GCN5 具有乙酰转移酶的催化活性，首次揭示了组蛋白乙酰转移酶是一类重要的转录共激活物。在细胞核内，组蛋白乙酰转移酶主要分为三个家族：GCN5 家族、p300 家族、MYST 家族，此外在细胞质中也有很少见的乙酰转移酶。GCN5 家族包括 GCN5 和 PCAF 乙酰转移酶，p300 家族包括 CBP、p300 乙酰转移酶，MYST 家族包括 Tip60、MOZ、HBO1、MOF/MORF 乙酰转移酶。赖氨酸乙酰转移酶 2A（KAT2A）是第一个被鉴定为具有促进基因转录相关活性的组蛋白乙酰转移酶，且在真核生物中高度保守，它可以利用乙酰辅酶A作为底物催化组蛋白上特定位点的赖氨酸残基的乙酰化，例如组蛋白H3上的第9位和第14位赖氨酸残基被乙酰化后能够激活基因转录。在人体内，赖氨酸乙酰转移酶2A催化的乙酰化与染色质调节、自噬、神经元凋亡、细胞增殖、染色质凝聚、炎症、干细胞的细胞分化、造血和氧化应激有关。赖氨酸乙酰转移酶2A也因其在表观遗传调控中所发挥的作用，及其失调后参与不同类型疾病的发病机制而被广泛研究。

组蛋白乙酰化修饰在体内处于动态平衡状态，该过程中组蛋白既能够被乙酰转移酶催化发生乙酰化反应，又能够被另一种酶去除乙酰化，从而维持基因的正常转录。Inoue团队在1969年首次发现了组蛋白去乙酰化酶，这一发现为组蛋白乙酰化修饰的研究揭开了新的篇章。组蛋白去乙酰化是在组蛋白去乙酰化酶（histone deacetylase，HDAC）的作用下去除赖氨酸残基上的乙酰基，使组蛋白去乙酰化，而组蛋白去乙酰化使染色质处于凝聚状态，染色质致密卷曲，不利于转录因子的结合，从而抑制基因转录。组蛋白乙酰化在功能上被认为是一种有效的转录调节剂，在染色质相关生物过程中发挥着重要作用。研究者们一般认为组蛋白乙酰化促进基因的转录，而去乙酰化则抑制基因的转录。组蛋白乙酰转移酶和组蛋白去乙酰化酶通过乙酰化和去乙酰化这两种相反的机制动态调节组蛋白乙酰化谱，使组蛋白乙酰化与细胞状态相匹配。

组蛋白去乙酰化酶广泛分布在不同生物体内，在小鼠和人类中鉴定发现了18种组蛋白去乙酰化酶，可被分为Zn^{2+}依赖的HADC家族（HADC 1-11）和NAD^{+}依赖的SIRTs家族（SIRT 1-7）两大类。而依据蛋白质的序列相似性又可将组蛋白去乙酰化酶家族分为Class Ⅰ、Class Ⅱ、Class Ⅲ和Class Ⅳ四大类。其中，Class Ⅰ包括HDAC1、HDAC2、HDAC3和HDAC8，这些蛋白质的氨基酸序列与酵母的Rpd3蛋白质序列相似，主要定位在细胞核内，参与细胞周期调控、基因转录和修饰核小体等。Class Ⅱ包括HDAC4、HDAC5、HDAC6、HDAC7、HDAC9和HDAC10，这些蛋白质的氨基酸序列与酵母的Hda1蛋白质序列相似，既在细胞核中发挥作用，也可以通过核质转运进入细胞质等亚细胞位置。Class Ⅲ包括SIRT 1-7，它们的氨基酸序列和酵母的Sir2蛋白质序列相似，属于NAD^{+}依赖的组蛋白去乙酰化酶，具有调控细胞代谢平衡等作用，如细胞能量代谢、衰老及昼夜周期等。Class Ⅳ包括HDAC11，其序列与Class Ⅰ和Class Ⅱ的蛋白质序列相似，也主要存在于细胞核中，目前研究较少，尚没有明确的功能描述。另外，有研究表明这些组蛋白去乙酰化酶不仅仅只有催化组蛋白去乙酰化的活性，而且还可以调控一些转录因子及细胞因子的去乙酰化，进而调控某些生物学过程。

（2）组蛋白巴豆酰化和去巴豆酰化

2011年芝加哥大学赵英明团队利用基于质谱的集成蛋白质组学方法，使用等电聚焦（OFFGEL）的高效肽分离以及LTQ Orbitrap Velos质谱仪对组蛋白翻译后修饰进行了全面分析，在人体细胞及小鼠雄性生殖细胞组蛋白中鉴定出了67种之前未报道的组蛋白翻译后修饰，并首次报道了一种区别于乙酰化的新型翻译后修饰——组蛋白赖氨酸巴豆酰化修饰（Kcr），进一步的研究证明该修饰是激活的启动子和潜在的增强子信号的标志，且其可作为人体细胞和减数分裂后小鼠雄性生殖细胞中活跃染色体连锁基因的特异性标记。组蛋白巴豆酰化修饰在结构上与组蛋白乙酰化修饰非常相似，组蛋白巴豆酰化基团具有独特的C-C-π平面结构及极强的刚性特征，仅比组蛋白乙酰化基团多了一个碳碳双键，这使得该基团在这两个碳原子之间不能自由旋转，极大地限制了其空间结构。与组蛋白乙酰化相比，组蛋白巴豆酰化的转录激活能力更强。定量蛋白质组学结果也显示，巴豆酰化修饰所靶向的位点只有43%与乙酰化重叠，表明这两种修饰所作用的底物蛋白质存在差异。

① 组蛋白巴豆酰转移酶（histone crotonyltrans ferase，HCT）：组蛋白巴豆酰化修饰是在组蛋白巴豆酰转移酶的作用下，以巴豆酰辅酶 A（Cr-CoA）为底物，将巴豆酰辅酶 A 的巴豆酰基团转移到赖氨酸侧链 ε-氨基上产生的一种新的共价修饰，其在进化上是保守的，并且是一种依赖蛋白巴豆酰转移酶与组蛋白去巴豆酰化酶的动态平衡过程。常见的组蛋白巴豆酰转移酶包括 CBP/p300、GCN5 以及 MOF 等，其中 CBP/p300 介导的组蛋白巴豆酰化修饰可以直接促进基因转录。乙酰转移酶 p300 首先被发现在体内和体外均具有组蛋白巴豆酰转移酶的催化活性，相比于催化组蛋白赖氨酸乙酰化，p300 对组蛋白赖氨酸巴豆酰化修饰具有更强的催化能力。而在体内，p300 催化两种修饰的程度取决于巴豆酰辅酶 A 和乙酰辅酶 A 的相对浓度。此外，人源的 MOF 同样被报道具有组蛋白巴豆酰转移酶的催化活性，能够催化组蛋白 H3K18、H3K23、H4K8 和 H4K12 位点发生巴豆酰化。

对于组蛋白巴豆酰化调控基因转录的途径已有报道，其主要通过以下几种途径进行：第一，组蛋白巴豆酰化与组蛋白乙酰化类似，巴豆酰化中和了赖氨酸侧链的正电荷，影响了赖氨酸残基与 DNA 之间的相互作用，导致组蛋白与带负电荷的 DNA 骨架的结合作用减弱，使染色质结构变得疏松，促进基因启动子、增强子与转录因子和 RNA 聚合酶Ⅱ结合，从而启动靶基因的转录。第二，乙酰转移酶 p300 催化的组蛋白巴豆酰化能直接促进转录，且比乙酰化促进转录的能力更强。在体内，代谢和环境干扰可以调节细胞内巴豆酰辅酶 A 的浓度，而增加或降低其细胞内浓度会调控组蛋白赖氨酸巴豆酰化的水平，从而导致基因表达的增强和减弱。第三，作为蛋白质结构域专一性的识别位点，蛋白质结构域与组蛋白巴豆酰化的识别位点吸引转录因子、染色质重塑复合物、RNA 聚合酶Ⅱ等到特定的基因位点上，进而调控基因的转录水平。现有的研究表明，组蛋白巴豆酰化不仅与基因转录的正调控相关，而且在基因转录的负调控中也起到一定的作用，但是其抑制基因转录的详细分子机制还需进一步的研究和探索。

② 组蛋白去巴豆酰化酶（histone decrotonylase，HDCR）：组蛋白去巴豆酰化酶可以去除组蛋白赖氨酸巴豆酰化的共价修饰。2017 年，部分组蛋白去乙酰化酶被报道同时具有组蛋白去巴豆酰化酶的功能。研究发现，组蛋白去乙酰化酶 Class Ⅰ类 HDAC 家族中的 HDAC1、HDAC2、HDAC3 和 Class Ⅲ类 HDAC 家族中的 SIRT1、SIRT2、SIRT3 具有组蛋白去巴豆酰化酶的功能。在体外实验中，HDAC3 是最先被报道具有组蛋白去巴豆酰化酶催化活性功能的蛋白质，随后的研究发现 HDAC1、HDAC2 和 HDAC8 也具有组蛋白去巴豆酰化酶催化活性功能。

③ 巴豆酰化阅读器（crotonylation reader）：识别组蛋白巴豆酰化的蛋白质阅读器主要包括 3 种蛋白质结构域家族：YEATS（Yaf9，ENL，AF9，Taf14 和 Sas5）结构域家族、Bromo 结构域家族和双植物同源指状蛋白质结构域家族（double PHD finger family，DPF family）。这三个蛋白质结构域家族分别通过不同的结构机制与赖氨酸酰基基团结合，并且这种结合比与未修饰的赖氨酸结合更紧密。其中，YEATS 结构域家族是首个被鉴定的可识别巴豆酰化修饰的阅读器家族，该家族中，人体中含有的 AF9（ALL1-fused gene from chromosome 9 protein）、ENL（eleven-nineteen leukaemia）、GAS41（glioma amplified sequence 41）和 YEATS2（YEATS domain containing 2）四种蛋白质存在于涉及转录调节的蛋白质复合物中。AF9 可以通过募集超级延伸复合物、转录因子复合物以及染色质重塑复合物等促进基因的表达，其中芳香环和巴豆酰基之间产生“π-芳香”疏水结构，形成具有巴豆酰基特异性的扩展芳香三明治口袋，与 H3K9、H3K18、H3K27 产生共定位，且对巴豆酰基产生高于乙酰基的亲和力。GAS41 可以与一些转录调控因子相互作用，如 Myc。YEATS2 可以与 ATAC 蛋白质复合物相互作用，

上调基因转录。对 ENL 的研究发现，ENL 从双链 DNA 断裂位点基因解离，会导致基因沉默，这说明了 ENL 的重要性。

④ 巴豆酰辅酶 A（crotonyl-CoA）：巴豆酰辅酶 A 是组蛋白巴豆酰化的底物，它可以由短链脂肪酸中的巴豆酸加辅酶 A 而来，也可以由赖氨酸、色氨酸的分解产物和丁酸（一种 4 碳的脂肪酸）的氧化降解产生。体内巴豆酰辅酶 A 主要由三条途径产生：第一条途径是通过外源补充巴豆酸，巴豆酸在肠道中可被肠道菌群分解，从而成为巴豆酰辅酶 A 的前体物质；第二条途径是乙酸、巴豆酸、丁酸、丙酸等循环短链脂肪酸被组织吸收后，由酰基辅酶 A 合成酶短链家族成员 2（acetyl-coA synthetase 2，ACSS2）转化为巴豆酰辅酶 A；第三条途径是酰基辅酶 A 脱氢酶 A 通过脂肪酸 β 氧化和赖氨酸降解等不同代谢途径将短链脂肪酸转化为巴豆酰辅酶 A。通过巴豆酰辅酶 A 的产生途径可以看出，除了酰基辅酶 A 本身因素外，也有其他因素通过影响酰基辅酶 A 进而影响修饰水平。

（3）组蛋白 2-羟基异丁酰化和去 2-羟基异丁酰化

2014 年，赵英明团队在人类和小鼠生殖细胞上首次发现 63 个组蛋白 2-羟基异丁酰化修饰位点，其中 27 个修饰位点、结构及表达模式均与其他赖氨酸酰基化修饰（如乙酰化修饰和巴豆酰化修饰）不同，且 2-羟基异丁酰化修饰中特有的羟基对蛋白质的功能调节有重要作用。

① 组蛋白 2-羟基异丁酰转移酶（histone hydroxyisobutyryltransferase，HHIT）：2-羟基异丁酰化修饰的前体是 2-羟基异丁酰辅酶 A（2-hydroxyisobutyryl-CoA，2-HICoA），由肠道厌氧细菌发酵产生的 2-羟基异丁酸（2-hydroxyisobutyric acid，2-HIBA）酰基化形成。在 2018 年，赵英明团队通过蛋白质组学的方法在哺乳动物细胞中深入鉴定了 2-羟基异丁酰化的底物位点，证明了 TIP60 是一种组蛋白 2-羟基异丁酰转移酶，并发现 HDAC2 和 HDAC3 是细胞中关键的组蛋白去 2-羟基异丁酰化酶。此项工作报道了首个哺乳动物细胞 2-羟基异丁酰化谱，发现超过 6500 个非组蛋白的蛋白质上发生 2-羟基异丁酰化修饰，同时系统性地研究了 2-羟基异丁酰化的修饰酶和去修饰酶，并首次揭示 TIP60 的非乙酰化转移酶功能。最近的研究表明，在细胞中乙酰转移酶 p300 不仅可以调控组蛋白乙酰化水平，直接、有效地催化组蛋白赖氨酸 2-羟基异丁酰化修饰，还可以催化多种细胞蛋白质（如糖酵解相关酶）发生 2-羟基异丁酰化修饰。

② 组蛋白去 2-羟基异丁酰化酶（histone dehy droxyisobutyrlase，HDHI）：组蛋白赖氨酸 2-羟基异丁酰化是近年来在真核细胞组蛋白上报道的一种新的翻译后修饰，可参与转录、细胞代谢等重要生命活动。2018 年，赵英明团队在体内实验中鉴定到组蛋白赖氨酸去乙酰化酶 Rpd3p 和 Hos3p 可以有效去除 2-羟基异丁酰化修饰。在胚胎肾发育过程中，细胞核中的 SIRT3 蛋白质没有发挥组蛋白去乙酰化酶的功能，而是发挥了组蛋白去 2-羟基异丁酰化酶的催化活性。2019 年，天津医科大学的张锴课题组报道了原核生物中 CobB 可作为组蛋白赖氨酸 2-羟基异丁酰化的去修饰酶，介导组蛋白赖氨酸 2-羟基异丁酰化调节代谢酶的催化活性，改变了细胞生长的分子机制。

（4）组蛋白琥珀酰化和去琥珀酰化

组蛋白赖氨酸琥珀酰化修饰是 2011 年赵英明团队通过 SILAC、质谱和 HPLC 共洗脱等方法发现的一种新型酰基化修饰，广泛存在于各种线粒体代谢酶、细胞质蛋白质和核蛋白质中。组蛋白赖氨酸琥珀酰化修饰是在组蛋白琥珀酰转移酶的作用下，将琥珀酰辅酶 A 的琥珀酰基团转移到组蛋白的赖氨酸侧链 ε-氨基上。有研究表明，组蛋白赖氨酸琥珀酰化修饰受组蛋白琥珀酰转移酶和组蛋白去琥珀酰化酶的调节。

① 组蛋白琥珀酰转移酶（histone succinyltrans ferase，HST）：常见的组蛋白琥珀酰转移酶包括 p300、KAT2A 和 CPT1A 等，此类酶与琥珀酰基供体共同对组蛋白赖氨酸琥珀酰化修饰发挥正向调节作用。组蛋白赖氨酸琥珀酰化修饰在基因表达中主要通过以下几种机制发挥作用：一种是组蛋白赖氨酸琥珀酰化修饰影响核小体动力学，催化 DNA 从组蛋白表面解开，使一些利于基因表达的转录因子快速进入转录区域。组蛋白赖氨酸琥珀酰化修饰能导致赖氨酸残基的电荷由+1 变为−1，显著减弱了核小体表面组蛋白与 DNA 缠绕的亲和力，导致核小体的稳定性下降，诱导核小体结构更为疏松，DNA 的可及性增加，从而促进了转录的进行。另一种是组蛋白琥珀酰转移酶 KAT2A 在基因表达中发挥的重要作用。KAT2A 不仅具有组蛋白乙酰转移酶的催化活性，也具有组蛋白琥珀酰转移酶的功能。KAT2A 可以与 α-酮戊二酸脱氢酶相结合，并利用其催化产生的局部琥珀酰辅酶 A 提升转录起始位点的水平，从而促进了基因表达。

② 组蛋白去琥珀酰化酶（histone desuccinyltransferase，HDT）：研究表明，SIRT5 是目前已报道的主要的去琥珀酰化酶，能高效地使蛋白质赖氨酸去琥珀酰化，特别是对线粒体中的代谢中间产物。SIRT5 是 Sirtuin 家族 NDA^+依赖的去酰化酶，主要存在于线粒体中，SIRT5 缺失会导致线粒体蛋白质高度琥珀酰化，参与调控脂肪酸代谢和 TCA 循环等生物过程。但是 2023 年 8 月 *Cell Discovery* 杂志的文章表明 Ⅰ 类 HDACs（HDAC1/2/3）而非 Sirtuin 家族是主要的组蛋白去琥珀酰化酶，并首次在体外验证了 HDAC1/2/3 强大的组蛋白去琥珀酰化能力。研究者通过分离细胞核、细胞质和线粒体蛋白质发现，HDACs 去琥珀酰化的底物蛋白质主要是组蛋白，而 SIRTs 尤其是 SIRT5 可能主要负责线粒体蛋白质的去琥珀酰化。HDAC1/2/3 通过影响基因启动子区域的琥珀酰化水平，调控基因的转录。

二、酰基化修饰在其他天然产物中的应用

酰基化修饰除了在蛋白质翻译后修饰上具有重要应用外，在其他天然产物中也有较多研究，如通过对花色苷、儿茶素、槲皮素等进行酰基化修饰，可极大提高了溶解度和可混溶性，在生物利用度上也得到增强。

1．酰基化修饰在花色苷上的应用

花色苷是自然界最重要的水溶性色素之一，广泛存在于 27 个科、73 个属的数万种植物中，因其具有典型的 C_6-C_3-C_6 骨架结构，一般把花色苷归为黄酮类化合物。花色苷是以 2-苯基苯并呋喃阳离子为基础形成的多羟基及多甲氧基衍生物，由于具有酚羟基，其结构稳定性较差，易受外界条件如 pH、温度、光、O_2、金属离子和酶等因素的影响，在食品加工中易被分解，失去原有的色泽，这限制了花色苷在贮藏和加工中的应用。有研究表明，对花色苷的分子结构进行修饰，可提高其在外界环境和加工中的稳定性，使其在较大 pH 值范围内呈现良好色泽。当花色苷中存在酰基时，酰基可阻止花色苷遭受水的亲核攻击，使其不能转变为黄色的查耳酮或蓝色的醌酮，因此能保持溶液原有的色泽。如研究人员发现锦葵色素-3-槐糖苷-5-糖苷被咖啡酸酰基化后稳定性增强，且具有量效的关系；另外一项研究表明经过高温和太阳光照射 8 d 处理后，酰基化修饰后的花色苷保存率比未修饰组分别提高了 16.75%和 20.86%，且对 DPPH 自由基的清除率和 VC 相当，都在 95%以上。因此，对花色苷类物质进行酰基化修饰能有效提高其稳定性和利用率。

在自然条件下，花色苷常与一个或多个糖苷连接，形成稳定的结构，而酰基化经常发生

在花色苷的取代糖苷上。自然界中的植物通过对花色苷糖基酰基化达到对花和果实稳定着色的目的，花色苷糖基酰基化是花青素生物合成的最后一步，即在胞质或液泡内酰基转移酶的作用下，花色苷上的糖羟基和有机酸发生酯化反应。当花色苷被有机酸酰基化后，水分子不能轻易发起攻击，这可以有效防止水化作用造成的降解。而酰基化的类别、数目和修饰位置的不同，会引起酰基化修饰的花色苷性质的差异。

目前，酶法酰基化修饰花色苷是一种有效的修饰方法，具有比化学法更好的区域选择性，且反应过程温和，不易对花色苷造成破坏。目前，用于酰基化花色苷的酶主要包括植物体内原有的酰基转移酶和诺维信公司的 Novozym 435 脂肪酶。其中，植物体内原有的酰基转移酶在催化羟基进行酰基化反应的过程中需要使用激活的酰基供体，并且需要对可能产生的衍生物提供适宜的环境，如 ATP、pH 等。诺维信公司的 Novozym 435 脂肪酶催化反应时所需的酰基供体主要为脂肪酸、芳香酸及其相应的酯，反应可在有机溶剂中进行。国内外对酶法酰基化修饰花色苷已多有报道，例如，从黑加仑中分离出富含花青素的组分，包括花翠素-3-*O*-葡萄糖苷、花翠素-3-*O*-芸香苷、花青素-3-*O*-葡萄糖苷和花青素-3-*O*-芸香苷，并用月桂酸在脂肪酶的作用下进行单酰基化，通过活性实验表明将月桂酸引入花青素中可显著提高其热稳定性和抑制脂质过氧化的能力。用脂肪酶催化脂肪酸对矢车菊素-3-葡萄糖苷进行酰基化修饰，表征出的酰基化产物的呈色效果、亲脂性、稳定性、抗氧化性以及抗肿瘤能力与之前相比都有了不同程度的增强。对提取的矢车菊素-3-葡萄糖苷用有机酸酯在脂肪酶的作用下进行反应，生成了四种不同的酰基化产物，采用响应面的方法分析确定了脂肪酶催化合成酰基化矢车菊素-3-葡萄糖苷的最佳工艺，并表征证明酰基化提高了产物的稳定性。用丁酸、己酸、辛酸、葵酸、月桂酸作为酰基供体对矢车菊-3-葡萄糖苷进行酶促酯化反应，未酰基化的花色苷 9 d 之后失去 83%的颜色，呈现淡黄色，而葵酸酰化的花色苷在同样条件下只失去 31%的颜色，呈现诱人的蓝紫色，在 pH 3～7 的 SDS 胶束溶液中，酰基化的花色苷较未酰基化的花色苷表现出更高的颜色稳定性和更低的热降解敏感性。以上研究均表明对花色苷进行酰基化修饰，是提高花色苷稳定性和利用率的一种有效措施。

2．酰基化修饰在槲皮素上的应用

槲皮素是一种具有多种药理活性的多羟基黄酮醇类活性天然产物，在自然界中主要以糖苷的形式存在。槲皮素是天然的抗氧化剂，主要存在于蔬菜、水果等植物中，可调节众多与疾病进展有关的细胞内外信号通路，具有抗炎、抗病毒、抗癌、预防和治疗心脑血管疾病等功能活性。由于槲皮素的结构特征，其生物利用度低，限制了其在医药上的应用。然而，槲皮素的低分子量和易修饰的化学基团，使其具有药物开发的潜力。

槲皮素分子含有 5 个羟基，又称为 3,5,7,3′,4′-五羟基黄酮。槲皮素中的 C-3、C-7 和 C-4′位羟基易发生糖基化反应。研究表明，尿苷二磷酸-糖（UDP-sugar）是植物糖苷的糖基供体，槲皮素和尿苷二磷酸-糖在糖基转移酶（UGT）的催化作用下可形成糖苷。其中，槲皮素 3-*O*-糖苷是一类重要的槲皮素糖苷类化合物，是糖基以糖苷键和槲皮素 C 环上的 C-3 位相连形成的槲皮素衍生物。不同类型的糖基团连接在槲皮素 C-3 位上，可形成种类繁多的 3-*O*-糖苷，如槲皮素-3-*O*-葡萄糖苷（isoquercitrin，异槲皮苷）、槲皮素-3-*O*-半乳糖苷（hyperoside，金丝桃苷）、槲皮素-3-*O*-呋喃阿拉伯糖苷（avicularin，萹蓄苷）、槲皮素-3-*O*-木糖苷（quercetin 3-*O*-xylopyranoside）、槲皮素-3-*O*-鼠李糖苷（quercitrin，槲皮苷）和槲皮素-3-*O*-芸香糖苷（rutin，芦丁）等。有研究表明，槲皮素 3-*O*-糖苷具有抗氧化、抗炎、降血糖、抗过敏、抗癌和抗病毒等多种药理活性，其代表性化合物 3-*O*-二糖芦丁和曲克芦丁已被开发成药物，临床上主要用于改善血管功能和抑制血栓形成。这些结果均表明槲皮素-3-*O*-糖苷已经成为创新药物的重要来源之一。然而，该类化合物的亲脂性不高，具有细胞膜渗透性差、口服生物利用度低等问题，限制了其在食品、制药等行业中更广泛的应用。有研究表明，酰基化修饰可以显著提高槲皮素3-*O*-糖苷的脂溶性，增强生物利用度，使其更易到达靶组织/细胞，也可以进一步稳定结构中的糖苷键，有助于发现新的化合物。目前已报道的酶法酰基化修饰黄酮类化合物的反应可概括为三种类型：芳香酸或脂肪酸为酰基供体的直接酯化反应；乙烯酯为酰基供体的酯交换反应；芳香酸酯或脂肪酯为酰基供体的酯交换反应。酰基化对槲皮素3-*O*-糖苷的修饰是槲皮素3-*O*-糖苷结构修饰中的一种代表性修饰，通常指在其母核或糖基侧链的羟基中引入不同种类酰基的反应，这些酰基既可以是脂肪族酰基，也可以是芳香族酰基。由于槲皮素3-*O*-糖苷易受外界环境（如pH、高温和金属离子等）的影响，化学法在反应过程中易破坏槲皮素3-*O*-糖苷的自身结构。另外，槲皮素3-*O*-糖苷的结构中含有多个羟基，使得通过化学法合成槲皮素3-*O*-糖苷单酯衍生物更难实现。基于上述原因，且考虑到位点选择性、绿色环保等相关问题，研究者们更倾向于酶法催化槲皮素3-*O*-糖苷的酰基化修饰。酶法介导的槲皮素3-*O*-糖苷酰基化反应可以极大地简化催化过程，通常可高效地一步合成目标化合物，减少副产物的产生，并引入传统化学合成无法引入的多样性修饰基团。

目前，以生物酶作为生物催化剂，在体外通过酶法修饰槲皮素3-*O*-糖苷酯已有报道，研究者们主要通过酰基转移酶、脂肪酶、蛋白酶及酯酶四种酶完成对槲皮素3-*O*-糖苷的酰基化修饰。

（1）酰基转移酶在槲皮素3-*O*-糖苷上的应用

目前的研究表明，次级代谢产物的酰基化修饰通常由BAHD酰基转移酶家族（BAHD acyltransferases，BAHD-Ats）和SCLP酰基转移酶家族（SCLP acyltransferases，SCLP-Ats）两大类酰基转移酶介导。根据酰基供体的不同，可将BAHD酰基转移酶家族分为芳香族酰基转移酶和脂肪族酰基转移酶。其中，芳香族酰基转移酶通常以芳香酰辅酶A作为酰基供体，如肉桂酰辅酶A、香豆酰辅酶A、阿魏酰辅酶A和咖啡酰辅酶A等。脂肪族酰基转移酶则利用不同碳链长度的脂肪酰辅酶A作为酰基供体，如乙酰辅酶A和丙二酰辅酶A等。在BAHD酰基转移酶家族中，至少有14个不同物种来源的酰基转移酶表现出催化槲皮素3-*O*-糖苷的活性，包括6个芳香族酰基转移酶和7个脂肪族酰基转移酶。在这些酰基转移酶中，有相当一部分的最适受体底物是花青素，而对槲皮素3-*O*-糖苷仅展现出较低的催化活性。而SCLP酰基转移酶家族的酰基转移酶则以1-*O*-*β*-葡萄糖酯为酰基供体，在植物体内主要参与了花青素的酰基化修饰。

（2）脂肪酶在槲皮素3-*O*-糖苷上的应用

脂肪酶（lipase）是合成反应中常用的水解酶之一，广泛存在于植物、动物和微生物中。在自然条件下，脂肪酶能催化油脂中的甘油三酯，水解成游离脂肪酸和甘油。在低水的介质中，脂肪酶还能催化酯化、转酯和酯交换等逆向反应，这些逆向反应可广泛应用于槲皮素3-*O*-糖苷的酰基化修饰（图15-6）。目前用于槲皮素3-*O*-糖苷酯酶法合成的脂肪酶主要有南极假丝酵母脂肪酶B（*Candida antarctica* lipase B，CAL-B）和来源于洋葱假单胞菌的脂肪酶（*Pseudomonas cepacian* lipase，PCL）。其中，南极假丝酵母脂肪酶B的底物谱较广，具有较高的有机溶剂耐受性和热稳定性。与大多数脂肪酶相比，南极假丝酵母脂肪酶B因缺少覆盖活性位点入口的盖子而不具备界面激活效应，这使得它能够在单相溶媒介质中始终处于高效催化的状态。在工业生产中，为了提高脂肪酶的催化稳定性和重复利用性，常将南极假丝酵母脂肪酶 B 制备成固定化形式的酶制剂。其中，商品化程度最高的固定化南极假丝酵母脂肪酶 B 是诺维信公司开发的 Novozym 435，该酶可实现槲皮素 3-*O*-糖苷的酰基化。来源于洋葱假单胞菌的脂肪酶 PCL 也被报道可广泛用于合成槲皮素 3-*O*-糖苷酯，且日本 Amano 公司已将其开发成多种可用于天然产物酰基化的酶制剂。

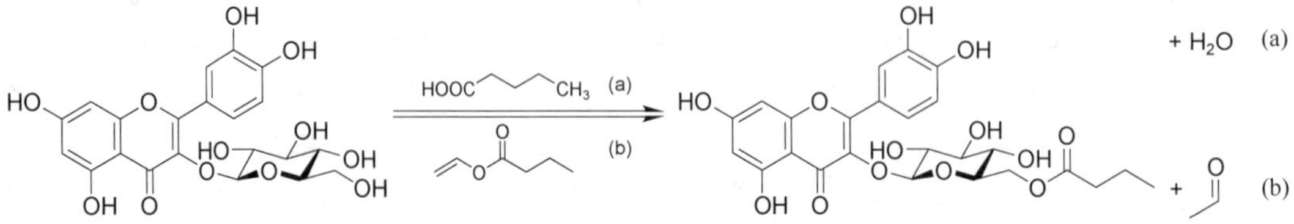

图 15-6 脂肪酶介导的异槲皮苷的酶促酰化修饰方法示意图
[*Process Biochem.*, 2006, 41(11): 2237-2251; 生物工程学报, 2021, 37(6): 1900-1918]

（3）蛋白酶在槲皮素 3-*O*-糖苷上的应用

根据活性氨基酸的不同，蛋白酶可被分为多种类型。其中，研究人员对丝氨酸蛋白酶家族的枯草杆菌蛋白酶进行研究，发现其可在无水吡啶中催化类黄酮二糖单糖苷的酰基化。在研究枯草杆菌蛋白酶对黄酮单糖苷的位点选择性时发现，以三氟丁酸酯作为酰基供体时，酰基化修饰发生在异槲皮苷的 6″-OH 和 3″-OH 上。随后，在同样的条件下，对一系列黄酮二糖苷进行了探索，并在无水吡啶中合成了芦丁的 3″-OH 衍生物。同样，蛋白酶也被广泛地应用在曲克芦丁的酰基化修饰中。以枯草杆菌来源的碱性蛋白酶为催化剂，在曲克芦丁的 4′-羟乙基上进行了区域选择性的酰基化修饰。

（4）酯酶在槲皮素 3-*O*-糖苷上的应用

与其他几种酶相比，酯酶在槲皮素 3-*O*-糖苷的酰基化修饰中的应用较为受限，其相关报道也较少。一方面，通常情况下酯酶仅能利用短链脂肪酸作为酰基供体，而脂肪酶识别的供体范围则较广，并且更偏好于中长链脂肪酸。另一方面，相比之下，脂肪酶具有良好的有机溶剂耐受性，但目前仅有少数的酯酶能够在非水环境中发挥作用。有研究人员将来源于纤维素降解菌里氏木霉的乙酰酯酶用于催化芦丁发生酰基化反应，但该乙酰酯酶仅能识别短链醋酸乙烯酯为酰基供体。

总而言之，以上所介绍的内容只是天然产物酰基化修饰的冰山一角，相信随着科学的进步，以后会有更多、更新颖的酰基化修饰类型和催化酰基化修饰的酶被发现。

第三节 天然产物的酶法降解及合成修饰

糖（carbohydrate，也称碳水化合物）是自然界中最丰富的生物分子，在生物体内广泛存在，与蛋白质、核酸、脂质一起并称为生命活动的四大类基础物质。但与核酸和蛋白质相比，糖类的生物合成没有固定的模板，不直接受基因的编码和调控，因此糖类的序列具有很大的随机性，这导致糖类物质的结构复杂多变。科学家对糖类的研究早在 19 世纪就已开始，但糖链（glycan，也称为聚糖）的结构复杂多变，物理和化学分析方法滞后，导致百余年来科学界对糖的认识和研究进度缓慢。美国麻省理工学院糖生物学家萨西赛克哈兰说：“目前我们尚未破译其密码，我们仅处于揭示糖奥秘的初始阶段。”随着蛋白质和核酸中更多的奥秘被人类知晓，糖的重要性也浮出水面，成为医学研究的“甜蜜之点”，糖研究这个“灰姑娘”终于等来了属于自己的马车。

糖类在结构上具有鲜明的特点，是一类多羟基（2个或以上）的醛类（aldehyde）或酮类（ketone）化合物。单糖之间通过糖苷键连接形成糖聚合物，即寡糖或多糖。广义的糖类包括单糖、寡糖、多糖及由它们形成的衍生物，如糖醇、糖醛酸、脱氧糖、氨基糖、硫代糖等。

多糖是一类重要的生物活性大分子，由一种或一种以上的多个单糖聚合而成，其分子量可达数万甚至数百万。多糖分子的修饰通常是通过化学、物理及生物酶法等手段对多糖分子进行结构改造，主要通过改变多糖的空间结构、分子量及其取代基的种类、数量和位置等，获得众多结构类似的衍生物。根据修饰前后多糖分子量的变化，可将对多糖的结构修饰分为接枝修饰和降解修饰。多糖的接枝修饰主要表现在增加多糖的功能基团及分子量，改变其结构及生物活性。而多糖的降解修饰则与接枝修饰刚好相反，降解修饰使多糖中部分原有基团脱落产生较低分子量的寡糖或低聚糖，从而使其在水中的溶解度提高，增强了多糖的利用率及生物活性。选择适当的方法对多糖结构进行分子修饰，可改善其理化性质，增强其原有生物活性或使其获得新的生物活性，有助于研究多糖结构和活性之间的关系。因此，对多糖进行分子修饰已成为多糖构效关系研究的重要手段，也是发现和研制多糖类药物的重要途径。多糖分子的接枝修饰包括多种修饰类型，如硫酸化修饰、磷酸化修饰、乙酰化修饰、烷基化修饰、磺酸化修饰及羧甲基化修饰等。这些类型的修饰多是将修饰基团引入多糖的支链上，对支链上的羟基进行取代修饰，以增加多糖的原有活性或使多糖产生新的活性。但是，由于多糖的结构复杂、溶解性差，多糖的接枝修饰难以通过生物酶法实现，因此，多糖的接枝修饰多是通过化学法实现的。例如，以无水甲酰胺为溶剂，氯磺酸-吡啶复合物为硫酸化试剂，对海洋真菌多糖YCP进行硫酸化修饰；又如，研究人员制备了一种水溶性良好的羧甲基化虎奶多糖。

目前，通过生物酶法对多糖进行降解修饰是公认的一种比较理想的降解方法，也是工业上应用最为广泛的多糖降解途径。同时，多糖的降解产物——寡糖也是一种新型的功能性糖原，在营养、保健、诱导植物免疫等方面具有重要作用。因此，研究多糖的酶法降解及寡糖的合成修饰同样具有重要意义。

一、多糖酶法降解修饰

生物酶法降解由于其具有高效性、专一性、催化反应温和、过程易控制、易于分离纯化、产物具有较高活性等特点，被公认为一种比较理想的寡糖绿色制备方法，是工业上应用最为广泛的寡糖制备途径。生物酶法降解可分为专一性酶法降解和非专一性酶法降解。专一性酶主要来源于细菌、真菌等微生物的细胞，是指在一定条件下，只能催化一种或一类结构相似的底物进行特定反应的一类酶，如高选择性切断壳聚糖β-1,4-糖苷键的β-1,4-壳聚糖酶、仅对魔芋中β-1,4-糖苷键连接的甘露聚糖有切割效果的β-1,4-甘露聚糖酶。专一性酶具有降解效率高、产物质量高、无副产物的优点，但天然专一性酶的来源有限、产量低，难以实现工业化生产。目前，除对自然界中高效产酶菌株进行筛选改造外，研究者们还利用基因工程的手段对产酶基因进行异源表达，以提高专一性酶的产量。非专一性酶的种类多、来源广、价格相对低廉，如对壳聚糖具有很好降解效果的纤维素酶、果胶酶、蛋白酶等。在实际应用中，单一的非专一性酶的降解效率可能不高，而将几种非专一性酶优化组合，利用酶与酶之间的协同或互补效应，可大大提高酶对多糖的降解率，为寡糖的工业化生产提供重要方向。尽管生物酶法降解具有很多优势，但是如何获得高效的酶制剂是研究的关键。

碳水化合物活性酶（carbohydrate-active enzyme，CAZyme）是自然界中存在的一类能够催化碳水化合物和糖缀合物的分解、生物合成或修饰的酶。依据酶的功能、作用方式等，碳水化合物活性酶可分为几个家族：催化糖苷键水解和/或重排的糖苷水解酶家族（glycoside hydrolases，GHs）、催化糖部分从活化的供体分子转移到特定的受体分子形成新的糖苷键的糖基转移酶家族（glycosyl transferases, GTs）、以 *β*-消除机制裂解糖苷键的多糖裂解酶家族（polysaccharide lyases, PLs）、催化取代糖的脱 *O* 或脱 *N*-酰化的碳水化合物酯酶家族（carbohydrate esterases, CEs）和对 CAZyme 起辅助作用的氧化还原酶辅助活性家族（auxiliary activities, AAs）。对于多糖的降解，最常使用的酶是糖苷水解酶和多糖裂解酶，其余三种酶对多糖的修饰均有帮助，但对于多糖的裂解来说较为少用。

（一）糖苷水解酶

糖苷水解酶（EC 3.2.1.-）广泛存在于细菌、真菌、植物及动物器官中，可水解两个或多个碳水化合物之间或碳水化合物与非碳水化合物部分之间的糖苷键。依据氨基酸残基系列和结构相似性可将其划分为不同的家族，目前已有 189 个糖苷水解酶家族被报道（截止至 2024 年 6 月）。到目前为止，在文献中水解酶在聚合物研究中出现的频率高于任何其他酶的类型。水解酶除了具有水解底物的天然功能外，还被广泛用于聚合物的改性反应。这是由于许多水解酶是非特异性的，可以容纳一系列的底物。

自然界中，糖苷水解酶通常被用于水解和降解多糖分子，可降低多糖的分子量、切割主链及支链、降低多糖的黏度、提高多糖的溶解度等。我国对糖苷水解酶的研究始于 20 世纪 50 年代末，张树政院士等分析比较了酒精工业中不同曲霉的淀粉酶系的组成，在国内首先用纸电泳法分离测定了淀粉酶。目前，糖苷水解酶主要是通过分离纯化及基因工程的方法从微生物或动植物体内获得。研究较多的糖苷水解酶包括用于生物质转化的纤维素酶和半纤维素酶、用于催化淀粉及其衍生物水解的淀粉酶、用于降解虾蟹壳的几丁质酶/壳多糖酶和用于水解果胶的果胶酶等。

1．纤维素酶

纤维素是地球上最丰富的多糖，分布十分广泛，是一种由重复葡萄糖单元以 *β*-1,4 糖苷键相互连接而成的链状高分子化合物，可简写为（$C_6H_{10}O_5$）$_n$。纤维素的分子结构如图 15-7 所示，纤维二糖是其结构中的基本重复单元。纤维素分子间通过氢键和范德华力相互连接，大量聚集形成两种不同的结构，一种是结构规律整齐的致密结晶区，另一种为松散无规律的无定形区，X 射线衍射分析发现两种结构间并没有明显的界限，而是逐步过渡的。结晶度是评价纤维素的一个重要指标，它表示结晶区域在纤维素中所占的比例，结晶区纤维素分子排列有规则且密度较大，不利于化学试剂或者生物酶与纤维素接触，因此，结晶度也是阻碍纤维素降解的重要因素之一。

纤维素酶是能够降解纤维素的一类酶，在纤维素类生物质的高效降解过程中发挥着重要作用。纤维素酶是一种复合酶系，按催化方式的不同可将其分为以下 3 类（图 15-8）：①纤维素内切酶/内切葡聚糖酶（EC 3.2.1.4，简称 EG），随机切割纤维素内部的无定形区，产生含有还原端和非还原端的纤维短链，为外切葡聚糖酶提供新的反应末端，以纤维素寡糖为主要产物。②纤维素外切酶/外切葡聚糖酶/纤维二糖酶（EC 3.2.1.91，简称 CBH），包括 CBH Ⅰ和 CBH Ⅱ。其中，CBH Ⅰ作用于还原端，而 CBH Ⅱ作用于非还原端，反应产物主要为纤维二糖，因此也被称为纤维二糖水解酶。③*β*-葡萄糖苷酶（EC 3.2.1.21，简称 BG），作用于纤维素彻底水解的最后一步，将纤维二糖水解为葡萄糖。

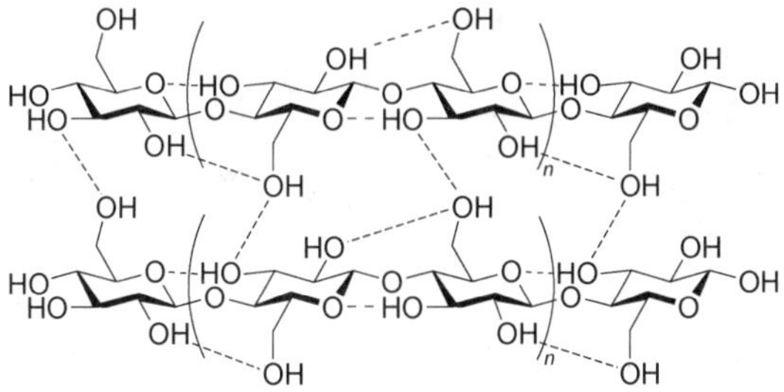

图 15-7 纤维素分子的结构示意图 [*J Fuel Chem Technol.*, 2021, 49(12): 1733-1751]

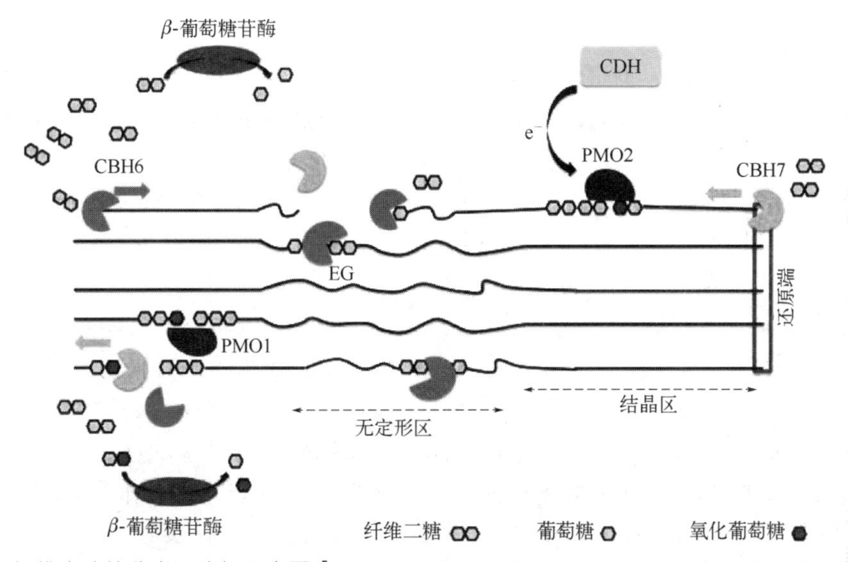

图 15-8 纤维素酶的分类及降解示意图 [*Comput Struct Biotechnol J.*, 2012, 2(3): e201209015]

从结构上来看，纤维素酶往往具有多个反应模块，主要含有一个催化域和一个结合域，此外一些功能已知或未知的模块也可能存在于催化域的 N-末端或 C-末端，而催化域和结合域之间往往由一段糖基化的连接子相连接。从功能上来看，结合域并不能水解纤维素，主要是提高酶对底物的结合能力，在水解结晶纤维素的过程中发挥着重要作用。不同来源的纤维素酶结构并不保守，大部分分布在 GH5 家族中，其次分布在 GH9、GH12 家族中。纤维素酶主要呈现出三种结构类型，分别为$(\beta/\alpha)_8$桶状结构、$(\alpha/\alpha)_6$桶状结构以及 β 果冻卷结构（图 15-9）。$(\beta/\alpha)_8$桶状结构又称为 TIM 结构，是酶结构中最常见的折叠。典型的$(\beta/\alpha)_8$桶状结构是由 8 个平行的 β 折叠组，与其外部包围的 8 个 α 螺旋共同形成的一种桶状结构。$(\beta/\alpha)_8$桶状结构的 EG 主要分布在 GH5、GH6、GH44 家族中。一种来源于梭菌属的纤维素酶展现出了典型的$(\beta/\alpha)_8$桶状结构，且在其活性中心的 β 链上发现了 GH5 家族两个保守的谷氨酸催化残基。GH8、GH9、GH48 家族中的纤维素酶呈现的是一种$(\alpha/\alpha)_6$桶状结构，典型的$(\alpha/\alpha)_6$桶状结构由 12 个 α 螺旋组成。6 个内部 α 螺旋组成内部的中心桶，以及 6 个外部 α 螺旋组成外部桶。β 果冻卷结构中主要包含两条反向平行的 β 折叠片，分为内凹片段及外凹片段，两条β折叠片通过多条环连接，形成一种类似球形的构型，含有这种结构的EG主要分布在GH7、GH12两个家族中。

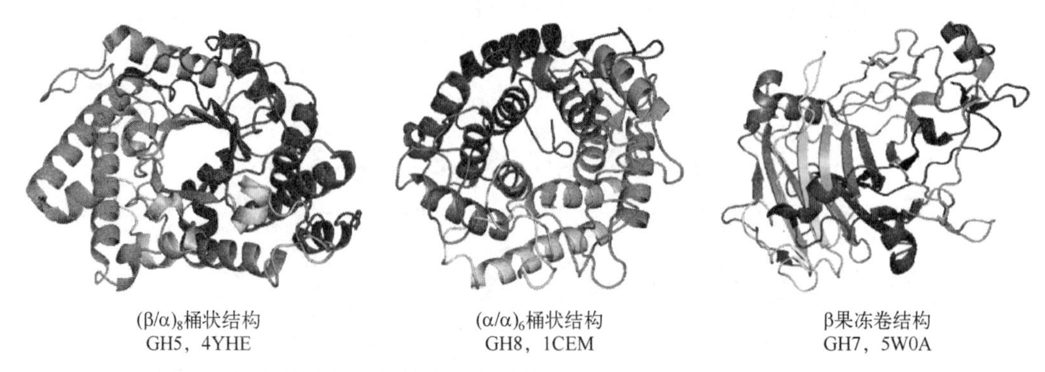

图15-9　纤维素酶主要结构示意图（PDB：4YHE、1CEM和5W0A）

2．淀粉酶

淀粉是一种由葡萄糖分子聚合而成的高聚物，是很多生物进行生命活动所需能量的重要来源，在植物的根、茎、果实和种子中含量丰富，是自然界中数量最多、天然合成的碳水化合物之一。从分子结构上来说，淀粉是 *α*-D-葡萄糖苷通过 *α*-1,4-和 *α*-1,6-糖苷键连接而成的高分子化合物。淀粉作为大宗工业原料，主要的应用是被水解为葡萄糖、麦芽糖和寡糖糖浆等，随后这些经过水解的糖浆会被用于生产酒精、氨基酸等，或者直接于为产品用于其他领域。

（1）淀粉酶的分类

淀粉酶是一类能水解淀粉分子，生成包括大分子糊精、低聚糖以及葡萄糖等产物的一类酶的总称，广泛存在于动物、植物及微生物中。依据淀粉酶水解淀粉生成的端基类型，可将淀粉酶分为α-淀粉酶（EC 3.2.1.1）和β-淀粉酶（EC 3.2.1.2）。根据对底物水解方式的不同，可将淀粉酶分为外切型淀粉酶、内切型淀粉酶、脱支酶和转移酶。

① 外切型淀粉酶：以葡萄糖或者麦芽糖为单位，从淀粉分子的非还原端开始水解淀粉，最终形成葡萄糖、麦芽糖和极限糊精等小分子糖类产物。在实际应用中，外切型淀粉酶作用于淀粉浆时，使淀粉溶液的黏稠度缓慢降低，与碘的结合能力也缓慢下降。由于此类酶的水解产物以小分子糖类为主，因此外切型淀粉酶又被称为糖化酶。常见的外切型淀粉酶有葡萄糖淀粉酶（EC 3.2.1.3）、β-淀粉酶及部分真菌产生的α-淀粉酶等。对于支链淀粉而言，葡萄糖淀粉酶遇到分支点时，也可以水解 *α*-1,6-糖苷键，并将支链淀粉完全水解成葡萄糖。

② 内切型淀粉酶：以随机的方式水解淀粉分子内部的 *α*-1,4-糖苷键，生成长度不等的直链和支链寡糖。内切型淀粉酶也可被称为液化酶，它在作用于淀粉浆溶液时可使淀粉浆溶液的黏稠度迅速降低。但内切型淀粉酶不能水解淀粉中的 *α*-1,6-糖苷键及非还原性一侧相邻的 *α*-1,4-糖苷键。在实际应用中，由于内切型淀粉酶的水解方式能够使淀粉溶液的黏稠度迅速降低，引起碘反应消失，因此在酒精生产中普遍将内切型淀粉酶和外切型淀粉酶同时应用到生产中。

③ 脱支酶：能够特异性、高效水解淀粉等 *α*-1,4-葡聚糖分子内部的 *α*-1,6-糖苷键，将支链淀粉变为直链淀粉。由于淀粉中支链淀粉含量高于直链淀粉，而α-淀粉酶和β-淀粉酶不能将淀粉彻底水解成小分子，因此在淀粉的加工中通常添加脱支酶以提高淀粉的转化率。

④ 转移酶：不仅能够水解淀粉中的 α-1,4-糖苷键，还可以将部分水解产物作为糖苷受体，催化形成新的 α-1,4-糖苷键，生成糊精或环状极限糊精等，其生成的糊精通常具有高度分支和高分子量的特点。常见的转移酶包括麦芽糖转糖基酶和环糊精转移酶等。

（2）α-淀粉酶

目前，α-淀粉酶是应用最多、研究最深的淀粉分解酶。在制糖工业中，“双酶”制糖的第一步即是利用 α-淀粉酶将糊化的淀粉液化成糊精、寡糖、麦芽糖和单糖，而后在葡萄糖淀粉酶的作用下进一步水解生成葡萄糖。

依据 CAZy 数据库中的分类，α-淀粉酶被归为 GH13、GH57、GH119 和 GH126 家族。GH13 家族成立于 1991 年，是主要的 α-淀粉酶家族。一般情况下，GH13 家族成员的活性中心都具有保守的催化三联体（Asp-Glu-Asp），一级结构中都具有 4～7 个保守区域（conserved sequence region，CSR）。其中，CSR Ⅱ和 CSR Ⅳ与酶和底物的结合有关，CSR Ⅱ和 CSR Ⅲ与酶的底物特异性有关，催化三联体（Asp-Glu-Asp）分别存在于 CSR Ⅱ、Ⅲ和Ⅳ中。虽然不同物种的 α-淀粉酶的核苷酸序列和氨基酸序列具有广泛的多样性，但这些酶却具有高度相似的三维结构，均为$(\beta/\alpha)_8$桶状结构（也称 TIM 桶），主要包括 A、B 和 C 三个结构域（图 15-10）。结构域 A 是由 8 个 α 螺旋和 8 个 β 折叠片层形成的一个典型的$(\beta/\alpha)_8$桶状结构，位于蛋白质的 N 端，构成酶的活性中心，催化三联体（Asp-Glu-Asp）即存在于此。而四个 CSR 分别位于 TIM 桶的 β-3、β-4、β-5 和 β-7 片层的终端附近。结构域 B 和结构域 C 位于 TIM 桶的两端。结构域 B 突出于 TIM 桶的第 3 个 β 折叠片层和第 3 个 α 螺旋之间，在底物特异性识别中发挥了重要作用。GH13 家族的大多数成员具有结构域 C，其紧跟于 TIM 桶之后，通常具有 5～10 股反平行的 β 折叠片层，对蛋白质的稳定/折叠以及底物结合具有重要意义。

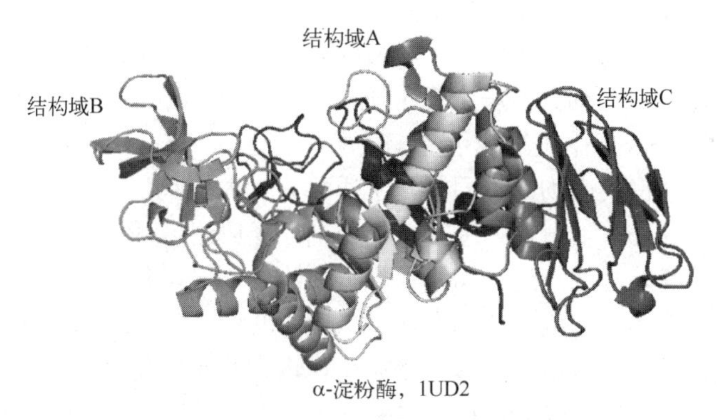

图 15-10 α-淀粉酶的结构示意图（PDB：1UD2）

研究表明，不同的 α-淀粉酶具有相似的催化机制，反应过程中催化三联体（Asp-Glu-Asp）对于催化过程是必不可少的。具体的催化过程由三步构成：首先，酶与底物结合，蛋白质催化中心的 Glu 很容易释放出质子充当质子供体，质子攻击底物分子上的糖苷 O；然后，亲核试剂 Asp 攻击底物−1 亚位点的 C-1 原子，并与糖残基形成酯键，同时去质子化状态的谷氨酸夺取一个水分子的 H，游离出一个 OH^-；最后，OH^-进攻葡萄糖残基的 C-1 原子，使亲核试剂与糖残基之间的共价键断裂，催化位点恢复为初始状态（图 15-11）。而活性位点中的第三个保守氨基酸 Asp 在该催化中没有发挥直接作用，有研究认为其在催化的过程中主要起稳定过渡态的作用。

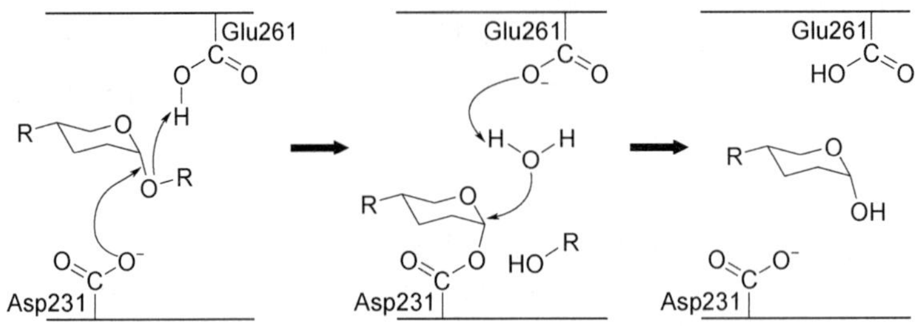

图 15-11　α-淀粉酶的催化机制示意图

3．几丁质酶

几丁质是由 *N*-乙酰葡萄糖胺（GlcNAc）通过 *β*-1,4-糖苷键连接在一起的线性高聚物，广泛存在于自然界中，是仅次于纤维素的第二大可再生资源。天然几丁质不溶于水，以三种不同的晶态形式存在：α-几丁质、β-几丁质、γ-几丁质。其中，α-几丁质含量最高，其 *N*-乙酰氨基葡聚糖链以反平行的方式排列，具有结构刚性，是真菌细胞壁和节肢动物外骨骼的重要组成成分；β-几丁质的糖链以平行的方式排列，而 γ-几丁质的糖链则以反平行和平行混合的方式组合排列，这两种几丁质的含量相对较少，具有柔性，主要存在于昆虫围食膜和蚕茧等组织中。尽管自然界中几丁质的产量很高（每年达到 100 亿吨以上），但是在多种生态系统中却未见几丁质的大量积累，说明自然界存在着高效的几丁质降解系统。几丁质的降解产物为几丁寡糖（chitin oligosaccharide），分子量小、易溶于水，含有多种生物活性，因而具有广泛的应用前景。在几丁质降解方面，生物酶法以其高效、反应温和、产物结构可控等优点，广泛应用于几丁寡糖的制备。几丁质酶是一类糖苷水解酶，可随机水解几丁质中 *N*-乙酰-*β*-D-葡萄糖胺之间的 *β*-1,4-糖苷键，形成几丁寡糖。

几丁质酶的来源较广，几乎涵盖整个生物界。目前，在绝大多数高等植物、昆虫体内以及人的唾液、猪的器官中均能检测到几丁质酶的存在。微生物来源的几丁质酶则更多，研究认为至少 10%的海洋可培养细菌能产生几丁质酶，25%～50%的土壤链霉菌中具有几丁质酶。另外，在病毒 chlorella virus 中也发现了几丁质酶的存在。

根据对底物作用部位及产物的不同，几丁质酶分为内切几丁质酶和外切几丁质酶。内切几丁质酶对几丁质中的 *β*-1,4-糖苷键进行随机切割，释放出多种不同的几丁寡糖。外切几丁质酶则从底物的一端开始，逐一进行切割，根据底物的不同，其又可分为两种：以几丁质为底物并从非还原端进行逐一切割，产物为几丁二糖；以几丁二糖或几丁寡糖为底物，产生 *N*-乙酰氨基葡萄糖单体。目前报道的多数几丁质酶以内切几丁质酶为主。

基于基因和结构相似性的差异，几丁质酶分布于不同的糖苷水解酶家族：GH18、GH19、GH23 和 GH48 家族，其中以 GH18 家族的几丁质酶最多，研究最为透彻。GH18 家族的几丁质酶广泛分布于细菌、植物和动物中，根据序列保守性，可将其分为三个亚族（ChinA，ChinB，ChinC）：ChinA 仅仅含有 N-端催化域，不含底物结合域，其催化作用依靠自身的一个较深的裂缝；ChinB 在 ChinA 的基础上含有 C-端底物结合域，富含脯氨酸、谷氨酸、丝氨酸和苏氨酸；ChinC 为富含半胱氨酸的几丁质结合区，也含有一个较深的裂缝。目前，该家族中研究较为透彻的是来源于黏质沙雷菌的几丁质酶，该菌株是已知的降解几丁质最为高效的微生物之一，其几丁解酶系中含有三个 GH18 家族的几丁质酶，分别是从几丁质链还原端水解的外切几丁质酶 SmChiA，从几丁质链非还原端水解的外切几丁质酶 SmChiB，以及对几丁质链进行随机切割的内切几丁质酶 SmChiC，三个酶对几丁质进行协同降解，实现高效降解（图 15-12）。

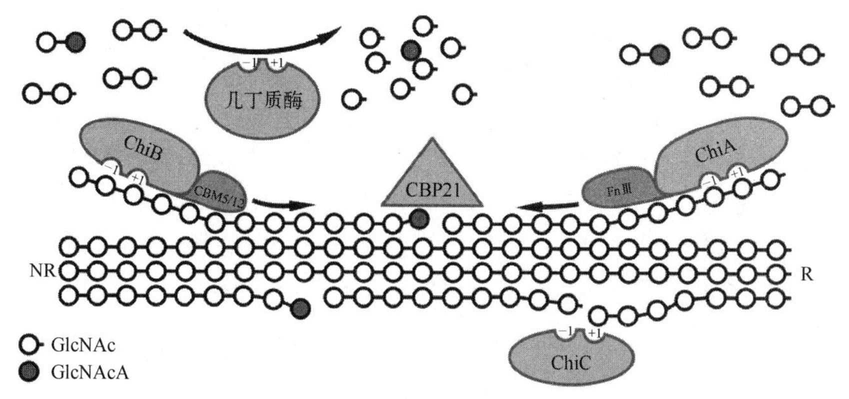

图 15-12　黏质沙雷菌的几丁质代谢系统［*FEBS J.*, 2013, 280(13):3028-3049］

GH18 家族几丁质酶的催化机制如图 15-13 所示，几丁质酶的底物结合裂缝存在多个底物结合位点，用以结合底物糖环 GlcNAc。催化过程发生在底物结合位点的−1 位，在该位点附近分布有催化氨基酸保守序 l40DxDxEl44。在几丁质酶处于游离态时，催化基序中 Asp142 与 Asp140 形成氢键。当−1 位结合底物时，Asp142 与 Asp140 之间的氢键断裂，Asp142 发生偏转并与底物−1 位糖单元上的乙酰氨基以及 Glu144 形成新的氢键。在这一过程中，Asp142 将一个质子传递给了 Glu144，并且参与维持糖单元的构型。在−1 位点还存在另一个重要的

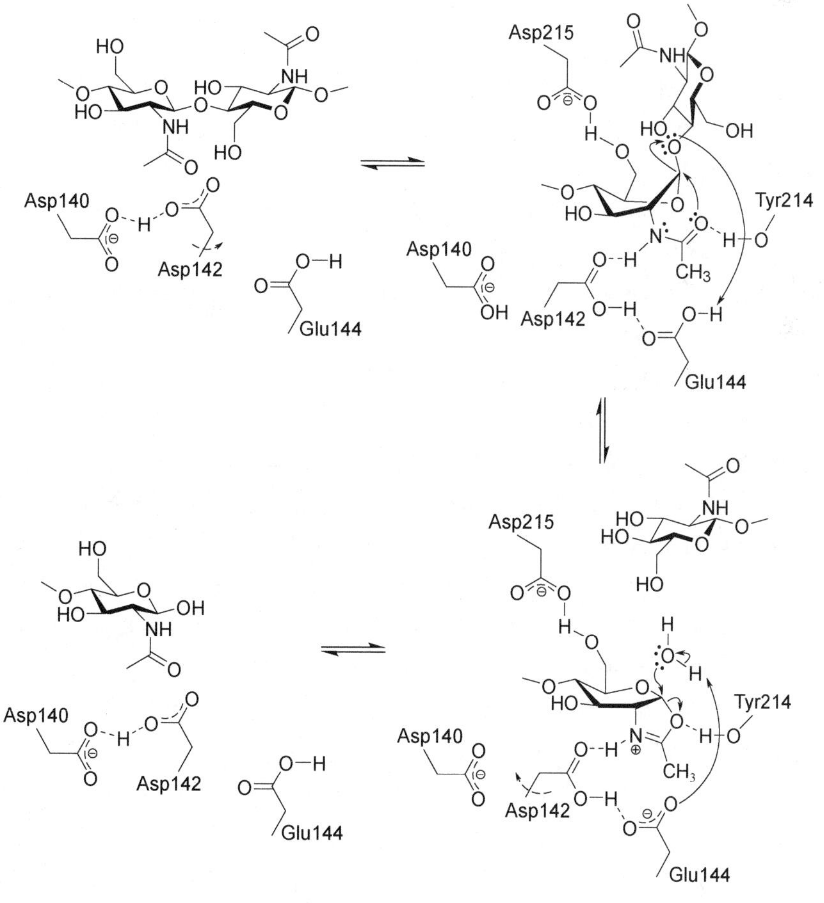

图 15-13　GH18 家族几丁质酶的催化机制［*FEBS J.*, 2013, 280(13):3028-3049］

氨基酸 Tyr214。Tyr214 能够与-1 位糖单元上的乙酰氨基形成氢键，与 Asp142 一起使糖单元保持在扭曲的船式构象。当催化反应发生时，Glu144 作为质子供体，首先传递一个质子给断裂键上的氧原子。与此同时，−1 位糖单元的乙酰氨基上的羰基氧原子作为亲核试剂攻击自身的异头碳 C-1，从而使糖苷键发生断裂。此时，−1 位糖单元形成类鎓离子过渡态，糖环呈现半椅式构象。异头碳 C-1 所带的正电荷传递给乙酰氨基并由 Asp142 稳定。糖苷键断裂后，+1 位的糖基离开其结合位点，此时水分子占据了之前断裂键氧原子所在的位置并将质子传递给 Glu144，生成的羟基则进攻−1 位糖环的异头碳 C-1，使得类鎓离子过渡态中的 C-1—O 键发生断裂。在这一过程中，由于水分子进攻的方向与糖苷键的断裂方向相同，所以-1 位糖环保持与断裂前相同的构型。催化反应的最后一步是二糖产物的离去。对于 SmChiA 而言，其还原端二糖产物首先离去，非还原端糖链向前推动两个糖单元进行再水解。对于 SmChiB，非还原端产物首先离去，而还原端糖链向前推动两个糖单元进行再水解。而对于内切酶 SmChiC 来说，因为其不具有进程性，因此催化结束后几丁质链的还原端和非还原端都会从结合位点解离。

目前，已建立多种几丁寡糖酶法生产工艺。例如，使用地衣芽孢杆菌的发酵粗酶液降解几丁质粉末，产生 *N*-乙酰葡萄糖胺与壳二糖的混合物，收率为 41%；用菌株 *Aeromonas hydrophila* H2330 发酵而来的粗酶液降解 α-几丁质，水解 10 d 后，产物收率可达 77%，实现了 GlcNAc 的高效生产。

4．果胶酶

果胶是所有高等植物以及裸子植物、蕨类植物、苔藓植物和轮藻细胞壁的组成部分，其通过共价和非共价的作用方式与其他多糖交织形成网络，使细胞结构组织坚硬，表现出固有的形态。同时，果胶对细胞组织起着软化和粘合的作用，是抵御病原微生物入侵的天然屏障。果胶也是自然界中结构最复杂的多糖之一，其由至少 17 种不同的单糖通过超过 20 种不同的糖苷键相互连接形成共价连接的亚结构，构成大分子独特的主链和侧链，其中含量最多的单糖是 D-吡喃半乳糖糖醛酸（D-GalA），其次是 D-半乳糖(D-Gal)或 L-阿拉伯糖(Ara)。根据组成的单糖和分支结构的不同可将果胶分为四个主要结构域：同型半乳糖醛酸聚糖（homogalacturonan，HG）、鼠李半乳糖醛酸聚糖Ⅰ（rhamnogalacturonan Ⅰ，RG-Ⅰ）、鼠李半乳糖醛酸聚糖Ⅱ（rhamnogalacturonan Ⅱ，RG-Ⅱ）和木糖半乳糖醛酸聚糖（xylogalacturonan，XG），尽管关于排列不同结构块以形成果胶复合物的方式仍然存在争议，但果胶在整个分子链上是由交替的 HG 区域和中性糖（NS）分支化的 RG-Ⅰ区域构成的“光滑区（smooth region）”和分支化程度高的 RG-Ⅰ、RG-Ⅱ和 XG 丰富的“毛状区（hairy region）”组成的（图 15-14）。

果胶酶是一类具有果胶降解能力的碳水化合物酶的总称，按照功能进行分类，可以将果胶酶分为发挥降解活性的解聚酶（水解酶和裂解酶）和发挥脱酯化修饰功能的酯酶。果胶水解酶是由于水分子的加入而导致糖苷键的断裂，而裂解酶则是通过反式消除作用方式断裂糖苷键。GH28 家族的内切-多半乳糖醛酸酶及 *α*-1,4-多半乳糖醛酸酶是水解果胶 HG 结构域的一种主要水解酶，可以随机特异性地切断果胶主链内部（HG）非酯化半乳糖醛酸间的 *α*-1,4-糖苷键，因此可以用于制备寡聚半乳糖醛酸。果胶酶主要来源于真菌，最常见的产果胶酶的真菌主要有曲霉属（*Aspergillus* sp.）、青霉属（*Penicillium* sp.）、根霉属（*Rhizopus* sp.）、镰刀菌属（*Fusarium* sp.）和地丝菌属（*Geotrichum* sp.），其中研究最多的是曲霉属来源的果胶酶。近年来，有关果胶水解酶的基因克隆、异源表达和酶学性质表征的研究日益增多。果胶水解酶主要是一种酸性酶，最适 pH 一般介于 3.0～5.5；最适温度一般在 30～50℃之间，属于中低温酶；分子质量通常介于 30～50 kDa 之间；等电点介于 3.8～7.6 之间。通常通过 DNS 法测定反应体系中还原糖的增加来测定果胶水解酶的酶活力变化。

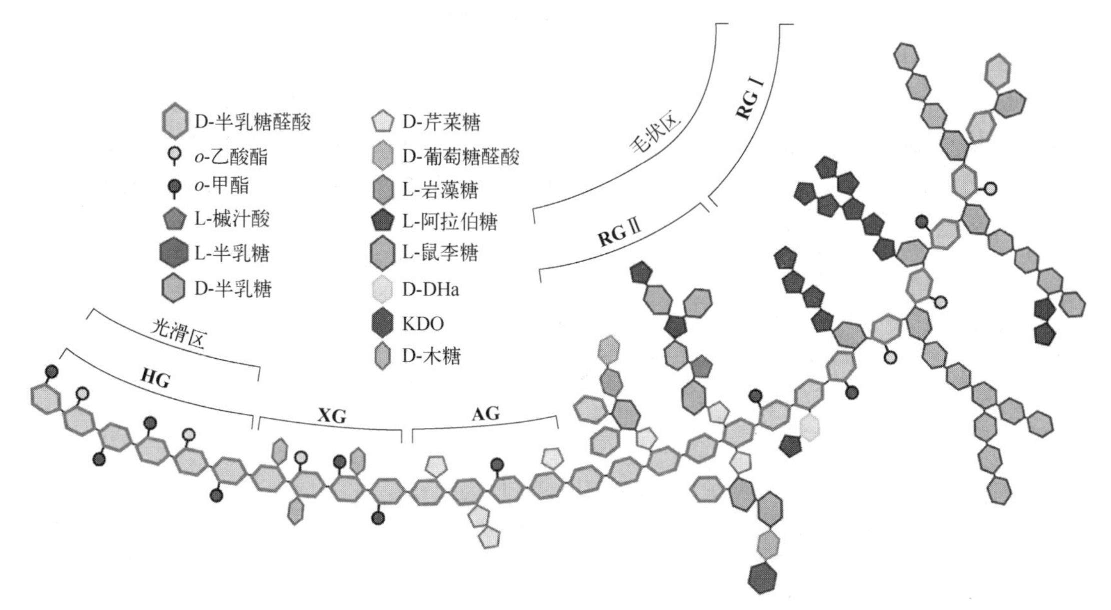

图 15-14　果胶结构示意图［*Compr Rev Food Sci Food Saf.*, 2021, 20(1):1101-1117］

果胶水解酶存在 4 个保守的结构域，分别为 178NTD、201DD、222GHG 和 256RIK。除此之外，残基 228G 和 291Y 在所有的 PGs 序列中也严格保守。从结构上看（图 15-15），果胶水解酶呈典型的右手 β 螺旋平行结构，含有 10 个完整的螺旋圈。每圈螺旋中含有 22～39 个残基，平均每个螺旋 29 个残基。每圈螺旋由 3～4 个 β 折叠片组成，这些 β 折叠片分别为 PB1、PB2a、PB2b 和 PB3，而折叠片通过转角相连，转角分别为 T1、T2a、T2b 和 T3；N 端的 α 螺旋屏蔽了 β 螺旋结构的疏水核心，在多数 β 螺旋结构中都观察到了这种 α 螺旋"帽子"；β 螺旋结构的 C 端则被无固定结构的残基屏蔽，从而不受溶剂的影响。β 螺旋结构 N 端附近的第 3、4 和 5 螺旋圈的 T3 转角分别向外延伸（20aa、6aa、15aa），形成一个大的环（loop）区；β 螺旋结构 C 端附近的第 7、8 和 9 螺旋圈的 T1 转角分别向外延伸（9aa、5aa、15aa），

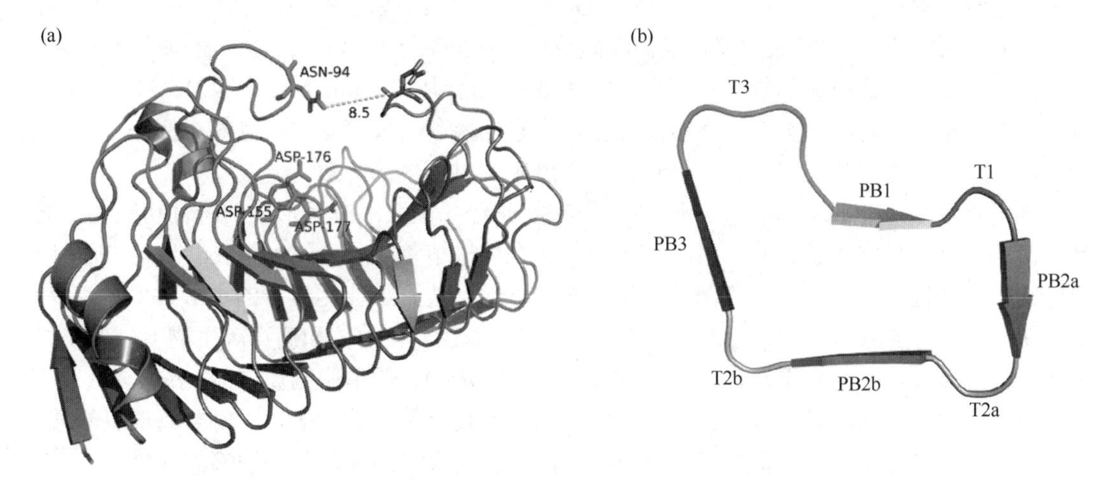

图 15-15　果胶水解酶的结构（a）及其包含的螺旋圈（b）［*PLoS ONE*, 2015, 10(9): 1-16］

形成一个大的环区。两个环区与β螺旋结构的PB1折叠片相结合，组成一个两端开放类似于桶状的底物结合裂缝。环区构象的变化对酶催化反应起着非常关键的作用，这些环区在研究中被称为“盖子”或“帽子”，通常位于活性中心的入口处，对底物的选择性、识别或促进底物结合起着重要的作用。

果胶水解酶的催化三联体通常为3个Asp，通过反转催化机制对底物进行催化水解，两个酸性残基（Asp）侧链之间的距离约为9.5Å，通过单一置换机制进行催化。如图15-16所示，其中一个Asp作为广义酸提供一个质子给糖苷氧，另两个Asp作为广义碱激活水分子，对糖的异头碳进行亲核攻击。

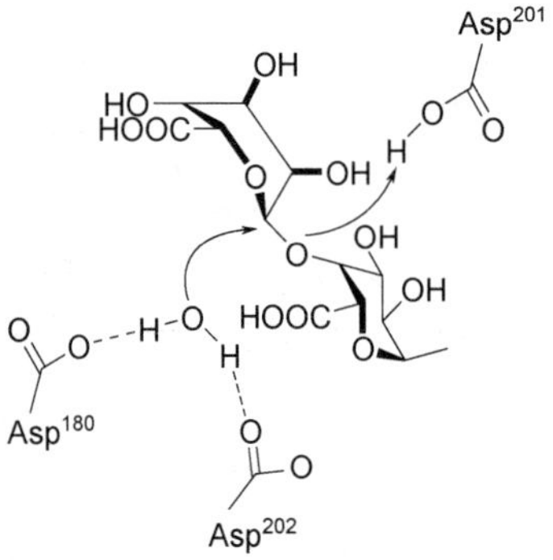

图15-16　果胶水解酶的催化机制［*J Biol Chem.*, 1999, 274(43): 30474-30480］

（二）多糖裂解酶

裂解酶是一种通过水解和氧化以外的方式催化各种化学键断裂的酶。它经常形成新的双键或新的环结构。实际上，裂解酶是降解聚合物中水解酶的替代品。在多糖领域，比较常见的裂解酶有褐藻胶裂解酶、果胶裂解酶、透明质酸裂解酶、肝素裂解酶和黄原裂解酶。

1．褐藻胶裂解酶

褐藻胶是由*β*-D-甘露糖醛酸（*β*-D-mannuronic acid，简称M）与*α*-L-古洛糖醛酸（*α*-L-guluronic acid，简称G）通过*β*-1,4-糖苷键连接而成的线性高分子聚合物。研究发现，褐藻胶分子中存在三种序列模式：全部由*β*-D-甘露糖醛酸组成的聚甘露糖醛酸片段（polyM），全部由*α*-L-古洛糖醛酸组成的聚古洛糖醛酸片段（polyG），以及由*β*-D-甘露糖醛酸和*α*-L-古洛糖醛酸交替排列组成的甘露糖醛酸-古洛糖醛酸杂合片段（polyMG）（图15-17）。其中，M、G的含量比与海藻种类、藻体组织部位、生态环境和季节等有关，且其比例决定藻体柔韧性，以适应海洋生长环境，其比例也影响着微生物对藻体的降解。

褐藻胶寡糖（alginate oligosaccharides，AOS）是经褐藻胶降解而形成的一种功能性寡糖，具有溶解性好、稳定性强、易于吸收等优点，其在促进植物生长、缓解植物胁迫等方面具有很好的生物活性。目前，微生物酶法制备褐藻胶寡糖已达到工业化生产的水平。褐藻胶裂解酶来源广泛，可从海洋植物、海洋软体动物、细菌、真菌、噬菌体和病毒等生物中分离获得。大部分褐藻胶裂解酶来自于海洋细菌，如弧菌属（*Vibrio*）、假单胞菌属（*Pseudomonas*）、交替假单胞菌属（*Pseudoalteromonas*）等，此类褐藻胶裂解酶研究较多，大部分酶的氨基酸序列已明确，也进行了功能表征和机制分析。不同微生物来源的褐藻胶裂解酶的性质如表15-1所示。

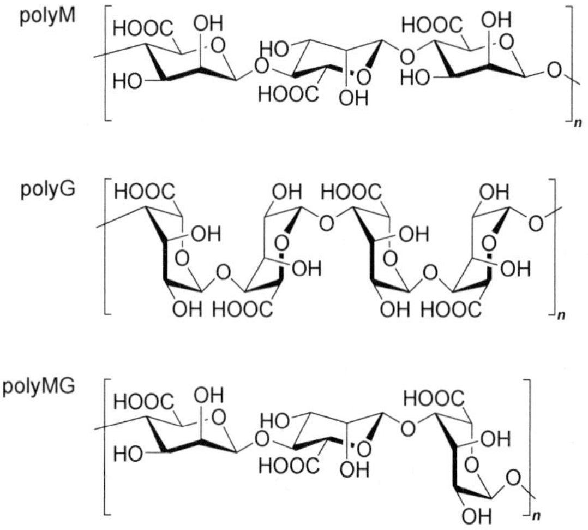

图 15-17 褐藻胶结构示意图

表 15-1 不同微生物来源的褐藻胶酶的性质

来源	名称	分子质量/kDa	底物专一性	最适温度/pH
Vibrio sp. W13	Alg7A	55.75	MG, M, G	30°C/pH 7.0
Vibrio sp. SY08	AlySY08	33	M, G	40°C/pH 7.6
Vibrio splendidus OU02	AlyA-OU02	64	M	30°C/pH 8.0
Vibrio weizhoudaoensis M0101	AlgM4	55	MG, M, G	30°C/pH 8.5
Vibrio sp. NJU-03	AlgNJU-03	33	MG, M, G	30°C/pH 7.0
Vibrio furnissii H1	AlyH1	35.8	MG, M, G	40°C/pH 7.5
Pseudomonas aeruginosa	AlgL	41	MG	NA
Pseudomonas sp. E03	AlgA	40.4	M	30°C/pH 8.0
Pseudomonas sp. KS408	NA	42.4	M	NA
Pseudomonas alginovora X017	NA	25.87	M	NA/pH 9.0
Flavobacterium sp. S20	Alg2A	33	MG, M, G	45°C/pH 8.5
Flavobacterium sp. UMI-01	FlAlyA	NA	M	50°C/pH 7.8
Flavobacterium sp. LXA	NA	NA	NA	40°C/pH 7.0
Pseudoalteromonas atlantica AR06	alyA	43	MG, M, G	40°C/pH 7.4
Pseudoalteromonas elyakovii IAM 14594	AlyPEEC	32	MG, M, G	30°C/pH 7.0
Pseudoalteromonas citrea KMM 3297	AII	79	M, G	35°C/pH 7.0
Pseudoalteromonas sp. SM0524	Aly-SJ02	32	MG, M, G	50°C/pH 8.5
Microbulbifer sp. ALW1	NA	26	MG, M, G	45°C/pH 7.0
Microbulbifer sp. Q7	AlyM	63	G	55°C/pH 7.0

褐藻胶裂解酶属于 CAZyme 中的多糖裂解酶（polysaccharide lyase，PL）家族。根据氨基酸序列和结构信息，褐藻胶裂解酶被归入 PL5、PL6、PL7、PL14、PL15、PL17 及 PL18 家族中，其中大多数细菌来源的内切型褐藻胶裂解酶属于 PL5 和 PL7 家族，而外切型褐藻胶裂解酶主要来源于 PL7、PL14、PL15 和 PL17 四个家族。根据底物偏好性，可将褐藻胶裂解酶可分为三类：专一性降解 polyM 的聚 β-D-1,4-甘露糖醛酸裂解酶（EC 4.2.2.3），专一性降解 polyG 的聚 α-L-1,4-古洛糖醛酸酶（EC 4.2.2.11）以及对 polyM 和 polyG 杂合片段均具有

降解能力的双功能褐藻胶裂解酶。对 polyM 和 polyG 杂合片段均具有降解活性的裂解酶主要集中在假单胞菌属（*Pseudomonas* sp.）中，如从腐烂海带中筛选得到一株产褐藻胶裂解酶的菌株 *Pseudoalteromonas* sp. SM0524，从中分离出具有双功能酶活性的 Aly-SJ02，其降解 polyM 和海藻酸钠的主要产物为二聚体和三聚体，降解 polyG 的主要产物为三聚体和四聚体；在一株南极细菌 *Pseudoalteromonas* sp. NJ-21 中异源表达的褐藻胶裂解酶 Al163 也是一种双功能酶，其对 polyM、polyG 和海藻酸钠的降解产物主要为二聚体和三聚体。其他从 *Isoptericola halotolerans* CGMCC 5336 中分离得到的褐藻胶裂解酶及从 *Pseudoalteromonas atlantica* AR06 中分离得到的褐藻胶裂解酶均为双功能酶，降解产物主要为 DP 2-4 的寡糖。根据反应模式，可将褐藻胶裂解酶分为内切型和外切型。内切型褐藻胶酶以内切的方式对褐藻胶长链进行随机降解，终产物主要为 DP 2-4 的褐藻胶寡糖，外切型褐藻胶酶则从底物的一端按顺序进一步将褐藻胶降解单体。目前，已报道的褐藻胶裂解酶大部分为内切型。

从结构上看，褐藻胶裂解酶的结构主要有 β 果冻卷（βjelly roll）结构、$(\alpha/\alpha)_n$ 桶状结构（α/αbarrel）和 β 螺旋结构（βhelix）三种形式（图 15-18）。其中，β 果冻卷结构是褐藻胶裂解酶最常见的折叠方式，包含两条反向平行的 β 折叠片层、大量无规则卷曲结构和少量 α 螺旋，两条 β 折叠片层中间弯曲近 90 度形成带“凹槽”的球状结构，催化活性位点位于内凹片层中，目前已解析的具有 β 果冻卷结构的褐藻胶裂解酶有 9 种属于 PL7 家族、2 种属于 PL14 家族、2 种属于 PL18 家族。尽管它们的结构有细微差异，但 PL7 家族的褐藻胶裂解酶的催化活性中心大多位于内凹槽片层，催化中心的结构和保守氨基酸序列也有一定程度的相似性，据报道，PL7 家族的褐藻胶裂解酶在 β 折叠片层催化活性中心有 3 个保守域：Ⅰ（RXEXRX）、Ⅱ（QXH）和Ⅲ（YFKAGXYXQ）。偏好裂解 polyG 片段的褐藻胶裂解酶保守域Ⅱ中往往有保守氨基酸序列 QIH，而偏好裂解 polyM 片段的褐藻胶裂解酶保守域Ⅱ中的保守氨基酸序列则为 QVH。$(\alpha/\alpha)_n$ 桶状结构一般由 3～7 个反向平行的 α 螺旋构成，主要分布在 PL5、PL15 及 PL17 家族。β 螺旋结构的褐藻胶裂解酶研究较少，其含有两个都是 β 螺旋的结构域，β 螺旋结构由 3 段 β 折叠片层组成，折叠片层间由转角或环连接。

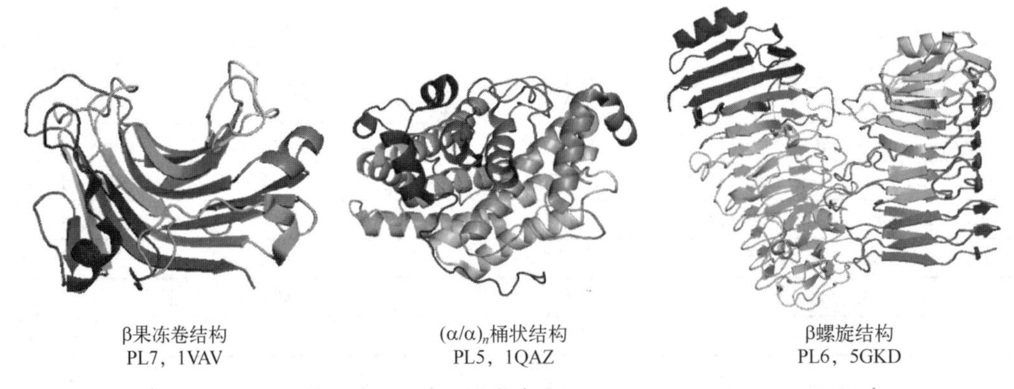

图 15-18　不同结构的褐藻胶裂解酶（PDB：1VAV、1QAZ 和 5GKD）

褐藻胶降解酶均通过 *β*-消除反应断裂褐藻胶的糖苷键，产生的新还原末端为饱和的糖醛酸盐，而产生的新非还原末端为不饱和的 4-脱氧-L-erythro-hex-4-烯醇式吡喃糖醛酸（4-deoxy-L-erythro-hex-4-enopyranosyluronic acid），生成不饱和的低聚糖醛酸或寡糖糖醛酸（图 15-19）。β-消除反应的三个化学步骤可能为：①底物的羧基被邻近的正电荷中和，从而降低 C-5 质子

p*K*a 值；②C-5 的质子被一个广义碱抽取，形成一个烯醇阴离子中间物；③电子从羧基基团上转移，在 C-4 与 C-5 间形成双键并伴随 C-4—O-1 糖苷键的断裂。

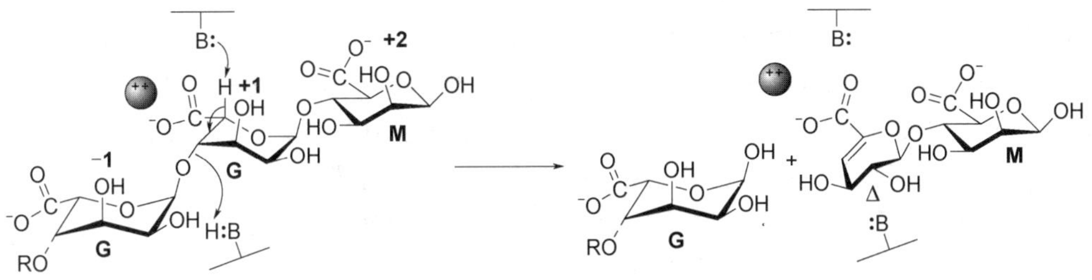

图 15-19　褐藻胶裂解酶作用机制［*J Biol Chem*., 2013, 288(32): 23021-23037］

2．果胶裂解酶

果胶裂解酶在生物技术领域有着广泛的应用，其利用 β-消除机制降解果胶底物，主要降解产物为 4,5-不饱和寡聚半乳糖醛酸，同时不产生剧毒副产物甲醇。果胶裂解酶可以直接作用于高酯化的果胶底物，有效降低溶液黏度，而且不会干扰负责果汁特定香气的酯含量，基于这些优点，近年来对果胶裂解酶的研究受到研究者的广泛关注。

果胶裂解酶在 CAZy 数据库中属于多糖裂解酶 PL 家族，果胶裂解酶（pectin lyase，Pnl，EC 4.2.2.10）倾向于裂解甲酯化程度高的果胶底物，又称多聚甲基半乳糖醛酸裂解酶（polymethylgalacturonate lyase，PMGL）；果胶酸裂解酶（pectate lyase，Pel，EC 4.2.2.2、EC 4.2.2.9）则对酯化程度低的多聚半乳糖醛酸的偏好性更强，因此又叫做多聚半乳糖醛酸裂解酶（polygalacturonate lyase，PGL）。目前表征的大部分 PGLs 和 PMGLs 来源于细菌和真菌等微生物，根据文献报道，多数果胶裂解酶在较宽的温度范围内（30～70℃）均有活性。

根据 CAZy 数据库的分类，果胶裂解酶被归于 PL1、PL2、PL3、PL9 和 PL10 五个亚家族中。其中，PL1 家族的果胶裂解酶是研究最多、最具代表性的果胶裂解酶，其具有相似的平行 β 螺旋结构：每一圈都由三个沿着螺旋轴延伸的平行的 β 折叠 PB1、PB2 和 PB3 组成，三个平行的β折叠片分别由七股、九股和九股组成，且通过转角 T1、T2 和 T3 连接（图 15-20A～C）。转角的折叠很短，仅包含 3 至 5 个残基，T2 转角通常只包含两个残基，第二个残基经常是连续的天冬酰胺，以便于形成最大数量的氢键，构成所谓的"天冬酰胺阶梯"。疏水性和芳香族残基则排列在 β 螺旋的内部形成疏水的底物结合空腔。同时，该家族中许多参与底物结合的氨基酸相对来说是保守的：PB2、PB3 和 T2 是结构中最保守的结构域；参与底物结合并有助于形成活性位点的 PB1 折叠和 T3 序列表现出更大的可变性，用于识别并适应特异性底物；Asp223 和 Asp227 与 Ca^{2+}的结合密切相关；Lys247 和 Arg284 是底物结合的两个关键氨基酸。

PL10 家族的果胶裂解酶具有$(\alpha/\alpha)_3$桶状结构。目前，在 PL10 家族中，只有两个果胶裂解酶被解析（图 15-20D 和 E），包括来自 *Azospirillum irakense* 的 PelA（PDB：1R76）和来自 *Cellvibrio japonicus* 的 Pel10Acm（PDB：1GXM）。其结构呈环状折叠，α 螺旋结构占据主要位置，并伴有不规则的卷曲和短 β 链。PelA 的结构显示出两个结构域和一个宽敞的中央凹槽。依据其内切多糖裂解酶（如木聚糖酶）的报道，该凹槽被认为往往带有底物结合位点和催化活性位点。其 N 端结构域由短 β 链和无规则卷曲开始，随后是一些螺旋结构、β 转角和最大的 α 螺旋。前两个螺旋穿过主要由 α 螺旋组成的 α 环（螺旋结构域）的最后一个螺旋，呈现紧凑的$(\alpha/\alpha)_3$桶形状。C 端结构域主要包括短 β 链、不规则环和末端 α 螺旋。它比 N 端结构域更灵活，B 因子更高。类似地，Pel10Acm 的活性位点也位于两个结构域之间一个埋藏的宽开中央沟槽中。

目前，关于果胶裂解酶$(\alpha/\alpha)_7$ 桶状结构的报道较少。在 PL2 家族中，来自 *Yersinia enterocolitica* 的果胶裂解酶（YePL2A）呈现$(\alpha/\alpha)_7$桶状结构（图 15-20F）。该结构将两个反向平行的 α 螺旋包装成七个子结构。每个螺旋结构的长度在 10～20 个氨基酸之间，这些子结构按逆时针方向排列，形成桶状结构的核心。这个 α 桶充当了类似的结构平台，其中两个“嫁接”的大臂可以控制催化机制。这些臂主要由 β 链组成，β 链不仅定义了活性位点通道的壁，还使酶整体呈现“老虎钳”形状。

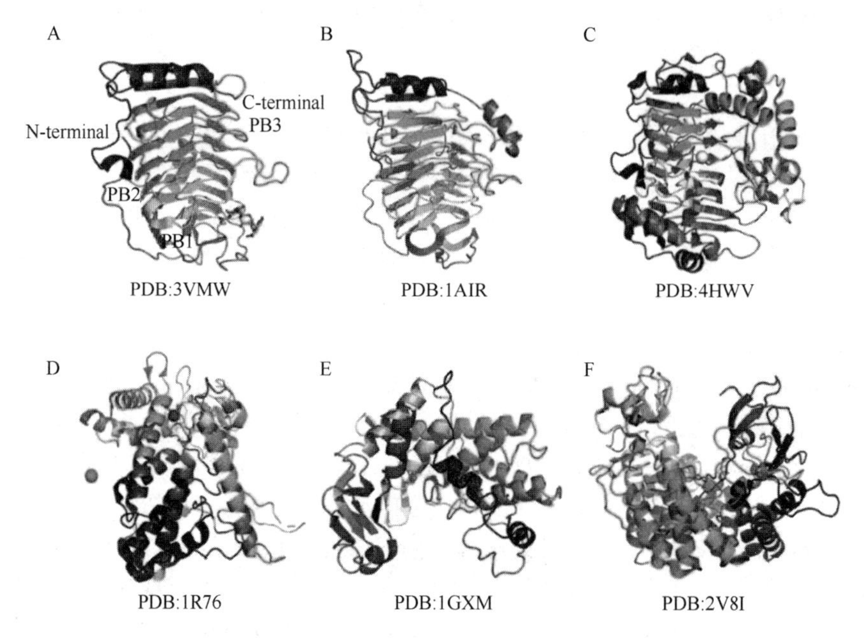

图 15-20　不同家族果胶裂解酶结构图 [*Bioresour Bioprocess*., 2021, 8(79): 1-13]

A～C—PL1 家族果胶裂解酶呈现的典型 β-螺旋结构；D 和 E—PL10 家族果胶裂解酶呈现的$(\alpha/\alpha)_3$桶状结构；F—PL2 家族（α/α）$_7$桶状结构

在裂解果胶的过程中，果胶裂解酶通过 β 消除反应破坏果胶分子骨架中的 *α*-1,4-糖苷键（图 15-21）。一般 β 消除过程分三个步骤进行：①中和 C-5 羧基，降低 H-5 质子的解离常数并增加其提取敏感性；②质子提取导致模拟中间体；③消除糖苷键并伴随来自羧酸酯基团的电子转移在 C-4 和 C-5 之间形成双键。根据酸碱质子理论，催化碱从酸化底物的 C-5 原子上提取质子，催化酸将质子提供给羰基。具体来说，糖苷键在 C-4 位断裂，同时在新形成的低聚半乳糖醛酸的非还原端形成了不饱和的 C-4 和 C-5 键，在 C-5 位置消除了 H 原子，在此过程中，金属离子可以辅助中和断裂糖苷键两侧的糖残基的酸性基团，而活性中心的精氨酸或赖氨酸则扮演 Brønsted 碱的功能。

3．肝素裂解酶

糖胺聚糖是一类聚阴离子的直链多糖，广泛分布于细胞表面和细胞基质中，参与细胞黏附、细胞生长和增殖等生理和病理过程。从结构上看，糖胺聚糖是由己糖醛酸（D-葡萄糖醛酸或 L-艾杜糖醛酸）和己氨糖（*N*-乙酰葡萄糖胺或 *N*-乙酰半乳糖胺）的二糖单元重复交替连接组成。这些二糖重复单元也可以被 *N*-型或 *O*-型磺酸化，形成化学结构多样、功能多样的硫酸糖胺聚糖。依据糖链结构的不同，糖胺聚糖被分为四类：透明质酸、硫酸软骨素/硫酸皮肤素、硫酸角质素和肝素/硫酸乙酰肝素。其中，肝素在临床上得到了重要的应用，自 1937 年以来，其一直被用作抗凝血药物，主要用于术后抗凝血和抗血栓。

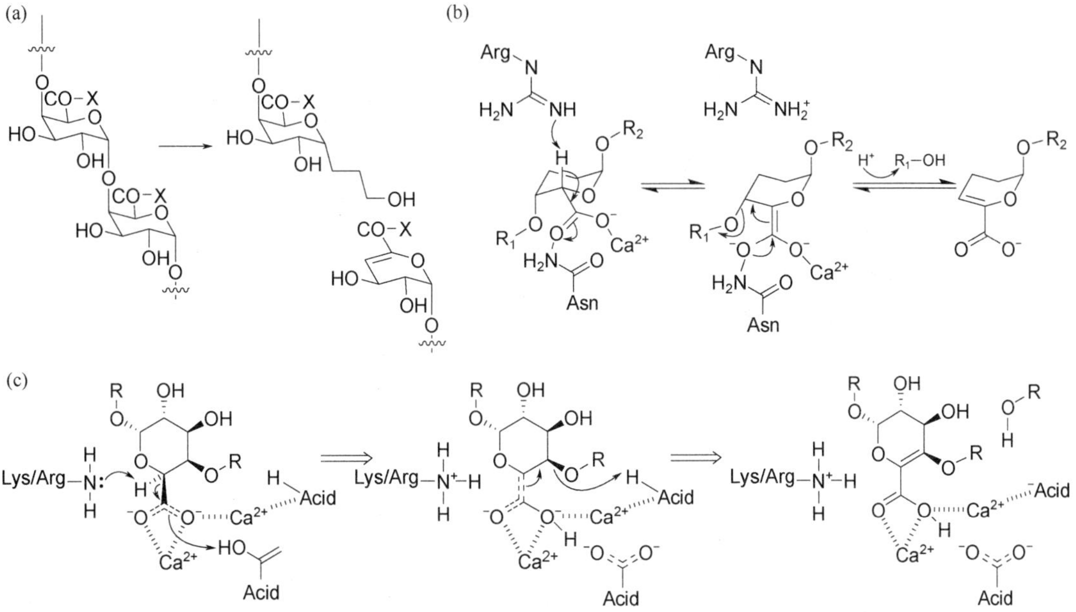

图 15-21　果胶裂解酶催化机制[*Bioresour Bioprocess.*, 2021, 8(79): 1-13]

（a）果胶裂解酶的作用方式（X：—O—，底物为果胶酸盐，X：—O—CH_3，底物为果胶）；（b）Ca^{2+}辅助的 β-消除催化机制；（c）果胶裂解酶常见的 β 消除催化机制（Lys/Arg 为催化碱基）

肝素和硫酸乙酰肝素的主链结构相同，二糖重复单元由 *N*-乙酰葡萄糖胺（GlcNAc）和葡萄糖醛酸/艾杜糖醛酸（GlcA/IdoA）通过 α-1,4 糖苷键连接而成。临床研究表明，超低分子量肝素能够有效消除肝素或低分子量肝素引起的过敏反应，同时还可应用于治疗心房纤维颤动、心绞痛。肝素二糖分子还能够调节细胞内的信号传导，可用于治疗、抑制肿瘤转移。目前，肝素的降解方法主要分为化学降解法和生物酶降解法。尽管化学降解法生产低分子量肝素的工艺已经十分成熟，但也存在产品组分单一性差、环境污染等问题。相比于化学降解法，生物酶降解法具有反应条件温和、无污染、不会破坏硫酸活性基团等优势。

根据降解机制，可以将肝素酶分为两类：来自于真核生物的肝素/硫酸乙酰肝素裂解酶和来自于细菌的肝素/硫酸乙酰肝素裂解酶。此外，还有能够专一去除肝素/硫酸乙酰肝素糖链中硫酸基团的硫酸酯酶。肝素裂解酶是以典型的 β-消除机制来裂解糖苷键的，能够将肝素/硫酸乙酰肝素裂解成非还原端含有 C-4,5 不饱和双键的二糖及寡糖。根据作用底物的偏好性，可将肝素裂解酶分为三类：肝素裂解酶Ⅰ、肝素裂解酶Ⅱ和肝素裂解酶Ⅲ，代表性结构如图 15-22 所示。其中，肝素裂解酶Ⅰ（EC 4.2.2.7）属于 PL13 家族，偏好降解的底物为磺酸化程度高的肝素，作用位点为连接含有 2～3 个硫酸基团的二糖单元 GlcNS(6S)-IdoUA(2S)的 1,4-糖苷键（因该部位磺酸化程度较高，又称为 S-区域），是一类内切型的肝素裂解酶。肝素裂解酶Ⅰ的三维结构为 β 果冻卷构象，在该构象中存在着一个长而深的底物结合沟和一个不寻常的拇指状延伸，这个拇指状延伸内含有许多碱性残基，更利于与带负电荷的肝素底物相结合，从而催化肝素中糖链的降解。肝素裂解酶Ⅰ的催化机制为：谷氨酰胺残基（Gln）与 IdoA

的 C-6 形成氢键，中和 IdoA 的电性，降低与 C-5 形成氢键所需要的 pK_a；随后组氨酸残基（His）作为 Brønsted 碱摄取 C-5 上的质子造成糖苷键的断裂，在糖醛酸的 C-4 和 C-5 位之间形成不饱和双键；最后，酪氨酸残基（Tyr）作为 Brønsted 酸为糖苷键的 O 提供质子，形成处于还原端的羟基（图 15-23）。

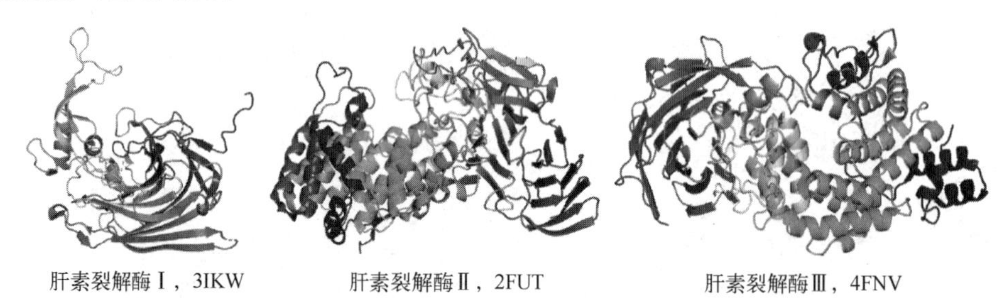

图 15-22 肝素裂解酶 I/II/III 代表性结构（PDB：3IKW、2FUT 和 4FNV）

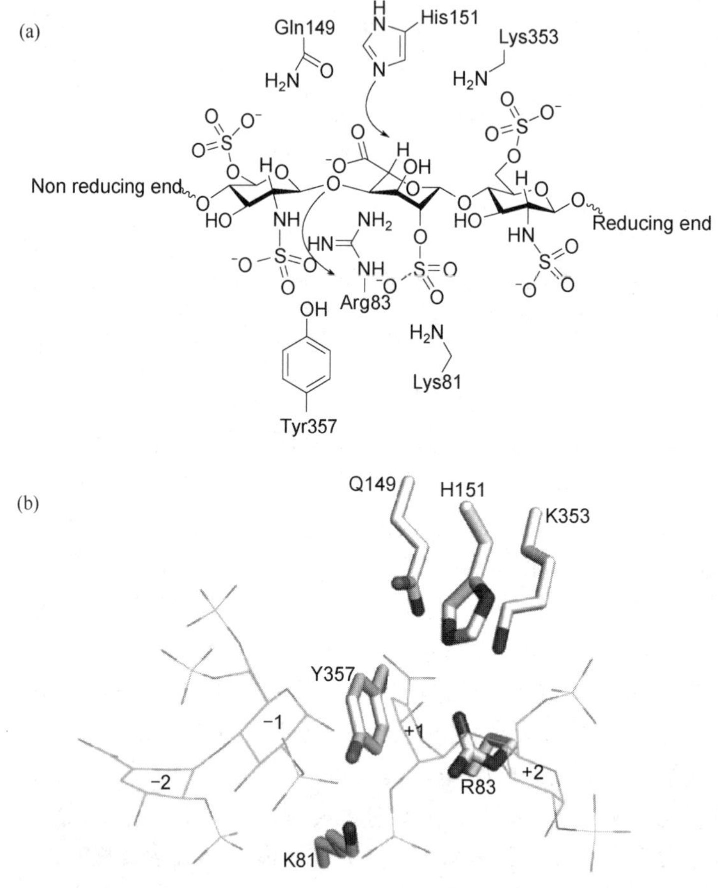

图 15-23 肝素裂解酶Ⅰ的催化机制［J Biol Chem., 2009, 284(49): 34019-34027］

（a）肝素裂解酶Ⅰ催化肝素底物的−1 和+1 位置之间糖苷键的 β-消除反应示意图；（b）肝素裂解酶Ⅰ降解四糖催化位点示意图

肝素裂解酶Ⅲ（EC 4.2.2.8）属于 PL12 家族，偏好的底物为磺酸化程度低的硫酸乙酰肝素，作用位点为连接二糖单元 GlcNS/NAc-GlcUA 的 1,4-糖苷键（因该部位磺酸化程度较低，又称 NAC-区域）。其底物倾向性与肝素裂解酶Ⅰ相反，互为补充。肝素裂解酶Ⅱ的蛋白分子由 N 端$(\alpha/\alpha)_5$桶状结构域和 C 端反向平行的 β 夹心结构域组成。与肝素裂解酶Ⅰ类似，在肝素裂解酶Ⅲ的结构中也存在着一条带正电荷的长沟槽，有利于酶与底物的结合。但是由于始终未有肝素裂解酶Ⅲ与底物或产物共结晶的报道，因此对肝素裂解酶Ⅲ的催化机制尚不清楚。

肝素裂解酶Ⅱ（无 EC 号）属于 PL21 家族，对肝素或硫酸乙酰肝素结构无明显偏好性，兼有肝素裂解酶Ⅰ和肝素裂解酶Ⅲ的活性，但活力比肝素裂解Ⅰ或肝素裂解酶Ⅲ都低。其结构与肝素裂解酶Ⅲ类似，由 N 端$(\alpha/\alpha)_5$桶状结构域和 C 端反向平行的 β 夹心结构域组成。肝素裂解酶Ⅱ包括两种催化机制：在降解 IdoA 底物时，催化机制与肝素裂解酶Ⅰ类似，采用 Tyr/His 作为 Brønsted 酸和碱来催化底物的裂解。而在降解 GlcA 底物时，Tyr 同时作为 Brønsted 酸和碱来催化底物的裂解，即 Tyr 先作为 Brønsted 碱摄取 GlcA 的 C-5 上的质子造成糖苷键的断裂，在糖醛酸的 C-4 和 C-5 位之间形成不饱和双键，然后 Tyr 又作为 Brønsted 酸为糖苷键的 O 提供质子，形成处于还原端的羟基，从而完成 β 消除反应。正因为肝素裂解酶Ⅱ存在两种催化机制，因此肝素裂解酶Ⅱ对底物没有明显的选择性（图 15-24）。

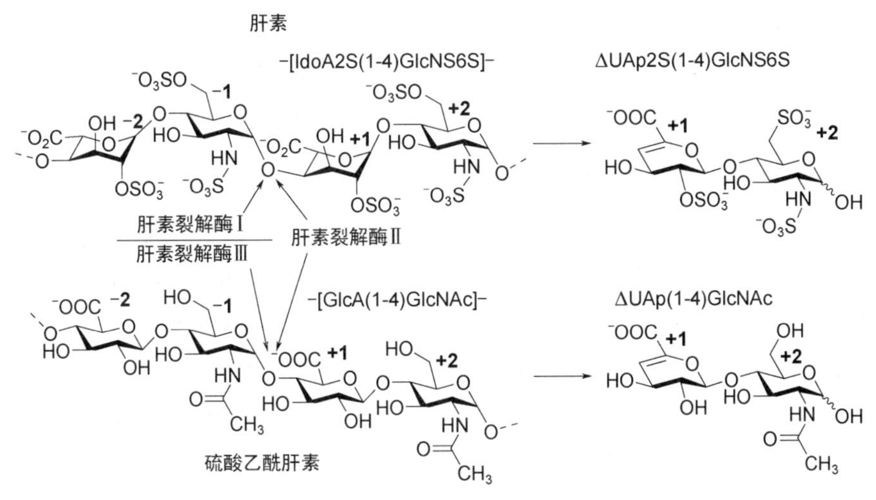

图 15-24　肝素裂解酶 I/II/III 对肝素及硫酸乙酰肝素的降解
[*J Biol Chem.*, 2009, 284(49): 34019-34027]

来源于 *F. heparinum* 的肝素裂解酶是目前研究及使用最为广泛的肝素裂解酶。此外，来源于黄杆菌属、芽孢杆菌属、拟杆菌属和铜绿假单胞菌属等微生物的肝素裂解酶也得到了部分表征。部分已得到表征的肝素裂解酶的性质如表 15-2 所示。

表 15-2　不同来源的肝素裂解酶的生化性质比较

来源	名称	分子质量/kDa	最适 pH	最适温度/℃
Flavobacterium heparinum	肝素裂解酶Ⅰ	42.5	7.2	35
	肝素裂解酶Ⅱ	85.8	7.3/6.9	40
	肝素裂解酶Ⅲ	73.2	7.6	45
Flavobacterium sp.	肝素裂解酶Ⅲ	94.0	7.6	45
Bacteroides stercoris HJ-15	肝素裂解酶Ⅲ	77.3	7.2	45
	肝素裂解酶Ⅰ	48.0	7.0	50
Bacteroides heparinolyticus	肝素裂解酶Ⅰ	63.0	6.5	NA
Sphingobacterium sp.	肝素裂解酶Ⅱ	75.7	6.5	NA
Bacillus circulans	肝素裂解酶Ⅱ	111.0	7.5	40-45

续表

来源	名称	分子质量/kDa	最适 pH	最适温度/℃
Bacillus sp.	肝素裂解酶Ⅱ	120.0	7.5	45-50
Aspergillus flavus	肝素裂解酶Ⅰ	23.4	7.0	30
Acinetobacter calcoaceticus	肝素裂解酶Ⅰ	120.0	7.5	35

注：NA 代表文献未说明。

二、多糖酶法合成修饰

多糖的生物学功能通常与结构或储存有关。例如，淀粉是植物中的储存多糖，纤维素是植物细胞壁的结构多糖，几丁质是动物外骨骼的重要组成部分。同时，大多数多糖是惰性的，对人类安全无害，且在自然环境中大量存在。而多糖结构和性质上的多样性和独特性，使得天然多糖在使用中往往存在多种问题，如在各种介质中的溶解度和分散性不强、亲水或疏水性不合适等。基于这些因素，研究者们探索了多种方法来改变多糖的结构，以赋予多糖所需的物理、化学和机械性能。多糖的结构中含有多个可以进行反应的基团，如乙酰氨基、氨基、羧基和/或羟基等，可在各种官能团化途径中被利用。

近年来，酶法对多糖的修饰越来越多地被用于探索改变多糖的结构和特性，该方法的优点是具有高选择性和底物特异性，能够合成具有明确和/或立体特异性结构的产物，且反应中较少产生不需要的副产物。多糖的改性和功能化修饰是通过将功能分子（或基团）引入多糖实现的，功能分子与多糖间的结合方式可以是共价键结合（如酯键、醚键等），也可以是非共价键结合（弱作用结合如氢键、静电作用等）。目前，对多糖进行酶法合成修饰的常见酶包括：氧化还原酶、脂肪酶、磷酸化酶和蛋白酶等。

（一）氧化还原酶对多糖的合成修饰

1．纤维素的氧化修饰

漆酶（EC 1.10.3.2）属于铜蓝氧化酶家族，在分子氧存在的情况下，漆酶可以单电子氧化合适的底物，例如木质素、酚、芳香族或脂肪族胺，将其转化为相应的自由基。在生产中，纤维素的含量和结构影响着纸张的强度。目前，已有研究表明：在条件温和的水性反应条件下，通过漆酶（EC 1.10.3.2）和2,2,6,6-四甲基哌啶-1-氧自由基（TEMPO）组成的漆酶介质系统能够将醛基和羧基引入纤维素中，使得氧化浆中醛基和羧基的含量较普通浆高。反应中，在漆酶和氧气存在下，TEMPO被氧化形成氧铵离子；随后氧铵离子又将纤维素氧化；最后，漆酶将TEMPO恢复为正常的自由基形式，氧化循环重新开始。性能研究表明，这种纤维的保水性、干拉伸强度和耐破度均有提高。

2．壳聚糖的氧化修饰

酪氨酸酶（EC 1.14.18.1）是一种多酚氧化酶，能够催化单酚邻位羟基化为邻位二酚，以及将邻位二酚氧化为邻位醌，所形成的醌是高活性化合物，可对其他酚基、氨基酸或聚合物发生亲核攻击。目前，已有将酪氨酸酶用于使壳聚糖功能化或将蛋白质嫁接到壳聚糖上的报道。在含有壳聚糖、熊果苷和蘑菇酪氨酸酶的溶液中进行均相反应，酪氨酸酶能够催化熊果苷氧化形成的活性醌与壳聚糖的氨基发生反应，将熊果苷氧化中间体接枝到壳聚糖上，使溶液的黏度增加形成凝胶，这种凝胶的强度可随着熊果苷浓度的增加而增加。

此外，酪氨酸酶还可用于通过接枝不同的黄酮类化合物（如黄烷醇、黄酮醇、黄酮、黄烷酮和异黄酮等）来增强壳聚糖的生物学特性。蘑菇酪氨酸酶能够在磷酸盐缓冲介质中将溶解在二甲基亚砜中的黄酮类化合物氧化为相应的邻醌，邻醌与壳聚糖氨基共价结合。这种改性提高了壳聚糖纤维对革兰氏阳性菌和革兰氏阴性菌的抗菌活性和抗氧化。

3．果胶的氧化修饰

用于果胶改性的酶类主要包括漆酶、过氧化物酶、转谷氨酰胺酶、酪氨酸酶和蛋白酶等，所获得的改性果胶在乳液稳定性和水溶性等方面得到提高。甜菜果胶在结构上是天然被阿魏酸取代的，研究者们利用漆酶将苯酚接枝到弱凝胶化的甜菜果胶上，以改善甜菜果胶的凝胶形成和乳液稳定性能。

（二）脂肪酶对多糖的合成修饰

1．纤维素的酰化修饰

为了提高聚合物的疏水性，人们研究了用各种脂肪酸对纤维素进行酶促酰化。这种改性通常被用来合成表面活性剂或流变改性剂，以利用聚合物的亲水特性和脂肪酸赋予的疏水性。类似的酰化反应通常是以化学方式进行的，然而，关于开发替代性酶促生物工艺的研究越来越多。将羟乙基纤维素悬浮在 *N*,*N*-二甲基乙酰胺（DMAc）中，使用来自于 *Pseudomonas cepacia* 的脂肪酶 P 将溶于水的羟乙基纤维素进行酰化，降低羟乙基纤维素在水中的溶解度以及保水能力。此种酰化的羟乙基纤维素在加热后会 DMAc 中形成强交联凝胶。

2．淀粉的酰化修饰

为了降低淀粉的消化率和黏度，并增加其疏水性，有研究者使用脂肪酶对淀粉进行酰化反应。在有机溶剂中，使用嗜热丝孢菌脂肪酶、真菌脂肪酶或细菌脂肪酶，可将木薯和玉米淀粉与从椰子油中回收的脂肪酸进行酰化，形成了疏水性更强的热塑性聚合物。此种聚合物可广泛应用于塑料工业、制药工业和生物医学材料。为了提高天然淀粉的疏水性，使用南极假丝酵母脂肪酶 B 催化松香酸酯化淀粉，这种方法获得的松香酸淀粉的疏水性、黏度特性和乳化性能均得到显著改善。

在当今社会，环境问题和可持续性发展问题已经成为至关重要的议题。在这种背景下，人们对可再生多糖资源的工业化应用越来越感兴趣。基于这些问题，研究者们致力于探索和开发更多的多糖衍生物，以拓展这些多糖资源的新特性和更广泛的应用。酶促过程为此提供了创新和可持续的解决方案，利用酶的特异性和选择性来精确改造大分子的结构和特性，从而达到酶法控制聚合物功能的目的。

在生物技术领域，酶对天然产物的催化修饰一直是一个重要课题。本章从天然产物的常见修饰类型出发，介绍了对天然产物进行修饰的原因及必要性，用于修饰天然产物的酶的类型、特点、作用方式，以及酶在修饰天然产物时的研究进展及应用。从修饰酶的研究进展可以看到，酶的发展迅速，应用前景广阔。

对天然产物而言，酶法修饰可以引入几乎是无限定的各种基团，引入的基团为天然产物提供了更多的性质和功能。而随着人们对酶结构、功能、性质等的深入研究，酶法修饰将会应用于更多的天然产物。同时，随着生物技术的发展和完善，人们也会生产出更多、更稳定的酶制剂，创造出功能更多样化、更适应特殊要求的新酶，从而完善天然产物的性质和功能，使之更符合人类的需求。

（李惺惺，朱本伟）

参考文献

[1] 高仁钧，罗贵民．酶工程[M]．4 版．北京：化学工业出版社，2023．
[2] 韩双艳，郭勇．酶工程[M]．5 版．北京：科学出版社，2024．
[3] 袁勤生．现代酶学[M]．2 版．上海：华东理工大学出版社，2007．
[4] 梅乐和，岑沛霖．现代酶工程[M]．北京：化学工业出版社，2018．
[5] 朱本伟，宁利敏．海洋酶工程[M]．北京：中国石化出版社，2020．
[6] 马延和．高级酶工程[M]．北京：科学出版社，2022．
[7] 魏东芝．酶工程[M]．北京：高等教育出版社，2020．
[8] N J 图罗，V 拉马穆尔蒂，J C 斯卡约诺．现代分子光化学[M]．吴骊珠，佟振合，吴世康,等译．北京：化学工业出版社，2015．
[9] H. Dugas．生物有机化学[M]．3 版．北京：世界图书出版公司，2015．
[10] 刘磊，陈鹏，赵劲，等．化学生物学基础[M]．北京：科学出版社，2010．